中　外　物　理　学　精　品　书　系

本书出版得到“国家出版基金”资助

国家出版基金项目
NATIONAL PUBLICATION FOUNDATION

中外物理学精品书系

前沿系列·24

现代量子力学基础

（第二版）

程檀生 编著

北京大学出版社
PEKING UNIVERSITY PRESS

图书在版编目(CIP)数据

现代量子力学基础/程檀生编著.—2版.—北京大学出版社,2013.11
(中外物理学精品书系)
ISBN 978-7-301-23368-9

Ⅰ.①现…　Ⅱ.①程…　Ⅲ.①量子力学-教材　Ⅳ.①O413.1

中国版本图书馆CIP数据核字(2013)第248248号

书　　名:现代量子力学基础(第二版)
著作责任者:程檀生　编著
责 任 编 辑:顾卫宇
标 准 书 号:ISBN 978-7-301-23368-9/O·0955
出 版 发 行:北京大学出版社
地　　址:北京市海淀区成府路205号　100871
网　　址:http://www.pup.cn
新 浪 微 博:@北京大学出版社
电 子 信 箱:zpup@pup.cn
电　　话:出版部62752015　发行部62750672　编辑部62752021　出版部62754962
印　刷　者:北京中科印刷有限公司
经　销　者:新华书店
730毫米×980毫米　16开本　28.25印张　570千字
2006年2月第1版
2013年11月第2版　2015年7月第2次印刷
定　　价:75.00元

序　　言

物理学是研究物质、能量以及它们之间相互作用的科学。她不仅是化学、生命、材料、信息、能源和环境等相关学科的基础,同时还是许多新兴学科和交叉学科的前沿。在科技发展日新月异和国际竞争日趋激烈的今天,物理学不仅囿于基础科学和技术应用研究的范畴,而且在社会发展与人类进步的历史进程中发挥着越来越关键的作用。

我们欣喜地看到,改革开放三十多年来,随着中国政治、经济、教育、文化等领域各项事业的持续稳定发展,我国物理学取得了跨越式的进步,做出了很多为世界瞩目的研究成果。今日的中国物理正在经历一个历史上少有的黄金时代。

在我国物理学科快速发展的背景下,近年来物理学相关书籍也呈现百花齐放的良好态势,在知识传承、学术交流、人才培养等方面发挥着无可替代的作用。从另一方面看,尽管国内各出版社相继推出了一些质量很高的物理教材和图书,但系统总结物理学各门类知识和发展,深入浅出地介绍其与现代科学技术之间的渊源,并针对不同层次的读者提供有价值的教材和研究参考,仍是我国科学传播与出版界面临的一个极富挑战性的课题。

为有力推动我国物理学研究、加快相关学科的建设与发展,特别是展现近年来中国物理学者的研究水平和成果,北京大学出版社在国家出版基金的支持下推出了"中外物理学精品书系",试图对以上难题进行大胆的尝试和探索。该书系编委会集结了数十位来自内地和香港顶尖高校及科研院所的知名专家学者。他们都是目前该领域十分活跃的专家,确保了整套丛书的权威性和前瞻性。

这套书系内容丰富,涵盖面广,可读性强,其中既有对我国传统物理学发展的梳理和总结,也有对正在蓬勃发展的物理学前沿的全面展示;既引进和介绍了世界物理学研究的发展动态,也面向国际主流领域传播中国物理的优秀专著。可以说,"中外物理学精品书系"力图完整呈现近现代世界和中国物理科学发展的全貌，是一部目前国内为数不多的兼具学术价值和阅读乐趣的经典物理丛书。

“中外物理学精品书系”另一个突出特点是，在把西方物理的精华要义“请进来”的同时，也将我国近现代物理的优秀成果“送出去”。物理学科在世界范围内的重要性不言而喻，引进和翻译世界物理的经典著作和前沿动态，可以满足当前国内物理教学和科研工作的迫切需求。另一方面，改革开放几十年来，我国的物理学研究取得了长足发展，一大批具有较高学术价值的著作相继问世。这套丛书首次将一些中国物理学者的优秀论著以英文版的形式直接推向国际相关研究的主流领域，使世界对中国物理学的过去和现状有更多的深入了解，不仅充分展示出中国物理学研究和积累的“硬实力”，也向世界主动传播我国科技文化领域不断创新的“软实力”，对全面提升中国科学、教育和文化领域的国际形象起到重要的促进作用。

值得一提的是，“中外物理学精品书系”还对中国近现代物理学科的经典著作进行了全面收录。20 世纪以来，中国物理界诞生了很多经典作品，但当时大都分散出版，如今很多代表性的作品已经淹没在浩瀚的图书海洋中，读者们对这些论著也都是“只闻其声，未见其真”。该书系的编者们在这方面下了很大工夫，对中国物理学科不同时期、不同分支的经典著作进行了系统的整理和收录。这项工作具有非常重要的学术意义和社会价值，不仅可以很好地保护和传承我国物理学的经典文献，充分发挥其应有的传世育人的作用，更能使广大物理学人和青年学子切身体会我国物理学研究的发展脉络和优良传统，真正领悟到老一辈科学家严谨求实、追求卓越、博大精深的治学之美。

温家宝总理在 2006 年中国科学技术大会上指出，“加强基础研究是提升国家创新能力、积累智力资本的重要途径，是我国跻身世界科技强国的必要条件”。中国的发展在于创新，而基础研究正是一切创新的根本和源泉。我相信，这套“中外物理学精品书系”的出版，不仅可以使所有热爱和研究物理学的人们从中获取思维的启迪、智力的挑战和阅读的乐趣，也将进一步推动其他相关基础科学更好更快地发展，为我国今后的科技创新和社会进步做出应有的贡献。

《中外物理学精品书系》编委会　主任
中国科学院院士，北京大学教授
王恩哥
2010 年 5 月于燕园

内 容 简 介

本书意在深入浅出地介绍量子力学的概念、方法及新的进展，可作为物理学类学生及自学者的教材或参考书. 全书共分十二章：第一章介绍一些经典物理无法处理的实验问题；第二章、第四章、第六章、第七章和第八章介绍量子力学的基本概念和基本方法；第三章和第五章介绍有解析解的一些问题；最后四章（第九章、第十章、第十一章和第十二章）介绍量子力学的近似方法，在这些近似方法中，包括了对简并能级微扰论作进一步深入的讨论，也包括了较为实用的达尔戈诺-刘易斯方法以及磁共振、绝热近似和贝利相位. 目录前标有 * 号的章节或小字号的附注内容可作为习题课、讲座或课外阅读之用；即使无 * 号标记的章节或附注，教师仍可根据同学的具体情况酌情删减. 当然，本书也可作为研究生提高基础水平和教师教学的参考书.

第二版前言

第二版修订，作者主要的考虑有：

力学量的算符描述及其对易性，是表征了量子力学的特征，为此，在新版中，对算符的自然展开和因子化方法作了更多的强调.

新版中，也对测量、密度算符、磁共振、纠缠态、连续谱中的束缚态，以及位势中束缚态与散射相位关系的讨论等内容作了扩展.

对鲜有介绍而又极为有用的微扰近似方法——达尔戈诺-刘易斯近似方法，进行了扩充. 为了纠正某些模糊的观念，书中仍花一定的篇幅于束缚态的简并微扰论的讨论. 所有这些扩展的目的就是使读者们对量子力学的基本假设和它的特征有进一步的认识. 希望他们能在学习中树立信心，引发兴趣，进而参与到量子理论的研究和量子技术的发展的行列中.

在新版中，还对第一版中的不妥和差错之处作了修正. 我特别要提到的是，这些不妥和差错很多是我的学生指出的. 对他们仔细参阅本书并提出异议或建议表示由衷的赞赏和谢意.

在新版编著中，幸运地仍得到很多同仁，特别是一同教学的同事们的支持和鼓励. 尤其在与杨泽森教授、林宗涵教授、宁平治教授、关洪教授和吴崇试教授就量子力学原理和相关的数学问题的讨论中受益匪浅. 在此一并致谢.

与此同时，作者编著了一本与本书紧密相扣的《量子力学习题指导》，以帮助读者检验和提高学习的效果.

在编写和校订过程中，作者始终抱着对读者负责的宗旨，尽力避免给读者以错误的引导或错误的结论. 但由于书中涉及的面较广，量子力学中的有些问题仍有不同看法，而书中的表述又必然反映作者的观点，因而不妥之处在所难免，衷心期望读者及有关专业人士予以指出.

作者由衷地感谢“中外物理学精品书系”编委会提供给作者这个机会，能将有关量子力学的基本概念和数学工具的心得和体会，进一步展现给读者. 作者非常感谢北京大学出版社编辑和相关人员为本书出版所付出的辛勤劳动. 正是他们的配合，才使本书能及早地展示给读者.

程檀生

2013 年 8 月于北京大学蓝旗营

前　　言

在北京大学校方、北京大学物理学院和北京大学出版社的资助和支持下出版本书，我为能尽自己的微薄之力，让读者多一本可选的参考书而感到欣慰，希望本教程能使读者在学习量子力学时较容易些，特别希望他们能在学习中树立信心，引发兴趣，进而参与到量子理论研究和量子技术发展的行列中.

近30年来，量子物理学不论在自身的理论方面还是在技术应用方面都取得难以想象的进展，而且已扩展到很多领域和学科，如化学、生物学、生命科学、天文学、材料科学和信息科学等，极大地促进了它们的发展，成为近代科学的理论基础. 许多新的实验事实，例如单电子的双缝干涉实验的成功，把读者从假想的实验事实的困境中解脱出来；扫描隧穿显微镜的发明更是把经典物理学绝不认可的隧穿效应应用于物质表面的研究. 至于核磁共振成像仪的发明及其在医学上的应用以及量子计算机和量子信息的发展前景更直接表明，量子物理学是人类发展史上最光彩耀目的现代文明发展的理论基石.

本书主要介绍量子力学的基本概念和数学工具，特别是对态叠加原理、波函数、力学量算符、不确定关系和测量结果等的讨论，并时时将新的概念和结论与经典物理学的结果作比较，以使读者能正确理解量子力学的基本概念，尽快摆脱经典物理观念的约束和误导. 为使读者能正确了解量子力学的精髓，我着意介绍与相位、算符和对易关系相关的内容，如绝热近似、贝利相位、阿哈朗诺夫-玻姆效应、达尔戈诺-刘易斯近似方法以及因子化方法；也增添篇幅介绍量子力学新发展和新应用，如隧穿效应、相干态、磁通量量子化、磁共振、贝尔不等式和连续谱中的束缚态等内容. 今天，量子物理学已成为进入科学和技术前沿问题研究不可或缺的基础，学习量子物理学已不再是物理类专业学生的“专利”. 为此，我在论述量子力学的基本原理和推导其相关公式时有意识地详尽些，并将一些必要的辅助内容和工具编入附录，以帮助志在学习的读者提高自学效果.

在本书的编写过程中，我得到很多同仁，特别是一同教学的同事们的支持和鼓励. 尤其在与杨泽森教授、林宗涵教授、宋行长教授和宁平治教授就量子力学相关问题的讨论中受益匪浅，在具体编写中得到了吴崇试教授的鼎力相助，在此一并致谢.

在本书出版前，杨立铭院士已离我们远去. 他在有生之年对我的关怀和教诲是我毕生难忘的．我的点滴成果都包含了他的心血．我将永远铭记他．

在编写本书的过程中，我始终抱着对读者负责的宗旨，力求避免给读者以错误的引导或错误的结论．但由于编写的时间仓促，难免出现差错，衷心期望读者的指正．

程檀生

2005 年 10 月于蓝旗营

目　　录

第一章　经典物理学的失效

19 世纪末，牛顿力学的确立，光的波动性的确定，将光和电磁现象建立在牢固基础上的麦克斯韦方程组以及统计处理规律的建立，使人们能很成功地解释观察到的绝大多数现象. 于是，人们认为物理学的普遍规律似乎已非常好地被建立了：整个自然界的现象能够根据物体和场的相互作用而被适当地说明、解释和预言；物体的所有运动及在场中所有的变化被认为是连续的，可以在一定初条件下，由相应的微分或偏微分方程来计算得到；通过位置、动量和场强，整个世界可无限详尽地被完全描述；整个行为完全被确定，原则上与它是否被观察无关.

但是，经典物理学处理的仅涉及自然界中与物质的根本结构没有直接关系的问题. 所以，一旦深入到分子、原子领域，人们就因一些实验事实和经典理论发生矛盾而感到困惑. 但这也暗示存在一种崭新的，看起来与经典物理学完全不相容的概念，如：辐射的微粒性，物质粒子的波动性，物理量的“量子化”，即物理量的测量值取分立值或某些确定值.

由于经典物理学描述与物质基本结构没有直接关系的那些问题，并不注意对象的微观组成，而是对整体进行描述. 因此，无论它的描述如何精确，也只是量子物理学的一个极限近似. 所谓完全符合经典物理学的规律，也仅意味着“量子”效应在这过程中没有被察觉到. 从这个意义上说，整个物理学都是量子物理学.

量子物理学中认为，一切满足普遍规律的事件，都可能发生；而经典物理学则可能认为某些过程或事件是根本不可能发生的，如 α 衰变，磁通量的量子化，等等.

应该强调指出：量子现象的揭示是从原子、分子等微观范围的现象中开始的. 而量子物理学不仅仅支配微观世界，同样也支配宏观世界的运动. 所以，不应该认为“量子物理学”是某种与宏观世界问题毫无关系的规律. 事实上，在一些宏观现象中，“量子”现象也很显著，而经典物理学是无法描述它们的，如：磁通量量子化，超导现象，超流现象，玻色-爱因斯坦凝聚，等等. 所以，量子现象并不是一定仅在原子尺度下存在. 事实上，它取决于量子现象是否能观测到（可忽略否），取决于经典物理的近似是否适合.

今天，据此建立起来的新的完全不同于经典物理学的量子力学（量子物理学）的规律已深入到物理学的各个领域，并正成功地促进了天体物理、宇宙学、量子光学、凝聚态物质、化学、材料科学等基础科学研究的飞速发展. 晶体管、集成块、激光器、磁共振成像仪、扫描隧穿显微镜、光镊子和纳米材料等的发明和制造成功，充分展示了量子力学已成为现代文明发展的基石.

1.1 辐射的微粒性

1.1.1 黑体辐射

若照射到物体上的辐射完全被吸收,则称该物体为黑体.

基尔霍夫(G. R. Kirchhoff)证明,对任何一个物体,辐射本领(radiating capacity) $E(\nu,T)$与吸收率$A(\nu,T)$之比仅与频率ν和温度T有关,是一个与组成物体的物质无关的普适函数(以$f(\nu,T)$表示),即

$$E(\nu,T)/A(\nu,T)=f(\nu,T). \tag{1.1}$$

其中,**辐射本领$E(\nu,T)$为单位时间内从辐射体表面的单位面积上发射出的辐射能量的频率分布**.所以,在Δt时间,从ΔS面积上发射出频率在ν—$\nu+\Delta\nu$范围内的能量为

$$E(\nu,T)\Delta t\Delta S\Delta\nu.$$

因此,$E(\nu,T)$的单位为J/m^2.可以证明,辐射本领与辐射体的能量密度分布$u(\nu,T)$的关系为

$$E(\nu,T)=\frac{c}{4}u(\nu,T), \tag{1.2}$$

$u(\nu,T)$的单位为$J\cdot s/m^3$.

吸收率$A(\nu,T)$则为照到物体上的辐射能量分布被吸收的份额.由于黑体的吸收率为1,所以它的辐射本领

$$E(\nu,T)=f(\nu,T),$$

即等于普适函数(与物质无关).一旦将黑体辐射本领研究清楚了,也就把普适函数(对物质而言)弄清楚了.

我们也可以以$E(\lambda,T)$来表示辐射本领.可以证明

$$E(\lambda,T)=\frac{\nu^2}{c}E(\nu,T). \tag{1.3}$$

$E(\lambda,T)$的单位为$J/(m^3\cdot s)$.

A. 黑体的辐射本领

实验测得黑体辐射本领$E(\lambda,T)$与λ的变化关系(见图1.1).而在理论上,人们有

(i) 维恩(Wien)公式:维恩(W. Wien)根据热力学第二定律,用一模型得出的辐射本领,为

$$E(\lambda,T)=\frac{C_1}{\lambda^5}c^4e^{-C_2\cdot c/\lambda T}, \tag{1.4}$$

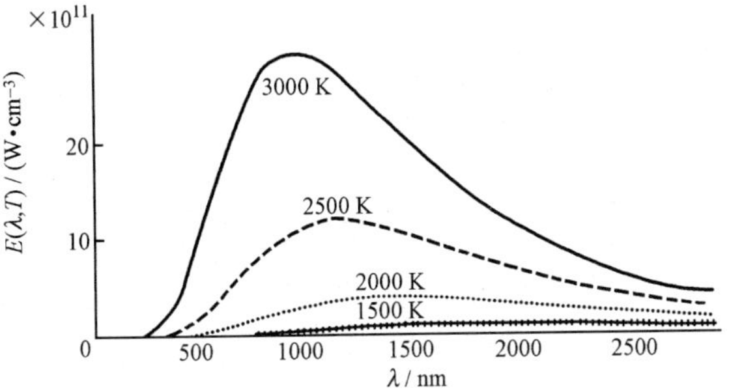

图 1.1 实验得出的 $E(\lambda,T)$ 随 λ 的变化

其中，c 为光速，C_1，C_2 为常数.

(ii) 瑞利-金斯①(Rayleigh-Jeans)公式：瑞利和金斯根据电动力学及统计力学严格导出的辐射本领，为

$$E(\lambda,T)=\frac{2\pi c}{\lambda^4}kT, \tag{1.5}$$

其中，k 为玻尔兹曼常数，$k=1.38\times10^{-23}$ J/K.

从图 1.2 中可看出，仅当波长足够长，温度足够高，即 $\lambda T\gg10^{-2}$ m·K 时，瑞利-金斯公式的 $E(\lambda,T)$ 才符合实验结果. 但在 $\lambda\to0$ 时，则为无穷，出现所谓的紫外灾难. 而维恩的公式，仅在短波符合，而长波不符合. 所以，这两个公式都不能完全符合实验结果，也就是说，由经典理论导出的辐射本领不能解释实验结果.

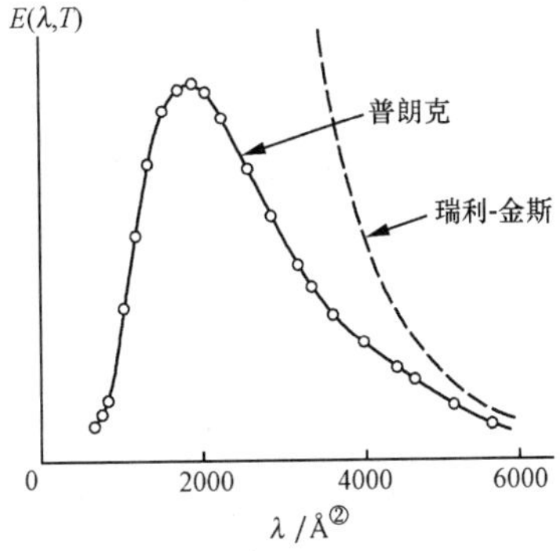

图 1.2 $E(\lambda,T_0)$ 的实验结果与理论值的比较

B. 斯特藩-玻尔兹曼定律(Stefan-Boltzmann law)

斯特藩(J. Stefan)和玻尔兹曼(L. Boltzmann)发现，黑体辐射能量(单位时间、单位面积发射的能量)与绝对温度 T^4 成正比：

$$\int E(\lambda,T)\mathrm{d}\lambda=\sigma T^4. \tag{1.6}$$

(事实上，$\sigma=2\pi^5k^4/(15h^3c^2)=5.67\times10^{-8}$ J/(K^4·s·m^2).)

显然，由维恩公式或瑞利-金斯公式得不出这样的结果.

① L. Rayleigh, Phil. Mag., **49** (1900)539; J. H. Jeans, Phil. Mag., **10** (1905)91.

② 1 Å$=10^{-10}$ m.

C. 维恩位移定律

维恩发现，对于一确定的温度 T_0，相应地有一波长 λ_0 使 $E(\lambda_0, T_0)$ 达极大，而 $\lambda_0 T_0$＝常数，即

$$\lambda_0 T_0 = \lambda_1 T_1 = \lambda_2 T_2 = \cdots = 0.2898 \times 10^{-2}\ \mathrm{m \cdot K}. \tag{1.7}$$

这一定律也是无法用维恩公式或瑞利-金斯公式来给出回答.

总之，经典物理学是不能解释与黑体辐射本领相关的实验结果的.

普朗克(M. Planck)于 1900 年[①]大胆假设：**黑体辐射的运动模式以分立的能量 $nh\nu$ 来显示，即能量模式是不连续的.**

$$nh\nu = n\hbar\omega, \quad n = 0,1,2,\cdots. \tag{1.8}$$

($h=6.626\times10^{-34}$ J·s，称为普朗克常数，$\hbar=1.0545\times10^{-34}$ J·s.)

根据经典的能量分布概率(玻尔兹曼概率分布)

$$\mathrm{e}^{-E/kT}\mathrm{d}E \Big/ \int_0^\infty \mathrm{e}^{-E/kT}\mathrm{d}E \tag{1.9}$$

可得辐射的平均能量为

$$\bar{E} = \int_0^\infty E\mathrm{e}^{-E/kT}\mathrm{d}E \Big/ \int_0^\infty \mathrm{e}^{-E/kT}\mathrm{d}E = kT. \tag{1.10}$$

但按普朗克假设，则能量分布概率应为

$$\mathrm{e}^{-nh\nu/kT} \Big/ \sum_{n=0}^{\infty}\mathrm{e}^{-nh\nu/kT}. \tag{1.11}$$

于是

$$\begin{aligned}\bar{E} &= \sum_{n=0}^{\infty} nh\nu\,\mathrm{e}^{-nh\nu/kT} \Big/ \sum_{n=0}^{\infty}\mathrm{e}^{-nh\nu/kT} = -h\nu\frac{\mathrm{d}}{\mathrm{d}x}\sum_{n=0}^{\infty}\mathrm{e}^{-nx} \Big/ \sum_{n=0}^{\infty}\mathrm{e}^{-nx} \\ &= h\nu/(\mathrm{e}^{h\nu/kT}-1).\end{aligned} \tag{1.12}$$

这样，用电动力学和统计力学导出的黑体辐射本领公式(见公式(1.5))应改为

$$E(\lambda, T) = \frac{2\pi hc^2}{\lambda^5(\mathrm{e}^{hc/\lambda kT}-1)}, \tag{1.13}$$

即

$$E(\nu, T) = \frac{2\pi h\nu^3}{c^2(\mathrm{e}^{h\nu/kT}-1)}. \tag{1.14}$$

这就是**普朗克**假设下的**辐射本领**，它与实验完全符合(见图 1.2). 辐射本领的爱因斯坦推导见本章附录.

现在，我们可以重新认识黑体辐射本领、斯特藩-玻尔兹曼定律、维恩位移定律如下.

---

① M. Planck, Ann. Physik, **4** (1901)553.

A′. 黑体的辐射本领

当 $\lambda T \ll hc/k$(短波区),

$$E(\lambda,T) \to \frac{2\pi hc^2}{\lambda^5}\mathrm{e}^{-hc/\lambda kT},$$

若 $C_1=2\pi h/c^2, C_2=h/k$,则与维恩公式符合 (见公式(1.4)).

当 $\lambda T \gg hc/k$(长波区),

$$E(\lambda,T) \to \frac{2\pi c}{\lambda^4}kT, \tag{1.15}$$

与瑞利-金斯公式一致(见公式 (1.5)).

B′. 斯特藩-玻尔兹曼定律

$$\begin{aligned} R(T) &= \int E(\nu,T)\mathrm{d}\nu = \frac{2\pi h}{c^2}\int \nu^3(\mathrm{e}^{h\nu/kT}-1)^{-1}\mathrm{d}\nu \\ &= \frac{2\pi(kT)^4}{c^2h^3}6\cdot\sum_{n=1}^{\infty}\frac{1}{n^4} = \frac{2\pi^5k^4}{15h^3c^2}T^4. \end{aligned} \tag{1.16}$$

即黑体辐射能量(单位时间,单位面积发射的能量)是与绝对温度 T^4 成正比(最后的等式利用了本书附录(Ⅱ.8b)式).

C′. 维恩位移定律

由公式(1.13)可求出:使 $E(\lambda,T)\big|_{T=常数}$ 取极大值时,λ 所满足的方程为

$$E'(\lambda,T)\Big|_{T=常数} = \frac{2\pi hc^2}{(\mathrm{e}^{hc/\lambda kT}-1)}\left(-5\frac{1}{\lambda^6}+\frac{hc}{kT\lambda^7(1-\mathrm{e}^{-hc/\lambda kT})}\right)=0.$$

即

$$\frac{hc}{k\lambda T(1-\mathrm{e}^{-hc/\lambda kT})}=5.$$

从而有

$$\lambda_0 T_0 = 0.2898\times 10^{-2}\ \mathrm{m}\cdot\mathrm{K}. \tag{1.17}$$

所以,由普朗克导出的黑体辐射本领及相关的物理规律是与实验结果完全符合的.

1.1.2 固体低温比定容热容

根据经典理论,如一种分子含 n 个原子,则 1 mol 这种分子组成的固体有 $3nN_0$ 个自由度($N_0=6.022\times 10^{23}$/mol,称为阿伏伽德罗常数(Avogadro's number)). 所以,固体比定容热容(specific heat at constant volume)

$$c_V = 3nN_0k = 3nR, \tag{1.18}$$

称为能均分定律(Dulong-Petit 经验规律),$R=8.314$ J/(K·mol),称为气体常数.

实验发现(见图 1.3),对单原子固体,c_V 在室温下是一常数,理论符合实验结果;但在低温下,c_V 正比于 T^3,这与经典理论的结果(1.18)式是不一致的.

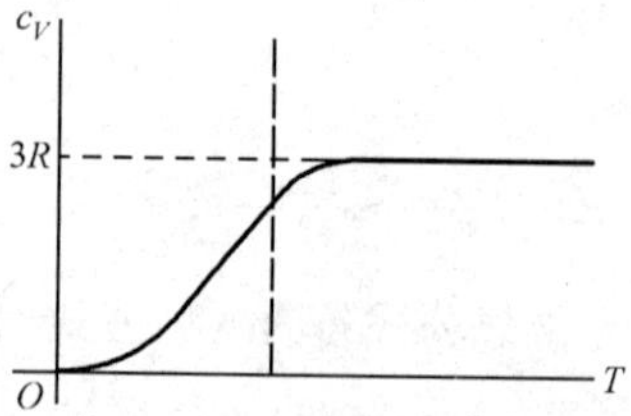

图 1.3 比定容热容随温度的变化

若根据公式(1.2),(1.14)和(1.16),可得总辐射能量密度(J/m³)

$$W(T)=\int u(\nu,T)\mathrm{d}\nu=\int\frac{4}{c}E(\nu,T)\mathrm{d}\nu=\frac{8\pi^5k^4}{15h^3c^3}T^4=\frac{4\pi^5k^4}{15h^3}T^4\left(\frac{2}{c^3}\right) \tag{1.19}$$

(分离出因子 2 是为提示横波有 2 个自由度),从而推得固体中原子振动能密度为

$$\frac{4\pi^5k^4}{15h^3}T^4\left(\frac{2}{v_{\mathrm{T}}^3}+\frac{1}{v_{\mathrm{L}}^3}\right), \tag{1.20}$$

其中 v_{T},v_{L} 分别为固体中的横向速度和纵向速度. 所以低温下,比定容热容

$$c_V\propto T^3. \tag{1.21}$$

对于上面的推导过程,应该认识到,固体中原子振动的频率是有限制的(声波在固体中波长不短于晶格距离的 2 倍,即$\frac{v}{\nu}>2a$. 所以,$\nu<\frac{v}{2a}$). 而在推导总辐射能量密度时高频贡献是计及的,不过在低温下,高频并不激发,而使高频的影响可忽略. 所以,推出的公式只适用于低温. 这正与实验结果一致.

这一非经典的辐射模式的假设得到如此好的结果,真是实出意外,它一定含有很深的、人们还未发现的物理规律.

1.1.3 光电效应

在光电效应(photoelectric effect)中,有这样一些使人们费解的现象:

(i) 当单色光照射到金属表面上,光电子的发射仅依赖于频率,而与光强度无关. 仅当光频率大于某一值时,才有光电子的发射,即有一最低频率 $\nu_{\min}$.

(ii) 当照射光的频率 $\nu>\nu_{\min}$ 时,发射出的光电子动能大小与照射光的强度无关(见图 1.4).

从经典物理学的观点来看,光的能量只是与光的强度有关,而与频率无关. 因此,当光强度增大,光波中电场振幅就增大,使电子加速,达到较高的速度,获得较大的动能,从而飞离金属. 所以光强度越大,飞出的电子的动能也就越大. 这表明,要有光电子产生,光的频率并不需要大于某一频率,即与频率无关. 实验现象无法在经典物理学的基础上得到理解.

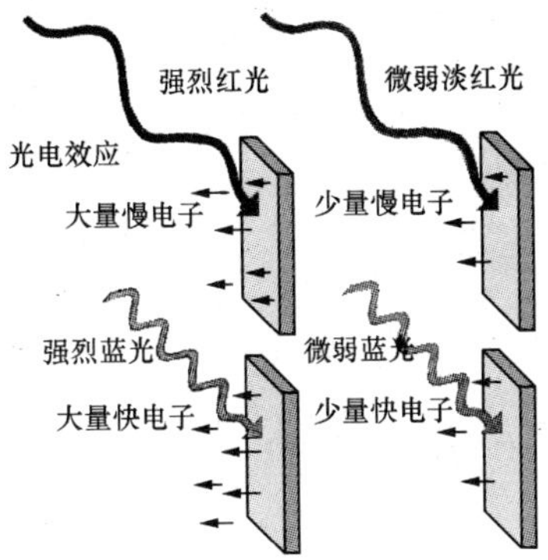

图 1.4 光电效应

爱因斯坦①(1905 年)提出,一束单色光是由辐射能量大小为 $h\nu$ 的量子组成,即假设光与物质粒子交换能量时,是以"微粒"形式出现,这种"微粒"带有能量 $h\nu$. 因此,电子能获得的最大能量为 $h\nu$.

电子要飞离金属,必须克服吸引而做功(克服脱出功). 由于电子吸收两个光量子的概率几乎为 0,所以,飞出电子的动能

$$E_k = h\nu - w, \tag{1.22}$$

其中 w 为功函数.

电子要飞离金属,则要求 $E_k \geqslant 0$,所以,$h\nu_{min} = w$,即有一最低频率. 这样

$$E_k = h\nu - w = h(\nu - \nu_{min}). \tag{1.23}$$

密立根②(R. A. Millikan)作了非常仔细和精密的测量,从他的测量中推出

$$h = 6.56 \times 10^{-34}\ \mathrm{J \cdot s}. \tag{1.24}$$

我们可以看到,核心的问题是一束单色光可以转移给一个电子的能量(E)除以频率(ν)为一常数

$$\frac{E}{\nu} = 常数(h).$$

而这一常数与频率 ν、光强度、电子及金属材料无关. 这一常数并不能由经典物理学中的常数所给出. 所以,$E = h\nu$ 是一个与经典物理学完全不相容的关系.

1.1.4 康普顿散射③

1923 年康普顿和德拜在实验中发现单色 X 射线(波长 λ)与电子作用使电子发

---

① A. Einstein, Ann. Physik, **17** (1905)132.

② R. A. Millikan, Phys. Rev., **7** (1916)362.

③ A. H. Compton, Phys. Rev., **21** (1923) 483, 715, **22** (1923)409; P. Debye, Phys. Zeitschr., **24** (1923) 161.

生散射(见图 1.5(a)),入射 X 射线波长与其散射 X 射线的波长(λ')之间有(见图 1.5(b),图中虚线所对应的波长为 λ'):

$$\lambda' - \lambda = A(1 - \cos\theta). \tag{1.25}$$

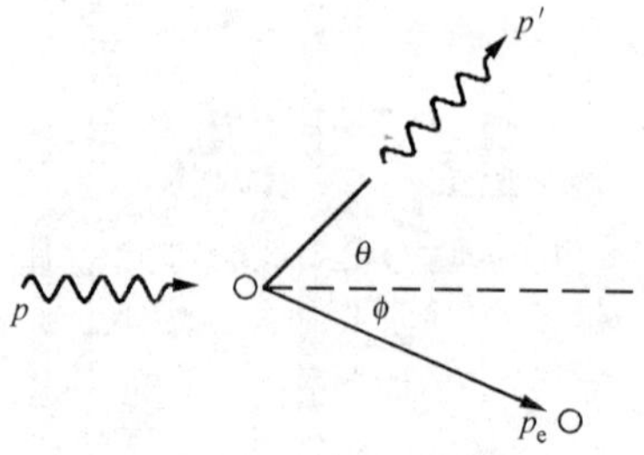

图 1.5(a)　康普顿散射

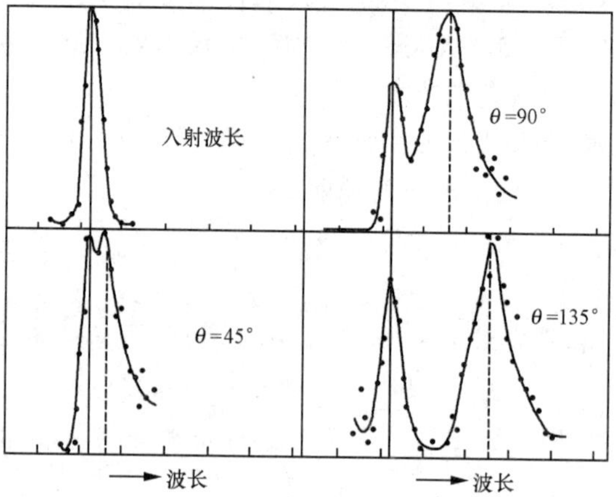

图 1.5(b)　康普顿散射波长的变化(钼的 K_α 线)

这个实验称做康普顿散射(Compton scattering)实验,这样一个实验结果和特点也是经典物理无法解释的.

他们采用爱因斯坦的光量子的观念,认为 X 射线在与电子相互作用时是以"微粒"形式出现,并交换能量和动量.入射 X 射线的能量和动量为

$$E = h\nu, \quad \boldsymbol{p} = \frac{E}{c}\boldsymbol{n} = \frac{h\nu}{c}\boldsymbol{n} = \frac{h}{\lambda}\boldsymbol{n}, \tag{1.26}$$

假设电子开始处于静止状态,根据能量、动量守恒,有

$$h\nu + m_e c^2 - h\nu' = E_e, \tag{1.27}$$

$$\boldsymbol{p} - \boldsymbol{p}' = \boldsymbol{p}_e, \tag{1.28}$$

则

$$\frac{1}{c^2}(h\nu + m_e c^2 - h\nu')^2 - (\boldsymbol{p} - \boldsymbol{p}')^2 = \frac{E_e^2}{c^2} - p_e^2 = m_e^2 c^2,$$

$$m_e h(\nu-\nu') = \frac{h^2}{c^2}\nu\nu' - pp'\cos\theta.$$

于是有

$$\lambda' - \lambda = \frac{h}{m_e c}(1-\cos\theta), \tag{1.29}$$

其中 $h/(m_e c)$称为电子的康普顿波长,等于 2.43×10^{-12} m.

所以,从黑体辐射、固体低温比定容热容、光电效应和康普顿散射的实验事实的讨论中,我们可以得出结论:辐射除了显示其波动性外,在与物质的能量和动量的交换时,还显示出微粒性,两者之间的关系为

$$E = h\nu = \hbar\omega, \tag{1.30}$$

$$\boldsymbol{p} = \frac{E}{c}\boldsymbol{n} = \frac{h\nu}{c}\boldsymbol{n} = \frac{h}{\lambda}\boldsymbol{n} = \hbar\boldsymbol{k}, \quad |\boldsymbol{k}| = \frac{2\pi}{\lambda}. \tag{1.31}$$

而 $h=6.626\times10^{-34}$ J·s,$\hbar=1.0545\times10^{-34}$ J·s. 所以,$\hbar$起着重要的作用,$\hbar$很小,在很多场合,这种量子效应不显示,这时,不连续→连续,辐射的微粒性消失.

1.2 原子结构的稳定性

1.2.1 原子行星模型

卢瑟福[①](E. Rutherford)研究小组用 α 粒子轰击原子,发现 α 粒子以一定概率在各个方向上散射. 每两万个 α 粒子约有一个 α 粒子在平均偏离为 90°的方向上散射. 卢瑟福从而提出原子行星模型:**电子以原子核(带正电荷)作为核心,绕原子核运动**(见图 1.6). 以这一模型计算散射微分截面的值与实验结果符合得非常好. 但是,根据经典电动力学,带电粒子组成的体系是不稳定的. 而按照原子行星模型,原子中电子绕原子核运动,则电子在进行加速运动. 因此会不断辐射能量从而应该发生原子坍塌(整个过程历时约 10^{-6} 秒). 但事实上没有出现这现象,原子基态是出奇地稳定,没有发现因负电荷粒子加速而辐射.

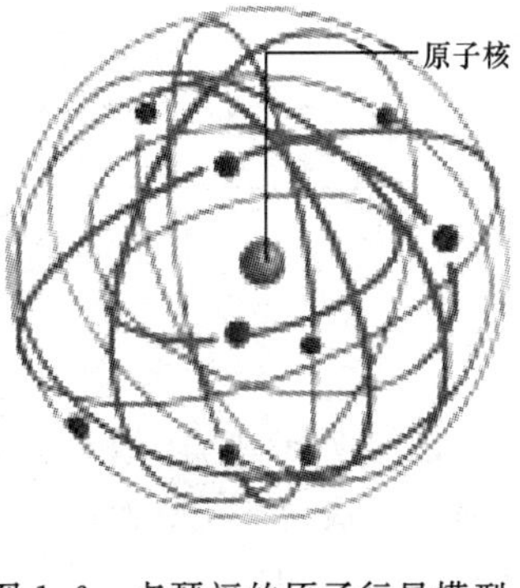

图 1.6 卢瑟福的原子行星模型

① E. Rutherford, Phil. Mag., **21** (1911)699.

1.2.2　元素的线光谱

人们发现元素的光谱不是连续分布的，而是有标志频率. 对氢原子，有巴耳末经验公式(Balmer's formula)：

$$\nu^{(n)} = R\left(\frac{1}{2^2} - \frac{1}{n^2}\right), \quad n = 3,4,\cdots, \tag{1.32}$$

其中，$R(\approx 3.29\times 10^{15}/\mathrm{s})$被称为里德伯(Rydberg)频率.

氢原子发射光子的能量公式为

$$E^{(m,n)} = h\nu^{(m,n)} = 13.6\,\mathrm{eV}\left(\frac{1}{m^2} - \frac{1}{n^2}\right), \quad m < n. \tag{1.33}$$

(对类氢原子，式中的常数 13.6 eV 应改为 $Ze^2/(8\pi\varepsilon_0 a)$，$a=4\pi\varepsilon_0\hbar^2/(\mu e^2 Z)$，$\mu$ 为相应的约化质量，Z 为原子序数.)

1.2.3　弗兰克-赫兹[①](Franck-Hertz)实验

弗兰克-赫兹直接证明了原子能级的量子化. 他们的实验装置如图 1.7(a)所示.

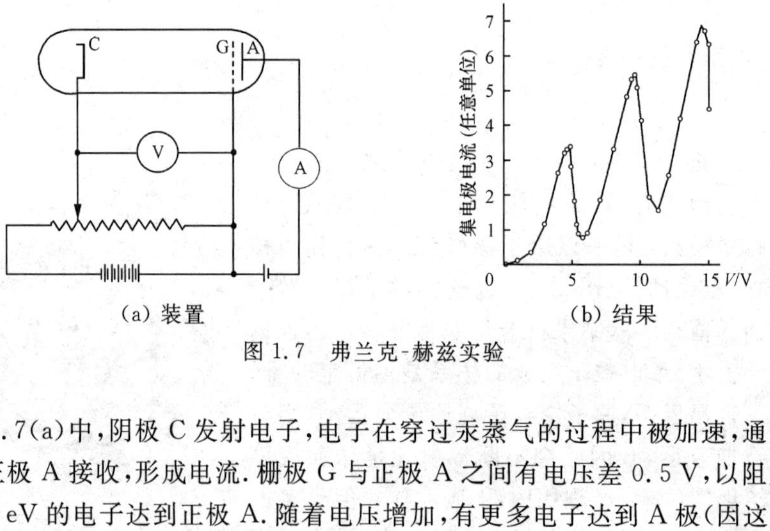

(a) 装置　　(b) 结果

图 1.7　弗兰克-赫兹实验

图 1.7(a)中，阴极 C 发射电子，电子在穿过汞蒸气的过程中被加速，通过栅极 G 而被正极 A 接收，形成电流. 栅极 G 与正极 A 之间有电压差 0.5 V，以阻止动能低于 0.5 eV 的电子达到正极 A. 随着电压增加，有更多电子达到 A 极(因这时电子与汞原子碰撞仅损失很少能量). 当电压 V 达到约 4.9 V 时，电子的动能可达到约 4.9 eV，则有一部分电子与汞原子发生非弹性散射，电子失去动能，将汞原子激发到高一级的能量状态. 这时，这些电子就不能达到正极 A. 于是，电流突然下降. 同样原因，电子动能达到 10 eV 和 15 eV 附近时，也发生电流突然下降，如图 1.7(b)

---

① J. Franck and Gustav Hertz, Verh. Dtsch. Phys. Ges., **26** (1914) 512.

所示.

在紫外区,人们观察到汞的标志谱,有波长 $\lambda=253.7$ nm. 显然,这正是被激发的汞原子跃迁到基态时,发出的紫外光. 这直接证明,汞原子存在量子化能级.

1.2.4　玻尔假设(N. Bohr)

经典电动力学无法解释这类实验现象. 为解释这些现象,玻尔①(N. Bohr)提出两点假设:

(i) 原子仅能稳定地处于与分立能量($E_1,E_2,\cdots$)相对应的一系列定态中,不辐射能量;

(ii) 原子从一个定态到另一个定态时,也就是电子从一个轨道跃迁到另一轨道时,将吸收或发射电磁辐射,其辐射的能量等于两定态的能量差,其频率为

$$\nu=(E_m-E_n)/h. \tag{1.34}$$

并认为基态是稳定的.

为了确定电子的轨道,即分立能量相应的定态,玻尔给出了量子化条件,即在圆形轨道上,运动电子的角动量是量子化的:

$$mvr=n\hbar,\quad n=1,2,\cdots. \tag{1.35}$$

后来,索末菲(A. Sommerfeld)推广了这一量子化条件,对于任何一个周期运动,有量子化条件

$$\oint p_i\mathrm{d}q_i=nh,\quad n=1,2,\cdots, \tag{1.36}$$

其中 q_i 为广义坐标,p_i 为广义动量.

例　考虑一电子绕电荷为 Ze 的原子核在一平面中运动,求其可能的定态能量.

解　在平面极坐标下,哈密顿量

$$H=\frac{1}{2m}\left(p_r^2+\frac{p_\phi^2}{r^2}\right)-\frac{Ze^2}{4\pi\varepsilon_0 r}, \tag{1.37}$$

有心力下角动量守恒,所以

$$p_\phi=\text{常数},\quad\left(\text{因}\,\dot{p}_\phi=-\frac{\partial H}{\partial\phi}=0\right) \tag{1.38}$$

$$\oint p_\phi\mathrm{d}\phi=n_\phi h, \tag{1.39}$$

$$p_\phi=n_\phi\hbar. \tag{1.40}$$

再由 $E=\dfrac{p_r^2}{2m}+\dfrac{p_\phi^2}{2mr^2}-\dfrac{Ze^2}{4\pi\varepsilon_0 r}$,得

---

① N. Bohr, Phil. Mag., **26** (1913) 1.

$$p_r = \left(2mE - \frac{p_\phi^2}{r^2} + \frac{2mZe^2}{4\pi\varepsilon_0 r}\right)^{1/2},$$

于是有 $\oint p_r \mathrm{d}r = \oint \left(2mE - \frac{p_\phi^2}{r^2} + \frac{2mZe^2}{4\pi\varepsilon_0 r}\right)^{1/2} \mathrm{d}r = -2\pi p_\phi + \frac{\pi Ze^2}{4\pi\varepsilon_0}\sqrt{\frac{2m}{-E}} = n_r h$,

$$\frac{Ze^2}{4\pi\varepsilon_0 \cdot 2}\sqrt{-\frac{2m}{E}} = (n_\phi + n_r)\hbar = n\hbar, \quad n = 1, 2, \cdots,$$

从而得

$$E_n = -\frac{Ze^2}{8\pi\varepsilon_0 a n^2}, \quad a = \frac{4\pi\varepsilon_0 \hbar^2}{mZe^2}. \tag{1.41}$$

理论结果可解释实验现象.

尽管旧量子理论在解释氢原子和类氢原子上取得一定成功,但对多电子体系、散射概率、反常塞曼效应以及粒子自旋等问题,则无能为力. 特别是人为地假设:加速不辐射和量子化条件等. 因此,要求建立新的物理规律,来说明或预言与经典物理学相矛盾的客观事实.

1.3　物质粒子的波动性

辐射的微粒性,是对经典物理学的冲击. 但物质微粒的行为又如何呢? 是否仍完全按经典物理学的规律变化和运动呢?

1.3.1　德布罗意假设①

德布罗意(L. de Broglie, 1923 年)由对辐射具有微粒性的研究而建议,**一定动量的粒子与一定波长的波相联系,**

$$\lambda = \frac{h}{p}, \tag{1.42}$$

即
$$\boldsymbol{p} = \hbar\boldsymbol{k} \quad (|\boldsymbol{k}| = 2\pi/\lambda).$$

称为德布罗意关系.

当然,能量与频率关系仍为

$$E = h\nu = \hbar\omega, \tag{1.43}$$

称为爱因斯坦关系.

这两个关系,把粒子的动力学变量与波的特征量联系起来. 也就是说,对一个具有确定能量和动量的自由粒子,相应地有确定的频率、波长(波数)和一定的传播方向 $\boldsymbol{p}/|\boldsymbol{p}|$. 而我们知道,一定频率和波长的波(并有一定的传播方向)是一平面波. 由

① L. de Broglie, Phil. Mag., **47** (1924) 446.

$$\hbar \boldsymbol{k} \Longleftrightarrow \boldsymbol{p}, \quad \hbar\omega \Longleftrightarrow E, \tag{1.44}$$

$$\boldsymbol{k} = \frac{2\pi}{\lambda}\boldsymbol{n}. \tag{1.45}$$

得到这个平面波的表达形式，可从以$(\boldsymbol{k},\omega)$表示，转化为以$(\boldsymbol{p},E)$表示：

$$A\mathrm{e}^{\mathrm{i}(\boldsymbol{k}\cdot\boldsymbol{r}-\omega t)} \longrightarrow A\mathrm{e}^{\mathrm{i}(\boldsymbol{p}\cdot\boldsymbol{r}-Et)/\hbar}. \tag{1.46}$$

把具有一定动量的自由粒子所联系的平面波称为德布罗意波.

由关系式

$$E_{\mathrm{k}} = E - m_0c^2,$$

$$p^2c^2 + m_0^2c^4 = (E_{\mathrm{k}} + m_0c^2)^2,$$

可得

$$\begin{aligned} \lambda &= \frac{h}{p} = hc/[E_{\mathrm{k}}(E_{\mathrm{k}} + 2m_0c^2)]^{1/2} \\ &= 2\pi \cdot 197.3\ \mathrm{MeV} \cdot \mathrm{fm}/[E_{\mathrm{k}}(E_{\mathrm{k}} + 2m_0c^2)]^{1/2} \\ &= 2\pi \cdot 197.3\ \mathrm{MeV} \cdot \mathrm{fm}/(2m_0c^2E_{\mathrm{k}})^{1/2}. \end{aligned} \tag{1.47}$$

最后一个等式的条件是$E_{\mathrm{k}} \ll m_0c^2$.

直接计算得，宏观物质微粒的波长$<10^{-10}$ Å，电子波长≈1 Å，氧原子波长≈0.4 Å，DNA 分子波长≈10^2 Å. 因此，通常所见的宏观物质微粒不显示出波动性，而电子在通常宏观尺度的情况下也不显示，仅在原子尺度下才显示其波动性.

1.3.2 物质粒子波动性的实验证据

A. 戴维逊-革末①②(Davisson-Germer)实验

见图 1.8 和图 1.9，当可变电子束(30～600 eV)照射到抛光的镍单晶上，发现在某角度ϕ(或$\pi-\phi$)方向有强的反射(即有较多电子被反射)，而ϕ满足

$$a\sin\phi = nh/p, \tag{1.48}$$

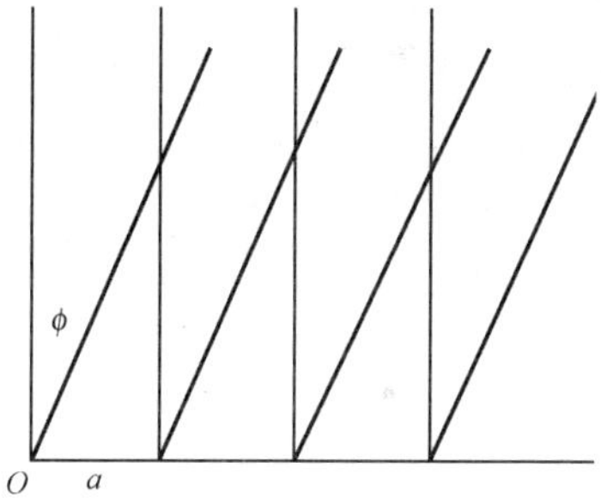

图 1.8 电子的干涉实验

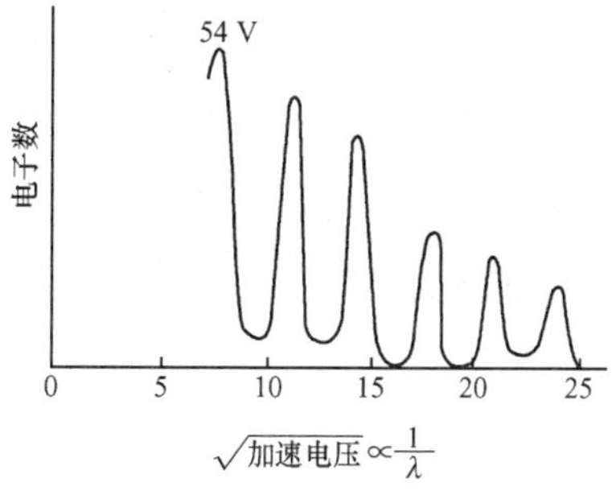

图 1.9 电子的干涉现象

① C. J. Davisson and L. H. Germer, Phy. Rev., **30** (1927)707.

② C. J. Davisson, Franklin Institute Journal, **205** (1928)597.

其中 a 是晶格间距. 若 $\lambda=h/p$,则上式与布拉格(Bragg)光栅衍射公式($a\sin\phi=n\lambda$)相同. 这个实验证明：电子入射到晶体表面,发生散射,具有波动性;而相应波长

$$\lambda=\frac{h}{p}. \tag{1.49}$$

这现象无法用粒子的图像来解释.

B. 汤姆孙实验[①](G. P. Thomson,1927 年)

电子通过单晶粉末,出现衍射图像(图 1.10). 这一衍射图像反映了电子的波动性(电子能量为 10～40 keV,所以波长范围在 0.4～0.06 Å,可穿透厚度为 1000 Å 的箔). 就如 X 射线照到单晶粉末压成的金箔上,满足 $2d\sin\theta=n\lambda$ 条件而显现衍射图像一样,电子入射满足 $2d\sin\theta=nh/p$ 条件时也形成衍射环(见图 1.10,注意现在实验结果显现的不是一般光学上的明暗相间,而是电子数多少). 注意,这里衍射屏是小晶粒(金箔)组成,所以晶面方向是无规的,总有一些晶粒的面与入射电子夹角满足衍射条件

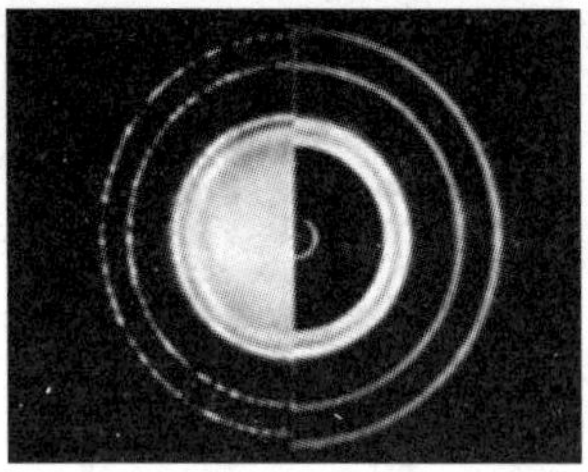

电子　X 射线

图 1.10　电子衍射图像

$$2d\sin\theta=n\lambda, \tag{1.50}$$

因此,对绕入射束一周,并保持晶面与入射束的夹角不变的晶粒总是存在的,所以形成衍射环. 不仅电子有这一特点,后来发现,热中子试验都有这一现象(见图 1.11),即,物质粒子除了有微粒性,还有波动性. 新的实验也进一步显示了电子[②](见图 1.12)、中子[③]、氦原子[④]、碳 60[⑤] 的波动性,以及 Na 气体的玻色-爱因斯坦凝聚[⑥]的干涉实验也显现了这一特性. 在解释这些实验事实时,经典物理学彻底失效.

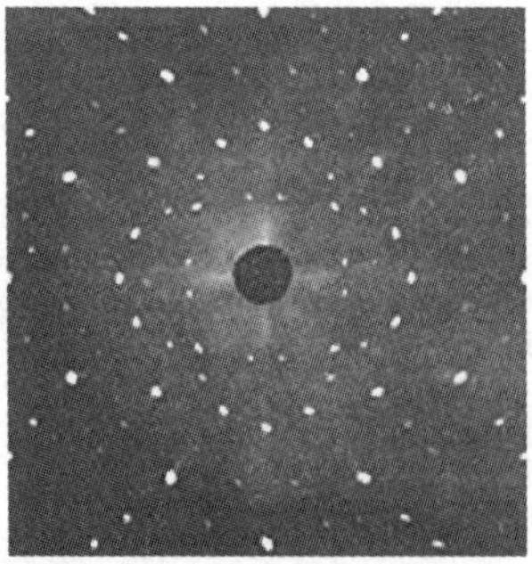

图 1.11　热中子衍射图像

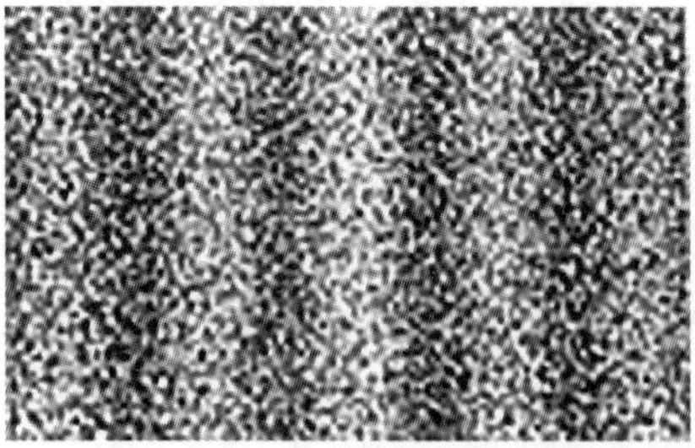

图 1.12　单电子双缝衍射图像

① G. P. Thomson, Proceedings of Royal Soc., **A117** (1928)600.

② C. Joensson, Zeit. für Physik, **161** (1961)454; A. Tonomura *et al.*, A. J. Phys., **57** (1989)117.

③ A. Zeilinger *et al.*, Rev. Mod. Phys., **60** (1988)1067.

④ O. Carnal and J. Mlynek, Phys. Rev. lett., **60** (1991)2689.

⑤ M. Amdt *et al.*, Nature, **401** (1999)680.

⑥ M. R. Andrews *et al.*, Science, **275** (1997)637.

附注:Planck 辐射本领公式的 Einstein 推导

设:频率为 ν_s 的辐射量子,处于 x,y,z 并具有动量 p_x,p_y,p_z,所以

$$p_x^2+p_y^2+p_z^2=\frac{h^2\nu_s^2}{c^2}.$$

于是,在体积 V 中,频率在 ν_s—$\nu_s+d\nu_s$ 的六维相空间的体积为

$$4\pi h^3\nu_s^2 V d\nu_s/c^3.$$

由于每一个元胞体积为 h^3,并考虑到光量子的两种可能的极化.于是在相空间中,单位频率的量子态数为

$$Z_s=\frac{8\pi\nu_s^2}{c^3}V.$$

于是,N_s 个量子粒子分布于 Z_s 量子态中的可能态数为

$$w_{N_s}=\frac{(N_s+Z_s-1)!}{N_s!(Z_s-1)!}.$$

在体积 V 中,所有辐射频率的可能态数为

$$w=\prod_s w_{N_s}=\prod_s\frac{(N_s+Z_s-1)!}{N_s!(Z_s-1)!}.$$

在热平衡时,则要求 w 在 E 不变的约束条件下取极大值.利用变分法,可获得

$$\overline{N}_s=\frac{Z_s}{\exp(h\nu_s/kT)-1}.$$

[**证** 由

$$\ln w=\sum_s[\ln(N_s+Z_s-1)!-\ln N_s!-\ln(Z_s-1)!],$$

$$E=\sum_s h\nu_s N_s,$$

$$N_s=\sum_r p_{sr}.$$

当 Z_s 和 N_s 很大时,则由斯特林公式 $\ln A!=A(\ln A-1)$,并有 $\delta\ln A!=\ln A\delta A$. 于是获得无约束条件下,$w_{N_s}$ 取极大时,N_s 满足的方程为

$$\delta\ln w=\sum_s[\ln(N_s+Z_s-1)-\ln N_s]\delta N_s=0,$$

$$\delta E=\sum_s h\nu_s\delta N_s.$$

由于 $\delta E=0$ 的约束条件,则确定 N_s 的方程应为

$$\ln\frac{\overline{N}_s+Z_s}{\overline{N}_s}-\beta h\nu_s=0.$$

从而证得

$$\overline{N}_s=\frac{Z_s}{\exp(h\nu_s/kT)-1}$$

($\beta=1/kT$ 可由熵的统计表达式证得①).]

所以

---

① 林宗涵,《热力学和统计物理学》,北京大学出版社,2006 年,第 315 页.

$$E=\sum_s \overline{N}_s h\nu_s=\sum_s Z_s \frac{h\nu_s}{e^{h\nu_s/kT}-1}=\sum_s \frac{8\pi\nu_s^2}{c^3}V\frac{h\nu_s}{e^{h\nu_s/kT}-1},$$

于是,能量密度为

$$\rho=\sum_s \rho_s=\sum_s \frac{8\pi\nu_s^2}{c^3}\frac{h\nu_s}{e^{h\nu_s/kT}-1}.$$

而辐射本领与能量密度关系为

$$E(\nu_s,T)=\frac{c}{4}\rho_s=\frac{2\pi\nu_s^2}{c^2}\frac{h\nu_s}{e^{h\nu_s/kT}-1}.$$

此即 Planck 的辐射本领公式的 Einstein 推导.

习　题

1.1 两个光子在一定条件下可以转化为正、负电子对.如果两光子的能量相等,问要实现这种转化,光子的波长最大是多少?

1.2 求在势阱

$$V(x)=\begin{cases}0, & 0<x<a,\\ \infty, & x<0,x>a\end{cases}$$

中运动的粒子的能谱.

1.3 求在势场

$$V(x)=\begin{cases}-\dfrac{e^2}{4\pi\varepsilon_0 x}, & x>0,\\ \infty, & x<0\end{cases}$$

中运动的电子的能谱.

1.4 计算下列情况的德布罗意波长,指出哪种过程要用量子力学处理:

(1) 能量为 0.025 eV 的慢中子($m_n=1.67\times10^{-24}$ g),被铀吸收;

(2) 能量为 5 MeV 的 α 粒子穿过原子($m_\alpha=6.64\times10^{-24}$ g);

(3) 飞行速度为 100 m/s、质量为 40 g 的子弹运动.

1.5 利用德布罗意关系及圆形轨道为各波长的整数倍,给出氢原子能量可能值.

1.6 利用中子衍射(衍射公式为 $n\lambda=2d\sin\theta$)可测量晶体的结构.

(1) 估计中子的速度(若衍射原子平面间的距离 $d=0.2\times10^{-9}$ m,$m_n=1.675\times10^{-27}$ kg);

(2) 估计相应的中子动能和相应的温度.

1.7 利用电子散射能获得最精确的原子核半径,试估计要提供这一结果的电子的动量应多大(原子核的大小≈3 fm)?其相应的能量又是多大?这时 $E\lambda=$?

第二章　波函数与波动方程

从第一章中我们发现，辐射和粒子的运动还具有新的特点. 主要表现为：

A. 波粒二象性

如下两对物理量

E(能量)，　$\boldsymbol{p}$(动量)，　　(粒子的动力学变量)

ν(频率)，　λ(波长)，　　　(波的特征量)

它们之间的关系为

$$E = h\nu = \hbar\omega \quad \text{(普朗克假设)，即爱因斯坦关系，}$$

$$\boldsymbol{p} = \hbar\boldsymbol{k}\left(\lambda = \frac{h}{p},\ |\ \boldsymbol{k}\ | = \frac{2\pi}{\lambda}\right) \quad \text{(德布罗意假设)，即德布罗意关系.}$$

而具有确定动量的自由粒子被一平面波所描述：

$$\psi = A\mathrm{e}^{\mathrm{i}(\boldsymbol{k}\cdot\boldsymbol{r}-\omega t)} = A\mathrm{e}^{\mathrm{i}(\boldsymbol{p}\cdot\boldsymbol{r}-Et)/\hbar}. \tag{2.1}$$

B. 物理量取值不一定是连续的

辐射体辐射的能量取值

$$E = nh\nu, \quad n = 0,1,2,\cdots.$$

氢原子的能级

$$E_n = \frac{-e^2}{8\pi\varepsilon_0 \cdot a_0 n^2}, \quad a_0 = \frac{4\pi\varepsilon_0\,\hbar^2}{m_e e^2} = 0.529\times 10^{-8}\ \mathrm{cm}. \tag{2.2}$$

由于平常粒子的波长 $\lambda < 10^{-10}$ Å，所以，对它们一般是观察不到干涉、衍射现象. 但微观粒子的波长则不同，如电子 $\lambda \approx 1$ Å，因此在原子线度下才可能显示出波动性. 而在宏观测量尺度下，几乎不显示波动性.

经典物理学是不可能将粒子所具有的微粒性和波动性统一起来的. 因为经典粒子具有原子性(整体性)，并有一定的轨道，而经典波是描述实在物理量的空间分布，具有干涉、衍射的特征，这两者是不相容的. 所以，描述微观粒子既不能用经典粒子，也不能用经典波，当然也不能用经典粒子和经典波共同来描述. 同样，经典物理学的物理量的测量值是连续的，它无法解释物理量取值可以是不连续的事实.

2.1　波粒二象性[①]

费恩曼提出一个想象的单电子干涉实验. 这一想象的实验结果是：测量单独开启缝 1,单独开启缝 2,以及同时开启缝 1,2 时通过的电子数的强度分布为 P_1，P_2 及 P_{12},发现(见图 2.1)：

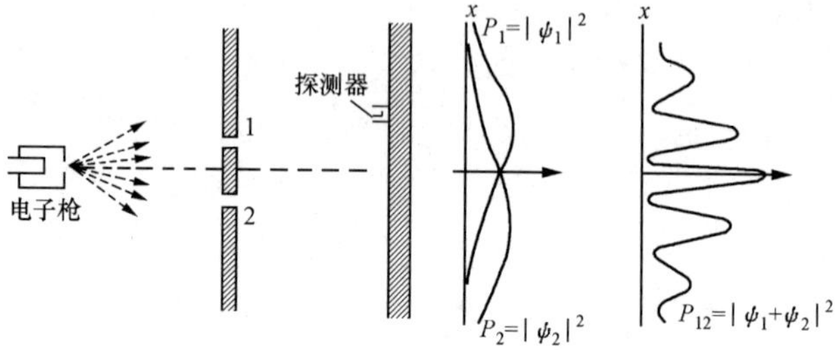

图 2.1　电子干涉实验

(i) 每次接收到的是一个电子,即电子确是以一个整体出现；

(ii) 电子数的强度分布为 P_1,P_2 和 P_{12},但

$$P_1+P_2\neq P_{12};$$

(iii) 若令电子枪发射稀疏到任何时刻空间至多有一个电子,但足够长的时间后,也有同样的结果.

因此,相应地我们可得到下面的结论：

(i′) 不能认为,波是电子将自己以一定密度分布于空间形成的(因接收到的是一个个电子),也不是大量电子分布形成的(电子枪发射的电子非常稀疏时,也有同样的现象)；

(ii′) 不能想象,电子通过缝 1,2 时,能像经典电子(有轨道)那样来描述(因 $P_1+P_2\neq P_{12}$)；

(iii′) 不能认为衍射可能是通过缝后,电子相互作用所导致(电子枪发射的电子非常稀疏时,也有同样现象).

总之,电子(量子粒子)不能看作经典粒子,也不能用经典波来描述(经典波是物理量在空间的分布. 如按经典波描述,现在应是电子密度分布,这当然是不对的).

现在这一假想的单个电子的双缝干涉实验已被实现[②](见图 2.2).

---

① R. P. Feynman, R. B. Leighton and M. Sands, The Feynman Lectures on Physics, Addison-Wesley Publishing Company Inc., 1965, Vol. III, 3-2.

② A. Tonomura *et al.*, American Journal Phys., **57** (1989) 117.

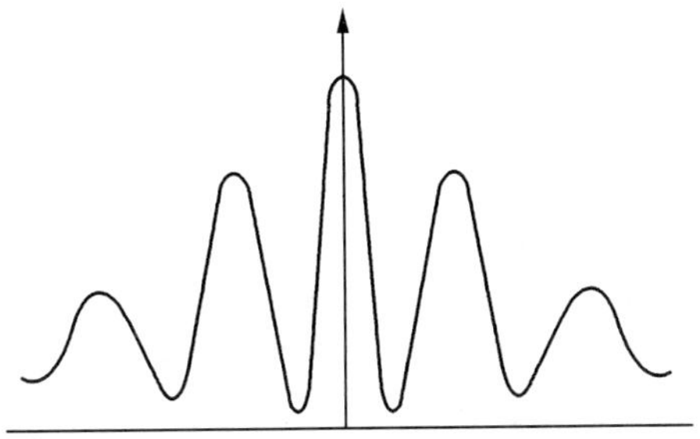

图 2.2 单个电子的双缝干涉实验

取自 Physics World (September 2002)

这种干涉现象在经典中也有类似表示，如水波通过两个缝后，在接收器上的强度分布为 I_1, I_2, I_{12}. 但 $I_1+I_2\neq I_{12}$(见图 2.3).

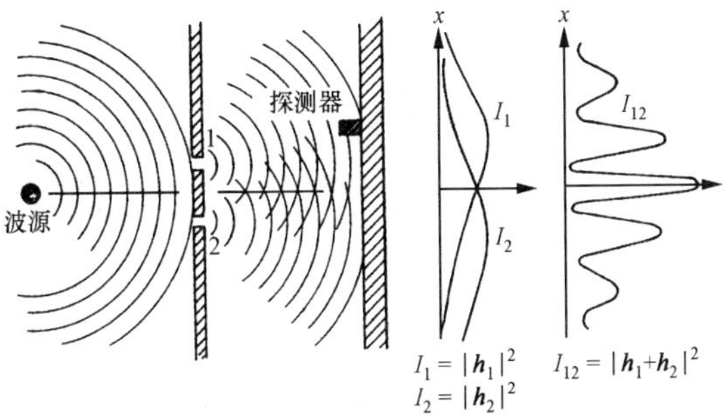

图 2.3 水波干涉现象

我们是如何解释这一干涉现象呢?

通过缝 1 时，水波以 $\boldsymbol{h}_1=h_1\mathrm{e}^{-\mathrm{i}\omega t}$ 描述；

通过缝 2 时，水波以 $\boldsymbol{h}_2=h_2\mathrm{e}^{-\mathrm{i}\omega t}$ 描述；

通过缝 1,2 时，则以$(h_1+h_2)\mathrm{e}^{-\mathrm{i}\omega t}$来描述(见图 2.3).

$$I_1=|\boldsymbol{h}_1|^2, \tag{2.3}$$

$$I_2=|\boldsymbol{h}_2|^2, \tag{2.4}$$

$$\begin{aligned}I_{12}&=|\boldsymbol{h}_1+\boldsymbol{h}_2|^2=|\boldsymbol{h}_1|^2+|\boldsymbol{h}_2|^2+(\boldsymbol{h}_1\boldsymbol{h}_2^*+\boldsymbol{h}_1^*\boldsymbol{h}_2)\\&=I_1+I_2+2\sqrt{I_1I_2}\cos\delta,\end{aligned} \tag{2.5}$$

$2\sqrt{I_1I_2}\cos\delta$ 即为干涉项($h_1=|\boldsymbol{h}_1|\mathrm{e}^{\mathrm{i}\delta_1}, h_2=|\boldsymbol{h}_2|\mathrm{e}^{\mathrm{i}\delta_2}, \delta=\delta_1-\delta_2$).

电子的干涉现象与这完全相似，但两者的含意是本质不同的：前者是强度，后者是接收到电子数的多少.

这启发我们：电子的双缝干涉中的现象也可用函数 ψ_1, ψ_2 来描述(它们一般应是复函数)，

$$P_1 = |\psi_1|^2, \tag{2.6a}$$

$$P_2 = |\psi_2|^2, \tag{2.6b}$$

$$P_{12} = |\psi_1 + \psi_2|^2 = |\psi_1|^2 + |\psi_2|^2 + (\psi_1\psi_2^* + \psi_1^*\psi_2)$$

$$= P_1 + P_2 + 2\sqrt{P_1P_2}\cos\delta. \tag{2.6c}$$

ψ_1,ψ_2 称为波函数(描述粒子波动性的函数称为波函数),也就是说,接收器上某位置电子数的分布,将由波函数的模的平方$|\psi|^2$ 来描述.

空间若有两个波,强度则应由波函数 $\psi_1+\psi_2$ 的模的平方来描述.但是,这种描述的含意是什么呢?它没有回答电子是一个个出现的问题;也没有回答,空间电子稀疏时,但时间足够长后,电子数分布的干涉花纹照样出现的问题.

2.2 波函数的统计解释——概率波

真正将量子粒子的微粒性和波动性统一起来的观点是在 1926 年由玻恩(M. Born)①提出的.如电子用一波函数 $\psi(x)$来描述,则

(i) 从上面分析可以看到,在 x—$x+\mathrm{d}x$ 范围内,接收到电子多少是与 $P(x)\mathrm{d}x=|\psi(x)|^2\mathrm{d}x$ 的大小有关;

(ii) 当发射电子稀疏到一定程度时,接收器上接收到的电子几乎是“杂乱无章”的.但当时间足够长后,接收到的电子数分布为 $P(x)$.这表明,电子出现在接收器上的各个位置是具有一定的概率的.当足够多的电子被接收后,在接收器上的电子数分布正显示了这一概率分布(电子到接收器上是一个个的,但分布又类似水波描述,即概率波),

$$P(x) = |\psi(x)|^2$$

是电子出现在 x 附近的概率密度$\left(\text{如果}\int P(x)\mathrm{d}x = 1\right)$.

由此可见,尽管电子通过双缝的描述可以类似水波那样用一波函数来描述,但本质是不同的.它不像水波那样是描述某处的水所带能量的大小,而仅是表示粒子在空间的概率分布,即 $\psi(\boldsymbol{r},t)$是描述一个电子的概率密度幅.

玻恩概率解释:如果在 t 时刻,对以波函数 $\psi(\boldsymbol{r},t)$描述的粒子进行位置测量,测得的结果可以是不同的,而在 $\boldsymbol{r}$—$\boldsymbol{r}+\mathrm{d}\boldsymbol{r}$ 小区域中发现该粒子的概率为

$$P(\boldsymbol{r},t)\mathrm{d}\boldsymbol{r} = |\psi(\boldsymbol{r},t)|^2\mathrm{d}\boldsymbol{r}. \quad \left(\text{由于是概率,}\int P(\boldsymbol{r},t)\mathrm{d}\boldsymbol{r} = 1\right) \tag{2.7}$$

应该着重注意两点:

(i) $\psi(\boldsymbol{r},t)$不是对物理量的波动描述.它的意义在于$|\psi(\boldsymbol{r},t)|^2\mathrm{d}\boldsymbol{r}$ 代表在体积

---

① M. Born, Z. Physik, **38** (1926)803.

元 d$\boldsymbol{r}$ 中发现粒子的概率，所以它不代表物理实体，仅是一概率波.

(ii) 粒子是由波函数 $\psi(x,t)$ 来描述，但波函数并不能告诉你在 t_0 时刻测量时，粒子在什么位置. 粒子位置可能在 x_1，可能在 x_2，…而在 x_1—$x_1+\mathrm{d}x_1$ 中发现粒子的概率为 $|\psi(x_1,t_0)|^2\mathrm{d}x_1$. 也就是说 $|\psi(x,t_0)|^2$ 在某 x 处越大，则在 t_0 时刻测量发现粒子在该处的机会越多.（这表明，我们讲的是预言到什么，但我们不能说出测量的结果.）

我们如何来理解这一点呢？因如果对一个体系去测量而发现粒子可能就处于 x_1，只测得一个值. 但可想象有很多很多完全同样的体系，对体系同时进行完全相同的测量，测得的结果发现：

n_1 次，粒子处于 x_1—$x_1+\mathrm{d}x$；

n_2 次，粒子处于 x_2—$x_2+\mathrm{d}x$；

⋮

n_i 次，粒子处于 x_i—$x_i+\mathrm{d}x$；

⋮

当对足够多的完全同样的体系进行同时测量后，发现粒子在 x_i—$x_i+\mathrm{d}x$ 处的概率为

$$\frac{n_i}{\sum_j n_j}=|\psi(x_i,t)|^2\mathrm{d}x. \tag{2.8}$$

我们将会看到，体系的波函数 $\psi(\boldsymbol{r},t)$ 给出了体系所有信息，它给出体系一个完全的描述（例如，测量粒子的能量时，能预言可能测得哪些能量值和测得该能量值的概率等等）. 正因为如此，我们可以说波函数描述了体系所处的量子状态. 以 $\psi(\boldsymbol{r},t)$ 描述体系，就称体系处于态 $\psi(\boldsymbol{r},t)$，或称 $\psi(\boldsymbol{r},t)$ 为体系的态函数.

2.3　波函数的性质，态叠加原理

既然体系状态的波函数 $\psi(\boldsymbol{r},t)$ 给出了体系所有可能得到的信息，那么它有什么共同性质呢？

2.3.1　波函数的性质

A. 归一化条件

$|\psi(\boldsymbol{r},t)|^2\mathrm{d}\boldsymbol{r}$ 为 t 时刻，发现粒子在 $\boldsymbol{r}$—$\boldsymbol{r}+\mathrm{d}\boldsymbol{r}$ 中的概率. 但测量时，总是要发现粒子的，所以，在整个空间中，发现粒子的概率之和应为 1. 因此，一个真正的实在的波函数，应该有

$$\int|\psi(\boldsymbol{r},t)|^2\mathrm{d}\boldsymbol{r}=1. \tag{2.9}$$

若波函数满足了上述条件,则称该波函数已归一化.

应该注意,只有当波函数归一化后,才能说 $|\psi(\boldsymbol{r},t)|^2 \mathrm{d}\boldsymbol{r}$ 是在 $\mathrm{d}\boldsymbol{r}$ 区域中,发现粒子的概率.否则在 $\mathrm{d}\boldsymbol{r}$ 区域中,发现粒子的概率为

$$\frac{|\psi(\boldsymbol{r},t)|^2 \mathrm{d}\boldsymbol{r}}{\int |\psi(\boldsymbol{r}',t)|^2 \mathrm{d}\boldsymbol{r}'}. \tag{2.10}$$

若 $\int |\psi(\boldsymbol{r},t)|^2 \mathrm{d}\boldsymbol{r} = A^2$,则归一化的波函数为

$$\varphi(\boldsymbol{r},t) = \frac{1}{A}\psi(\boldsymbol{r},t). \tag{2.11}$$

(当然,即使已归一化,也还可差一相因子 $\mathrm{e}^{\mathrm{i}\delta}$,$\delta$ 为实数.)这时 $|\varphi(\boldsymbol{r},t)|^2 \mathrm{d}\boldsymbol{r}$ 才代表在 $\boldsymbol{r}$—$\boldsymbol{r}+\mathrm{d}\boldsymbol{r}$ 区域中发现粒子的概率.

例 若

$$\psi(\boldsymbol{r},t) = \mathrm{e}^{-\frac{r}{2a}-\mathrm{i}\omega t},$$

求其归一化系数及相关概率.

$$\int |\psi(\boldsymbol{r},t)|^2 \mathrm{d}\boldsymbol{r} = \int \mathrm{e}^{-\frac{r}{2a}-\mathrm{i}\omega t} \cdot \mathrm{e}^{-\frac{r}{2a}+\mathrm{i}\omega t} r^2 \mathrm{d}r\mathrm{d}\Omega = \int_0^\infty \mathrm{e}^{-\frac{r}{a}} r^2 \mathrm{d}r \cdot 4\pi = 8\pi a^3,$$

所以,归一化的波函数为

$$\varphi(\boldsymbol{r},t) = \frac{1}{(8\pi a^3)^{1/2}} \mathrm{e}^{-\frac{r}{2a}-\mathrm{i}\omega t}.$$

在 r_0—$r_0+\mathrm{d}r$ 中的概率(见图 2.4)为

$$r_0^2 \mathrm{d}r \int |\varphi(r_0,\theta,\phi,t)|^2 \sin\theta \mathrm{d}\theta \mathrm{d}\phi = \frac{r_0^2 \mathrm{d}r}{8\pi a^3} \int \mathrm{e}^{-\frac{r_0}{a}} \sin\theta \mathrm{d}\theta \mathrm{d}\phi = \frac{r_0^2}{2a^3} \mathrm{d}r \cdot \mathrm{e}^{-\frac{r_0}{a}};$$

在 θ_0—$\theta_0+\mathrm{d}\theta$ 中的概率(见图 2.5)为

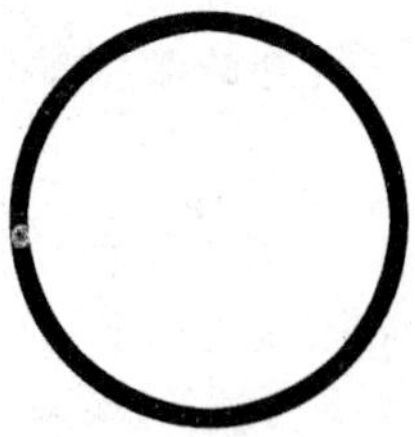

图 2.4

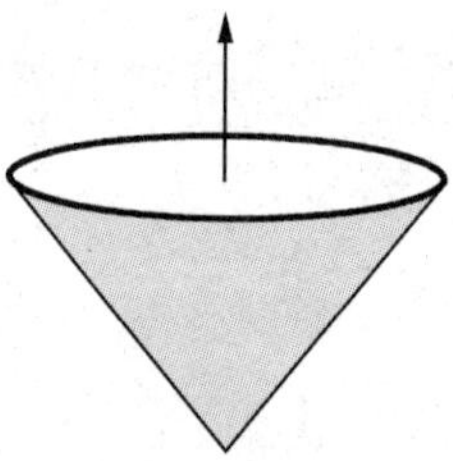

图 2.5

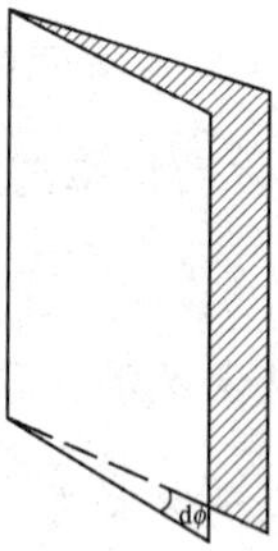

图 2.6

$$\int |\varphi(r,\theta_0,\phi,t)|^2 \sin\theta_0 \mathrm{d}\theta r^2 \mathrm{d}r \mathrm{d}\phi$$

$$= \sin\theta_0 \mathrm{d}\theta \frac{1}{8\pi a^3} \int \mathrm{e}^{-\frac{r}{a}} r^2 \mathrm{d}r \mathrm{d}\phi = \sin\theta_0 \mathrm{d}\theta \frac{1}{8\pi a^3} \cdot 2a^3 \cdot 2\pi = \frac{1}{2} \sin\theta_0 \mathrm{d}\theta;$$

在 ϕ_0—$\phi_0+\mathrm{d}\phi$ 中的概率(见图 2.6)为

$$\mathrm{d}\phi\int|\psi(r,\theta,\phi_0,t)|^2 r^2\mathrm{d}r\sin\theta\mathrm{d}\theta=\frac{\mathrm{d}\phi}{8\pi a^3}\int \mathrm{e}^{-\frac{r}{a}}r^2\mathrm{d}r\sin\theta\mathrm{d}\theta=\frac{1}{2\pi}\mathrm{d}\phi;$$

当然，也可计算 x_0—$x_0+\mathrm{d}x$ 中的概率，

$$\int|\varphi(x_0,y,z,t)|^2\mathrm{d}x\mathrm{d}y\mathrm{d}z=\frac{1}{8\pi a^3}\mathrm{d}x\int \mathrm{e}^{-\frac{r}{a}}\mathrm{d}y\mathrm{d}z\Big|_{x=x_0}=\frac{\mathrm{d}x}{4a^2}(a+|x_0|)\mathrm{e}^{-|x_0|/a}.$$

显然，重要的是相对概率. $\psi(\boldsymbol{r},t)$和$\frac{1}{A}\psi(\boldsymbol{r},t)$的相对概率分布是完全相同的，是描述同一量子状态(这与经典波有很大不同). 所以差一常数因子的波函数是完全等价的. 即使归一化了，仍可有一相因子的差别 $\mathrm{e}^{\mathrm{i}\alpha}$($\alpha$ 为实数).

为了处理问题的方便，我们有时也用一些不能归一化的波函数，如波函数 $\mathrm{e}^{\mathrm{i}(\boldsymbol{k}\cdot\boldsymbol{r}-\omega t)}$，$\delta(\boldsymbol{r}-\boldsymbol{a})$等. 事实上，这是另一类波函数(本征值连续时所相应的波函数)，我们将在以后讨论.

B. 波函数的自然条件

一般而言，波函数必须**连续**、**有界**、**单值**.

(i) **连续**：由于$|\psi(\boldsymbol{r},t)|^2\mathrm{d}\boldsymbol{r}$ 有粒子处于 $\boldsymbol{r}$—$\boldsymbol{r}+\mathrm{d}\boldsymbol{r}$ 中的概率解释. 因此在 $\boldsymbol{r}_0+0$ 和 $\boldsymbol{r}_0-0$ 处概率当然应该相等，所以 $\psi(\boldsymbol{r},t)$在任何条件下应连续.

(ii) **有界**：我们讲有界是指$\int|\psi(\boldsymbol{r},t)|^2\mathrm{d}\boldsymbol{r}$ 有界，即使存在一些孤立奇点(对于 ψ)，只要在包含它们的小区域中的概率有界，也能不违背波函数这一性质，也就是波函数平方可积.

例如对于：$\psi\xrightarrow[r\to 0]{}\infty$.

只要在小区域($\boldsymbol{r}=0$ 附近)，$\frac{4}{3}\pi r^3|\psi(\boldsymbol{r},t)|^2\xrightarrow{r\to 0}$有界即可. 所以要求 $\psi(\boldsymbol{r},t)\xrightarrow{r\to 0}\infty$ 只要不快于$\frac{1}{r^{3/2}}$，即 $r\to 0$ 时，若 $\psi(\boldsymbol{r},t)$的渐近形式为$\frac{1}{r^s}$，则要求 $s<\frac{3}{2}$.

对于一维$\frac{1}{x^s}$，$s<\frac{1}{2}$. 当 $x\to 0$，$x\cdot\frac{1}{x^{2s}}$有界.

对于二维$\frac{1}{\rho^s}$，$s<1$. 当 $\rho\to 0$，$\pi\rho^2\frac{1}{\rho^{2s}}$有界.

而对 $r\to\infty$，ψ 趋于 0 应快于$\frac{1}{r^{3/2}}$.

(iii) **单值**：实际上仅需$|\psi(\boldsymbol{r},t)|^2$ 单值，即$|\psi(\boldsymbol{r},t)|$单值. 这一点我们将在后面讨论.

(iv) **在位势有限大小的间断处，波函数导数仍连续**，

$$\psi'(\boldsymbol{x}_0-0,t)=\psi'(\boldsymbol{x}_0+0,t). \tag{2.12}$$

我们将在第三章中证明.

C. 多粒子体系波函数的形式

N 个不同粒子体系的波函数形式为

$$\psi(\boldsymbol{r}_1,\boldsymbol{r}_2,\cdots,\boldsymbol{r}_N,t), \tag{2.13}$$

共有 $3N$ 个自由度. $|\psi(\boldsymbol{r}_1,\boldsymbol{r}_2,\cdots,\boldsymbol{r}_N,t)|^2\mathrm{d}\boldsymbol{r}_1\cdots\mathrm{d}\boldsymbol{r}_N$ 是描述粒子 1 处于 $\boldsymbol{r}_1$—$\boldsymbol{r}_1+\mathrm{d}\boldsymbol{r}_1$，…，粒子 N 处于 $\boldsymbol{r}_N$—$\boldsymbol{r}_N+\mathrm{d}\boldsymbol{r}_N$ 的概率. 在第八章将给出描述 N 个全同粒子的波函数.

而粒子 1 处于 $\boldsymbol{r}_{10}$—$\boldsymbol{r}_{10}+\mathrm{d}\boldsymbol{r}_1$ 的概率为

$$\mathrm{d}\boldsymbol{r}_1\int|\psi(\boldsymbol{r}_{10},\boldsymbol{r}_2,\cdots,\boldsymbol{r}_N,t)|^2\mathrm{d}\boldsymbol{r}_2\cdots\mathrm{d}\boldsymbol{r}_N. \tag{2.14}$$

同样，在整个空间中找到这些粒子的概率应为 1.

所以，物质粒子的波动性本质上与经典波是不一样的. 经典波是指描述某种实在的物理量在三维空间中的波动现象，而物质粒子波函数则是在多维空间(位形空间)中的概率波.

2.3.2　位置和势能的平均值

既然波函数能给出体系的一切可能的信息，它能预言测量值得到某可能值的概率，那它应该能给出物理量的统计平均值.

A. 位置平均值

设：$\psi(x,y,z,t)$是归一化波函数. 由于测得 x 值在 x_i—$x_i+\Delta x_i$ 的概率为

$$\Delta x_i\Big(\sum_{j,k}|\psi(x_i,y_j,z_k,t)|^2\Delta y_j\Delta z_k\Big), \tag{2.15}$$

按平均值的定义，x 的平均值应表为

$$\begin{aligned}\bar{x}&=\lim_{\substack{\Delta x_i\to 0,\\ \Delta y_j\to 0,\\ \Delta z_k\to 0}}\sum_i x_i\cdot\Delta x_i\Big(\sum_{j,k}|\psi(x_i,y_j,z_k,t)|^2\Delta y_j\Delta z_k\Big)\\&=\iiint x|\psi(x,y,z,t)|^2\mathrm{d}x\mathrm{d}y\mathrm{d}z=\int\psi^*(\boldsymbol{r},t)x\psi(\boldsymbol{r},t)\mathrm{d}\boldsymbol{r}.\end{aligned} \tag{2.16}$$

B. 势能平均值(假设势能不依赖动量)

$$\begin{aligned}\bar{V}&=\lim_{\substack{\Delta x_i\to 0,\\ \Delta y_j\to 0,\\ \Delta z_k\to 0}}\sum_{ijk}V(x_i,y_j,z_k)|\psi(x_i,y_j,z_k,t)|^2\Delta x_i\Delta y_j\Delta z_k\\&=\int V(x,y,z)|\psi(x,y,z,t)|^2\mathrm{d}x\mathrm{d}y\mathrm{d}z\\&=\int\psi^*(\boldsymbol{r},t)V(\boldsymbol{r})\psi(\boldsymbol{r},t)\mathrm{d}\boldsymbol{r}.\end{aligned} \tag{2.17}$$

初看起来，对于动量、能量和角动量等，平均值都应能类似地给出. 例如动量平均值按上述描述则为

$$\bar{\boldsymbol{p}}=\int\psi^*(x,y,z,t)\boldsymbol{p}(x,y,z)\psi(x,y,z,t)\mathrm{d}x\mathrm{d}y\mathrm{d}z,$$

然而原则上讲，这是完全错的. 因为粒子具有波动性，而动量是与波长相联系的$\left(\lambda=\dfrac{h}{p}\right)$；但波长是描述波在空间变化的快慢. 一般而言，一个波函数 $\psi(\boldsymbol{r},t)$ 是由很多不同波长的平面波叠加而成的. 在某一点 (x,y,z) 处，其波长不是一个，而是有很多不同大小的波长，即在 (x,y,z) 处，并没有确定的 $\dfrac{h}{\lambda(x,y,z)}=p(x,y,z)$ 值，因而不可能仿上述平均值来表示.

2.3.3 动量平均值

A. 动量平均值

既然不能像位置那样求动量平均值，那如何计算呢?

根据德布罗意关系，具备一定动量和能量的自由粒子，其波长 $\lambda=\dfrac{h}{p}$，频率 $\omega=\dfrac{E}{\hbar}$，即以一平面波来描述，

$$\psi_p(\boldsymbol{r},t)=\frac{1}{(2\pi\hbar)^{3/2}}\mathrm{e}^{\mathrm{i}(\boldsymbol{k}\cdot\boldsymbol{r}-\omega t)}=\frac{1}{(2\pi\hbar)^{3/2}}\mathrm{e}^{\mathrm{i}(\boldsymbol{p}\cdot\boldsymbol{r}-E_pt)/\hbar},\tag{2.18}$$

式中波函数乘以一个系数是为了使它们归一化到 $\delta(\boldsymbol{p}-\boldsymbol{p}')$，

$$|\boldsymbol{k}|=\frac{2\pi}{\lambda},\quad \omega=2\pi\nu.\tag{2.19}$$

所以，描述体系是单色平面波时，粒子具有的动量 $\boldsymbol{p}$ 是完全确定的，因而平均值就是确定的值 $\boldsymbol{p}$.

一般而言，描述粒子是由一波包来实现(局限于空间某一区域，所以是由许多平面波叠加而成)，即动量有一分布，可由实验来确定.

考察一束具有动量 $\boldsymbol{p}$ 的电子束垂直入射到抛光的镍金属晶体上(即戴维逊和革末实验)，在 θ 方向上有强的电子束出射$\left(若\ a\sin\theta=n\dfrac{h}{p}\right)$.

假设动量取分立值，有两个可能的动量值 p_1 和 p_2 的电子束入射. 由于 p_1 和 p_2 对应不同 λ_1,λ_2，所以经镍晶体表面散射的角度是不同的，它们满足

$$a\sin\theta_1=\frac{h}{p_1},\quad a\sin\theta_2=\frac{h}{p_2}.$$

当比较远时，被接收到的电子动量分别为 $\boldsymbol{p}_1,\boldsymbol{p}_2$(在 θ_1,θ_2 方向).

这时镍晶体好似一谱分离器，可认为在 θ_1 方向上接收到的电子以 $C_{p_1}(t)\mathrm{e}^{\mathrm{i}\boldsymbol{p}_1\cdot\boldsymbol{r}/\hbar}$ 平面波来描述；在 θ_2 方向上接收到的电子以 $C_{p_2}(t)\mathrm{e}^{\mathrm{i}\boldsymbol{p}_2\cdot\boldsymbol{r}/\hbar}$ 平面波来描述.

因此，在远处接收到动量为 $\boldsymbol{p}_1$ 的电子数目

$$N_1(\theta_1) \propto |C_{\boldsymbol{p}_1}(t)\mathrm{e}^{\mathrm{i}\boldsymbol{p}_1\cdot\boldsymbol{r}/\hbar}|^2 = |C_{\boldsymbol{p}_1}(t)|^2,$$

收集到动量为 $\boldsymbol{p}_2$ 的电子数目

$$N_2(\theta_2) \propto |C_{\boldsymbol{p}_2}(t)\mathrm{e}^{\mathrm{i}\boldsymbol{p}_2\cdot\boldsymbol{r}/\hbar}|^2 = |C_{\boldsymbol{p}_2}(t)|^2.$$

（而这反映入射到镍晶体表面前电子动量可能为 $\boldsymbol{p}_1$ 或 $\boldsymbol{p}_2$ 的数目多少.）所以，散射后，整个空间的波函数的描述应为

$$C_{\boldsymbol{p}_1}(t)\mathrm{e}^{\mathrm{i}\boldsymbol{p}_1\cdot\boldsymbol{r}/\hbar} + C_{\boldsymbol{p}_2}(t)\mathrm{e}^{\mathrm{i}\boldsymbol{p}_2\cdot\boldsymbol{r}/\hbar}.$$

（在远处 θ_1,θ_2 方向接收到动量相应为 $\boldsymbol{p}_1,\boldsymbol{p}_2$ 的电子.）

实际上，镍晶体就是一制备仪器，制备一个体系的状态，以这一波函数来描述. 这才是描述散射后，一个电子的波函数.

而动量为 $\boldsymbol{p}_1$ 的电子的概率为

$$\frac{N_1(\theta_1)}{N_1(\theta_1)+N_2(\theta_2)} = \frac{|C_{\boldsymbol{p}_1}(t)|^2}{|C_{\boldsymbol{p}_1}(t)|^2 + |C_{\boldsymbol{p}_2}(t)|^2} = W_{\boldsymbol{p}_1}(t),$$

动量为 $\boldsymbol{p}_2$ 的电子的概率为

$$\frac{N_2(\theta_2)}{N_1(\theta_1)+N_2(\theta_2)} = \frac{|C_{\boldsymbol{p}_2}(t)|^2}{|C_{\boldsymbol{p}_1}(t)|^2 + |C_{\boldsymbol{p}_2}(t)|^2} = W_{\boldsymbol{p}_2}(t).$$

因此，对于处于状态

$$\psi(\boldsymbol{r},t) = C_{\boldsymbol{p}_1}(t)\mathrm{e}^{\mathrm{i}\boldsymbol{p}_1\cdot\boldsymbol{r}/\hbar} + C_{\boldsymbol{p}_2}(t)\mathrm{e}^{\mathrm{i}\boldsymbol{p}_2\cdot\boldsymbol{r}/\hbar}$$

的电子，其动量平均值应表为

$$\bar{\boldsymbol{p}} = \boldsymbol{p}_1 W_{\boldsymbol{p}_1}(t) + \boldsymbol{p}_2 W_{\boldsymbol{p}_2}(t) = \frac{\boldsymbol{p}_1|C_{\boldsymbol{p}_1}(t)|^2 + \boldsymbol{p}_2|C_{\boldsymbol{p}_2}(t)|^2}{|C_{\boldsymbol{p}_1}(t)|^2 + |C_{\boldsymbol{p}_2}(t)|^2}.$$

我们可将这一思想（对分立值的情况所做的说明）推广到更一般情况：电子可能具有各种大小和方向的动量. 若描述该电子的波函数为 $\psi(\boldsymbol{r},t)$，则有

$$\psi(\boldsymbol{r},t) = \int C(\boldsymbol{p},t)\frac{1}{(2\pi\hbar)^{3/2}}\mathrm{e}^{\mathrm{i}\boldsymbol{p}\cdot\boldsymbol{r}/\hbar}\mathrm{d}\boldsymbol{p}. \tag{2.20}$$

（读者可以证明，若 $\int|\psi(\boldsymbol{r},t)|^2\mathrm{d}\boldsymbol{r}=1$，则 $\int|C(\boldsymbol{p},t)|^2\mathrm{d}\boldsymbol{p}=1$，这表明 $C(\boldsymbol{p},t)$ 是 t 时刻，电子动量为 $\boldsymbol{p}$ 的概率密度幅.）

所以，类似于 $\bar{\boldsymbol{r}} = \int\psi^*(\boldsymbol{r},t)\boldsymbol{r}\psi(\boldsymbol{r},t)\mathrm{d}\boldsymbol{r}$，相应的动量平均值为

$$\bar{\boldsymbol{p}} = \int\boldsymbol{p}|C(\boldsymbol{p},t)|^2\mathrm{d}\boldsymbol{p} = \int C^*(\boldsymbol{p},t)\boldsymbol{p}C(\boldsymbol{p},t)\mathrm{d}\boldsymbol{p}. \tag{2.21}$$

由(2.20)式的傅里叶变换，

$$C(\boldsymbol{p},t) = \frac{1}{(2\pi\hbar)^{3/2}}\int\mathrm{e}^{-\mathrm{i}\boldsymbol{p}\cdot\boldsymbol{r}/\hbar}\psi(\boldsymbol{r},t)\mathrm{d}\boldsymbol{r}. \tag{2.22}$$

于是

$$\bar{\boldsymbol{p}}=\int C(\boldsymbol{p},t)\boldsymbol{p}\left[\frac{1}{(2\pi\hbar)^{3/2}}\int e^{i\boldsymbol{p}\cdot\boldsymbol{r}/\hbar}\psi^*(\boldsymbol{r},t)\mathrm{d}\boldsymbol{r}\right]\mathrm{d}\boldsymbol{p}$$

$$=\int \mathrm{d}\boldsymbol{r}\psi^*(\boldsymbol{r},t)(-\mathrm{i}\hbar\nabla)\frac{1}{(2\pi\hbar)^{3/2}}\int C(\boldsymbol{p},t)e^{i\boldsymbol{p}\cdot\boldsymbol{r}/\hbar}\mathrm{d}\boldsymbol{p}$$

$$=\int\psi^*(\boldsymbol{r},t)(-\mathrm{i}\hbar\nabla)\psi(\boldsymbol{r},t)\mathrm{d}\boldsymbol{r}. \tag{2.23}$$

这表明，如果不用 $C(\boldsymbol{p},t)$ 直接求动量平均值，而用 $\psi(\boldsymbol{r},t)$ 去求 $\bar{\boldsymbol{p}}$，则需要引进算符

$$\hat{\boldsymbol{p}}=-\mathrm{i}\hbar\nabla \tag{2.24}$$

来代替 $\boldsymbol{p}$(变量)进行计算. **$\hat{\boldsymbol{p}}=-\mathrm{i}\hbar\nabla$ 被称为粒子的动量算符.**

对于粒子处于状态 $\psi(\boldsymbol{r},t)$(已归一化)，则其动量的平均值为

$$\bar{\boldsymbol{p}}=\int\psi^*(\boldsymbol{r},t)(-\mathrm{i}\hbar\nabla)\psi(\boldsymbol{r},t)\mathrm{d}\boldsymbol{r}. \tag{2.25}$$

所以，在量子力学中的描述和经典力学中的描述是有本质差别的. 量子力学中物理量(力学量)的描述是用算符来描述. 在微观粒子行为的量子力学描述中引入的算符 $\hat{\boldsymbol{r}},\hat{\boldsymbol{p}},\cdots$，对应于经典的变量位置，动量，等等. 然而这些算符不等于经典变量.

B. 动能$\left(T=\frac{\boldsymbol{p}^2}{2m}\right)$算符和动能平均值

由动量算符可直接导出动能算符，根据动能 T 与动量 $\boldsymbol{p}$ 的关系，有

$$T=\frac{\boldsymbol{p}^2}{2m}\xrightarrow{\text{算符表示}}\frac{\hat{\boldsymbol{p}}^2}{2m}=\frac{-\hbar^2}{2m}\nabla^2, \tag{2.26}$$

即

$$\hat{T}=-\frac{\hbar^2}{2m}\nabla^2=\frac{-\hbar^2}{2m}\left(\frac{\partial^2}{\partial x^2}+\frac{\partial^2}{\partial y^2}+\frac{\partial^2}{\partial z^2}\right). \tag{2.27}$$

在三维球坐标下(见附录(Ⅰ.27a)，(Ⅰ.27b)式)

$$\hat{T}=-\frac{\hbar^2}{2m}\left\{\frac{1}{r^2}\frac{\partial}{\partial r}\left(r^2\frac{\partial}{\partial r}\right)+\frac{1}{r^2}\left[\frac{1}{\sin\theta}\frac{\partial}{\partial\theta}\left(\sin\theta\frac{\partial}{\partial\theta}\right)+\frac{1}{\sin^2\theta}\frac{\partial^2}{\partial\phi^2}\right]\right\} \tag{2.28a}$$

$$=-\frac{\hbar^2}{2m}\left\{\frac{1}{r}\frac{\partial^2}{\partial r^2}r+\frac{1}{r^2}\left[\frac{1}{\sin\theta}\frac{\partial}{\partial\theta}\left(\sin\theta\frac{\partial}{\partial\theta}\right)+\frac{1}{\sin^2\theta}\frac{\partial^2}{\partial\phi^2}\right]\right\}. \tag{2.28b}$$

而在三维柱坐标下(见附录(Ⅰ.23)式)

$$\hat{T}=-\frac{\hbar^2}{2m}\left[\frac{1}{\rho}\frac{\partial}{\partial\rho}\left(\rho\frac{\partial}{\partial\rho}\right)+\frac{1}{\rho^2}\frac{\partial^2}{\partial\phi^2}+\frac{\partial^2}{\partial z^2}\right]. \tag{2.29}$$

于是，动能$\left(T=\frac{\boldsymbol{p}^2}{2m}\right)$平均值可表为

$$\bar{T}=\int\psi^*(\boldsymbol{r},t)\hat{T}\psi(\boldsymbol{r},t)\mathrm{d}\boldsymbol{r}=\int\psi^*(\boldsymbol{r},t)\frac{\hat{\boldsymbol{p}}^2}{2m}\psi(\boldsymbol{r},t)\mathrm{d}\boldsymbol{r}$$

$$= \int \psi^*(\boldsymbol{r},t) \frac{-\hbar^2}{2m} \nabla^2 \psi(\boldsymbol{r},t) \mathrm{d}\boldsymbol{r}. \tag{2.30}$$

C. 角动量算符和角动量平均值

同理，由动量算符也可直接导出角动量算符，

$$\boldsymbol{L} = \boldsymbol{r} \times \boldsymbol{p} \xrightarrow{\text{算符表示}} \hat{\boldsymbol{r}} \times \hat{\boldsymbol{p}} = -\mathrm{i}\hbar \hat{\boldsymbol{r}} \times \nabla. \tag{2.31}$$

原则上应为

$$\frac{1}{2}(\boldsymbol{r} \times \boldsymbol{p} - \boldsymbol{p} \times \boldsymbol{r}) = \boldsymbol{r} \times \boldsymbol{p}. \tag{2.32}$$

其分量可表为（见附录（Ⅰ.1）式）

$$\hat{L}_x = -\mathrm{i}\hbar\left(y\frac{\partial}{\partial z} - z\frac{\partial}{\partial y}\right) = \mathrm{i}\hbar\left(\sin\phi\frac{\partial}{\partial\theta} + \cos\phi\cot\theta\frac{\partial}{\partial\phi}\right), \tag{2.33a}$$

$$\hat{L}_y = -\mathrm{i}\hbar\left(z\frac{\partial}{\partial x} - x\frac{\partial}{\partial z}\right) = \mathrm{i}\hbar\left(-\cos\phi\frac{\partial}{\partial\theta} + \sin\phi\cot\theta\frac{\partial}{\partial\phi}\right), \tag{2.33b}$$

$$\hat{L}_z = -\mathrm{i}\hbar\left(x\frac{\partial}{\partial y} - y\frac{\partial}{\partial x}\right) = -\mathrm{i}\hbar\frac{\partial}{\partial\phi}, \tag{2.33c}$$

$$\hat{L}^2 = L_x^2 + L_y^2 + L_z^2 = -\hbar^2\left[\frac{1}{\sin\theta}\frac{\partial}{\partial\theta}\left(\sin\theta\frac{\partial}{\partial\theta}\right) + \frac{1}{\sin^2\theta}\frac{\partial^2}{\partial\phi^2}\right]. \tag{2.33d}$$

于是

$$\hat{T} = -\frac{\hbar^2}{2m}\left[\frac{1}{r^2}\frac{\partial}{\partial r}\left(r^2\frac{\partial}{\partial r}\right) - \frac{\hat{L}^2}{r^2\hbar^2}\right] \tag{2.34a}$$

$$= -\frac{\hbar^2}{2m}\left(\frac{1}{r}\frac{\partial^2}{\partial r^2}r - \frac{\hat{L}^2}{r^2\hbar^2}\right) = \frac{\hat{p}_r^2}{2m} + \frac{\hat{L}^2}{2mr^2}. \tag{2.34b}$$

（2.34b）式看上去与经典动能在形式上相同，但有实质的不同——因这是算符形式. 另外，就 $\hat{p}_r$ 而言，经典为径向动量 $\frac{\boldsymbol{r}}{r}\cdot\boldsymbol{p}$，但现在就不同了，

$$\hat{p}_r = -\frac{\mathrm{i}\hbar}{r}\frac{\partial}{\partial r}r \tag{2.35}$$

$$= \frac{1}{r}(\hat{\boldsymbol{r}}\cdot\hat{\boldsymbol{p}} - \mathrm{i}\hbar) = \frac{1}{2}\left(\frac{1}{r}\hat{\boldsymbol{r}}\cdot\hat{\boldsymbol{p}} + \hat{\boldsymbol{p}}\cdot\frac{\hat{\boldsymbol{r}}}{r}\right). \tag{2.36}$$

算符

$$\hat{L}_+ = \hat{L}_x + \mathrm{i}\hat{L}_y = \hbar \mathrm{e}^{\mathrm{i}\phi}\left(\frac{\partial}{\partial\theta} + \mathrm{i}\cot\theta\frac{\partial}{\partial\phi}\right), \tag{2.37a}$$

$$\hat{L}_- = \hat{L}_x - \mathrm{i}\hat{L}_y = \hbar \mathrm{e}^{-\mathrm{i}\phi}\left(-\frac{\partial}{\partial\theta} + \mathrm{i}\cot\theta\frac{\partial}{\partial\phi}\right) \tag{2.37b}$$

是很有用的轨道角动量的升、降算符.

现在，角动量（$\boldsymbol{r}\times\boldsymbol{p}$）平均值可表为

$$\bar{\boldsymbol{L}} = \int \psi^*(\hat{\boldsymbol{r}},t)\boldsymbol{r} \times \hat{\boldsymbol{p}}\psi(\boldsymbol{r},t)\mathrm{d}\boldsymbol{r} \tag{2.38}$$

$$= \int \psi^*(\boldsymbol{r},t)(-\mathrm{i}\hbar\hat{\boldsymbol{r}}\times\nabla)\psi(\boldsymbol{r},t)\mathrm{d}\boldsymbol{r}. \tag{2.39}$$

2.3.4 态叠加原理

若体系由 $\psi(x,y,z,t)$ 来描述,则 $|\psi(x,y,z,t)|^2$(已归一)描述了体系的概率分布或称概率密度.

而若粒子处于

$$C(\boldsymbol{p}_1,t)\mathrm{e}^{\mathrm{i}\boldsymbol{p}_1\cdot\boldsymbol{r}/\hbar} + C(\boldsymbol{p}_2,t)\mathrm{e}^{\mathrm{i}\boldsymbol{p}_2\cdot\boldsymbol{r}/\hbar} \tag{2.40}$$

态中,则测量动量的取值仅为 $\boldsymbol{p}_1,\boldsymbol{p}_2$,而不在 $\boldsymbol{p}_1,\boldsymbol{p}_2$ 之间和之外取值.对一个电子进行测量,你可能认为它处于 $\boldsymbol{p}_1$ 态(即测得动量为 $\boldsymbol{p}_1$),你也可能认为它处于 $\boldsymbol{p}_2$ 态(即测得动量为 $\boldsymbol{p}_2$):即有一定概率处于 $\boldsymbol{p}_1$ 态,有一定概率处于 $\boldsymbol{p}_2$ 态.

由此启发人们建立起量子力学的最基本原理之一——态叠加原理.

A. 态叠加原理

如果 ψ_{a_1} 是体系的一个可能态,ψ_{a_2} 也是体系的一个可能态,则 $\psi=C_1\psi_{a_1}+C_2\psi_{a_2}$ 是体系的可能态,并称 ψ 为 ψ_{a_1} 和 ψ_{a_2} 态的线性叠加态.

它表明:

(i) 对体系测量力学量 $\hat{A}$ 时,测得值为 a_1,使观测者认为体系(在未测之前)可能处于 ψ_{a_1} 态上,则称 ψ_{a_1} 是体系的一可能态;如测得值为 a_2,使观测者认为 ψ_{a_2} 也为体系的一可处的态.因此,体系处的可能态为 $C_1\psi_{a_1}+C_2\psi_{a_2}$.

(ii) 如体系处于 $C_1\psi_{a_1}+C_2\psi_{a_2}$,那么测量力学量 A 的测得值,可能为 a_1 或 a_2,而不可能为其他值.测得 a_1,a_2 的概率分别正比于 $|C_1|^2,|C_2|^2$.

态叠加原理是否正确,是以导出的结果是否正确为依据.

B. 讨论(与经典物理学比较)

(i) 经典物理学认为:$\psi_a(\boldsymbol{r},t)$ 本身叠加将产生一个新的态

$$\varphi(\boldsymbol{r},t) = \psi_a(\boldsymbol{r},t) + \psi_a(\boldsymbol{r},t) = 2\psi_a(\boldsymbol{r},t),$$

这是因为空间各处的强度增大到原来的 4 倍.而量子力学认为,根据态叠加原理,这两个态是一样的.在 $\psi_a(\boldsymbol{r},t)$ 和 $2\psi_a(\boldsymbol{r},t)$ 中测量力学量 $\hat{A}$ 都只有一个值 a,而 $|\psi_a(\boldsymbol{r},t)|^2$ 空间的各点之间的相对概率密度与 $|2\psi_a(\boldsymbol{r},t)|^2$ 在空间各点之间的相对概率密度是一样的.事实上,从归一化中,我们已看到,量子力学中态函数乘一常数并不产生新的态.

(ii) 经典振动可处处为零,即没有振动.但在量子力学中,则没有一个体系能由 $\psi(\boldsymbol{r},t)=0$ 的态来描述.因 $\int|\psi_a(\boldsymbol{r},t)|^2\mathrm{d}\boldsymbol{r}$ 应为不等于零的实数.

(iii) 若 $\psi(\boldsymbol{r},t)=C_1\psi_{a_1}(\boldsymbol{r},t)+C_2\psi_{a_2}(\boldsymbol{r},t)$,经典物理学认为是一个新的波动

态,即以 $\psi(\boldsymbol{r},t)$来描述物理量在空间的波动;不能说物理量可能作 $\psi_{a_1}(\boldsymbol{r},t)$波动,或可能作 $\psi_{a_2}(\boldsymbol{r},t)$波动. 但对量子力学来说,体系可能处于 $\psi_{a_1}(\boldsymbol{r},t)$态,也可能处于 $\psi_{a_2}(\boldsymbol{r},t)$态,但不会处于 $\psi_{a_3}(\boldsymbol{r},t)$态(若 $a_3\neq a_1,a_2$): 因测量力学量 $\hat{A}$ 所得的测量值是不会为 a_3 的.

应该强调指出,有时在处理物理问题时,常常对函数 $\psi(\boldsymbol{r},t)$展开: $\psi(\boldsymbol{r},t)=\sum_i C_{a_i}\varphi_{a_i}(\boldsymbol{r},t)$. 对经典物理学来说,这仅是一个数学处理,如傅里叶分解. 这仅表明有各种波相干,但并不能说,振荡发生在某一频率上. 但量子力学中的态叠加原理则赋予这一展开以新的物理含意: 测量力学量 $\hat{A}$,可能测得值仅为 $C_{a_i}\neq 0$ 的 a_i 值,其概率正比于$|C_{a_i}|^2$,即系数 C_{a_i} 不仅仅是展开系数,更是与测得 a_i 值的概率幅成正比关系.

(iv) 它反映了一个非常重要的性质,而这在经典物理学中是很难被接受的. 我们知道一个动量为 $\boldsymbol{p}_1$ 的自由粒子是以一个平面波

$$\psi_{\boldsymbol{p}_1}(\boldsymbol{r},t)=C_1\mathrm{e}^{\mathrm{i}(\boldsymbol{p}_1\cdot\boldsymbol{r}-E_{p_1}t)/\hbar}$$

描述;动量为 $\boldsymbol{p}_2$ 的自由粒子是以平面波

$$\psi_{\boldsymbol{p}_2}(\boldsymbol{r},t)=C_2\mathrm{e}^{\mathrm{i}(\boldsymbol{p}_2\cdot\boldsymbol{r}-E_{p_2}t)/\hbar}$$

描述. 如体系(一个自由粒子)可能处于这两个态,则表明体系所处的态为

$$\psi(\boldsymbol{r},t)=C_1\mathrm{e}^{\mathrm{i}(\boldsymbol{p}_1\cdot\boldsymbol{r}-E_{p_1}t)/\hbar}+C_2\mathrm{e}^{\mathrm{i}(\boldsymbol{p}_2\cdot\boldsymbol{r}-E_{p_2}t)/\hbar}. \tag{2.41}$$

可这个态没有确定的动量 $\boldsymbol{p}$(当预言动量的测量值时). 但 $\psi(\boldsymbol{r},t)$也是描述自由粒子的可能态. 事实上,描述自由粒子状态的最普遍的形式为

$$\psi(\boldsymbol{r},t)=\int C(\boldsymbol{p})\frac{1}{(2\pi\hbar)^{3/2}}\mathrm{e}^{\mathrm{i}(\boldsymbol{p}\cdot\boldsymbol{r}-E_pt)/\hbar}\mathrm{d}\boldsymbol{p}\quad\left(E_p=\frac{p^2}{2m}\right), \tag{2.42}$$

至于具体是什么状态,则是应由一定的初条件来决定 $C(\boldsymbol{p})$.

所以,量子力学允许体系处于这样一个态中,在这个态中,某些物理量没有确定值(这是与经典物理学的概念相矛盾的).

具有确定动量 $\boldsymbol{p}_0$ 的自由粒子是以平面波

$$\psi_{\boldsymbol{p}_0}(\boldsymbol{r},t)=\frac{1}{(2\pi\hbar)^{3/2}}\mathrm{e}^{\mathrm{i}(\boldsymbol{p}_0\cdot\boldsymbol{r}-E_{p_0}t)/\hbar} \tag{2.43}$$

来描述. 但具有确定动量的自由粒子也可以以一定的概率处于其他的状态上. 这依赖于所要观测的物理量. 事实上,大家熟知的

$$\frac{1}{(2\pi\hbar)^{3/2}}\mathrm{e}^{\mathrm{i}(\boldsymbol{p}_0\cdot\boldsymbol{r}-E_{p_0}t)/\hbar}=\sum_{l,m}C_{lm}(\boldsymbol{k}_0,r)\mathrm{Y}_{lm}(\theta,\phi)\mathrm{e}^{-\mathrm{i}E_{p_0}t/\hbar}, \tag{2.44}$$

因此,在态$\frac{1}{(2\pi\hbar)^{3/2}}\mathrm{e}^{\mathrm{i}(\boldsymbol{p}_0\cdot\boldsymbol{r}-E_{p_0}t)/\hbar}$中测量角动量 $\hat{L}^2$ 和角动量 z 分量 $\hat{L}_z$ 的测得值可

分别为 $l(l+1)\hbar^2$，$m\hbar$. 这表明，这一自由粒子有一定概率处于 Y_{lm} 态上.

另外，应该注意的是：在态叠加中重要的是系数 C_1，C_2（若 ψ_{a_1}，ψ_{a_2} 给定并已归一化）. 对于

$$\psi = C_{a_1}\psi_{a_1} + C_{a_2}\psi_{a_2}, \tag{2.45}$$

则 ψ 完全被 C_{a_1}，C_{a_2} 所决定，

$$\begin{pmatrix} C_{a_1} \\ C_{a_2} \end{pmatrix} \tag{2.46}$$

完全可替代 ψ 来描述该态（这将在以后讨论），而

$$C_{a_1} = R_{a_1}(t)\mathrm{e}^{\mathrm{i}\delta(a_1,t)}, \tag{2.47a}$$

$$C_{a_2} = R_{a_2}(t)\mathrm{e}^{\mathrm{i}\delta(a_2,t)}, \tag{2.47b}$$

所以，重要的是 R_{a_1}/R_{a_2} 和 $\delta=\delta(a_1,t)-\delta(a_2,t)$.

例 高斯波包(Gaussian wave packet)（图 2.7）.

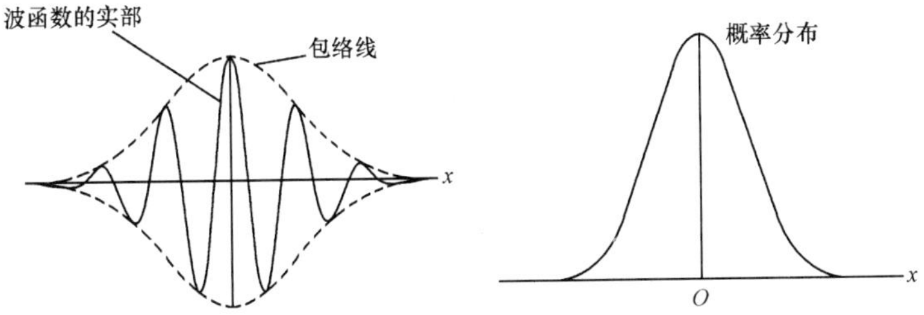

图 2.7 高斯波包示意图

一个质量为 m 的自由粒子，其动量的概率幅分布 $C(p_x,0)$ 为高斯分布：

$$C(p_x,0) = \left(\frac{2\sigma^2}{\pi\hbar^2}\right)^{1/4}\mathrm{e}^{-\sigma^2(p_x-p_0)^2/\hbar^2}, \tag{2.48}$$

求相应的粒子波包 $\psi(x,0)$.

$$\psi(x,0)=\int_{-\infty}^{+\infty}\left(\frac{2\sigma^2}{\pi\hbar^2}\right)^{1/4}\mathrm{e}^{-\frac{\sigma^2}{\hbar^2}(p_x-p_0)^2}\cdot\frac{\mathrm{e}^{\mathrm{i}p_x x/\hbar}}{\sqrt{2\pi\hbar}}\mathrm{d}p_x$$

$$=\left(\frac{1}{2\pi\sigma^2}\right)^{\frac{1}{4}}\mathrm{e}^{-\frac{x^2}{4\sigma^2}}\cdot\mathrm{e}^{\mathrm{i}p_0x/\hbar}. \tag{2.49}$$

所以，一个高斯分布的傅里叶变换仍是一个高斯分布（见附录（Ⅱ.1d)式)，而

$$\int|C(p,0)|^2\mathrm{d}p=\int|\psi(x,0)|^2\mathrm{d}x=1. \tag{2.50}$$

波函数(2.49)是一个描述 $t=0$ 时，粒子位置在 $(-\sigma,\sigma)$ 区域（位置概率明显不为零的区域）、而动量在 $\left(p_0-\frac{\hbar}{2\sigma},p_0+\frac{\hbar}{2\sigma}\right)$ 区域（动量概率明显不为零的区域）中运

动的波包.

(v) 态叠加原理的直接后果，是要求波函数满足的方程必须是线性齐次方程.

2.4 含时间的薛定谔方程

2.4.1 薛定谔方程的建立

应该指出，薛定谔方程不是从基本原理导出来的，它的正确性是由它所推出的结果及作出的预言的正确性来证实的.

根据德布罗意关系和爱因斯坦关系

$$E_p = \frac{p^2}{2m} = \hbar\omega, \tag{2.51a}$$

$$\boldsymbol{p} = \frac{h}{\lambda}\boldsymbol{n} = \hbar\boldsymbol{k} \quad \left(\boldsymbol{k} = \frac{2\pi}{\lambda}\boldsymbol{n}\right), \tag{2.51b}$$

描述一个有确定动量的自由粒子的波函数应相应于一个德布罗意波

$$\psi_p = A\mathrm{e}^{\mathrm{i}(\boldsymbol{p}\cdot\boldsymbol{r}-E_p t)/\hbar}, \tag{2.52}$$

由这波函数可得

$$\mathrm{i}\hbar\frac{\partial}{\partial t}[A\mathrm{e}^{\mathrm{i}(\boldsymbol{p}\cdot\boldsymbol{r}-E_p t)/\hbar}] = E_p\psi_p, \tag{2.53}$$

即

$$\mathrm{i}\hbar\frac{\partial}{\partial t}\psi_p(\boldsymbol{r},t) = E_p\psi_p(\boldsymbol{r},t). \tag{2.54}$$

但这不是普遍适用的方程(因它含有一特殊参量 E_p). 而

$$\mathrm{i}\hbar\frac{\partial}{\partial t}\psi_{p'}(\boldsymbol{r},t) \neq E_p\psi_{p'}(\boldsymbol{r},t), \tag{2.55}$$

若

$$\psi = A_1\psi_{p_1} + A_2\psi_{p_2} = A_1\mathrm{e}^{\mathrm{i}(\boldsymbol{p}_1\cdot\boldsymbol{r}-E_{p_1}t)/\hbar} + A_2\mathrm{e}^{\mathrm{i}(\boldsymbol{p}_2\cdot\boldsymbol{r}-E_{p_2}t)/\hbar},$$

则

$$\mathrm{i}\hbar\frac{\partial}{\partial t}\psi(\boldsymbol{r},t) \neq E_{p_1}\psi(\boldsymbol{r},t) \neq E_{p_2}\psi(\boldsymbol{r},t) \neq (E_{p_1}+E_{p_2})\psi(\boldsymbol{r},t).$$

但从另一方面

$$-\mathrm{i}\hbar\nabla A\mathrm{e}^{\mathrm{i}(\boldsymbol{p}\cdot\boldsymbol{r}-E_p t)/\hbar} = \boldsymbol{p}A\mathrm{e}^{\mathrm{i}(\boldsymbol{p}\cdot\boldsymbol{r}-E_p t)/\hbar},$$

$$\frac{-\hbar^2}{2m}\nabla^2 A\mathrm{e}^{\mathrm{i}(\boldsymbol{p}\cdot\boldsymbol{r}-E_p t)/\hbar} = \frac{\boldsymbol{p}^2}{2m}A\mathrm{e}^{\mathrm{i}(\boldsymbol{p}\cdot\boldsymbol{r}-E_p t)/\hbar} = E_p A\mathrm{e}^{\mathrm{i}(\boldsymbol{p}\cdot\boldsymbol{r}-E_p t)/\hbar},$$

所以

$$\mathrm{i}\hbar\frac{\partial}{\partial t}\psi_p(\boldsymbol{r},t) = \frac{\hat{\boldsymbol{p}}^2}{2m}\psi_p(\boldsymbol{r},t). \tag{2.56}$$

方程(2.56)中无特殊参量 E_p，这不仅对有确定动量的自由粒子的波函数成立，对最普遍的自由粒子的波函数(2.42)也成立：

$$\mathrm{i}\hbar\frac{\partial}{\partial t}\psi(\boldsymbol{r},t)=\mathrm{i}\hbar\frac{\partial}{\partial t}\int C(\boldsymbol{p})\mathrm{e}^{\mathrm{i}(\boldsymbol{p}\cdot\boldsymbol{r}-E_{\boldsymbol{p}}t)/\hbar}\mathrm{d}\boldsymbol{p}=\int C(\boldsymbol{p})\frac{\boldsymbol{p}^2}{2m}\mathrm{e}^{\mathrm{i}(\boldsymbol{p}\cdot\boldsymbol{r}-E_{\boldsymbol{p}}t)/\hbar}\mathrm{d}\boldsymbol{p},$$

而

$$\begin{aligned}\frac{\hat{\boldsymbol{p}}^2}{2m}\psi(\boldsymbol{r},t)&=\int C(\boldsymbol{p})\frac{-\hbar^2}{2m}\nabla^2\mathrm{e}^{\mathrm{i}(\boldsymbol{p}\cdot\boldsymbol{r}-E_{\boldsymbol{p}}t)/\hbar}\mathrm{d}\boldsymbol{p}\\&=\int C(\boldsymbol{p})\frac{\boldsymbol{p}^2}{2m}\mathrm{e}^{\mathrm{i}(\boldsymbol{p}\cdot\boldsymbol{r}-E_{\boldsymbol{p}}t)/\hbar}\mathrm{d}\boldsymbol{p},\end{aligned}$$

所以

$$\mathrm{i}\hbar\frac{\partial}{\partial t}\psi(\boldsymbol{r},t)=\frac{-\hbar^2}{2m}\nabla^2\psi(\boldsymbol{r},t)=\hat{H}_{\text{自由粒子}}\psi(\boldsymbol{r},t).\tag{2.57}$$

这一微分方程决定了自由粒子状态随时间的演化.

将上述情况推广，质量为 m 的粒子，在位势 $V(\boldsymbol{r},t)$ 中运动时，则

$$E=\frac{p^2}{2m}+V(\boldsymbol{r},t),$$

因此，描述这一粒子运动的波函数应满足

$$\begin{aligned}\mathrm{i}\hbar\frac{\partial}{\partial t}\psi(\boldsymbol{r},t)&=\left[\frac{-\hbar^2}{2m}\nabla^2+V(\boldsymbol{r},t)\right]\psi(\boldsymbol{r},t)\\&=\left[\frac{\hat{\boldsymbol{p}}^2}{2m}+V(\boldsymbol{r},t)\right]\psi(\boldsymbol{r},t).\end{aligned}\tag{2.58}$$

所以，最为普遍的体系的哈密顿量(Hamiltonian)应为

$$E=T+V=H(\boldsymbol{r},\boldsymbol{p},t)\xrightarrow{\text{算符形式}}\hat{H}(\hat{\boldsymbol{r}},\hat{\boldsymbol{p}},t),\tag{2.59}$$

则方程

$$\mathrm{i}\hbar\frac{\partial}{\partial t}\psi(\boldsymbol{r},t)=\hat{H}(\hat{\boldsymbol{r}},\hat{\boldsymbol{p}},t)\psi(\boldsymbol{r},t)\tag{2.60}$$

称为含时间的薛定谔方程.

但应注意，同一力学量的经典表示，可得不同的量子力学表示，如：

$$\frac{p_x^2}{2m}\quad=\quad\frac{1}{2m}\frac{1}{\sqrt{x}}p_x x p_x\frac{1}{\sqrt{x}},\tag{2.61}$$

$$(p_x\to\hat{p}_x)\downarrow\qquad\qquad(p_x\to\hat{p}_x)\downarrow$$

$$\frac{-\hbar^2}{2m}\frac{\partial^2}{\partial x^2}\qquad\qquad\frac{-\hbar^2}{2m}\left(\frac{\partial^2}{\partial x^2}+\frac{1}{4x^2}\right).\tag{2.62}$$

将(2.61)式两端完全等价的经典形式转换至(2.62)式的量子形式，则可见其明显的不等价. 因此，经典力学的力学量，变为量子力学的力学量算符的表示时，应注意 xp_x 和 $p_x x$ 对经典力学是一样的，但对量子力学而言是不同的. 所以规定：

(i) 在直角坐标中表示分量，再代入算符表示；

(ii) 对于形式为 p_i 线性函数的物理量，$\sum_i p_i f_i(x,y,z)$，则取

$$\frac{1}{2}\sum_i [p_i f_i(x,y,z) + f_i(x,y,z) p_i] \quad (f_i \text{ 为实函数})；$$

(iii) 如果是矢量，则先以直角坐标下的分量表示，然后再作 $p_i \to -\mathrm{i}\hbar\frac{\partial}{\partial x_i}$ 替换，再换为其他坐标；

(iv) 如果力学量①

$$F = \frac{1}{2}\sum_{kk'} f_{kk'}(q) p_k p_{k'},$$

则相应算符

$$\hat{F} = \frac{1}{2}\sum_{kk'}\left[\left(-\mathrm{i}\hbar\frac{\partial}{\partial q_k}\right)^{\dagger} f_{kk'}(q)\left(-\mathrm{i}\hbar\frac{\partial}{\partial q_{k'}}\right)\right]. \tag{2.63}$$

2.4.2　对薛定谔方程的讨论

A. 量子力学的初值问题

当体系在时刻 t_0 的状态为 $\psi(\boldsymbol{r},t_0)$ 时，以后任何时刻的波函数就完全由薛定谔方程决定(因对 t 是一次偏微商). 这就是量子力学因果律的特点，即决定的是状态随时间的演化.

因此，量子力学中的因果律是对波函数的确定而言的. 它不像经典力学那样是确定轨道或力学量的测得值，而是决定状态的演化.

如 $\hat{H}(\hat{\boldsymbol{r}},\hat{\boldsymbol{p}},t) = \hat{H}(\hat{\boldsymbol{r}},\hat{\boldsymbol{p}})$，即与时间无关，则 t 时刻的解可表为(如 t_0 时为 $\psi(\boldsymbol{r},t_0)$)

$$\psi(\boldsymbol{r},t) = \mathrm{e}^{-\mathrm{i}\hat{H}(\boldsymbol{r},\hat{\boldsymbol{p}})(t-t_0)/\hbar}\psi(\boldsymbol{r},t_0). \tag{2.64}$$

以自由粒子为例：

(i) $t=0$ 时刻，已知为 $\psi(\boldsymbol{r},0)$.

由于是自由粒子，在 $t=0$ 时，它必是 $\mathrm{e}^{\mathrm{i}\boldsymbol{p}\cdot\boldsymbol{r}/\hbar}$ 的叠加态，即

$$\psi(\boldsymbol{r},0) = \int C(\boldsymbol{p})\frac{1}{(2\pi\hbar)^{3/2}}\mathrm{e}^{\mathrm{i}\boldsymbol{p}\cdot\boldsymbol{r}/\hbar}\mathrm{d}\boldsymbol{p}. \tag{2.65}$$

当 $\psi(\boldsymbol{r},0)$ 给定，则

$$C(\boldsymbol{p}) = \frac{1}{(2\pi\hbar)^{3/2}}\int \mathrm{e}^{-\mathrm{i}\boldsymbol{p}\cdot\boldsymbol{r}/\hbar}\psi(\boldsymbol{r},0)\mathrm{d}\boldsymbol{r}, \tag{2.66}$$

也就是，当 $\psi(\boldsymbol{r},0)$ 给定，则 $C(\boldsymbol{p})$ 由 $\psi(\boldsymbol{r},0)$ 定出.

---

① Yang Ze-sen, Li Xian-hui, Qi Hui and Deng Wei-zhen, Phys. Rev., **47** (1993)2574.

我们知道 t 时刻自由粒子的态是由 $e^{i(\boldsymbol{p}\cdot\boldsymbol{r}-E_p t)/\hbar}$ 叠加而成，叠加系数为 $C(\boldsymbol{p})$（已确定），即

$$\psi(\boldsymbol{r},t)=\int C(\boldsymbol{p})\,\frac{1}{(2\pi\hbar)^{3/2}}e^{i(\boldsymbol{p}\cdot\boldsymbol{r}-E_p t)/\hbar}\,d\boldsymbol{p}, \tag{2.67}$$

而 $E_p=\frac{p^2}{2m}$.

(ii) 从另一角度讨论. 对于自由粒子 $\hat{H}=\frac{\hat{\boldsymbol{p}}^2}{2m}$，直接利用时间演化算符 $e^{-i\hat{H}(\boldsymbol{r},\hat{p})t/\hbar}$，

$$\psi(\boldsymbol{r},t)=e^{-iHt/\hbar}\psi(\boldsymbol{r},0)=e^{-iHt/\hbar}\int C(\boldsymbol{p})\,\frac{1}{(2\pi\hbar)^{3/2}}e^{i\boldsymbol{p}\cdot\boldsymbol{r}/\hbar}\,d\boldsymbol{p}$$
$$=\int C(\boldsymbol{p})\,\frac{1}{(2\pi\hbar)^{3/2}}e^{i(\boldsymbol{p}\cdot\boldsymbol{r}-E_p t)/\hbar}\,d\boldsymbol{p}, \tag{2.68}$$

而 $E_p=\frac{p^2}{2m}$. 这与(2.67)式的表示完全相同.

(iii) 若自由粒子在 $t=0$ 时处于态

$$\psi(x,0)=(2\pi\sigma^2)^{-1/4}e^{\left(-\frac{x^2}{4\sigma^2}+ip_k x/\hbar\right)}, \tag{2.69}$$

则粒子处于 x 的概率密度为

$$(2\pi\sigma^2)^{-1/2}e^{-x^2/2\sigma^2}. \tag{2.70}$$

这表明，发现粒子的主要区域在 $(-\sigma,\sigma)$ 中.

由于 $\psi(x,0)$ 是描述自由粒子在 $t=0$ 时的波函数，它必定是平面波的叠加

$$\psi(x,0)=\int C(p_x)\,\frac{1}{(2\pi\hbar)^{1/2}}e^{ip_x x/\hbar}\,dp_x, \tag{2.71}$$

它的傅里叶变换

$$C(p_x)=\frac{1}{(2\pi\hbar)^{1/2}}\int e^{-ip_x x/\hbar}\psi(x,0)\,dx. \tag{2.72}$$

将方程(2.69)代入方程(2.72)，则

$$C(p_x)=(2\pi\sigma^2)^{-1/4}(2\pi\hbar)^{-1/2}\int e^{-\frac{x^2}{4\sigma^2}-i(p_x-p_k)x/\hbar}\,dx$$
$$=\left(\frac{2\sigma^2}{\pi\hbar^2}\right)^{1/4}e^{-\sigma^2(p_x-p_k)^2/\hbar^2}. \tag{2.73}$$

这表明，动量的平均值 $\bar{p}_x=p_k$，而粒子动量的取值的主要区域在 $\left(p_k-\frac{\hbar}{2\sigma},p_k+\frac{\hbar}{2\sigma}\right)$.

而

$$\psi(x,t)=\int C(p_x)\,\frac{1}{(2\pi\hbar)^{1/2}}\mathrm{e}^{\mathrm{i}(p_x x-E_p t)/\hbar}\mathrm{d}p_x \tag{2.74a}$$

$$=\left(\frac{2\sigma^2}{\pi\hbar^2}\right)^{1/4}\frac{1}{(2\pi\hbar)^{1/2}}\int \mathrm{e}^{-\sigma^2(p_x-p_\mathrm{k})^2/\hbar^2+\mathrm{i}\left(p_x x-\frac{p_x^2}{2m}t\right)/\hbar}\mathrm{d}p_x$$

$$=(2\pi\sigma^2)^{-\frac{1}{4}}\frac{1}{\left(1+\frac{\mathrm{i}t\hbar}{2m\sigma^2}\right)^{1/2}}\mathrm{e}^{-\left(x-\frac{t}{m}p_\mathrm{k}\right)^2\Big/4\sigma^2\left(1+\frac{\mathrm{i}t\hbar}{2m\sigma^2}\right)}\mathrm{e}^{\mathrm{i}p_\mathrm{k}x/\hbar-\frac{\mathrm{i}p_\mathrm{k}^2}{2m\hbar}t}, \tag{2.74b}$$

通常称之为本征函数法.

事实上,具有解析的本征函数和本征值的哈密顿量是很少的,而且 t 时刻的本征函数可能只能以无穷级数来表示. 下面我们以一例子来简单介绍另一种方法——演化算符因子化法[①].

例 在位势 $V(x)=-Fx$ 中运动的粒子,$t=0$ 时刻,处于态

$$\psi(x,0)=\left(\frac{1}{\sigma\sqrt{2\pi}}\right)^{1/2}\mathrm{e}^{-x^2/4\sigma^2}$$

中,求 t 时刻,粒子所处的状态波函数.

解 这时时间演化算符可因子化为(参见习题 4.6)

$$\mathrm{e}^{-\mathrm{i}\hat{H}t/\hbar}=\mathrm{e}^{-\mathrm{i}\left(\frac{1}{2m}\hat{p}_x^2-Fx\right)t/\hbar}$$

$$=\mathrm{e}^{-\mathrm{i}F^2t^3/6m\hbar}\cdot\mathrm{e}^{\mathrm{i}Fxt/\hbar}\cdot\mathrm{e}^{-\mathrm{i}\hat{p}_x^2t/2m\hbar}\cdot\mathrm{e}^{-\mathrm{i}F\hat{p}_xt^2/2m\hbar},$$

于是有

$$\psi(x,t)=\mathrm{e}^{-\mathrm{i}\hat{H}t/\hbar}\psi(x,0)$$

$$=\mathrm{e}^{-\mathrm{i}F^2t^3/6m\hbar}\cdot\mathrm{e}^{\mathrm{i}Fxt/\hbar}\cdot\mathrm{e}^{-\mathrm{i}\hat{p}_x^2t/2m\hbar}\cdot\mathrm{e}^{-\mathrm{i}F\hat{p}_xt^2/2m\hbar}\psi(x,0)$$

$$=(\sigma\sqrt{2\pi})^{-1/2}\left(1+\frac{\mathrm{i}\hbar t}{2m\sigma^2}\right)^{-1}\mathrm{e}^{\frac{\mathrm{i}Ft}{\hbar}(x-Ft^2/6m)}\mathrm{e}^{-\frac{(x-Ft^2/2m)^2}{4(\sigma^2+\mathrm{i}\hbar t/2m)}}.$$

显然,若用本征函数法就得不到这样简洁的表示.

B. 波包扩展讨论

(1) 波包的扩展

如果我们以上述的高斯波包来描述(或模拟)一个在 $t=0$ 时,位于 $x=0$(有一宽度$(-\sigma,\sigma)$),而平均动量为 p_k 的物体.

在 t_0 时刻,其包络线中心位于 $p_\mathrm{k}t_0/m$(见图 2.8). 所以,包络极大处的速度

$$v_\mathrm{g}=\frac{p_\mathrm{k}}{m}=\left.\frac{\mathrm{d}E}{\mathrm{d}p_x}\right|_{p_x=p_\mathrm{k}}. \tag{2.75}$$

---

① P. C. Garcia Quijas and L. M. Arevalo Aguilar, Quant-ph/0603253V3 13 Sep 2006.

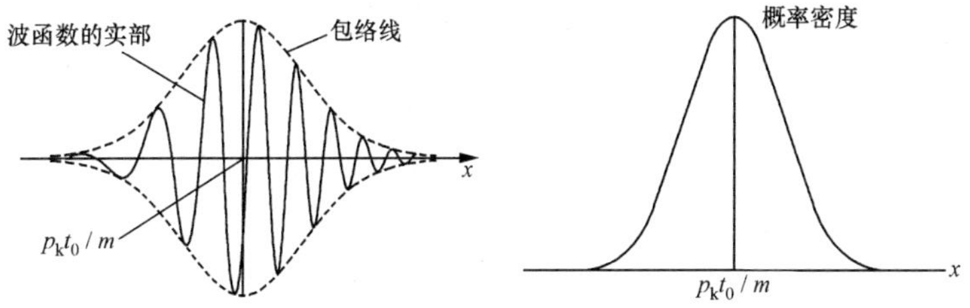

图 2.8 t_0 时刻波包位置示意图

这速度称为群速度,它等于粒子速度.

从相位看,如 t_1 时刻相位为(见(2.74a)式)

$$p_x x_1/\hbar - \frac{t_1 p_x^2}{2m\hbar} = \theta_1, \tag{2.76}$$

t_2 时刻相位为

$$p_x x_2/\hbar - \frac{t_2 p_x^2}{2m\hbar} = \theta_1, \tag{2.77}$$

则

$$\frac{\Delta x}{\Delta t} = \frac{p_x}{2m} = v_p. \tag{2.78}$$

所以,**相速度**

$$v_p = \frac{p_x}{2m} = \frac{E}{p}\bigg|_{p=p_x}. \tag{2.79}$$

现可利用波函数 $\psi(x,t)$(见(2.74)式)来计算粒子位置的标准偏差,即发现粒子的主要区域在$(x_0-\Delta x, x_0+\Delta x)\left(x_0=\dfrac{p_k t}{m}\right)$,

$$\Delta x = \sqrt{\overline{(\hat{x}-\overline{\hat{x}})^2}} = (\overline{\hat{x}^2} - \overline{\hat{x}}^2)^{1/2} = \sigma\left[1+\left(\frac{\hbar t}{2m\sigma^2}\right)^2\right]^{1/2}. \tag{2.80}$$

所以,这一高斯波包随时间的演化而越来越宽.若假设 $T=\dfrac{m\sigma^2}{\hbar}$,则当 $t\gg T$,波包已扩散很大,因此与经典粒子无任何相似之处了.而

$$\begin{aligned}\overline{p}_x &= \int p_x\, |C(p_x,t)|^2 \mathrm{d}p_x \\ &= \int \psi^*(x,t)\left(-\mathrm{i}\hbar\frac{\mathrm{d}}{\mathrm{d}x}\right)\psi(x,t)\mathrm{d}x = p_k,\end{aligned} \tag{2.81a}$$

$$\begin{aligned}\Delta p_x &= \sqrt{\overline{(\hat{p}_x-\overline{\hat{p}}_x)^2}} = (\overline{\hat{p}_x^2} - \overline{\hat{p}}_x^2)^{1/2} \\ &= \left(\frac{\hbar^2}{4\sigma^2} + p_k^2 - p_k^2\right)^{1/2} = \frac{\hbar}{2\sigma}.\end{aligned} \tag{2.81b}$$

所以，
$$\Delta x\cdot\Delta p_x=\frac{\hbar}{2}\left[1+\left(\frac{\hbar t}{2m\sigma^2}\right)^2\right]^{1/2}\geqslant\frac{\hbar}{2}. \tag{2.82}$$
(我们以后再讨论其物理意义.)

由(2.73),(2.74)式可知,这样一个显示经典粒子的波包,动量的分布没有扩展,而空间的分布已扩展了,使得在 $t\gg T=\dfrac{m\sigma^2}{\hbar}$ 时,就认不得这一经典粒子了. 图2.9显示了高斯波包的传播. 对高斯波包的这一讨论和结论并不局限于高斯波包的特定形状,对任何其他形状的波包都相同.

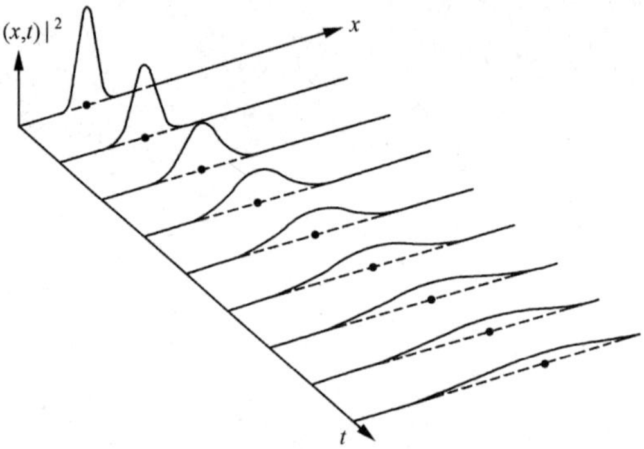

图 2.9 高斯波包随时间的传播

(2) 波包扩展的时间数量级

在实际生活中,对一宏观粒子,我们从来没有看见它会扩展. 以下来看几个不同尺度的例子.

人: $m\approx70\,\mathrm{kg},\sigma=0.2\,\mathrm{m}$,
$$T=\frac{m\sigma^2}{\hbar}=[70\times0.04/(1.0545\times10^{-34})]\mathrm{s}\approx3\times10^{34}\ \mathrm{s}.$$
1 年 $=3\times10^7$ s,亦即经 10^{27} 年还没什么扩展. 所以,即使人活 10^{34} s 长的时间,其扩展得也并不大,还是人的样子,当 $t\gg T$,才扩散得很大. 因此,这种量子现象是看不到的.

尘粒: $m=10^{-3}$ g, $\sigma=10^{-4}$ cm,
$$T\approx[10^{-6}\times(10^{-6})^2/10^{-34}]\mathrm{s}=10^{16}\ \mathrm{s}.$$
即经 10^{16} s $=3\times10^8$ 年 $=3$ 亿年,尘粒仍保持"经典粒子"图像.

电子(原子中): $m\approx9\times10^{-31}$ kg, $\sigma=0.5\times10^{-10}$ m,
$$T\approx2.1\times10^{-17}\ \mathrm{s}.$$
而在玻尔的氢原子模型中,电子绕质子一周所花的时间 $\tau\approx10^{-16}$ s. 由这看出,电子在原子中不可能以波包形式来描述.

C. 波函数随时间的演化——格林函数

我们可以利用格林函数来求随时间演化的波函数. t 时刻的波函数,可由 t' 时刻的波函数完全确定. 由于薛定谔方程是线性的,因此,不同时刻的波函数关系也必然是线性的. 这就意味着 ψ 必须满足齐次的微分方程,即可表为

$$\psi(\boldsymbol{r},t) = \int G(\boldsymbol{r},t;\boldsymbol{r}',t')\psi(\boldsymbol{r}',t')\mathrm{d}\boldsymbol{r}', \tag{2.83}$$

$G(\boldsymbol{r},t;\boldsymbol{r}',t')$ 称为格林函数,或称传播子. 知道了格林函数,就可求得随时间演化的波函数.

如 $t'=t_0$ 时刻,粒子处于 $\boldsymbol{r}_0$,即

$$\psi(\boldsymbol{r}',t_0) = \delta(\boldsymbol{r}'-\boldsymbol{r}_0), \tag{2.84}$$

将(2.84)式代入(2.83)式得

$$\psi(\boldsymbol{r},t) = \int G(\boldsymbol{r},t;\boldsymbol{r}',t_0)\psi(\boldsymbol{r}',t_0)\mathrm{d}\boldsymbol{r}' = G(\boldsymbol{r},t;\boldsymbol{r}_0,t_0). \tag{2.85}$$

所以,格林函数 $G(\boldsymbol{r},t;\boldsymbol{r}_0,t_0)$ 就是,已知 t_0 时刻粒子处于 $\boldsymbol{r}_0$,则 t 时刻在 $\boldsymbol{r}$ 处发现粒子的概率密度幅.

由薛定谔方程,我们可直接给出

$$G(\boldsymbol{r},t;\boldsymbol{r}_0,t_0) = \mathrm{e}^{-\mathrm{i}\frac{1}{\hbar}H(\boldsymbol{r},\hat{\boldsymbol{p}})(t-t_0)}\delta(\boldsymbol{r}-\boldsymbol{r}_0). \tag{2.86}$$

自由粒子的格林函数

$$\begin{aligned} G(\boldsymbol{r},t;\boldsymbol{r}_0,t_0) &= \frac{1}{(2\pi\hbar)^3}\mathrm{e}^{-\mathrm{i}\frac{1}{\hbar}H_0(\boldsymbol{r},\hat{\boldsymbol{p}})(t-t_0)}\int \mathrm{e}^{\mathrm{i}\boldsymbol{p}\cdot(\boldsymbol{r}-\boldsymbol{r}_0)/\hbar}\mathrm{d}\boldsymbol{p} \\ &= \frac{1}{(2\pi\hbar)^3}\int \mathrm{e}^{\mathrm{i}[\boldsymbol{p}\cdot(\boldsymbol{r}-\boldsymbol{r}_0)-E_p(t-t_0)]/\hbar}\mathrm{d}\boldsymbol{p} \\ &= \frac{1}{(2\pi\hbar)^3}\int \mathrm{e}^{-\mathrm{i}\frac{t-t_0}{2m\hbar}\left[\boldsymbol{p}^2-\boldsymbol{p}\cdot\frac{2m(\boldsymbol{r}-\boldsymbol{r}_0)}{t-t_0}\right]}\mathrm{d}\boldsymbol{p} \\ &= \left[\frac{m}{2\pi\hbar(t-t_0)\mathrm{i}}\right]^{3/2}\mathrm{e}^{\mathrm{i}\frac{m(\boldsymbol{r}-\boldsymbol{r}_0)^2}{2\hbar(t-t_0)}}. \end{aligned} \tag{2.87}$$

根据 $\lim\limits_{\alpha\to\infty}\sqrt{\dfrac{\alpha}{\pi\mathrm{i}}}\mathrm{e}^{\mathrm{i}\alpha x^2}=\delta(x)$(见附录(Ⅲ.10g)式),由方程(2.87)式可得

$$\lim_{t\to t_0}G(\boldsymbol{r},t;\boldsymbol{r}_0,t_0) = \delta(\boldsymbol{r}-\boldsymbol{r}_0). \tag{2.88}$$

这正是格林函数的物理含义.

D. 概率守恒方程

在非相对论的情况下,实物粒子既不产生也不湮没,所以在整个空间发现粒子的概率应不随时间而变化,即

$$\frac{\mathrm{d}}{\mathrm{d}t}\int |\psi|^2\mathrm{d}\boldsymbol{r} = 0. \tag{2.89}$$

这就要求，凡满足薛定谔方程的波函数，必须满足上式. 由薛定谔方程

$$i\hbar\frac{\partial}{\partial t}\psi(\boldsymbol{r},t)=\hat{H}(\boldsymbol{r},\hat{\boldsymbol{p}},t)\psi(\boldsymbol{r},t),\tag{2.90a}$$

$$-i\hbar\frac{\partial}{\partial t}\psi^{*}(\boldsymbol{r},t)=\hat{H}^{*}(\boldsymbol{r},\hat{\boldsymbol{p}},t)\psi^{*}(\boldsymbol{r},t),\tag{2.90b}$$

可得

$$i\hbar\frac{\partial}{\partial t}|\psi(\boldsymbol{r},t)|^{2}=\psi^{*}\frac{\hat{\boldsymbol{p}}^{2}}{2m}\psi+\psi^{*}V\psi-\psi\frac{\hat{\boldsymbol{p}}^{2}}{2m}\psi^{*}-\psi V^{*}\psi^{*},$$

若 V 为实函数(保证体系是稳定的，能量为实数)，

$$\begin{aligned}i\hbar\frac{\partial}{\partial t}|\psi(\boldsymbol{r},t)|^{2}&=\frac{\hat{\boldsymbol{p}}}{2m}\cdot(-i\hbar)(\psi^{*}\nabla\psi-\psi\nabla\psi^{*})\\&=\frac{-\hbar^{2}}{2m}\nabla\cdot(\psi^{*}\nabla\psi-\psi\nabla\psi^{*}).\end{aligned}\tag{2.91}$$

将方程(2.91)两边对整个空间积分，得

$$\begin{aligned}\frac{d}{dt}\int|\psi(\boldsymbol{r},t)|^{2}d\boldsymbol{r}&=\frac{i\hbar}{2m}\int\nabla\cdot(\psi^{*}\nabla\psi-\psi\nabla\psi^{*})d\boldsymbol{r}\\&=\frac{i\hbar}{2m}\oint\!\!\!\oint_{\infty}(\psi^{*}\nabla\psi-\psi\nabla\psi^{*})\cdot d\boldsymbol{S}.\end{aligned}\tag{2.92}$$

因真实粒子是在有限范围内运动，波函数应平方可积$\left(\text{平方可积条件要求 } r\to\infty,\ \psi\to 0 \text{ 应快于}\frac{1}{r^{3/2}}\right)$，所以

$$\frac{i\hbar}{2m}\oint\!\!\!\oint_{\infty}(\psi^{*}\nabla\psi-\psi\nabla\psi^{*})\cdot d\boldsymbol{S}=0,\tag{2.93}$$

从而证得

$$\frac{d}{dt}\int|\psi(\boldsymbol{r},t)|^{2}d\boldsymbol{r}=0.\tag{2.94}$$

这即表明，一旦波函数在某时刻已归一化，则任何时刻都是归一化的. 当波函数未归一化时，则 $\int|\psi|^{2}d\boldsymbol{r}=A^{2}$，而 A 与 t 无关. 这正是物理上的要求.

在上述讨论中，若 V 非实函数，则

$$\frac{d}{dt}\int|\psi(\boldsymbol{r},t)|^{2}d\boldsymbol{r}=\frac{2}{\hbar}\int\psi^{*}V_{\text{虚部}}\psi d\boldsymbol{r}.$$

所以当 $V_{\text{虚部}}<0$，则体系不稳定而衰变掉；当 $V_{\text{虚部}}>0$，则其他粒子衰变为该粒子.

若取

$$\rho=|\psi|^{2},\tag{2.95a}$$

$$\boldsymbol{j}=\frac{-\mathrm{i}\hbar}{2m}(\psi^*\nabla\psi-\psi\nabla\psi^*)=\frac{1}{m}\mathrm{Re}(\psi^*\hat{\boldsymbol{p}}\psi),\tag{2.95b}$$

$\boldsymbol{j}$ 称为**概率通量矢**(probability flux vector);方程(2.91)可表为

$$\frac{\partial\rho}{\partial t}+\nabla\cdot\boldsymbol{j}=0.\tag{2.96}$$

这种表示即为概率守恒的微分形式,或称**概率守恒方程**.它形式上与流体力学的连续方程一样,但是有很大的实质差别.

如将方程(2.96)对空间某一体积积分,有

$$\frac{\mathrm{d}}{\mathrm{d}t}\int_{\Delta V}\rho\mathrm{d}\boldsymbol{r}=-\oint\!\!\!\oint_{\Delta S}\boldsymbol{j}\cdot\mathrm{d}\boldsymbol{S}.\tag{2.97}$$

这表明,单位时间内,体积 ΔV 中,发现粒子的总概率增加等于从该体积表面(ΔS 面)流入该区域的概率,也就是说,在某区域中的概率减少,则另一区域中的概率增加,全空间总概率不变.

对一维情况,$\frac{\partial\rho}{\partial t}=-\frac{\partial}{\partial x}j$,

$$\frac{\mathrm{d}}{\mathrm{d}t}\int_a^b\rho(x,t)\mathrm{d}x=-\int_a^b\frac{\partial}{\partial x}j(x,t)\mathrm{d}x=j(a,t)-j(b,t).\tag{2.98}$$

方程(2.98)表明,单位时间在区域$[a,b]$中,发现粒子概率的改变等于流入区域$[a,b]$的概率.

通过任何一个面的概率通量矢 j 都是连续的. 由

$$\frac{\partial}{\partial t}\rho(x,t)=-\frac{\partial}{\partial x}j(x,t),$$

可得

$$\frac{\mathrm{d}}{\mathrm{d}t}\int_{x_0-\varepsilon}^{x_0+\varepsilon}\rho(x,t)\mathrm{d}x=j(x_0-\varepsilon,t)-j(x_0+\varepsilon,t).$$

根据中值定理

$$\frac{\mathrm{d}}{\mathrm{d}t}[\rho(x_0-\varepsilon+2\varepsilon\cdot\Delta,t)\cdot2\varepsilon]=j(x_0-\varepsilon,t)-j(x_0+\varepsilon,t),$$

其中,$\Delta\leqslant1$.当 $\varepsilon\to0^+$,则

$$\frac{\mathrm{d}}{\mathrm{d}t}[\rho(x_0-\varepsilon+2\varepsilon\cdot\Delta,t)\cdot2\varepsilon]=0.$$

所以,

$$j(x_0^-,t)=j(x_0^+,t).$$

从而证得 $j(x,t)$是连续的.因此,即使在波函数导数不连续的情况下,概率通量矢 $\boldsymbol{j}$ 仍是连续的.

E. 多粒子体系的薛定谔方程

设:体系有 N 个粒子,质量分别为 $m_1,m_2,\cdots$,所处的位势为 $V(\boldsymbol{r}_i)$,相互作用

为 $V_{ij}(\boldsymbol{r}_i,\boldsymbol{r}_j)$，则

$$\hat{H}=\sum_i\frac{\hat{p}_i^2}{2m_i}+\sum_i V(\boldsymbol{r}_i)+\sum_{i<j}^{N}V_{ij}(\boldsymbol{r}_i,\boldsymbol{r}_j). \tag{2.99}$$

这时，薛定谔方程为

$$\mathrm{i}\hbar\frac{\partial}{\partial t}\psi(\boldsymbol{r}_1,\boldsymbol{r}_2,\cdots,\boldsymbol{r}_N,t)=\hat{H}(\boldsymbol{r}_1,\hat{\boldsymbol{p}}_1,\boldsymbol{r}_2,\hat{\boldsymbol{p}}_2,\cdots,\boldsymbol{r}_N,\hat{\boldsymbol{p}}_N,t)\cdot\psi(\boldsymbol{r}_1,\boldsymbol{r}_2,\cdots,\boldsymbol{r}_N,t). \tag{2.100}$$

由这也看出，量子力学的波函数与经典的波函数是不一样的．量子力学的波函数 ψ 不一定都是三维空间的函数，而是多维函数，即是在多维位形空间中的函数．

2.5 不含时间的薛定谔方程，定态问题

现在讨论粒子处于一种特殊的位势，即 $V(\boldsymbol{r},t)=V(\boldsymbol{r})$，位势与时间无关时的薛定谔方程．

2.5.1 不含时间的薛定谔方程

$$\mathrm{i}\hbar\frac{\partial}{\partial t}\psi(\boldsymbol{r},t)=\hat{H}(\hat{\boldsymbol{r}},\hat{\boldsymbol{p}})\psi(\boldsymbol{r},t)=\left(\frac{\hat{\boldsymbol{p}}^2}{2m}+V(\boldsymbol{r})\right)\psi(\boldsymbol{r},t), \tag{2.101}$$

由于 $\hat{H}$ 与 t 无关，可简单地用分离变量法求特解．

令

$$\psi(\boldsymbol{r},t)=T(t)u(\boldsymbol{r}), \tag{2.102}$$

于是

$$\mathrm{i}\hbar u(\boldsymbol{r})\frac{\mathrm{d}T(t)}{\mathrm{d}t}=\hat{H}(\boldsymbol{r},\hat{\boldsymbol{p}})u(\boldsymbol{r})T(t), \tag{2.103a}$$

$$\mathrm{i}\hbar\frac{1}{T(t)}\frac{\mathrm{d}T(t)}{\mathrm{d}t}=\frac{1}{u(\boldsymbol{r})}\hat{H}(\boldsymbol{r},\hat{\boldsymbol{p}})u(\boldsymbol{r})=\text{常数}. \tag{2.103b}$$

由于方程(2.103)对任何 t 或 $\boldsymbol{r}$ 都保持相等，所以它们必等于一个与 $t,\boldsymbol{r}$ 无关的常数．于是有

$$\mathrm{i}\hbar\frac{\mathrm{d}T(t)}{\mathrm{d}t}=ET(t), \tag{2.104a}$$

$$\hat{H}(\boldsymbol{r},\hat{\boldsymbol{p}})u_E(\boldsymbol{r})=Eu_E(\boldsymbol{r}). \tag{2.104b}$$

我们有

$$T(t)=A\mathrm{e}^{-\mathrm{i}Et/\hbar}. \tag{2.105}$$

所以，当 H 与 t 无关时，含时间的薛定谔方程的特解为：

$$\psi_E(\boldsymbol{r},t)=u_E(\boldsymbol{r})\mathrm{e}^{-\mathrm{i}Et/\hbar}, \tag{2.106}$$

其中，$u_E(\boldsymbol{r})$是方程(2.104b)之解．我们称方程(2.104b)为**不含时间的薛定谔方程**，

或称它为体系的**能量本征方程**，而 E 为体系的能量本征值.

(i) 在方程(2.106)中，E 实际上是体系的能量. 因为在经典力学中，粒子在一个与 t 无关的位势中运动，体系机械能守恒，即具有一定的能量；而在量子力学中，对应波函数随时间变化为 $e^{-iEt/\hbar}$. 从平面波看，它随时间变化就是 $e^{-iEt/\hbar}$. 所以相应的 E 就是体系的能量.

(ii) 一般而言，方程(2.104b)对任何 E 值都有非零解. 但由于对波函数有概率解释，波函数有一定要求（自然条件）以及一些特殊的边界要求（无穷大位势处 $\psi(\boldsymbol{r},t)=0$ 等)，这样能满足方程的解就只有某些 E 值. 由此自然地获得能量的分立值（而测量值只能是这方程有非零解所对应的值).

(iii) 根据态叠加原理，$\psi_E(\boldsymbol{r},t)=u_E(\boldsymbol{r})e^{-iEt/\hbar}$ 是含时间的薛定谔方程的一个特解，即是该体系的一个可能态. 所以普遍的可能态一定可表为

$$\psi(\boldsymbol{r},t)=\int C(E)u_E(\boldsymbol{r})e^{-iEt/\hbar}\mathrm{d}E \tag{2.107}$$

$$=\int C(E)\psi_E(\boldsymbol{r},t)\mathrm{d}E, \tag{2.108}$$

通常称

$$\psi_E(\boldsymbol{r},t) = u_E(\boldsymbol{r})e^{-iEt/\hbar} \tag{2.109}$$

为定态波函数（$u_E(\boldsymbol{r})$是方程(2.104b)之解).

应该注意，对体系 $\psi(\boldsymbol{r},t)$，可把它按各种定态波函数展开来表示，但只有按自身的定态波函数展开时，系数 $C(E)$才与 t 无关，否则与 t 有关.

2.5.2 定态

A. 定态定义

体系的能量本征态，称为体系的定态，或者说，以波函数

$$\psi_E(\boldsymbol{r},t) = u_E(\boldsymbol{r})e^{-iEt/\hbar} \tag{2.110}$$

描述的态称为定态（$u_E(\boldsymbol{r})$满足方程 $\hat{H}(\boldsymbol{r},\hat{\boldsymbol{p}})u_E(\boldsymbol{r})=Eu_E(\boldsymbol{r})$).

在 2.4.2 小节中已指出，当 $\hat{H}$ 与 t 无关（即 $V(\boldsymbol{r},t)=V(\boldsymbol{r})$）时，态随时间演化的规律为

$$\psi(\boldsymbol{r},t) = e^{-i\hat{H}(\boldsymbol{r},\hat{\boldsymbol{p}})(t-t_0)/\hbar}\psi(\boldsymbol{r},t_0). \tag{2.111}$$

若 $t=t_0$ 时处于定态，

$$\psi_E(\boldsymbol{r},t_0) = u_E(\boldsymbol{r})e^{-iEt_0/\hbar}, \tag{2.112}$$

则

$$\psi(\boldsymbol{r},t) = e^{-i\hat{H}(\boldsymbol{r},\hat{\boldsymbol{p}})(t-t_0)/\hbar}\psi_E(\boldsymbol{r},t_0) = u_E(\boldsymbol{r})e^{-iEt/\hbar}. \tag{2.113}$$

这正是我们所给出的定态波函数.

B. 定态的性质

若体系的哈密顿量与 t 无关：

(i) 体系在初始时刻($t=0$)处于一定能量本征态 $u_E(\boldsymbol{r})$，则在以后任何时刻，体系都处于这一本征态所相应的定态上，即 $\psi_E(\boldsymbol{r},t)=u_E(\boldsymbol{r})\mathrm{e}^{-\mathrm{i}Et/\hbar}$. 它随时间的变化仅表现在因子 $\mathrm{e}^{-\mathrm{i}Et/\hbar}$ 上.

(ii) 体系的概率密度不随时间变化，概率通量矢的散度为零(即无概率源).

$$\rho=|\psi_E(\boldsymbol{r},t)|^2=|u_E(\boldsymbol{r})|^2, \tag{2.114}$$

所以

$$\frac{\partial\rho}{\partial t}=0, \Longrightarrow \nabla\cdot\boldsymbol{j}=0. \tag{2.115}$$

这表明，在任何地方，都无概率源，空间的概率密度不变.

(iii) 概率通量矢不随时间变化.

$$\begin{aligned}\boldsymbol{j}&=\frac{-\mathrm{i}\hbar}{2m}(\psi_E^*(\boldsymbol{r},t)\nabla\psi_E(\boldsymbol{r},t)-\psi_E(\boldsymbol{r},t)\nabla\psi_E^*(\boldsymbol{r},t))\\&=\frac{-\mathrm{i}\hbar}{2m}(u_E^*(\boldsymbol{r})\nabla u_E(\boldsymbol{r})-u_E(\boldsymbol{r})\nabla u_E^*(\boldsymbol{r})),\end{aligned} \tag{2.116}$$

所以 $\boldsymbol{j}$ 与 t 无关.

(iv) 任何不含 t 的力学量在该态的平均值不随时间变化.

$$\overline{A}=\int\psi_E^*(\boldsymbol{r},t)\hat{A}(\boldsymbol{r},\hat{\boldsymbol{p}})\psi_E(\boldsymbol{r},t)\mathrm{d}\boldsymbol{r}=\int u_E^*(\boldsymbol{r})\hat{A}(\boldsymbol{r},\hat{\boldsymbol{p}})u_E(\boldsymbol{r})\mathrm{d}\boldsymbol{r}. \tag{2.117}$$

(v) 任何不显含 t 的力学量在该态中取值的概率不随时间变化.

根据态叠加原理，若对体系测量力学量 $\hat{A}$ 的值，如可取 $a_1,a_2,\cdots$，那么体系的可能态必为

$$\psi(\boldsymbol{r},t)=C_{a_1}(t)v_{a_1}(\boldsymbol{r})+C_{a_2}(t)v_{a_2}(\boldsymbol{r})+\cdots, \tag{2.118}$$

(因讨论的力学量 $\hat{A}$ 与 t 无关，所以 $v_{a_i}(\boldsymbol{r})$ 与 t 无关.)而在 $v_{a_i}(\boldsymbol{r})$ 态中测量力学量 $\hat{A}$，其测得值仅为 a_i，测得 a_i 的概率正比于 $|C_{a_i}(t)|^2$. 现体系处于定态，

$$\begin{aligned}\psi_E(\boldsymbol{r},t)&=u_E(\boldsymbol{r})\mathrm{e}^{-\mathrm{i}Et/\hbar}\\&=(C'_{a_1}(t)v_{a_1}(\boldsymbol{r})+C'_{a_2}(t)v_{a_2}(\boldsymbol{r})+\cdots)\mathrm{e}^{-\mathrm{i}Et/\hbar},\end{aligned} \tag{2.119}$$

显然，C'_{a_i} 与 t 无关，于是有

$$|C_{a_i}(t)|^2=|C'_{a_i}\mathrm{e}^{-\mathrm{i}Et/\hbar}|^2=|C'_{a_i}|^2. \tag{2.120}$$

这正表明，对处于定态中的体系，测量 $\hat{A}$ 取可能值的概率是不随时间变化的.

2.6 不确定关系

由于粒子应由态函数 $\psi(\boldsymbol{r},t)$ 来描述，因此，就不能像经典物理那样以每时刻 $\boldsymbol{r}$，

$\boldsymbol{p}$ 来描述(事实上由前一节也看出,自由粒子的动量并不一定取一个值). 但是否仍能像经典物理那样在 $\boldsymbol{r}_0$ 处发现粒子具有动量 $\boldsymbol{p}_0$ 呢?

海森伯(W. Heisenberg)指出: **测量客体的动量若有一不确定度 Δp_x(即客体动量在这区域中的概率很大),则我们在同时不可能预言它的位置比 $\frac{\hbar}{\Delta p_x}$ 更精确.** 也就是说,在同一时刻测量动量和位置,其不确定度必须满足

$$\Delta x \cdot \Delta p_x \geqslant \hbar, \tag{2.121}$$

类似有

$$\Delta y \cdot \Delta p_y \geqslant \hbar, \quad \Delta z \cdot \Delta p_z \geqslant \hbar, \tag{2.122}$$

被称为**海森伯不确定关系.**

应该注意: 这是实验的结果,当然也是波粒二象性的结果;自然也是波函数的概率解释和态叠加原理的结果. 我们将从几个方面来论述它.

2.6.1 一些例子

A. 具有确定动量 p_0(一维运动)的自由粒子,是以

$$\psi_{p_0}(x,t) = \frac{1}{(2\pi\hbar)^{1/2}} e^{i(p_0 x - E_p t)/\hbar} \tag{2.123}$$

来描述,其概率密度

$$\rho = |\psi_{p_0}(x,t)|^2 = \frac{1}{2\pi\hbar}. \tag{2.124}$$

所以,对任何 x 处的相对概率都相同. 也就是说,发现粒子在 x_i—$x_i+\mathrm{d}x$ 区域中的概率都相同. 所以,x 的不确定度为∞,但 $\Delta p_x = 0$,所以不违背不确定关系.

B. 如一个自由粒子是由一系列沿 x 方向的平面波叠加而成的波包描述,

$$\psi(\boldsymbol{x},t) = \int_{k_0-\Delta k}^{k_0+\Delta k} C(k) \frac{1}{\sqrt{2\pi}} e^{i(kx-\omega t)} \mathrm{d}k, \tag{2.125}$$

设 Δk 很小,$C(k)$变化很缓慢,可近似取为 $C(k_0)$,

$$k = k_0 + (k - k_0) = k_0 + l, \tag{2.126}$$

$$\omega = \omega_0 + (k - k_0)\left.\frac{\mathrm{d}\omega}{\mathrm{d}k}\right|_{k=k_0} + \cdots \approx \omega_0 + l \cdot \left.\frac{\mathrm{d}\omega}{\mathrm{d}k}\right|_{k=k_0}. \tag{2.127}$$

所以,

$$\psi(x,t) = \frac{C(k_0)}{\sqrt{2\pi}} \int_{-\Delta k}^{\Delta k} e^{i(k_0 x - \omega_0 t)} e^{i\left(x - \left.\frac{\mathrm{d}\omega}{\mathrm{d}k}\right|_{k=k_0} t\right) \cdot l} \mathrm{d}l$$

$$= \frac{C(k_0)}{\sqrt{2\pi}} \frac{2\sin\left[\left(x - \left.\frac{\mathrm{d}\omega}{\mathrm{d}k}\right|_{k=k_0} t\right)\Delta k\right]}{x - \left.\frac{\mathrm{d}\omega}{\mathrm{d}k}\right|_{k=k_0} \cdot t} e^{i(k_0 x - \omega_0 t)}. \tag{2.128}$$

这是具有一定形状沿 x 方向传播的波包(如图 2.10 所示). 在 x_0, t_0 时，相位为

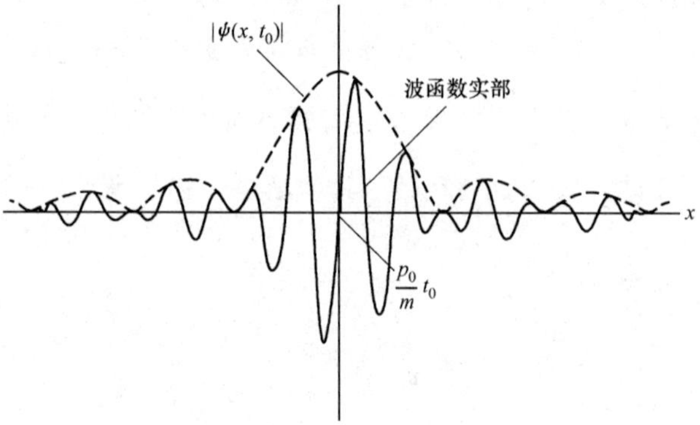

图 2.10 沿 x 方向传播的波包

$$\alpha_0 = k_0 x_0 - \omega_0 t_0; \tag{2.129}$$

在 x, t 时，相位也为

$$\alpha_0 = k_0 x - \omega_0 t. \tag{2.130}$$

所以，相位传播速度

$$v_{\mathrm{p}} = \frac{\Delta x}{\Delta t} = \frac{\omega_0}{k_0} = \frac{E_0}{p_0}. \tag{2.131}$$

这即前述的相速度.

同时我们可以看到，波包的平均值(可认为概率幅最大处)在移动. 而极大值位置为

$$x - \left(\frac{\mathrm{d}\omega}{\mathrm{d}k}\right)_{k=k_0} t = 0, \tag{2.132}$$

所以它移动的速度

$$v_{\mathrm{g}} = \frac{\mathrm{d}x}{\mathrm{d}t} = \left(\frac{\mathrm{d}\omega}{\mathrm{d}k}\right)_{k=k_0} = \left(\frac{\mathrm{d}E}{\mathrm{d}p}\right)_{k=k_0} = \frac{p_0}{m}, \tag{2.133}$$

即粒子的速度，这即前述的群速度.

由(2.128)式可知，这个波包扩展度的区域不是任意小，即

$$\Delta x = \frac{2\pi}{\Delta k}, \tag{2.134}$$

于是有

$$\Delta x \cdot \Delta p_x = 2\pi\hbar = h. \tag{2.135}$$

所以要波包仅限于空间一定区域 Δx，相应 p_x 的扩展度不可能任意小；当 p_x 的扩展度一定时，那么波包的扩展度也不可能任意小.

应该指出，我们在展开时，只取前两项. 当包含二级项，即 $\left(\frac{\mathrm{d}\omega}{\mathrm{d}k}\right)^2_{k=k_0}(k-k_0)^2$ 不忽略时，波包将随时间而扩大(这并不代表粒子消失，而是它的概率在较大的范围

内明显不为零).

2.6.2 一些实验

A. 位置测量

一束电子平行地沿 x 方向入射,通过窄缝(宽度 a),从而测出 y 方向的位置(如图 2.11 所示). 由于通过窄缝,这时电子的位置(在 y 方向)有一不确定度 $\Delta y=a$,而若人们认为 $\Delta p_y=0$,便将违背不确定关系. 但事实上,通过缝后,在不同位置接收到的电子数的多少显示出衍射图像(电子数的多少),表明这一单缝干涉的第一极小为

$$\sin\theta_1 = \frac{\lambda}{a}, \tag{2.136}$$

即通过单缝后,电子在 y 方向的动量不再为零,而为 $\Delta p_y = p\sin\theta_1 = \frac{h}{a}$.

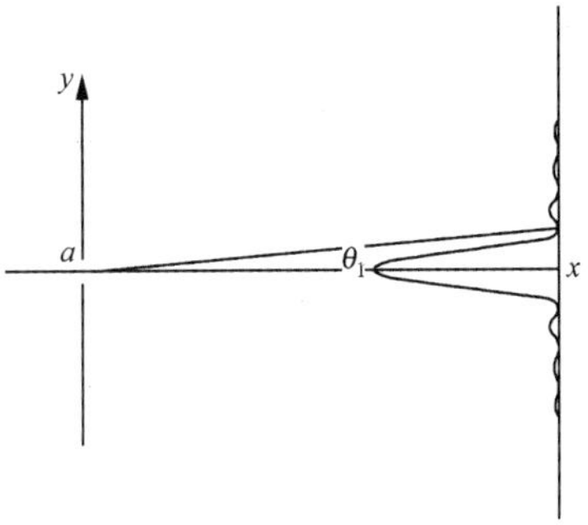

图 2.11 单缝干涉

所以,当测量 y 的位置越精确(即 a 越小),则在 y 方向的动量越不精确. 它们的精确度至少要满足 $\Delta y \cdot \Delta p_y = h$(事实上,这是制备一个使电子处于有一定宽度的波包所描述的状态,而不是平面波(宽为无穷)).

显然,这不是仪器的精度问题,而是来自电子具有波动性,以波函数来描述,所以通过窄缝有干涉现象. 但这种波动性又体现为概率波. 电子动量有一定概率密度在$(-p_y, p_y)$中的某一值处,所以它是波粒二象性的后果.

B. 用显微镜测量电子的位置

一束具有确定动量 p_x 的电子沿 x 轴运动,现用显微镜观察被电子散射的光束来测量电子的位置(如图 2.12 所示),则显微镜的分辨率为(即电子位置的精度)

$$\Delta x \approx \frac{\lambda}{\sin\phi}. \tag{2.137}$$

这是因为成的像是一个衍射斑点,有一定大小. 所以,被观测电子的位置有一不确定度. λ 越小,我们可以测得电子位置越精确,这时人们或许还是认为 $\Delta p_x=0$,

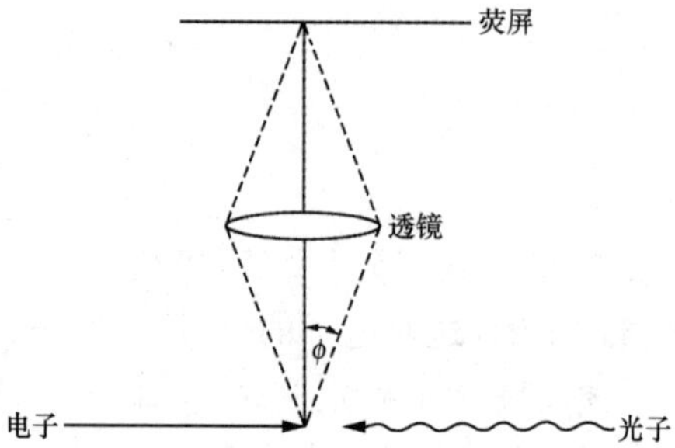

图 2.12　显微镜测量电子的位置

以为违背了不确定关系.而事实上,光子是一个个到达屏上的,(量子力学认为)它是在 0—ϕ 之间某一角度进入的,但不知是从哪一角度进入的.所以散射光子的动量在 x 方向上有一不确定度 Δp_x,而这不确定度也使被反冲的电子在 x 方向上有同样的不确定度(而不是 $\Delta p_x=0$),即

$$\Delta p_x = p\sin\phi = \frac{h}{\lambda}\sin\phi \approx \frac{h}{\Delta x}, \tag{2.138}$$

$$\Delta x \cdot \Delta p_x \approx h. \tag{2.139}$$

所以,当你测量得知电子在 x 方向上位置的不确定度为 Δx 时,则电子在 x 方向上的动量并不确定,而必然有一不确定度 Δp_x.你越想精确测量电子位置(λ 越小),那电子的动量的确定度越差$\left(\Delta p_x=\frac{h}{\lambda}\sin\phi\right)$.

2.6.3　不确定关系是波粒二象性的必然结果

由于物质粒子的波粒二象性的实验事实,从而要求对物质粒子的状态应用波函数来描述,且要求对波函数进行概率解释以及波函数具有叠加性.

对一个物质粒子用 $\psi(x,t)$来描述(任一波函数),它总可以表为

$$\psi(x,t) = \int C(k,t)\,\frac{1}{\sqrt{2\pi}}\mathrm{e}^{\mathrm{i}k\cdot x}\,\mathrm{d}k. \tag{2.140}$$

则傅里叶变换为

$$C(k,t) = \int \psi(x,t)\,\frac{1}{\sqrt{2\pi}}\mathrm{e}^{-\mathrm{i}k\cdot x}\,\mathrm{d}x. \tag{2.141}$$

从傅里叶变换理论知:$\psi(x,t)$的扩展范围(即有意义的区域)和它的傅里叶变换 $C(k,t)$所扩展的范围不能同时任意小.

如$|\psi(x,t)|^2$ 的主要区域(即扩展范围)为 Δx,$|C(k,t)|^2$ 的主要区域(即扩展范围)为 Δk,那么 $\Delta x\cdot\Delta k$ 总是大于数量级为1的数,即

$$\Delta x \cdot \Delta k \geqslant 1,\ \Rightarrow\ \Delta x \cdot \Delta p_x \geqslant \hbar. \tag{2.142}$$

这里陈述的仅是数学，是傅里叶变换性质给出的. 但是，由于现在 $\psi(x,t)$ 是描述物质粒子的概率波. 测量 x 最可能取值的范围就是 $|\psi(x,t)|^2$ 的扩展范围，也就是测量粒子位置的不确定的范围(这是由于概率解释的结果).

$|C(k,t)|^2$ 是表示在 t 时刻测得波数值为 k 的概率密度. 它的扩展范围就是测得的波数最可能取值的范围. 这是由态叠加原理给出的物理含意. 因此，由概率解释和态叠加原理给出了傅里叶变换理论用在量子力学的波函数时 $\Delta x \cdot \Delta k \geqslant 1$ 的物理含意. 所以，$\Delta x \cdot \Delta p_x \geqslant \hbar$ 是波函数(概率波)描述的必然结果.

应该指出，对不确定关系，有些人认为或理解成是人们对微观客体测量时，由于不可确定的作用的后果导致的. 这种看法是值得商榷的. 不确定关系并非是测量干扰的后果，而是量子力学中的波函数本身的内涵.

2.6.4 能量-时间不确定关系

A. 能量-时间不确定关系

在狭义相对论中，$(\boldsymbol{p},E)$，$(\boldsymbol{r},t)$ 都看作四维矢量，所以由 $\boldsymbol{p},\boldsymbol{r}$ 有不确定关系，即可推测 E,t 也应有.

前面介绍的傅里叶展开及傅里叶变换是在 t 固定时进行的，

$$\psi(x,t)=\int C(k,t)\frac{1}{\sqrt{2\pi}}\mathrm{e}^{\mathrm{i}k\cdot x}\mathrm{d}k, \tag{2.143a}$$

$$C(k,t)=\int \psi(x,t)\frac{1}{\sqrt{2\pi}}\mathrm{e}^{-\mathrm{i}k\cdot x}\mathrm{d}x. \tag{2.143b}$$

现固定 x，则有

$$\psi(x,t)=\int C(x,\omega)\frac{1}{\sqrt{2\pi}}\mathrm{e}^{-\mathrm{i}\omega t}\mathrm{d}\omega. \tag{2.144a}$$

$$C(x,\omega)=\int \psi(x,t)\frac{1}{\sqrt{2\pi}}\mathrm{e}^{\mathrm{i}\omega t}\mathrm{d}t. \tag{2.144b}$$

而根据傅里叶变换理论，如 ω 有一扩展度 $\Delta\omega$，那么 t 就有一扩展度 Δt，且

$$\Delta\omega \cdot \Delta t \geqslant 1, \tag{2.145}$$

即

$$\Delta E \cdot \Delta t \geqslant \hbar. \tag{2.146}$$

B. 能量-时间不确定关系的物理含意

(i) 在空间固定处，发现体系如有一不确定的时间间隔为 Δt(即在这一间隔中的任一时刻，发现体系的概率密度都很大)，那该体系的能量必有一扩展度 ΔE(即体系处于这一能量范围中的某一能量的概率密度都很大)，而 $\Delta E \cdot \Delta t \geqslant \hbar$.

例如：若一个自由粒子的波包宽 Δx，它通过 Δx 所需时间 $\dfrac{\Delta x}{v_g}=\tau$，所以，在 t_0—$t_0+\tau$ 间隔内，都有可能在 x_0 处发现粒子. 由

$$\frac{\Delta x}{v_g}=\tau=\frac{\Delta x}{\frac{\Delta E}{\Delta p_x}},\Longrightarrow\Delta E\cdot\tau=\Delta x\cdot\Delta p_x\geqslant\hbar.$$

所以,这一自由粒子波包的能量扩展度一定不小于$\frac{\hbar}{\tau}$.

(ii) 体系概率密度发生大的改变仅需时间 Δt,那体系能量的不确定度应为 ΔE,以使 $\Delta E\cdot\Delta t\geqslant\hbar$.

例 1 定态:其概率密度不随时间变.所以,要使这一分布发生变化,则要求 $\Delta t\to\infty$,而这时 $\Delta E=0$(即具有确定能量).

例 2 若体系的波函数为

$$\psi=\frac{1}{\sqrt{2}}(\varphi_{E_1}\mathrm{e}^{-\mathrm{i}E_1t/\hbar}+\varphi_{E_2}\mathrm{e}^{-\mathrm{i}E_2t/\hbar}).\tag{2.147}$$

将方程(2.147)两边取模的平方,则

$$|\psi|^2=\frac{1}{2}\{|\varphi_{E_1}|^2+|\varphi_{E_2}|^2+2|\varphi_{E_1}|\cdot|\varphi_{E_2}|\cdot\cos[(E_1-E_2)t/\hbar+(\alpha_2-\alpha_1)]\},\tag{2.148}$$

其中,α_1,α_2 分别为 $\varphi_{E_1},\varphi_{E_2}$ 的相位.所以,体系的概率密度在 $\frac{1}{2}(|\varphi_{E_1}|+|\varphi_{E_2}|)^2$ 和 $\frac{1}{2}(|\varphi_{E_1}|-|\varphi_{E_2}|)^2$ 之间振荡,振荡周期为 2τ.由方程(2.148)直接可求得

$$\frac{|E_1-E_2|\tau}{\hbar}=\pi,$$

即体系概率密度发生明显变化的时间间隔

$$\tau=\frac{\pi\hbar}{|E_1-E_2|}=\frac{\pi\hbar}{2\Delta E},\tag{2.149}$$

于是有

$$\tau\cdot\Delta E=\pi\frac{\hbar}{2}.\tag{2.150}$$

(iii) 若体系能量有一不确定度 ΔE,体系保持不变的平均时间不小于$\frac{\hbar}{\Delta E}$.

例如:不稳定体系的能级有一定宽度,$\Gamma=\Delta E$.所以平均寿命

$$\tau=\frac{\hbar}{\Delta E}=\frac{\hbar}{\Gamma}.\tag{2.151}$$

2.6.5 一些应用举例

利用不确定关系可对一些物理量作数量级的估计.

A. 类氢离子的基态能量的估计

设：类氢离子的电子轨道半径为 r(在一平面中)，所以，不确定度 $\Delta r \approx r$. 因此，

$$\Delta p \cdot \Delta r \approx \hbar, \tag{2.152}$$

于是

$$E = \frac{\Delta p^2}{2m} - \frac{Ze^2}{4\pi\varepsilon_0 \Delta r} = \frac{\hbar^2}{2mr^2} - \frac{Ze^2}{4\pi\varepsilon_0 r}. \tag{2.153}$$

利用(2.153)式，对能量 E 求极小，

$$\frac{\partial E}{\partial r} = 0, \Longrightarrow r_0 = \frac{4\pi\varepsilon_0 \hbar^2}{mZe^2} = \frac{a_0}{Z}. \tag{2.154}$$

从而得类氢离子的基态能量的估计值，

$$E_g = -\frac{Z^2 e^2}{8\pi\varepsilon_0 a_0}, \tag{2.155}$$

其中，a_0 为玻尔半径.

B. 考虑重力下粒子的“静止”状况

$$V(z) = \begin{cases} mgz, & z > 0, \\ \infty, & z < 0. \end{cases} \tag{2.156}$$

现作一简单的估计：经典“基态”是静止的. 而量子粒子其位置有一不确定度 Δz，动量也有一不确定度 Δp_z. 于是，

$$E \approx \frac{\Delta p_z^2}{2m} + mg\Delta z \approx \frac{\hbar^2}{2m\Delta z^2} + mg\Delta z. \tag{2.157}$$

利用(2.157)式，求 E 的极小得 Δz，

$$\frac{\partial E}{\partial \Delta z} = 0, \Longrightarrow \Delta z = \left(\frac{\hbar^2}{m^2 g}\right)^{1/3}. \tag{2.158}$$

所以，经典物理学认为粒子静止于 $z=0$ 处，而量子物理学则认为粒子位置有一不确定度 $\Delta z(>0)$.

对于尘粒，$m=10^{-6}$ kg，$\Delta z \approx 1.043 \times 10^{-19}$ m. 这表明，对于尘粒而言，它是静止于 $z \approx 0$ 处.

对于电子，$m_e = 9.1094 \times 10^{-31}$ kg，$\Delta z \approx 1.11 \times 10^{-3}$ m. 这表明，对于电子而言，说它是静止于 $z=0$ 处就不恰当了.

不确定关系是对两个物理量同时测量的结果可取值的最佳区域(或不确定度)之间的约束，它不是测量干扰的结果.

习 题

2.1 设 $\varphi(x) = Ae^{-\frac{1}{2}a^2x^2}$ (a 为常数).

(1) 求归一化系数 A；

(2) 求 $\bar{x}$，$\bar{p}_x$.

2.2 一维运动的粒子处于

$$\varphi(x)=\begin{cases}Axe^{-\lambda x}, & x\geqslant 0,\\ 0, & x<0\end{cases}$$

的状态中，其中 $\lambda>0$. 求归一化系数 A 和粒子动量的概率密度幅.

2.3 算符 $\hat{A}$（相应于物理量 α）在 ϕ_1 和 ϕ_2 中的测量值分别为 a_1 和 a_2，算符 $\hat{B}$（相应于物理量 β）在 χ_1 和 χ_2 中的测量值分别为 b_1 和 b_2，而

$$\phi_1=(2\chi_1+3\chi_2)/\sqrt{13},\quad \phi_2=(3\chi_1-2\chi_2)/\sqrt{13}.$$

我们首先测量 α，测得值为 a_1，接着测量 β，而后再测 α，求测得值为 a_1 的概率.

2.4 一维自由运动粒子，在 $t=0$ 时，波函数为

$$\varphi(x,0)=\delta(x).$$

求：$|\varphi(x,t)|^2=?$

2.5 求 $\varphi_1=\frac{1}{r}e^{ikr}$ 和 $\varphi_2=\frac{1}{r}e^{-ikr}$ 的概率通量矢.

2.6 若 $\varphi=A(e^{kx}+Be^{-kx})$，求其概率通量矢，你从结果中能得到什么样的结论（其中 k 为实数）？

2.7 证明：从单粒子的薛定谔方程得出的粒子的速度场是非旋的，即求证

$$\nabla\times\boldsymbol{v}=0,$$

其中 $\boldsymbol{v}=\boldsymbol{j}/\rho$.

2.8 在一维空间中运动的粒子，处于波函数

$$\psi(x)=\frac{1}{(2\pi\sigma^2)^{1/4}}e^{-x^2/4\sigma^2}$$

中，其中 σ 是常数. 证明：

(1) 波函数是归一的；

(2) 粒子处于 p—$p+dp$ 间的概率为 $P(p)dp$，而

$$P(p)=\left(\frac{2}{\pi}\right)^{1/2}\frac{\sigma}{\hbar}e^{-2p^2\sigma^2/\hbar^2};$$

(3) $\Delta x\cdot\Delta p=\frac{\hbar}{2}$.

2.9 自由粒子处于状态

$$\psi=Ae^{i(kx-\omega t)}.$$

(1) 求非相对论情况下的群速度和相速度；

(2) 求相对论情况下的群速度和相速度.

第三章　一维定态问题

本章将讨论最简单的问题：问题中的位势是一维、不显含时间的位势，即一维定态问题. 当

$$V(\boldsymbol{r},t)=V(\boldsymbol{r}),$$

这时薛定谔方程

$$\mathrm{i}\hbar\frac{\partial}{\partial t}\psi(\boldsymbol{r},t)=\hat{H}(\boldsymbol{r},\hat{\boldsymbol{p}})\psi(\boldsymbol{r},t)$$

有特解

$$\varphi_E(\boldsymbol{r},t)=u_E(\boldsymbol{r})\mathrm{e}^{-\mathrm{i}Et/\hbar},\tag{3.1}$$

而 $u_E(\boldsymbol{r})$满足

$$\hat{H}(\boldsymbol{r},\hat{\boldsymbol{p}})u_E(\boldsymbol{r})=Eu_E(\boldsymbol{r}).\tag{3.2}$$

事实上，当$V(\boldsymbol{r})$有一定性质时，如$V(\boldsymbol{r})=V(x)+V(y)+V(z)$或$V(\boldsymbol{r})=V(r)$时，三维问题可化为一维问题处理，所以一维问题是解决三维问题的基础.

在求解一维问题之前，我们先讨论一维问题解的共同的性质. 不言而喻，为保证不含时间的薛定谔方程中能量 E 为实数，则要求 $V(x)$是实函数.

3.1　一维定态解的共性

设：具有质量为 m 的粒子，在位势 $V(x)$中沿 x 轴运动. 于是有

$$\left(-\frac{\hbar^2}{2m}\frac{\mathrm{d}^2}{\mathrm{d}x^2}+V(x)\right)u_E(x)=Eu_E(x).\tag{3.3}$$

由于 $u_E(x)$是满足一定条件或边条件下的解，所以不是所有 E 都有非零解.

3.1.1　能级的简并性

定理　一维运动的分立能级(束缚态)，一般是不简并的.

简并度(degeneracy)：一个力学量的测量值，可在 n 个独立的(线性无关的)波函数中测得，则称这一测量值具有 n 重简并度(某能量本征值有 n 个独立的定态相对应，则称这能量本征值是 n 重简并的).

证　假设 u_1,u_2 是具有同样能量的波函数

$$\left(-\frac{\hbar^2}{2m}\frac{\mathrm{d}^2}{\mathrm{d}x^2}+V(x)\right)u_1(x)=Eu_1(x),\tag{3.4a}$$

$$\left(-\frac{\hbar^2}{2m}\frac{\mathrm{d}^2}{\mathrm{d}x^2}+V(x)\right)u_2(x)=Eu_2(x), \tag{3.4b}$$

由 $u_2\cdot(3.4\mathrm{a})-u_1\cdot(3.4\mathrm{b})$，可得

$$u_2\frac{\mathrm{d}^2}{\mathrm{d}x^2}u_1(x)-u_1\frac{\mathrm{d}^2}{\mathrm{d}x^2}u_2(x)=0, \tag{3.5}$$

于是

$$u_2(x)u_1'(x)-u_1(x)u_2'(x)=C, \tag{3.6}$$

C 是与 x 无关的常数.

对于束缚态，$x\to\pm\infty$，$u_i(i=1,2)\to 0$（或在有限区域有某 x 值使 $u_2(x)u_1'(x)-u_1(x)u_2'(x)=0$）. 所以 $C=0$，从而有

$$u_2(x)u_1'(x)-u_1(x)u_2'(x)=0. \tag{3.7}$$

若 $u_2(x)u_1(x)$ 不是处处为零，则有

$$\frac{u_2'}{u_2}=\frac{u_1'}{u_1}, \Longrightarrow (\ln u_2)'=(\ln u_1)',$$

可推得 $u_1(x)=Au_2(x)$.

所以 u_1 和 u_2 是同一波函数. 也就是说，一个 E 只对应一个独立的波函数，因此，是不简并的.

应当注意：

(i) **分立能级是不简并的.** 而对于连续谱的情况，若在一个方向上 $u\to 0$，那也不简并. 但如在两个方向上都不趋于 0（如自由粒子），则有简并.

(ii) **当变量在允许值范围内（包括端点），波函数无零点，就可能有简并存在**（因方程(3.6)中的常数 $C\neq 0$）.

(iii) **当 $V(x)$ 有奇异点，简并可能存在.** 因这时可能导致 $u_2(x)u_1(x)$ 处处为零.

推论 一维束缚态的波函数必为实函数（当然可保留一相位因子）.

证 位势为 $V(x)$ 的能量本征方程为

$$\left(-\frac{\hbar^2}{2m}\frac{\mathrm{d}^2}{\mathrm{d}x^2}+V(x)\right)u_n(x)=E_n u_n(x), \tag{3.8}$$

令 $u_n(x)=R_n(x)+\mathrm{i}I_n(x)$（$R_n(x)$，$I_n(x)$ 都是实函数），等式两边实部和虚部分别相等，则

$$\left(-\frac{\hbar^2}{2m}\frac{\mathrm{d}^2}{\mathrm{d}x^2}+V(x)\right)R_n(x)=E_n R_n(x), \tag{3.9a}$$

$$\left(-\frac{\hbar^2}{2m}\frac{\mathrm{d}^2}{\mathrm{d}x^2}+V(x)\right)I_n(x)=E_n I_n(x). \tag{3.9b}$$

这表明 R_n 和 I_n 都是能量为 E 的解. 但对束缚态，没有简并，所以只有一个解，因

而，R_n 和 I_n 应是线性相关的. 即

$$I_n = \alpha R_n.$$

于是

$$u_n(x) = (1+\mathrm{i}\alpha)R_n(x) = A\mathrm{e}^{\mathrm{i}\beta}R_n(x). \tag{3.10}$$

所以，一维束缚态的波函数只能取这一形式，R_n 为实函数(A,β 都为实数).

由此可得另一推论：一维束缚态，其概率通量矢恒为零(因波函数为实函数).

3.1.2 分立能级波函数的正交性

设 $u_1(x)$，$u_2(x)$是能量本征方程之解，

$$\left(-\frac{\hbar^2}{2m}\frac{\mathrm{d}^2}{\mathrm{d}x^2}+V(x)\right)u_1(x) = E_1u_1(x), \tag{3.11a}$$

$$\left(-\frac{\hbar^2}{2m}\frac{\mathrm{d}^2}{\mathrm{d}x^2}+V(x)\right)u_2(x) = E_2u_2(x), \tag{3.11b}$$

由 $u_2^*\cdot(3.11\text{a})-u_1\cdot[(3.11\text{b})]^*$ 得

$$-\frac{\hbar^2}{2m}[u_2^*(x)u_1''(x)-u_1(x)u_2^{*\prime\prime}(x)] = (E_1-E_2)u_2^*(x)u_1(x). \tag{3.12}$$

将方程(3.12)两边积分，并考虑到束缚态在无穷远处为零，从而证得

$$\int u_2^* u_1\,\mathrm{d}x = 0. \tag{3.13}$$

这在物理上是显然的. 因如果不正交，那就有 $u_2(x)=\alpha u_1(x)+v_2(x)$($v_2(x)$是与 $u_1(x)$正交的). 从态叠加原理看，体系可能处于 $u_1(x)$态，也可能处于 $v_2(x)$态，即在 $u_2(x)$中可测得 $\hat{H}$ 的本征值为 E_1，这与 $u_2(x)$是能量 E_2 的本征态的假设是相矛盾的. 所以 α 必须为零，波函数 $u_2(x)$与 $u_1(x)$是一定正交的.

3.1.3 分立能级波函数的振荡定理[①]

当分立能级按大小顺序排列，一般而言，第 $n+1$ 条能级的波函数在其取值范围内有 n 个节点(即有 n 个 x 值使 $u(x)=0$，不包括边界点或无穷远)(见图 3.1).

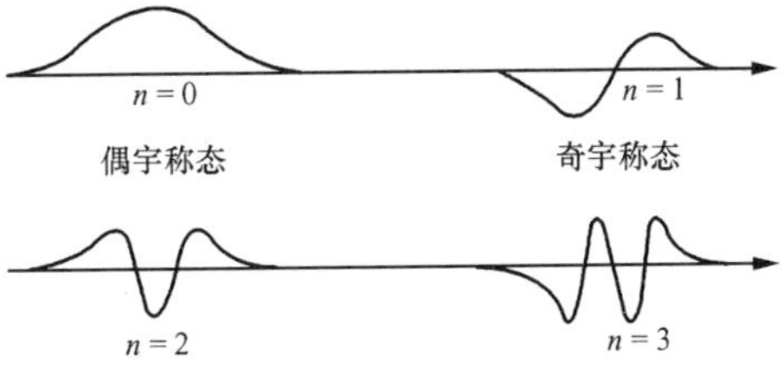

图 3.1 波函数($n=0,1,2,3$)的示意图

① A. Messiah, Quantum Mechanics, North-Holland Publishing Company, Amsterdam, 1972, Vol. I, 109.

基态无节点.（当然处处不为零的波函数没有这性质，如 $e^{im\phi}$（它是简并的），同样，多体波函数由于反对称性，而可能无这性质.）

3.1.4　在无穷大位势下的波函数

现先讨论 $V(x)$ 有有限大小的间断点时波函数导数的性质. 由方程

$$\left(-\frac{\hbar^2}{2m}\frac{\mathrm{d}^2}{\mathrm{d}x^2}+V(x)\right)u(x)=Eu(x), \tag{3.14}$$

即得

$$-\frac{\hbar^2}{2m}\frac{\mathrm{d}^2}{\mathrm{d}x^2}u(x)=((E-V(x))u(x). \tag{3.15}$$

由于 $u(x)$ 连续，$V(x)$ 连续或有些点是有限大小的间断点，因此，$(E-V(x))u(x)$ 存在，即 $\frac{\mathrm{d}^2}{\mathrm{d}x^2}u(x)$ 存在，也就是 $\frac{\mathrm{d}}{\mathrm{d}x}u(x)$ 的导数存在，所以，$\frac{\mathrm{d}}{\mathrm{d}x}u(x)$ 连续. 这证明，**$V(x)$ 有有限大小的间断点时，波函数导数仍连续.**

而在位势是无穷时又如何呢？

设 $E<V_0$（见图 3.2）. 分别写出两个区域的能量本征方程

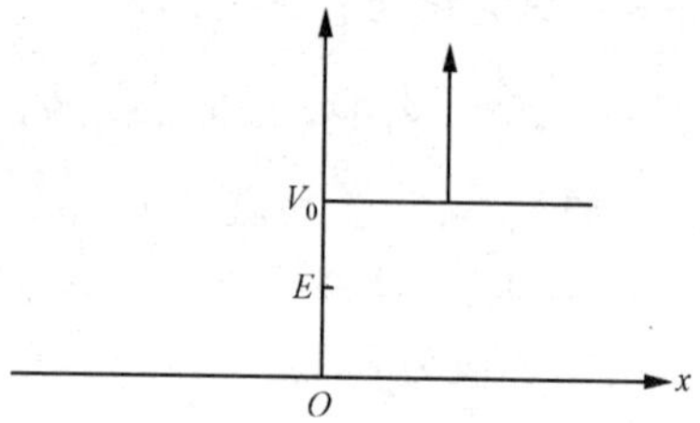

图 3.2　阶梯位势

$$\left(-\frac{\hbar^2}{2m}\frac{\mathrm{d}^2}{\mathrm{d}x^2}+V_0\right)u(x)=Eu(x),\quad x>0, \tag{3.16a}$$

$$-\frac{\hbar^2}{2m}\frac{\mathrm{d}^2}{\mathrm{d}x^2}u(x)=Eu(x),\quad x<0. \tag{3.16b}$$

令 $k=\sqrt{\frac{2mE}{\hbar^2}}$，$K=\sqrt{\frac{2m(V_0-E)}{\hbar^2}}$，则方程(3.16)可表为

$$u''=K^2u,\quad x>0, \tag{3.17a}$$

$$u''=-k^2u,\quad x<0. \tag{3.17b}$$

于是得解

$$u(x)=\begin{cases}Be^{-Kx}+Ce^{Kx}, & x>0,\\ A\sin(kx+\delta), & x<0.\end{cases} \tag{3.18}$$

要求波函数有界，则 $C=0$. 又要求波函数及其导数在 $x=0$ 处连续，可得

$$A\sin\delta = B, \tag{3.19a}$$

$$kA\cos\delta = -KB, \tag{3.19b}$$

由两式之比，得

$$\frac{1}{k}\tan\delta = -\frac{1}{K}. \tag{3.20}$$

当 E 给定，$V_0 \to \infty$，$K \to \infty$，则由(3.20)式可得

$$\tan\delta = 0, \Longrightarrow \sin\delta = 0. \tag{3.21}$$

将(3.21)式代入(3.19a)式，得

$$B \to 0. \tag{3.22}$$

于是，当 $V_0 \to \infty$，方程(3.16)的解为

$$u(x) = \begin{cases} A\sin kx, & x < 0, \\ 0, & x > 0. \end{cases} \tag{3.23}$$

这表明，**在无穷大的位势处，波函数为零，交接处要求波函数连续**. 但并不要求再计及导数的连续性. 而概率密度和概率通量矢仍是连续的.

3.2 隧穿效应和扫描隧穿显微镜

3.2.1 阶梯位势

考查如图 3.3(a)所示的阶梯位势：

$$V(x) = \begin{cases} V_0, & x > 0, \\ 0, & x < 0. \end{cases} \tag{3.24}$$

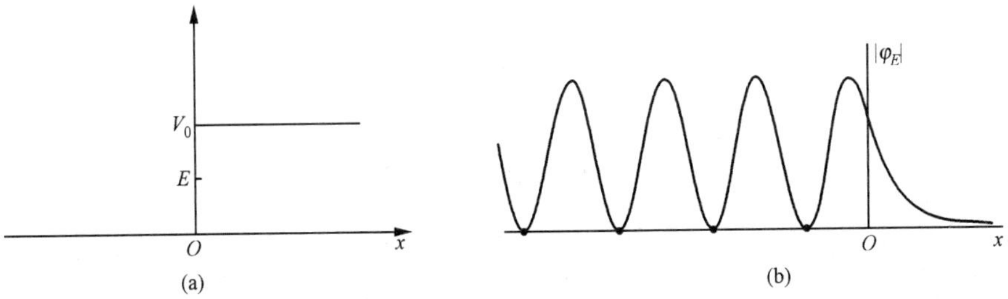

图 3.3 阶梯位势

当 $E < V_0$，

$$\left(-\frac{\hbar^2}{2m}\frac{\mathrm{d}^2}{\mathrm{d}x^2} + V_0\right)u(x) = Eu(x), \quad x > 0, \tag{3.25a}$$

$$-\frac{\hbar^2}{2m}\frac{\mathrm{d}^2}{\mathrm{d}x^2}u(x) = Eu(x), \quad x < 0. \tag{3.25b}$$

令 $k=\sqrt{\frac{2mE}{\hbar^2}}$，$K=\sqrt{\frac{2m(V_0-E)}{\hbar^2}}$，有普遍解

$$u(x)=\begin{cases}De^{-Kx}+Ce^{Kx}, & x>0,\\ Ae^{ikx}+Be^{-ikx}, & x<0.\end{cases} \tag{3.26}$$

由波函数有界，所以 $C=0$. 在 $x=0$ 处，波函数及其导数连续得

$$A+B=D,$$

$$ik(A-B)=-KD,$$

于是，可解得

$$A=\frac{D}{2}\left(1+\frac{iK}{k}\right), \tag{3.27a}$$

$$B=\frac{D}{2}\left(1-\frac{iK}{k}\right). \tag{3.27b}$$

将(3.27a)，(3.27b)式代入(3.26)式得

$$u_E(x)=\begin{cases}\frac{D}{2}\left(1+\frac{iK}{k}\right)e^{ikx}+\frac{D}{2}\left(1-\frac{iK}{k}\right)e^{-ikx}, & x<0,\\ De^{-Kx}, & x>0,\end{cases} \tag{3.28}$$

而定态解

$$\varphi_E(x,t)=u_E(x)e^{-iEt/\hbar}. \tag{3.29}$$

我们看到，得到的解对 E 没有限制，任何 E 都可取，即取连续值，它不是束缚态($x\to-\infty$，并不趋于0)，但它不简并(因 $x\to+\infty$，$u_E(x)\to 0$).

结果讨论：

(i) $x<0$ 区域，有沿 x 方向的平面波和沿 x 反方向的平面波，且振幅相同，构成一驻波.

$$\varphi_E(x,t)=D\left(\cos kx-\frac{K}{k}\sin kx\right)e^{-iEt/\hbar}$$

$$=D\sqrt{1+\left(\frac{K}{k}\right)^2}\cos(kx+\alpha)e^{-iEt/\hbar}, \tag{3.30}$$

其中 $\alpha=\arctan\frac{K}{k}$. 这一驻波，在 $kx_n+\alpha=-\frac{2n+1}{2}\pi(n=0,1,2,\cdots)$ 处为零，见图3.3(b). 显然，每一点的概率密度不随 t 变(定态).

(ii) **概率通量矢.**

- 透射概率通量($x>0$) $j_t=0$(因 e^{-Kx} 是实函数).
- 在 $x<0$ 区域，向右的概率通量，即入射概率通量为

$$j_i=\mathrm{Re}\left(\varphi_i^*\frac{\hat{p}_x}{m}\varphi_i\right)=\frac{\hbar k}{m}\frac{D^2}{4}\left(1+\left(\frac{K}{k}\right)^2\right)\quad\left(\varphi_i=\frac{D}{2}\left(1+\frac{iK}{k}\right)e^{ikx}\right).$$

- 在 $x<0$ 区域，也有向左的概率通量，即反射概率通量为

$$j_r = \mathrm{Re}\left(\varphi_R^* \frac{\hat{p}_x}{m}\varphi_R\right) = -\frac{\hbar k}{m}\frac{D^2}{4}\left(1+\left(\frac{K}{k}\right)^2\right) \quad \left(\varphi_R = \frac{D}{2}\left(1-\frac{\mathrm{i}K}{k}\right)\mathrm{e}^{-\mathrm{i}kx}\right).$$

所以，在 $x<0$ 区域，总概率通量矢为零(事实上，在 $x<0$ 处，$u_E(x)$ 为实函数，见(3.30)式)：

$$j = j_i + j_r = 0.$$

这表明，当 $E<V_0$，入射粒子完全被反射回来，到 $x>0$ 区域中的概率通量矢为零.

定义：

反射系数：反射概率通量与入射概率通量之比的绝对值，即

$$R = \left|\frac{j_r}{j_i}\right|. \tag{3.31}$$

透射系数：透射概率通量与入射概率通量之比，即

$$T = \frac{j_t}{j_i}. \tag{3.32}$$

现在 $R=1, T=0$. 由概率通量矢连续可证得

$$T + R = 1. \tag{3.33}$$

(iii) $x>0$ 区域，其概率密度为

$$\rho(x) = |D|^2 \mathrm{e}^{-2\sqrt{2m(V_0-E)/\hbar^2}\,x}. \tag{3.34}$$

在这一区域，经典粒子是不能到达的. (3.34)式是量子物理学的结论，它可能带来经典物理学认为不可能出现的物理现象.

3.2.2 隧穿效应和扫描隧穿显微镜

在金属中，电子比真空中的自由电子的能量小. 因此，它们之间有一能隙. 从经典物理的观点来看，即使在金属表面附近有外加电场，电子仍只能在金属内运动. 但由 3.2.1 小节可知，电子能够穿过比自身动能高的位势而以一定的概率出现在 $x>0$ 的区域中，这即量子粒子的隧穿效应(tunneling effect). 尽管这一概率随 x 增大而指数衰减，但这是一正确的图像. 当在金属表面附近有外加电场，则由于这些电子的移动而可能在金属表面外形成电流.

1982 年 G. Binning 等人①从实验上获得这一电流(或电阻)与离金属表面的距离成指数关系的结果(见图 3.4). 从而进一步证实了这一真空隧穿现象. 由于隧穿电流极为敏感于探尖与材料表面的距离，扫描隧穿显微镜②的分辨率可达 0.01 nm，因而成为研究材料性能和其分子结构的强有力的工具. 图 3.5 显示了用扫描

---

① G. Binning, H. Rohrer, C. Gerber and E. Weibel, Physica, **109** and **110B**, (1982)2075.

② G. Binning, H. Rohrer, C. Gerber and E. Weibel, Phys. Rev. Lett., **49** (1982)57.

隧穿显微镜获得的铀原子的排列图.

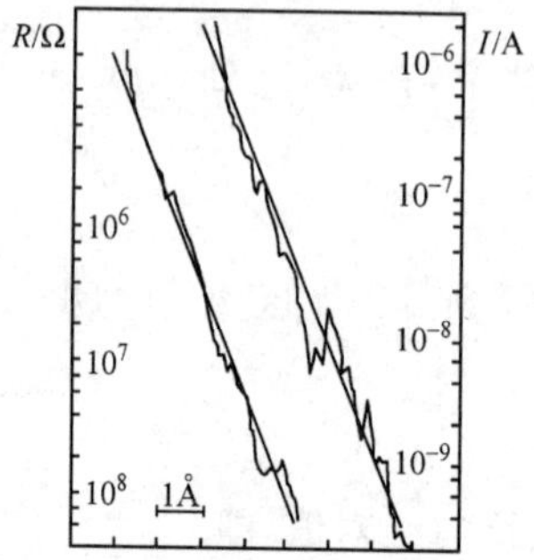

图 3.4 阻抗(或电流)与探尖和铂表面距离之关系

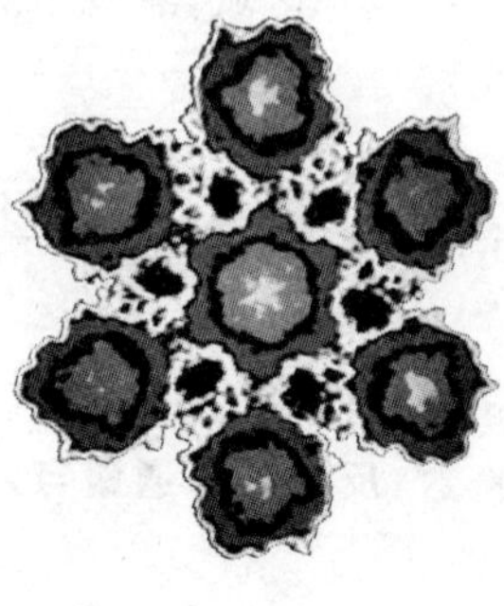

图 3.5 扫描隧穿显微镜下的铀原子
(取自《Newton 现代科技大百科》,第 13 卷.台北:牛顿出版有限股份公司,1989,第 70 页)

3.3 势垒散射

根据经典力学,一个具有能量 $E<V_0$ 的粒子,从 $x<0$ 沿 x 方向入射,则应完全被反射回去;而当 $E>V_0$ 时,则应完全透射到 $x>a$ 的区域中去. 但这种描述都不是精确的. 从量子力学观点看,如果 E 比 V_0 大得不太多时,仍有一定份额的概率通量被反射;如 E 比 V_0 小得不太多时,也仍有一定份额的概率通量透射过去.

3.3.1 $E<V_0$

如图 3.6 所示,从左向右入射,所以,在 $x<0$ 区域有解 e^{ikx}(入射波),e^{-ikx}(反射波),在 $x>a$ 区域有解 e^{ikx}(透射波),即

$$u_E(x)=\begin{cases}Se^{ikx}, & x>a,\\ Ae^{ikx}+Be^{-ikx}, & x<0,\end{cases}\tag{3.35}$$

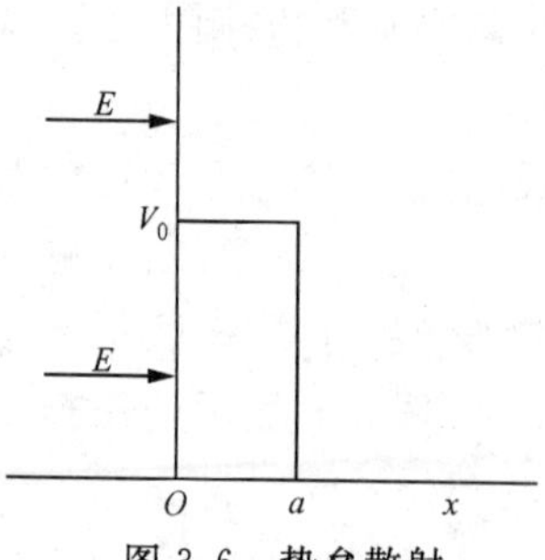

图 3.6 势垒散射

其中,$k=\left(\frac{2mE}{\hbar^2}\right)^{1/2}$.

这形式是普遍的,只要远离作用区. 而具体 A,B,S 则要根据势垒的具体形式来确定. 利用(3.35)式可求得沿 x 方向入射、反射、透射的概率通量矢:

$$j_i=\frac{\hbar k}{m}\mid A\mid^2,$$

$$j_r = -\frac{\hbar k}{m} | B |^2,$$

$$j_t = \frac{\hbar k}{m} | S |^2.$$

从而求得反射系数和透射系数

$$R = \left| \frac{B}{A} \right|^2, \tag{3.36a}$$

$$T = \left| \frac{S}{A} \right|^2, \tag{3.36b}$$

所以只要求得$\frac{B}{A}$,$\frac{S}{A}$即可给出R和T.

对于$0<x<a$区域,有方程

$$\left(-\frac{\hbar^2}{2m}\frac{\mathrm{d}^2}{\mathrm{d}x^2}+V_0\right)u(x) = Eu(x), \tag{3.37}$$

其解为

$$u_E(x) = D\mathrm{e}^{Kx} + F\mathrm{e}^{-Kx}, \tag{3.38}$$

其中,$K=\left(\frac{2m(V_0-E)}{\hbar^2}\right)^{1/2}$.

要求波函数$u_E(x)$和波函数的导数$u_E'(x)$在$x=0$和$x=a$处连续,则由方程(3.35)和(3.38)可得

$$A+B = D+F, \tag{3.39a}$$

$$\mathrm{i}k(A-B) = K(D-F), \tag{3.39b}$$

$$S\mathrm{e}^{\mathrm{i}ka} = D\mathrm{e}^{Ka} + F\mathrm{e}^{-Ka}, \tag{3.39c}$$

$$\mathrm{i}kS\mathrm{e}^{\mathrm{i}ka} = K(D\mathrm{e}^{Ka} - F\mathrm{e}^{-Ka}), \tag{3.39d}$$

由(3.39a)式和(3.39b)式,可求得

$$\begin{pmatrix} D \\ F \end{pmatrix} = \begin{pmatrix} \frac{1}{2}\left(1+\mathrm{i}\frac{k}{K}\right) & \frac{1}{2}\left(1-\mathrm{i}\frac{k}{K}\right) \\ \frac{1}{2}\left(1-\mathrm{i}\frac{k}{K}\right) & \frac{1}{2}\left(1+\mathrm{i}\frac{k}{K}\right) \end{pmatrix} \begin{pmatrix} A \\ B \end{pmatrix}, \tag{3.40}$$

再由(3.39c)式和(3.39d)式,又可求得

$$\begin{pmatrix} S\mathrm{e}^{\mathrm{i}ka} \\ S\mathrm{e}^{\mathrm{i}ka} \end{pmatrix} = \begin{pmatrix} \mathrm{e}^{Ka} & \mathrm{e}^{-Ka} \\ -\mathrm{i}\frac{K}{k}\mathrm{e}^{Ka} & \mathrm{i}\frac{K}{k}\mathrm{e}^{-Ka} \end{pmatrix} \begin{pmatrix} D \\ F \end{pmatrix}. \tag{3.41}$$

于是有

$$\begin{pmatrix} S\mathrm{e}^{\mathrm{i}ka} \\ S\mathrm{e}^{\mathrm{i}ka} \end{pmatrix} = \begin{pmatrix} \mathrm{e}^{Ka} & \mathrm{e}^{-Ka} \\ -\mathrm{i}\frac{K}{k}\mathrm{e}^{Ka} & \mathrm{i}\frac{K}{k}\mathrm{e}^{-Ka} \end{pmatrix} \begin{pmatrix} \frac{1}{2}\left(1+\mathrm{i}\frac{k}{K}\right) & \frac{1}{2}\left(1-\mathrm{i}\frac{k}{K}\right) \\ \frac{1}{2}\left(1-\mathrm{i}\frac{k}{K}\right) & \frac{1}{2}\left(1+\mathrm{i}\frac{k}{K}\right) \end{pmatrix} \begin{pmatrix} A \\ B \end{pmatrix}$$

$$
=\begin{pmatrix} \cosh Ka+\mathrm{i}\,\dfrac{k}{K}\sinh Ka & \cosh Ka-\mathrm{i}\,\dfrac{k}{K}\sinh Ka \\ \cosh Ka-\mathrm{i}\,\dfrac{K}{k}\sinh Ka & -\cosh Ka-\mathrm{i}\,\dfrac{K}{k}\sinh Ka \end{pmatrix}\begin{pmatrix} A \\ B \end{pmatrix}, \tag{3.42}
$$

从而得

$$
B=\frac{-(k^2+K^2)\sinh Ka}{(K^2-k^2)\sinh Ka-2\mathrm{i}Kk\cosh Ka}A, \tag{3.43a}
$$

$$
S=\frac{-2\mathrm{i}Kk\,\mathrm{e}^{-\mathrm{i}ka}}{(K^2-k^2)\sinh Ka-2\mathrm{i}Kk\cosh Ka}A. \tag{3.43b}
$$

将(3.43a)和(3.43b)式代入(3.36a)和(3.36b)式，即求得反射系数和透射系数

$$
R=\left|\frac{B}{A}\right|^2=\left[1+\frac{4E(V_0-E)}{V_0^2\sinh^2 Ka}\right]^{-1}, \tag{3.44a}
$$

$$
T=\left|\frac{S}{A}\right|^2=\left[1+\frac{V_0^2\sinh^2 Ka}{4E(V_0-E)}\right]^{-1}. \tag{3.44b}
$$

3.3.2 $E>V_0$

见图 3.6，这时只要令 $K=-\mathrm{i}k_1$，并由 $\sinh Ka=-\mathrm{i}\sin k_1 a$，(3.43a)和(3.43b)式变换为

$$
B=\frac{-\mathrm{i}(k^2-k_1^2)\sin k_1 a}{2kk_1\cos k_1 a-\mathrm{i}(k_1^2+k^2)\sin k_1 a}A, \tag{3.45a}
$$

$$
S=\frac{2kk_1\,\mathrm{e}^{-\mathrm{i}ka}}{2kk_1\cos k_1 a-\mathrm{i}(k_1^2+k^2)\sin k_1 a}A, \tag{3.45b}
$$

从而求得反射系数和透射系数：

$$
R=\left|\frac{B}{A}\right|^2=\left[1+\frac{4E(E-V_0)}{V_0^2\sin^2 k_1 a}\right]^{-1}, \tag{3.46a}
$$

$$
T=\left|\frac{S}{A}\right|^2=\left[1+\frac{V_0^2\sin^2 k_1 a}{4E(E-V_0)}\right]^{-1}, \tag{3.46b}
$$

其中 $k_1=\sqrt{\dfrac{2m(E-V_0)}{\hbar^2}}$，$k=\sqrt{\dfrac{2mE}{\hbar^2}}$.

3.3.3 结果讨论

(i) $R+T=1$(无论是 $E>V_0$，还是 $E<V_0$)，即概率通量矢连续.

当 $E<V_0$ 时，仍有一定概率通量透射过去，而且敏感于 Ka. 当 $E\ll V_0$，或 a 很大时，则 T 下降得很快. 当 $Ka\gg 1$，$T\approx\dfrac{16E}{V_0}\mathrm{e}^{-2Ka}$.

(ii) 当 $E>V_0$ 时，仍有一定概率通量被反射回去. 但当 $k_1 a=n\pi$ 时，**透射系数 $T=1$，即完全透射过去. 这种现象称为共振透射**(见图 3.7)(这仅在 $E>V_0$ 的条件

下发生),这时

$$E_n = \frac{\pi^2 \hbar^2}{2ma^2} n^2 + V_0 \tag{3.47}$$

被称为**共振能级**.

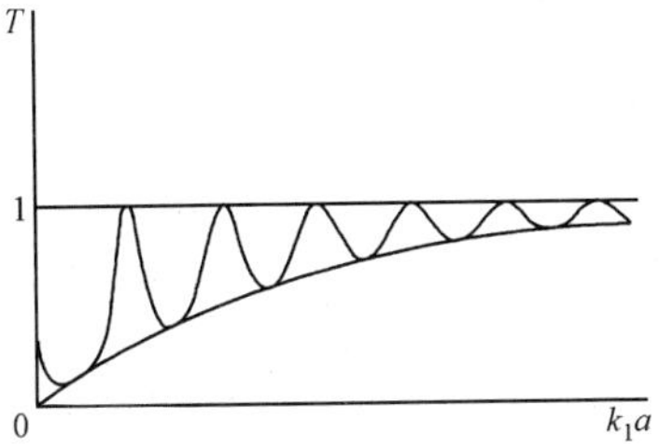

图 3.7 共振透射

这种现象是量子现象,过多地用经典语言去解释会产生错误.有一种解释认为,$k_1 a = n\pi$,也就是,在 $a = \frac{n\pi}{k_1} = n\frac{\lambda_1}{2}$,即势垒宽是半波长的整数倍时,经过多次反射而透射出去的波的相位相同,从而出现共振透射.但是,在 0—a 区域中任一点 x_0,并没有确定的动量$\frac{h}{\lambda_1}$,所以谈不上粒子有波长 λ_1 而被边界来回碰撞形成相干叠加.

为了说明这种经典解释的不可信,我们举一简单的例子.

例 能量为 E 的粒子从左边入射到双阶梯式的势垒(见图 3.8):

$$V(x) = \begin{cases} 0, & x < 0, \\ V_0, & 0 < x < a, \quad (V_0 < V_1 < E) \\ V_1, & x > a, \end{cases} \tag{3.48}$$

求最大透射系数的条件.

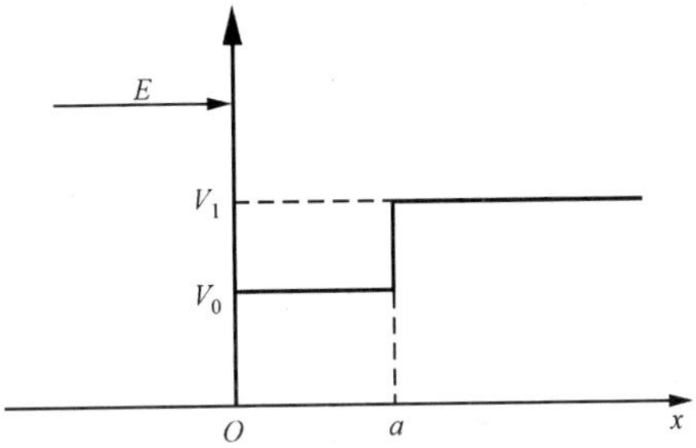

图 3.8 双阶梯式势垒的散射

解 根据条件,三个区域的波函数可分别表为

$$\psi(x) = \begin{cases} A\mathrm{e}^{\mathrm{i}kx} + B\mathrm{e}^{-\mathrm{i}kx}, & x < 0, \\ C\mathrm{e}^{\mathrm{i}k_0 x} + D\mathrm{e}^{-\mathrm{i}k_0 x}, & 0 < x < a, \\ F\mathrm{e}^{\mathrm{i}k_1 x}, & x > a. \end{cases} \tag{3.49}$$

其中 $k = \sqrt{\frac{2mE}{\hbar^2}}$,$k_0 = \sqrt{\frac{2m(E - V_0)}{\hbar^2}}$,$k_1 = \sqrt{\frac{2m(E - V_1)}{\hbar^2}}$.

要求波函数及其导数在 $x = 0$ 和 $x = a$ 处连续:

$$A + B = C + D, \tag{3.50a}$$

$$ik(A-B)=ik_0(C-D), \tag{3.50b}$$

$$Ce^{ik_0a}+De^{-ik_0a}=Fe^{ik_1a}, \tag{3.50c}$$

$$ik_0(Ce^{ik_0a}-De^{-ik_0a})=ik_1Fe^{ik_1a}. \tag{3.50d}$$

由(3.50a)式和(3.50b)式可求得

$$\begin{pmatrix}A\\B\end{pmatrix}=\begin{pmatrix}\frac{1}{2}\left(1+\frac{k_0}{k}\right) & \frac{1}{2}\left(1-\frac{k_0}{k}\right)\\ \frac{1}{2}\left(1-\frac{k_0}{k}\right) & \frac{1}{2}\left(1+\frac{k_0}{k}\right)\end{pmatrix}\begin{pmatrix}C\\D\end{pmatrix}, \tag{3.51}$$

由(3.50c)式和(3.50d)式又可求得

$$\begin{pmatrix}C\\D\end{pmatrix}=\begin{pmatrix}\frac{1}{2}\left(1+\frac{k_1}{k_0}\right)e^{i(k_1-k_0)a}F\\ \frac{1}{2}\left(1-\frac{k_1}{k_0}\right)e^{i(k_1+k_0)a}F\end{pmatrix}. \tag{3.52}$$

将(3.52)式代入(3.51)式，则

$$\begin{pmatrix}A\\B\end{pmatrix}=\begin{pmatrix}\frac{1}{2}\left(1+\frac{k_0}{k}\right) & \frac{1}{2}\left(1-\frac{k_0}{k}\right)\\ \frac{1}{2}\left(1-\frac{k_0}{k}\right) & \frac{1}{2}\left(1+\frac{k_0}{k}\right)\end{pmatrix}\begin{pmatrix}\frac{1}{2}\left(1+\frac{k_1}{k_0}\right)e^{i(k_1-k_0)a}F\\ \frac{1}{2}\left(1-\frac{k_1}{k_0}\right)e^{i(k_1+k_0)a}F\end{pmatrix}, \tag{3.53}$$

从而得

$$\frac{F}{A}=\frac{4}{\left(1+\frac{k_0}{k}\right)\left(1+\frac{k_1}{k_0}\right)e^{i(k_1-k_0)a}+\left(1-\frac{k_0}{k}\right)\left(1-\frac{k_1}{k_0}\right)e^{i(k_1+k_0)a}}. \tag{3.54}$$

透射系数为

$$\begin{aligned}T&=\frac{k_1}{k}\left|\frac{F}{A}\right|^2\\&=\sqrt{\frac{E-V_1}{E}}\left\{\frac{4}{\left[1+\sqrt{\frac{E-V_1}{E}}\right]^2-[(V_1-V_0)V_0/E(E-V_0)]\sin^2k_0a}\right\}.\end{aligned} \tag{3.55}$$

这表明，$k_0a=\left(\frac{2n+1}{2}\right)\pi$ 时，透射系数 T 取极大(若固定 E，V_0 和 V_1)．所以，$k_0a=n\pi$ 并不是透射系数 T 取极大(像 $V_0>V_1$ 时那样)的必要条件．

3.4 方势阱散射

这时只要将 $V_0\to -V_0$，即令 $k_1=\sqrt{\frac{2m(E+V_0)}{\hbar^2}}$，则可利用 (3.46a)和(3.46b)式得

$$R = \left|\frac{B}{A}\right|^2 = \left[1+\frac{4E(E+V_0)}{V_0^2\sin^2 k_1 a}\right]^{-1}, \tag{3.56a}$$

$$T = \left|\frac{S}{A}\right|^2 = \left[1+\frac{V_0^2\sin^2 k_1 a}{4E(E+V_0)}\right]^{-1}, \tag{3.56b}$$

其中，$k=\sqrt{\frac{2mE}{\hbar^2}}$.

当 $k_1 a=n\pi$ 时，则同样出现 $T=1$，即共振透射，这时，

$$E_n = \frac{\pi^2\hbar^2}{2ma^2}n^2 - V_0 \quad (n\text{ 取值应保证 }E_n\text{ 大于零}). \tag{3.57}$$

3.5 波包散射和时间延迟

事实上，自由粒子的真实的运动是以平面波叠加形成的波包形式来描述，

$$\psi_{\text{in}}(x,t) = \frac{1}{\sqrt{2\pi\hbar}}\int A(p')\mathrm{e}^{\mathrm{i}(p'x-E(p')t)/\hbar}\mathrm{d}p', \tag{3.58}$$

其中，$E(p')=\frac{p'^2}{2m}$. 若 $A(p')$ 在 $p'=p$ 处取极大，可将能量 $E(p')$ 在 p 处展开得

$$E(p') = \frac{p^2}{2m} + \frac{\mathrm{d}E(p)}{\mathrm{d}p}(p'-p) + \cdots, \tag{3.59}$$

取近似至线性项，则(3.58)式为

$$\begin{aligned}
\psi_{\text{in}}(x,t) &\approx \frac{1}{\sqrt{2\pi\hbar}}\int A(p')\mathrm{e}^{\mathrm{i}\left(p'x-\frac{p^2}{2m}t-\frac{\mathrm{d}E(p)}{\mathrm{d}p}(p'-p)t\right)/\hbar}\mathrm{d}p' \\
&= \mathrm{e}^{-\mathrm{i}\left(\frac{p^2}{2m}t-\frac{\mathrm{d}E(p)}{\mathrm{d}p}pt\right)/\hbar}\ \frac{1}{\sqrt{2\pi\hbar}}\int A(p')\mathrm{e}^{\mathrm{i}p'\left(x-\frac{\mathrm{d}E(p)}{\mathrm{d}p}t\right)/\hbar}\mathrm{d}p' \\
&= \mathrm{e}^{\mathrm{i}\phi_{\text{in}}}\psi(x-v_{\mathrm{g}}t,0),
\end{aligned} \tag{3.60}$$

其中，$\phi_{\text{in}}=-\left(\frac{p^2}{2m}t-\frac{\mathrm{d}E(p)}{\mathrm{d}p}pt\right)\Big/\hbar$.

同样，对于反射波函数有

$$\begin{aligned}
\psi_{\mathrm{r}}(x,t) &= \frac{1}{\sqrt{2\pi\hbar}}\int B(p')\mathrm{e}^{-\mathrm{i}(p'x+E(p')t)/\hbar}\mathrm{d}p' \\
&\approx \frac{1}{\sqrt{2\pi\hbar}}\int A(p')\,\frac{B(p')}{A(p')}\mathrm{e}^{-\mathrm{i}\left(p'x+\frac{p^2}{2m}t+\frac{\mathrm{d}E(p)}{\mathrm{d}p}(p'-p)t\right)/\hbar}\mathrm{d}p' \\
&= \mathrm{e}^{-\mathrm{i}\left(\frac{p^2}{2m}t-\frac{\mathrm{d}E(p)}{\mathrm{d}p}pt-\hbar\delta_{\mathrm{r}}(p)+\hbar\frac{\mathrm{d}\delta_{\mathrm{r}}(p)}{\mathrm{d}p}p\right)/\hbar} \\
&\quad\cdot\frac{1}{\sqrt{2\pi\hbar}}\int A(p')\left|\frac{B(p')}{A(p')}\right|\mathrm{e}^{-\mathrm{i}p'\left(x+\frac{\mathrm{d}E(p)}{\mathrm{d}p}(t-\tau_{\mathrm{r}})\right)/\hbar}\mathrm{d}p'
\end{aligned}$$

$$= e^{i\phi_r}\psi(x+v_g(t-\tau_r),0), \tag{3.61}$$

其中，$\delta_r(p')=\arctan\dfrac{A_1B_2-A_2B_1}{A_1B_1+A_2B_2}$，$A(p')=A_1(p')+iA_2(p')$，$B(p')=B_1(p')+iB_2(p')$，$A_1(p')$，$A_2(p')$，$B_1(p')$，$B_2(p')$都为实函数，

$$\tau_r=\frac{\hbar}{v_g}\frac{d\delta_r(p)}{dp}. \tag{3.62}$$

这表明，入射波包在 $t=0$ 时达到 $x=0$ 处，而反射波包则是在 τ_r 时离开 $x=0$ 处，即离开时间比到达时间延迟 τ_r.

同理，对于透射波函数

$$\begin{aligned}\psi_t(x,t)&=\frac{1}{\sqrt{2\pi\hbar}}\int C(p')e^{i(p'x-E(p')t)/\hbar}dp'\\&\approx\frac{1}{\sqrt{2\pi\hbar}}\int A(p')\frac{C(p')}{A(p')}e^{i\left(p'x-\frac{p^2}{2m}t-\frac{dE(p)}{dp}(p'-p)t\right)/\hbar}dp'\\&=e^{i\left(-\frac{p^2}{2m}t+\frac{dE(p)}{dp}pt+\hbar\delta_t(p)-\hbar\frac{d\delta_t(p)}{dp}p\right)/\hbar}\\&\quad\cdot\frac{1}{\sqrt{2\pi\hbar}}\int A(p')\left|\frac{C(p')}{A(p')}\right|e^{ip'\left(x-\frac{dE(p)}{dp}(t-\tau_t)\right)/\hbar}dp'\\&=e^{i\phi_t}\psi(x-v_g(t-t_t),0).\end{aligned} \tag{3.63}$$

其中，$\delta_t(p')=\arctan\dfrac{A_1C_2-A_2C_1}{A_1C_1+A_2C_2}$，$C(p')=C_1(p')+iC_2(p')$，$C_1(p')$，$C_2(p')$也都是实函数，

$$\tau_t=\frac{\hbar}{v_g}\frac{d\delta_t(p)}{dp}. \tag{3.64}$$

这表明，入射波包在 $t=0$ 时到达 $x=0$ 处，而透射波包则是在 τ_t 时离开 $x=0$ 处，即离开时间比到达时间延迟 τ_t.

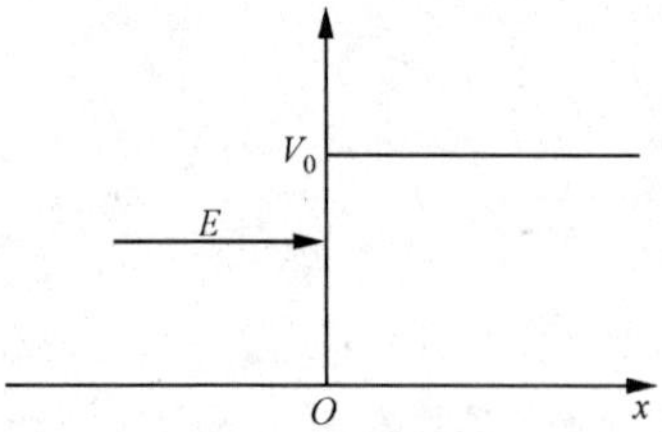

图 3.9

例 具有能量 E 的粒子入射到阶梯位势(如图 3.9)

$$V(x)=\begin{cases}0, & x<0,\\ V_0, & x>0,\end{cases}$$

$$(V_0>E>0), \tag{3.65}$$

求反射的延迟时间.

解 能量本征方程

$$-\frac{\hbar^2}{2m}\frac{d^2}{dx^2}u(x)+V(x)u(x)=Eu(x) \tag{3.66}$$

的解为

$$\psi(x)=\begin{cases}Ae^{ikx}+Be^{-ikx}, & x<0,\\ Ce^{-\kappa x}, & x>0,\end{cases} \tag{3.67}$$

其中，$k=\sqrt{\frac{2mE}{\hbar^2}}$，$\kappa=\sqrt{\frac{2m(V_0-E)}{\hbar^2}}$.

在 $x=0$ 处，要求波函数及其导数连续，则由(3.67)式得

$$A+B=C, \tag{3.68a}$$

$$ik(A-B)=-\kappa C, \tag{3.68b}$$

于是有

$$\frac{B}{A}=\frac{k-i\kappa}{k+i\kappa} \tag{3.69a}$$

$$=\frac{k^2-\kappa^2-2ik\kappa}{k^2+\kappa^2} \tag{3.69b}$$

$$=e^{i\delta_r}, \tag{3.69c}$$

其中，$\delta_r=\arctan\frac{2\kappa k}{\kappa^2-k^2}$.

所以，反射的延迟时间为

$$\tau_r=\frac{1}{v_g}\frac{d\delta_r(k)}{dk}=\frac{2m}{\hbar k\kappa}. \tag{3.70}$$

即，在 $t=0$ 时，粒子到达 $x=0$ 处，而粒子离开 $x=0$ 处的时间却要延迟到 τ_r.

3.6 一维无限深方势阱

如图 3.10 所示，势阱为

$$V(x)=\begin{cases}0, & |x|<\frac{a}{2},\\ \infty, & |x|>\frac{a}{2}.\end{cases} \tag{3.71}$$

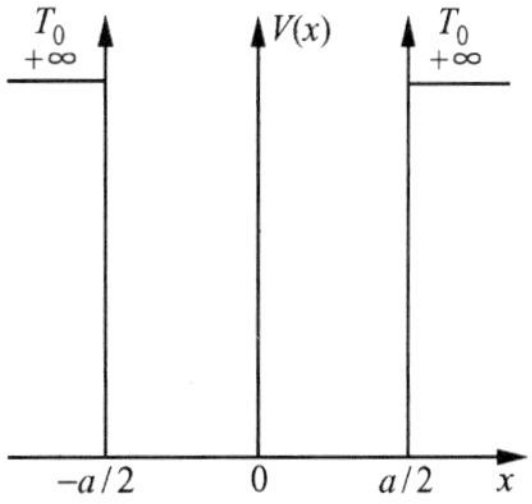

图 3.10 无限深方势阱

3.6.1 能量本征值和本征函数

能量本征方程

$$-\frac{\hbar^2}{2m}\frac{d^2}{dx^2}u(x)+V(x)u(x)=Eu(x) \tag{3.72}$$

的解为

$$u(x)=\begin{cases}A\sin kx+B\cos kx, & |x|<\dfrac{a}{2},\\ 0, & |x|>\dfrac{a}{2},\end{cases}\tag{3.73}$$

其中，$k=\sqrt{\dfrac{2mE}{\hbar^2}}$.

要求波函数(3.73)式在$\pm\dfrac{a}{2}$处连续，于是有

$$A\sin k\frac{a}{2}+B\cos k\frac{a}{2}=0,\tag{3.74a}$$

$$-A\sin k\frac{a}{2}+B\cos k\frac{a}{2}=0.\tag{3.74b}$$

由于不能有零波函数，所以要求方程组(3.74a)和(3.74b)的系数行列式必须为零.

$$\begin{vmatrix}\sin k\dfrac{a}{2} & \cos k\dfrac{a}{2}\\ -\sin k\dfrac{a}{2} & \cos k\dfrac{a}{2}\end{vmatrix}=0,\tag{3.75}$$

即

$$\sin k\frac{a}{2}\cos k\frac{a}{2}=0.\tag{3.76}$$

(i) $\sin k\dfrac{a}{2}=0\Longrightarrow k=\dfrac{n\pi}{a}$, $n=2,4,6,\cdots$，代入方程(3.74a)，得 $B=0$.

(ii) $\cos k\dfrac{a}{2}=0\Longrightarrow k=\dfrac{n\pi}{a}$, $n=1,3,5,\cdots$，代入方程(3.74a)，得 $A=0$.

所以，能量本征方程(3.72)的解为

$$u_n(x)=\begin{cases}\left.\begin{array}{l}A\sin\dfrac{n\pi}{a}x, n=2,4,6,\cdots\\ B\cos\dfrac{n\pi}{a}x, n=1,3,5,\cdots\end{array}\right\} & |x|<\dfrac{a}{2},\\ 0, & |x|>\dfrac{a}{2}.\end{cases}\tag{3.77}$$

相应的本征能量为

$$E_n=\frac{\hbar^2\pi^2}{2ma^2}n^2.\tag{3.78}$$

3.6.2 结果的讨论

(i) 根据边条件要求，$x=\pm\dfrac{a}{2}$处波函数连续，薛定谔方程自然地给出能级的量子化.

(ii) 一个经典粒子处于无限深势阱中，可以安静地躺着不动. 但对量子粒子而言，由于 $\Delta x\neq 0$，$\Delta x\cdot\Delta p_x\geqslant\frac{\hbar}{2}$，所以，$\Delta p_x\neq 0$，即 p_x 不可能仅取一个零值. 因此，无限深方势阱的粒子最低能量不为零.

(iii) 基态：$E_1=\frac{\hbar^2\pi^2}{2ma^2}$，而

$$u_1(x)=\begin{cases}\sqrt{\frac{2}{a}}\cos\frac{\pi}{a}x, & |x|<\frac{a}{2},\\ 0, & |x|>\frac{a}{2},\end{cases}$$

所以，$u_1(x)$ 无节点，是偶函数.

第一激发态：$E_2=\frac{\hbar^2\pi^2}{2ma^2}2^2$，而

$$u_2(x)=\begin{cases}\sqrt{\frac{2}{a}}\sin\frac{2\pi}{a}x, & |x|<\frac{a}{2},\\ 0, & |x|>\frac{a}{2},\end{cases}$$

有一节点，$u_2(x)$ 是奇函数.

第二激发态：$E_3=\frac{\hbar^2\pi^2}{2ma^2}3^2$，而

$$u_3(x)=\begin{cases}\sqrt{\frac{2}{a}}\cos\frac{3\pi}{a}x, & |x|<\frac{a}{2},\\ 0, & |x|>\frac{a}{2},\end{cases}$$

有两个节点，$u_3(x)$ 是偶函数.

可以证明，第 n 个能级，有 $n-1$ 个节点，函数奇偶性为 $(-1)^{n-1}$.

3.7 宇称，有限深对称方势阱，双 δ 势阱

3.7.1 宇称

上节中，无限深方势阱的能量本征函数有两类形式：

$$u_n(x)=\begin{cases}\left.\begin{array}{l}u_{1n}=\sqrt{\frac{2}{a}}\cos\frac{n\pi}{a}x,\ n=1,3,5,\cdots\\ u_{2n}=\sqrt{\frac{2}{a}}\sin\frac{n\pi}{a}x,\ n=2,4,6,\cdots\end{array}\right\} & |x|<\frac{a}{2},\\ 0, & |x|>\frac{a}{2}.\end{cases}\tag{3.79}$$

显然

$$u_{1n}(-x)=u_{1n}(x), \tag{3.80a}$$

$$u_{2n}(-x)=-u_{2n}(x). \tag{3.80b}$$

我们把**以偶函数描述的态称为偶宇称态,以奇函数描述的态称为奇宇称态**.

本征函数以奇偶宇称来分类,并不是偶然的：这种对称性必然是因体系在某种变换下的不变性所致.只有在量子物理学中才有这种对称性.

事实上,这是由于 $V(x)=V(-x)$,即位势在 $x\to -x$ 的变换下不变的结果.

下面对这一问题进行一些讨论：如位势为偶对称,即 $V(x)=V(-x)$,若 $u(x)$ 是方程的解,即满足方程

$$\left(-\frac{\hbar^2}{2m}\frac{\mathrm{d}^2}{\mathrm{d}x^2}+V(x)\right)u(x)=Eu(x), \tag{3.81}$$

在 $x\to -x$ 的变换下,有

$$\left(-\frac{\hbar^2}{2m}\frac{\mathrm{d}^2}{\mathrm{d}x^2}+V(-x)\right)u(-x)=Eu(-x), \tag{3.82}$$

于是有

$$\left(-\frac{\hbar^2}{2m}\frac{\mathrm{d}^2}{\mathrm{d}x^2}+V(x)\right)u(-x)=Eu(-x). \tag{3.83}$$

所以,当 $u(x)$ 是解,则 $u(-x)$ 也是解.

(i) 当能级不简并时,令 $\hat{\Pi}$ 为宇称算符,我们有

$$\hat{\Pi}u(x)=u(-x)=Cu(x), \tag{3.84}$$

$$\hat{\Pi}^2u(x)=\hat{\Pi}u(-x)=u(x)=C^2u(x), \tag{3.85}$$

即 $C=\pm 1$.

因此,当体系在对称位势下运动(空间反射是对称的),若能级不简并,其所处的状态也是宇称算符的本征态,而本征值为 ± 1,所处状态或为偶宇称态,或为奇宇称态,即所得的解必有确定的宇称.

(ii) 当能级简并时,那解当然就不一定处于有确定的宇称态下,但奇、偶部分分别是解.前面已证明,$u(x)$ 是解,则 $u(-x)$ 也是解.由于能级是简并的,所以 $u(-x)$ 不一定为 $Cu(x)$.如果 $u(-x)\neq Cu(x)$,即 $u(x)$ 和 $u(-x)$ 是线性无关的,则可作线性组合,

$$u(x)+u(-x), \tag{3.86a}$$

$$u(x)-u(-x), \tag{3.86b}$$

这两个波函数也是解,而解(3.86a)为偶宇称解,解(3.86b)为奇宇称解,两者是线性无关的.所以在能级简并时,我们也可选具有一定宇称的态来描述体系所处的状态.

因此，在一维对称位势下，我们总可选具有确定宇称的态作为能量本征态，而这将使问题处理起来比较简单.

宇称的概念是量子力学所特有的，它不仅可以使得在求解时比较简化，它还能判断反应过程是否可行.

当体系的 $\hat{H}$ 在 $x\to -x$ 变换下不变，体系所处状态若有确定的宇称，那么以后任何时刻都保持这宇称；如体系所处的态不具有确定的宇称，则以后任何时刻其所处的态仍不具有确定的宇称，但处于奇、偶宇称态的概率是不变的.

3.7.2 有限深对称方势阱

考查如图 3.11 的有限深对称方势阱：

$$V(x)=\begin{cases}V_0, & |x|>\dfrac{a}{2},\\ 0, & |x|<\dfrac{a}{2}.\end{cases} \tag{3.87}$$

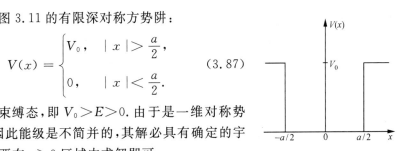

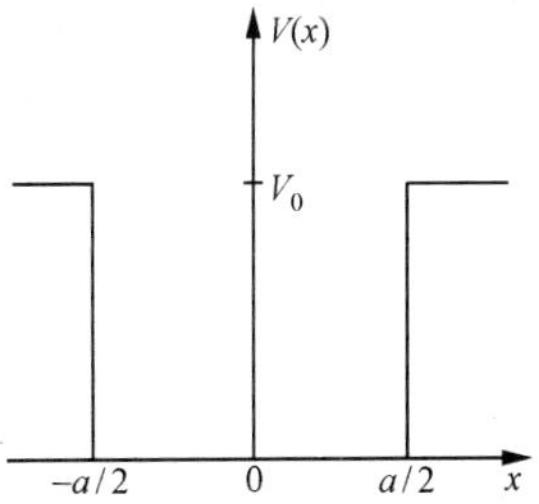

图 3.11 有限深对称方势阱

我们仅讨论束缚态，即 $V_0>E>0$. 由于是一维对称势的束缚态，因此能级是不简并的，其解必具有确定的宇称. 所以，只要在 $x>0$ 区域中求解即可.

A. 偶宇称解

由于 $V_0>E>0$，有限深对称方势阱的能量本征方程

$$-\frac{\hbar^2}{2m}u''(x)+V(x)u(x)=Eu(x) \tag{3.88}$$

有解

$$u(x)=\begin{cases}A\cos\alpha x+B\sin\alpha x, & 0<x<\dfrac{a}{2},\\ C\mathrm{e}^{-\beta x}+D\mathrm{e}^{\beta x}, & x>\dfrac{a}{2},\end{cases} \tag{3.89}$$

其中，$\alpha=\sqrt{\dfrac{2mE}{\hbar^2}}$，$\beta=\sqrt{\dfrac{2m(V_0-E)}{\hbar^2}}$.

由于是偶宇称解，所以其导数为奇函数，即 $u(x)$ 在 $x=0$ 处导数为零，于是要求(3.89)式中的 $B=0$；另外，要求解有界，则也要求(3.89)式中的 $D=0$. 所以，可能的解为

$$u(x)=\begin{cases}A\cos\alpha x, & 0<x<\dfrac{a}{2},\\ C\mathrm{e}^{-\beta x}, & x>\dfrac{a}{2}.\end{cases} \tag{3.90}$$

利用 $x=\dfrac{a}{2}$ 处，(3.90)式中的波函数及其导数连续，即 $\dfrac{u'}{u}$ 在 $x=\dfrac{a}{2}$ 处连续，于是 α 和

β 应满足方程

$$\beta = \alpha \tan\alpha \frac{a}{2},$$

令 $\xi=\alpha \frac{a}{2}$，$\eta=\beta \frac{a}{2}$，则

$$\xi\tan\xi = \eta, \tag{3.91a}$$

$$\xi^2 + \eta^2 = \frac{mV_0}{2\hbar^2}a^2. \tag{3.91b}$$

由这两个方程求得 ξ，进而得到 α，$E\left(=\frac{\hbar^2\alpha^2}{2m}\right)$（见图 3.12），由于 $\eta>0$，由式(3.91a)可知，ξ 在第一和第三象限.

相应波函数（见图 3.13）

$$u(x) = \begin{cases} Ce^{-\beta x}, & x > \frac{a}{2}, \\ A\cos\alpha x, & |x| < \frac{a}{2}, \\ Ce^{\beta x}, & x < -\frac{a}{2}. \end{cases} \tag{3.92}$$

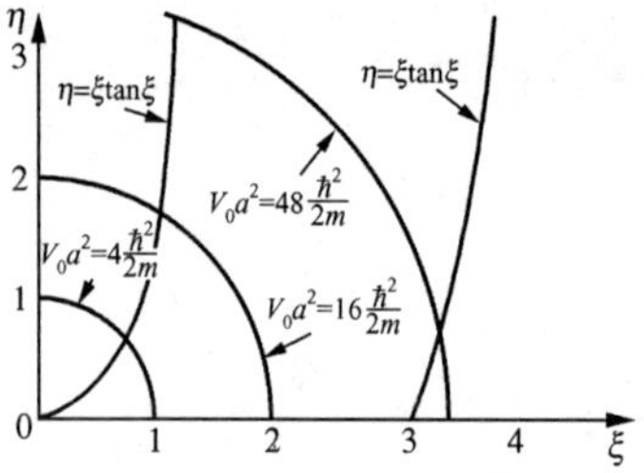

图 3.12

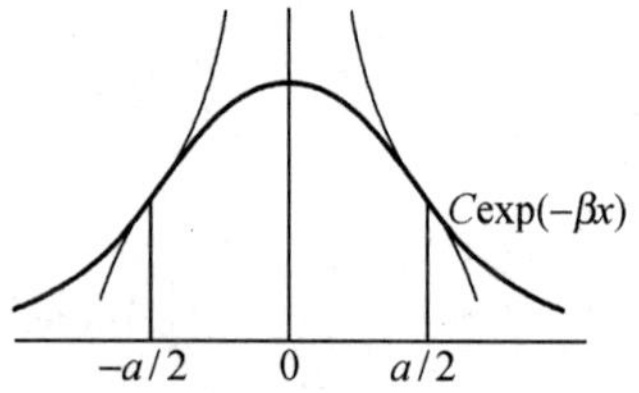

图 3.13 基态波函数

B. 奇宇称解

由于是奇宇称解，波函数在 $x=0$ 处应为 0，于是 $A=0$. 由(3.89)式得解

$$u(x) = \begin{cases} B\sin\alpha x, & 0 < x < \frac{a}{2}, \\ Ce^{-\beta x}, & x > \frac{a}{2}. \end{cases} \tag{3.93}$$

同理 $\frac{u'}{u}$ 在 $x=\frac{a}{2}$ 连续，得

$$-\xi\cot\xi = \eta, \tag{3.94a}$$

$$\xi^2 + \eta^2 = \frac{mV_0}{2\hbar^2}a^2, \tag{3.94b}$$

从而求得 ξ 及 α，$E\left(=\frac{\hbar^2\alpha^2}{2m}\right)$（见图 3.14），由于 $\eta>0$，由式（3.94a）可知 ξ 在第二和第四象限.

而相应波函数为（见图 3.15）

$$u(x)=\begin{cases}Ce^{-\beta x}, & x>\frac{a}{2},\\ B\sin\alpha x, & |x|<\frac{a}{2},\\ -Ce^{\beta x}, & x<-\frac{a}{2}.\end{cases} \tag{3.95}$$

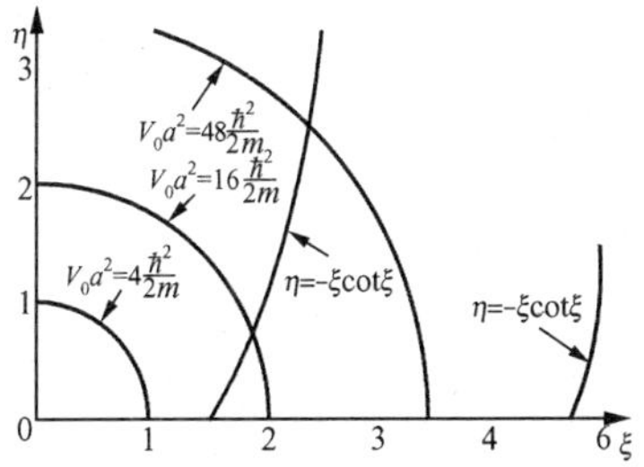

图 3.14

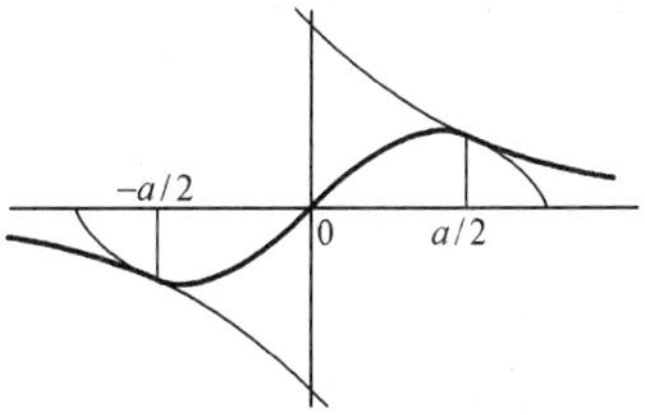

图 3.15 第一激发态

C. 结果的讨论

(1) 当 $\frac{mV_0}{2\hbar^2}a^2<\left(\frac{\pi}{2}\right)^2$，即 $\xi^2+\eta^2<\left(\frac{\pi}{2}\right)^2$，方程（3.91a）和（3.91b）仅交一点，所以只有一个解；而在 $|\alpha x|<\frac{\pi}{2}$ 区域中无零点，即为基态（在这样的位势下仅有一个束缚解）.

当

$$\left(\frac{\pi}{2}\right)^2\leqslant\frac{mV_0}{2\hbar^2}a^2<\left(\frac{2\pi}{2}\right)^2 \tag{3.96}$$

时，方程（3.91a）和（3.91b）有一个解，方程（3.94a）和（3.94b）有另一个解，即有两个分立能级. 前者为基态，无零点；后者为第一激发态，有一个零点.

当

$$\left(\frac{(n_0-1)\pi}{2}\right)^2\leqslant\frac{mV_0}{2\hbar^2}a^2<\left(\frac{n_0\pi}{2}\right)^2 \tag{3.97}$$

时，共有 n_0 个解，即有 n_0 条能级. 所以，等高有限方势阱，分立能级数目取决于 mV_0a^2 的大小. 但不管如何小，总有分立能级，至少一个（这与无限深方势阱中的分立能级不同，在无限深方势阱中有一个能量最小值，最低能量不能小于$\frac{\pi^2\hbar^2}{2ma^2}$).

(2) 在经典力学中，当 $E<V_0$ 时，粒子只能处于区域$\left(-\frac{a}{2},\frac{a}{2}\right)$中，而量子粒子则有一定的概率处于 $V_0>E$ 区域中，而且必须如此. 正是由于这一点，无论 mV_0a^2 如何小，至少有一个解. 否则，当 mV_0a^2 小到一定程度时，就无束缚态了.

3.7.3 粒子在双 δ 势阱中运动

双 δ 势阱表为

$$V(x)=-V_0[\delta(x-a)+\delta(x+a)]. \tag{3.98}$$

A. δ 位势两边波函数的导数间的关系

现在讨论 δ 位势两边的波函数导数间的关系. 不含时间的薛定谔方程为

$$-\frac{\hbar^2}{2m}u''(x)+V(x)u(x)=Eu(x). \tag{3.99}$$

其中，$V(x)=-V_0\delta(x-a)$.

对方程(3.99)积分，

$$-\frac{\hbar^2}{2m}\int_{a-\varepsilon}^{a+\varepsilon}u''\mathrm{d}x+\int_{a-\varepsilon}^{a+\varepsilon}V(x)u(x)\mathrm{d}x=\int_{a-\varepsilon}^{a+\varepsilon}Eu(x)\mathrm{d}x,$$

$$-\frac{\hbar^2}{2m}[u'(a+\varepsilon)-u'(a-\varepsilon)]-V_0u(a)=Eu(a+\eta\varepsilon)\cdot 2\varepsilon,$$

其中，$|\eta|\leqslant 1$. 当 $\varepsilon\to 0$，则有

$$-\frac{\hbar^2}{2m}[u'(a+0)-u'(a-0)]-V_0u(a)=0,$$

即

$$[u'(a+0)-u'(a-0)]=\frac{-2mV_0}{\hbar^2}u(a). \tag{3.100}$$

这就是在 δ 位势两边波函数的导数所满足的方程. 所以，在 δ 位势两边波函数的导数并不一定连续. 当 $u(a)\neq 0$，则一定不连续.

B. 双 δ 势阱(见图 3.16)

由于位势 $V(x)=V(-x)$，所以必具有确定的宇称解. 于是，只要在 $x>0$ 区域求解方程

$$-\frac{\hbar^2}{2m}u''(x)=Eu(x). \tag{3.101}$$

在这位势下的束缚能 $E<0$. 因此，在$(0,a)$区域有解 e^{Kx}，e^{-Kx}，即

$$B\cosh Kx+C\sinh Kx. \tag{3.102}$$

而在 $x>a$ 区域解应有界，于是有解

$$Ae^{-Kx},\qquad(3.103)$$

其中,$K=\sqrt{\frac{-2mE}{\hbar^2}}$.

(1) 偶宇称态解

由于波函数在 $x=0$ 的导数为零,于是,解的形式应为

$$u(x)=\begin{cases}B\cosh Kx, & 0<x<a,\\ Ae^{-Kx}, & x>a.\end{cases}\qquad(3.104)$$

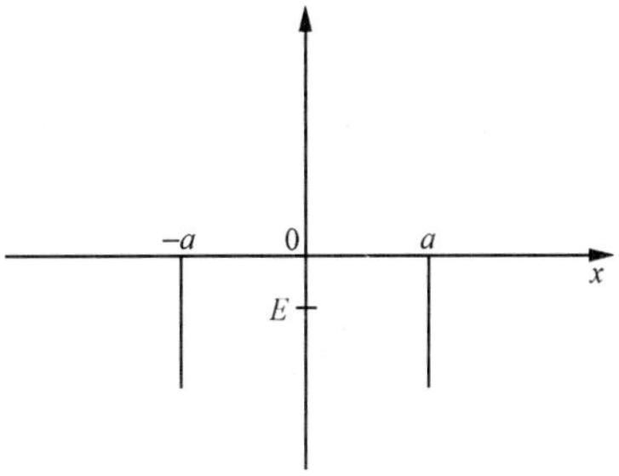

图 3.16 双δ势阱

要求波函数(3.104)在 a 处连续得

$$Ae^{-Ka}=B\cosh Ka,\qquad(3.105)$$

而导数间的关系(见方程(3.100))为

$$-AKe^{-Ka}-BK\sinh Ka=-\frac{2m}{\hbar^2}V_0Ae^{-Ka},\qquad(3.106)$$

从而有

$$\frac{\frac{2mV_0}{\hbar^2}-K}{K}Ae^{-Ka}=B\sinh Ka.\qquad(3.107)$$

将方程(3.107)与方程(3.105)两边相除,则得

$$\tanh y=\frac{K_0a}{y}-1,\qquad(3.108)$$

其中,$K_0=\frac{2mV_0}{\hbar^2}$,$y=Ka$.

偶宇称态的能量为

$$E_g=-\frac{\hbar^2y_g^2}{2ma^2}.\qquad(3.109)$$

由图 3.17 可直接推出解 y_g 所处的范围

$$\frac{1}{2}K_0a<y_g<K_0a.\qquad(3.110)$$

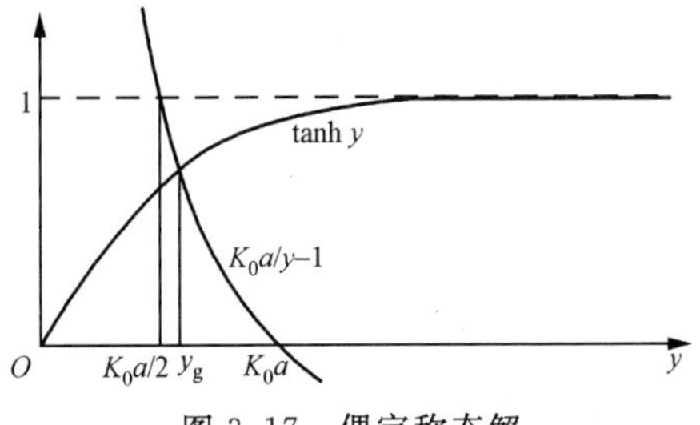

图 3.17 偶宇称态解

相应的波函数为

$$u(x)=\begin{cases}Ae^{-y_g x/a}, & x>a,\\ B\cosh y_g x/a, & |x|<a,\\ Ae^{y_g x/a}, & x<-a.\end{cases}\tag{3.111}$$

所以，在 $x=\pm a$ 处，波函数连续，但其导数不连续（见图 3.18）.

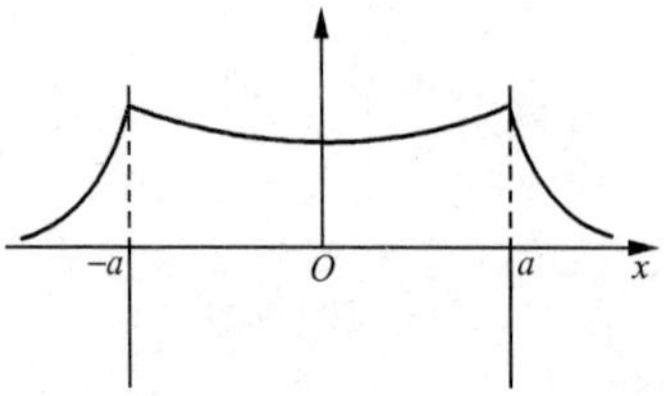

图 3.18　偶宇称态波函数

(2) 奇宇称态解

由于波函数在 $x=0$ 处为零，所以解的形式为

$$u(x)=\begin{cases}B\sinh Kx, & 0<x<a,\\ Ae^{-Kx}, & x>a.\end{cases}\tag{3.112}$$

由波函数在 $x=a$ 处连续，波函数导数在 $x=a$ 处不连续，则有等式

$$Ae^{-Ka}=B\sinh Ka,\tag{3.113a}$$

$$-KAe^{-Ka}-BK\cosh Ka=-\frac{2mV_0}{\hbar^2}Ae^{-Ka},$$

即

$$B\cosh Ka=\frac{K_0-K}{K}Ae^{-Ka},\tag{3.113b}$$

其中 $K_0=\frac{2mV_0}{\hbar^2}$. 从而有

$$\tanh y=\frac{y}{K_0a-y}.\tag{3.114}$$

能量本征值为

$$E_1=-\frac{\hbar^2}{2m}\left(\frac{y_1}{a}\right)^2,\tag{3.115}$$

其中，$0<y_1<\frac{K_0a}{2}$（见图 3.19）.

相应波函数（要求 $u(x)=-u(-x)$）（见图 3.20）

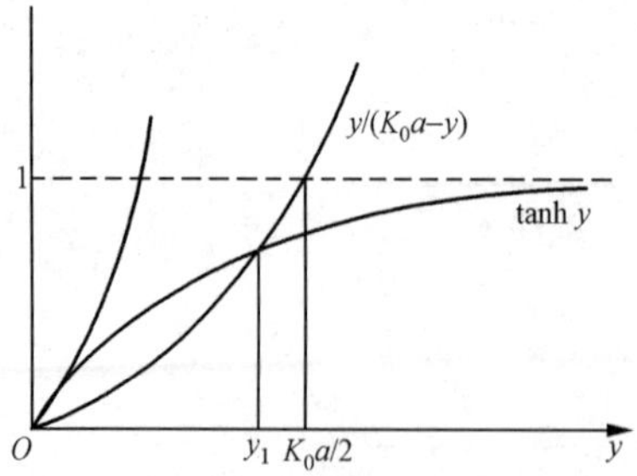

图 3.19　奇宇称态解

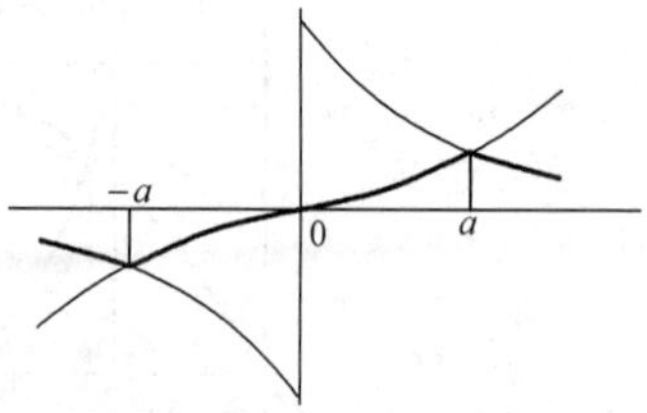

图 3.20　奇宇称态波函数

$$u_1(x)=\begin{cases}Ae^{-y_1x/a}, & x>a,\\ B\sinh y_1x/a, & |x|<a,\\ -Ae^{y_1x/a}, & x<-a.\end{cases} \tag{3.116}$$

可以看到,如有激发态,则有两个解(也仅有两个解).但在一定条件下,仅一个解.当有两个解时,偶宇称解为基态,而激发态为奇宇称解.

C. 由上述一些例子,我们可得到下面的一些结论:

(i) 当位势有对称性时,用宇称概念求解简易得多.

(ii) 位势如为 δ 势,则在其宗量为零处的波函数导数可能不连续.若 $V=V_0\delta(x-a)$,波函数导数有关系

$$[u'(a+0)-u'(a-0)]=\frac{2mV_0}{\hbar^2}u(a). \tag{3.117}$$

(当 $u(a)=0$ 时,则导数仍连续.)

(iii) 在势阱中运动的粒子,经典理论的结论与量子理论的结论是不同的(无限深位势有零点能;有限深位势有一定概率发现粒子在势阱外).

3.8　一维谐振子势的代数解法

在物理学中,小振动常常可以作近似处理,而成为简谐运动.例如:

$$V(x)=V_0+\left.\frac{dV}{dx}\right|_{x=x_0}(x-x_0)+\frac{1}{2}\left.\frac{d^2V}{dx^2}\right|_{x=x_0}(x-x_0)^2+\cdots, \tag{3.118}$$

如 x_0 是平衡点,即 $\left.\frac{dV}{dx}\right|_{x=x_0}=0$,则

$$V(x)=V_0+\frac{1}{2}\left.\frac{d^2V}{dx^2}\right|_{x=x_0}(x-x_0)^2+\cdots,$$

在振幅很小时,可近似为

$$V(x)=V_0+\frac{1}{2}K(x-x_0)^2. \tag{3.119}$$

一维谐振子的重要性不仅在于该位势是一些位势在力平衡处的近似形式,还在于大多数连续的物理体系的行为能由谐振子的叠加来描述.因此,$V(x)=V_0+\frac{1}{2}K(x-x_0)^2$ 是一个应用很广的理想势.

若粒子在位势

$$V(x)=\frac{1}{2}Kx^2 \tag{3.120}$$

中运动,由不含时间薛定谔方程得

$$\left(-\frac{\hbar^2}{2m}\frac{\mathrm{d}^2}{\mathrm{d}x^2}+\frac{1}{2}Kx^2\right)u = Eu. \tag{3.121}$$

令 $\omega=\sqrt{\dfrac{K}{m}}$,则

$$\left(-\frac{\hbar^2}{2m}\frac{\mathrm{d}^2}{\mathrm{d}x^2}+\frac{1}{2}m\omega^2x^2\right)u = Eu. \tag{3.122}$$

常规解法是利用幂级数法求解(见本节末附注).事实上,对该问题还有其他办法求解,那就是用算符代数法来求解(参阅第七章).我们现介绍这一种处理方法.

3.8.1 能量本征值

在本征方程中,我们有参数 $m,\hbar,\omega$,约定能量、动量和角动量单位分别为$\hbar\omega$,$(m\hbar\omega)^{1/2}$和$\hbar$.

现在,我们可定义两个算符 $\hat{a},\hat{a}^\dagger$,

$$\hat{a}=\sqrt{\frac{1}{2}}\left[\mathrm{i}(m\hbar\omega)^{-1/2}\hat{p}_x+\left(\frac{m\omega}{\hbar}\right)^{1/2}\hat{x}\right], \tag{3.123a}$$

$$\hat{a}^\dagger=\sqrt{\frac{1}{2}}\left[-\mathrm{i}(m\hbar\omega)^{-1/2}\hat{p}_x+\left(\frac{m\omega}{\hbar}\right)^{1/2}\hat{x}\right]. \tag{3.123b}$$

显然

$$\hat{a}\hat{a}^\dagger=\frac{1}{2}\left[\frac{1}{m\hbar\omega}\hat{p}_x^2+\frac{m\omega}{\hbar}\hat{x}^2+\frac{\mathrm{i}}{\hbar}(\hat{p}_x\hat{x}-\hat{x}\hat{p}_x)\right]=\frac{1}{\hbar\omega}\left(\hat{H}+\frac{1}{2}\hbar\omega\right), \tag{3.124a}$$

$$\hat{a}^\dagger\hat{a}=\frac{1}{2}\left[\frac{1}{m\hbar\omega}\hat{p}_x^2+\frac{m\omega}{\hbar}\hat{x}^2-\frac{\mathrm{i}}{\hbar}(\hat{p}_x\hat{x}-\hat{x}\hat{p}_x)\right]=\frac{1}{\hbar\omega}\left(\hat{H}-\frac{1}{2}\hbar\omega\right). \tag{3.124b}$$

于是,我们有如下两个重要结论:

$$[\hat{a},\hat{a}^\dagger]=\hat{a}\hat{a}^\dagger-\hat{a}^\dagger\hat{a}=1. \tag{3.125}$$

$$\hat{H}=\left(\hat{a}^\dagger\hat{a}+\frac{1}{2}\right)\hbar\omega=\left(\hat{a}\hat{a}^\dagger-\frac{1}{2}\right)\hbar\omega. \tag{3.126}$$

由(3.126)式可得

$$\hat{H}\hat{a}=\left(\hat{a}\hat{a}^\dagger-\frac{1}{2}\right)\hbar\omega\hat{a}=\hat{a}\left(\hat{a}^\dagger\hat{a}-\frac{1}{2}\right)\hbar\omega=\hat{a}(\hat{H}-\hbar\omega). \tag{3.127}$$

若 u_n 是 $\hat{H}$ 的本征态,相应本征值为 E_n,即

$$\hat{H}u_n=E_nu_n, \tag{3.128}$$

则

$$\hat{H}\hat{a}u_n=\hat{a}(\hat{H}-\hbar\omega)u_n=(E_n-\hbar\omega)\hat{a}u_n. \tag{3.129}$$

所以,当 u_n 是 $\hat{H}$ 的本征态,相应本征值为 E_n 时,那么 $\hat{a}u_n$ 也是 $\hat{H}$ 的本征态,本征值为 $E_n-\hbar\omega$,能量下降了一个$\hbar\omega$(即称为一个量子).所以,$\hat{a}$ 被称为一个量子的湮

没算符. 表示振动的量子通常称为声子. 所以,通常称 $\hat{a}$ **为声子的湮没算符.**

同样利用式(3.126)可得

$$\hat{H}\hat{a}^{\dagger}u_n = \left(\hat{a}^{\dagger}\hat{a}+\frac{1}{2}\right)\hbar\omega\hat{a}^{\dagger}u_n = \hat{a}^{\dagger}\left(\hat{a}\hat{a}^{\dagger}+\frac{1}{2}\right)\hbar\omega u_n$$
$$= (E_n+\hbar\omega)\hat{a}^{\dagger}u_n. \qquad (3.130)$$

$\hat{a}^{\dagger}u_n$ 也是 $\hat{H}$ 的本征态,相应本征值为 $E_n+\hbar\omega$,即增加能量 $\hbar\omega$. 所以,$\hat{a}^{\dagger}$ **被称为一个量子的产生算符,即声子的产生算符.**

由于 $\hat{H}$ 是二个平方项之和,所以它的能量本征值恒为正. 因此必存在能量最小的本征态 u_0(相应能量为 E_0). 假如 $\hat{a}u_0$ 存在(不恒为0),则它的本征值应为 $E_0-\hbar\omega$. 这与 u_0 为最低能量所对应的本征态的假设相冲突,因此,$\hat{a}u_0$ 态应不存在,即

$$\hat{a}u_0 = 0.$$

而由

$$\hat{H}u_0 = E_0u_0 = \left(\hat{a}^{\dagger}\hat{a}+\frac{1}{2}\right)\hbar\omega u_0 = \frac{1}{2}\hbar\omega u_0 \qquad (3.131)$$

表明,谐振子势的能量本征方程的最低本征值为 $\frac{1}{2}\hbar\omega$.

于是,任一激发态 u_n,在 $\hat{a}$ 算符的连续作用下,最终必然会被变换到本征态 u_0 $\left(\text{否则将存在能量低于}\frac{1}{2}\hbar\omega\text{ 的能级}\right)$.

若 u_0 经 $(\hat{a}^{\dagger})^n$ 运算,得本征态 $u_n\propto(\hat{a}^{\dagger})^n u_0$,则 u_n 的本征值应为

$$\left(n+\frac{1}{2}\right)\hbar\omega,$$

$$\hat{H}u_n \propto \left(\hat{a}^{\dagger}\hat{a}+\frac{1}{2}\right)\hbar\omega(\hat{a}^{\dagger})^n u_0 = \left(n+\frac{1}{2}\right)\hbar\omega(\hat{a}^{\dagger})^n u_0,$$

也即 $\hat{a}^{\dagger}\hat{a}(\hat{a}^{\dagger})^n u_0 = n(\hat{a}^{\dagger})^n u_0$(这就是为什么称 $\hat{N}=\hat{a}^{\dagger}\hat{a}$ 为声子数算符的缘故).

所以,谐振子的能量本征值取 $\frac{1}{2}\hbar\omega$, $\left(1+\frac{1}{2}\right)\hbar\omega$, $\left(2+\frac{1}{2}\right)\hbar\omega$, $\cdots$, $\left(n+\frac{1}{2}\right)\hbar\omega$, $\cdots$,即能级是等间距的(见图3.21),为

$$\left(n+\frac{1}{2}\right)\hbar\omega, \quad n = 0,1,2,\cdots. \qquad (3.132)$$

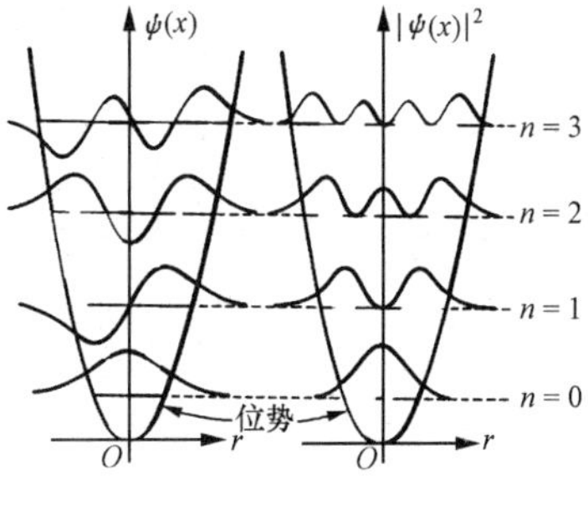

图3.21　谐振子式的能量本征值

3.8.2 能量本征态

由方程 $\hat{a}u_0=0$ 和湮没算符 $\hat{a}=\frac{1}{\sqrt{2}}\left(\frac{\mathrm{d}}{\mathrm{d}\xi}+\xi\right)$，得

$$\frac{\mathrm{d}}{\mathrm{d}\xi}u_0=-\xi u_0, \tag{3.133}$$

其中，$\xi=\alpha x$ 是无量纲量，$\alpha=\sqrt{\frac{m\omega}{\hbar}}$. 所以，在无穷远处趋于零的解为

$$u_0=A\mathrm{e}^{-\xi^2/2}. \tag{3.134}$$

由归一化

$$A^2\int_{-\infty}^{+\infty}\mathrm{e}^{-\xi^2}\mathrm{d}x=A^2\left(\frac{\hbar}{m\omega}\right)^{1/2}\sqrt{\pi}=1, \tag{3.135}$$

可求得 $A=\left(\frac{m\omega}{\pi\hbar}\right)^{1/4}$，于是归一化的基态波函数为

$$u_0=\left(\frac{m\omega}{\pi\hbar}\right)^{1/4}\mathrm{e}^{-\xi^2/2}=\left(\frac{\alpha}{\sqrt{\pi}}\right)^{1/2}\mathrm{e}^{-\alpha^2x^2/2}, \tag{3.136}$$

其中，$\alpha=\left(\frac{m\omega}{\hbar}\right)^{1/2}$.

而其他本征函数，可由 $\hat{a}^\dagger$ 运算来获得，

$$u_n\propto(\hat{a}^\dagger)^n u_0. \tag{3.137}$$

假设：u_s 是归一化的，相应本征值为 $\left(s+\frac{1}{2}\right)\hbar\omega$. 那么 $\hat{a}^\dagger u_s$ 是相应本征值为 $\left(s+1+\frac{1}{2}\right)\hbar\omega$ 的本征函数. 由于

$$\begin{aligned}\int(\hat{a}^\dagger u_s)^*(\hat{a}^\dagger u_s)\mathrm{d}x&=\int\frac{1}{\sqrt{2}}\left[\left(-\frac{\mathrm{d}}{\mathrm{d}\xi}+\xi\right)\right]u_s^*(\hat{a}^\dagger u_s)\mathrm{d}x\\&=-\frac{1}{\sqrt{2}\alpha}u_s^*(\hat{a}^\dagger u_s)\Big|_{-\infty}^{+\infty}+\frac{1}{\sqrt{2}}\int u_s^*\left(\frac{\mathrm{d}}{\mathrm{d}\xi}+\xi\right)(\hat{a}^\dagger u_s)\mathrm{d}x\\&=\int u_s^*(\hat{a}\hat{a}^\dagger)u_s\mathrm{d}x=(s+1)\int u_s^*u_s\mathrm{d}x=s+1,\end{aligned} \tag{3.138}$$

因此，如 u_s 是归一化的，那么 $u_{s+1}=\frac{\hat{a}^\dagger u_s}{\sqrt{s+1}}$ 也是归一化的，相应能量为

$$\left(s+1+\frac{1}{2}\right)\hbar\omega.$$

所以能量为 $\left(n+\frac{1}{2}\right)\hbar\omega$ 所相应的归一化波函数为

$$u_n = \frac{(\hat{a}^\dagger)^n u_0}{\sqrt{n!}}. \tag{3.139}$$

至此,对谐振子势下的本征值,本征态都已求出.由本征态可求出的任何信息都可由此得到.

例如:求在 u_n 态下的 $\overline{\hat{x}^2}$ 和 $\overline{\hat{x}}$ 值.

由方程(3.123a)和(3.123b)可将算符 $\hat{x}$ 和算符 $\hat{x}^2$ 以 $\hat{a}, \hat{a}^\dagger$ 表示,

$$\hat{x} = \sqrt{\frac{\hbar}{2m\omega}}(\hat{a} + \hat{a}^\dagger),$$

$$\hat{x}^2 = \frac{\hbar}{2m\omega}[(\hat{a}^\dagger)^2 + \hat{a}^2 + \hat{a}\hat{a}^\dagger + \hat{a}^\dagger\hat{a}].$$

于是

$$\begin{aligned}\int u_n^* \hat{x} u_n \mathrm{d}x &= \int u_n^* \sqrt{\frac{\hbar}{2m\omega}}\left(\hat{a}\hat{a}^\dagger \frac{(\hat{a}^\dagger)^{n-1} u_0}{\sqrt{n!}} + \frac{(\hat{a}^\dagger)^{n+1} u_0}{\sqrt{n!}}\right)\mathrm{d}x \\ &= \sqrt{\frac{\hbar}{2m\omega}}\int u_n^* (\sqrt{n}u_{n-1} + \sqrt{n+1}u_{n+1})\mathrm{d}x = 0.\end{aligned}$$

所以

$$\overline{\hat{x}} = 0. \tag{3.140}$$

由

$$\begin{aligned}\int u_n^* \hat{x}^2 u_n \mathrm{d}x &= \frac{\hbar}{2m\omega}\int u_n^* \left[\frac{(\hat{a}^\dagger)^{n+2} u_0}{\sqrt{n!}} + \hat{a}\hat{a}\hat{a}^\dagger\hat{a}^\dagger \frac{(\hat{a}^\dagger)^{n-2} u_0}{\sqrt{n!}} + \hat{a}\hat{a}^\dagger u_n + \hat{a}^\dagger\hat{a}u_n\right]\mathrm{d}x \\ &= \frac{\hbar}{2m\omega}\int u_n^* \left[\sqrt{(n+1)(n+2)}u_{n+2} + \hat{a}(\hat{a}^\dagger\hat{a} + 1)\hat{a}^\dagger \frac{u_{n-2}}{\sqrt{n(n-1)}}\right. \\ &\quad \left. + (n+1)u_n + nu_n\right]\mathrm{d}x \\ &= \frac{\hbar}{2m\omega}\int u_n^* \left[\sqrt{n(n-1)}u_{n-2} + (2n+1)u_n\right]\mathrm{d}x = \frac{\hbar}{m\omega}\left(n + \frac{1}{2}\right),\end{aligned}$$

所以,

$$\overline{\hat{x}^2} = \frac{\hbar}{m\omega}\left(n + \frac{1}{2}\right). \tag{3.141}$$

3.8.3　坐标空间中能量本征态的表达式

由基态波函数(3.136)

$$u_0(x) = \left(\frac{\alpha}{\sqrt{\pi}}\right)^{1/2} \mathrm{e}^{-\xi^2/2}.$$

可得

$$u_n(x)=\frac{(\hat{a}^\dagger)^n u_0}{\sqrt{n!}}=\frac{1}{\sqrt{2^n n!}}\left(-\frac{\mathrm{d}}{\mathrm{d}\xi}+\xi\right)^n\left(\frac{\alpha}{\sqrt{\pi}}\right)^{1/2}\mathrm{e}^{-\xi^2/2}. \tag{3.142}$$

而算符

$$\left(-\frac{\mathrm{d}}{\mathrm{d}\xi}+\xi\right)\equiv-\mathrm{e}^{\xi^2/2}\frac{\mathrm{d}}{\mathrm{d}\xi}\mathrm{e}^{-\xi^2/2},$$

$$\left(-\frac{\mathrm{d}}{\mathrm{d}\xi}+\xi\right)^2\equiv\left(-\frac{\mathrm{d}}{\mathrm{d}\xi}+\xi\right)(-1)\mathrm{e}^{\xi^2/2}\frac{\mathrm{d}}{\mathrm{d}\xi}\mathrm{e}^{-\xi^2/2}$$

$$\equiv(-1)^2\mathrm{e}^{\xi^2/2}\frac{\mathrm{d}^2}{\mathrm{d}\xi^2}\mathrm{e}^{-\xi^2/2},$$

$$\left(-\frac{\mathrm{d}}{\mathrm{d}\xi}+\xi\right)^3\equiv\left(-\frac{\mathrm{d}}{\mathrm{d}\xi}+\xi\right)(-1)^2\mathrm{e}^{\xi^2/2}\frac{\mathrm{d}^2}{\mathrm{d}\xi^2}\mathrm{e}^{-\xi^2/2}$$

$$\equiv(-1)^3\mathrm{e}^{\xi^2/2}\frac{\mathrm{d}^3}{\mathrm{d}\xi^3}\mathrm{e}^{-\xi^2/2},$$

$$\vdots.$$

所以

$$\left(-\frac{\mathrm{d}}{\mathrm{d}\xi}+\xi\right)^n\equiv(-1)^n\mathrm{e}^{\xi^2/2}\frac{\mathrm{d}^n}{\mathrm{d}\xi^n}\mathrm{e}^{-\xi^2/2}. \tag{3.143}$$

将(3.143)式代入(3.142)式，得

$$u_n(x)=\left(\frac{\alpha}{2^n n!\sqrt{\pi}}\right)^{1/2}(-1)^n\mathrm{e}^{\xi^2/2}\frac{\mathrm{d}^n}{\mathrm{d}\xi^n}\mathrm{e}^{-\xi^2/2}\mathrm{e}^{-\xi^2/2}$$

$$=\left(\frac{\alpha}{2^n n!\sqrt{\pi}}\right)^{1/2}\mathrm{e}^{-\xi^2/2}\mathrm{H}_n(\xi), \tag{3.144}$$

其中，$\mathrm{H}_n(\xi)=(-1)^n\mathrm{e}^{\xi^2}\frac{\mathrm{d}^n}{\mathrm{d}\xi^n}\mathrm{e}^{-\xi^2}$. 它是一多项式，最高幂次为 n(系数为 2^n)，宇称为 $(-1)^n$，被称为厄米多项式(参阅附录Ⅳ.4).

3.8.4 讨论和结论

A. 当粒子运动于谐振子势 $\frac{1}{2}m\omega^2x^2$ 中，其能量取分立值

$$E_n=\left(n+\frac{1}{2}\right)\hbar\omega. \tag{3.145}$$

$\hbar\omega$ 为一个声子所带的能量.

相应的归一化波函数为

$$u_n=\frac{1}{\sqrt{n!}}(\hat{a}^\dagger)^n u_0 \quad (\text{而 } \hat{a}u_0=0), \tag{3.146}$$

在坐标空间中，

$$u_n(x)=\left(\frac{\alpha}{2^n n!\sqrt{\pi}}\right)^{1/2}\mathrm{e}^{-\xi^2/2}\mathrm{H}_n(\xi),\tag{3.147}$$

而 $\mathrm{H}_n(\xi)=(-1)^n\mathrm{e}^{\xi^2}\dfrac{\mathrm{d}^n}{\mathrm{d}\xi^n}\mathrm{e}^{-\xi^2}$，$\xi=\alpha x\left(\alpha=\sqrt{\dfrac{m\omega}{\hbar}}\right)$.

具体而言，

$$u_0=\left(\frac{\alpha}{\sqrt{\pi}}\right)^{1/2}\mathrm{e}^{-\alpha^2x^2/2},\tag{3.148}$$

$$u_1(x)=\left(\frac{\alpha}{2\sqrt{\pi}}\right)^{1/2}\mathrm{e}^{-\alpha^2x^2/2}2\alpha x,\tag{3.149}$$

$$u_2(x)=\left(\frac{\alpha}{8\sqrt{\pi}}\right)^{1/2}\mathrm{e}^{-\alpha^2x^2/2}[2^2(\alpha x)^2-2],\tag{3.150}$$

$$u_3(x)=\left(\frac{\alpha}{48\sqrt{\pi}}\right)^{1/2}\mathrm{e}^{-\alpha^2x^2/2}[2^3(\alpha x)^3-12(\alpha x)],\tag{3.151}$$

$$\vdots.$$

B. u_0 显然是偶函数，而 $\hat{a}^\dagger=\dfrac{1}{\sqrt{2}}\left(-\dfrac{\mathrm{d}}{\mathrm{d}\xi}+\xi\right)$是改变奇偶性的算符，所以 $u_n(x)$的宇称为$(-1)^n$，即每条能级的宇称是确定的.

C. 零点能与不确定关系：当体系处于最低态(以下用下标 0 表示)，则

$$\overline{\hat{H}}\Big|_0=\frac{1}{2}\hbar\omega=\frac{1}{2m}\overline{\hat{p}_x^2}\Big|_0+\frac{1}{2}m\omega^2\,\overline{\hat{x}^2}\Big|_0,$$

对于任何实数 $A+B=C$，有

$$AB\leqslant\frac{C^2}{4},$$

于是有

$$\overline{\hat{p}_x^2}\Big|_0\cdot\overline{\hat{x}^2}\Big|_0\leqslant\frac{1}{4}\left(\frac{1}{2}\hbar\omega\right)^2\cdot2m\cdot\frac{2}{m\omega^2}=\frac{\hbar^2}{4},$$

而 $\Delta x_0=\sqrt{\overline{(\hat{x}-\overline{\hat{x}})^2}\,|_0}=\sqrt{\overline{\hat{x}^2}\,|_0}$，$\Delta p_{x0}=\sqrt{\overline{(\hat{p}_x-\overline{\hat{p}}_x)^2}\,|_0}=\sqrt{\overline{\hat{p}_x^2}\,|_0}$，

所以

$$\Delta x_0\cdot\Delta p_{x0}\leqslant\frac{\hbar}{2}.$$

但不确定关系要求

$$\Delta x_0\cdot\Delta p_{x0}\geqslant\frac{\hbar}{2},$$

因而，只有 $\Delta x_0\cdot\Delta p_{x0}=\dfrac{\hbar}{2}$才不违背不确定关系.这表明最低能量不能小于$\dfrac{1}{2}\hbar\omega$.这与经典不同，经典粒子可停在原点，能量为零.

D. u_n 有 n 个节点(它是第 $n+1$ 条能级)(见图 3.21).

$$u_n(x) = \left(\frac{\alpha}{2^n n!\sqrt{\pi}}\right)^{1/2} e^{-\xi^2/2} H_n(\alpha x),$$

其中 $H_n(\alpha x)=(-1)^n e^{\xi^2}\frac{d^n}{d\xi^n}e^{-\xi^2}$, $\xi=\alpha x\left(\alpha=\sqrt{\frac{m\omega}{\hbar}}\right)$.

(i) $H_1(\xi)=2\alpha x$. 所以,$u_1(x)$有一个节点,即

$$\frac{d}{d\xi}e^{-\xi^2} = 0$$

有一个实根.

(ii) 如$\frac{d^{n-1}}{d\xi^{n-1}}e^{-\xi^2}=0$ 有 $n-1$ 个不等的实根,即有 $n-1$ 个节点,而 $e^{-\xi^2}$ 及其导数在 $x\to\pm\infty$时趋于 0,因此,

$$\frac{d^{n-1}}{d\xi^{n-1}}e^{-\xi^2} = 0$$

的根将 x 轴分为 n 段,而每一段总有一个极值,不可能没有$\Big($但不可能多于一个,否则极值数大于 n,从而$\frac{d^n}{d\xi^n}e^{-\xi^2}=0$ 的实根数大于 $n\Big)$,但它的最高幂为 n,所以,$\frac{d^{n-1}}{d\xi^{n-1}}e^{-\xi^2}$有 n 个极值,即$\frac{d}{d\xi}\left(\frac{d^{n-1}}{d\xi^{n-1}}e^{-\xi^2}\right)=0$ 有 n 个根,相应于函数$\frac{d^{n-1}}{d\xi^{n-1}}e^{-\xi^2}$的 n 个极值的位置. 所以,如 u_{n-1}有 $n-1$ 个节点,则 u_n 有 n 个节点(见图 3.21). 也就是在$\left(n-\frac{1}{2}\right)\hbar\omega$ 和$\left(n+\frac{1}{2}\right)\hbar\omega$ 能级之间不可能有另外能级,所以解是完全的.

E. 递推关系:

$$\hat{a}^\dagger u_n = \hat{a}^\dagger \frac{1}{\sqrt{n!}}(\hat{a}^\dagger)^n u_0 = \sqrt{n+1}u_{n+1}, \tag{3.152}$$

$$\hat{a}u_n = \hat{a}\hat{a}^\dagger \frac{1}{\sqrt{n!}}(\hat{a}^\dagger)^{n-1} u_0 = \sqrt{n}u_{n-1}, \tag{3.153}$$

$$\hat{x}u_n = \sqrt{\frac{\hbar}{2m\omega}}(\hat{a}+\hat{a}^\dagger)u_n = \frac{1}{\alpha}\left(\sqrt{\frac{n}{2}}u_{n-1} + \sqrt{\frac{n+1}{2}}u_{n+1}\right), \tag{3.154}$$

$$\frac{d}{dx}u_n = \sqrt{\frac{m\omega}{2\hbar}}(\hat{a}-\hat{a}^\dagger)u_n = \alpha\left(\sqrt{\frac{n}{2}}u_{n-1} - \sqrt{\frac{n+1}{2}}u_{n+1}\right). \tag{3.155}$$

这些递推关系很重要,借助于它可计算简谐振子势下体系的各种物理量的平均值以及测量取某值的概率(当然,这时也要知道该力学量的本征态).

附注：一维谐振子势的幂级数解法

一维谐振子势的能量本征方程

$$\left(-\frac{\hbar^2}{2m}\frac{\mathrm{d}^2}{\mathrm{d}x^2}+\frac{1}{2}m\omega^2x^2\right)u(x)=Eu(x). \tag{1}$$

令无量纲量 $\xi=\sqrt{\frac{m\omega}{\hbar}}x$，$\lambda=\frac{2E}{\hbar\omega}$，于是方程(1)可写为

$$\frac{\mathrm{d}^2}{\mathrm{d}\xi^2}u(\xi)+(\lambda-\xi^2)u(\xi)=0. \tag{2}$$

当 ξ 很大时，$u(\xi)$ 应很小. 所以有渐近解

$$u(\xi)\sim \mathrm{e}^{-\xi^2/2}. \tag{3}$$

因此可令

$$u(\xi)=\mathrm{e}^{-\xi^2/2}v(\xi), \tag{4}$$

将方程(4)代入方程(2)，可得

$$v''(\xi)-2\xi v'(\xi)+(\lambda-1)v(\xi)=0. \tag{5}$$

现用幂级数法来求解 $v(\xi)$. 由于解具有确定的宇称，可令

$$v(\xi)=\sum_{k=0\text{或}k=1}^{\infty}a_k\xi^k,\ a_0\ \text{或}\ a_1\ \text{不为零}, \tag{6}$$

代入方程(5)，则有方程

$$\sum k(k-1)a_k\xi^{k-2}-2\sum ka_k\xi^k+(\lambda-1)\sum a_k\xi^k=0. \tag{7}$$

方程(7)左边幂次项 ξ^s 系数的代数和应为零，即

$$(s+2)(s+1)a_{s+2}-2sa_s+(\lambda-1)a_s=0. \tag{8}$$

从而得

$$a_{s+2}=\frac{2s-(\lambda-1)}{(s+2)(s+1)}a_s. \tag{9}$$

当 s 很大时，

$$\frac{a_{s+2}}{a_s}=\frac{2s-(\lambda-1)}{(s+2)(s+1)}\sim\frac{2}{s}. \tag{10}$$

所以，相邻项的系数比与函数 e^{ξ^2} 幂级数展开的相邻项的系数比相同. 这表明，能量本征方程的解 $u(\xi)$ 在 ξ 大时的渐近行为与 $\mathrm{e}^{\xi^2/2}$ 的渐近行为相似，即 $u(\xi)\xrightarrow{|\xi|\to+\infty}+\infty$. 这是违背束缚态的边条件的. 要使 $u(\xi)$ 在 $|\xi|$ 大时，其行为不为 $\mathrm{e}^{\xi^2/2}$，则 $v(\xi)$ 的级数解必须被截断成多项式. 当 $|\xi|\to+\infty$，任何多项式趋于无穷都比 $\mathrm{e}^{\xi^2/2}$ 慢. 由方程(9)，我们可以发现，只要

$$\lambda=2n+1, \tag{11}$$

则无穷级数解 $v(\xi)$ 被截断成多项式，其最高幂次为 n. 并满足方程

$$v''(\xi)-2\xi v'(\xi)+2nv(\xi)=0. \tag{12}$$

我们称满足方程(12)的多项式解为厄米多项式，以 $\mathrm{H}_n(\xi)$ 表示(见附录Ⅳ.4).

将方程(11)代入表示式 $\lambda=\frac{2E}{\hbar\omega}$，我们就求得一维谐振子势下的能量本征值

$$E_n=\left(n+\frac{1}{2}\right)\hbar\omega, \tag{13}$$

而相应的能量本征函数为(见方程(4)和附录Ⅳ.4)

$$u_n(x) = \left(\frac{\alpha}{2^n n!\sqrt{\pi}}\right)^{1/2} e^{-\xi^2/2} H_n(\alpha x), \tag{14}$$

而 $H_n(\xi)=(-1)^n e^{\xi^2}\frac{d^n}{d\xi^n}e^{-\xi^2}$，$\xi=\alpha x\ \left(\alpha=\sqrt{\frac{m\omega}{\hbar}}\right)$.

3.9 周期场中的运动

在这一节中，我们将介绍粒子在周期场中运动，它是一类非常普遍的运动现象. 为简单起见，考虑粒子在一理想的周期场中运动(见图 3.22). 对这一问题的讨论，将把周期场中运动的特色充分显示出来.

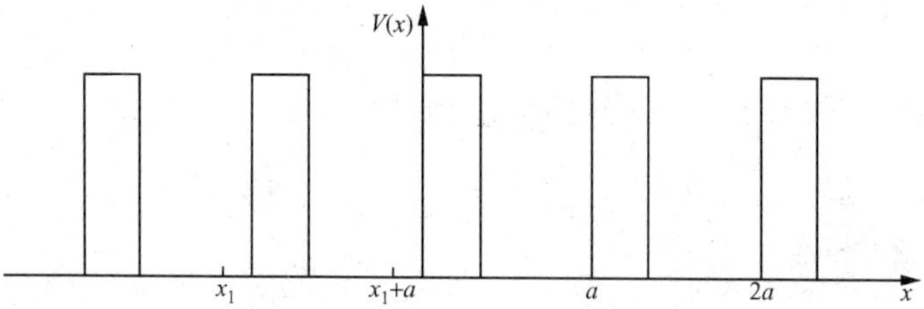

图 3.22 周期场示意图

3.9.1 能带结构

对于一个具有波数为 k 的自由粒子，其波函数

$$\psi(x) = Ae^{ikx}, \tag{3.156}$$

它在每一处的概率幅都相等.

当粒子在周期场中运动时，其概率幅就不可能处处相等. 但是，在 $x=x_1$ 和 $x=x_1+a$ 处的概率密度应相等. 所以 $\psi(x+a)=e^{i\delta(a)}\psi(x)$($\delta$ 为实数). 由于

$$\psi(x+a+a) = e^{i\delta(a)}\psi(x+a) = e^{2i\delta(a)}\psi(x) = e^{i\delta(2a)}\psi(x), \tag{3.157}$$

由此可推出

$$\delta(a) = \kappa a, \tag{3.158}$$

即

$$\psi(x+a) = e^{i\kappa a}\psi(x). \tag{3.159}$$

于是有

$$\psi_\kappa(x) = e^{i\kappa x}u_\kappa(x). \tag{3.160}$$

其中，$u_\kappa(x)$是一周期性函数，$u_\kappa(x+a)=u_\kappa(x)$. $\psi_\kappa(x)$称为布洛赫(Bloch)波函数. 它好像一行波，其波数为 κ(称为布洛赫波数)，而概率幅为 $u_\kappa(x)$，$u_\kappa(x)$不是处处相等，但有周期性.

周期场中的薛定谔方程

$$-\frac{\hbar^2}{2m}\frac{\mathrm{d}^2}{\mathrm{d}x^2}\psi(x)+V(x)\psi(x)=E\psi(x) \tag{3.161}$$

在一定的能量 E 下，有两个线性无关解 $u_E^{(1)}(x),u_E^{(2)}(x)(0<x<a)$. 所以，普遍解为

$$\psi(x)=Au_E^{(1)}(x)+Bu_E^{(2)}(x),0<x<a. \tag{3.162}$$

而在区域 $a<x<2a$ 中，

$$\psi(x)=\mathrm{e}^{\mathrm{i}\kappa a}\psi(x-a). \tag{3.163}$$

当区域 $0<x<a$ 中的波函数确定，则区域 $a<x<2a$ 中的波函数也确定. 由波函数及其导数在 $x=a$ 处连续，则由方程(3.162)和(3.163)可得方程

$$Au_E^{(1)}(a)+Bu_E^{(2)}(a)=\mathrm{e}^{\mathrm{i}\kappa a}(Au_E^{(1)}(0)+Bu_E^{(2)}(0)) \tag{3.164}$$

和方程

$$Au_E^{(1)'}(a)+Bu_E^{(2)'}(a)=\mathrm{e}^{\mathrm{i}\kappa a}(Au_E^{(1)'}(0)+Bu_E^{(2)'}(0)). \tag{3.165}$$

即得

$$[u_E^{(1)}(a)-\mathrm{e}^{\mathrm{i}\kappa a}u_E^{(1)}(0)]A+[u_E^{(2)}(a)-\mathrm{e}^{\mathrm{i}\kappa a}u_E^{(2)}(0)]B=0, \tag{3.166a}$$

$$[u_E^{(1)'}(a)-\mathrm{e}^{\mathrm{i}\kappa a}u_E^{(1)'}(0)]A+[u_E^{(2)'}(a)-\mathrm{e}^{\mathrm{i}\kappa a}u_E^{(2)'}(0)]B=0. \tag{3.166b}$$

要 A,B 不都为零，则要求方程组(3.166)的系数行列式为零，则得

$$\begin{aligned}\cos\kappa a&=\frac{u_E^{(1)}(a)u_E^{(2)'}(0)+u_E^{(1)}(0)u_E^{(2)'}(a)-u_E^{(2)}(a)u_E^{(1)'}(0)-u_E^{(2)}(0)u_E^{(1)'}(a)}{2C}\\&=F(E).\end{aligned} \tag{3.167}$$

其中 $C=u_E^{(1)}(x)u_E^{(2)'}(x)-u_E^{(1)'}(x)u_E^{(2)}(x)$(见方程(3.6)). 这即为确定周期场中能量本征值 E 的方程，它的特性为：

(i) 能量本征值 E 只能取使 $|F(E)|\leqslant 1$ 的值.

(ii) 若区域 (E',E'') 中的值使 $|F(E)|>1$，则区域 (E',E'') 中的能量值不是体系的能量本征值；若区域 (E''',E^{IV}) 中的值也使 $|F(E)|>1$，则区域 (E''',E^{IV}) 中的值也不是体系的能量本征值. 由此可见，在周期场中的能谱可形成一能带结构.

显然，带结构的边缘处有

$$\kappa a=n\pi. \tag{3.168}$$

我们可由一个特殊的例子——狄拉克梳(Dirac comb)，来获得粒子在周期场中运动的一些共同特性.

例 狄拉克梳：

$$V(x)=\sum_{n=0,\pm1,\cdots}V_0\delta(x-na). \tag{3.169}$$

这是一周期场(见图 3.23). 在 $x\neq na$ 处，有薛定谔方程

$$-\frac{\hbar^2}{2m}\frac{\mathrm{d}^2}{\mathrm{d}x^2}\psi(x)=E\psi(x),\quad E>0, \tag{3.170}$$

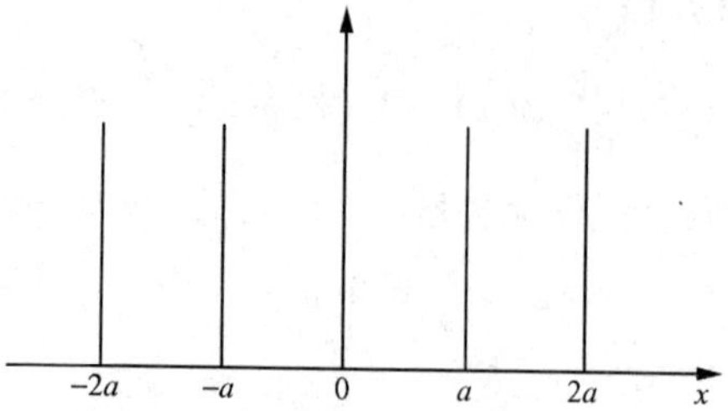

图 3.23 狄拉克梳

于是有解

$$\psi(x) = A\mathrm{e}^{\mathrm{i}kx} + B\mathrm{e}^{-\mathrm{i}kx}, \quad 0 < x < a, \tag{3.171}$$

其中 $k=\sqrt{\dfrac{2mE}{\hbar^2}}$. 根据方程(3.159)和(3.171)，在区域 $a<x<2a$ 中

$$\psi(x) = \mathrm{e}^{\mathrm{i}\kappa a}\psi(x-a) \tag{3.172a}$$

$$= \mathrm{e}^{\mathrm{i}\kappa a}(A\mathrm{e}^{\mathrm{i}k(x-a)} + B\mathrm{e}^{-\mathrm{i}k(x-a)}), \quad a < x < 2a. \tag{3.172b}$$

要求波函数在 a 处连续，导数满足(3.100)式，从而得

$$\cos\kappa a = \cos ka + \frac{1}{kL}\sin ka \tag{3.173a}$$

$$= \sqrt{1+\left(\frac{1}{kL}\right)^2}\cos(ka - \mathrm{arccot}kL), \tag{3.173b}$$

其中 $L=\dfrac{\hbar^2}{mV_0}$.

由图 3.24 可见，只有一定的 k，即一定的 E，才能满足方程. 所以，周期场使分立能级展成能带. 当 V_0 越小，则能带越宽；当 $V_0\to\infty$，则要求 $ka=n\pi$，$\kappa a=s\pi$. 这时能级的能量即为无限深势阱能级的能量 $E_n=\dfrac{\pi^2\hbar^2}{2ma^2}n^2$(见图 3.25).

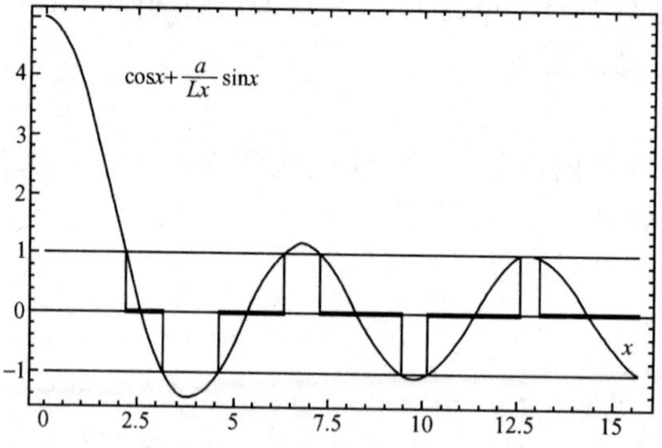

图 3.24 狄拉克梳中的 ka 解

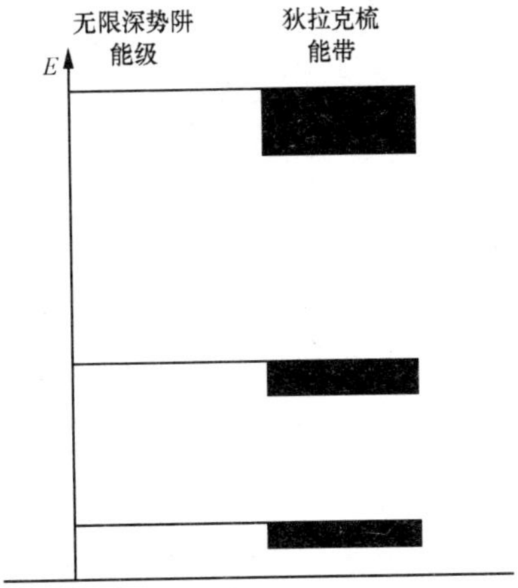

图 3.25 无限深势阱能级和周期场能带的对比

3.9.2 有效质量能带结构

在周期场中，运动粒子可以以一波包

$$\psi(x,t)=\int_{\kappa-\Delta\kappa}^{\kappa+\Delta\kappa}C_{\kappa}u_{\kappa}\mathrm{e}^{\mathrm{i}(\kappa x-\omega t)}\,\mathrm{d}\kappa \tag{3.174}$$

来描述. 其中 $u_{\kappa}\mathrm{e}^{\mathrm{i}(\kappa x-\omega t)}$ 为周期场中的定态(见方程(3.160)).

根据群速度定义，

$$v_{\mathrm{g}}=\left(\frac{\mathrm{d}\omega}{\mathrm{d}\kappa}\right)=\frac{1}{\hbar}\frac{\mathrm{d}E}{\mathrm{d}\kappa}, \tag{3.175}$$

周期场中的粒子在外力作用下，其冲量的变化为

$$\frac{\mathrm{d}E}{\mathrm{d}t}=F\cdot v_{\mathrm{g}}=F\frac{1}{\hbar}\frac{\mathrm{d}E}{\mathrm{d}\kappa}. \tag{3.176}$$

从而得

$$F\frac{1}{\hbar}\frac{\mathrm{d}^2E}{\mathrm{d}\kappa^2}=\frac{\mathrm{d}^2E}{\mathrm{d}t\mathrm{d}\kappa}=\hbar a_{\mathrm{g}}, \Longrightarrow F=\frac{\hbar^2}{\mathrm{d}^2E/\mathrm{d}\kappa^2}a_{\mathrm{g}}. \tag{3.177}$$

a_{g} 即为波包中心的加速度. 由方程(3.177)可推得周期场中粒子的有效质量

$$m^{*}=\frac{\hbar^2}{\mathrm{d}^2E/\mathrm{d}\kappa^2}. \tag{3.178}$$

所以，周期场中的粒子，在外力作用下的运动，可看做一个具有质量为 m^{*} 的自由粒子在外力作用下的运动，并满足牛顿方程.

应该注意，m^{*} 和 m 是有本质差别的. 由图 3.26 可见，当粒子处于导带下部时，$\frac{1}{\hbar^2}\frac{\mathrm{d}^2E}{\mathrm{d}\kappa^2}>0$，所以 $m^{*}>0$. 而在导带上部时，$\frac{1}{\hbar^2}\frac{\mathrm{d}^2E}{\mathrm{d}\kappa^2}<0$，$m^{*}<0$，这时，粒子的加速度

方向与外力的方向相反.这些现象都是由于周期场影响的结果.

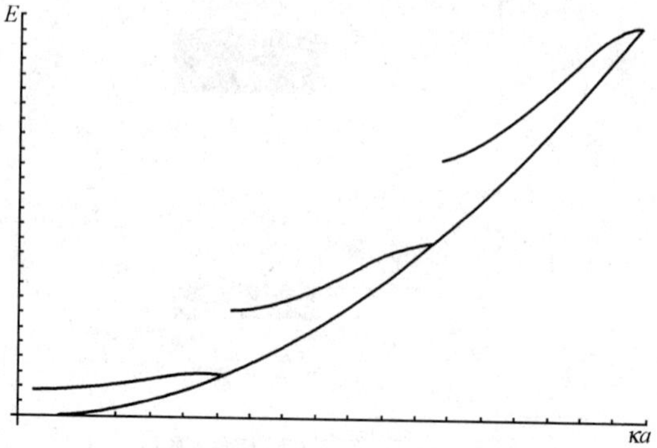

图 3.26 周期场(狄拉克梳)中能量本征值随 κa 的变化

3.10 相 干 态

3.10.1 湮没算符 $\hat{a}$ 的本征态

$$\hat{a}V_c = cV_c. \tag{3.179}$$

令 $V_c = \sum_n b_n u_n$,于是有

$$\hat{a}V_c = \sum_n b_n \hat{a} u_n = \sum_n b_n \sqrt{n} u_{n-1} = c\sum_m b_m u_m,$$

由此可得

$$b_n \sqrt{n} = cb_{n-1}, \Longrightarrow b_n = b_0 \frac{c^n}{\sqrt{n!}}. \tag{3.180}$$

由 V_c 归一化得

$$\int V_c^* V_c \mathrm{d}x = |b_0|^2 \sum_n \frac{|c|^{2n}}{n!} = |b_0|^2 \mathrm{e}^{|c|^2} = 1,$$

从而得

$$b_0 = \mathrm{e}^{-\frac{1}{2}|c|^2}. \tag{3.181}$$

所以,算符 $\hat{a}$ 相应于本征值 c 的归一化本征态

$$V_c = \mathrm{e}^{-\frac{1}{2}|c|^2} \sum_{n=0}^{\infty} \frac{c^n}{\sqrt{n!}} u_n = \mathrm{e}^{-\frac{1}{2}|c|^2 + c\hat{a}^\dagger} u_0 = \mathrm{e}^{c\hat{a}^\dagger - c^* \hat{a}} u_0. \tag{3.182}$$

我们看到,$\hat{x}$,$\hat{p}$ 没有共同的本征态,但其线性组合

$$\hat{a} = \sqrt{\frac{1}{2}}\left[\mathrm{i}(m\hbar\omega)^{-1/2}\hat{p}_x + \left(\frac{m\omega}{\hbar}\right)^{1/2}\hat{x}\right] \tag{3.183}$$

有本征态.这类态称为相干态.

3.10.2 相干态的性质

A. 在该态中,位置和动量满足最小不确定关系

$$\Delta x \cdot \Delta p_x = \frac{1}{2}\hbar. \tag{3.184}$$

$$\begin{aligned}\bar{\hat{x}} &= \int V_c^* \hat{x} V_c \mathrm{d}x = \mathrm{e}^{-|c|^2} \sum_{n,s} \frac{c^{n^*}}{\sqrt{n!}} \int u_n^* \hat{x} \frac{c^s}{\sqrt{s!}} u_s \mathrm{d}x \\ &= \mathrm{e}^{-|c|^2} \sum_{n,s} \frac{c^{n^*}}{\sqrt{n!}} \int u_n^* \frac{c^s}{\sqrt{s!}} \sqrt{\frac{\hbar}{m\omega}} \left(\sqrt{\frac{s}{2}} u_{s-1} + \sqrt{\frac{s+1}{2}} u_{s+1} \right) \mathrm{d}x \\ &= \mathrm{e}^{-|c|^2} \sum_{n} \frac{c^{n^*}}{\sqrt{n!}} \sqrt{\frac{\hbar}{2m\omega}} \left(\frac{c^{n+1}}{\sqrt{n!}} + \frac{c^{n-1}\sqrt{n}}{\sqrt{(n-1)!}} \right) \\ &= \sqrt{\frac{\hbar}{2m\omega}} (c + c^*),\end{aligned} \tag{3.185}$$

同理有

$$\begin{aligned}\bar{\hat{p}}_x &= \int V_c^* \hat{p}_x V_c \mathrm{d}x = \mathrm{e}^{-|c|^2} \sum_{n,s} \frac{c^{n^*}}{\sqrt{n!}} \int u_n^* \hat{p}_x \frac{c^s}{\sqrt{s!}} u_s \mathrm{d}x \\ &= -\mathrm{i}\sqrt{\frac{m\hbar\omega}{2}} (c - c^*),\end{aligned}$$

$$\overline{\hat{x}^2} = \int V_c^* \hat{x}^2 V_c \mathrm{d}x = \frac{\hbar}{2m\omega} (c^2 + 1 + 2|c|^2 + c^{*2}), \tag{3.186}$$

$$\overline{\hat{p}_x^2} = \int V_c^* \hat{p}_x^2 V_c \mathrm{d}x = -\frac{m\hbar\omega}{2} (c^2 - 1 - 2|c|^2 + c^{*2}). \tag{3.187}$$

于是有

$$\Delta x^2 = \overline{\hat{x}^2} - \bar{\hat{x}}^2 = \frac{\hbar}{2m\omega}, \tag{3.188a}$$

$$\Delta p_x^2 = \overline{\hat{p}_x^2} - \bar{\hat{p}}_x^2 = \frac{m\hbar\omega}{2}, \tag{3.188b}$$

从而证得

$$\Delta x \cdot \Delta p_x = \frac{1}{2}\hbar. \tag{3.189}$$

B. 相干态彼此是不正交的,但这组相干态是完备的

通过习题 3.15,读者可证明这些相干态彼此是不正交的.下面我们可直接证明这组相干态是完备的.

令

$$c = c_1 + \mathrm{i}c_2 = \rho \mathrm{e}^{\mathrm{i}\varphi}, \tag{3.190}$$

则

$$\int d^2 c V_c(x) V_c^*(x') = \sum_{m,n} \rho d\rho \int d\varphi \frac{u_m(x) u_n^*(x')}{\sqrt{m!n!}} \rho^{m+n} e^{-\rho^2} e^{i(m-n)\varphi}$$

$$= \pi \sum_{n=0}^{\infty} u_n(x) u_n^*(x') \frac{1}{n!} \int d\rho^2 \rho^{2n} e^{-\rho^2}$$

$$= \pi \sum_{n=0}^{\infty} u_n(x) u_n^*(x')$$

$$= \pi\delta(x - x').$$

上述两等式是利用了附录(Ⅱ.7a)式和公式(4.100).于是

$$\int d^2 c V_c(x) V_c^*(x') \mid = \pi\delta(x - x'). \tag{3.191}$$

这就表明,这组相干态是完备的.

C. 相干态随时间的演化

若体系在 $t=0$ 时,处于相干态 V_c,则由(3.182)式可得 t 时刻体系的波函数

$$V_c(x,t) = e^{-i\hat{H}t/\hbar} V_c$$

$$= e^{-\frac{1}{2}|c|^2} \sum_{n=0}^{\infty} \frac{c^n}{\sqrt{n!}} e^{-i\hat{H}t/\hbar} u_n$$

$$= e^{-\frac{1}{2}|c|^2} \sum_{n=0}^{\infty} \frac{c^n}{\sqrt{n!}} e^{-i\left(n+\frac{1}{2}\right)\omega t} u_n$$

$$= e^{-i\omega t/2} V_{ce^{-i\omega t}}, \tag{3.192}$$

于是

$$\hat{a} e^{-i\omega t/2} V_{ce^{-i\omega t}} = c e^{-i\omega t} (e^{-i\omega t/2} V_{ce^{-i\omega t}}). \tag{3.193}$$

这表明 $\hat{a}$ 的本征值在 $t=0$ 时为 c,而在 t 时刻为 $ce^{-i\omega t}$.其平均值为

$$\int V_c^*(x,t) \hat{a} V_c(x,t) dx$$

$$= \sqrt{\frac{1}{2}} \int V_c^*(x,t) \left[i(m\hbar\omega)^{-1/2} \hat{p}_x + \sqrt{\frac{m\omega}{\hbar}} \hat{x} \right] V_c(x,t) dx$$

$$= \sqrt{\frac{1}{2}} \left[i(m\hbar\omega)^{-1/2} \overline{\hat{p}_x(t)} + \sqrt{\frac{m\omega}{\hbar}} \overline{\hat{x}(t)} \right]$$

$$= ce^{-i\omega t}. \tag{3.194}$$

而 $\hat{a}^\dagger$ 的平均值为

$$\int V_c^*(x,t) \hat{a}^\dagger V_c(x,t) dx$$

$$= \sqrt{\frac{1}{2}} \left[-i(m\hbar\omega)^{-1/2} \overline{\hat{p}_x(t)} + \sqrt{\frac{m\omega}{\hbar}} \overline{\hat{x}(t)} \right] = c^* e^{i\omega t}. \tag{3.195}$$

由(3.194)式和(3.195)式可得

$$\overline{\hat{x}(t)} = \sqrt{\frac{\hbar}{2m\omega}}(c\mathrm{e}^{-\mathrm{i}\omega t} + c^* \mathrm{e}^{\mathrm{i}\omega t})$$

$$= x(0)\cos(\beta - \omega t), \tag{3.196}$$

$$\overline{\hat{p}_x(t)} = \sqrt{\frac{m\hbar\omega}{2}}\frac{(c\mathrm{e}^{-\mathrm{i}\omega t} - c^* \mathrm{e}^{\mathrm{i}\omega t})}{\mathrm{i}}$$

$$= m\omega x(0)\sin(\beta - \omega t), \tag{3.197}$$

其中 $c=\sqrt{\frac{m\omega}{2\hbar}}x(0)\mathrm{e}^{\mathrm{i}\beta}$. 相干态随 t 演化的运动很接近经典的谐振子的运动(见图 3.27 和图 3.28).

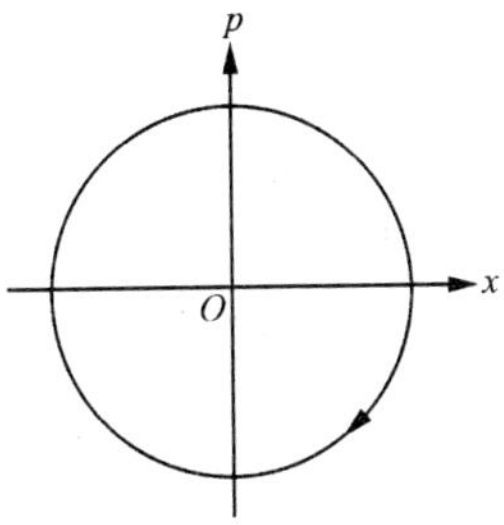

图 3.27 经典谐振子的运动

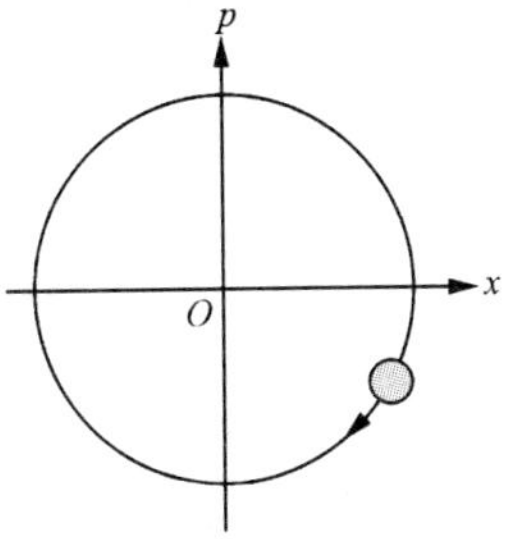

图 3.28 相干态随时间的运动

我们从另一角度来看：由方程(3.193)和方程(3.183),

$$\hat{a}V_c(x,t) = c\mathrm{e}^{-\mathrm{i}\omega t}V_c(x,t) = \rho\mathrm{e}^{\mathrm{i}\varphi}\mathrm{e}^{-\mathrm{i}\omega t}V_c(x,t) = \gamma V_c(x,t), \tag{3.198}$$

$$\hat{a} = \frac{1}{2\sigma}x + \sigma\frac{\mathrm{d}}{\mathrm{d}x}, \tag{3.199}$$

其中, $\sigma^2 = \frac{\hbar}{2m\omega}$, $\gamma = \rho\mathrm{e}^{\mathrm{i}\theta}$, $\theta = \varphi - \omega t$, 可得方程

$$\frac{\mathrm{d}V_c(x,t)}{\mathrm{d}x} = \frac{\gamma}{\sigma}V_c(x,t) - \frac{x}{2\sigma^2}V_c(x,t). \tag{3.200}$$

于是可解得

$$V_c(x,t) = A\mathrm{e}^{-\frac{x^2}{4\sigma^2}+\frac{\gamma}{\sigma}x}, \tag{3.201}$$

从而得

$$|V_c(x,t)|^2 = |A|^2\mathrm{e}^{-\frac{x^2}{2\sigma^2}+\frac{x}{\sigma}(\gamma+\gamma^*)} \tag{3.202}$$

$$= |A|^2\mathrm{e}^{-\frac{x^2}{2\sigma^2}+\frac{2\rho x}{\sigma}\cos\theta}$$

$$= |A|^2\mathrm{e}^{2\rho^2\cos^2\theta}\mathrm{e}^{-\frac{(x-x_0)^2}{2\sigma^2}}, \tag{3.203}$$

其中 $x_0 = 2\sigma\rho\cos\theta = 2\sigma\rho\cos(\varphi - \omega t)$. 由归一化条件

$$\int |V_c(x,t)|^2 \mathrm{d}x = 1 \tag{3.204}$$

得

$$|V_c(x,t)|^2 = \frac{1}{\sqrt{2\pi}\sigma} \mathrm{e}^{-\frac{(x-x_0)^2}{2\sigma^2}}. \tag{3.205}$$

所以，$V_c(x,t)$是算符 $\hat{a}$ 的本征值为 $c\mathrm{e}^{-\mathrm{i}\omega t}$ 的本征函数. 它是一高斯型函数，它随时间作简谐振荡，其形状不变（如图 3.29 所示）.

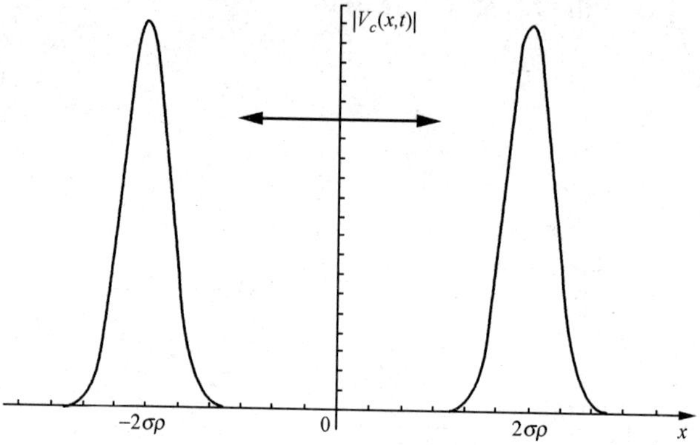

图 3.29 相干态随时间的振荡

D. 本征值为实数的相干态正是受迫振动的基态

受迫振动的哈密顿量为

$$\hat{H} = \frac{\hat{p}_x^2}{2m} + \frac{1}{2}m\omega^2 x^2 - Fx, \tag{3.206}$$

于是有

$$\hat{H} = \frac{\hat{p}_x^2}{2m} + \frac{1}{2}m\omega^2 (x - x_0)^2 - \frac{1}{2}m\omega^2 x_0^2,$$

其中 $x_0 = \dfrac{F}{m\omega^2}$.

如令

$$X = x - x_0,$$

则

$$\hat{H}_X = \frac{\hat{p}_X^2}{2m} + \frac{1}{2}m\omega^2 X^2 - \frac{1}{2}m\omega^2 x_0^2, \tag{3.207}$$

它的基态满足

$$\hat{A}V_{0X} = 0. \tag{3.208}$$

而

$$\hat{A} = \sqrt{\frac{1}{2}}\left[\mathrm{i}(m\hbar\omega)^{-1/2}\hat{p}_X + \sqrt{\frac{m\omega}{\hbar}}\hat{X}\right]$$

$$= \sqrt{\frac{1}{2}}\left[\mathrm{i}(m\hbar\omega)^{-1/2}\hat{p}_x + \sqrt{\frac{m\omega}{\hbar}}(\hat{x} - x_0) \right]$$

$$= \hat{a} - \sqrt{\frac{m\omega}{2\hbar}}x_0, \tag{3.209}$$

所以

$$\left(\hat{a} - \sqrt{\frac{m\omega}{2\hbar}}x_0\right)V_{0X} = 0, \tag{3.210}$$

即

$$\hat{a}V_{0X} = \sqrt{\frac{m\omega}{2\hbar}}x_0 V_{0X}. \tag{3.211}$$

这表明

$$V_{0X} = V_c. \tag{3.212}$$

这时，$c=\sqrt{\frac{m\omega}{2\hbar}}x_0$.

所以受迫振动的基态 V_{0X} 是哈密顿量

$$\hat{H} = \frac{\hat{p}_x^2}{2m} + \frac{1}{2}m\omega^2 x^2 \tag{3.213}$$

的相干态 V_c，相应的本征值

$$c = \frac{F}{\omega}\sqrt{\frac{1}{2m\hbar\omega}}. \tag{3.214}$$

习　　题

3.1　粒子处于势场

$$V = \begin{cases} 0, & x < 0, \\ V_0, & x \geqslant 0, \end{cases} \quad (V_0 > 0)$$

中，求：$E > V_0$ 时的透射系数和反射系数(粒子由右向左运动).

3.2　质量为 m，能量为 E 的粒子束，从左向右入射到一阶梯位势($V_0 > E$)(见图3.30)，若入射粒子的波函数以 e^{ikx} 表示.

(1) 求反射粒子的波函数；

(2) 求区域Ⅰ和区域Ⅱ的波函数；

(3) 求入射粒子、反射粒子和透射粒子的概率通量.

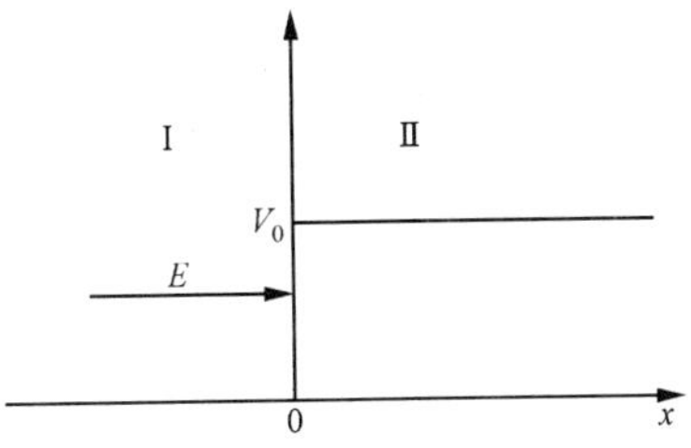

图 3.30　阶梯位势

3.3　一粒子在一维势场

$$V(x)=\begin{cases}\infty, & x<0,\\ 0, & 0\leqslant x\leqslant a,\\ \infty, & x>a\end{cases}$$

中运动.

(1) 求粒子的能级和对应的波函数;

(2) 若粒子处于 $\varphi_n(x)$ 态,证明: $\bar{x}=a/2$,

$$\overline{(x-\bar{x})^2}=\frac{a^2}{12}\left(1-\frac{6}{n^2\pi^2}\right).$$

3.4 若在 x 轴的有限区域,有一位势如图 3.31 所示,在区域外的波函数为

$$A\mathrm{e}^{\mathrm{i}kx}+B\mathrm{e}^{-\mathrm{i}kx},\quad C\mathrm{e}^{\mathrm{i}kx}+D\mathrm{e}^{-\mathrm{i}kx},$$

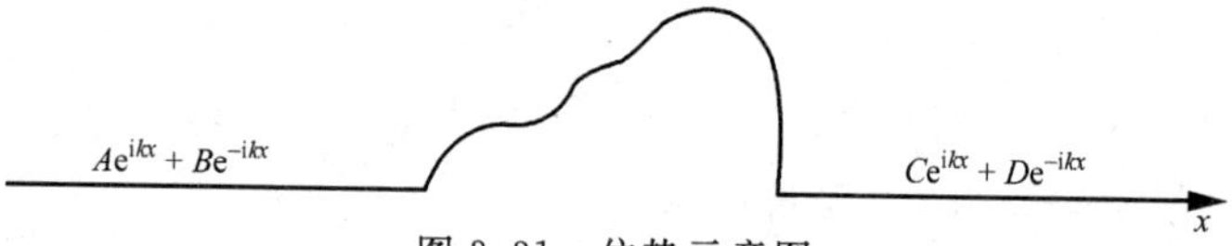

图 3.31 位势示意图

其系数之间有如下关系:

$$C=S_{11}A+S_{12}D,$$
$$B=S_{21}A+S_{22}D.$$

这即“出射”波和“入射”波之间的关系. 证明:

$$|S_{11}|^2+|S_{21}|^2=1,$$
$$|S_{12}|^2+|S_{22}|^2=1,$$
$$S_{11}S_{12}^*+S_{21}S_{22}^*=0,$$

这表明 S 是幺正矩阵.

3.5 试求在下面所描述的半壁无限高势垒中粒子的束缚态能级和波函数:

$$V(x)=\begin{cases}\infty, & x<0,\\ 0, & 0\leqslant x\leqslant a,\\ V_0, & x>a.\end{cases}$$

3.6 求粒子在下列势场中运动的能级:

$$V(x)=\begin{cases}\infty, & x\leqslant 0,\\ \frac{1}{2}\mu\omega^2x^2, & x>0.\end{cases}$$

3.7 粒子以动能 E 入射,受到双 δ 势垒作用(如图 3.32):

$$V(x)=V_0[\delta(x)+\delta(x-a)].$$

求反射系数和透射系数,以及发生完全透射的条件.

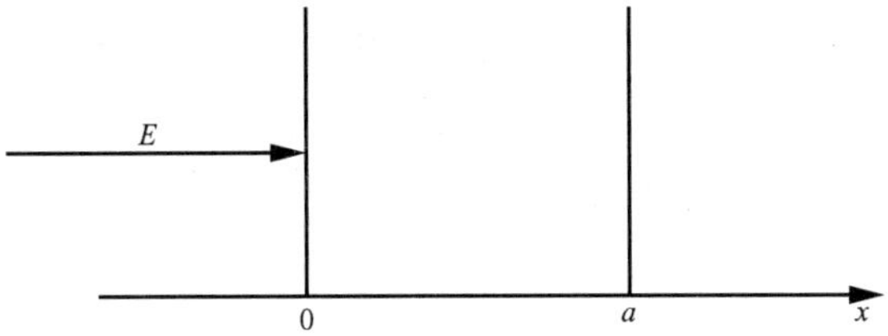

图 3.32 双 δ 势垒

3.8 粒子运动于一维位势

$$V(x)=\begin{cases}V_0\delta(x), & |x|<L,\\ \infty, & |x|>L\end{cases}$$

中.

(1) 试求其本征值或确定本征值的方程；

(2) 求出相应的本征函数.

3.9 质量为 m 的粒子处于一维谐振子势场 $V_1(x)$的基态，

$$V_1(x)=\frac{1}{2}kx^2,\quad k>0.$$

(1) 若弹性系数 k 突然变为 $2k$,即势场变为

$$V_2(x)=kx^2,$$

随即测量粒子的能量,求发现粒子处于新势场 V_2 的基态的概率；

(2) 势场 V_1 突然变成 V_2 后,不进行测量,经过一段时间 τ 后,势场又恢复成 V_1,问 τ 取什么值时,粒子又处于 V_1 势场的基态？

3.10 设一维谐振子处于基态,求它的$\overline{\Delta x^2}$,$\overline{\Delta p_x^2}$,并验证不确定关系.

3.11 若力学量所对应的算符 $\hat{A}$ 与体系的哈密顿量不对易. 它的测量值为 a_1,a_2 时,所对应的态为

$$\phi_1=(u_1+u_2)/\sqrt{2},\quad \phi_2=(u_1-u_2)/\sqrt{2},$$

其中 u_1,u_2 是体系哈密顿量本征值为 E_1,E_2 所对应的态(已归一化). 且 $t=0$ 时,体系处于 $\psi(0)=\phi_1$.

(1) 求 t 时刻,算符 $\hat{A}$ 的平均值；

(2) 画出其图形.

3.12 在平衡温度为 T 时. 一维谐振子的位势的位置概率密度为

$$f(x)=\frac{1}{Z}\sum_n \mathrm{e}^{-E_n/kT}u_n^2(x),$$

其中,k 为玻尔兹曼常数,u_n 为谐振子的归一化本征函数,相应的本征值为 $E_n=\left(n+\frac{1}{2}\right)\hbar\omega$,$Z=\sum\limits_n \mathrm{e}^{-E_n/kT}$.

证明：$f(x)=Ce^{-x^2/2\sigma^2}$，其中，$\sigma^2=\dfrac{\hbar}{2m\omega}\coth\dfrac{\hbar\omega}{2kT}$，$C$ 是常数.

3.13　在 xy 平面中运动的质量为 m，电荷为 e 的粒子被置于均匀的磁场中（$\boldsymbol{B}=B_0\boldsymbol{e}_z$），其哈密顿量 $\hat{H}$ 可表为

$$\hat{H}=\frac{1}{2m}\left\{\hat{p}_x^2+\hat{p}_y^2+eB_0(y\hat{p}_x-x\hat{p}_y)+\frac{1}{4}e^2B_0^2(x^2+y^2)\right\},$$

设

$$\hat{b}=\frac{1}{\sqrt{2eB_0\hbar}}\left(\frac{1}{2}eB_0x+\mathrm{i}\hat{p}_x+\frac{1}{2}\mathrm{i}eB_0y-\hat{p}_y\right),$$

$$\hat{b}^\dagger=\frac{1}{\sqrt{2eB_0\hbar}}\left(\frac{1}{2}eB_0x-\mathrm{i}\hat{p}_x-\frac{1}{2}\mathrm{i}eB_0y-\hat{p}_y\right).$$

证明：$\hat{H}=\left(bb^\dagger-\dfrac{1}{2}\right)\hbar\omega=\left(b^\dagger b+\dfrac{1}{2}\right)\hbar\omega$，其中 $\omega=eB_0/m$.

并证明粒子的能量为

$$E_n=\left(n+\frac{1}{2}\right)\hbar\omega.$$

3.14　计算相干态 $|c_1\rangle$，$|c_2\rangle$ 的标积. 你从所得结果中可得出什么结论？

第四章　量子力学中的力学量

设一个力学量对应的算符为 $\hat{O}$,$\hat{O}$ 代表一运算,当它作用于一个波函数后,将其变为另一波函数:

$$\hat{O}\psi(x,y,z)=\varphi(x,y,z).$$

这代表一个变换,是将空间的概率密度幅从

$$\psi(x,y,z)\xrightarrow{\hat{O}}\varphi(x,y,z).$$

例如:算符 $\hat{O}=\mathrm{e}^{-\mathrm{i}a\hat{p}_x/\hbar}$ 作用于波函数 $\psi(x)$,于是

$$\hat{O}\psi(x)=\mathrm{e}^{-a\frac{\mathrm{d}}{\mathrm{d}x}}\psi(x)=\sum_{n=0}^{\infty}\frac{(-a)^n}{n!}\frac{\mathrm{d}^n}{\mathrm{d}x^n}\psi(x)$$

$$=\psi(x-a) \tag{4.1a}$$

$$=\varphi(x), \tag{4.1b}$$

即将体系的概率密度幅沿 x 方向移动距离 a,如图 4.1 所示.

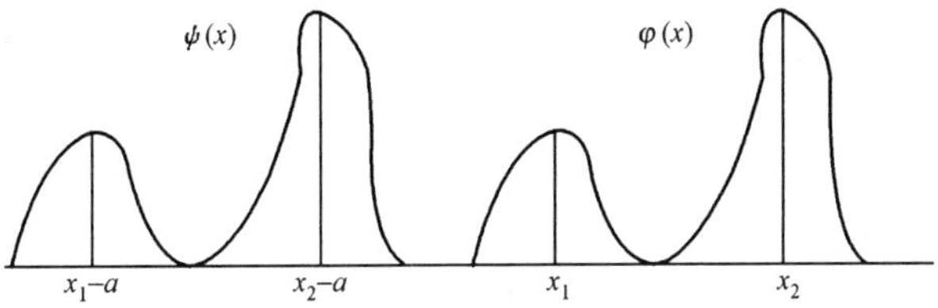

图 4.1　$\psi(x)$和 $\varphi(x)$

4.1　力学量算符的性质

4.1.1　量子力学中的力学量算符至少是线性算符;量子力学中的方程是线性齐次方程

由于**态叠加原理**,所以在量子力学中的力学量算符应是线性算符.所谓线性算符,即是具有如下性质(设算符为 $\hat{O}$):

$$\hat{O}(C\psi)=C\hat{O}\psi,$$

$$\hat{O}(C_1\psi_1+C_2\psi_2)=C_1\hat{O}\psi_1+C_2\hat{O}\psi_2.$$

例 1

$$\mathrm{i}\hbar\frac{\partial\psi}{\partial t}=\hat{H}\psi,$$

若 ψ_1 是方程解，ψ_2 也是方程解，则 $C_1\psi_1+C_2\psi_2$ 是体系的可能解. 事实上

$$\begin{aligned} \mathrm{i}\hbar\frac{\partial}{\partial t}(C_1\psi_1+C_2\psi_2) &= C_1\mathrm{i}\hbar\frac{\partial}{\partial t}\psi_1+C_2\mathrm{i}\hbar\frac{\partial}{\partial t}\psi_2 \\ &= C_1\hat{H}\psi_1+C_2\hat{H}\psi_2 \\ &= \hat{H}(C_1\psi_1+C_2\psi_2), \end{aligned}$$

仅当 $\hat{H}$ 是线性算符，最后等式才成立.

例 2 对不显含时间的薛定谔方程

$$\hat{H}\psi = E\psi,$$

若 $\hat{H}\psi_1=E\psi_1$，$\hat{H}\psi_2=E\psi_2$，则 $C_1\psi_1+C_2\psi_2$ 也是解，

$$\begin{aligned} E(C_1\psi_1+C_2\psi_2) &= C_1E\psi_1+C_2E\psi_2 = C_1\hat{H}\psi_1+C_2\hat{H}\psi_2 \\ &= \hat{H}(C_1\psi_1+C_2\psi_2), \end{aligned}$$

仅当 $\hat{H}$ 是线性算符，最后等式才成立.

量子力学不仅要求力学量算符是线性算符，而且方程式应是线性齐次方程式. 形式为 $\hat{O}\psi=A$ 的方程式就不行. 因若 $\hat{O}\psi_1=A$，$\hat{O}\psi_2=A$，但

$$\hat{O}(C_1\psi_1+C_2\psi_2) = C_1\hat{O}\psi_1+C_2\hat{O}\psi_2 = A(C_1+C_2),$$

而 $C_1+C_2\neq 1$. 所以，方程形式只能为 $F(\hat{O})\psi=0$，且 $F(\hat{O})$ 必须是线性算符. 当然，可观察的力学量算符不仅应是线性的，而且应是线性厄米算符（见 4.1.4 小节）.

4.1.2 算符的代数运算规则

A. 算符之和

ψ 是任意波函数，若

$$\hat{O}\psi = \varphi,$$

$$(\hat{A}+\hat{B})\psi = \hat{A}\psi+\hat{B}\psi = \varphi_A+\varphi_B = \varphi,$$

则称算符 $\hat{O}$ 是算符 $\hat{A}$ 和算符 $\hat{B}$ 之和，

$$\hat{O} = \hat{A}+\hat{B}. \tag{4.2}$$

B. 算符之积

对任意波函数 ψ，若

$$\hat{O}\psi = \varphi,$$

$$\hat{A}\hat{B}\psi = \hat{A}\varphi_B = \varphi,$$

则称算符 $\hat{O}$ 是算符 $\hat{A}$ 和算符 $\hat{B}$ 之积，

$$\hat{O} = \hat{A}\hat{B}. \tag{4.3}$$

C. 逆算符

对任意波函数 ψ，有 $\hat{O}\psi=\varphi$. 而有另一算符 $\hat{R}$，有 $\hat{R}\varphi=\psi$，则称 $\hat{R}$ 为 $\hat{O}$ 的逆算符，并表为 $\hat{R}=\hat{O}^{-1}$.

显然，

$$\hat{O}\hat{O}^{-1} = \hat{O}^{-1}\hat{O} = 1. \tag{4.4}$$

D. 算符的函数

设：$F(x)$在 $x=0$ 处，有各级导数，

$$F(x) = \sum_{n=0}^{\infty} \frac{F^{(n)}(0)}{n!} x^n. \tag{4.5}$$

则定义算符 $\hat{A}$ 的函数

$$F(\hat{A}) = \sum_{n=0}^{\infty} \frac{F^{(n)}(0)}{n!} \hat{A}^n. \tag{4.6}$$

例如，e^x 有各级导数 $(e^x)_0^{(n)} = 1, e^x = \sum_{n=0}^{\infty} \frac{1}{n!} x^n$. 于是

$$e^{\hat{A}} = \sum_{n=0}^{\infty} \frac{1}{n!} \hat{A}^n. \tag{4.7}$$

如果函数不能以幂级数表示，则可以由算符的自然展开来定义算符函数. 我们将在 6.2.3 小节中给出.

4.1.3 算符的对易性

一般而言，两算符的乘积和次序有关，不能彼此对易.

例如，$\hat{A}=e^{-i\frac{\pi}{2}\hat{L}_y/\hbar}, \hat{B}=e^{-i\frac{\pi}{2}\hat{L}_z/\hbar}$，则

$$\hat{A}\hat{B} \neq \hat{B}\hat{A}. \tag{4.8}$$

事实上，$x\hat{p}_x\psi = -i\hbar x\psi', \hat{p}_x x\psi = -i\hbar\psi - i\hbar x\psi'$，所以

$$x\hat{p}_x\psi - \hat{p}_x x\psi = i\hbar\psi.$$

由于 ψ 是任意波函数，所以算符

$$x\hat{p}_x - \hat{p}_x x = i\hbar. \tag{4.9}$$

引入对易子. **定义$[\hat{A},\hat{B}]$为算符 $\hat{A},\hat{B}$ 的对易子：**

$$[\hat{A},\hat{B}] = \hat{A}\hat{B} - \hat{B}\hat{A}. \tag{4.10}$$

由于算符的不可对易性，导致它们的对易子并不一定为零.

对易子有如下性质：

$$[\hat{A},\hat{B}] = -[\hat{B},\hat{A}], \tag{4.11a}$$

$$[\hat{A},\hat{B}\hat{C}] = \hat{B}[\hat{A},\hat{C}] + [\hat{A},\hat{B}]\hat{C}, \tag{4.11b}$$

$$[\hat{\boldsymbol{A}} \times \hat{\boldsymbol{B}},\hat{C}] = \hat{\boldsymbol{A}} \times [\hat{\boldsymbol{B}},\hat{C}] + [\hat{\boldsymbol{A}},\hat{C}] \times \hat{\boldsymbol{B}}, \tag{4.11c}$$

并有

$$[\hat{A},\hat{B}^n] = \sum_{s=0}^{n-1} \hat{B}^s [\hat{A},\hat{B}] \hat{B}^{n-s-1}. \tag{4.12}$$

证 $n=1$ 是成立的. 设对 $n-1$ 成立，即

$$[\hat{A},\hat{B}^{n-1}] = \sum_{s'=0}^{n-2}\hat{B}^{s'}[\hat{A},\hat{B}]\hat{B}^{n-1-s'-1},$$

而
$$\begin{aligned}[\hat{A},\hat{B}^n] &= \hat{B}[\hat{A},\hat{B}^{n-1}] + [\hat{A},\hat{B}]\hat{B}^{n-1} \\ &= \hat{B}\sum_{s'=0}^{n-2}\hat{B}^{s'}[\hat{A},\hat{B}]\hat{B}^{n-1-s'-1} + [\hat{A},\hat{B}]\hat{B}^{n-1} \\ &= \sum_{s=1}^{n-1}\hat{B}^{s}[\hat{A},\hat{B}]\hat{B}^{n-s-1} + [\hat{A},\hat{B}]\hat{B}^{n-1} \\ &= \sum_{s=0}^{n-1}\hat{B}^{s}[\hat{A},\hat{B}]\hat{B}^{n-s-1}. \end{aligned} \tag{4.13}$$

从而证得.

例 1 求$[\hat{x},\hat{p}_x^n]$.

$$[\hat{x},\hat{p}_x^n] = \sum_{s=0}^{n-1}\hat{p}_x^s[\hat{x},\hat{p}_x]\hat{p}_x^{n-s-1} = \mathrm{i}\hbar\sum_{s=0}^{n-1}\hat{p}_x^{n-1} = \mathrm{i}\hbar n\hat{p}_x^{n-1}. \tag{4.14}$$

由于算符之间存在不对易的情况,因此在算符的运算时,要特别小心,不要与常规运算混淆.

例 2 若 $\hat{A}$,$\hat{B}$ 都与$[\hat{A},\hat{B}]$对易,可证明

$$\mathrm{e}^{\hat{A}}\cdot\mathrm{e}^{\hat{B}} = \mathrm{e}^{\hat{A}+\hat{B}+\frac{1}{2}[\hat{A},\hat{B}]}, \tag{4.15}$$

所以,

$$\mathrm{e}^{\hat{x}}\cdot\mathrm{e}^{\hat{p}_x} = \mathrm{e}^{\hat{x}+\hat{p}_x+\frac{1}{2}\mathrm{i}\hbar}. \tag{4.16}$$

这种差异,是因为 $\hat{A}\hat{B}\neq\hat{B}\hat{A}$. 仅当 $\hat{A}\hat{B}=\hat{B}\hat{A}$ 时,$\mathrm{e}^{\hat{A}}\cdot\mathrm{e}^{\hat{B}}=\mathrm{e}^{\hat{A}+\hat{B}}$才成立.

下面是一些有用的对易关系

$$[\hat{L}_i,x_j] = \mathrm{i}\hbar\varepsilon_{ijk}x_k, \tag{4.17a}$$

$$[\hat{L}_i,\hat{p}_j] = \mathrm{i}\hbar\varepsilon_{ijk}\hat{p}_k, \tag{4.17b}$$

$$[\hat{L}_i,\hat{L}_j] = \mathrm{i}\hbar\varepsilon_{ijk}\hat{L}_k, \tag{4.17c}$$

其中 i,j,k 可取 1,2,3,ε_{ijk}称为莱维-齐维塔(Levi-Civita)符号或反对称符号,取值为$(-1)^{\delta_{ijk}}$(δ_{ijk}等于从 $123\to ijk$ 的对换数. 如 $\delta_{123}=1$,$\varepsilon_{132}=(-1)^1=-1$. 显然,当 i,j,k 中有两个相同时,则 $\varepsilon_{ijk}=0$).

用上述关系可证:

$$\hat{\boldsymbol{L}}\times\hat{\boldsymbol{r}}+\hat{\boldsymbol{r}}\times\hat{\boldsymbol{L}} = 2\mathrm{i}\hbar\hat{\boldsymbol{r}}, \tag{4.18a}$$

$$\hat{\boldsymbol{L}}\times\hat{\boldsymbol{p}}+\hat{\boldsymbol{p}}\times\hat{\boldsymbol{L}} = 2\mathrm{i}\hbar\hat{\boldsymbol{p}}. \tag{4.18b}$$

这表明,$\hat{\boldsymbol{L}}\times\hat{\boldsymbol{r}}\neq-\hat{\boldsymbol{r}}\times\hat{\boldsymbol{L}}$,$\hat{\boldsymbol{L}}\times\hat{\boldsymbol{p}}\neq-\hat{\boldsymbol{p}}\times\hat{\boldsymbol{L}}$. 但 $\boldsymbol{r}\times\hat{\boldsymbol{p}}=-\hat{\boldsymbol{p}}\times\boldsymbol{r}$,所以,

$$\hat{\boldsymbol{L}} = \frac{1}{2}(\hat{\boldsymbol{r}}\times\hat{\boldsymbol{p}}-\hat{\boldsymbol{p}}\times\hat{\boldsymbol{r}}) = \hat{\boldsymbol{r}}\times\hat{\boldsymbol{p}}. \tag{4.19}$$

应该强调指出: 对易关系与坐标选择无关. 因此,求对易关系,可找计算起来

最简单的坐标系来做,其结果当然对任何坐标系都成立.

例 $[\hat{L}_z,r]=\left[-\mathrm{i}\hbar\left(x\frac{\partial}{\partial y}-y\frac{\partial}{\partial x}\right),r\right]=-\mathrm{i}\hbar\left(\frac{2xy}{2r}-\frac{2yx}{2r}\right)=0.$

但
$$[\hat{L}_z,r]=\left[-\mathrm{i}\hbar\frac{\partial}{\partial\phi},r\right]=0.$$

所以在球坐标系中求这一对易关系比较容易.

另外,对易关系与表象选择无关.例如求对易子$[\hat{x},\hat{p}_x^n]$,由于算符$\hat{x}$在$\hat{p}_x$表象中(见第六章)为$\mathrm{i}\hbar\frac{\partial}{\partial p_x}$,于是

$$[\hat{x},\hat{p}_x^n]=\left[\mathrm{i}\hbar\frac{\partial}{\partial p_x},p_x^n\right]=\mathrm{i}\hbar n\hat{p}_x^{n-1}.$$

4.1.4 算符的厄米性

A. 算符的复共轭

若对任意一个波函数有

$$\varphi=\hat{A}\psi, \tag{4.20}$$
$$\varphi^*=\hat{B}\psi^*, \tag{4.21}$$

则称$\hat{B}$为$\hat{A}$的复共轭算符,以$\hat{A}^*$表示.

例

$$\varphi(x)=\hat{p}_x\psi(x)=-\mathrm{i}\hbar\frac{\mathrm{d}}{\mathrm{d}x}\psi(x),$$

$$\varphi^*(x)=\left(-\mathrm{i}\hbar\frac{\mathrm{d}}{\mathrm{d}x}\psi(x)\right)^*=\mathrm{i}\hbar\frac{\mathrm{d}}{\mathrm{d}x}\psi^*=-\hat{p}_x\psi(x)^*,$$

所以,$\hat{p}_x^*=-\hat{p}_x$.

事实上,算符的复共轭就是将算符所有复数量取复共轭.显然

$$(\hat{A}\hat{B})^*=\hat{A}^*\hat{B}^*, \tag{4.22a}$$
$$(\hat{A}^*)^*=\hat{A}. \tag{4.22b}$$

B. 算符的转置

(i) **标积定义:** 若体系有两个波函数$\psi(\boldsymbol{r},t)$和$\varphi(\boldsymbol{r},t)$,其标积为

$$(\psi(t),\varphi(t))=\int\psi^*(\boldsymbol{r},t)\varphi(\boldsymbol{r},t)\mathrm{d}\boldsymbol{r}, \tag{4.23}$$

显然,$(\psi(t),\psi(t))=\int|\psi(t)|^2\mathrm{d}\boldsymbol{r}>0.$

对于标积,显然有性质

$$(\psi,\varphi)=(\varphi,\psi)^*=(\varphi^*,\psi^*), \tag{4.24a}$$
$$(\psi,\lambda_1\varphi_1+\lambda_2\varphi_2)=\lambda_1(\psi,\varphi_1)+\lambda_2(\psi,\varphi_2), \tag{4.24b}$$

$$(\lambda_1\psi_1+\lambda_2\psi_2,\varphi)=\lambda_1^*(\psi_1,\varphi)+\lambda_2^*(\psi_2,\varphi). \tag{4.24c}$$

所以对 φ，标积是线性运算；而对 ψ，标积是反线性运算.

当标积为零，

$$(\psi,\varphi)=\int\psi^*\varphi\mathrm{d}\boldsymbol{r}=0, \tag{4.25}$$

则称这两个波函数是正交的.

(ii) **转置定义**：算符 $\hat{B}$ 称为算符 $\hat{A}$ 的转置算符，意即

$$\int\psi^*\hat{A}\varphi\,\mathrm{d}\boldsymbol{r}=\int\varphi\hat{B}\psi^*\,\mathrm{d}\boldsymbol{r}\quad 或\quad(\psi,\hat{A}\varphi)=(\varphi^*,\hat{B}\psi^*). \tag{4.26}$$

通常以算符 $\tilde{\hat{A}}$ 表示算符 $\hat{A}$ 的转置算符. 即

$$\int\psi^*\hat{A}\varphi\,\mathrm{d}\boldsymbol{r}=\int\varphi\tilde{\hat{A}}\psi^*\,\mathrm{d}\boldsymbol{r}\quad 或\quad(\psi,\hat{A}\varphi)=(\varphi^*,\tilde{\hat{A}}\psi^*). \tag{4.27}$$

例

$$\int\psi^*\frac{\partial}{\partial x}\varphi\,\mathrm{d}\boldsymbol{r}=\psi^*\varphi\Big|_{-\infty}^{+\infty}-\int\varphi\frac{\partial}{\partial x}\psi^*\,\mathrm{d}\boldsymbol{r} \tag{4.28}$$

$$=\int\varphi\left(-\frac{\partial}{\partial x}\right)\psi^*\,\mathrm{d}\boldsymbol{r}, \tag{4.29}$$

所以，

$$\frac{\tilde{\partial}}{\partial x}=-\frac{\partial}{\partial x}, \tag{4.30}$$

即 $\tilde{\hat{p}}_x=-\hat{p}_x$.

可以证明

$$\widetilde{\hat{A}\hat{B}}=\tilde{\hat{B}}\,\tilde{\hat{A}}, \tag{4.31a}$$

$$\tilde{\tilde{\hat{A}}}=\hat{A}. \tag{4.31b}$$

C. 算符的厄米共轭

定义　算符的厄米共轭是指对该算符取复共轭，再转置的运算，以 $\hat{A}^\dagger$ 表示，即

$$\hat{A}^\dagger=\tilde{\hat{A}}^*, \tag{4.32}$$

也就是，

$$(\psi,\hat{A}^\dagger\varphi)=(\varphi^*,\hat{A}^*\psi^*)=(\hat{A}\psi,\varphi). \tag{4.33}$$

更明显地以标积表示，则为

$$\int\psi^*\hat{A}^\dagger\varphi\,\mathrm{d}\boldsymbol{r}=\int\varphi\hat{A}^*\psi^*\,\mathrm{d}\boldsymbol{r}=\int(\hat{A}\psi)^*\varphi\,\mathrm{d}\boldsymbol{r}. \tag{4.34}$$

例　$\left(\dfrac{\partial}{\partial x}\right)^\dagger=-\left(\dfrac{\partial}{\partial x}\right)^*=-\dfrac{\partial}{\partial x}$.

可证算符的厄米共轭有如下性质：

$$(\hat{A}^\dagger)^\dagger=\hat{A}, \tag{4.35a}$$

$$(\hat{A}\hat{B})^\dagger=\hat{B}^\dagger\hat{A}^\dagger. \tag{4.35b}$$

而

$$\hat{p}_x^\dagger = \tilde{\hat{p}}_x^* = -\tilde{\hat{p}}_x = \hat{p}_x, \tag{4.36}$$

即 $\hat{p}_x$ 的厄米共轭等于它自己. 这是一类特殊的算符(又如 $\hat{x}^\dagger = \hat{x}, \hat{L}_i^\dagger = \hat{L}_i$).

显然厄米共轭运算是反线性运算.

D. 厄米算符

若算符的厄米共轭就是它自身,则称该算符为厄米算符. 即,若 $\hat{A}^\dagger = \hat{A}$**,则称** $\hat{A}$ **为厄米算符**,也就是

$$(\psi, \hat{A}\varphi) = (\hat{A}^\dagger\psi, \varphi) = (\hat{A}\psi, \varphi). \tag{4.37}$$

显然,

$$\hat{p}_x^\dagger = p_x, \tag{4.38a}$$

$$\hat{x}^\dagger = \hat{x}, \tag{4.38b}$$

$$\hat{L}_i^\dagger = \hat{L}_i. \tag{4.38c}$$

当然,实数也是一厄米算符.

E. 厄米算符的性质

(i) **厄米算符相加、减,仍是厄米算符. 但厄米算符之积并不一定为厄米算符.** 因

$$(\hat{A}\hat{B})^\dagger = \hat{B}^\dagger\hat{A}^\dagger = \hat{B}\hat{A},$$

若算符 $\hat{A}, \hat{B}$ 不对易,则它们之积的厄米共轭

$$(\hat{A}\hat{B})^\dagger \neq \hat{A}\hat{B},$$

即 $\hat{A}\hat{B}$ 不是厄米算符.

(ii) **任何状态下,厄米算符的平均值必为实数.**

$$\bar{\hat{O}} = (\psi, \hat{O}\psi) = (\hat{O}\psi, \psi) = (\psi, \hat{O}\psi)^* = \bar{\hat{O}}^*. \tag{4.39}$$

(iii) **在任何状态下,平均值为实数的线性算符必为厄米算符.**

证 对任一波函数平均值为实数的线性算符 $\hat{A}$ 有

$$(\psi, \hat{A}\psi) = (\psi, \hat{A}\psi)^* = (\hat{A}\psi, \psi).$$

令 $\psi = \psi_1 + \lambda\psi_2$($\lambda, \psi_1, \psi_2$ 都是任意的),于是

$$(\psi_1 + \lambda\psi_2, \hat{A}(\psi_1 + \lambda\psi_2))$$
$$= (\psi_1, \hat{A}\psi_1) + \lambda(\psi_1, \hat{A}\psi_2) + \lambda^*(\psi_2, \hat{A}\psi_1) + |\lambda|^2(\psi_2, \hat{A}\psi_2), \tag{4.40a}$$

$$(\hat{A}(\psi_1 + \lambda\psi_2), \psi_1 + \lambda\psi_2)$$
$$= (\hat{A}\psi_1, \psi_1) + \lambda(\hat{A}\psi_1, \psi_2) + \lambda^*(\hat{A}\psi_2, \psi_1) + |\lambda|^2(\hat{A}\psi_2, \psi_2)$$
$$= (\psi_1, \hat{A}\psi_1) + \lambda(\psi_2, \hat{A}\psi_1)^* + \lambda^*(\psi_1, \hat{A}\psi_2)^* + |\lambda|^2(\psi_2, \hat{A}\psi_2), \tag{4.40b}$$

将方程(4.40a)与方程(4.40b)相减,可得

$$\lambda[(\psi_1,\hat{A}\psi_2)-(\psi_2,\hat{A}\psi_1)^*]=\lambda^*[(\psi_1,\hat{A}\psi_2)^*-(\psi_2,\hat{A}\psi_1)]$$
$$=\lambda^*[(\psi_1,\hat{A}\psi_2)-(\psi_2,\hat{A}\psi_1)^*]^*. \qquad (4.41)$$

方程(4.41)对λ任何值都成立.所以当λ为实数时,(4.41)式中的[…]部分应为实数;而当λ为虚数时,则(4.41)式中的[…]部分应为虚数.因此,仅当

$$[(\psi_1,\hat{A}\psi_2)-(\psi_2,\hat{A}\psi_1)^*]=0$$

时,(4.41)方程才成立,也就是说

$$(\psi_2,\hat{A}\psi_1)=(\hat{A}\psi_2,\psi_1). \qquad (4.42)$$

由于ψ_1,ψ_2都是任意波函数,从而证得$\hat{A}$是厄米算符.

易证:若$\hat{A}$是厄米算符,则$\overline{\hat{A}^2}\geqslant 0$.(因$(\hat{A}\psi,\hat{A}\psi)\geqslant 0$.)

4.2 厄米算符的本征值和本征函数

4.2.1 厄米算符的本征值和本征函数

在有一定概率分布(围绕最大概率测量值)的状态中,对物理量$\hat{A}$进行一次测量,其偏差大小可由一个“涨落”的物理量,即方均根来定义:

$$\Delta A=\sqrt{\overline{\Delta\hat{A}^2}}=\sqrt{(\psi,(\hat{A}-\overline{A})^2\psi)}. \qquad (4.43)$$

若$\hat{A}$是一厄米算符,则$\overline{A}$是一实数.所以,$\hat{A}-\overline{A}$也是一厄米算符.

$$(\psi,(\hat{A}-\overline{A})^2\psi)=((\hat{A}-\overline{A})\psi,(\hat{A}-\overline{A})\psi)\geqslant 0.$$

因此,若要使“涨落”为零,即测量值只取确定值,测得该值的概率为1,于是有等式

$$(\hat{A}-\overline{A})\psi=0.$$

这一方程表明,当体系处于满足上述方程所确定的状态中,这时测量力学量$\hat{A}$,发现没有“涨落”,即测量值为一确定值.当然也就是平均值.

如令这一特殊状态为u_n,算符$\hat{A}$的平均值就是在这一态中测量的唯一值A_n,则有方程

$$\hat{A}u_n=A_nu_n. \qquad (4.44)$$

一般而言,这是一微分方程,它的解只有在一定边条件下才能唯一确定(例如,该态在∞处为零;该态也可能具有周期性边条件;等等).而在一定条件下,A_n不是取任何值都有非零解的.我们称**有非零解的$A_1,A_2,A_3,\cdots$为方程的本征值,相应的非零解为本征函数.而方程(4.44)被称为该算符的本征方程**.由于$\hat{A}$是厄米算符,所以A_n必为实数.

这样给出量子力学的又一基本假设:

在量子力学中，一个直接可观测的力学量 A，对应于一个线性厄米算符 $\hat{A}$；当对体系进行该力学量的测量时，一切可能测得的值，只能是算符 $\hat{A}$ 的本征方程的本征值.

显然，仅当体系处于本征函数所描述的状态时，测得值才是唯一的，即为相应的本征值(这时"涨落"为零). 而不含时间的薛定谔方程，即为体系的能量本征方程：

$$\hat{H}(\boldsymbol{r},\hat{\boldsymbol{p}})u_n = E_n u_n. \tag{4.45}$$

例 1 求轨道角动量在 z 方向分量的本征值和本征函数.

在球坐标系中，相应的本征方程为

$$\hat{L}_z\psi(\phi) = l_z\psi(\phi), \tag{4.46}$$

即

$$-\mathrm{i}\hbar\frac{\mathrm{d}}{\mathrm{d}\phi}\psi(\phi)/\psi(\phi) = l_z, \tag{4.47}$$

于是有解

$$\psi(\phi) = A\mathrm{e}^{\mathrm{i}l_z\phi/\hbar}. \tag{4.48}$$

由于 $\hat{L}_z$ 是轨道角动量的 z 分量，其波函数在坐标空间转 2π 回到原处，根据波函数的单值、连续的要求，则轨道角动量 $\hat{L}_z$ 的波函数具有周期性边条件，

$$\psi(\phi+2\pi) = \psi(\phi), \tag{4.49}$$

从而推得

$$\frac{2\pi l_z}{\hbar} = \pm 2\pi m, \Longrightarrow l_z = m\hbar, \quad m = 0, \pm 1, \pm 2, \cdots, \tag{4.50}$$

即 m 取整数. 我们也可根据 $\hat{L}_z$ 的特点，直接推得 m 可取值为整数(见习题 4.12).

同时，周期性边条件也保证了 $\hat{L}_z$ 是厄米算符.

事实上，要求 $\hat{L}_z$ 是厄米算符(保证本征值为实数)即是：对任意两个波函数 ψ_1，ψ_2 有

$$\begin{aligned}
&\int_0^{2\pi}\psi_1^*\left(-\mathrm{i}\hbar\frac{\mathrm{d}}{\mathrm{d}\phi}\right)\psi_2\,\mathrm{d}\phi \\
&= -\mathrm{i}\hbar\psi_1^*(\phi)\psi_2(\phi)\Big|_0^{2\pi} + \mathrm{i}\hbar\int_0^{2\pi}\psi_2(\phi)\frac{\mathrm{d}}{\mathrm{d}\phi}\psi_1^*(\phi)\,\mathrm{d}\phi \\
&= -\mathrm{i}\hbar[\psi_1^*(2\pi)\psi_2(2\pi) - \psi_1^*(0)\psi_2(0)] \\
&\quad + \int_0^{2\pi}\left(-\mathrm{i}\hbar\frac{\mathrm{d}}{\mathrm{d}\phi}\psi_1(\phi)\right)^*\psi_2(\phi)\,\mathrm{d}\phi.
\end{aligned} \tag{4.51}$$

这就要求

$$\psi_1^*(2\pi)\psi_2(2\pi) - \psi_1^*(0)\psi_2(0) = 0. \tag{4.52}$$

如 ψ_1，ψ_2 是本征解，对应本征值为 l_{z1}，l_{z2}，则有

$$\mathrm{e}^{\mathrm{i}(l_{z2}-l_{z1})2\pi/\hbar} = 1,$$

于是有

$$(l_{z2}-l_{z1})\frac{2\pi}{\hbar}=\pm 2\pi m, \quad 即 \quad (l_{z2}-l_{z1})=\pm m\hbar.$$

这表明两本征值之差的最小绝对值为$\hbar$. 因此,要求 $\hat{L}_z$ 是厄米算符,则 $\hat{L}_z$ 的本征值能取

$$\frac{l_z}{\hbar}=\begin{cases}\pm\frac{1}{2},\pm\frac{3}{2},\pm\frac{5}{2},\cdots\\ 0,\pm 1,\pm 2,\pm 3,\cdots\end{cases} \tag{4.53}$$

也就是说,若仅要求 $\hat{L}_z$ 是厄米算符,则 $l_z/\hbar$可以取整数,也可以取半整数.

例 2 求绕固定轴的转子的能量本征值和本征函数.

绕固定轴的转子的能量本征方程为

$$\hat{H}u=Eu, \Longrightarrow -\frac{\hbar^2}{2\mathscr{I}}\frac{\mathrm{d}^2}{\mathrm{d}\phi^2}u=Eu, \tag{4.54}$$

其中 $\mathscr{I}$为转子的转动惯量. 于是有解

$$u=A\mathrm{e}^{\pm\mathrm{i}(2\mathscr{I}E/\hbar^2)^{1/2}\phi}. \tag{4.55}$$

在坐标空间转 2π,波函数应相等(周期性边条件),因而

$$\pm\sqrt{\frac{2\mathscr{I}E}{\hbar^2}}=m, \quad m=0,\pm 1,\pm 2,\pm 3,\cdots. \tag{4.56}$$

所以固定转子的能量本征值为

$$E_m=\frac{\hbar^2}{2\mathscr{I}}m^2, \tag{4.57}$$

相应本征函数为

$$u_m=A\mathrm{e}^{\mathrm{i}m\phi}=\frac{1}{\sqrt{2\pi}}\mathrm{e}^{\mathrm{i}m\phi}. \tag{4.58}$$

由此可见,除基态外,每条能级是两重简并的.(注:这虽是一维问题,且是束缚态的分立能级,但它是简并的. 这是因为当变量 ϕ 在 0—2π 之间,波函数无零点. 所以(见(3.6)式),

$$\psi_1\psi_2'-\psi_1'\psi_2=C\neq 0,$$

这就导致了该束缚态的分立能级是简并的.)

当然,这一组本征函数可线性组合成另一组本征函数

$$u_0^{\mathrm{e}}=\frac{1}{\sqrt{2\pi}}, \tag{4.59a}$$

$$u_m^{\mathrm{o,e}}=\begin{cases}\frac{1}{\sqrt{\pi}}\sin m\phi,\\ \frac{1}{\sqrt{\pi}}\cos m\phi,\end{cases} \quad m=1,2,3,\cdots. \tag{4.59b}$$

4.2.2 厄米算符的本征值和本征函数的性质

A. 力学量的每一可取值都是实数(即本征值)

因厄米算符平均值为实数，所以本征值必为实数. 这正是我们为什么要求可观测力学量算符是线性厄米算符的缘由.

B. 相应不同本征值的本征函数是正交的

证
$$\hat{A}u_n = A_n u_n,$$
$$\hat{A}u_m = A_m u_m,$$
$$(u_n, \hat{A}u_m) = A_m(u_n, u_m), \tag{4.60a}$$
$$(u_m, \hat{A}u_n) = A_n(u_m, u_n). \tag{4.60b}$$

将(4.60b)取复共轭，则有
$$(\hat{A}u_n, u_m) = A_n(u_n, u_m), \tag{4.61}$$

将方程(4.60a)和方程(4.61)两边相减得
$$(u_n, \hat{A}u_m) - (\hat{A}u_n, u_m) = (A_m - A_n)(u_n, u_m).$$

由于 $\hat{A}$ 是厄米算符，所以
$$0 = (A_m - A_n)(u_n, u_m),$$
$$(u_n, u_m) = 0, \tag{4.62}$$

即 u_n, u_m 正交.

属于不同本征值的本征函数是正交的(因此，它们是线性无关的)，所以它们不能互相替代，这就保证波函数在按某力学量的本征函数展开时是唯一的，即在 $\psi = \sum a_n u_n$ 中，a_n 是唯一的.

当然，如果一个本征值 A_n 对应 k 个线性无关的本征函数，这组本征函数并不一定正交，我们可以通过**施密特正交法**(Schmidt orthogonalization method)来实现正交归一化.

若 $\psi_{s1}, \psi_{s2}, \cdots, \psi_{sk}$ 是相应于本征值为 A_s 的 k 个线性无关的本征函数.

取 $\varphi_{s1} = C_1\psi_{s1}$，使 $(\varphi_{s1}, \varphi_{s1}) = 1$.

再取 $\varphi_{s2} = C_2[\psi_{s2} - \varphi_{s1}(\varphi_{s1}, \psi_{s2})]$. 显然，$(\varphi_{s1}, \varphi_{s2}) = 0$，且保证 $(\varphi_{s2}, \varphi_{s2}) = 1$.

同样类似地取 $\varphi_{s3} = C_3[\psi_{s3} - \varphi_{s1}(\varphi_{s1}, \psi_{s3}) - \varphi_{s2}(\varphi_{s2}, \psi_{s3})]$，使得 $(\varphi_{s1}, \varphi_{s3}) = (\varphi_{s2}, \varphi_{s3}) = 0$，而且 $(\varphi_{s3}, \varphi_{s3}) = 1$.

以此类推，最后得
$$\varphi_{sm} = C_m\left[\psi_{sm} - \sum_{i=1}^{m-1}\varphi_{si}(\varphi_{si}, \psi_{sm})\right]. \tag{4.63}$$

当然，利用此方法可得多组正交归一化波函数.（比如，φ_1, φ_2 是一组正交归一化的波函数，而 $\frac{1}{\sqrt{2}}(\varphi_1 - \varphi_2)$，$\frac{1}{\sqrt{2}}(\varphi_1 + \varphi_2)$ 也是一组正交归一化的波函数，波函数

(4.58)和波函数(4.59a),(4.59b)就是一例.)

C. 任何一个算符总可表示为两个厄米算符之和

$$\hat{A}=\hat{A}_{+}+\mathrm{i}\hat{A}_{-},\tag{4.64}$$

其中

$$\hat{A}_{+}=\frac{1}{2}(\hat{A}+\hat{A}^{\dagger}),\tag{4.65a}$$

$$\hat{A}_{-}=\frac{-\mathrm{i}}{2}(\hat{A}-\hat{A}^{\dagger}).\tag{4.65b}$$

D. 测量结果的概率

现来计算测量力学量 $\hat{A}$ 取值 A_n 的概率.当要测量力学量 $\hat{A}$ 的值时,根据态叠加原理,如能测得 $A_1,A_2,A_3,\cdots$,则体系处的态为

$$\psi=C_1\varphi_1+C_2\varphi_2+C_3\varphi_3+\cdots,$$

其中 $\hat{A}\varphi_n=A_n\varphi_n$.所以

$$\begin{aligned}\overline{A}&=\int\psi^{*}\hat{A}\psi\mathrm{d}\boldsymbol{r}=\int\sum_{m}C_m^{*}\varphi_m^{*}\hat{A}\Big(\sum_{n}C_n\varphi_n\Big)\mathrm{d}\boldsymbol{r}\\&=\sum_{m,n}C_m^{*}C_nA_n\delta_{mn}=\sum_{n}|C_n|^2A_n.\end{aligned}\tag{4.66}$$

从平均值的观点来看(或态叠加原理来看),若 ψ,φ_n 都是归一化的,表达式(4.66)表明,在 ψ 中取 A_n 值的概率为 $|C_n|^2$,也就是说,在 ψ 中测量力学量 $\hat{A}$,测得值为 A_n 的概率为 $|C_n|^2$.所以,C_n 为概率幅.而由

$$\psi=\sum_{m}C_m\varphi_m,$$

得

$$\int\varphi_n^{*}\psi\mathrm{d}\boldsymbol{r}=(\varphi_n,\psi)=\sum_{m}C_m\int\varphi_n^{*}\varphi_m\mathrm{d}\boldsymbol{r}=C_n.$$

所以,求在一体系中(以 ψ 描述)测量力学量 $\hat{A}$ 而取值 A_n 的概率幅,就是要将 ψ 以 φ_n 展开,展开项的 φ_n 系数即为概率幅,具体表示为

$$C_n=\frac{(\varphi_n,\psi)}{(\varphi_n,\varphi_n)^{1/2}(\psi,\psi)^{1/2}}.\tag{4.67}$$

$|C_n|^2$ 为测得 A_n 的概率.而在 ψ 状态中,$\hat{A}$ 的可能测得值是那些 $C_n\neq0$ 的 A_n.

还需指出,C_n 的意义还不仅仅这一点.事实上,当我们得到 C_n 全体后,则 $\psi(\boldsymbol{r})$ 完全被确定.因此,C_n 集合也是体系的波函数,即与 $\psi(\boldsymbol{r})$ 完全等当.

E. 直接可观测的力学量的本征函数构成一完备组

如 $\{\varphi_n\}$ 是力学量 $\hat{A}$ 的本征函数组,则任一波函数 ψ 可以以 $\{\varphi_n\}$ 表示:

$$\psi=\sum_{n}C_n\varphi_n.$$

事实上,根据态叠加原理,当体系处于 ψ 态中,那么进行力学量 $\hat{A}$ 的测量,如测量值为 $A_1,A_2,A_3,\cdots$,则体系只可能处于这些本征值所相应的本征函数的线性叠

加态上.即

$$\psi = C_1\varphi_1 + C_2\varphi_2 + C_3\varphi_3 + \cdots.$$

所以,从物理上考虑,可以得出结论:任一波函数能够根据可观测的力学量的本征函数展开.反之,某一力学量的本征函数组如不形成完备组,则这一力学量不可能是可观测的力学量.

4.2.3 测量与波函数

在第二章中,我们介绍了描述体系的波函数在无外界干扰下,它随时间的演化是满足含时间的薛定谔方程,其变化具有连续性.而当我们对体系进行力学量 A 的测量时,我们所测得值是某个确定值.而根据态叠加原理,玻恩的统计诠释和算符 $\hat{A}$ 的本征函数(或称本征态)的完备性,我们对大量的处于完全相同状态的体系,进行完全相同的测量,则力学量 A 在该体系中的平均值为

$$\overline{A} = \int \psi^*(\boldsymbol{r},t)\hat{A}\psi(\boldsymbol{r},t)\mathrm{d}\tau = \sum_n a_n \mid c_n(t) \mid^2, \tag{4.68}$$

其中,$\psi(\boldsymbol{r},t) = \sum\limits_n u_n(\boldsymbol{r})c_n(t)$,$\hat{A}u_n(\boldsymbol{r}) = a_n u_n(\boldsymbol{r})$.

显然,仅在态 $u_n(\boldsymbol{r})$ 中,测量力学量 A,测得值才是 a_n.所以,当我们对处于 $\psi(\boldsymbol{r},t)$ 的体系进行力学量 A 的测量时,如果测得值是 a_n,这时体系应处于 $u_n(\boldsymbol{r})$ 态上,而测得该值的概率为 $|c_n(t)|^2$.这表明,测量使体系所处的态发生激烈的变化,即体系从处于 $\psi(\boldsymbol{r},t)$ 态坍缩到 $u_n(\boldsymbol{r})$ 态上(应该提醒的是,只能由一组力学量完全集的量子数,才能确定一个态.见 4.4.4 节).但人们并不能准确地预言测量所得值,所以,在测量的过程中,态矢量的变化是不连续、不可控制和不可预期的(除去体系正是处于所测量力学量 A 的本征态上的情况).例如,我们测量粒子位置 $\boldsymbol{r}$,发现粒子可能在 $\boldsymbol{r}_1$ 处,也可能在 $\boldsymbol{r}_2$ 处,或在 $\boldsymbol{r}_3$ 处,等等.但一旦完成该次测量后,发现粒子处于 $\boldsymbol{r}_0$,这时粒子即从原来所处的态

$$\psi(\boldsymbol{r},t) \xrightarrow{\text{坍缩到}} \delta(\boldsymbol{r} - \boldsymbol{r}_0)$$

态上.

在对两个可观测的力学量 Q_1 和 Q_2 进行测量时,当

$$[\hat{Q}_1, \hat{Q}_2] = 0, \tag{4.69}$$

并构成力学量完全集,则它们有共同的本征矢,$\varphi_{i\mu}$.若同时进行力学量 Q_1 和 Q_2 的测量,测得值为 c_k 和 λ_τ,则体系即从所处的态

$$\psi(\boldsymbol{\rho},t) \xrightarrow{\text{坍缩到}} \varphi_{k\tau}.$$

若

$$[\hat{Q}_1, \hat{Q}_2] \neq 0, \tag{4.70}$$

一般而言,它们没有共同的本征矢,不可能同时具有确定值.这时,不可能同时进行

力学量 Q_1 和 Q_2 的测量.

4.3　连续谱本征函数“归一化”

前面的讨论仅局限于分立谱的情况,也就是波函数是平方可积的,能归一化的.显然,并不是所有本征函数都能归一化.

4.3.1　连续谱本征函数的“归一化”

下面将连续谱和分立谱的本征值、本征函数进行比较:

(i) 对于本征函数和本征值,分立谱与连续谱分别为:

φ_n, A_n(取分立值);　　φ_λ, λ(取连续值).

(ii) 任一波函数可按其展开,分立谱和连续谱各为:

$$\psi(x) = \sum_n C_n \varphi_n(x); \qquad \psi(x) = \int C_\lambda \varphi_\lambda \mathrm{d}\lambda.$$

(iii) 两者的展开系数:

$$C_n = \int \varphi_n^* \psi \mathrm{d}x \ (\varphi_n \text{ 已归一}) = \int \varphi_n^* \left(\sum_m C_m \varphi_m\right) \mathrm{d}x = \sum_m C_m \int \varphi_n^* \varphi_m \mathrm{d}x;$$

$$C_\lambda = \int \varphi_\lambda^* \psi \mathrm{d}x \ (\varphi_\lambda \text{ 已归一}) = \int \varphi_\lambda^* \left(\int C_{\lambda'} \varphi_{\lambda'} \mathrm{d}\lambda'\right) \mathrm{d}x = \int C_{\lambda'} \left(\int \varphi_\lambda^* \varphi_{\lambda'} \mathrm{d}x\right) \mathrm{d}\lambda'.$$

所以,

$$\int \varphi_n^* \varphi_m \mathrm{d}x = \begin{cases} 0, & n \neq m, \\ 1, & n = m. \end{cases} \tag{4.71}$$

而 $\int \varphi_\lambda^* \varphi_{\lambda'} \mathrm{d}x$ 是一“奇异函数”: 因 C_λ 仅与 λ 有关,所以 C_λ 表达式中 $\lambda' \neq \lambda$ 的 $C_{\lambda'}$ 应无贡献,这时 $\int \varphi_\lambda^* \varphi_{\lambda'} \mathrm{d}x$ 应为零,而 $\int C_{\lambda'} \left(\int \varphi_\lambda^* \varphi_{\lambda'} \mathrm{d}x\right) \mathrm{d}\lambda'$ 应等于 C_λ, 这就要求

$$\int \varphi_\lambda^* \varphi_{\lambda'} \mathrm{d}x = \begin{cases} 0, & \lambda' \neq \lambda, \\ \infty, & \lambda' = \lambda. \end{cases} \tag{4.72}$$

为实现这一要求,我们引入一个奇异函数,即狄拉克函数 $\delta(x)$,其定义为

$$\delta(x - x_0) = \begin{cases} 0, & x - x_0 \neq 0, \\ \infty, & x - x_0 = 0, \end{cases} \tag{4.73a}$$

$$\int_a^b f(x)\delta(x - x_0) \mathrm{d}x = \begin{cases} f(x_0), & a < x_0 < b, \\ 0, & x_0 \notin (a, b). \end{cases} \tag{4.73b}$$

因此,如 $\int \varphi_\lambda^* \varphi_{\lambda'} \mathrm{d}x = \delta(\lambda - \lambda')$, 则

$$\int C_{\lambda'} \left(\int \varphi_\lambda^* \varphi_{\lambda'} \mathrm{d}x\right) \mathrm{d}\lambda' = \int C_{\lambda'} \delta(\lambda - \lambda') \mathrm{d}\lambda' = C_\lambda,$$

这样就能保证获得我们所需结果.

所以,当连续谱本征函数 φ_λ 具有$(\varphi_\lambda,\varphi_{\lambda'})=\delta(\lambda-\lambda')$的性质时,则该连续谱本征函数是"正交归一"的.它是分立谱本征函数的正交归一$(\varphi_n,\varphi_m)=\delta_{nm}$($\delta_{nm}$称为Kronecker 符号)的自然推广.

(iv) $|C_n|^2$ 表示在态 $\psi(x)$中测量力学量 $\hat{A}$ 取 A_n 的概率(如 $\psi(x)$已归一化),

$$\overline{A}=\sum_n A_n\mid C_n\mid^2.$$

而由

$$\begin{aligned}\bar{\lambda}=&\int\psi^*(x)\hat{\lambda}\psi(x)\mathrm{d}x=\int\mathrm{d}x\int(C_\lambda^*\varphi_\lambda^*\mathrm{d}\lambda)\cdot\hat{\lambda}\int(C_{\lambda'}\varphi_{\lambda'}\mathrm{d}\lambda')\\=&\int C_\lambda^*C_{\lambda'}\lambda'\delta(\lambda-\lambda')\mathrm{d}\lambda\mathrm{d}\lambda'=\int\lambda\mid C_\lambda\mid^2\mathrm{d}\lambda\end{aligned}$$

可见(如 $\psi(x)$已归一化),$|C_\lambda|^2\mathrm{d}\lambda$ 为测量 $\hat{\lambda}$ 取值在 λ—$\lambda+\mathrm{d}\lambda$ 区域中的概率,而$|C_\lambda|^2$是表示在态 $\psi(x)$中测得值为 λ 的概率密度.

例 1 求"正交归一"的动量本征函数.

设 $\psi(x)$是平方可积,即可进行傅里叶展开,

$$\psi(x)=\frac{1}{\sqrt{2\pi}}\int F(k')\mathrm{e}^{\mathrm{i}k'x}\mathrm{d}k',\tag{4.74}$$

傅里叶变换为

$$F(k)=\frac{1}{\sqrt{2\pi}}\int\mathrm{e}^{-\mathrm{i}kx}\psi(x)\mathrm{d}x=\frac{1}{2\pi}\int F(k')\mathrm{e}^{\mathrm{i}(k'-k)x}\mathrm{d}x\mathrm{d}k',$$

上式最后一步是将方程(4.74)代入而得.根据 δ 函数的定义,

$$\frac{1}{2\pi}\int\mathrm{e}^{\mathrm{i}(k'-k)x}\mathrm{d}x=\delta(k'-k),\tag{4.75}$$

所以"正交归一"的动量本征函数为

$$\varphi_k(x)=\frac{1}{\sqrt{2\pi}}\mathrm{e}^{\mathrm{i}kx}.\tag{4.76}$$

例 2 求"正交归一"的坐标本征函数.

由本征方程

$$\hat{x}\varphi_{x'}(x)=x'\varphi_{x'}(x)\tag{4.77}$$

得

$$(\hat{x}-x')\varphi_{x'}(x)=0,\Longrightarrow\begin{cases}\varphi_{x'}(x)=\begin{cases}0, & x\neq x',\\ \infty, & x=x',\end{cases}\\ \int\varphi_{x'}^*(x)\varphi_{x''}(x)\mathrm{d}x=\delta(x'-x'').\end{cases}\tag{4.78}$$

仅当 $\varphi_{x'}(x)=\delta(x-x')$时,上式的要求才能满足.所以,"正交归一"的坐标本征函

数为

$$\varphi_{x'}(x)=\delta(x-x'). \tag{4.79}$$

事实上，由于物理波函数在无穷远处为零，

$$\begin{aligned}(u_k,u_{k'}) &= \frac{1}{2\pi}\lim_{\varepsilon\to 0^+}\int e^{i(k'-k)x-\varepsilon|x|}\,dx \\ &= \frac{1}{2\pi}\lim_{\varepsilon\to 0^+}\left[\int_0^{+\infty} e^{i(k'-k)x-\varepsilon x}\,dx+\int_{-\infty}^{0} e^{i(k'-k)x+\varepsilon x}\,dx\right] \\ &= \frac{1}{2\pi}\lim_{\varepsilon\to 0^+}\left[\frac{-1}{i(k'-k)-\varepsilon}+\frac{1}{i(k'-k)+\varepsilon}\right] \\ &= \frac{1}{\pi}\lim_{\varepsilon\to 0^+}\left[\frac{\varepsilon}{(k'-k)^2+\varepsilon^2}\right] \\ &= \delta(k'-k),\end{aligned}$$

最后一等式正是 δ 函数的函数极限定义（见附录（Ⅲ.10c）式）.

于是有

$$u_k(x)=\frac{1}{\sqrt{2\pi}}\lim_{\varepsilon\to 0} e^{ikx-\varepsilon|x|/2}. \tag{1}$$

显然，$\varphi_{x'}(x)=\delta(x-x')$ 是完备的，因任何一波函数 $\psi(x)$ 可按它展开：

$$\psi(x)=\int\psi(x')\delta(x'-x)\,dx'=\int\psi(x')\varphi_{x'}(x)\,dx'.$$

所以，$|\psi(x')|^2 dx'$ 为在 $\psi(x)$ 中，观测到粒子在 x'—$x'+dx'$ 范围中的概率.

4.3.2 δ(狄拉克)函数①

A. δ 函数的定义和表示

δ 函数不是一般意义下的函数，而是一分布，因对一个仅一点不为零外，处处为零的函数其积分为零. 但习惯上仍将它看作一函数. 其重要性和意义是在积分中体现出来的.

上一小节中已给出 δ 函数的定义：

$$\delta(\lambda-\lambda_0)=\begin{cases}0, & \lambda\neq\lambda_0,\\ \infty, & \lambda=\lambda_0,\end{cases} \tag{4.80}$$

$$\int_a^b f(\lambda)\delta(\lambda-\lambda_0)\,d\lambda=\begin{cases}0, & \lambda_0\notin(a,b),\\ f(\lambda_0), & \lambda_0\in(a,b).\end{cases} \tag{4.81}$$

δ 函数也可用一函数参量的极限来定义：

$$\delta(x)=\frac{1}{\pi}\lim_{\sigma\to 0^+}\frac{\sigma}{x^2+\sigma^2} \tag{4.82a}$$

---

① P. A. M. Dirac, The Principles of Quantum Mechanics, 4th ed., Oxford University Press, Oxford, 1958, sec. 15.

$$= \frac{1}{\pi}\lim_{\alpha\to\infty}\frac{\sin\alpha x}{x} \tag{4.82b}$$

$$= \lim_{\sigma\to 0^+}\sqrt{\frac{1}{\pi\sigma}}\mathrm{e}^{-x^2/\sigma}. \tag{4.82c}$$

B. δ 函数的性质

$$\delta(x) = \delta(-x), \tag{4.83a}$$

$$\delta(ax) = \frac{1}{|a|}\delta(x), \tag{4.83b}$$

$$x\delta(x) = 0. \tag{4.83c}$$

以上式子的含意是,当它们在积分中出现时,左边表示可用右边表示代替后再进行运算.

由(4.83c)方程可得推论:如有方程 $A=B$,则

$$\frac{A}{x} = \frac{B}{x} + C\delta(x). \tag{4.84}$$

可以证明,若 $x\frac{\mathrm{d}}{\mathrm{d}x}\ln x=1$,则

$$\frac{\mathrm{d}}{\mathrm{d}x}\ln x = \frac{1}{x} - \mathrm{i}\pi\delta(x). \tag{4.85}$$

δ 函数还有性质:

$$f(x)\delta(x-a) = f(a)\delta(x-a), \tag{4.86}$$

$$\int_{-\infty}^{+\infty}\delta(y-x)\delta(x-a)\mathrm{d}x = \delta(y-a), \tag{4.87}$$

$$\delta(g(x)) = \sum_n \frac{1}{|g'(x_n)|}\delta(x-x_n), \tag{4.88}$$

其中,$g(x_n)=0$,但 $g'(x_n)\neq 0$,即不是重根.

例

$$\begin{aligned}\delta(x^2-a^2) &= \frac{1}{|(x^2-a^2)'|_{x=a}}\delta(x-a) \\ &\quad + \frac{1}{|(x^2-a^2)'|_{x=-a}}\delta(x+a) \\ &= \frac{1}{2|a|}\delta(x-a) + \frac{1}{2|a|}\delta(x+a) \\ &= \frac{1}{2|x|}(\delta(x-a)+\delta(x+a)).\end{aligned} \tag{4.89}$$

但不应错误地推得(参见附录(Ⅲ.20)式的讨论)

$$|x|\delta(x^2) = \delta(x), \tag{4.90}$$

事实上

$$|x|\delta(x^2-\varepsilon)=\begin{cases}\delta(x), & \varepsilon\to 0^+,\\ \dfrac{1}{2}\delta(x), & \varepsilon=0,\\ 0, & \varepsilon\to 0^-.\end{cases} \tag{4.91}$$

这表明,无条件地由 $\delta(x^2-a^2)=\dfrac{1}{2|x|}(\delta(x-a)+\delta(x+a))$ 推论得 $|x|\delta(x^2)=\delta(x)$ 是不对的:这样的推论仅当 $a^2\to 0^+$ 才成立.

另外,δ 函数具有任何级的导数,可以证明

$$\delta^{(m)}(x)=(-1)^m\delta^{(m)}(-x), \tag{4.92a}$$

$$\int\delta^{(m)}(y-x)\delta^{(n)}(x-a)\,\mathrm{d}x=\delta^{(m+n)}(y-a), \tag{4.92b}$$

$$x\delta^{(n)}(x)=-n\delta^{(n-1)}(x), \tag{4.92c}$$

$$x^{n+1}\delta^{(n)}(x)=0. \tag{4.92d}$$

δ 函数的细致讨论,可参见附录Ⅲ.

4.3.3 本征函数的封闭性

厄米算符的本征函数具有正交、归一和完备的性质,即

$$(u_n,u_m)=\delta_{nm}, \quad (正交,归一) \tag{4.93}$$

$$\psi=\sum_n C_n u_n. \qquad (完备) \tag{4.94}$$

对于连续谱有

$$(\varphi_\lambda,\varphi_{\lambda'})=\delta(\lambda-\lambda'), \tag{4.95}$$

$$\psi(x)=\int C_\lambda\varphi_\lambda\,\mathrm{d}\lambda. \tag{4.96}$$

本征函数还有另一性质——本征函数的封闭性.

设 u_n 是一组正交、归一和完备的本征函数.任一波函数可按其展开:

$$\psi(x)=\sum_n u_n(x)C_n, \tag{4.97}$$

其中

$$C_n=\int u_n^*(x')\psi(x')\,\mathrm{d}x' \quad (u_n\ 已归一化). \tag{4.98}$$

将(4.98)式代入(4.97)式得

$$\psi(x)=\int\Big(\sum_n u_n(x)u_n^*(x')\Big)\psi(x')\,\mathrm{d}x', \tag{4.99}$$

根据 δ 函数的性质可得

$$\sum_n u_n(x)u_n^*(x')=\delta(x-x'). \tag{4.100}$$

这一表示式称为**本征函数的封闭性**,它表明本征函数组可构成一 δ 函数.

例 1 $\hat{L}_z$ 的本征函数

$$\psi_m(\phi)=\frac{1}{\sqrt{2\pi}}e^{im\phi},\quad m=0,\pm1,\pm2,\pm3,\cdots,$$

有
$$\sum_m\psi_m(\phi)\psi_m^*(\phi')=\delta(\phi-\phi'),$$

即
$$\frac{1}{2\pi}\sum_m e^{im(\phi-\phi')}=\delta(\phi-\phi'),\tag{4.101}$$

也可表为人们熟悉的形式

$$\frac{1}{2l}\sum_m e^{i\frac{m\pi}{l}(x-x')}=\delta(x-x').\tag{4.102}$$

例 2 $\hat{p}_x$ 的本征函数

$$\psi_{p_x}=\frac{1}{\sqrt{2\pi\hbar}}e^{ip_xx/\hbar}$$

有

$$\int\psi_{p_x}(x)\psi_{p_x}^*(x')\mathrm{d}p_x=\delta(x-x')=\frac{1}{2\pi\hbar}\int e^{ip_x(x-x')/\hbar}\mathrm{d}p_x.\tag{4.103}$$

本征函数的封闭性在表象变换理论运算及一些矩阵元求和中是很有用的.对封闭性,还需认识到:

(i) **封闭性是正交、归一的本征函数完备性的充分必要条件**.即:

若 φ_n 是完备的$\xrightarrow{\text{必有}}$封闭性(必要条件);

若 φ_n 有封闭性$\xrightarrow{\text{则是}}$完备的(充分条件).

证 必要条件已证过.

充分条件:由封闭性,$\sum\limits_m\varphi_m(x)\varphi_m^*(x')=\delta(x-x')$,则有

$$\begin{aligned}\psi(x)&=\int\delta(x-x')\psi(x')\mathrm{d}x'=\sum_m\varphi_m(x)\int\varphi_m^*(x')\psi(x')\mathrm{d}x'\\&=\sum_m\varphi_m(x)C_m.\end{aligned}\tag{4.104}$$

这表明,任一波函数可按$\{\varphi_m\}$展开,所以$\{\varphi_m\}$是完备的.

(ii) **本征函数的封闭性也可看作 $\delta(x)$ 函数按本征函数展开,而展开系数恰为本征函数的复共轭**.

$$\delta(x-x')=\sum_n\varphi_n(x)C_n^{x'},\tag{4.105a}$$

$$C_n^{x'}=\int\varphi_n^*(x)\delta(x-x')\mathrm{d}x=\varphi_n^*(x'),\tag{4.105b}$$

所以
$$\delta(x-x')=\sum_n\varphi_n(x)\varphi_n^*(x').\tag{4.106}$$

4.4　算符的共同本征函数

我们已介绍了算符的意义、性质，力学量的可取值及测量值的概率，并介绍了本征函数的封闭性及连续谱的正交、"归一性".

现在我们讨论算符间的关系. 在 4.2 节中已提出，当体系处于状态 ψ 中，测量算符 $\hat{A}$ 时，可能取不同值. 而由大量的全同的测量结果，可发现取这些可能测得值的概率有一定分布. 所以一次测量是有"涨落"的(即偏离平均值)，

$$\Delta A = \sqrt{\overline{\Delta\hat{A}^2}} = \sqrt{(\psi, \Delta\hat{A}^2\psi)} = \sqrt{(\psi, (\hat{A}-\overline{A})^2\psi)}, \tag{4.107}$$

其中，$\overline{A}=(\psi,\hat{A}\psi)$.

当然，如果 ψ 是 $\hat{A}$ 的本征函数，则 $\Delta A=0$，即没有"涨落".

两算符 $\hat{A}$，$\hat{B}$ 在一个态中的一次测量，一般都有"涨落"ΔA，ΔB. 能否找到一组态，而有 $\Delta A=\Delta B=0$ 呢？换句话说，如有一组态是 $\hat{A}$ 的本征函数组，则算符 $\hat{A}$ 在其中的每一个态的"涨落"ΔA 都为零；如果该组态也是 $\hat{B}$ 的本征函数组，则算符 $\hat{B}$ 在其中的每一个态的"涨落"ΔB 也都为零. 现在的问题就归结为，在什么条件下，两算符 $\hat{A}$，$\hat{B}$ 有共同本征函数组.

4.4.1　算符"涨落"之间的关系

A. Schwartz 不等式

如果 ψ_1，ψ_2 是任意两个平方可积的波函数，则有

$$(\psi_1,\psi_1)(\psi_2,\psi_2) \geqslant |(\psi_2,\psi_1)|^2, \tag{4.108}$$

即

$$\left(\int |\psi_1(x)|^2 dx\right)\cdot\left(\int |\psi_2(x)|^2 dx\right) \geqslant \left|\int \psi_2^*(x)\psi_1(x)dx\right|^2. \tag{4.109}$$

证　令 $\chi_2 = A\psi_2$，$(\chi_2,\chi_2)=1$，

$$|A|^2 = \frac{1}{(\psi_2,\psi_2)}. \tag{4.110}$$

取 $\chi_1=\psi_1-\chi_2(\chi_2,\psi_1)$，则

$$(\chi_1,\chi_1)\geqslant 0,$$

$$\Longrightarrow (\psi_1,\psi_1)+|(\chi_2,\psi_1)|^2(\chi_2,\chi_2)-2|(\chi_2,\psi_1)|^2 \geqslant 0. \tag{4.111}$$

将 $\chi_2=A\psi_2$ 代入方程(4.111)即得

$$(\psi_1,\psi_1)\cdot(\psi_2,\psi_2)\geqslant|(\psi_2,\psi_1)|^2,$$

此即 Schwartz 不等式. Schwartz 不等式与矢量的性质 $\boldsymbol{A}^2\cdot\boldsymbol{B}^2\geqslant(\boldsymbol{A}\cdot\boldsymbol{B})^2$ 有类似的形式，对于矢量来说，也就是

$$\boldsymbol{A}^2 \geqslant \left(\boldsymbol{A}\cdot\frac{\boldsymbol{B}}{B}\right)^2,$$

即 $\boldsymbol{A}$ 的长度大于等于它在任意方向 $\frac{\boldsymbol{B}}{B}$ 上的投影.

B. 算符"涨落"之间的关系——不确定关系

如令

$$\psi_1 = (\hat{A} - \overline{A})\psi,$$
$$\psi_2 = (\hat{B} - \overline{B})\psi,$$

其中 $\overline{A}=(\psi,\hat{A}\psi)$, $\overline{B}=(\psi,\hat{B}\psi)$. 则根据 Schwartz 不等式有

$$(\psi_1,\psi_1)\cdot(\psi_2,\psi_2) \geqslant |(\psi_2,\psi_1)|^2. \tag{4.112}$$

因 $\hat{A}$ 是厄米算符,实常数 $\overline{A}$ 也是厄米算符. 所以 $\hat{A}-\overline{A}$ 是厄米算符,于是有

$$(\psi_1,\psi_1) = (\psi,(\hat{A}-\overline{A})^2\psi) = \overline{\Delta\hat{A}^2}, \tag{4.113}$$

同理

$$(\psi_2,\psi_2) = (\psi,(\hat{B}-\overline{B})^2\psi) = \overline{\Delta\hat{B}^2}, \tag{4.114}$$

由方程(4.112),(4.113)和(4.114)得

$$\overline{\Delta\hat{A}^2}\cdot\overline{\Delta\hat{B}^2} \geqslant |(\psi_2,\psi_1)|^2. \tag{4.115}$$

但我们知,复数模的平方大于等于其虚部模的平方,即

$$\begin{aligned}\left|\int\psi_2^*(x)\psi_1(x)\mathrm{d}x\right|^2 &\geqslant \frac{1}{4}\left|\int\psi_2^*(x)\psi_1(x)\mathrm{d}x - \int\psi_1^*(x)\psi_2(x)\mathrm{d}x\right|^2 \\ &= \frac{1}{4}\left|\int\psi^*(x)[(\hat{A}-\overline{A})(\hat{B}-\overline{B})]\psi(x)\mathrm{d}x\right. \\ &\quad \left.-\int\psi^*(x)[(\hat{B}-\overline{B})(\hat{A}-\overline{A})]\psi(x)\mathrm{d}x\right|^2 \\ &= \frac{1}{4}\left|\int\psi^*(x)[\hat{A},\hat{B}]\psi(x)\mathrm{d}x\right|^2,\end{aligned} \tag{4.116}$$

代入方程(4.115)得

$$\overline{\Delta\hat{A}^2}\cdot\overline{\Delta\hat{B}^2} \geqslant \frac{1}{4}\left|\int\psi^*[\hat{A},\hat{B}]\psi\mathrm{d}x\right|^2, \tag{4.117}$$

$$\Delta A\cdot\Delta B \geqslant \frac{|\overline{\mathrm{i}[\hat{A},\hat{B}]}|}{2}. \tag{4.118}$$

上式表明,若处于 $\left|\overline{[\hat{A},\hat{B}]}\right| \neq 0$ 的态,则在该态中,$\hat{A}$,$\hat{B}$ 的"涨落"不可能同时为零.(当一个算符的"涨落"为零,则另一个算符的"涨落"应为∞.)

在原则上,当 $\left|\overline{[\hat{A},\hat{B}]}\right| \neq 0$,则 $\Delta A\cdot\Delta B > 0$.

例 1 $\hat{A}=\hat{x}$, $\hat{B}=\hat{p}_x$,

$$[\hat{A},\hat{B}] = [x,\hat{p}_x] = \mathrm{i}\hbar.$$

由于$[\hat{A},\hat{B}]=\mathrm{i}\hbar$是一常数，所以在任何态下平均值都不可能为零，而有

$$\Delta x \cdot \Delta p_x \geqslant \frac{\hbar}{2}, \tag{4.119}$$

这即为海森伯的不确定关系的严格证明.

应该指出，当$[\hat{A},\hat{B}]\neq 0$时，并不是说，在任何态下，“涨落”总不可能同时为零. 事实上，可能在某特殊态下，这时$\overline{[\hat{A},\hat{B}]}=0$，从而可能$\Delta A \cdot \Delta B = 0$，因此$[\hat{A},\hat{B}]\neq 0$时，仍可能有个别态，使$\Delta A = \Delta B = 0$，即可同时测准.

例 2 考虑两算符$\hat{L}_x,\hat{L}_y$的关系.

由于它们是不对易的，

$$[\hat{L}_x,\hat{L}_y] = \mathrm{i}\hbar\hat{L}_z,$$

所以在一般的态中它们不可能同时具有确定值. 但是，在态$\mathrm{Y}_{00}=\dfrac{1}{\sqrt{4\pi}}$(它是$\hat{L}^2,\hat{L}_z$的本征态，本征值都为零)中有

$$\overline{\Delta\hat{L}_x^2} \cdot \overline{\Delta\hat{L}_y^2} = 0.$$

注意，也仅在这一特殊的态中，$\hat{L}_x,\hat{L}_y$的测量才能同时有确定值，测得值为零.

例 3 $[\hat{L}_y,\hat{L}_z]=\mathrm{i}\hbar\hat{L}_x$.

在态Y_{lm}下(Y_{lm}是$\hat{L}^2,\hat{L}_z$的本征态，本征值为$l(l+1)\hbar^2, m\hbar$)，$\overline{[\hat{L}_y,\hat{L}_z]}=\mathrm{i}\hbar\overline{\hat{L}_x}=0$. 这时，$\overline{\Delta\hat{L}_z^2}=0$，$\overline{\Delta\hat{L}_y^2}=[l(l+1)-m^2]\hbar^2/2$. 所以，在某特定态下，尽管两算符不对易，但一个算符的不确定度可为零，另一个可为有限(当然，这仅对某特殊态).

但是，当对易子为常数(纯虚数)时，则不可能存在这样一个态，在该态中，$\hat{A},\hat{B}$的涨落都为零，或一为零、一为有限.

4.4.2 算符的共同本征函数组

定理 1 如果两个力学量相应的算符有一组正交、归一和完备的共同本征函数组，则$\hat{A},\hat{B}$算符必对易，$[\hat{A},\hat{B}]=0$.

设$V_{nm}^{(t)}$是$\hat{A},\hat{B}$算符共同的正交、归一和完备的本征函数组，

$$\hat{B}V_{nm}^{(t)} = B_m V_{nm}^{(t)}, \quad \hat{A}V_{nm}^{(t)} = A_n V_{nm}^{(t)},$$

式中t是表示，当n,m给定，还可能有简并.

对于任一波函数都可按$V_{nm}^{(t)}$展开：$\psi = \sum\limits_{nmt} C_t^{nm} V_{nm}^{(t)}$. 于是有

$$[\hat{A},\hat{B}]\psi = \sum_{nmt} C_t^{nm}[\hat{A},\hat{B}]V_{nm}^{(t)} = 0, \tag{4.120}$$

由于 ψ 是任意的波函数. 所以,$[\hat{A},\hat{B}]=0$,从而证得.

定理 2 如果两力学量所相应算符对易,则它们有共同的正交、归一和完备的本征函数组.

证 设$\{\varphi_n^{(s)}\}$是 $\hat{A}$ 的本征函数组,

$$\hat{A}\varphi_n^{(s)} = A_n\varphi_n^{(s)},$$

如 $s=1$,即不简并,则有

$$\hat{A}\hat{B}\varphi_n = \hat{B}\hat{A}\varphi_n = A_n\hat{B}\varphi_n.$$

所以,若 φ_n 是 $\hat{A}$ 的本征态,本征值为 A_n,那 $\hat{B}\varphi_n$ 也是 $\hat{A}$ 的本征态,本征值为 A_n. 但由于不简并,则 $\hat{B}\varphi_n$ 仅与 φ_n 差一常数,

$$\hat{B}\varphi_n = B_n\varphi_n.$$

于是,当 $\hat{A}$ 的本征函数不简并时,由于 $\hat{A},\hat{B}$ 对易,则 $\hat{A}$ 的本征函数也是 $\hat{B}$ 的本征函数. 本征函数组$\{\varphi_n\}$是它们的共同本征函数组.

当 $s>1$,即有简并,无妨设 $\hat{B}$ 的本征函数组为$\{u_m^{(r)}\}$(这也是一完备组). 将 $\varphi_n^{(s)}$ 以 $\hat{B}$ 的本征函数组$\{u_m^{(r)}\}$展开,

$$\varphi_n^{(s)} = \sum_{r,m} C_{nr}^{sm} u_m^{(r)},$$

所以

$$\hat{A}\varphi_n^{(s)} = A_n\varphi_n^{(s)} = \sum_m A_n\left(\sum_r C_{nr}^{sm} u_m^{(r)}\right) \tag{4.121a}$$

$$= \sum_m \hat{A}\left(\sum_r C_{nr}^{sm} u_m^{(r)}\right). \tag{4.121b}$$

显然,$\sum_r C_{nr}^{sm} u_m^{(r)}$ 是 $\hat{B}$ 的本征函数,本征值为 B_m. 而

$$\hat{B}\left(\hat{A}\sum_r C_{nr}^{sm} u_m^{(r)}\right) = \hat{A}\hat{B}\sum_r C_{nr}^{sm} u_m^{(r)} = B_m\left(\hat{A}\sum_r C_{nr}^{sm} u_m^{(r)}\right), \tag{4.122}$$

所以,$\hat{A}\sum_r C_{nr}^{sm} u_m^{(r)}$ 也是 $\hat{B}$ 的本征函数, 本征值为 B_m. 而不同本征值的本征函数是正交的. 所以(4.121a)和(4.121b)式中之项,必逐项相等. 于是

$$\hat{A}\sum_r C_{nr}^{sm} u_m^{(r)} = A_n\sum_r C_{nr}^{sm} u_m^{(r)}, \tag{4.123}$$

这表明,$\sum_r C_{nr}^{sm} u_m^{(r)}$ 是 $\hat{A}$, $\hat{B}$ 的共同本征函数(本征值为 A_n,B_m). 对任一波函数有

$$\psi = \sum_{n,s}\varphi_n^{(s)} d_s^n = \sum_{n,s} d_s^n \sum_{m,r} C_{nr}^{sm} u_m^{(r)} = \sum_{n,s,m} d_s^n\left(\sum_r C_{nr}^{sm} u_m^{(r)}\right). \tag{4.124}$$

这就是说,任一波函数 ψ 都可按 $\sum_r C_{nr}^{sm} u_m^{(r)}$ 展开,所以它形成一完备组. 如利用施密特正交归一法,则可由 $\sum_r C_{nr}^{sm} u_m^{(r)}$ 构成 $\hat{A}$, $\hat{B}$ 的正交归一和完备的共同本征函数组$\{V_{nm}^{(t)}\}$. 这样

$$\sum_r C_{nr}^{sm} u_m^{(r)} = \sum_t f_t^{snm} V_{nm}^{(t)}. \tag{4.125}$$

任一波函数 ψ 都可按 $\{V_{nm}^{(t)}\}$ 展开，

$$\psi = \sum_{n,s,m} d_s^n \sum_t f_t^{snm} V_{nm}^{(t)} = \sum_{n,m,t}\Big(\sum_s d_s^n f_t^{snm} V_{nm}^{(t)}\Big) = \sum_{n,m,t} g_t^{nm} V_{nm}^{(t)}.$$

4.4.3　角动量的共同本征函数组——球谐函数

因 $[\hat{L}^2,\hat{L}_z]=0$，它们有共同本征函数组. 由对易关系

$$[\hat{L}_z,\hat{L}_x] = \mathrm{i}\hbar\hat{L}_y,$$

$$[\hat{L}_z,\hat{L}_y] = -\mathrm{i}\hbar\hat{L}_x, \tag{4.126}$$

则有

$$[\hat{L}_z,\hat{L}_+] = \hbar\hat{L}_+, \tag{4.127a}$$

$$[\hat{L}_z,\hat{L}_-] = -\hbar\hat{L}_-, \tag{4.127b}$$

其中，$\hat{L}_+=\hat{L}_x+\mathrm{i}\hat{L}_y$，$\hat{L}_-=\hat{L}_x-\mathrm{i}\hat{L}_y$.

A. 本征值

设：u_{lm} 是 $\hat{L}^2$，$\hat{L}_z$ 的共同本征函数. 则

$$\hat{L}^2 u_{lm} = \eta_l \hbar^2 u_{lm}, \tag{4.128a}$$

$$\hat{L}_z u_{lm} = m\hbar u_{lm}. \tag{4.128b}$$

所以

$$(\hat{L}^2 - \hat{L}_z^2) u_{lm} = (\eta_l - m^2)\hbar^2 u_{lm}. \tag{4.129}$$

由于 $\hat{L}^2-\hat{L}_z^2=\hat{L}_x^2+\hat{L}_y^2$，而 $\hat{L}_x$，$\hat{L}_y$ 是厄米算符，所以 $\hat{L}_x^2$，$\hat{L}_y^2$ 的平均值恒为正. 因此，

$$\eta_l \geqslant m^2. \tag{4.130}$$

当 l 确定，η_l 就确定，这时，$|m|\leqslant\eta_l^{1/2}$. 即 m 有上、下限.

由(4.127b)式得

$$\hat{L}_z\hat{L}_- u_{lm} = \hat{L}_-(\hat{L}_z - \hbar)u_{lm} = (m-1)\hbar\hat{L}_- u_{lm}, \tag{4.131}$$

这表明，如 u_{lm} 是 $\hat{L}^2$，$\hat{L}_z$ 的本征态，相应本征值为 $\eta_l\hbar^2$，$m\hbar$，则 $\hat{L}_-u_{lm}$ 也是 $\hat{L}^2$，$\hat{L}_z$ 的本征态，而本征值为 $\eta_l\hbar^2$，$(m-1)\hbar$. 所以我们有如下的对应：

本征态：	u_{lm}	$\hat{L}_- u_{lm}$	$(\hat{L}_-)^2 u_{lm}$	$(\hat{L}_-)^3 u_{lm}$	…
本征值：	$m\hbar$	$(m-1)\hbar$	$(m-2)\hbar$	$(m-3)\hbar$	…

因此，称 $\hat{L}_-$ 为降算符(对 $\hat{L}_z$ 而言).

同理 $\hat{L}_z\hat{L}_+u_{lm}=\hat{L}_+(\hat{L}_z+\hbar)u_{lm}=(m+1)\hbar\hat{L}_+u_{lm}$，则称 $\hat{L}_+$ 为升算符(对 $\hat{L}_z$ 而言).

由于 η_l 固定时,m 有上、下限,若设 m_+ 为上限,m_- 为下限,则

$$\hat{L}_+ u_{lm_+} = 0, \quad \hat{L}_- u_{lm_-} = 0,$$

所以

$$\hat{L}_- \hat{L}_+ u_{lm_+} = 0, \quad \hat{L}_+ \hat{L}_- u_{lm_-} = 0,$$

于是得

$$(\hat{L}^2 - \hat{L}_z^2 - \hbar\hat{L}_z)u_{lm_+} = (\eta_l - m_+^2 - m_+)\hbar^2 u_{lm_+} = 0, \tag{4.132a}$$

$$(\hat{L}^2 - \hat{L}_z^2 + \hbar\hat{L}_z)u_{lm_-} = (\eta_l - m_-^2 + m_-)\hbar^2 u_{lm_-} = 0. \tag{4.132b}$$

从而推得

$$\eta_l = m_+(m_+ + 1), \quad \eta_l = m_-(m_- - 1),$$
$$m_+ = m_- - 1, \quad m_+ = -m_-. \tag{4.133}$$

由于 m_+ 为上限,m_- 为下限,所以只能取 $m_+ = -m_-$,因而 $\eta_l = m_+(m_+ + 1)\hbar^2$.

若设:$m_+ = l$,则

$$\eta_l = l(l+1),$$

于是,$m_+ = l, m_- = -l$. 这表明,l 可能取整数或半整数. 但因 m 只能取整数(见(4.50)式). 所以,$\hat{L}^2$ 的本征值为

$$l(l+1)\hbar^2, \tag{4.134}$$

其中 l 只能取 0,1,2,….

$\hat{L}_z$ 的本征值可取

$$-l\hbar, (-l+1)\hbar, (-l+2)\hbar, \cdots, 0, \cdots (l-2)\hbar, (l-1)\hbar, l\hbar, \tag{4.135}$$

即取 $m\hbar, -l \leqslant m \leqslant l$.

B. 归一化的本征态

设 u_{lm} 已归一化,则

$$u_{l,m-1} \propto \hat{L}_- u_{lm}, \tag{4.136}$$

而

$$(\hat{L}_- u_{lm}, \hat{L}_- u_{lm}) = (u_{lm}, \hat{L}_+ \hat{L}_- u_{lm}) = (l+m)(l-m+1)\hbar^2, \tag{4.137}$$

所以,

$$u_{l,m-1} = \frac{1}{\sqrt{(l+m)(l-m+1)}\,\hbar}\hat{L}_- u_{lm}, \tag{4.138}$$

可推得

$$u_{lm} = \frac{1}{\hbar^{l-m}}\sqrt{\frac{(l+m)!}{(2l)!(l-m)!}}(\hat{L}_-)^{l-m} u_{ll}, \tag{4.139}$$

其中,$\hat{L}_+ u_{ll} = 0$.

这表明,角动量的本征值是量子化的. 它与能量量子化的不同在于它并不需要

粒子是束缚的. 自由粒子的角动量是量子化的,在经典力学看来这是非常费解的,而在量子力学看来是非常清楚的,即动量本征态可由角动量的本征态叠加而成. 又因$\left[\hat{L}^2,\frac{\hat{p}^2}{2m}\right]=0$,$\left[\hat{L}_z,\frac{\hat{p}^2}{2m}\right]=0$,所以各个角动量本征态的概率幅不随时间变,是守恒的.

C. 本征函数

在三维球坐标下,算符 $\hat{L}_z$ 的本征方程可表为

$$-\mathrm{i}\hbar\frac{\partial}{\partial\phi}u_{lm}=m\hbar u_{lm}, \tag{4.140}$$

于是有解

$$u_{lm}(\theta,\phi)=A_{lm}(\theta)\mathrm{e}^{\mathrm{i}m\phi}. \tag{4.141}$$

而(见(2.37)式)

$$\hat{L}_+=\hbar\mathrm{e}^{\mathrm{i}\phi}\left(\frac{\partial}{\partial\theta}+\mathrm{i}\cot\theta\frac{\partial}{\partial\phi}\right), \tag{4.142a}$$

$$\hat{L}_-=\hbar\mathrm{e}^{-\mathrm{i}\phi}\left(-\frac{\partial}{\partial\theta}+\mathrm{i}\cot\theta\frac{\partial}{\partial\phi}\right), \tag{4.142b}$$

则根据 $\hat{L}_+u_{ll}=\hat{L}_+A_{ll}(\theta)\mathrm{e}^{\mathrm{i}l\phi}=0$,得

$$\mathrm{e}^{\mathrm{i}(l+1)\phi}\left(\frac{\mathrm{d}}{\mathrm{d}\theta}-l\cot\theta\right)A_{ll}(\theta)=0.$$

由恒等式

$$\left(\frac{\mathrm{d}}{\mathrm{d}\theta}-l\cot\theta\right)\equiv\sin^l\theta\frac{\mathrm{d}}{\mathrm{d}\theta}\frac{1}{\sin^l\theta},$$

可得

$$A_{ll}(\theta)=C\sin^l\theta. \tag{4.143}$$

相应的归一化系数则由

$$C^2\int_0^\pi\sin^{2l+1}\theta\mathrm{d}\theta\int_0^{2\pi}\mathrm{d}\phi=1,$$

$$2\pi C^2(-1)^{2l}\frac{2^{2l+1}(l!)^2}{(2l+1)!}=1,$$

得

$$C=\frac{(-1)^l}{2^l l!}\sqrt{\frac{(2l+1)!}{4\pi}}. \tag{4.144}$$

所以,归一化的 u_{ll} 为

$$u_{ll}(\theta,\phi)=\frac{(-1)^l}{2^l l!}\sqrt{\frac{(2l+1)!}{4\pi}}\sin^l(\theta)\mathrm{e}^{\mathrm{i}l\phi}, \tag{4.145}$$

将方程(4.145)代入方程(4.139)得

$$u_{lm}(\theta,\phi)=C\frac{1}{\hbar^{l-m}}\sqrt{\frac{(l+m)!}{(2l)!(l-m)!}}(\hat{L}_-)^{l-m}\sin^l\theta\,\mathrm{e}^{\mathrm{i}l\phi}. \tag{4.146}$$

现来给出归一化的 u_{lm} 的具体形式. 由

$$
\begin{aligned}
\hat{L}_- u_{ll} &= C\hat{L}_- \sin^l\theta\, e^{il\phi} \\
&= C\hbar e^{-i\phi}\left(-\frac{\partial}{\partial\theta} + i\cot\theta\frac{\partial}{\partial\phi}\right)\sin^l\theta\, e^{il\phi} \\
&= C\hbar\left(-\frac{\partial}{\partial\theta} - l\cot\theta\right)\sin^l\theta\, e^{i(l-1)\phi} \\
&= -C\hbar\left(\frac{1}{\sin^l\theta}\frac{d}{d\theta}\sin^l\theta\right)\sin^l\theta\, e^{i(l-1)\phi},
\end{aligned}
\tag{4.147}
$$

根据方程(4.147)和(4.138)式得归一化的

$$
u_{l,l-1} = \frac{C}{\sqrt{2l\cdot 1}}(-1)\frac{1}{\sin^l\theta}\frac{d}{d\theta}\sin^{2l}\theta\, e^{i(l-1)\phi}. \tag{4.148}
$$

又由

$$
\begin{aligned}
\hat{L}_- u_{l,l-1} &= \frac{C\hbar}{\sqrt{2l\cdot 1}}(-1)^2 e^{-i\phi}\left(\frac{\partial}{\partial\theta} - i\cot\theta\frac{\partial}{\partial\phi}\right)\frac{1}{\sin^l\theta}\frac{d}{d\theta}\sin^{2l}\theta\, e^{i(l-1)\phi} \\
&= \frac{C\hbar}{\sqrt{2l\cdot 1}}(-1)^2 e^{i(l-2)\phi}\left(\frac{1}{\sin^{(l-1)}\theta}\frac{d}{d\theta}\sin^{l-1}\theta\right)\frac{1}{\sin^l\theta}\frac{d}{d\theta}\sin^{2l}\theta,
\end{aligned}
$$

得归一化的

$$
u_{l,l-2} = \frac{C}{\sqrt{2l\cdot(2l-1)\cdot 1\cdot 2}}(-1)^2\frac{1}{\sin^{(l-1)}\theta}\frac{d}{d\theta}\frac{1}{\sin\theta}\frac{d}{d\theta}\sin^{2l}\theta\, e^{i(l-2)\phi}. \tag{4.149}
$$

以此类推,并代入方程(4.144)的 C 值,得

$$
\begin{aligned}
u_{lm} &= \frac{C}{\sqrt{2l\cdot(2l-1)\cdots(l+m+1)\cdot 1\cdot 2\cdots(l-m)}}(-1)^{l-m}\frac{1}{\sin^{m+1}\theta} \\
&\quad\cdot\overbrace{\frac{d}{d\theta}\frac{1}{\sin\theta}\frac{d}{d\theta}\cdots\frac{1}{\sin\theta}\frac{d}{d\theta}}^{l-m}\sin^{2l}\theta\, e^{im\phi} \\
&= \frac{(-1)^l}{2^l l!}\sqrt{\frac{(2l+1)!}{4\pi}}\sqrt{\frac{(l+m)!}{(2l)!(l-m)!}}(-1)^{l-m}(-1)^{l-m} \\
&\quad\cdot\frac{1}{\sin^m\theta}\left(\frac{d}{d\cos\theta}\right)^{l-m}\sin^{2l}\theta\, e^{im\phi} \\
&= \frac{(-1)^l}{2^l l!}\sqrt{\frac{2l+1}{4\pi}}\sqrt{\frac{(l+m)!}{(l-m)!}}\frac{1}{\sin^m\theta}\left(\frac{d}{d\cos\theta}\right)^{l-m}\sin^{2l}\theta\, e^{im\phi}.
\end{aligned}
\tag{4.150}
$$

于是,$\hat{L}^2$,$\hat{L}_z$ 的共同本征函数组——球谐函数(参见附录Ⅳ.6)——为

$$
Y_{lm} = (-1)^m\sqrt{\frac{(2l+1)}{4\pi}}\sqrt{\frac{(l-m)!}{(l+m)!}}P_l^m(\cos\theta)e^{im\phi}, \tag{4.151}
$$

而

$$\mathrm{P}_l^m(\cos\theta) = (-1)^{l+m}\frac{1}{2^l l!}\frac{(l+m)!}{(l-m)!}\frac{1}{\sin^m\theta}\left(\frac{\mathrm{d}}{\mathrm{d}\cos\theta}\right)^{l-m}\sin^{2l}\theta \tag{4.152}$$

称为连带勒让德函数(associated Legendre function)(参见附录Ⅳ.5).

所以,当 l,m 给定,也就是 $\hat{L}^2,\hat{L}_z$ 的本征值给定,那就唯一地确定了本征函数 $\mathrm{Y}_{lm}(\theta,\phi)$. 它们有性质:

(i) **正交归一**:

$$\int \mathrm{Y}_{lm}^*(\theta,\phi)\mathrm{Y}_{l'm'}(\theta,\phi)\mathrm{d}\Omega = \delta_{ll'}\delta_{mm'}. \tag{4.153}$$

(ii) **封闭性**:

$$\sum_{l=0}^{\infty}\sum_{m=-l}^{m=l}\mathrm{Y}_{lm}(\theta,\phi)\mathrm{Y}_{lm}^*(\theta',\phi') = \frac{1}{\sin\theta}\delta(\theta-\theta')\delta(\phi-\phi'). \tag{4.154}$$

(iii) 因(见附录(Ⅳ.60e)式)

$$\mathrm{P}_l^{-m}(\cos\theta) = (-1)^m\frac{(1-m)!}{(1+m)!}\mathrm{P}_l^m(\cos\theta),\quad m\geqslant 0, \tag{4.155}$$

所以,

$$\begin{aligned}\mathrm{Y}_{l,-m} &= (-1)^{-m}\sqrt{\frac{(2l+1)}{4\pi}}\sqrt{\frac{(l+m)!}{(l-m)!}}\mathrm{P}_l^{-m}(\cos\theta)\mathrm{e}^{-\mathrm{i}m\phi}\\ &= \sqrt{\frac{(2l+1)}{4\pi}}\sqrt{\frac{(l-m)!}{(l+m)!}}\mathrm{P}_l^m(\cos\theta)\mathrm{e}^{-\mathrm{i}m\phi}.\end{aligned} \tag{4.156}$$

因此,

$$\mathrm{Y}_{l,-m} = (-1)^m\mathrm{Y}_{lm}^*. \tag{4.157}$$

(iv) **宇称**:当 $\boldsymbol{r}\to-\boldsymbol{r}$,即 $\theta\to\pi-\theta,\phi\to\phi+\pi$,因 $\mathrm{P}_l^m(\cos\theta)$ 贡献因子 $(-1)^{l-m}$,$\mathrm{e}^{\mathrm{i}m\phi}$ 贡献因子 $(-1)^m$. 所以,$\mathrm{Y}_{lm}(\theta,\phi)$ 的宇称为 $(-1)^l$.

(v) **递推关系**:

$$\hat{L}_\pm\,\mathrm{Y}_{lm} = [l(l+1)-m(m\pm1)]^{1/2}\,\hbar\mathrm{Y}_{l,m\pm1} \tag{4.158}$$

$$= [(l\mp m)(l\pm m+1)]^{1/2}\,\hbar\mathrm{Y}_{l,m\pm1}. \tag{4.159}$$

(更多的递推关系见附录(Ⅳ.79)式.)

4.4.4 力学量的完全集

量子力学描述与经典描述是很不相同的. 经典力学中,已知某时刻 $\boldsymbol{r},\boldsymbol{p}$,那以后任一时刻的运动行为被牛顿方程完全确定(初值确定).

但在量子力学中,体系是被状态波函数所描述. 当初始状态给定,以后任一时刻体系的状态则由含时间的薛定谔方程确定. 但如何才能将状态完全确定呢?

设 $\hat{A},\hat{B}$ 是力学量所对应的算符,并且对易. 如 $u_a(x)$ 是 $\hat{A}$ 的本征值为 a 的本征函数,则由方程

$$\hat{A}\hat{B}u_a = \hat{B}\hat{A}u_a = a\hat{B}u_a \tag{4.160}$$

可知，$\hat{B}u_a$ 也是 $\hat{A}$ 的本征函数，本征值为 a.

如 $\hat{A}$ 的本征值是不简并的，则

$$\hat{B}u_a = bu_a,$$

因而，$u_a(x)$也是 $\hat{B}$ 的本征函数. 如测量 $\hat{A}$，取值 a，则知体系处于 $u_a(x)$态，而不可能是别的态. 但是，当 $\hat{A}$ 的本征值是两重简并，问题就不一样了，测量 $\hat{A}$ 取值 a 时，并不知处于哪一态，可能处于 $\alpha_1 u_a^{(1)}+\alpha_2 u_a^{(2)}$ 态中.

因 $u_a^{(1)}$ 是 $\hat{A}$ 的本征态，由于 $\hat{B}$ 与 $\hat{A}$ 对易，所以 $\hat{B}u_a^{(1)}$ 也是 $\hat{A}$ 的本征态，本征值也为 a，但 $\hat{B}u_a^{(1)}$ 并不一定为 $cu_a^{(1)}$ 的形式. 一般而言，

$$\hat{B}u_a^{(1)} = b_{11}u_a^{(1)} + b_{21}u_a^{(2)},$$
$$\hat{B}u_a^{(2)} = b_{12}u_a^{(1)} + b_{22}u_a^{(2)},$$

于是有

$$\hat{B}\begin{pmatrix} u_a^{(1)} \\ u_a^{(2)} \end{pmatrix} = \begin{pmatrix} b_{11} & b_{21} \\ b_{12} & b_{22} \end{pmatrix}\begin{pmatrix} u_a^{(1)} \\ u_a^{(2)} \end{pmatrix}. \tag{4.161}$$

由方程(4.161)可解得

$$\hat{B}v_a^{(b_1)} = b_1 v_a^{(b_1)},$$
$$\hat{B}v_a^{(b_2)} = b_2 v_a^{(b_2)},$$

式中，$v_a^{(b_i)} = a_1^{(i)}u_a^{(1)} + a_2^{(i)}u_a^{(2)}, i=1,2$.

这时，$v_a^{(b_1)}$，$v_a^{(b_2)}$ 是 $\hat{A}$ 的本征函数，本征值为 a，又是 $\hat{B}$ 的本征函数，本征值为 b_1，b_2(若 $b_1 \neq b_2$). 这时 $\hat{A}$，$\hat{B}$ 一起就唯一地决定函数 $v_a^{(b_i)}$.

当测得值为 a，b_1，那体系只能处于 $v_a^{(b_1)}$，而不可能处于别的态. 所以，力学量 $\hat{A}$，$\hat{B}$ 的本征值给定，则唯一地给定了相应的本征态，即 $\hat{A}$，$\hat{B}$ 的共同本征态没有一个是简并的.

因此，我们可以给出如下定义.

力学量完全集：设力学量 $\hat{A}$，$\hat{B}$，$\hat{C}$，…彼此对易，它们的共同本征态 $u_{abc\cdots}$ 是不简并的，也就是说，本征值 a，b，c，…仅对应一个独立的本征态，则称这一组力学量是完全集(或 $\hat{A}$，$\hat{B}$，$\hat{C}$，…仅有一个共同的本征完备组).

我们可用力学量完全集的共同本征态来描述一个体系可能处的状态. 所以，以后要描述一个体系所处的态时，我们首先集中注意力去寻找一组独立的完全集以给出特解，然后得通解.

有了力学量完全集(如包含与 t 无关的 $\hat{H}$)，则可得 $u_{nabc\cdots}$. 而

$$\psi(\boldsymbol{r},t) = \sum_{n,a,b,c\cdots} C_{nabc\cdots}u_{nabc\cdots}\mathrm{e}^{-\mathrm{i}E_n t/\hbar}, \tag{4.162}$$

$$C_{nabc\cdots}=\int u_{nabc\cdots}^{*}(\boldsymbol{r})\psi(\boldsymbol{r},0)\mathrm{d}\boldsymbol{r}. \tag{4.163}$$

$\hat{L}^2,\hat{L}_z$ 完全集相应的本征函数为 $Y_{lm}(\theta,\phi)$. 宇称算符 $\hat{\pi}$ 也与 $\hat{L}^2,\hat{L}_z$ 对易,但加上就多余了.

描述一个物理体系可以有几组不同的完全集,如

$$x,y,z\xrightarrow{\text{相应本征函数组为}}\delta(x-x_0)\delta(y-y_0)\delta(z-z_0), \tag{4.164a}$$

$$p_x,p_y,p_z\xrightarrow{\text{相应本征函数组为}}\frac{1}{(2\pi\hbar)^{3/2}}\mathrm{e}^{\mathrm{i}\boldsymbol{p}\cdot\boldsymbol{r}/\hbar}, \tag{4.164b}$$

$$x,p_y,p_z\xrightarrow{\text{相应本征函数组为}}\delta(x-x_0)\frac{1}{(2\pi\hbar)}\mathrm{e}^{\mathrm{i}(p_y y+p_z z)/\hbar}. \tag{4.164c}$$

当然,当 $\hat{H}$ 与 t 无关时,选包括 $\hat{H}$ 的力学量完全集,有利于写出与 t 相关的通解.

4.5 力学量平均值随时间的变化,运动常数,埃伦费斯特定理

4.5.1 力学量的平均值随时间的变化;运动常数

设 体系处于态 $\psi(t)$ 中,则算符 $\hat{A}$ 在该态中的平均值为

$$\overline{A}=(\psi(t),\hat{A}\psi(t)), \tag{4.165}$$

它随时间变化则为

$$\begin{aligned}\frac{\mathrm{d}\overline{A}}{\mathrm{d}t}&=\frac{\mathrm{d}}{\mathrm{d}t}\int(\psi^*(t),\hat{A}\psi(t))\mathrm{d}\boldsymbol{r}\\&=\int\frac{\partial\psi^*(t)}{\partial t}\hat{A}\psi(t)\mathrm{d}\boldsymbol{r}+\int\psi^*(t)\frac{\partial\hat{A}}{\partial t}\psi(t)\mathrm{d}\boldsymbol{r}+\int\psi^*(t)\hat{A}\frac{\partial\psi(t)}{\partial t}\mathrm{d}\boldsymbol{r}\\&=\int\psi^*(t)\frac{\partial\hat{A}}{\partial t}\psi(t)\mathrm{d}\boldsymbol{r}+\frac{1}{\mathrm{i}\hbar}\int\psi^*(t)\hat{A}\hat{H}\psi(t)\mathrm{d}\boldsymbol{r}-\frac{1}{\mathrm{i}\hbar}\int(\hat{H}\psi(t))^*\hat{A}\psi(t)\mathrm{d}\boldsymbol{r}\\&=\int\psi^*(t)\frac{\partial\hat{A}}{\partial t}\psi(t)\mathrm{d}\boldsymbol{r}+\frac{1}{\mathrm{i}\hbar}\int\psi^*(t)\hat{A}\hat{H}\psi(t)\mathrm{d}\boldsymbol{r}-\frac{1}{\mathrm{i}\hbar}\int(\psi(t))^*\hat{H}\hat{A}\psi(t)\mathrm{d}\boldsymbol{r},\end{aligned} \tag{4.166}$$

最后一等式是因 $\hat{H}$ 是厄米算符. 所以

$$\overline{\frac{\mathrm{d}\hat{A}}{\mathrm{d}t}}=\overline{\frac{\partial\hat{A}}{\partial t}}+\overline{\frac{[\hat{A},\hat{H}]}{\mathrm{i}\hbar}}. \tag{4.167}$$

若 $\hat{A}$ 不显含 t,则

$$\frac{\mathrm{d}\overline{A}}{\mathrm{d}t}=\overline{\frac{[\hat{A},\hat{H}]}{\mathrm{i}\hbar}}. \tag{4.168}$$

我们看到,力学量 $\hat{A}$(不显含时间)在一体系中的平均值是否随时间变化,是取决于 $\hat{A}$ 与体系的哈密顿 $\hat{H}$ 是否对易. 当$[\hat{A},\hat{H}]=0$,则$\dfrac{\mathrm{d}\overline{A}}{\mathrm{d}t}=0$(对体系处于任何态),也就是说,若力学量与体系的哈密顿量对易,则力学量在该体系中的平均值不随时间改变.

这可如此来论证:由于 $\hat{A}$ 与 $\hat{H}$ 对易,所以可找到一个包括 $\hat{A}$ 和 $\hat{H}$ 的力学量完全集,其共同本征函数组为 $u_{nsm\cdots}$,

$$\hat{H}u_{nsm\cdots} = E_n u_{nsm\cdots}, \tag{4.169}$$

$$\hat{A}u_{nsm\cdots} = A_s u_{nsm\cdots}. \tag{4.170}$$

而含时间的薛定谔方程 $\mathrm{i}\hbar\dfrac{\partial}{\partial t}\psi=\hat{H}\psi$ 的特解是定态解

$$\varphi_{nsm\cdots} = u_{nsm\cdots}(\boldsymbol{r})\mathrm{e}^{-\mathrm{i}E_n t/\hbar}, \tag{4.171}$$

其通解(即任何一个态)为

$$\psi(\boldsymbol{r},t) = \sum_{n,s,m\cdots} C_{nsm\cdots}u_{nsm\cdots}(\boldsymbol{r})\mathrm{e}^{-\mathrm{i}E_n t/\hbar}. \tag{4.172}$$

算符 $\hat{A}$ 的平均值为

$$\begin{aligned}
\overline{A} &= (\psi(t),\hat{A}\psi(t)) \\
&= \int\sum_{n,s,m\cdots} C^*_{nsm\cdots}u^*_{nsm\cdots}(\boldsymbol{r})\mathrm{e}^{\mathrm{i}E_n t/\hbar}\hat{A}\sum_{n',s',m'\cdots} C_{n's'm'\cdots}u_{n's'm'\cdots}(\boldsymbol{r})\mathrm{e}^{-\mathrm{i}E_{n'}t/\hbar}\mathrm{d}\boldsymbol{r} \\
&= \sum_{n,s,m\cdots,n',s',m'\cdots} C^*_{nsm\cdots}C_{n's'm'\cdots}A_{s'}\int u^*_{nsm\cdots}(\boldsymbol{r})u_{n's'm'\cdots}(\boldsymbol{r})\mathrm{d}\boldsymbol{r}\mathrm{e}^{\mathrm{i}(E_n-E_{n'})t/\hbar} \\
&= \sum_{n,s,m\cdots n',s',m'\cdots} C^*_{nsm\cdots}C_{n's'm'\cdots}A_{s'}\delta_{ss'}\delta_{nn'}\delta_{mm'}\cdots \\
&= \sum_{n,s,m\cdots}|C_{nsm\cdots}|^2A_s \\
&= \sum_s\Big(\sum_{n,m\cdots}|C_{nsm\cdots}|^2\Big)A_s,
\end{aligned} \tag{4.173}$$

所以 $\overline{A}$ 不随 t 变,而取 A_s 的概率 $\sum\limits_{nm\cdots}|C_{nsm\cdots}|^2$ 也不随 t 变.

与经典类似,我们称**与体系 $\hat{H}$ 对易的不显含时间的力学量算符 $\hat{A}$ 为体系的运动常数**. 但与经典运动常数所不同的是,量子力学的运动常数并不是说只能取一个值. 若体系在 $t=0$ 时,处于 $\hat{A}$ 的本征态,那么以后任何时刻它都处于 $\hat{A}$ 的本征态,而测得值即为相应的本征值 A_s. 我们习惯称 $\hat{A}$ 的本征值为体系的"好量子数". 当然,$t=0$ 时,体系不处于 $\hat{A}$ 的本征态,那么以后任何时刻它将"保持"不处于 $\hat{A}$ 的本征态,且"保持"处于 $\hat{A}$ 的各本征态的概率不变.

应当注意,运动常数并不都能同时取确定值. 因尽管它们都与 $\hat{H}$ 对易,但它们之间可能不对易. 如

$$\hat{H}=\frac{\boldsymbol{p}^2}{2m}+V(r),$$

则 $\hat{L}^2,\hat{L}_x,\hat{L}_y,\hat{L}_z$ 都是运动常数，但 $\hat{L}_x,\hat{L}_y,\hat{L}_z$ 彼此不对易，不能同时取确定值.

4.5.2 位力定理

不显含 t 的力学量，在定态上的平均值是与 t 无关. 所以

$$\frac{\mathrm{d}\,\overline{\boldsymbol{r}\cdot\hat{\boldsymbol{p}}}}{\mathrm{d}t}=0=\frac{\overline{[\boldsymbol{r}\cdot\hat{\boldsymbol{p}},\hat{H}]}}{\mathrm{i}\hbar},\tag{4.174}$$

而

$$\begin{aligned}\frac{[\boldsymbol{r}\cdot\hat{\boldsymbol{p}},\hat{H}]}{\mathrm{i}\hbar}&=\frac{1}{\mathrm{i}\hbar}\left[\boldsymbol{r}\cdot\hat{\boldsymbol{p}},\frac{\hat{\boldsymbol{p}}^2}{2m}\right]+\frac{1}{\mathrm{i}\hbar}[\boldsymbol{r}\cdot\hat{\boldsymbol{p}},V(\boldsymbol{r})]\\&=\frac{1}{\mathrm{i}\hbar}\left[\boldsymbol{r},\frac{\hat{\boldsymbol{p}}^2}{2m}\right]\cdot\hat{\boldsymbol{p}}+\frac{1}{\mathrm{i}\hbar}\boldsymbol{r}\cdot[\hat{\boldsymbol{p}},V(\boldsymbol{r})]\\&=\frac{\hat{\boldsymbol{p}}^2}{m}-\boldsymbol{r}\cdot\nabla V(\boldsymbol{r}).\end{aligned}\tag{4.175}$$

由方程(4.174)可得位力定理(virial theorem)

$$2\overline{\hat{T}}=\overline{\boldsymbol{r}\cdot\nabla V(\boldsymbol{r})}.\tag{4.176}$$

若 $V(\boldsymbol{r})$是 x,y,z 的齐次函数，则

$$2\overline{\hat{T}}=n\,\overline{V(\boldsymbol{r})}.\tag{4.177}$$

4.5.3 能量-时间不确定关系

由算符的“涨落”关系，有

$$\Delta A\cdot\Delta B\geqslant\frac{1}{2}\left|\overline{\mathrm{i}[\hat{A},\hat{B}]}\right|.\tag{4.178}$$

如算符 $\hat{B}$ 就是体系的哈密顿量 $\hat{H}$，方程(4.178)则成为

$$\Delta A\cdot\Delta E\geqslant\frac{1}{2}\left|\overline{\mathrm{i}[\hat{A},\hat{H}]}\right|.\tag{4.179}$$

对不显含时间的算符 $\hat{A}$，其平均值随 t 变化是满足方程(4.168)，

$$\frac{\mathrm{d}\overline{A}}{\mathrm{d}t}=\frac{\overline{[\hat{A},\hat{H}]}}{\mathrm{i}\hbar}.\tag{4.180}$$

将方程(4.179)与方程(4.180)的绝对值相除，可得

$$\tau_A\cdot\Delta E\geqslant\frac{\hbar}{2},\tag{4.181}$$

其中，

$$\tau_A=\frac{\Delta A}{\left|\dfrac{\mathrm{d}\overline{A}}{\mathrm{d}t}\right|}.\tag{4.182}$$

这即为能量和时间的不确定关系. τ_A 是算符 $\hat{A}$ 的平均值改变 ΔA 所需的时间(即测量算符 $\hat{A}$ 取值的统计分布有一明显变化所花费的时间).

显然,当体系处于定态时,$\frac{\mathrm{d}\overline{A}}{\mathrm{d}t}=0$,则 $\tau_A\to\infty$,而这时,$\Delta E=0$.

4.5.4 埃伦费斯特定理

将力学量算符平均值随时间变化的方程(4.168)中用于 $\hat{A}$ 的算符代之以 $\hat{x}$,$\hat{p}_x$,并以 $\langle x\rangle$,$\langle p_x\rangle$ 表示 $\hat{x}$,$\hat{p}_x$ 的平均值.

当 $\hat{A}=\hat{x}$ 时,我们有

$$\frac{\mathrm{d}\langle x\rangle}{\mathrm{d}t}=\frac{\overline{[\hat{x},\hat{H}]}}{\mathrm{i}\hbar}=\frac{\langle p_x\rangle}{m};\tag{4.183}$$

当 $\hat{A}=\hat{p}_x$ 时,我们有

$$\frac{\mathrm{d}\langle p_x\rangle}{\mathrm{d}t}=\frac{\overline{[\hat{p}_x,\hat{H}]}}{\mathrm{i}\hbar}=\frac{1}{\mathrm{i}\hbar}\overline{[\hat{p}_x,V]}=\left\langle-\frac{\partial V}{\partial x}\right\rangle=\langle\hat{F}_x\rangle.\tag{4.184}$$

将(4.183)代入(4.184)得

$$m\frac{\mathrm{d}^2\langle x\rangle}{\mathrm{d}t^2}=\frac{\mathrm{d}\langle p_x\rangle}{\mathrm{d}t}=\left\langle-\frac{\partial V}{\partial x}\right\rangle=\langle\hat{F}_x\rangle.\tag{4.185}$$

所以,**体系坐标平均值的时间导数等于其速度算符的平均值;而其动量算符平均值的时间导数等于作用力的平均值**. 通常称(4.183)和(4.184)两方程为**埃伦费斯特定理**(Ehrenfest theorem).

方程式(4.183)、(4.184)和(4.185)与经典力学的方程式

$$\frac{\mathrm{d}x_{\mathrm{cl}}}{\mathrm{d}t}=\frac{p_{x\mathrm{cl}}}{m},$$

$$\frac{\mathrm{d}p_{x\mathrm{cl}}}{\mathrm{d}t}=-\frac{\partial V_{\mathrm{cl}}}{\partial x_{\mathrm{cl}}},$$

$$m\frac{\mathrm{d}^2x_{\mathrm{cl}}}{\mathrm{d}t^2}=-\frac{\partial V_{\mathrm{cl}}}{\partial x_{\mathrm{cl}}}$$

(加下标“cl”表示“经典”之意)看起来非常相似. 但是必须注意,决不能无条件地认为 $\langle\hat{x}\rangle=x_{\mathrm{cl}}$. 因为,如果这样是正确的话,那就可推得

$$m\frac{\mathrm{d}^2\langle x\rangle}{\mathrm{d}t^2}=-\frac{\partial V(\langle\boldsymbol{r}\rangle)}{\partial\langle x\rangle}.$$

但事实上,一般而言

$$\frac{\partial V(\langle\boldsymbol{r}\rangle)}{\partial\langle x\rangle}\neq\left\langle\frac{\partial V}{\partial x}\right\rangle,\tag{4.186}$$

仅当 $V(\boldsymbol{r})$ 随 x 的变化很缓慢,且 Δx^2 很小时,上式两边才近似相等.

以一维运动为例来进一步讨论这一问题,由于

$$-\frac{\partial V(x)}{\partial x}=\hat{F}_x=\hat{F}_{(\langle x\rangle)}+\hat{F}'_{(\langle x\rangle)}(x-\langle x\rangle)$$
$$+\frac{1}{2!}\hat{F}''_{(\langle x\rangle)}(x-\langle x\rangle)^2+\cdots,$$

所以,

$$-\left\langle\frac{\partial V}{\partial x}\right\rangle=F_{(\langle x\rangle)}+\frac{1}{2!}\Delta x^2F''_{(\langle x\rangle)}+\cdots. \tag{4.187}$$

当场随空间变化非常缓慢,且 Δx^2 很小时,我们有不等式

$$\left|\frac{\partial V(\langle x\rangle)}{\partial\langle x\rangle}\right|\geqslant\frac{1}{2!}\left|\frac{\partial V^3(\langle x\rangle)}{\partial\langle x\rangle^3}\right|\cdot\Delta x^2,$$

即
$$\left\langle-\frac{\partial V}{\partial x}\right\rangle\approx F_{(\langle x\rangle)}=-\frac{\partial V(\langle x\rangle)}{\partial\langle x\rangle}. \tag{4.188}$$

这时,量子力学中粒子运动与经典力学规律相似.经典运动是一个好的近似.

当然,根据不确定关系,$\Delta p_x^2\geqslant\frac{\hbar^2}{4\Delta x^2}$.所以当 Δx^2 较小时,动量不确定度 Δp_x^2 就比较大.这与经典力学的概念是相矛盾的.

因此,期望经典力学的牛顿方程

$$m\frac{\mathrm{d}^2x_{\mathrm{cl}}}{\mathrm{d}t^2}=-\frac{\partial V_{\mathrm{cl}}}{\partial x_{\mathrm{cl}}}=F_x(x_{\mathrm{cl}}) \tag{4.189}$$

真正能够是量子力学方程

$$m\frac{\mathrm{d}^2\langle x\rangle}{\mathrm{d}t^2}=\left\langle-\frac{\partial V}{\partial x}\right\rangle=\langle\hat{F}_x\rangle \tag{4.190}$$

的极好近似,则必须满足下面三个条件:

· 位势随空间变化缓慢:

$$\left|\frac{\partial V(\langle x\rangle)}{\partial\langle x\rangle}\right|\gg\frac{1}{2!}\left|\frac{\partial V^3(\langle x\rangle)}{\partial\langle x\rangle^3}\right|\cdot\Delta x^2.$$

· 动能很大:$\langle\hat{p}_x^2\rangle>\Delta p_x^2$.

· 位置的不确定度 Δx 与体系尺度相当.

习　　题

4.1 若 $H=\frac{1}{2\mu}(p_x^2+p_y^2+p_z^2)+V(x,y,z)$,证明:

$$[H,\hat{p}_x]=\mathrm{i}\hbar\frac{\partial V}{\partial x},\quad[H,\hat{x}]=-\mathrm{i}\hbar\frac{\hat{p}_x}{\mu}.$$

4.2 设$[q,\hat{p}]=\mathrm{i}\hbar$,$f(q)$是 q 的可微函数,证明:

(1) $[q,\hat{p}^2f(q)]=2\mathrm{i}h\hat{p}f$;

(2) $[\hat{p},\hat{p}^2 f(q)] = -\mathrm{i}\hbar\hat{p}^2 f'$.

4.3 证明：

$$[\hat{A},[\hat{B},\hat{C}]]+[\hat{B},[\hat{C},\hat{A}]]+[\hat{C},[\hat{A},\hat{B}]]\equiv 0.$$

4.4 证明：

$$\mathrm{e}^{\hat{L}}\hat{A}\,\mathrm{e}^{-\hat{L}} = A+[\hat{L},\hat{A}]+\frac{1}{2!}[\hat{L},[\hat{L},\hat{A}]] + \frac{1}{3!}[\hat{L},[\hat{L},[\hat{L},\hat{A}]]]+\cdots.$$

4.5 若 $\hat{A},\hat{B}$ 与它们的对易子$[\hat{A},\hat{B}]$都对易，证明

$$\mathrm{e}^{\hat{A}}\cdot\mathrm{e}^{\hat{B}} = \mathrm{e}^{\hat{A}+\hat{B}+\frac{1}{2}[\hat{A},\hat{B}]}.$$

4.6 若$[\hat{A},\hat{C}]=[\hat{A},\hat{D}]=[\hat{B},\hat{D}]=[\hat{C},\hat{D}]=0$，证明

$$\mathrm{e}^{\hat{A}+\hat{B}} = \mathrm{e}^{\hat{A}}\cdot\mathrm{e}^{\hat{B}}\cdot\mathrm{e}^{-\frac{1}{2}\hat{C}}\cdot\mathrm{e}^{\frac{1}{3}\hat{D}},$$

其中，$\hat{C}=[\hat{A},\hat{B}]$，$\hat{D}=[\hat{B},[\hat{A},\hat{B}]]$.

4.7 如果 $\hat{A},\hat{B}$ 是厄米算符：

(1) 证明$(\hat{A}+\hat{B})^n$，$\mathrm{i}[\hat{A},\hat{B}]$是厄米算符；

(2) 求出 $\hat{A}\hat{B}$ 是厄米算符的条件.

4.8 $\hat{A},\hat{B}$ 是物理量 α,β 所对应的算符，试判断下面的描述是否正确，如果是错误的，请举例说明.

(1) 如果 $\hat{A}$ 和 $\hat{B}$ 是对易的，当知道物理量 α 的取值，则物理量 β 的取值也知道.

(2) 如果 $\hat{A}$ 和 $\hat{B}$ 不对易，我们就不能同时知道物理量 α 和物理量 β 的取值.

4.9 若$[\hat{A},\hat{B}]=C$（C 为常数）. 证明$[\hat{A},\mathrm{e}^{\hat{B}}]=C\mathrm{e}^{\hat{B}}$.

4.10 证明算符 $\hat{D}(C)=\mathrm{e}^{C\hat{a}^\dagger-C^*\hat{a}}$有性质

$$[\hat{a},\hat{D}(C)] = C\hat{D}(C),\qquad [\hat{a}^\dagger,\hat{D}(C)] = C^*\hat{D}(C),$$
$$\hat{D}^\dagger(C)\hat{a}\hat{D}(C) = \hat{a}+C,\quad \hat{D}^\dagger(C)\hat{a}^\dagger\hat{D}(C) = \hat{a}^\dagger + C^*,$$

其中$[a,a^\dagger]=1$. 所以称算符 $\hat{D}(C)$为移动算符.

4.11 设 λ 是一小量，算符 $\hat{A}$ 和 $\hat{A}^{-1}$存在，求证

$$(\hat{A}-\lambda\hat{B})^{-1} = \hat{A}^{-1}+\lambda\hat{A}^{-1}\hat{B}\hat{A}^{-1}+\lambda^2\hat{A}^{-1}\hat{B}\hat{A}^{-1}\hat{B}\hat{A}^{-1}+\cdots.$$

4.12 设算符

$$\hat{A} = \frac{1}{\sqrt{2}}\left(\mathrm{i}\frac{1}{mc}\hat{p}_x+\frac{mc}{\hbar}\hat{x}\right),$$

$$\hat{B} = \frac{1}{\sqrt{2}}\left(\mathrm{i}\frac{1}{mc}\hat{p}_y+\frac{mc}{\hbar}\hat{y}\right),$$

$$\hat{C} = \hat{B}+\mathrm{i}\hat{A}.$$

(1) 求$[\hat{A},\hat{A}^{\dagger}]=?$ $[\hat{B},\hat{B}^{\dagger}]=?$ $[\hat{C},\hat{C}^{\dagger}]=?$

(2) 若

$$[\hat{\eta},\hat{\eta}^{\dagger}]=a,$$

其中$a>0$.求$\hat{\eta}^{\dagger}\hat{\eta}$的可能本征值.

(3) 证明

$$[\hat{C}^{\dagger}\hat{C},\hat{A}^{\dagger}\hat{A}+\hat{B}^{\dagger}\hat{B}]=0.$$

(4) 由

$$\hat{L}_z=\hbar[\hat{C}^{\dagger}\hat{C}-\hat{A}^{\dagger}\hat{A}-\hat{B}^{\dagger}\hat{B}],$$

从而推出$\hat{L}_z$可能取的本征值.

4.13 考虑算符

$$U(\lambda)=\mathrm{e}^{\lambda\hbar\omega[a^2-(a^{\dagger})^2]},$$

其中λ为实数,ω为谐振子的频率,$[\hat{a},\hat{a}^{\dagger}]=1$.

(1) 若

$$F_{\pm}(\lambda)=U(\lambda)(\hat{a}+\hat{a}^{\dagger})U^{\dagger}(\lambda),$$

求$F_{\pm}(\lambda)$;

(2) 证明

$$V(\lambda,x)=U^{\dagger}(\lambda)V_0(x)$$

是一压缩态波函数,在该态中

$$\Delta x=\sqrt{\frac{\hbar}{2m\omega}}\mathrm{e}^{2\lambda\hbar\omega},$$

$$\Delta p_x=\sqrt{\frac{m\hbar\omega}{2}}\mathrm{e}^{-2\lambda\hbar\omega},$$

其中$V_0(x)$是谐振子的基态.所以,当$\lambda<0$,Δx随λ减小而减小.

4.14 一维谐振子处在基态

$$\varphi(x)=\sqrt{\frac{a}{\pi^{1/2}}}\mathrm{e}^{-a^2x^2/2},$$

其中,$a=\sqrt{\dfrac{m\omega}{\hbar}}$.求:

(1) 势能的平均值$\overline{V}=\dfrac{1}{2}m\omega^2\overline{x^2}$;

(2) 动能的平均值$T=\overline{\hat{p}_x^2}/2m$;

(3) 动量的概率密度幅.

4.15 若$\hat{L}_{\pm}=\hat{L}_x\pm\mathrm{i}\hat{L}_y$,证明:

(1) $[\hat{L}_z,\hat{L}_{\pm}]=\pm\hbar\hat{L}_{\pm}$, $[\hat{L}^2,\hat{L}_{+}]=[\hat{L}^2,\hat{L}_{-}]=0$.

(2) $\hat{L}_+ Y_{lm} = C_1 Y_{lm+1}$, $\hat{L}_- Y_{lm} = C_2 Y_{lm-1}$.

(3) $\hat{L}_x^2 - \hat{L}_y^2 = \frac{1}{2}(\hat{L}_+ \hat{L}_+ + \hat{L}_- \hat{L}_-)$.

4.16 设粒子处于状态 $Y_{lm}(\theta,\phi)$，利用上题结果求$\overline{\Delta L_x^2}$，$\overline{\Delta L_y^2}$.

4.17 利用力学量的平均值随时间的变化，求证一维自由运动的 Δx^2 随时间的变化为：

$$\overline{(\Delta x^2)_t} = \overline{(\Delta x^2)_0} + \frac{2}{\mu}\left[\frac{1}{2}\overline{(\hat{x}\hat{p}_x + \hat{p}_x\hat{x})_0} - \overline{(x)_0}\,\overline{(p_x)_0}\right]t + \frac{1}{\mu^2}\overline{(\Delta p_x^2)_0}\,t^2.$$

（注：自由粒子 $\hat{p}_x$，$\hat{p}_x^2$ 与时间无关.）

4.18 若粒子于位势

$$V(\boldsymbol{r}) = V_1(\boldsymbol{r}) + V_2(\boldsymbol{r})$$

中运动，并处于某定态之中.

(1) 试给出在该定态中动能与势能的关系；

(2) 若 $V_1(\boldsymbol{r})$，$V_2(\boldsymbol{r})$分别是坐标(x, y, z)的 n_1 次和 n_2 次幂函数，这时动能与势能的关系又如何？

第五章　变量可分离型的三维定态问题

对体系,我们可根据 $\psi(\boldsymbol{r},t)$进行完全描述,知道初态 $\psi(\boldsymbol{r},0)$,便可求出 $\psi(\boldsymbol{r},t)$.

当 $\hat{H}$ 不显含 t 时,

$$\mathrm{i}\hbar\frac{\partial\psi}{\partial t}=\hat{H}\psi$$

有特解(即定态解)

$$\varphi_n(\boldsymbol{r},t)=u_n(\boldsymbol{r})\mathrm{e}^{-\mathrm{i}E_nt/\hbar},\tag{5.1}$$

其中 $u_n(\boldsymbol{r})$是体系哈密顿量 $\hat{H}(\boldsymbol{r},\hat{\boldsymbol{p}})$的本征值为 E_n 所相应的本征函数.

所以通解为

$$\psi(\boldsymbol{r},t)=\sum_n C_n\varphi_n(\boldsymbol{r},t),\tag{5.2}$$

而 C_n 可由 $t=0$ 时的初始态 $\psi(\boldsymbol{r},0)$求出.

我们现在讨论一些特殊位势下的三维问题,即变量可分离型的位势问题.

5.1　有　心　势

这是一种特殊形式的位势,是空间各向同性的,即

$$V(\boldsymbol{r})=V(r).\tag{5.3}$$

当粒子在该力场中运动时,其能量本征方程可写为

$$\hat{H}(\boldsymbol{r},\hat{\boldsymbol{p}})u_n(\boldsymbol{r})=\left(-\frac{\hbar^2}{2m}\nabla^2+V(r)\right)u_n(\boldsymbol{r})\tag{5.4a}$$

$$=\left(-\frac{\hbar^2}{2m}\left(\frac{1}{r^2}\frac{\partial}{\partial r}r^2\frac{\partial}{\partial r}-\frac{\hat{L}^2}{\hbar^2r^2}\right)+V(r)\right)u_n(\boldsymbol{r})\tag{5.4b}$$

$$=\left(-\frac{\hbar^2}{2m}\left(\frac{1}{r}\frac{\partial^2}{\partial r^2}r-\frac{\hat{L}^2}{\hbar^2r^2}\right)+V(r)\right)u_n(\boldsymbol{r})\tag{5.4c}$$

$$=E_nu_n(\boldsymbol{r}),\tag{5.4d}$$

显然

$$[\hat{L}^2,\hat{L}_z]=0,$$
$$[\hat{H},\hat{L}^2]=0,$$
$$[\hat{H},\hat{L}_z]=0.$$

因此,$\hat{H},\hat{L}^2,\hat{L}_z$ 两两对易.当共同本征函数组不简并时,它们构成一组力学量完全集(球对称势的体系都有这一特点).所以,我们可以以 $\hat{H},\hat{L}^2,\hat{L}_z$ 的本征值(即量子

数)对能量本征方程的特解进行分类.即以完全集的力学量的量子数来标记能量本征函数.

令
$$u_{nlm}(\boldsymbol{r}) = R_{nl}(r)\mathrm{Y}_{lm}(\theta,\phi), \tag{5.5}$$
于是由方程(5.4)可得
$$-\frac{\hbar^2}{2\mu}\left(\frac{1}{r^2}\frac{\mathrm{d}}{\mathrm{d}r}r^2\frac{\mathrm{d}}{\mathrm{d}r}-\frac{l(l+1)}{r^2}\right)R(r)-(E-V(r))R(r)=0, \tag{5.6a}$$
$$-\frac{\hbar^2}{2\mu}\left(\frac{1}{r}\frac{\mathrm{d}^2}{\mathrm{d}r^2}r-\frac{l(l+1)}{r^2}\right)R(r)-(E-V(r))R(r)=0. \tag{5.6b}$$

为了求解 $V(\boldsymbol{r})=V(r)$ 情形下的能量本征方程解.我们先要了解边条件的性质.

5.1.1 不显含时间的薛定谔方程解在 $r\to 0$ 的渐近行为

A. 若 $V(r)=-\dfrac{A}{r^s}(A>0)$,仅当 $0<s<2$ 时,不显含时间的薛定谔方程才确有束缚态解

根据位力定理,如 $V(r)$是 x,y,z 的 n 次齐次函数,则有
$$2\bar{\hat{T}} = n\bar{V}, \tag{5.7}$$
$\bar{\hat{T}},\bar{V}$ 分别是动能算符和势能算符在定态 $u_{nlm}(\boldsymbol{r})$上的平均.

对于上述位势$\left(V(r)=-\dfrac{A}{r^s}\right)$,
$$2\hat{T} =- s\bar{V}, \tag{5.8}$$
从而有
$$\bar{E} = \bar{\hat{T}}+\bar{V} = \left(1-\frac{2}{s}\right)\bar{\hat{T}}. \tag{5.9}$$

而在这类位势下,束缚态的能量 $E<0$.所以存在束缚态的条件为 $0<s<2$,即仅当位势 $V(r)$满足 $r^2V(r)\xrightarrow{r\to 0}0$ 时,不显含时间的薛定谔方程才有束缚态解.而当 $s=2$,则仅当 $A<\dfrac{\hbar^2}{8\mu}$才有束缚态解①.

B. 在 $r\to 0$ 时,径向波函数应满足 $rR(r)\to 0$

当 $r\to 0$ 时,径向方程(5.6b)的渐近式为
$$\frac{\mathrm{d}^2}{\mathrm{d}r^2}(rR(r))-\frac{l(l+1)}{r^2}(rR(r))\approx 0. \tag{5.10}$$

① L. D. Landau and E. M. Lifshitz, Quantum Mechanics, Pergamon Press, Oxford, 1962, p. 118.

于是,若 rR 有渐近解为 r^s,则有

$$s(s-1)=l(l+1). \tag{5.11}$$

可得解

$$s_1=l+1, \tag{5.12a}$$

$$s_2=-l. \tag{5.12b}$$

当 rR 渐近行为为 r^{l+1},则 $rR(r)\xrightarrow{r\to 0}0$. 而当 rR 渐近行为为 r^{-l}时,显然,对 $l=1,2,3,\cdots$,R 不满足平方可积,即在 $r\to 0$ 时,它比$\dfrac{1}{r^{3/2}}\to\infty$快.

对 $l=0$,$R\approx\dfrac{1}{r}$,即 $u\approx\dfrac{1}{r}$. 但显然,在 $r=0$ 附近,$\dfrac{1}{r}$不是解. 因有方程

$$\left(-\frac{\hbar^2}{2m}\nabla^2+V(r)\right)u(\boldsymbol{r})=Eu(\boldsymbol{r})$$

(对任何 r 都应满足),但

$$\nabla^2\frac{1}{r}=-4\pi\delta(\boldsymbol{r}),$$

这就要求

$$\frac{V(r)}{r}-\frac{E}{r}=-\frac{2\pi\hbar^2}{m}\delta(\boldsymbol{r}).$$

这显然不被满足.

所以,在 $r\to 0$ 时,rR 的渐近行为应为 r^{l+1}(即 $R\approx r^l$),也即

$$rR(r)\xrightarrow{r\to 0}0. \tag{5.13}$$

5.1.2 三维自由粒子运动

因 $V(r)=0$,所以可选力学量完全集$(\hat{H},\hat{L}^2,\hat{L}_z)$,于是方程(5.6a)可表为

$$\frac{1}{\rho^2}\frac{\mathrm{d}}{\mathrm{d}\rho}\rho^2\frac{\mathrm{d}}{\mathrm{d}\rho}R(\rho)+\left[1-\frac{l(l+1)}{\rho^2}\right]R(\rho)=0, \tag{5.14}$$

其中 $k^2=\dfrac{2mE}{\hbar^2}$,$\rho=kr$. 这即为球贝塞尔函数满足的方程(参阅附录Ⅳ.3). 而要求在 $\rho=0$ 处解是有限值,则

$$R(\rho)=C\mathrm{j}_l(\rho)=C(-\rho)^l\left(\frac{1}{\rho}\frac{\mathrm{d}}{\mathrm{d}\rho}\right)^l\frac{\sin\rho}{\rho}. \tag{5.15}$$

由于 $rR(r)\xrightarrow{r\to 0}0$ 的条件,所以自由粒子的本征函数为

$$u_{klm}(r,\theta,\phi)=k\sqrt{\frac{2}{\pi}}\mathrm{j}_l(kr)\mathrm{Y}_{lm}(\theta,\phi). \tag{5.16}$$

而 $E_{klm}=\frac{\hbar^2}{2m}k^2$. 所以,三维自由粒子的能谱形成一连续谱.

现对所得结果进行一些讨论:我们知道,自由粒子的哈密顿量为

$$\hat{H}=\frac{1}{2m}(\hat{p}_x^2+\hat{p}_y^2+\hat{p}_z^2), \tag{5.17}$$

显然,

$$[\hat{p}_x,\hat{H}]=[\hat{p}_y,\hat{H}]=[\hat{p}_z,\hat{H}]=0, \tag{5.18}$$

并且

$$[\hat{p}_x,\hat{p}_y]=[\hat{p}_x,\hat{p}_z]=[\hat{p}_y,\hat{p}_z]=0, \tag{5.19}$$

所以,它们既是运动常数又彼此对易. 因此,选它们作为力学量完全集是比较好的. 其共同本征函数

$$u_{p_xp_yp_z}=\frac{1}{(2\pi\hbar)^{3/2}}e^{i\boldsymbol{p}\cdot\boldsymbol{r}/\hbar}, \tag{5.20}$$

即

$$u_{k_xk_yk_z}=\frac{1}{(2\pi)^{3/2}}e^{i\boldsymbol{k}\cdot\boldsymbol{r}}. \tag{5.21}$$

而前述以($\hat{H},\hat{L}^2,\hat{L}_z$)作为力学量完全集时,有共同本征函数组

$$u_{klm}(r,\theta,\phi)=k\sqrt{\frac{2}{\pi}}\mathrm{j}_l(kr)\mathrm{Y}_{lm}(\theta,\phi), \tag{5.22}$$

它们当然是完备的. 因此,$e^{i\boldsymbol{k}\cdot\boldsymbol{r}}$可按它展开,

$$e^{i\boldsymbol{k}\cdot\boldsymbol{r}}=\sum_{l=0}^{\infty}\sum_{m=-l}^{l}a'_{lm}u_{klm}(r,\theta,\phi)=\sum_{l=0}^{\infty}\sum_{m=-l}^{l}a_{lm}\mathrm{j}_l(kr)\mathrm{Y}_{lm}(\theta,\phi). \tag{5.23}$$

如取 k 方向在 z 方向(即为 z 轴),则

$$e^{i\boldsymbol{k}\cdot\boldsymbol{r}}=e^{ikr\cos\theta}=\sum_{l=0}^{\infty}a_{l0}\mathrm{j}_l(kr)\mathrm{Y}_{l0}(\theta,\phi) \tag{5.24a}$$

$$=\sum_{l=0}^{\infty}C_l\mathrm{j}_l(kr)\mathrm{P}_l(\cos\theta). \tag{5.24b}$$

最后一等式是利用了附录(Ⅳ.70)式.

将方程(5.24b)两边对 kr 微商得

$$i\sum_{l=0}^{\infty}C_l\mathrm{j}_l(kr)\cos\theta\mathrm{P}_l(\cos\theta)=\sum_{l=0}^{\infty}C_l\mathrm{j}'_l(kr)\mathrm{P}_l(\cos\theta). \tag{5.25}$$

将附录(Ⅳ.35d)式和(Ⅳ.59a)式

$$\mathrm{j}'_l(kr)=\frac{1}{2l+1}[l\mathrm{j}_{l-1}(kr)-(l+1)\mathrm{j}_{l+1}(kr)],$$

$$\cos\theta\mathrm{P}_l(\cos\theta)=\frac{1}{2l+1}[l\mathrm{P}_{l-1}(\cos\theta)+(l+1)\mathrm{P}_{l+1}(\cos\theta)].$$

代入(5.25)式,于是得方程

$$\sum_{l=0}^{\infty} C_l \mathrm{j}_l \frac{\mathrm{i}}{2l+1}[l\mathrm{P}_{l-1}(\cos\theta)+(l+1)\mathrm{P}_{l+1}(\cos\theta)]$$

$$=\sum_{l=0}^{\infty} C_l \frac{1}{2l+1}[l\mathrm{j}_{l-1}(kr)-(l+1)\mathrm{j}_{l+1}(kr)]\mathrm{P}_l(\cos\theta). \tag{5.26}$$

要求方程(5.26)两边的 $\mathrm{j}_{l\pm1}(kr)\mathrm{P}_l(\cos\theta)$ 项之系数相等,则有

$$C_l=\mathrm{i}\frac{2l+1}{2l-1}C_{l-1}=\mathrm{i}^2\frac{2l+1}{2l-1}\cdot\frac{2l-1}{2l-3}C_{l-2}$$

$$=\mathrm{i}^l\frac{2l+1}{2\times0+1}C_0=\mathrm{i}^l(2l+1)C_0. \tag{5.27}$$

另外,由球贝塞尔函数性质(见附录(Ⅳ.32)式)

$$\mathrm{j}_l(0)=\begin{cases}0, & l\neq0,\\1, & l=0,\end{cases} \tag{5.28}$$

则方程(5.24b)可表为

$$\mathrm{e}^{\mathrm{i}kr\cos\theta}\Big|_{kr=0}=\sum_{l=0}^{\infty}\mathrm{i}^l(2l+1)C_0\delta_{l0}\mathrm{P}_l(\cos\theta), \tag{5.29}$$

再由 $\mathrm{P}_0(\cos\theta)=1$,可求得 $C_0=1$. 于是

$$\mathrm{e}^{\mathrm{i}kz}=\sum_{l=0}^{\infty}\mathrm{i}^l(2l+1)\mathrm{j}_l(kr)\mathrm{P}_l(\cos\theta). \tag{5.30}$$

当 $\boldsymbol{k}$ 在任意方向时,则由方程(5.30)可推得

$$\mathrm{e}^{\mathrm{i}\boldsymbol{k}\cdot\boldsymbol{r}}=\sum_{l=0}^{\infty}\mathrm{i}^l(2l+1)\mathrm{j}_l(kr)\mathrm{P}_l(\cos\gamma)\quad(\gamma\text{ 为 }\boldsymbol{k}\text{ 和 }\boldsymbol{r}\text{ 之间夹角}). \tag{5.31}$$

将附录(Ⅳ.78)式

$$\mathrm{P}_l(\cos\gamma)=\sum_{m=-l}^{l}\frac{4\pi}{2l+1}\mathrm{Y}_{lm}^*(\theta_k,\phi_k)\mathrm{Y}_{lm}(\theta,\phi) \tag{5.32}$$

代入方程(5.31)得

$$\mathrm{e}^{\mathrm{i}\boldsymbol{k}\cdot\boldsymbol{r}}=\sum_{l=0}^{\infty}\sum_{m=-l}^{l}\mathrm{i}^l4\pi\mathrm{j}_l(kr)\mathrm{Y}_{lm}(\theta,\phi)\mathrm{Y}_{lm}^*(\theta_k,\phi_k) \tag{5.33a}$$

$$=\sum_{l,m}(2\pi)^{3/2}\frac{\mathrm{i}^l}{k}\mathrm{Y}_{lm}^*(\theta_k,\phi_k)u_{klm}(r,\theta,\phi). \tag{5.33b}$$

所以

$$\frac{1}{(2\pi)^{3/2}}\mathrm{e}^{\mathrm{i}\boldsymbol{k}\cdot\boldsymbol{r}}=\sum_{l,m}\frac{\mathrm{i}^l}{k}\mathrm{Y}_{lm}^*(\theta_k,\phi_k)u_{klm}(r,\theta,\phi). \tag{5.34}$$

这即平面波按分波展开(固定 $\boldsymbol{k}$)的表达式.

5.1.3 球方势阱

如图 5.1 所示,考虑位势为

$$V(r)=\begin{cases}0, & r<a,\\V_0, & r>a,\end{cases} \tag{5.35}$$

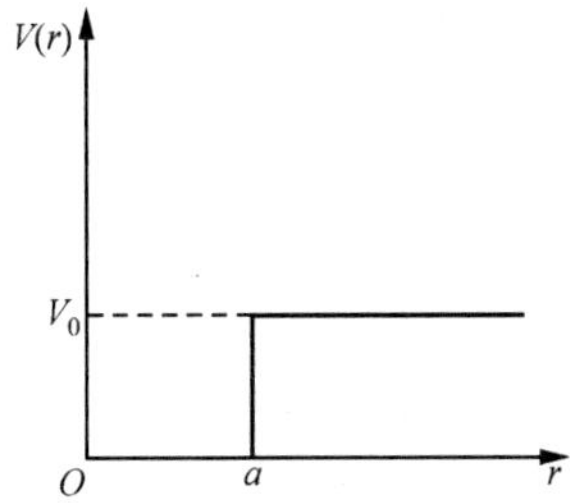

图 5.1 球方势阱

令 $u=RY_{lm}$，其径向方程为

$$\frac{1}{r^2}\frac{\mathrm{d}}{\mathrm{d}r}\left(r^2\frac{\mathrm{d}R}{\mathrm{d}r}\right)+\left[\frac{2mE}{\hbar^2}-\frac{l(l+1)}{r^2}\right]R(r)=0,\quad r<a, \tag{5.36a}$$

$$\frac{1}{r^2}\frac{\mathrm{d}}{\mathrm{d}r}\left(r^2\frac{\mathrm{d}R}{\mathrm{d}r}\right)+\left[\frac{-2m(V_0-E)}{\hbar^2}-\frac{l(l+1)}{r^2}\right]R=0,\quad r>a. \tag{5.36b}$$

A. $E<V_0$

(1) 能量本征值

令 $k^2=\dfrac{2mE}{\hbar^2}$，$\kappa^2=\dfrac{2m(V_0-E)}{\hbar^2}$，则方程(5.36)有解(参阅附录Ⅳ.3)

$$R(r)=\begin{cases}A_{kl}\mathrm{j}_l(kr), & r<a,\\ C_1\mathrm{j}_l(\mathrm{i}\kappa r)+C_2\mathrm{n}_l(\mathrm{i}\kappa r), & r>a.\end{cases} \tag{5.37}$$

在区域 $r>a$，并不要求 $r=0$ 处有界，所以上式中为两个解的线性组合. 当 $r\to\infty$，利用附录给出的公式(Ⅳ.33)可得解的渐近式，

$$\begin{aligned}&C_1\mathrm{j}_l(\mathrm{i}\kappa r)+C_2\mathrm{n}(\mathrm{i}\kappa r)\\&\sim C_1\frac{\sin\left(\mathrm{i}\kappa r-\frac{l\pi}{2}\right)}{\mathrm{i}\kappa r}-C_2\frac{\cos\left(\mathrm{i}\kappa r-\frac{l\pi}{2}\right)}{\mathrm{i}\kappa r} \qquad (5.38)\\&=\frac{1}{2\mathrm{i}\kappa r}\left(\frac{C_1\left[\mathrm{e}^{-\kappa r-\mathrm{i}\frac{l\pi}{2}}-\mathrm{e}^{\kappa r+\mathrm{i}\frac{l\pi}{2}}\right]}{\mathrm{i}}-C_2\left[\mathrm{e}^{-\kappa r-\mathrm{i}\frac{l\pi}{2}}+\mathrm{e}^{\kappa r+\mathrm{i}\frac{l\pi}{2}}\right]\right)\\&=\frac{1}{2\mathrm{i}\kappa r}\left[\left(\frac{C_1}{\mathrm{i}}-C_2\right)\mathrm{e}^{-\kappa r-\mathrm{i}\frac{l\pi}{2}}-\left(\frac{C_1}{\mathrm{i}}+C_2\right)\mathrm{e}^{\kappa r+\mathrm{i}\frac{l\pi}{2}}\right]. \qquad (5.39)\end{aligned}$$

要求波函数在无穷远处为零，所以

$$\frac{C_1}{\mathrm{i}}+C_2=0. \tag{5.40}$$

若令

$$C_1=B_{\kappa l},\quad C_2=\mathrm{i}B_{\kappa l},$$

于是有

$$R(r)=B_{\kappa l}[\mathrm{j}_l(\mathrm{i}\kappa r)+\mathrm{i}\,\mathrm{n}_l(\mathrm{i}\kappa r)]=B_{\kappa l}\mathrm{h}_l^{(1)}(\mathrm{i}\kappa r),\quad r>a. \tag{5.41}$$

$\mathrm{h}_l^{(1)}(\rho)$有性质(参阅附录公式(Ⅳ.30)和(Ⅳ.33c))

$$\mathrm{h}_l^{(1)}(\rho)=\mathrm{j}_l(\rho)+\mathrm{i}\mathrm{n}_l(\rho)=(-\mathrm{i})(-\rho)^l\left(\frac{1}{\rho}\frac{\mathrm{d}}{\mathrm{d}\rho}\right)^l\frac{\mathrm{e}^{\mathrm{i}\rho}}{\rho}, \tag{5.42}$$

$$\mathrm{h}_l^{(1)}(\rho)\xrightarrow{\rho\to\infty}\frac{(-\mathrm{i})}{\rho}\mathrm{e}^{\mathrm{i}\left(\rho-\frac{l\pi}{2}\right)}. \tag{5.43}$$

根据方程(5.37)中的两区域的波函数及其导数在 $r=a$ 处连续的要求,可得方程

$$\left.\frac{\mathrm{dln}\mid \mathrm{j}_l(kr)\mid}{\mathrm{d}r}\right|_{r=a}=\left.\frac{\mathrm{dln}\mid \mathrm{h}_l^{(1)}(\mathrm{i}\kappa r)\mid}{\mathrm{d}r}\right|_{r=a}. \tag{5.44}$$

由该方程可确定 E 的可能值,即本征值.

当 $l=0$,方程(5.37)则为

$$R(r)=\begin{cases}A_{k0}\mathrm{j}_0(kr)=A_{k0}\dfrac{\sin kr}{kr}, & r<a,\\[2ex] B_{\kappa 0}\mathrm{h}_0^{(1)}(\mathrm{i}\kappa r)=-B_{\kappa 0}\dfrac{\mathrm{e}^{-\kappa r}}{\kappa r}, & r>a.\end{cases} \tag{5.45}$$

令 $\xi=ka$,$\eta=\kappa a$,则由连续条件得

$$\eta=-\xi\cot\xi, \tag{5.46}$$

并与方程 $\xi^2+\eta^2=\dfrac{2mV_0a^2}{\hbar^2}$联立,从而可求出 ξ 并得能量本征值(见图 5.2).显然,ξ 在二、四象限.

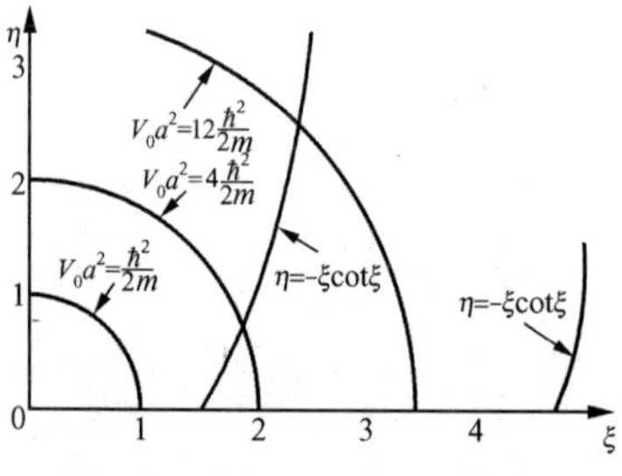

图 5.2 $E<V_0$ 时 $l=0$ 的解

(2) 讨论

(i) 由图 5.2 可知,当$\left(\dfrac{2mV_0a^2}{\hbar^2}\right)^{1/2}<\dfrac{\pi}{2}$,则无解.

(ii) 当$\dfrac{\pi}{2}\leqslant\left(\dfrac{2mV_0a^2}{\hbar^2}\right)^{1/2}<\dfrac{3\pi}{2}$,仅有一个解.这时$\dfrac{\pi}{2}\leqslant ka<\pi$.所以,$0\leqslant kr<\pi$ 在 0—a 区间无节点.

(iii) 当$\frac{3\pi}{2} \leqslant \left(\frac{2mV_0a^2}{\hbar^2}\right)^{1/2} < \frac{5\pi}{2}$,有两个解：一个解$\frac{\pi}{2} \leqslant k_1a < \pi$,无零点;另一个解$\frac{3\pi}{2} \leqslant k_2a < 2\pi$. 所以,$0 < k_2r < 2\pi$,有一个零点.

当$V_0 \to \infty$,$\kappa \to \infty$,这时 $r > a$ 区域的波函数为 0. 由连续条件. $\mathrm{j}_l(k_{n_rl}a) = 0$ ($n_r = 1,2,3,\cdots$),即得解 $x_{n_rl} = k_{n_rl}a$,见表 5.1.

归一化的波函数为

$$u_{n_rlm}(r,\theta,\varphi) = \left[\frac{-2}{a^3\mathrm{j}_{l-1}(k_{n_rl}a)\mathrm{j}_{l+1}(k_{n_rl}a)}\right]^{\frac{1}{2}}\mathrm{j}_l(k_{n_rl}r)\mathrm{Y}_{lm}(\theta,\phi). \tag{5.47}$$

表 5.1 $\mathrm{j}_l(x_{n_rl}) = 0$ **的根** x_{n_rl}

l \ n_r	1	2	3	4	…
0	π	2π	3π	4π	…
1	4.493	7.725	10.904	14.066	…
2	5.763	9.095	12.323	15.515	…
3	6.988	10.417	13.698	16.924	…
4	8.183	11.705	15.040	18.301	…

B. $E > V_0$

令 $k = \left(\frac{2mE}{\hbar^2}\right)^{1/2}$, $k_1 = \left[\frac{2m(E-V_0)}{\hbar^2}\right]^{1/2}$. 这时,能量本征方程为

$$\frac{1}{r^2}\frac{\mathrm{d}}{\mathrm{d}r}r^2\frac{\mathrm{d}R}{\mathrm{d}r} + \left[k^2 - \frac{l(l+1)}{r^2}\right]R = 0, \quad r < a, \tag{5.48a}$$

$$\frac{1}{r^2}\frac{\mathrm{d}}{\mathrm{d}r}r^2\frac{\mathrm{d}R}{\mathrm{d}r} + \left[k_1^2 - \frac{l(l+1)}{r^2}\right]R = 0, \quad r > a. \tag{5.48b}$$

径向方程(5.48)的解为(参阅附录Ⅳ.3)

$$R_{kl} = A_{kl}\mathrm{j}_l(kr), \quad r < a, \tag{5.49a}$$

$$R_{k_1l} = C_1\mathrm{j}_l(k_1r) + C_2\mathrm{n}_l(k_1r), \quad r > a. \tag{5.49b}$$

不失普遍性,设

$$C_1 = B\cos\delta_l(k_1), \quad C_2 = -B\sin\delta_l(k_1), \tag{5.50}$$

将附录公式(Ⅳ.33)

$$\mathrm{j}_l(k_1r) \xrightarrow{r\to\infty} \frac{\sin\left(k_1r - \frac{l\pi}{2}\right)}{k_1r}, \tag{5.51a}$$

$$\mathrm{n}_l(k_1r) \xrightarrow{r\to\infty} -\frac{\cos\left(k_1r - \frac{l\pi}{2}\right)}{k_1r}, \tag{5.51b}$$

和方程(5.50)代入(5.49b)式,则得

$$R_{k_1 l}(r)\xrightarrow{r\to\infty}B\frac{\sin\left[k_1 r-\frac{l\pi}{2}+\delta_l(k_1)\right]}{k_1 r}.\tag{5.52}$$

事实上,对于自由粒子 $R_{kl}(r)\xrightarrow{r\to\infty}\dfrac{\sin\left(kr-\frac{l\pi}{2}\right)}{kr}$.所以,力场的性质完全反映在相移 $\delta_l(k_1)$ 上.

由方程(5.49)的波函数及其导数在 $r=a$ 处的连续条件,可得

$$\left.\frac{\mathrm{dln}\mid \mathrm{j}_l(kr)\mid}{\mathrm{d}r}\right|_{r=a}=\left.\frac{\mathrm{dln}\mid \cos\delta_l \mathrm{j}_l(k_1 r)-\sin\delta_l \mathrm{n}_l(k_1 r)\mid}{\mathrm{d}r}\right|_{r=a},\tag{5.53}$$

如令 $k\mathrm{j}_l'(ka)/\mathrm{j}_l(ka)=\gamma_l$(微商是对宗量微商),则有

$$\tan\delta_l(k_1)=\frac{k_1\mathrm{j}_l'(k_1 a)-\gamma_l \mathrm{j}_l(k_1 a)}{k_1\mathrm{n}_l'(k_1 a)-\gamma_l \mathrm{n}_l(k_1 a)}.\tag{5.54}$$

当 V_0,a,E(即 k)给定,则由方程(5.54)给出一系列 $\delta_l(k_1)(l=0,1,2,\cdots)$.所以,当 $E>V_0$ 时,有一连续谱.

径向波函数(5.49b)的渐近形式

$$R_{k_1 l}\approx\frac{\sin\left(k_1 r-\frac{l\pi}{2}+\delta_l\right)}{k_1 r}\approx\frac{1}{r}\left[\mathrm{e}^{-\mathrm{i}\left(k_1 r-\frac{l\pi}{2}\right)}-S_l(k_1)\mathrm{e}^{\mathrm{i}\left(k_1 r-\frac{l\pi}{2}\right)}\right],\tag{5.55}$$

$$S_l(k_1)=\mathrm{e}^{2\mathrm{i}\delta_l(k_1)},\tag{5.56}$$

与自由粒子

$$R_{kl}\approx\frac{1}{r}\left[\mathrm{e}^{-\mathrm{i}\left(kr-\frac{l\pi}{2}\right)}-\mathrm{e}^{\mathrm{i}\left(kr-\frac{l\pi}{2}\right)}\right]\tag{5.57}$$

比较,可以看出,力场对粒子作用是改变出射波的相移,主要反映在 $S_l(k_1)$ 上(即 $\delta_l(k_1)$ 上)(至于 k 和 k_1 仅反映粒子在不同位势时的波数不同).

5.1.4　氢原子

氢原子是最简单的原子,但它典型地反映出两体问题的特点.

A. 两体问题的质心运动的分离

质量为 m_1 和 m_2 的两个物体,若相互作用仅与它们的位置差有关,

$$V(\boldsymbol{r}_1,\boldsymbol{r}_2)=V(\boldsymbol{r}_1-\boldsymbol{r}_2),\tag{5.58}$$

这时,

$$\hat{H}=\frac{\hat{\boldsymbol{p}}_1^2}{2m_1}+\frac{\hat{\boldsymbol{p}}_2^2}{2m_2}+V(\boldsymbol{r}_1-\boldsymbol{r}_2).\tag{5.59}$$

引入相对运动坐标和质心运动坐标,

$$\boldsymbol{r} = \boldsymbol{r}_1 - \boldsymbol{r}_2, \tag{5.60a}$$

$$\hat{\boldsymbol{p}} = \mu\left(\frac{\hat{\boldsymbol{p}}_1}{m_1} - \frac{\hat{\boldsymbol{p}}_2}{m_2}\right) = -\mathrm{i}\hbar\nabla_r \quad \left(\mu = \frac{m_1 \cdot m_2)}{m_1 + m_2}\right), \tag{5.60b}$$

$$\boldsymbol{R} = \frac{m_1\boldsymbol{r}_1 + m_2\boldsymbol{r}_2}{m_1 + m_2}; \tag{5.60c}$$

$$\hat{\boldsymbol{P}} = \hat{\boldsymbol{p}}_1 + \hat{\boldsymbol{p}}_2 = -\mathrm{i}\hbar\nabla_R \quad (M = m_1 + m_2), \tag{5.60d}$$

直接可证：

$$[x_\alpha, \hat{p}_\beta] = \mathrm{i}\hbar\delta_{\alpha\beta}, \quad x_\alpha = r_{1\alpha} - r_{2\alpha}, \tag{5.61a}$$

$$[R_\alpha, \hat{P}_\beta] = \mathrm{i}\hbar\delta_{\alpha\beta}, \tag{5.61b}$$

$$[x_\alpha, \hat{P}_\beta] = [R_\alpha, \hat{p}_\beta] = 0 \quad (\alpha,\beta \text{ 取 } x,y,z). \tag{5.61c}$$

于是方程(5.59)式可表为

$$\hat{H} = \frac{\hat{\boldsymbol{P}}^2}{2M} + \frac{\hat{\boldsymbol{p}}^2}{2\mu} + V(\boldsymbol{r}) = \hat{H}_R + \hat{H}_r. \tag{5.62}$$

所以，这样一个体系可看作两部分运动合成，一是质心运动，它是自由粒子运动；二是相对运动，是一个质量为 $\mu = \frac{m_1 \cdot m_2}{m_1 + m_2}$ 的粒子在势场 $V(\boldsymbol{r})$ 中运动. 由

$$\hat{H}\Psi(\boldsymbol{R},\boldsymbol{r}) = E\Psi(\boldsymbol{R},\boldsymbol{r}), \tag{5.63}$$

令特解为 $\Psi(\boldsymbol{R},\boldsymbol{r}) = \Phi(\boldsymbol{R}) \cdot \varphi(\boldsymbol{r})$，得

$$\hat{H}_R\Phi(\boldsymbol{R}) = (E - E_r)\Phi(\boldsymbol{R}), \tag{5.64}$$

$$\hat{H}_r\varphi(\boldsymbol{r}) = E_r\varphi(\boldsymbol{r}). \tag{5.65}$$

直接解得质心运动部分

$$\Phi(\boldsymbol{R}) = \frac{1}{(2\pi\hbar)^{3/2}}\mathrm{e}^{\mathrm{i}\boldsymbol{P}\cdot\boldsymbol{R}/\hbar}.$$

而相对运动部分的波函数则可由本征方程

$$\left(\frac{\hat{\boldsymbol{p}}^2}{2\mu} + V(\boldsymbol{r})\right)\varphi_{E_r}(\boldsymbol{r}) = E_r\varphi_{E_r}(\boldsymbol{r}) \tag{5.66}$$

来求得.

所以，处于位势为 $V(\boldsymbol{r}_1, \boldsymbol{r}_2) = V(\boldsymbol{r}_1 - \boldsymbol{r}_2)$ 的体系，最普遍的波函数为

$$\Psi(\boldsymbol{R},\boldsymbol{r},t) = \int \sum_{E_r} C_{\boldsymbol{P}E_r} \frac{\mathrm{e}^{\mathrm{i}(\boldsymbol{P}\cdot\boldsymbol{R} - E_{\boldsymbol{P}}t)/\hbar}}{(2\pi\hbar)^{3/2}} \varphi_{E_r}(\boldsymbol{r})\mathrm{e}^{-\mathrm{i}E_r t/\hbar}\mathrm{d}\boldsymbol{P}. \tag{5.67}$$

B. 氢原子

相互作用只与质子和电子的距离 r 有关.

(1) 氢原子的能量本征值和本征函数

氢原子相对运动的哈密顿量

$$\hat{H} = -\frac{\hbar^2}{2\mu}\nabla^2 + V(\boldsymbol{r}) = -\frac{\hbar^2}{2\mu}\nabla^2 - \frac{e^2}{4\pi\varepsilon_0 r}, \tag{5.68}$$

其中,约化质量 $\mu=\dfrac{m_e \cdot m_p}{m_e+m_p}$. 其能量本征方程为

$$\left(-\frac{\hbar^2}{2\mu}\nabla^2 + V(r)\right)u(\boldsymbol{r}) = Eu(\boldsymbol{r}). \tag{5.69}$$

根据分离变量法,令

$$u(\boldsymbol{r}) = R_{nl}Y_{lm} = \frac{\kappa_l(r)}{r}Y_{lm}, \tag{5.70}$$

将公式(5.70)代入方程(5.69)得

$$\frac{d^2}{dr^2}\kappa_l(r) - \frac{l(l+1)}{r^2}\kappa_l(r) + \frac{2\mu E}{\hbar^2}\kappa_l(r) + \frac{2\mu e^2}{4\pi\varepsilon_0\hbar^2 r}\kappa_l(r) = 0. \tag{5.71}$$

显然,束缚态的能量 $E<0$. 取

$$\rho = \left(\frac{-8\mu E}{\hbar^2}\right)^{1/2} r, \tag{5.72a}$$

$$\lambda = \frac{2\mu e^2}{4\pi\varepsilon_0\hbar^2}\sqrt{\frac{-\hbar^2}{8\mu E}} = \frac{e^2}{4\pi\varepsilon_0\hbar c}\sqrt{\frac{-\mu c^2}{2E}} = \frac{1}{a_0}\sqrt{\frac{-\hbar^2}{2\mu E}}, \tag{5.72b}$$

其中,$a_0 = \dfrac{4\pi\varepsilon_0\hbar^2}{\mu e^2} = \dfrac{m_e}{\mu}a_B \approx a_B = 0.529\times 10^{-8}$ cm,a_B 称为玻尔半径. 于是方程(5.71)可化为

$$\frac{d^2}{d\rho^2}\kappa_l(\rho) - \frac{l(l+1)}{\rho^2}\kappa_l(\rho) + \frac{\lambda}{\rho}\kappa_l(\rho) - \frac{1}{4}\kappa_l(\rho) = 0. \tag{5.73}$$

当 $\rho\to\infty$,方程(5.73)渐近形式为

$$\frac{d^2}{d\rho^2}\kappa_l(\rho) - \frac{1}{4}\kappa_l(\rho) \approx 0. \tag{5.74}$$

所以,有渐近解

$$\kappa_l(\rho) \approx e^{-\frac{1}{2}\rho}. \tag{5.75}$$

当 $\rho\to 0$,方程(5.73)渐近形式为

$$\frac{d^2}{d\rho^2}\kappa_l(\rho) - \frac{l(l+1)}{\rho^2}\kappa_l(\rho) \approx 0. \tag{5.76}$$

所以在 $\rho\to 0$ 处,有渐近解

$$\kappa_l(\rho) \approx \rho^{l+1}, \quad \kappa_l(\rho) \approx \rho^{-l}. \tag{5.77}$$

由方程(5.13)可确定,在 $\rho\to 0$ 处,$\kappa_l(\rho)$ 只能取 $\approx\rho^{l+1}$.

令 $\kappa_l(\rho)=\rho^{l+1}e^{-\frac{1}{2}\rho}v_l(\rho)$(并要求 $v_l(\rho)\xrightarrow{\rho\to 0}$常数),代入方程(5.73)得

$$\rho v_l'' + [2(l+1)-\rho]v_l' - (l+1-\lambda)v_l = 0, \tag{5.78}$$

这是一合流超几何方程(参阅附录Ⅳ.1)即

$$\rho v_l'' + (\gamma - \rho) v_l' - \alpha v_l = 0, \tag{5.79}$$

它有解

$$F(\alpha,\gamma,\rho), \tag{5.80a}$$

$$\rho^{1-\gamma} F(\alpha - \gamma + 1, 2 - \gamma, \rho). \tag{5.80b}$$

$F(\alpha,\gamma,\rho)$称为合流超几何函数,

$$F(\alpha,\gamma,\rho) = \sum_{P=0}^{\infty} \frac{\Gamma(\alpha+P)}{\Gamma(\alpha)} \frac{\Gamma(\gamma)}{\Gamma(\gamma+P)} \frac{\rho^P}{P!}. \tag{5.81}$$

当 P 较大时,其相邻项系数之比为

$$\frac{u_{P+1}}{u_P} = \left[\frac{\Gamma(\alpha+P+1)}{\Gamma(\alpha)} \cdot \frac{\Gamma(\gamma)}{\Gamma(\gamma+P+1)} \cdot \frac{1}{(P+1)!}\right] \Big/ \left[\frac{\Gamma(\alpha+P)}{\Gamma(\alpha)} \cdot \frac{\Gamma(\gamma)}{\Gamma(\gamma+P)} \cdot \frac{1}{P!}\right] \tag{5.82}$$

$$= \frac{\alpha+P}{\gamma+P} \cdot \frac{1}{P+1} \sim \frac{1}{P+1}. \tag{5.83}$$

所以,相邻项系数比与 e^ρ 幂级数相邻项系数之比相同.这样,合流超几何函数在 ρ 大时的渐近行为与 e^ρ 行为一致.这就使得 $\kappa_l \xrightarrow{\rho\to\infty} e^{\rho/2}$.要使 v_l 在 ρ 大时,其渐近行为不为 e^ρ,则 $F(\alpha,\gamma,\rho)$级数必须被截断成多项式.而任何多项式,在 $\rho\to\infty$ 都比 $e^{\rho/2}$ 趋向无穷慢.

由等式$\dfrac{\Gamma(\alpha+P)}{\Gamma(\alpha)}=(\alpha+P-1)\cdot\cdots\cdot\alpha$ 可知,当 α 为零或负整数时,则 $P\geqslant|\alpha|+1$ 项的系数都为零,即 $P\geqslant-\alpha+1$ 项的系数都为零.这样,$F(\alpha,\gamma,\rho)$是一最高幂次为 $-\alpha$ 的多项式.这时,当 $\rho\to\infty$时,其趋于无穷的行为不会快于 $e^{\rho/2}$,从而保证 $\rho\to\infty$,$\dfrac{\kappa_l}{\rho}\to 0$.

由方程(5.78)中的系数知,如取 $l+1-\lambda=-n_r$,则解就被截断为一多项式,最高幂次为 n_r($n_r=0,1,2,3,\cdots$),它代表 $R(\rho)$的波节数.于是取

$$\lambda = n_r + l + 1 = n \quad (n = 1,2,3,\cdots), \tag{5.84}$$

显然,当 n 给定,n_r 和 l 分别可取

$$n_r = 0,1,2,3,\cdots,n-1, \tag{5.85a}$$

$$l = n-1, n-2,\cdots,0. \tag{5.85b}$$

方程(5.73)的解为

$$\kappa_{nl}(\rho) = CF(-n_r, 2l+2, \rho_n) \cdot \rho_n^{l+1} \cdot e^{-\frac{1}{2}\rho_n}. \tag{5.86}$$

将(5.84)代入公式(5.72b),则得氢原子的能量本征值

$$E_n = -\frac{\hbar^2}{2\mu a_0^2 n^2} = -\frac{e^2}{8\pi\varepsilon_0 a_0 n^2}, \tag{5.87}$$

其中，$\rho_n = \left(\frac{-8\mu E_n}{\hbar^2}\right)^{1/2} r = \frac{2}{na_0} r.$

根据附录给出的带权重的合流超几何函数的积分公式(Ⅳ.7)

$$\int_0^\infty e^{-\rho} \rho^{2l+3-1} [F(-n_r, 2l+2, \rho)]^2 d\rho$$

$$= \frac{\Gamma(2l+3) n_r!}{(2l+2)\cdots(2l+2+n_r-1)} \left[1 + \frac{n_r(-2)(-1)}{2l+2}\right], \tag{5.88}$$

即得氢原子的归一化的本征函数

$$u_{nlm}(r,\theta,\phi) = R_{nl} Y_{lm}$$

$$= \left(\frac{2}{na_0}\right)^{3/2} \left[\frac{(n+l)!}{2n(n-l-1)!}\right]^{1/2} \frac{1}{(2l+1)!} \rho_n^l$$

$$\cdot e^{-\frac{1}{2}\rho_n} \cdot F(-n_r, 2l+2, \rho_n) \cdot Y_{lm}. \tag{5.89}$$

下面示出具体的几个本征函数：

$$R_{10} = 2\left(\frac{1}{a_0}\right)^{3/2} e^{-\frac{r}{a_0}},$$

$$R_{20} = \left(\frac{1}{2a_0}\right)^{3/2} \left(2 - \frac{r}{a_0}\right) e^{-\frac{r}{2a_0}},$$

$$R_{21} = \left(\frac{1}{2a_0}\right)^{3/2} \frac{r}{a_0\sqrt{3}} e^{-\frac{r}{2a_0}},$$

$$u_{100} = \frac{1}{\sqrt{\pi a_0^3}} e^{-\frac{r}{a_0}}, \tag{5.90a}$$

$$u_{200} = \frac{1}{4\sqrt{2\pi a_0^3}} \left(2 - \frac{r}{a_0}\right) e^{-\frac{r}{2a_0}}, \tag{5.90b}$$

$$u_{210} = \frac{1}{4\sqrt{2\pi a_0^3}} \frac{r}{a_0} e^{-\frac{r}{2a_0}} \cos\theta, \tag{5.90c}$$

$$u_{211} = \frac{-1}{8\sqrt{\pi a_0^3}} \frac{r}{a_0} e^{-\frac{r}{2a_0}} e^{i\phi} \sin\theta, \tag{5.90d}$$

$$u_{2,1,-1} = \frac{1}{8\sqrt{\pi a_0^3}} \frac{r}{a_0} e^{-\frac{r}{2a_0}} e^{-i\phi} \sin\theta. \tag{5.90e}$$

(2) 对氢原子的波函数和能级的讨论

(i) 氢原子能谱和简并度.

$$E_n = -\frac{e^2}{8\pi\varepsilon_0 a_0 n^2}, \tag{5.91}$$

$n=1$ 时，$E_1=-13.6\ \text{eV}$.

对于一定 $n(n=n_r+l+1)$ 值的能级有 $l=0,1,2,\cdots,n-1$，所以，一条能级对应的独立波函数数目为

$$g_n=\sum_{l=0}^{n-1}(2l+1)=2(n-1)\frac{n}{2}+n=n^2,\tag{5.92}$$

一条能级有 n^2 重简并，且宇称可不同. 事实上，如考虑电子有自旋 $s=1/2$，则实际简并度为 $2n^2$(计及自旋-轨道耦合及相对论性修正).

(ii) 径向位置概率分布.

由波函数(5.89)式可得 r—$r+\mathrm{d}r$ 的概率

$$\mathrm{P}_{nl}\,\mathrm{d}r=r^2\mathrm{d}r\int|R_{nl}|^2|\mathrm{Y}_{lm}|^2\mathrm{d}\Omega=|R_{nl}|^2r^2\mathrm{d}r,\tag{5.93}$$

波函数的概率密度幅有(见图 5.3、图 5.4)

$$n=1,\ l=0,\text{无节点}(n_r=0);\tag{5.94a}$$

$$n=2,\ \begin{cases}l=1,\text{无节点}(n_r=0), & (5.94\text{b})\\ l=0,\text{有一个节点}(n_r=1). & (5.94\text{c})\end{cases}$$

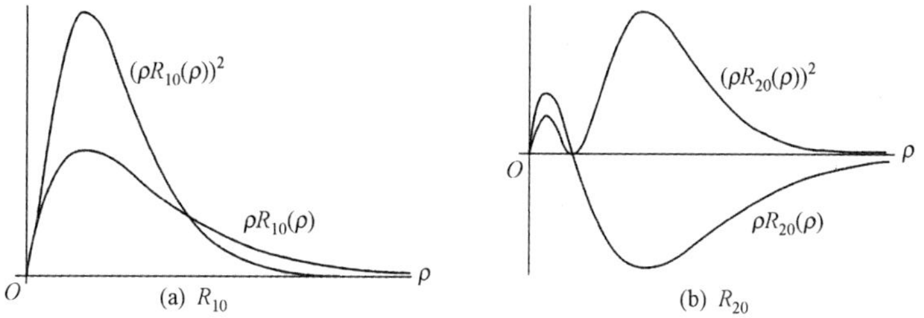

图 5.3 径向波函数 R_{10}，R_{20} 的示意图

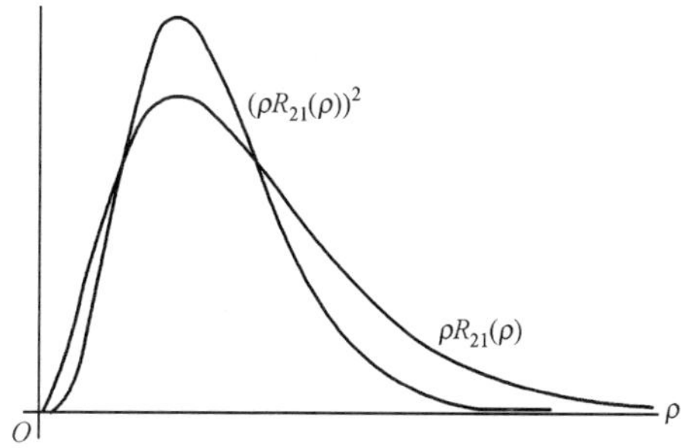

图 5.4 径向波函数 R_{21} 的示意图

由(5.81)、(5.84)式可知，当 $l=n-1$，即 $n_r=0$ 时，有 $\mathrm{F}(-n_r,2l+2,\rho)=1$. 所以，

$$R_{n,n-1}\propto r^{n-1}\mathrm{e}^{-\frac{r}{na_0}},\tag{5.95a}$$

$$P_{n,n-1}=Ar^{2n}\mathrm{e}^{-\frac{2r}{na_0}}.\tag{5.95b}$$

由$\frac{dP_{n,n-1}}{dr}=0$,得概率密度极大处

$$r_{\max}=a_0n^2. \tag{5.96}$$

这与玻尔轨道相同.而概率密度极大值的位置随 n^2 迅速增大.

(iii) 概率密度随角度的变化.

电子处于立体角 $d\Omega$ 中的概率为

$$d\Omega\int_0^\infty |u_{nlm}|^2r^2dr=|Y_{lm}|^2d\Omega, \tag{5.97}$$

所以,在(θ,ϕ)方向的单位立体角中,发现粒子的概率为

$$w_{lm}(\theta)=|Y_{lm}|^2=\frac{2l+1}{4\pi}\cdot\frac{(l-m)!}{(l+m)!}[P_l^m(\cos\theta)]^2. \tag{5.98}$$

即概率密度 w_{lm} 对 ϕ 是对称的(即绕 z 轴对称,见图 5.5).(另外,

$$d\phi\left[\int_0^\pi\int_0^\infty |u_{nlm}|^2r^2dr\sin\theta d\theta\right]=\frac{1}{2\pi}d\phi.)$$

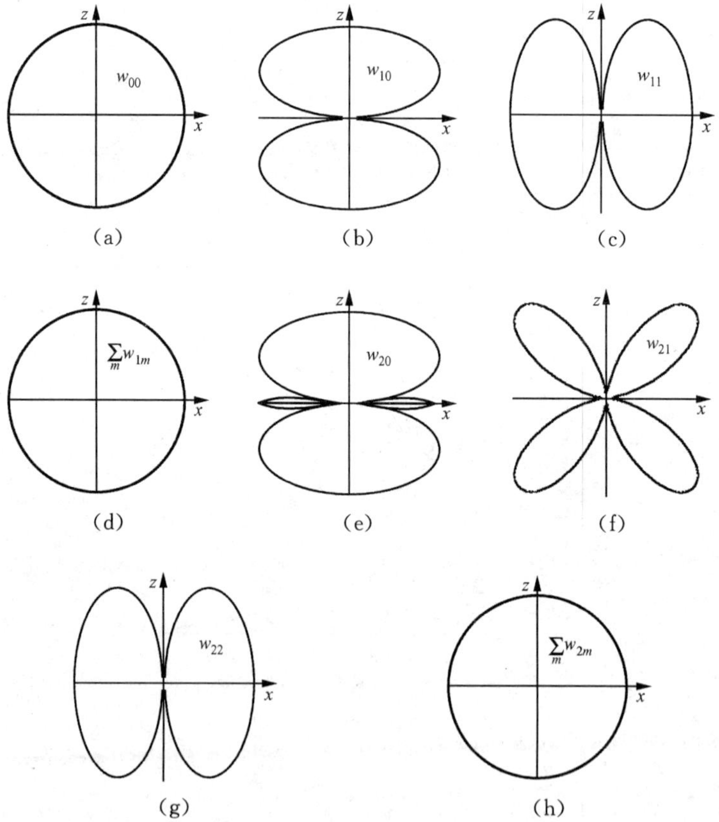

图 5.5 概率密度随角度的变化

由

$$
\begin{aligned}
\sum_{m=-l}^{l} w_{lm}(\theta) &= \sum_{m=-l}^{l} \mathrm{Y}_{lm}^{*} \mathrm{Y}_{lm} \\
&= \frac{2l+1}{4\pi} \mathrm{P}_l(\cos 0) \\
&= \frac{2l+1}{4\pi}
\end{aligned} \tag{5.99}
$$

可见,各分量 m 的概率密度 w_{lm} 之和与 θ, ϕ 无关,是球对称的,见图 5.5(a),(d),(h).

(iv) 电流分布和磁矩(电流的概率分布).

由 u_{nlm} 可求出电子电流的概率分布. 概率通量矢

$$
\boldsymbol{j} = \frac{-\mathrm{i}\hbar}{2m}(u_{nlm}^{*} \nabla u_{nlm} - u_{nlm} \nabla u_{nlm}^{*}), \tag{5.100}
$$

$$
\nabla = \boldsymbol{e}_r \frac{\partial}{\partial r} + \boldsymbol{e}_\theta \frac{\partial}{r\partial\theta} + \frac{1}{r\sin\theta} \frac{\partial}{\partial\phi} \boldsymbol{e}_\phi. \tag{5.101}
$$

概率电荷通量矢为 $\boldsymbol{J} = -e\boldsymbol{j}$,其分量

$$
J_r = -ej_r = 0 \quad (\text{由于 } R_{nl} \text{ 是实函数}), \tag{5.102}
$$

$$
J_\theta = -ej_\theta = 0 \quad (\text{由于 } \mathrm{P}_l^m(\cos\theta) \text{ 是实函数}), \tag{5.103}
$$

$$
\begin{aligned}
J_\phi &= -ej_\phi \\
&= \frac{e\mathrm{i}\hbar}{2\mu}\left(u_{nlm}^{*} \frac{1}{r\sin\theta} \frac{\partial}{\partial\phi} u_{nlm} - u_{nlm} \frac{1}{r\sin\theta} \frac{\partial}{\partial\phi} u_{nlm}^{*}\right) \\
&= \frac{-em\hbar}{\mu r\sin\theta} |u_{nlm}|^2.
\end{aligned} \tag{5.104}
$$

所以,概率电荷通量矢仅在 $\boldsymbol{e}_\phi$ 方向上不为零,其大小对于 ϕ 是对称的. 因此,通过 $\boldsymbol{e}_\phi$ 方向上截面为 $\mathrm{d}\sigma$ 的环电流元为

$$
\mathrm{d}I = -\frac{em\hbar}{\mu r\sin\theta} |u_{nlm}|^2 \mathrm{d}\sigma, \tag{5.105}
$$

根据电磁学原理,环电流产生的磁矩

$$
\mathrm{d}M_z = S\mathrm{d}I \tag{5.106a}
$$

$$
= -\frac{\pi r^2 \sin^2\theta}{\mu r\sin\theta} em\hbar |u_{nlm}|^2 \mathrm{d}\sigma \tag{5.106b}
$$

$$
= -\frac{e\hbar}{2\mu} m |u_{nlm}|^2 \mathrm{d}\tau \quad (\mathrm{d}\tau \text{ 为环体积}), \tag{5.106c}
$$

所以,总磁矩为

$$M_z = -\frac{e\hbar}{2\mu}m = -\mu_e m, \tag{5.107}$$

$\mu_e = \frac{e\hbar}{2\mu} = \frac{m_e}{\mu}\mu_B \approx \mu_B = 9.274\times 10^{-24}$ J/T，μ_B 称为玻尔磁子.

由此可见，由于电子空间运动（处于 u_{nlm} 态），氢原子的磁矩是量子化的，它是玻尔磁子的整数倍，其方向与轨道角动量的 z 分量相反（由于电子带负电）.

$$\frac{M_z}{L_z} = -\frac{e}{2\mu} = g_l\,\frac{e}{2\mu} \tag{5.108}$$

称为轨道回磁比. 如取$\frac{e}{2\mu}$为单位，$g_l = -1$. 这是电子轨道运动产生的磁矩特征.

(v) 广义克拉默斯公式.

若粒子运动于三维中心势

$$V(r) = Ar^p \tag{5.109}$$

中，则其能量本征方程的本征函数

$$u_{nlm}(r,\theta,\phi) = R_{nl}(r)Y_{lm}(\theta,\phi) = \frac{\kappa_{nl}(r)}{r}Y_{lm}(\theta,\phi) \tag{5.110}$$

满足方程

$$\frac{d^2}{dr^2}\kappa_{nl}(r) = \left\{\frac{2m}{\hbar^2}(V(r)-E_{nl}) + \frac{l(l+1)}{r^2}\right\}\kappa_{nl}(r), \tag{5.111}$$

其中，$\kappa_{nl}(0)=0$，$r\to\infty$，$\kappa_{nl}(r)\to 0$.

当 $r\to 0$ 和 $r\to\infty$ 时，若 $\kappa_{nl}(r)$ 满足条件：$l(l+1)r^{s-1}\kappa_{nl}^2(r)\to 0$，$r^{s+1}\kappa_{nl}^2(r)\to 0$ 和 $r^{s+p+1}\kappa_{nl}^2(r)\to 0$，则有广义克拉默斯公式：

$$\begin{aligned}&(s+1)\,\frac{4mE_{nl}}{\hbar^2}\int_0^\infty \kappa_{nl}(r)r^s\kappa_{nl}(r)dr\\&\quad -(2s+p+2)\,\frac{2m}{\hbar^2}\int_0^\infty \kappa_{nl}(r)V(r)r^s\kappa_{nl}(r)dr\\&\quad +\frac{s[s^2-(2l+1)^2]}{2}\int_0^\infty \kappa_{nl}(r)r^{s-2}\kappa_{nl}(r)dr = 0.\end{aligned} \tag{5.112}$$

证 若 $r\to 0$ 和 $r\to\infty$ 时，$r^s\kappa_{nl}^2(r)\to 0$，则

$$\begin{aligned}\int_0^\infty \kappa_{nl}(r)r^{s-1}\kappa_{nl}(r)dr &= \frac{1}{s}r^s\kappa_{nl}^2(r)\Big|_0^\infty - \frac{2}{s}\int_0^\infty \frac{d\kappa_{nl}(r)}{dr}r^s\kappa_{nl}(r)dr\\&= -\frac{2}{s}\int_0^\infty \frac{d\kappa_{nl}(r)}{dr}r^s\kappa_{nl}(r)dr.\end{aligned} \tag{5.113}$$

若 $r\to 0$ 和 $r\to\infty$ 时，$sr^{s-1}\kappa_{nl}^2(r)\to 0$，$r^s\,\frac{d\kappa_{nl}^2(r)}{dr}\to 0$ 和$\frac{r^{s+1}}{s+1}\left(\frac{d\kappa_{nl}(r)}{dr}\right)^2\to 0$，则有

$$\int_0^\infty \frac{\mathrm{d}\kappa_{nl}(r)}{\mathrm{d}r} r^s \frac{\mathrm{d}\kappa_{nl}(r)}{\mathrm{d}r}\mathrm{d}r$$

$$= \frac{s(s-1)}{2}\int_0^\infty \kappa_{nl}(r) r^{s-2}\kappa_{nl}(r)\mathrm{d}r - \int_0^\infty \kappa_{nl}(r) r^s \frac{\mathrm{d}^2\kappa_{nl}(r)}{\mathrm{d}r^2}\mathrm{d}r$$

$$= -\frac{2}{s+1}\int_0^\infty \frac{\mathrm{d}\kappa_{nl}(r)}{\mathrm{d}r} r^{s+1} \frac{\mathrm{d}^2\kappa_{nl}(r)}{\mathrm{d}r^2}\mathrm{d}r, \tag{5.114}$$

即

$$\frac{s(s-1)}{2}\int_0^\infty \kappa_{nl}(r) r^{s-2}\kappa_{nl}(r)\mathrm{d}r$$

$$= \int_0^\infty \left(\kappa_{nl}(r) r^s - \frac{2}{s+1}\frac{\mathrm{d}\kappa_{nl}(r)}{\mathrm{d}r} r^{s+1}\right)\frac{\mathrm{d}^2\kappa_{nl}(r)}{\mathrm{d}r^2}\mathrm{d}r. \tag{5.115}$$

将方程(5.111)代入方程(5.115),并利用方程(5.113),可得

$$(s+1)\frac{4mE_{nl}}{\hbar^2}\int_0^\infty \kappa_{nl}(r) r^s \kappa_{nl}(r)\mathrm{d}r$$

$$-(2s+p+2)\frac{2m}{\hbar^2}\int_0^\infty \kappa_{nl}(r) V(r) r^s \kappa_{nl}(r)\mathrm{d}r$$

$$+\frac{s[s^2-(2l+1)^2]}{2}\int_0^\infty \kappa_{nl}(r) r^{s-2}\kappa_{nl}(r)\mathrm{d}r = 0. \tag{5.116}$$

从而证得广义克拉默斯公式. 当 $s=0$,得

$$E_{nl} = \frac{p+2}{2}\int_0^\infty \kappa_{nl}(r) V(r)\kappa_{nl}(r)\mathrm{d}r, \tag{5.117}$$

即得位力定理:

$$2\bar{\bar{T}}_{nl} = p\bar{V}_{nl}. \tag{5.118}$$

当 $V(r)$ 为库仑势$(-e^2/4\pi\varepsilon_0 r)$时,则得克拉默斯公式

$$\frac{(s+1)}{n^2}\int_0^\infty \kappa_{nl}(r) r^s \kappa_{nl}(r)\mathrm{d}r - (2s+1)a_0\int_0^\infty \kappa_{nl}(r) r^{s-1}\kappa_{nl}(r)\mathrm{d}r$$

$$+\frac{s}{4}[(2l+1)^2 - s^2]a_0^2\int_0^\infty \kappa_{nl}(r) r^{s-2}\kappa_{nl}(r)\mathrm{d}r = 0, \tag{5.119}$$

即

$$\frac{(s+1)}{n^2}\overline{r^s} - (2s+1)a_0\overline{r^{s-1}} + \frac{s}{4}[(2l+1)^2 - s^2]a_0^2\overline{r^{s-2}} = 0. \tag{5.120}$$

其中,$a_0 = \frac{4\pi\varepsilon_0\hbar^2}{me^2} = a_B\frac{m_e}{m}$,$a_B$ 为玻尔半径. 而$\overline{r^0}=1$,$\overline{r^{-1}} = \frac{1}{n^2 a_0}$,$\overline{r^{-2}} = \frac{2}{(2l+1)n^3 a_0^2}$.

5.1.5 类氢离子

类氢离子为核中有 Z 个质子,外面仅有一个电子: 如 He^+, Li^{++}, Be^{+++}, ….

由于是类氢离子，其解完全可借用氢原子的解来求：只要将 e^2 代以 Ze^2，并以 $a=\dfrac{4\pi\varepsilon_0\hbar^2}{\mu Ze^2}$ 代替 a_0，其中，$\mu=\dfrac{m_N m_e}{m_N+m_e}$，$m_N$ 为原子核的质量，则

$$E_n=-\frac{Ze^2}{8\pi\varepsilon_0 a n^2},\tag{5.121a}$$

$$u_{nlm}(r,\theta,\phi)=\left(\frac{2}{na}\right)^{3/2}\left[\frac{(n+l)!}{2n(n-l-1)!}\right]^{1/2}\frac{1}{(2l+1)!}\rho_n^l\cdot e^{-\frac{1}{2}\rho_n}\cdot F(-n_r,2l+2,\rho_n)\cdot Y_{lm},\tag{5.121b}$$

其中，$\rho_n=\dfrac{2}{na}r$.

由不含时间的薛定谔方程，可在不附加任何人为设定的条件下，求得氢原子及类氢离子的分立能谱. 这对量子力学的建立是一支持. 特别是著名的氢原子中的红谱线 H_α（$\lambda_\alpha=6562.79$ Å）是显著的例证；同位素氘（${}^2_1H$）也有相应的红谱线（$\lambda_\alpha'=6561.20$ Å），但与 H_α 不同，这可很好地从能谱公式(5.121a)得到解释，这更进一步地证实了量子力学中的假设的正确性.

附注 具有四维幺模正交转动 SO(4)对称性的库仑势. ①

经典力学在处理开普勒问题时，有一运动常数

$$\boldsymbol{R}=\frac{1}{\mu}\boldsymbol{p}\times\boldsymbol{L}-\frac{Ze^2}{4\pi\varepsilon_0 r}\hat{\boldsymbol{r}},$$

称为 Runge-Len 矢量. 对应于量子力学算符则为

$$\hat{\boldsymbol{R}}=\frac{1}{2\mu}(\hat{\boldsymbol{p}}\times\hat{\boldsymbol{L}}-\hat{\boldsymbol{L}}\times\hat{\boldsymbol{p}})-\frac{Ze^2}{4\pi\varepsilon_0 r}\hat{\boldsymbol{r}}.\tag{1}$$

可以证明

$$[\hat{R}_i,\hat{R}_j]=-\frac{2i\hbar}{\mu}\hat{H}\varepsilon_{ijk}\hat{L}_k,\tag{2a}$$

$$[\hat{R}_i,\hat{L}_j]=i\hbar\varepsilon_{ijk}\hat{R}_k,\tag{2b}$$

$$[\hat{\boldsymbol{R}},\hat{H}]=0,\tag{2c}$$

$$\hat{\boldsymbol{R}}\cdot\hat{\boldsymbol{L}}=0,\tag{2d}$$

$$R^2=\frac{Z^2e^4}{16\pi^2\varepsilon_0^2}+\frac{2}{\mu}\hat{H}(\hat{L}^2+\hbar^2).\tag{2e}$$

其中，

$$\hat{H}=\frac{\hat{p}^2}{2\mu}-\frac{Ze^2}{4\pi\varepsilon_0 r}\tag{3}$$

是氢原子、碱金属或类氢离子的哈密顿量.

由于 $\hat{\boldsymbol{R}}$ 和 $\hat{H}$ 对易，我们可在 $\hat{H}$ 的能级本征态的子空间来求解其本征值.

设该子空间能级的能量为 $E(<0)$. 令

---

① W. Pauli, Z. Physik, **36** (1926)336.

$$\hat{\boldsymbol{K}} = \sqrt{-\frac{\mu}{2E}}\hat{\boldsymbol{R}}, \tag{4}$$

由(2a)和(2b)可得

$$[\hat{K}_i, \hat{K}_j] = \mathrm{i}\hbar\varepsilon_{ijk}\hat{L}_k, \tag{5a}$$

$$[\hat{K}_i, \hat{L}_j] = \mathrm{i}\hbar\varepsilon_{ijk}\hat{K}_k. \tag{5b}$$

另外我们有轨道角动量的对易关系

$$[\hat{L}_i, \hat{L}_j] = \mathrm{i}\hbar\varepsilon_{ijk}\hat{L}_k. \tag{5c}$$

具有对易关系(5a)、(5b)和(5c)的六个算符 $\hat{\boldsymbol{K}}$ 和 $\hat{\boldsymbol{L}}$ 构成幺模正交转动群 SO(4)的生成元. 而 $\hat{H}$ 与这六个生成元对易，所以氢原子、碱金属或类氢离子的哈密顿量具有幺模正交转动群 SO(4)的对称性.

如令

$$\hat{\boldsymbol{M}} = \frac{1}{2}(\hat{\boldsymbol{L}} + \hat{\boldsymbol{K}}), \tag{6a}$$

$$\hat{\boldsymbol{N}} = \frac{1}{2}(\hat{\boldsymbol{L}} - \hat{\boldsymbol{K}}), \tag{6b}$$

则由(5a)、(5b)和(5c)式可得算符 $\hat{\boldsymbol{M}}$,$\hat{\boldsymbol{N}}$ 的对易关系

$$[\hat{M}_i, \hat{M}_j] = \mathrm{i}\hbar\varepsilon_{ijk}\hat{M}_k, \tag{7a}$$

$$[\hat{N}_i, \hat{N}_j] = \mathrm{i}\hbar\varepsilon_{ijk}\hat{N}_k, \tag{7b}$$

和$[\hat{\boldsymbol{M}}, \hat{\boldsymbol{N}}] = 0$.

这表明，由群 SO(4)的生成元线性组合成两个彼此独立的角动量算符. 类似于求轨道角动量算符的本征值(参阅(4.131)式)的推导，$\hat{\boldsymbol{M}}^2$ 和 $\hat{\boldsymbol{N}}^2$ 的本征值分别为 $M(M+1)\hbar^2$ 和 $N(N+1)\hbar^2$. 但是，它们的取值可为

$$0,\ \frac{1}{2},\ 1,\ \frac{3}{2},\ 2,\ \frac{5}{2},\ \cdots. \tag{8}$$

于是算符(通常称为卡西米尔(Casimir)算符)

$$\hat{C} = \hat{M}^2 + \hat{N}^2$$

的本征值为 $2M(M+1)\hbar^2$.(这是因为由(5)式知，$\hat{\boldsymbol{K}}\cdot\hat{\boldsymbol{L}} = 0$，所以，$\hat{M}^2 = \hat{N}^2$.)

另外，卡西米尔算符

$$\hat{C} = \hat{M}^2 + \hat{N}^2 = \frac{1}{2}(\hat{L}^2 + \hat{K}^2) = -\frac{\mu Z^2 e^4}{64\pi^2\varepsilon_0^2 E} - \frac{\hbar^2}{2},$$

最后的等式已利用了公式(2e)和(4).

所以，在 $\hat{H}$,$\hat{M}^2$ 和 $\hat{N}^2$ 的共同本征态下，能量本征值为

$$E_n = -\frac{\mu Z^2 e^4}{32\pi^2\varepsilon_0^2\hbar^2(2M+1)^2} = -\frac{Ze^2}{8\pi\varepsilon_0 a n^2}, \tag{9}$$

其中，$a = \frac{4\pi\varepsilon_0\hbar^2}{\mu Z e^2}$. 当 n 给定，则 $M = \frac{n-1}{2}$.

如在 $\hat{H}$,$\hat{L}^2$ 和 $\hat{L}_z$ 的共同本征态下，则能量本征值仍为

$$E_n = -\frac{Ze^2}{8\pi\varepsilon_0 a n^2},$$

而 $\hat{L}^2$ 的本征值为 $l(l+1)\hbar^2$，$n=n_r+l+1=2M+1$. 所以，l 可取值 $0,1,2,\cdots,2M=n-1$.

总之，氢原子、碱金属或类氢离子的哈密顿量除具有几何对称性外，还具有动力学对称性. 因而，它们的能级不仅对 $\hat{L}_z$ 的量子数 m 简并，而且对 $\hat{L}^2$ 的量子数 l 也简并.

5.2　赫尔曼-费恩曼(Hellmann-Feynman)定理

若 $\hat{H}=\hat{H}(\lambda)$（λ 是 $\hat{H}$ 中的某一参量），其本征态为 $u_n(\lambda)$（已归一），本征值为 $E_n(\lambda)$，则有

$$\hat{H}(\lambda)u_n(\lambda)=E_n(\lambda)u_n(\lambda), \tag{5.122}$$

于是有**赫尔曼-费恩曼定理**：

$$\left(u_n(\lambda),\frac{\partial\hat{H}(\lambda)}{\partial\lambda}u_n(\lambda)\right)=\frac{\partial E_n(\lambda)}{\partial\lambda}. \tag{5.123}$$

证　将方程(5.122)两边对参量 λ 求微商，可得

$$\frac{\partial\hat{H}(\lambda)}{\partial\lambda}u_n(\lambda)+\hat{H}(\lambda)\frac{\partial u_n(\lambda)}{\partial\lambda}=\frac{\partial E_n(\lambda)}{\partial\lambda}u_n(\lambda)+E_n(\lambda)\frac{\partial u_n(\lambda)}{\partial\lambda}, \tag{5.124}$$

以 $u_n(\lambda)$ 标积方程(5.124)两边，得

$$\left(u_n(\lambda),\frac{\partial\hat{H}(\lambda)}{\partial\lambda}u_n(\lambda)\right)+\left(u_n(\lambda),\hat{H}(\lambda)\frac{\partial u_n(\lambda)}{\partial\lambda}\right)$$
$$=\frac{\partial E_n(\lambda)}{\partial\lambda}+E_n(\lambda)\left(u_n(\lambda),\frac{\partial u_n(\lambda)}{\partial\lambda}\right),$$

从而证明了赫尔曼-费恩曼定理

$$\left(u_n(\lambda),\frac{\partial\hat{H}(\lambda)}{\partial\lambda}u_n(\lambda)\right)=\frac{\partial E_n(\lambda)}{\partial\lambda}. \tag{5.125}$$

例　对类氢离子：$V(r)=-\dfrac{Ze^2}{4\pi\varepsilon_0\cdot r}$，其能级能量为 $E_n(Z)=-\dfrac{Z^2e^2}{8\pi\varepsilon_0\cdot a_0n^2}$，试求 $\overline{r^{-1}}$，$\overline{r^{-2}}$.

解

$$\hat{H}=\frac{\hat{\boldsymbol{p}}^2}{2\mu}-\frac{Ze^2}{4\pi\varepsilon_0\cdot r},$$

若将 Z 看作参量 λ，则

$$\frac{\partial\hat{H}}{\partial z}=-\frac{e^2}{4\pi\varepsilon_0\cdot r},\qquad\frac{\partial E_n(z)}{\partial z}=-\frac{Ze^2}{4\pi\varepsilon_0a_0n^2},$$

于是，根据赫尔曼-费恩曼定理有

$$\left(u_{nlm},-\frac{e^2}{4\pi\varepsilon_0\cdot r}u_{nlm}\right)=-\frac{Ze^2}{4\pi\varepsilon_0\cdot a_0n^2},$$

从而得

$$\overline{r^{-1}}=\frac{Z}{a_0n^2}=\frac{1}{an^2}. \tag{5.126}$$

另外，在球坐标下，能量本征函数 u_{nlm} 可表为 $R_{nl}Y_{lm}$，这时本征方程为

$$\hat{H}u_{nlm} = \left(-\frac{\hbar^2}{2\mu}\frac{1}{r}\cdot\frac{d^2}{dr^2}r + \frac{l(l+1)\hbar^2}{2\mu r^2} - \frac{Ze^2}{4\pi\varepsilon_0\cdot r}\right)u_{nlm},$$

这时可将 l 看作参量 λ，则

$$\frac{\partial\hat{H}}{\partial l} = \frac{(2l+1)\hbar^2}{2\mu r^2},$$

$$\frac{\partial E_n(l)}{\partial l} = \frac{\partial\left[-\frac{Ze^2}{8\pi\varepsilon_0\cdot a(n_r+l+1)^2}\right]}{\partial l} = \frac{Ze^2}{4\pi\varepsilon_0\cdot a\cdot n^3},$$

于是有

$$\overline{r^{-2}} = \frac{2\mu}{(2l+1)\hbar^2}\cdot\frac{Ze^2}{4\pi\varepsilon_0\cdot a\cdot n^3} = \frac{1}{\left(l+\frac{1}{2}\right)a^2\cdot n^3}. \tag{5.127}$$

5.3 三维各向同性谐振子

5.3.1 本征值和本征函数

位势 $V(r)=\frac{1}{2}m\omega^2r^2$ 是一种常用的位势模式，它也是有心力场. 所以仍取力学量完全集$(\hat{H},\hat{L}^2,L_z)$来分类能级及相应的本征函数，

$$-\frac{\hbar^2}{2m}\left(\frac{1}{r}\frac{\partial^2}{\partial r^2}r - \frac{\hat{L}^2}{\hbar^2r^2}\right)u_{nlm} + \frac{1}{2}m\omega^2r^2u_{nlm} = Eu_{nlm}. \tag{5.128}$$

由于 $\hat{T}$ 和 V 的性质，上述方程是变量可分离型的，其特解

$$u_{nlm} = R_{nl}Y_{lm}.$$

令 $\alpha^{-4}=\frac{\hbar^2}{m^2\omega^2}$，$\lambda=\frac{2}{\hbar\omega}E$，$\rho=\alpha r$，则有

$$\frac{d^2}{d\rho^2}(\rho R) + \left[\lambda - \rho^2 - \frac{l(l+1)}{\rho^2}\right](\rho R) = 0. \tag{5.129}$$

当 $\rho\to\infty$，方程渐近形式为

$$\frac{d^2}{d\rho^2}(\rho R) - \rho^2(\rho R) = 0, \tag{5.130}$$

所以

$$\rho R \sim e^{-\frac{\rho^2}{2}}. \tag{5.131}$$

而当 $\rho\to 0$，

$$\rho R \sim \rho^{l+1}, \tag{5.132}$$

于是令

$$\rho R = \rho^{l+1} e^{-\frac{\rho^2}{2}} v, \tag{5.133}$$

代入方程(5.129)得

$$\rho v'' + [2(l+1) - 2\rho^2]v' + (\lambda - 2l - 3)\rho v = 0. \tag{5.134}$$

令 $y=\rho^2$,并代入方程(5.134),得方程

$$y v''(y) + \left[\left(l + \frac{3}{2}\right) - y\right]v'(y) - \frac{(2l+3-\lambda)}{4}v(y) = 0, \tag{5.135}$$

这即为合流超几何方程(参阅(5.79)式),要求 $v(y)$ 在 $y=0$ 处是正常解,则取

$$v(y) = c\mathrm{F}\left(\frac{2l+3-\lambda}{4}, l+\frac{3}{2}, y\right). \tag{5.136}$$

合流超几何函数若不截断,当 $y\to\infty$, $\mathrm{F} \xrightarrow{y\to\infty} e^y$. 为使 y 趋无穷远处时有 $R_{nl} \xrightarrow{y\to\infty} 0$,因此要求截断成多项式. 这就要求(5.135)式中的常数项的系数

$$\frac{2l+3-\lambda}{4} = -n_r,$$

所以

$$\lambda = 4n_r + 2l + 3 = \frac{2}{\hbar\omega}E. \tag{5.137}$$

于是,三维各向同性谐振子的能量本征值

$$E_N = \left(2n_r + l + \frac{3}{2}\right)\hbar\omega = \left(N + \frac{3}{2}\right)\hbar\omega. \tag{5.138}$$

其中 $N=2n_r+l$. 当给定 N,量子数 l, n_r 可取值为

$$l = N, N-2, \cdots, \begin{cases} 1 & (N \text{ 为奇}), \\ 0 & (N \text{ 为偶}), \end{cases}$$

$$n_r = 0, 1, \cdots, \begin{cases} \dfrac{N-1}{2} & (N \text{ 为奇}), \\ \dfrac{N}{2} & (N \text{ 为偶}). \end{cases} \tag{5.139}$$

5.3.2 讨论

(i) 三维各向同性谐振子的能级是等间距的,最低能级为 $\frac{3}{2}\hbar\omega$.

(ii) 每条能级是简并的. 简并度 $g_N = \frac{1}{2}(N+1)(N+2)$. 它对角动量 l 也是简并的. 我们可从哈密顿量的对称性来证实(参阅本节末附注).

(iii) 当 N 为偶, $l=0,2,4,\cdots,N$; 当 N 为奇, $l=1,3,5,\cdots,N$. 所以,宇称为 $(-1)^N$. 也就是说,三维各向同性谐振子的简并能级的本征函数的宇称是相同的.

(iv) 利用附录公式(Ⅳ.7),易求得归一化波函数

$$u_{n_r lm} = \left[\frac{\alpha^3 \cdot 2^{l-n_r+2}(2l+2n_r+1)!!}{\sqrt{\pi}n_r![(2l+1)!!]^2}\right]^{1/2}(\alpha r)^l$$
$$\cdot \mathrm{e}^{-\frac{1}{2}\alpha^2 r^2}\mathrm{F}\left(-n_r, l+\frac{3}{2}, \alpha^2 r^2\right)\mathrm{Y}_{lm}, \tag{5.140}$$

其中,$\alpha=\left(\frac{m\omega}{\hbar}\right)^{1/2}$,$n_r=\frac{N-l}{2}$.

三维各向同性谐振子也可用$(\hat{H}_x,\hat{H}_y,\hat{H}_z)$作为力学量完全集来分类求解.

利用一维谐振子的解(3.145)和(3.147),可得

$$E_N = \left(N+\frac{3}{2}\right)\hbar\omega, \tag{5.141}$$

$$U_{n_x n_y n_z}(x,y,z) = u_{n_x}(x)u_{n_y}(y)u_{n_z}(z), \tag{5.142}$$

其中 $N=n_x+n_y+n_z$. 而

$$u_{n_i}(x_i) = \left(\frac{\alpha}{2^{n_i}\, n_i!\sqrt{\pi}}\right)^{1/2}\mathrm{e}^{-\xi^2/2}\mathrm{H}_{n_i}(\xi), \tag{5.143}$$

$\mathrm{H}_n(\xi)=(-1)^n\mathrm{e}^{\xi^2}\frac{\mathrm{d}^n}{\mathrm{d}\xi^n}\mathrm{e}^{-\xi^2}$,$\xi=\alpha x_i\left(\alpha=\sqrt{\frac{m\omega}{\hbar}}\right)$.

附注 三维各向同性谐振子的哈密顿量具有幺模幺正群 SU(3)的对称性

类似于一维谐振子势,三维各向同性谐振子的哈密顿量可表为

$$\hat{H} = \hbar\omega\left(\sum_{i=1}^{3}a_i^\dagger a_i + \frac{3}{2}\right). \tag{1}$$

引入算符

$$\hat{A}_i^j = a_j^\dagger a_i,\quad i,j=1,2,3, \tag{2}$$

它们有

$$[\hat{A}_i^j,\hat{H}] = 0, \tag{3}$$

及

$$[\hat{A}_i^j,\hat{A}_k^l] = \delta_i^l\hat{A}_k^j - \delta_k^j\hat{A}_i^l. \tag{4}$$

练习 试证明公式(3)和(4).

由公式(1)可得

$$\hat{A} = \sum_i \hat{A}_i^i = \frac{1}{\hbar\omega}\hat{H} - \frac{3}{2}, \tag{5}$$

所以,在任一本征态下,它是一个常数.这样,我们可以引入另一组算符

$$\hat{B}_i^j = \hat{A}_i^j - \frac{1}{3}\delta_i^j\hat{A}, \tag{6}$$

从而有

$$\sum_i \hat{B}_i^i = 0. \tag{7}$$

因而,9 个 $\hat{B}_i^j$ 中,仅 8 个是独立的,且由公式(4)可得

$$[\hat{B}_i^j,\hat{B}_k^l] = \delta_i^l\hat{B}_k^j - \delta_k^j\hat{B}_i^l, \tag{8}$$

所以，$\hat{B}_i^j$ 是幺模幺正群 SU(3)的生成元.

由公式(3)直接可得

$$[\hat{B}_i^j, \hat{H}] = 0, \tag{9}$$

也就是说，三维各向同性谐振子的哈密顿量在 SU(3)群的变换下是不变的. 这就是三维各向同性谐振子的能级对量子数 l 也简并的原因.

5.4　带电粒子在外电磁场中的薛定谔方程，恒定均匀场中带电粒子的运动

5.4.1　带电粒子在外电磁场中的薛定谔方程

在经典力学中，质量为 m 的带有电荷为 q 的粒子，在电磁场中的经典哈密顿量为

$$H = \frac{1}{2m}(\boldsymbol{p} - q\boldsymbol{A})^2 + q\varphi,$$

其中 $\boldsymbol{p}$ 为正则动量.

因此，在量子力学中，带电粒子在外电磁场及外场中的薛定谔方程为

$$\mathrm{i}\hbar\frac{\partial\psi}{\partial t} = \frac{1}{2m}(-\mathrm{i}\hbar\nabla - q\boldsymbol{A})^2\psi + q\varphi(\boldsymbol{r},t)\psi + V(\boldsymbol{r})\psi. \tag{5.144}$$

(对于有自旋的带电粒子，则有附加项 $\xi(r)\boldsymbol{s}\cdot\boldsymbol{l}$，$\xi(r) = \dfrac{1}{2m^2c^2}\dfrac{1}{r}\dfrac{\mathrm{d}V(r)}{\mathrm{d}r}$ 和 $-\dfrac{q}{m}\boldsymbol{s}\cdot\boldsymbol{B}$.)

当我们处理静标势时，取库仑规范 $\nabla\cdot\boldsymbol{A}=0$. 于是

$$-\mathrm{i}\hbar(\nabla\cdot\boldsymbol{A} - \boldsymbol{A}\cdot\nabla) = -\mathrm{i}\hbar(\nabla\cdot\boldsymbol{A}) = 0, \tag{5.145}$$

即

$$\hat{\boldsymbol{p}}\cdot\boldsymbol{A} = \boldsymbol{A}\cdot\hat{\boldsymbol{p}}, \tag{5.146}$$

$$\mathrm{i}\hbar\frac{\partial\psi}{\partial t} = \frac{\hat{\boldsymbol{p}}^2}{2m}\psi - \frac{q}{m}\boldsymbol{A}\cdot\hat{\boldsymbol{p}}\psi + \frac{q^2}{2m}\boldsymbol{A}^2\psi + q\varphi\psi + V\psi. \tag{5.147}$$

方程(5.147)有性质如下：

A. 概率守恒

$$\begin{aligned}\mathrm{i}\hbar\psi^*\frac{\partial\psi}{\partial t} = &\frac{1}{2m}\psi^*\hat{\boldsymbol{p}}^2\psi - \frac{q}{m}\psi^*\boldsymbol{A}\cdot\hat{\boldsymbol{p}}\psi \\ &+ \frac{q^2}{2m}\psi^*\boldsymbol{A}^2\psi + q\psi^*\varphi\psi + \psi^*V\psi,\end{aligned} \tag{5.148a}$$

$$-\mathrm{i}\hbar\frac{\partial\psi^*}{\partial t}\psi = \frac{1}{2m}\psi\hat{\boldsymbol{p}}^2\psi^* + \frac{q}{m}\psi\boldsymbol{A}\cdot\hat{\boldsymbol{p}}\psi^*$$

$$+\frac{q^2}{2m}\psi\boldsymbol{A}^2\psi^* + q\psi\varphi\psi^* + \psi V\psi^*. \tag{5.148b}$$

将方程(5.148a)减方程(5.148b)得方程

$$\begin{aligned}
\mathrm{i}\hbar\frac{\partial(\psi^*\psi)}{\partial t} &= \frac{1}{2m}(\psi^*\hat{\boldsymbol{p}}^2\psi - \psi\hat{\boldsymbol{p}}^2\psi^*) - \frac{q}{m}\boldsymbol{A}\cdot(\psi^*\hat{\boldsymbol{p}}\psi + \psi\hat{\boldsymbol{p}}\psi^*) \\
&= \frac{1}{2m}\hat{\boldsymbol{p}}\cdot(\psi^*\hat{\boldsymbol{p}}\psi - \psi\hat{\boldsymbol{p}}\psi^*) - \frac{q}{m}\hat{\boldsymbol{p}}\cdot(\psi^*\boldsymbol{A}\psi) \\
&= \frac{1}{m}\hat{\boldsymbol{p}}\cdot\mathrm{Re}[\psi^*(\hat{\boldsymbol{p}} - q\boldsymbol{A})\psi],
\end{aligned} \tag{5.149}$$

从而得带电粒子在外电磁场中的概率守恒式

$$\frac{\partial\rho}{\partial t} + \nabla\cdot\boldsymbol{j} = 0. \tag{5.150}$$

其中,带电粒子在外电磁场中的概率通量矢

$$\boldsymbol{j} = \frac{1}{m}\mathrm{Re}[\psi^*(\hat{\boldsymbol{p}} - q\boldsymbol{A})\psi]. \tag{5.151}$$

B. 规范不变性

在经典电动力学中,电磁场具有规范不变性,即当

$$\boldsymbol{A} \to \boldsymbol{A}' = \boldsymbol{A} + \nabla f, \quad \varphi \to \varphi' = \varphi - \frac{\partial f}{\partial t}$$

时,$\boldsymbol{B} = \nabla\times\boldsymbol{A} = \nabla\times\boldsymbol{A}'$和$\boldsymbol{E} = -\nabla\varphi - \frac{\partial\boldsymbol{A}}{\partial t} = -\nabla\varphi' - \frac{\partial\boldsymbol{A}'}{\partial t}$保持不变.

而在量子力学中,哈密顿量

$$\hat{H} = \frac{1}{2m}(\hat{\boldsymbol{p}} - q\boldsymbol{A})^2 + q\varphi(\boldsymbol{r}) + V(\boldsymbol{r}).$$

波函数随时间演化是由薛定谔方程 $\mathrm{i}\hbar\frac{\partial\psi}{\partial t} = \hat{H}\psi$ 确定.

当电磁场作规范变换后,哈密顿量变为

$$\hat{H}' = \frac{1}{2m}(\hat{\boldsymbol{p}} - q\boldsymbol{A}')^2 + q\varphi' + V(\boldsymbol{r}).$$

我们若取 $\psi' = \mathrm{e}^{\mathrm{i}F(\boldsymbol{r},t)}\psi, F(\boldsymbol{r},t) = \frac{qf}{\hbar}$,则

$$\begin{aligned}
\mathrm{i}\hbar\frac{\partial\psi'}{\partial t} &= \mathrm{e}^{\mathrm{i}F(\boldsymbol{r},t)}\mathrm{i}\hbar\frac{\partial\psi}{\partial t} - \hbar\frac{q}{\hbar}\frac{\partial f}{\partial t}\mathrm{e}^{\mathrm{i}F}\psi \\
&= \mathrm{e}^{\mathrm{i}F(\boldsymbol{r},t)}\left[\frac{1}{2m}(\hat{\boldsymbol{p}} - q\boldsymbol{A})^2 + q\varphi + V(\boldsymbol{r})\right]\psi - q\frac{\partial f}{\partial t}\mathrm{e}^{\mathrm{i}F(\boldsymbol{r},t)}\psi \\
&= \frac{1}{2m}\left[\hat{\boldsymbol{p}} - q\boldsymbol{A} - (-\mathrm{i}\hbar)\left(\frac{\mathrm{i}}{\hbar}q\nabla f\right)\right]^2\mathrm{e}^{\mathrm{i}\frac{qf}{\hbar}}\psi + q\varphi'\psi' + V(\boldsymbol{r})\psi'
\end{aligned}$$

$$= \frac{1}{2m}(\hat{\boldsymbol{p}} - q\boldsymbol{A}')^2\psi' + q\varphi'\psi' + V\psi' = \hat{H}'\psi'. \tag{5.152}$$

所以波函数随时间演化的规律不变,这即为量子力学的规范不变性.虽然波函数变了,但所有可观测物理量保持不变,方程的结构形式不变.

5.4.2 正常塞曼效应

当氢原子、类氢离子或碱金属等原子置于较强的外磁场中,将会发现它们的每一条标志光谱分裂为三条,通常称之为简单塞曼效应或正常塞曼效应(normal Zeeman effect)(而原来能级分裂成($2l+1$)条能级).(产生此效应的条件:当外磁场是强场,使自旋轨道 $\hat{\boldsymbol{S}} \cdot \hat{\boldsymbol{L}}$ 项的贡献可忽略;但又不太强,使 $\boldsymbol{B}^2$ 项也能忽略.另外,由于自旋与磁场作用在偶极跃迁中是不影响结果的,所以可不计及.)

这时,电子所满足的薛定谔方程为

$$\mathrm{i}\hbar\frac{\partial\psi}{\partial t} = \hat{H}\psi = \frac{1}{2\mu}(\hat{\boldsymbol{p}} - q\boldsymbol{A})^2\psi + V(r)\psi, \tag{5.153}$$

$V(r)$为原子中的库仑场或屏蔽库仑场.

由于原子很小,在实验室中产生的磁场在原子范围内可看做一均匀场.与 $\boldsymbol{B}$ 相应的矢量势可取为

$$\boldsymbol{A} = \frac{1}{2}\boldsymbol{B} \times \boldsymbol{r}, \tag{5.154}$$

这即意味着

$$(A_x, A_y, A_z) = \frac{1}{2}(B_y z - B_z y, B_z x - B_x z, B_x y - B_y x). \tag{5.155}$$

如取 $\boldsymbol{B}$ 方向为 z 方向,则

$$\boldsymbol{A} = \frac{1}{2}(-yB, xB, 0),$$

代入方程(5.153)得

$$\begin{aligned}\mathrm{i}\hbar\frac{\partial\psi}{\partial t} &= \frac{1}{2\mu}\left[\left(\hat{p}_x + \frac{q}{2}yB\right)^2 + \left(\hat{p}_y - \frac{q}{2}xB\right)^2 + \hat{p}_z^2\right]\psi + V(r)\psi \\ &= \left[\frac{1}{2\mu}\hat{\boldsymbol{p}}^2 - \frac{qB}{2\mu}\hat{L}_z + \frac{q^2B^2}{8\mu}(x^2 + y^2)\right]\psi + V(r)\psi. \end{aligned}\tag{5.156}$$

注意到,$a_0 = 5.29 \times 10^{-11}$ m, $\frac{h}{e} = 4.1357 \times 10^{-15}$ Wb, 1 T = 1 Wb/m², 公式(5.156)中,

$$\left|\frac{\text{第三项}}{\text{第二项}}\right| = \frac{qB\rho^2}{4L_z'} \sim \frac{ea_0^2}{4\hbar}B \approx 10^{-6}B/\mathrm{T},$$

当 B 不大时,则方程(5.156)中等式右边的第三项可忽略.

令特解: $\psi_E = u_E(\boldsymbol{r})\mathrm{e}^{-\mathrm{i}Et/\hbar}$. 于是,不含时间的薛定谔方程可表为

$$\left[\frac{\hat{\boldsymbol{p}}^2}{2\mu} - \frac{qB}{2\mu}\hat{L}_z + V(r)\right]u_E(\boldsymbol{r}) = Eu_E(\boldsymbol{r}). \tag{5.157}$$

因考虑的是碱金属或类氢离子, $q=-e$, $V(r)$是有心力场(但不一定是库仑场). 于是可选完全集$(\hat{H}, \hat{L}^2, \hat{L}_z)$,这时,能量本征函数可表为

$$u_{nlm} = R_{nl}\mathrm{Y}_{lm}. \tag{5.158}$$

本征方程在无磁场时,若表为

$$\left[\frac{\hat{\boldsymbol{p}}^2}{2\mu} + V(r)\right]u_{nlm} = E_{nl}u_{nlm}, \tag{5.159}$$

由于$V(r)$不一定是库仑场,所以E可能与l有关,于是方程(5.157)的能量本征值

$$E_{nlm} = E_{nl} + \frac{eB}{2\mu}m\hbar. \tag{5.160}$$

所以,原来是$2l+1$重简并的能级,在外磁场下分裂为$2l+1$条,各条能级的能量差为

$$\frac{eB}{2\mu}\hbar = \hbar\omega_{\mathrm{L}},$$

其中$\omega_{\mathrm{L}} = \dfrac{eB}{2\mu}$被称为拉莫尔(Larmor)频率,它与外场成正比.

例 有$l=2$和$l=1$两条能级,在无外场下发生跃迁的光波频率为$\omega_0 = \dfrac{\Delta E}{\hbar}$. 当置于较强的外磁场中时,这条标志光谱是如何分裂的?

由电偶极矩跃迁选择定则,末态磁量子数(m_{f})与初态磁量子数(m_{i})之差

$$\Delta m_l = m_{\mathrm{f}} - m_{\mathrm{i}} = \begin{cases} 1, \\ 0, \\ -1. \end{cases} \tag{5.161}$$

$\Big($即使考虑电子自旋,即附加$\dfrac{-q\hbar}{2\mu}\sigma_z B$项,也不影响结论. 因偶极跃迁选择定则之一为$\Delta m_s = 0$.$\Big)$所以,在外场下,有9种跃迁,但频率仅有3个(如图5.6所示),

$$\omega = \begin{cases} \omega_0 + \dfrac{eB}{2\mu}, & \Delta m_l = -1, \\ \omega_0, & \Delta m_l = 0, \\ \omega_0 - \dfrac{eB}{2\mu}, & \Delta m_l = 1, \end{cases} \tag{5.162}$$

这即为正常塞曼效应.

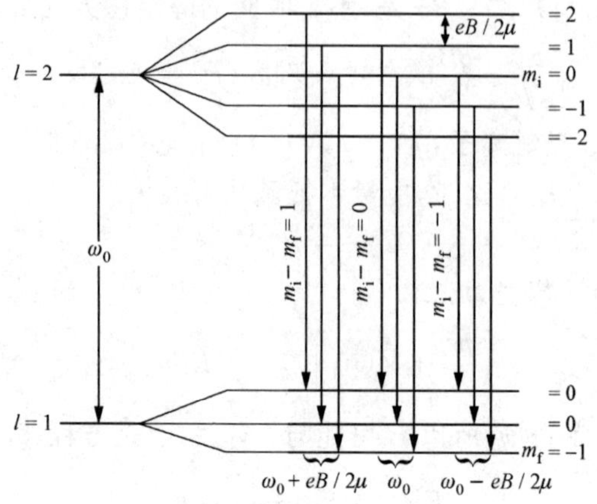

图 5.6　正常塞曼效应

5.4.3　带电粒子在均匀磁场中的运动

带电粒子在磁场中运动时，薛定谔方程为

$$\frac{1}{2\mu}(\hat{\boldsymbol{p}}-q\boldsymbol{A})^2 u = Eu. \tag{5.163}$$

若为均匀磁场，$\boldsymbol{B}$ 在 z 方向，我们可取

$$\boldsymbol{A}=(-yB,0,0), \tag{5.164}$$

即取 $\boldsymbol{A}=\frac{1}{2}\boldsymbol{B}\times\boldsymbol{r}+\nabla f$，$f=-\frac{1}{2}Bxy$，于是有

$$\frac{1}{2\mu}[(\hat{p}_x+qyB)^2+\hat{p}_y^2+\hat{p}_z^2]u = Eu. \tag{5.165}$$

因$[\hat{H},\hat{p}_x]=[\hat{H},\hat{p}_z]=[\hat{p}_x,\hat{p}_z]=0$，可选$(\hat{H},\hat{p}_x,\hat{p}_z)$为力学量完全集，则本征函数可表为

$$u_{np_xp_z}=\frac{1}{2\pi\hbar}\mathrm{e}^{\mathrm{i}(p_xx+p_zz)/\hbar}\eta_n(y), \tag{5.166}$$

从而得

$$\left[\frac{1}{2\mu}\hat{p}_y^2+\frac{1}{2\mu}(p_x+qyB)^2\right]\eta_n(y)=\varepsilon_n\eta_n(y), \tag{5.167}$$

其中 $\varepsilon_n=E_n-\frac{p_z^2}{2\mu}$. 令 $s=y+\frac{1}{qB}p_x$，$\omega^2=\frac{q^2B^2}{\mu^2}$，即 $\omega=\frac{|q|B}{\mu}$，得方程

$$\left(-\frac{\hbar^2}{2\mu}\frac{\mathrm{d}^2}{\mathrm{d}s^2}+\frac{1}{2}\mu\omega^2s^2\right)\eta_n(s)=\varepsilon_n\eta_n(s), \tag{5.168}$$

并有解（见公式(3.147)）

$$\eta_n(s) = \left(\frac{\alpha}{2^n n!\sqrt{\pi}}\right)^{1/2} \mathrm{e}^{-\frac{1}{2}\alpha^2 s^2} \mathrm{H}_n(\alpha s), \tag{5.169}$$

其中,$\alpha=\left(\frac{\mu\omega}{\hbar}\right)^{1/2}=\left(\frac{|q|B}{\hbar}\right)^{1/2}$.而

$$\varepsilon_n = \left(n+\frac{1}{2}\right)\hbar\omega, \tag{5.170}$$

从而得

$$E_{np_xp_z} = \frac{p_z^2}{2\mu} + \left(n+\frac{1}{2}\right)\hbar\,\frac{|q|B}{\mu}, \tag{5.171}$$

$$u_{np_xp_z} = \frac{1}{2\pi\hbar}\mathrm{e}^{\mathrm{i}(p_x x+p_z z)/\hbar}\eta_n\left(y\pm\frac{p_x}{|q|B}\right), \tag{5.172}$$

其中,±号是对应于电荷 q 为正电荷或负电荷.

振子能量为$\frac{|q|\hbar}{2\mu}(2n+1)B$,故该体系具有$-\frac{|q|\hbar}{2\mu}(2n+1)$的磁矩.也就是说,无论电荷是正还是负,这磁矩总是与外场方向相反(即反磁性).这磁矩是量子化的,但它不是$\frac{|q|\hbar}{2\mu}$的整数倍,而是 1,3,5,…倍.这正是自由电子气体反磁性的特征.

由上面的结果可以看到:

(i) 在这样的磁场下,电子在 x,z 方向的运动是平移运动(若 B 在 z 方向),而在 y 方向是振动运动,由于受到恒定的外力作用而改变了平衡位置$\left(\mp\frac{p_x}{|q|B}\right)$.

(ii) 能量与 p_x 无关,即每一条能级对 p_x 是简并的,即无穷大简并,这些能级(n,p_z 给定)称为朗道能级.而

$$\psi_{np_z} = \int a_{p_x} u_{np_xp_z}\,\mathrm{d}p_x \tag{5.173}$$

仍是本征方程之解.

5.4.4 磁通量的量子化

量子效应不仅在微观尺度中显示出来,而且在宏观尺度中也有显示.磁通量的量子化是一典型的事例,它是薛定谔方程具有规范不变性的结果.

在外电磁场中的薛定谔方程为

$$\mathrm{i}\hbar\frac{\partial\psi}{\partial t} = \frac{1}{2\mu}[-\mathrm{i}\hbar\nabla-q\boldsymbol{A}]^2\psi + q\varphi(\boldsymbol{r},t)\psi + V(\boldsymbol{r})\psi, \tag{5.174}$$

在规范变换下,$\boldsymbol{A}\to\boldsymbol{A}+\nabla f$,$\varphi\to\varphi-\frac{\partial f}{\partial t}$,取波函数

$$\psi' = e^{if(\boldsymbol{r},t)}\psi,$$

其中 $f(\boldsymbol{r},t)=\frac{qf}{\hbar}$，$\psi'$所满足的薛定谔方程的结构形式不变.

现来看一个著名的事例.

在 $\boldsymbol{B}=0$，$\boldsymbol{E}=0$ 的区域，即是

$$\nabla\times\boldsymbol{A} = 0,\quad \nabla\varphi = 0.$$

因此，在电磁场自由区域，即无电磁场区域有 $\boldsymbol{A}=\varphi=0$. 薛定谔方程为

$$\mathrm{i}\hbar\frac{\partial\psi}{\partial t} = \left(\frac{\hat{\boldsymbol{p}}^2}{2\mu}+V(\boldsymbol{r})\right)\psi.$$

当然，也可取 $\boldsymbol{A}=\nabla f$，$\varphi=-\frac{\partial f}{\partial t}$，并保持

$$\nabla^2 f-\frac{1}{c^2}\frac{\partial^2 f}{\partial t^2} = 0.$$

这时满足薛定谔方程的电子的波函数应为 $\psi'=e^{-i\frac{ef}{\hbar}}\psi$. 即在不同 $\boldsymbol{r}$ 处，波函数有一固定的相位改变. 若从 $\boldsymbol{a}\to\boldsymbol{r}$，附加的相位改变为

$$-\frac{e}{\hbar}[f(\boldsymbol{r},t)-f(\boldsymbol{a},t)].$$

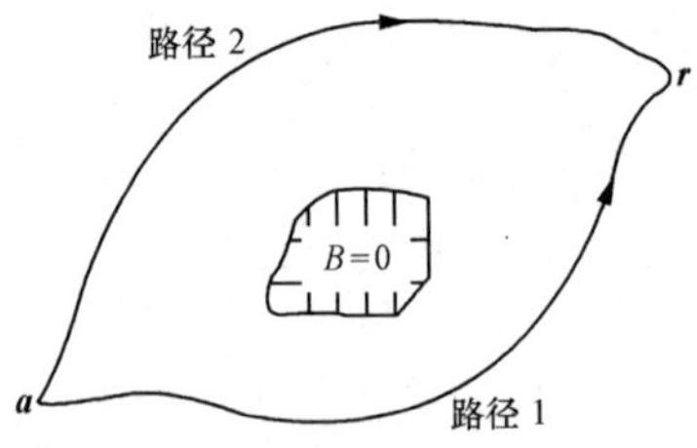

图 5.7　路径示意图

因 $f(\boldsymbol{r},t)=\int^{r}\mathrm{d}\boldsymbol{r}'\cdot\boldsymbol{A}(\boldsymbol{r}',t)$，所以，若选取两条路径（见图 5.7），则其相位差为

$$-\frac{e}{\hbar}\Bigg[\underset{(路径2)}{\int_a^r}\mathrm{d}\boldsymbol{r}'\cdot\boldsymbol{A}(\boldsymbol{r}',t)-\underset{(路径1)}{\int_a^r}\mathrm{d}\boldsymbol{r}''\cdot\boldsymbol{A}(\boldsymbol{r}'',t)\Bigg]$$

$$=\frac{e}{\hbar}\oint\mathrm{d}\boldsymbol{r}\cdot\boldsymbol{A}(\boldsymbol{r},t)=\frac{e}{\hbar}\iint_S(\nabla\times\boldsymbol{A})\cdot\mathrm{d}\boldsymbol{S}$$

$$=\frac{e}{\hbar}\iint_S\boldsymbol{B}\cdot\mathrm{d}\boldsymbol{S}=\frac{e}{\hbar}\Phi.$$

当电子的波函数在无电磁场路径上绕复连通区域一周，则其相位变化为

$$\frac{e}{\hbar}\oint\boldsymbol{A}\cdot\mathrm{d}\boldsymbol{r}=\frac{e}{\hbar}\Phi,\tag{5.175}$$

这就要求

$$\frac{e}{\hbar}\Phi = 2n\pi,\tag{5.176}$$

也就是

$$\Phi = \frac{2\pi\hbar}{e}n.\tag{5.177}$$

即这两条路径所包围的磁通量 Φ 是量子化的. 这一现象在 1961 年被证实①②.

在这个证实实验中,实验者用铜线材料(长 0.8 cm 表面镀锡的铜线,直径为 1.3×10^{-3} cm,锡的临界温度为 3.8 K)制成环,并置于均匀磁场中. 由于磁场存在,环中电子绕环运动. 当温度降低到临界温度以下,则变成超导. 这时,仅表面很薄一层的 $\boldsymbol{B}\neq0$,其内部 $\boldsymbol{B}=0$. 因此,电子在 $\boldsymbol{B}=0$ 的区域运动,而在所环绕的区域内 $\Phi\neq0$. 这正是我们所要求达到的条件.

实验测得,在环内的磁通量是量子化的,只不过这时

$$\Phi=\frac{2\pi\hbar}{2e}n\quad\left(\frac{1}{2}\cdot\frac{h}{e}=\frac{1}{2}\times4.1357\times10^{-15}\ \mathrm{Wb}\right),\tag{5.178}$$

分母中的 2 倍是由于超导状态中,电子对结成一关联态,整体在运动. 所以电荷为 $-2e$. 这正是宏观尺度下测得的量子效应.

5.5 连续谱中的束缚态

在 1929 年,von Neumann 和 E. Wigner③ 认为,在正能态的连续谱中可以埋有束缚的本征态.

考虑单粒子定态方程(适当选用单位制)

$$\left(-\frac{1}{2}\nabla^2+V(r)\right)u(\boldsymbol{r})=Eu(\boldsymbol{r}),\tag{5.179}$$

即

$$V(r)=E+\frac{1}{2}\left(\frac{\nabla^2u}{u}\right),\tag{5.180}$$

显然,波函数 u 的节点要与 ∇^2u 的节点相匹配. 对于能量为 $E=k^2/2$ 的**自由粒子**的 S 波(即 $l=0$ 的波)

$$u_0=\frac{\sin(kr)}{kr},\tag{5.181}$$

这一波函数不是平方可积的. 但可以设

$$\psi(r)=u_0(r)f(r),\tag{5.182}$$

要 $\psi(r)$ 平方可积,则要求 $f(r)$ 的渐近形式为 r^{-p} $(p>1/2)$.

将(5.182)式代入(5.180)式,得

$$V(r)=E-\frac{1}{2}k^2+k\cot(kr)\cdot f'(r)/f(r)+\frac{1}{2}f''(r)/f(r).\tag{5.183}$$

为使 $V(r)\xrightarrow{r\to\infty}0$,则要求 f'/f 在 $\cot(kr)$ 的极点处必须为零. 于是可选 f 为变量

---

① B. S. Deaver and W. Fairbank, Phys. Rev. Lett., **7** (1961)43.

② R. Döll and M. Nabauer, Phys. Rev. Lett., **7** (1961)51.

③ von Neumann and E. Wigner, Z. Phys., **30** (1929)465.

$$k\int_0^r \mathrm{d}r'\sin^2(kr') = kr/2 - \sin(2kr)/4 \tag{5.184}$$

的可微函数,特别可选为

$$f(r) = \{A^2 + [2kr - \sin(2kr)]^2\}^{-1}, \tag{5.185}$$

其中,A 为任意非零常数. 现 $\psi(r)$是平方可积的,而且 $V(r)\xrightarrow{r\to\infty}0$(若 E 连续地趋于 $k^2/2$).

Stillinger 和 Herrick① 推广了 von Neumann 和 Wigner 的方法,引入

$$f(r) = [A^2 + s(r)]^{-1}, \tag{5.186}$$

将(5.186)式代入(5.183)式,得

$$V(r) = \frac{64k^4r^2\sin^4(kr)}{[A^2+s(r)]^2} - \frac{4k^2[\sin^2(kr)+2kr\sin(2kr)]}{A^2+s(r)}. \tag{5.187}$$

如取

$$A^2 = a^2k^4, \tag{5.188a}$$

$$s(r) = 8k^2\int_0^r r'\sin^2(kr')\mathrm{d}r' = 2k^2r^2 - 2kr\sin(2kr) - \cos(2kr) + 1, \tag{5.188b}$$

则得

$$\psi(r) = \frac{\sin(kr)}{kr[a^2k^4 + s(r)]}. \tag{5.189}$$

这被称为 von Neumann-Wigner 态.

图 5.8 和图 5.9 分别示出 $a=1, E=1/8$ 和 $a=1, E=4$ 时的 $\psi(r)$和 $V(r)$随 r 的变化.

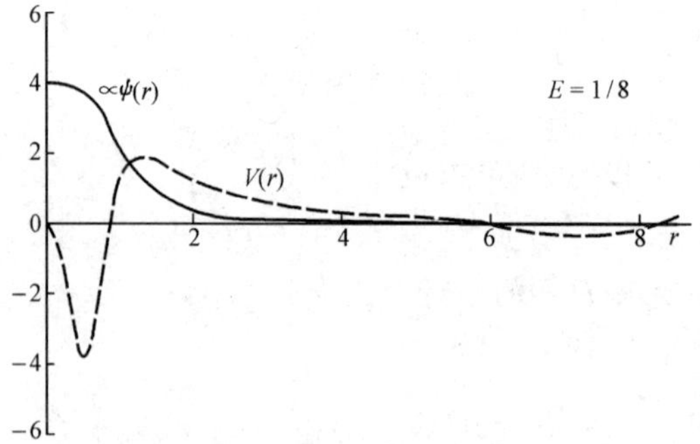

图 5.8 $E=\dfrac{1}{8}$时的波函数和位势

① F. H. Stilliger and D. R. Herrick, Physics Review, **11** (1975)446.

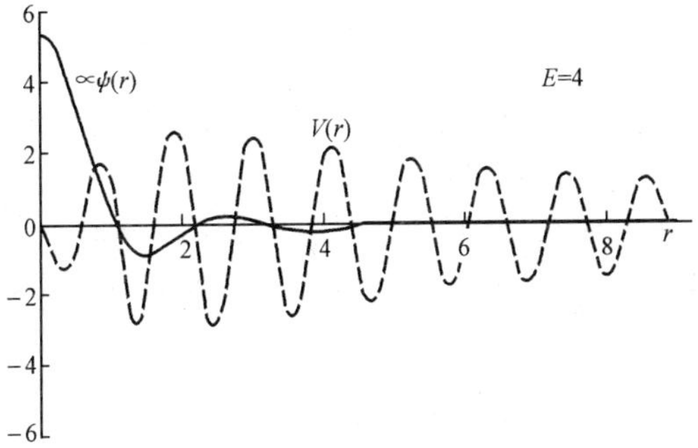

图 5.9　$E=4$ 时的波函数和位势

从图 5.8 可见，$E=1/8$ 时，粒子被这一位势所约束，描述粒子的波函数是平方可积的，在 $r>3$ 处粒子仍可能被发现. 从图 5.9 也可见，$E=4$ 时，尽管粒子的能量比位势的最大值(≈ 2.7)大很多，但粒子却仍被这一位势约束，而不会隧穿到无穷远.

在经典力学中，在前一位势中，粒子是不可能出现在 $r>0.944$ 的区域中，而后一位势不可能约束粒子. 所以这两种现象都是量子现象. 这些现象充分展现了量子力学是以波函数描述，这些波函数是由不同波数的平面波叠加而成，它们不同于经典力学的轨道描述.

这一问题可由算符代数法系统地解决(参阅第七章 7.5 节).

习　　题

5.1　求三维各向异性的谐振子的波函数和能级.

5.2　证明：

$$\hat{p}_r=\frac{1}{2}\left(\hat{\boldsymbol{p}}\cdot\frac{\boldsymbol{r}}{r}+\frac{\boldsymbol{r}}{r}\cdot\hat{\boldsymbol{p}}\right)=-\mathrm{i}\hbar\left(\frac{\partial}{\partial r}+\frac{1}{r}\right).$$

5.3　证明：$\frac{1}{2}[\nabla^2,r]=\frac{1}{r}+\frac{\partial}{\partial r}$，$\frac{1}{2}[\nabla^2,\boldsymbol{r}]=\nabla$.

5.4　若 $\varphi_1,\varphi_0,\varphi_{-1}$ 是表示角动量算符 $\hat{L}^2,\hat{L}_z$ 具有 $l=1,m=1,0,-1$ 的本征函数，试利用升、降算符 $\hat{L}_+$ 和 $\hat{L}_-$ 运算到 $\varphi_1,\varphi_0,\varphi_{-1}$ 上，以获得 $\hat{L}_x$ 的本征值和本征函数.

5.5　对于球方位势

$$V(r)=\begin{cases}0, & r<a,\\ V_0, & r>a,\end{cases}$$

试给出有 n 个 $l=0$ 的束缚态的条件.

5.6　设氢原子处于状态

$$\varphi(r,\theta,\phi) = \frac{1}{2}R_{21}(r)Y_{10}(\theta,\phi) - \frac{\sqrt{3}}{2}R_{21}(r)Y_{1,-1}(\theta,\phi),$$

求处于该态的氢原子的能量、角动量平方和角动量分量的可能值，以及这些可能值出现的概率和这些力学量的平均值.

5.7　设氢原子处于基态，求电子处于 p—$p+\mathrm{d}p$ 的概率.

5.8　设氢原子处于基态，求电子处于经典力学不允许区域（$E-V=T<0$）的概率.

5.9　试给出一维时的广义克拉默斯公式.

5.10　具有原子核电荷为 Ze 的类氢离子的归一化基态波函数为

$$\psi = A\mathrm{e}^{-\beta r},$$

其中 A,β 为常数，r 是电子与原子核的距离. 证明：

(1) $A^2=\frac{\beta^3}{\pi}$；

(2) $\beta=\frac{Z}{a_0}, a_0=\frac{4\pi\varepsilon_0\hbar^2}{m_e e^2}$；

(3) 能量 $E=-Z^2E_0, E_0=\frac{e^2}{8\pi\varepsilon_0 a_0}$；

(4) $\bar{r}=\frac{3}{2}\frac{a_0}{Z}$；

(5) 概率最大处的 r 值为$\frac{a_0}{Z}$.

5.11　利用氢原子的解，求质量为 μ，受位势

$$V(\rho) = -\frac{Ze^2}{4\pi\varepsilon_0\rho}$$

作用，并运动于 xy 平面中的粒子的能级及波函数.

5.12　设 $V(r)=Br^2+A/r^2$，其中 $A,B>0$，求粒子的能量本征值（参见图5.10）.

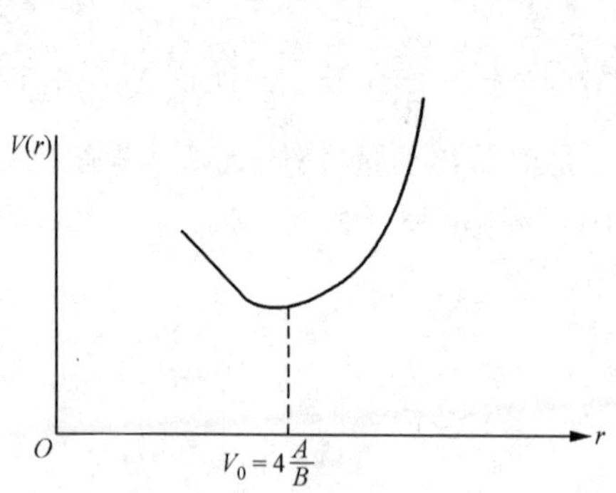

图 5.10　位势示意图

5.13 设粒子在半径为 a，高为 h 的圆筒中运动，在筒内势能为零，筒壁和筒外势能为无穷大，求粒子的能量本征值和本征函数.

5.14 考虑一粒子在一维位势（Morse 势①）

$$V(x) = V_0(e^{-2ax} - 2e^{-ax})$$

中运动. 试求其波函数和能量本征值.

5.15 碱金属原子和类碱金属原子的最外层电子在原子实电场中运动，原子实电场近似地可用下面的电势表示：

$$\varphi(r) = \frac{Z'e}{4\pi\varepsilon_0 r} + \frac{A}{r^2},$$

其中，$Z'e$ 表示原子实的电荷，$A>0$. 证明：电子在原子实电场中的能量为

$$E_{nl}' = -\frac{\mu e^4 z'^2}{32\pi^2\varepsilon_0^2\hbar^2}\frac{1}{(n+\delta_l)^2},$$

而 δ_l 为 l 的函数. 讨论 δ_l 何时较小，求出 δ_l 小时的 E_{nl} 公式，并讨论能级的简并度.

5.16 粒子作一维运动，其哈密顿量

$$\hat{H}_0 = \frac{\hat{p}_x^2}{2m} + V(x)$$

的能级为 $E_n^{(0)}$，试用赫尔曼-费恩曼定理，求

$$\hat{H} = \hat{H}_0 + \frac{\lambda\hat{p}_x}{m}$$

的能量本征值 E_n.

5.17 设有两个一维势阱 $V_1(x)$，$V_2(x)$，

$$V_1(x) \leqslant V_2(x),$$

若粒子在两势阱中都存在束缚能级，分别为 E_{1n}，E_{2n}（$n=1,2,\cdots$）.

（1）证明 $E_{1n} \leqslant E_{2n}$；

（2）若粒子在势场

$$V(x) = \begin{cases} \frac{1}{2}Kb^2, & |x| > b, \\ \frac{1}{2}Kx^2, & |x| < b \end{cases}$$

中运动，试估计其束缚能级总数的上、下限.

5.18 证明：

$$\rho = \varphi^* \varphi,$$

$$\boldsymbol{j} = \frac{1}{2\mu}(\varphi^* \hat{\boldsymbol{p}}\varphi - \varphi\hat{\boldsymbol{p}}\varphi^*) - \frac{q}{\mu}\hat{\mathbf{A}}\varphi^*\varphi$$

① P. M. Morse, Phys. Rev., **34** (1929) 57.

在规范变换下不变.

5.19　证明:

(1) 在规范变换下,算符 $\hat{x}$ 是规范不变算符;

(2) 若 $\mathbf{A}\neq 0$,则在规范变换下,正则算符 $\hat{\boldsymbol{p}}$ 不是规范不变算符,而 $\hat{\boldsymbol{p}}-q\boldsymbol{A}$ 是规范不变算符.

5.20　证明:$[\hat{V}_\alpha,\hat{V}_\beta]=\mathrm{i}\,\dfrac{\hbar q}{m^2}\varepsilon_{\alpha\beta\gamma}B_\gamma$,其中,$\hat{\mathbf{V}}=(\hat{\boldsymbol{p}}-q\boldsymbol{A})/m$.

5.21　计算氢原子中 3d→2p 的三条塞曼线的波长.

5.22　带电粒子在外磁场 $\boldsymbol{B}=(0,0,B)$ 中运动,如选

$$\hat{\mathbf{A}}=\left(-\frac{1}{2}yB,\frac{1}{2}xB,0\right),\text{或 }\hat{\mathbf{A}}=(0,xB,0),$$

试求其本征函数和本征值,并对结果进行讨论.

5.23　设带电粒子在相互垂直的均匀电场 $\boldsymbol{E}$ 及均匀磁场 $\boldsymbol{B}$ 中运动,求其能谱和波函数(取磁场方向为 z 轴方向,电场方向为 x 轴方向).

5.24　利用不确定关系

$$\Delta x_i^2\Delta p_j^2\geqslant\delta_{ij}\frac{\hbar^2}{4}:$$

(1) 若 $\overline{x_i}=0$,证明

$$\langle r^2\rangle\langle\hat{T}\rangle\geqslant\frac{3\hbar^2}{8m},$$

其中,$\hat{T}$ 为动能算符,$\langle\hat{A}\rangle$ 表示算符 $\hat{A}$ 在束缚态上的平均值;

(2) 若束缚态是各向同性,求 $\langle r^2\rangle\langle\hat{T}\rangle$;

(3) 若束缚态是三维各向同性谐振子的基态,求 $\langle r^2\rangle\langle\hat{T}\rangle$.

第六章　量子力学的矩阵形式及表示理论

6.1　量子体系状态的表示

现在来讨论体系状态的“坐标”——状态表示. 如果有一组力学量 $\hat{M},\hat{N},\cdots$ 构成一力学量完全集，其共同本征函数构成一正交、归一和完备组，并有封闭性：

$$(\varphi_{mn\cdots},\varphi_{m'n'\cdots}) = \delta_{mm'}\delta_{nn'}\cdots, \tag{6.1a}$$

$$\sum_{mn\cdots}\varphi_{mn\cdots}(\boldsymbol{r})\varphi^*_{mn\cdots}(\boldsymbol{r}') = \delta(\boldsymbol{r}-\boldsymbol{r}'), \tag{6.1b}$$

于是，任一波函数都能按 $\{\varphi_{mn\cdots}\}$ 展开：

$$\begin{aligned}\psi_{(r)} &= \int\delta(\boldsymbol{r}-\boldsymbol{r}')\psi(\boldsymbol{r}')\mathrm{d}\boldsymbol{r}' \\ &= \int\sum_{mn\cdots}\varphi_{mn\cdots}(\boldsymbol{r})\varphi^*_{mn\cdots}(\boldsymbol{r}')\psi(\boldsymbol{r}')\mathrm{d}\boldsymbol{r}' \\ &= \sum_{mn\cdots}\varphi_{mn\cdots}(\boldsymbol{r})a_{mn\cdots},\end{aligned} \tag{6.2}$$

其中，$a_{mn\cdots} = \int\varphi^*_{mn\cdots}(\boldsymbol{r}')\psi(\boldsymbol{r}')\mathrm{d}\boldsymbol{r}' = (\varphi_{mn\cdots},\psi)$. $\sum\limits_{n\cdots}|a_{mn\cdots}|^2$ 是在 $\psi(\boldsymbol{r})$ 中测得力学量 $\hat{M}$ 取值为 m 的概率(若 $\psi(\boldsymbol{r})$ 是归一化的).

显然，当选定一组力学量完全集 $M,N\cdots$ 后，则集合 $\{a_{mn\cdots}\}$ 是与 $\psi(\boldsymbol{r})$ 完全等价的，它完全确定了体系的状态. 我们将会看到，$\{a_{mn\cdots}\}$ 与 $\psi(\boldsymbol{r})$ 一样，提供给我们同样多的信息.

状态表示的定义：若力学量的完全集 $\hat{M},\hat{N},\cdots$ 的共同本征函数组为 $\varphi_{mn\cdots}$，则 $a_{mn\cdots}=(\varphi_{mn\cdots},\psi)$ 的全体 $\{a_{mn\cdots}\}$ 称为体系所处态 ψ 在 $M,N,\cdots$ 表象中的表示， 也可以看做态矢量 ψ 在以 $\varphi_{mn\cdots}$ 作为基矢所张的“坐标系”中的“坐标”.

事实上，$\psi(\boldsymbol{r})$ 正是体系所处状态在 $\boldsymbol{r}$ 表象中的表示. 因我们知道，算符 $\hat{\boldsymbol{r}}$ 的本征值为 $\boldsymbol{r}'$ 的本征函数为 $\delta(\boldsymbol{r}-\boldsymbol{r}')=\varphi_{\boldsymbol{r}'}(\boldsymbol{r})$，它是力学量 (x,y,z) 的共同本征函数，它当然形成一组正交、归一和完备态. 任何一个态都能按它展开，

$$\psi(\boldsymbol{r}') = \int\varphi^*_{\boldsymbol{r}'}(\boldsymbol{r})\psi(\boldsymbol{r})\mathrm{d}\boldsymbol{r} = (\varphi_{\boldsymbol{r}'},\psi) = a_{\boldsymbol{r}'}.$$

所以，$\psi(\boldsymbol{r}')$ 是状态 ψ 在 $\boldsymbol{r}$ 表象中相应本征值为 $\boldsymbol{r}'$ 的表示；$|\psi(\boldsymbol{r}')|^2\mathrm{d}\boldsymbol{r}$ 为测量粒子在 $\boldsymbol{r}'$—$\boldsymbol{r}'+\mathrm{d}\boldsymbol{r}$ 中的概率. 通常体系处于某状态，即认为被一态矢量描述.

对于分立谱,则 ψ 在 M 表象中的表示为 $\{a_m\}$,可以用一单列矩阵表示,

$$a = \begin{bmatrix} a_1 \\ a_2 \\ \vdots \end{bmatrix}. \tag{6.3}$$

若 ψ 已归一化,则 $\{a_m\}$ 也是归一的,

$$\begin{aligned}(\psi,\psi) &= \sum_{n,m}\int a_m^* \varphi_m^*(\boldsymbol{r}) a_n \varphi_n(\boldsymbol{r}) \mathrm{d}\boldsymbol{r} = \sum_m |a_m|^2 \\ &= (a_1^* \; a_2^* \cdots) \begin{pmatrix} a_1 \\ a_2 \\ \vdots \end{pmatrix} = a^\dagger a = 1.\end{aligned}$$

对于连续谱,则 ψ 在 K 表象中的表示 $\{a_k\}$ 是 k 的函数,

$$\begin{aligned}(\psi,\psi) &= \int a_k^* \varphi_k^*(\boldsymbol{r}) a_{k'} \varphi_{k'}(\boldsymbol{r}) \mathrm{d}\boldsymbol{k}\mathrm{d}\boldsymbol{k}'\mathrm{d}\boldsymbol{r} \\ &= \int a_k^* a_{k'} \delta(\boldsymbol{k}-\boldsymbol{k}') \mathrm{d}\boldsymbol{k}\mathrm{d}\boldsymbol{k}' \\ &= \int |a_k|^2 \mathrm{d}\boldsymbol{k} = 1.\end{aligned}$$

6.2　狄拉克符号介绍①

从上节看到,一个态矢量可由一组数 $\{a_{mn\cdots}\}$ 表示. 但在表示(或计算) $a_{mn\cdots}$ 时,其实已用到态矢量、共同本征矢在 $\boldsymbol{r}$ 表象中的表示:

$$a_{mn\cdots} = \int \varphi_{mn\cdots}^*(\boldsymbol{r}) \psi(\boldsymbol{r}) \mathrm{d}\boldsymbol{r}, \tag{6.4a}$$

$$\psi(\boldsymbol{r}) = (\phi_r, \psi) = \int \delta(\boldsymbol{r}'-\boldsymbol{r}) \psi(\boldsymbol{r}') \mathrm{d}\boldsymbol{r}', \tag{6.4b}$$

$$\varphi_{mn\cdots}(\boldsymbol{r}) = (\phi_r, \varphi_{mn\cdots}) = \int \delta(\boldsymbol{r}'-\boldsymbol{r}) \varphi_{mn\cdots}(\boldsymbol{r}') \mathrm{d}\boldsymbol{r}'. \tag{6.4c}$$

事实上,一个描述体系所处的状态,并不需要依赖于某一表象. 而仅在计算时,要在某一个具体表象中进行.

所以,狄拉克建议用一抽象的符号来描述体系所处的状态. 它现在已广泛用于科学和技术的文献中. 它的优点在于表述简明,运算方便,而与具体表象无关.

6.2.1　量子态,ket 矢,bra 矢

量子力学中的状态,可以看作某线性空间中的一个矢量,采用狄拉克的符号,

① P. A. M. Dirac, The Principles of Quantum Mechanics, Fourth Edition, Oxford at the Clarendon Press, 1958, p. 18.

我们称为 ket 矢，以 $|\rangle$ 表示. 为使它可代表不同 ket 矢，则在这表示中给出特征标志符号. 如态矢量是算符 $\hat{N}$ 的本征矢，它的本征值为 N，则本征矢可表为 $|N\rangle$.

例如，在中心力场中能量的本征波函数为 $u_{n_r lm}(\boldsymbol{r})$，我们可表示它为 $|n_r lm\rangle$，它是 $(\hat{H},\hat{L}^2,\hat{L}_z)$ 的共同本征矢，

$$\hat{H} \mid n_r lm\rangle = E_{n_r l} \mid n_r lm\rangle, \tag{6.5a}$$

$$\hat{L}^2 \mid n_r lm\rangle = l(l+1)\hbar^2 \mid n_r lm\rangle, \tag{6.5b}$$

$$\hat{L}_z \mid n_r lm\rangle = m\hbar \mid n_r lm\rangle. \tag{6.5c}$$

在这里并未将该本征矢与具体表象相联系，而仅表示它是算符 $(\hat{H},\hat{L}^2,\hat{L}_z)$ 的具有本征值为 $E_{n_r l}$，$l(l+1)\hbar^2$，$m\hbar$ 的共同本征矢.

当然，对于任何一个线性空间，都存在一个共轭空间，在这个共轭空间中的态矢量我们可以用符号 $\langle|$ 来表示，称为 bra 矢，如 $\langle N|$，$\langle n_r lm|$，等等.

6.2.2 标积

有了态矢量 ket 矢和 bra 矢后，我们可定义两个矢量的标积.

A. 标积定义：矢量 $|m\rangle$ 和矢量 $|n\rangle$ 的标积为一数，即

$$\langle m \mid n\rangle = \langle m \mid \cdot \mid n\rangle = (\varphi_m, \psi_n). \tag{6.6}$$

它对 $|n\rangle$ 是线性的，对 $|m\rangle$ 是反线性的. 如果两矢量的标积为 0，则称这两矢量是正交的；如果矢量与其自身的标积为 1，则称该矢量是归一的. 而且，标积还有性质

$$\langle m \mid n\rangle^* = \langle n \mid m\rangle. \tag{6.7}$$

B. 基矢的正交、归一、完备和封闭性，态矢量的表示

若力学量 $\hat{N}$ 形成一完全集，其共同本征矢记为 $|n\rangle$，相应本征值为 N_n，这就是 N 表象的基矢，它是正交、归一和完备的.

(i) 正交，归一：

$$\langle n \mid n'\rangle = \delta_{nn'} \quad (\text{或}\langle c \mid c'\rangle = \delta(c-c')). \tag{6.8}$$

(ii) 完备性：任一空间态矢量 $|\alpha\rangle$ 可按本征矢展开，

$$|\alpha\rangle = \sum_n |n\rangle a_n^{(\alpha)}, \tag{6.9}$$

$\{a_n^{(\alpha)}\}$ 称为态矢量 $|\alpha\rangle$ 在 N 表象中的表示，

$$a_n^{(\alpha)} = \langle n \mid \alpha\rangle. \tag{6.10}$$

(iii) 封闭性：$|\alpha\rangle = \sum_n |n\rangle\langle n \mid \alpha\rangle$. 由于 $|\alpha\rangle$ 是任意的态矢量，所以

$$\sum_n |n\rangle\langle n| = \boldsymbol{I}, \tag{6.11}$$

其中，I 为单位算符. 方程(6.11)被称为 N 表象基矢的封闭性.

对于连续谱，则为

$$\int |\lambda\rangle d\lambda \langle\lambda| = \boldsymbol{I}. \tag{6.12}$$

若$|\alpha\rangle$就是 N 表象的本征矢$|n\rangle$，那它在自身表象中的表示为

$$a_{n'}^{(n)} = \langle n' | n\rangle = \delta_{n'n}, \tag{6.13}$$

即

$$a_{n'}^{(n)} = \begin{pmatrix} 0 \\ 0 \\ \vdots \\ 1 \\ \vdots \\ 0 \\ 0 \end{pmatrix} \leftarrow \text{第 } n \text{ 行} \quad (n' = 1, 2, \cdots). \tag{6.14}$$

N 表象中的基矢在 x 表象中的表示为

$$\langle x | n\rangle = \varphi_n(x); \tag{6.15}$$

而$\langle n|x\rangle$代表 x 表象中的基矢(本征值为 x)在 N 表象中的表示，

$$\langle n | x\rangle = \eta_x(n) \tag{6.16a}$$

$$= \langle x | n\rangle^* \tag{6.16b}$$

$$= \varphi_n^*(x). \text{(注意这时量子数为 } n\text{)} \tag{6.16c}$$

这样，应用封闭性就可直接地获得基矢的正交、归一和完备性在坐标表象中的表示式. 另外，封闭性和正交、归一性的关系也就一目了然了.

正交、归一：

$$\langle n | n'\rangle = \langle n | I | n'\rangle \tag{6.17a}$$

$$= \int \langle n | x\rangle dx \langle x | n'\rangle \tag{6.17b}$$

$$= \int \varphi_n^*(x)\varphi_{n'}(x) dx \tag{6.17c}$$

$$= \delta_{nn'} \tag{6.17d}$$

完备性： $|\alpha\rangle = \sum_n |n\rangle\langle n | \alpha\rangle$，所以，$\langle x | \alpha\rangle = \sum_n \langle x | n\rangle\langle n | \alpha\rangle$，

即

$$\psi_\alpha(x) = \sum_n \varphi_n(x) a_n^{(\alpha)}, \tag{6.18}$$

而

$$a_n^{(\alpha)} = \langle n | \alpha\rangle = \int \langle n | x\rangle dx \langle x | \alpha\rangle$$

$$= \int \varphi_n^*(x)\psi_\alpha(x) dx. \tag{6.19}$$

封闭性：

$$\sum_n |n\rangle\langle n| = I, \tag{6.20}$$

即
$$\sum_n \langle x \mid n\rangle\langle n \mid x'\rangle = \langle x \mid x'\rangle, \tag{6.21}$$

$$\sum_n \varphi_n(x)\varphi_n^*(x') = \delta(x-x'), \tag{6.22}$$

它也是

$$\sum_n \eta_x^*(n)\eta_{x'}(n) = \delta(x-x'), \tag{6.23}$$

即位置算符 $\hat{x}$ 的本征态以它在 N 表象中的表示来显示出归一化.所以说,N 表象的本征态在坐标表象中的表示的封闭性,就是坐标表象的本征态在 N 表象中的表示的正交、归一性.

两个矢量的标积在不同表象中的表示式为

$$\langle \varphi \mid \psi\rangle = \sum_n \langle \varphi \mid n\rangle\langle n \mid \psi\rangle \tag{6.24a}$$

$$= \sum_n a_n^{(\varphi)*} b_n^{(\psi)} = a^\dagger b \tag{6.24b}$$

$$= \int \langle \varphi \mid x\rangle \mathrm{d}x \langle x \mid \psi\rangle = \int \varphi^*(x)\psi(x)\mathrm{d}x. \tag{6.24c}$$

6.2.3 算符及其表示

A. 算符的自然展开

在量子力学中,可观测力学量以厄米算符表示,其本征方程为

$$\hat{A} \mid A_n\rangle = A_n \mid A_n\rangle \quad 或 \quad \hat{A} \mid A\rangle = A \mid A\rangle, \tag{6.25}$$

并具有正交、完备和封闭性.

于是,对某一算符 $\hat{M}$ 有

$$\hat{M} = \sum_{n,l} \mid A_n\rangle\langle A_n \mid \hat{M} \mid A_l\rangle\langle A_l \mid, \tag{6.26a}$$

或

$$\hat{M} = \int \mid A\rangle\langle A \mid \hat{M} \mid A'\rangle\langle A' \mid \mathrm{d}A\mathrm{d}A'. \tag{6.26b}$$

方程(6.26)被称为算符 $\hat{M}$ 在表象 A 中的自然展开.

若算符 $\hat{A}$ 就是算符 $\hat{M}$,则表示式(6.26)就简化为

$$\hat{A} = \sum_{n,l} \mid A_n\rangle\langle A_n \mid \hat{A} \mid A_l\rangle\langle A_l \mid = \sum_n \mid A_n\rangle A_n\langle A_n \mid \tag{6.27a}$$

或

$$\hat{A} = \int \mid A\rangle A\langle A \mid \mathrm{d}A. \tag{6.27b}$$

例 在($\underline{l}^2, l_z$)表象中,给出算符 $\hat{l}_x$ 在 $l=1$ 的子空间中的自然展开.

由式(6.26a),可得

$$\hat{l}_x=\sum_{m,n}|1m\rangle\langle 1m|\hat{l}_x|1n\rangle\langle 1n|$$

$$=\frac{\sqrt{2}}{2}\hbar(|11\rangle\langle 10|+|10\rangle\langle 11|+|10\rangle\langle 1-1|+|1-1\rangle\langle 10|).$$

最后等式是利用了公式(6.131)而得.

若函数 $M(x)$在 $x=0$ 处有各级导数,则算符 $\hat{A}$ 的函数 $\hat{M}(\hat{A})$就可表为

$$\hat{M}(\hat{A})=\sum_n\frac{M^{(n)}(0)}{n!}\hat{A}^n,$$

即得

$$\hat{M}(\hat{A})=\sum_{n,l}|A_n\rangle\langle A_n|\hat{M}(\hat{A})|A_l\rangle\langle A_l| \tag{6.28a}$$

$$=\sum_{n,l}|A_n\rangle\langle A_n|\sum_n\frac{M^{(n)}(0)}{n!}\hat{A}^n|A_l\rangle\langle A_l|$$

$$=\sum_{n,l}|A_n\rangle\sum_n\frac{M^{(n)}(0)}{n!}A^n\langle A_n|. \tag{6.28b}$$

事实上,这即定义了一个算符 $\hat{M}$. 这将使厄米算符的函数的定义更广.

例如,算符 $\hat{A}$ 的逆算符 $\hat{A}^{-1}$是 $\hat{A}$ 的函数. 但是,它不能用幂级数展开来定义. 现在我们可用算符的自然展开来定义它. 可定义算符

$$\hat{B}=\sum_n|A_n\rangle\frac{1}{A_n}\langle A_n|,$$

直接可证 $\hat{A}\hat{B}=\hat{B}\hat{A}=I$. 所以,算符 $\hat{B}$ 就是算符 $\hat{A}$ 的逆算符 $\hat{A}^{-1}$.

B. 算符的表示

算符 $\hat{L}$ 是将一态矢量变为另一态矢量,

$$|R\rangle=\hat{L}|N\rangle. \tag{6.29}$$

设: $\hat{A}$ 是一力学量完全集,其正交、归一、完备组基矢为 $\{|\alpha_n\rangle\}$. 则

$$\langle\alpha_n|R\rangle=\sum_m\langle\alpha_n|\hat{L}|\alpha_m\rangle\langle\alpha_m|N\rangle. \tag{6.30}$$

$\{\langle\alpha_n|R\rangle\}$和$\{\langle\alpha_m|N\rangle\}$分别是态矢量$|R\rangle$,$|N\rangle$在 $\hat{A}$ 表象中的表示,而$\{\langle\alpha_n|\hat{L}|\alpha_m\rangle\}$是将态矢量$|R\rangle$的表示以态矢量$|N\rangle$的表示表出,它起到算符 $\hat{L}$ 一样的作用,所以$\langle\alpha_n|\hat{L}|\alpha_m\rangle$的全体被称为算符 $\hat{L}$ 在 $\hat{A}$ 表象中的矩阵表示.

显然计算算符的表示与在哪一个表象中进行无关.

例如,在 $\boldsymbol{r}$ 表象中计算$\langle\alpha_n|\hat{L}|\alpha_m\rangle$.

$$\langle\alpha_n|\hat{L}|\alpha_m\rangle=\int\langle\alpha_n|\boldsymbol{r}\rangle\mathrm{d}\boldsymbol{r}\langle\boldsymbol{r}|\hat{L}|\boldsymbol{r}'\rangle\mathrm{d}\boldsymbol{r}'\langle\boldsymbol{r}'|\alpha_m\rangle$$

$$=\int v^*_{\alpha_n}(\boldsymbol{r})(\hat{L})_{\boldsymbol{rr}'}v_{\alpha_m}(\boldsymbol{r}')\mathrm{d}\boldsymbol{r}\mathrm{d}\boldsymbol{r}', \tag{6.31}$$

其中,$v_{\alpha_n}(\boldsymbol{r})$是基矢$|\alpha_n\rangle$在 $\boldsymbol{r}$ 表象中的表示. 利用算符 $\hat{L}$ 的自然展开,可求得算符 $\hat{L}$

在 $\boldsymbol{r}$ 表象中的矩阵表示，

$$
\begin{aligned}
(\hat{L})_{\boldsymbol{rr}'} &= \langle \boldsymbol{r} \mid \hat{L} \mid \boldsymbol{r}' \rangle = \sum_n \langle \boldsymbol{r} \mid L_n \rangle L_n \langle L_n \mid \boldsymbol{r}' \rangle \\
&= \sum_n u_n(\boldsymbol{r}) L_n u_n^*(\boldsymbol{r}') = \sum_n \hat{L}(\boldsymbol{r}, -\mathrm{i}\hbar\nabla) u_n(\boldsymbol{r}) u_n^*(\boldsymbol{r}') \\
&= \hat{L}(\boldsymbol{r}, -\mathrm{i}\hbar\nabla)\delta(\boldsymbol{r}-\boldsymbol{r}'). \qquad (6.32)
\end{aligned}
$$

将(6.32)式代入(6.31)式得

$$
\langle \alpha_n \mid \hat{L} \mid \alpha_m \rangle = \int v_{\alpha_n}^*(\boldsymbol{r}) \hat{L}(\boldsymbol{r}, -\mathrm{i}\hbar\nabla) v_{\alpha_m}(\boldsymbol{r}) \mathrm{d}\boldsymbol{r} \qquad (6.33\mathrm{a})
$$

$$
= (\hat{L})_{\alpha_n\alpha_m}. \qquad (6.33\mathrm{b})
$$

若 $\hat{\boldsymbol{A}}$ 算符就是 $\hat{\boldsymbol{r}}$ 算符，则(6.30)式可写为

$$
\langle \boldsymbol{r} \mid R \rangle = \int \langle \boldsymbol{r} \mid \hat{L} \mid \boldsymbol{r}' \rangle \mathrm{d}\boldsymbol{r}' \langle \boldsymbol{r}' \mid N \rangle. \qquad (6.34)
$$

将(6.32)式代入(6.34)式，则有

$$
\begin{aligned}
\varphi_R(\boldsymbol{r}) &= \int [\hat{L}(\boldsymbol{r}, -\mathrm{i}\hbar\nabla)\delta(\boldsymbol{r}-\boldsymbol{r}')] \psi_N(\boldsymbol{r}') \mathrm{d}\boldsymbol{r}' \\
&= \hat{L}(\boldsymbol{r}, -\mathrm{i}\hbar\nabla)\psi_N(\boldsymbol{r}), \qquad (6.35)
\end{aligned}
$$

$\hat{L}(\boldsymbol{r}, -\mathrm{i}\hbar\nabla)$ 被称为力学量 $\hat{L}(\hat{\boldsymbol{r}}, \hat{\boldsymbol{p}})$ 在 $\boldsymbol{r}$ 表象中的算符.

事实上，A 表象的基矢 $|\alpha_m\rangle$ 在 $\hat{L}$ 作用下所产生的新的态矢量在 A 表象中的表示，正是 $\hat{L}$ 算符在 A 表象中矩阵表示 $\{L_{nm}\}$ 的第 m 列元素的集合，

$$
\hat{L} \mid \alpha_m \rangle = \sum_n \mid \alpha_n \rangle \langle \alpha_n \mid \hat{L} \mid \alpha_m \rangle \qquad (6.36\mathrm{a})
$$

$$
= \sum_n \mid \alpha_n \rangle L_{nm} \qquad (6.36\mathrm{b})
$$

$$
= \mid \alpha_1 \rangle L_{1m} + \mid \alpha_2 \rangle L_{2m} + \mid \alpha_3 \rangle L_{3m} + \cdots. \qquad (6.36\mathrm{c})
$$

于是，我们求算符 $\hat{L}$ 在某表象中的矩阵表示时，只要将它作用于该表象的基矢上，并将新的态矢量在该表象中展开，

$$
\left.
\begin{aligned}
\hat{L} \mid \alpha_1 \rangle &= \mid \alpha_1 \rangle L_{11} + \mid \alpha_2 \rangle L_{21} + \mid \alpha_3 \rangle L_{31} + \cdots, \\
\hat{L} \mid \alpha_2 \rangle &= \mid \alpha_1 \rangle L_{12} + \mid \alpha_2 \rangle L_{22} + \mid \alpha_3 \rangle L_{32} + \cdots, \\
\hat{L} \mid \alpha_3 \rangle &= \mid \alpha_1 \rangle L_{13} + \mid \alpha_2 \rangle L_{23} + \mid \alpha_3 \rangle L_{33} + \cdots, \\
&\vdots
\end{aligned}
\right\} \qquad (6.37)
$$

然后将方程(6.37)右边的系数矩阵 $\begin{pmatrix} L_{11} & L_{21} & \cdots \\ L_{12} & L_{22} & \cdots \\ \cdots & \cdots & \cdots \end{pmatrix}$ 转置，得矩阵 $\begin{pmatrix} L_{11} & L_{12} & \cdots \\ L_{21} & L_{22} & \cdots \\ \cdots & \cdots & \cdots \end{pmatrix}$.
这即为 $\hat{L}$ 在 A 表象中的矩阵表示.

显然，算符在其自身表象中的表示可由方程组

$$
\begin{aligned}
\hat{A}\mid\alpha_1\rangle &= \alpha_1\mid\alpha_1\rangle,\\
\hat{A}\mid\alpha_2\rangle &= \alpha_2\mid\alpha_2\rangle,\\
\hat{A}\mid\alpha_3\rangle &= \alpha_3\mid\alpha_3\rangle,\\
&\vdots
\end{aligned}
\tag{6.38}
$$

的系数矩阵 $\begin{pmatrix} \alpha_1 & 0 & 0 & \cdots \\ 0 & \alpha_2 & 0 & \cdots \\ 0 & 0 & \alpha_3 & 0 \\ \cdots & \cdots & \cdots & \cdots \end{pmatrix}$ 转置得到. 所以算符在其自身表象中的表示是对角矩阵,而对角矩阵元正是该算符的本征值.

例 1 求动量算符 $\hat{p}_x$ 在一维谐振子的能量表象中的矩阵表示.

解 由方程(3.155),

$$
\hat{p}_x\mid n\rangle = -\mathrm{i}\hbar\alpha\left(\sqrt{\frac{n}{2}}\mid n-1\rangle - \sqrt{\frac{n+1}{2}}\mid n+1\rangle\right),
$$

得

$$
\begin{aligned}
\hat{p}_x\mid 0\rangle &= -\mathrm{i}\hbar\alpha\left(-\sqrt{\frac{1}{2}}\mid 1\rangle\right),\\
\hat{p}_x\mid 1\rangle &= -\mathrm{i}\hbar\alpha\left(\sqrt{\frac{1}{2}}\mid 0\rangle - \sqrt{\frac{2}{2}}\mid 2\rangle\right),\\
\hat{p}_x\mid 2\rangle &= -\mathrm{i}\hbar\alpha\left(\sqrt{\frac{2}{2}}\mid 1\rangle - \sqrt{\frac{3}{2}}\mid 3\rangle\right),\\
&\vdots
\end{aligned}
\tag{6.39}
$$

方程组(6.39)的系数矩阵为

$$
-\mathrm{i}\hbar\alpha\begin{pmatrix} 0 & -\sqrt{\frac{1}{2}} & 0 & \cdots \\ \sqrt{\frac{1}{2}} & 0 & -\sqrt{\frac{2}{2}} & \cdots \\ 0 & \sqrt{\frac{2}{2}} & 0 & \cdots \\ \cdots & \cdots & \cdots & \cdots \end{pmatrix}.
\tag{6.40}
$$

将矩阵(6.40)转置(或取复共轭),得动量算符 $\hat{p}_x$ 在一维谐振子的能量表象中的矩阵表示为

$$
i\hbar\alpha\begin{pmatrix} 0 & -\sqrt{\frac{1}{2}} & 0 & \cdots \\ \sqrt{\frac{1}{2}} & 0 & -\sqrt{\frac{2}{2}} & \cdots \\ 0 & \sqrt{\frac{2}{2}} & 0 & \cdots \\ \cdots & \cdots & \cdots & \cdots \end{pmatrix}. \tag{6.41}
$$

例 2 求一维谐振子能量算符 $\hat{H}$ 在其自身表象中的矩阵表示.

解 由一维谐振子能量本征方程组

$$
\begin{cases} \hat{H}\mid 0\rangle = \frac{1}{2}\hbar\omega \mid 0\rangle, \\ \hat{H}\mid 1\rangle = \frac{3}{2}\hbar\omega \mid 1\rangle, \\ \hat{H}\mid 2\rangle = \frac{5}{2}\hbar\omega \mid 2\rangle, \\ \qquad\vdots \end{cases} \tag{6.42}
$$

可得其系数矩阵为

$$
\hbar\omega\begin{pmatrix} \frac{1}{2} & 0 & 0 & \cdots \\ 0 & \frac{3}{2} & 0 & \cdots \\ 0 & 0 & \frac{5}{2} & 0 \\ \cdots & \cdots & \cdots & \cdots \end{pmatrix}. \tag{6.43}
$$

这即为一维谐振子能量算符 $\hat{H}$ 在自身表象中的矩阵表示. 矩阵表示的对角元素就是本征值:

$$
\frac{1}{2}\hbar\omega,\quad \frac{3}{2}\hbar\omega,\quad \frac{5}{2}\hbar\omega,\quad \cdots.
$$

而对应的本征态的表示为

$$
\begin{pmatrix} 1 \\ 0 \\ 0 \\ \vdots \end{pmatrix},\quad \begin{pmatrix} 0 \\ 1 \\ 0 \\ \vdots \end{pmatrix},\quad \begin{pmatrix} 0 \\ 0 \\ 1 \\ \vdots \end{pmatrix},\quad \cdots. \tag{6.44}
$$

例 3 给出方程 $\varphi(x)=x\psi(x)$ 在 p_x 表象中的表示式.

解 由 $\langle p_x|\varphi\rangle=\langle p_x|\hat{x}\psi\rangle$,得

$$
b_{p_x} = \int\langle p_x \mid \hat{x} \mid p_x'\rangle \mathrm{d}p_x' \langle p_x' \mid \psi\rangle = \int(\hat{x})_{p_x p_x'} a_{p_x'} \mathrm{d}p_x'. \tag{6.45}
$$

利用算符 $\hat{x}$ 的自然展开,则

$$(\hat{x})_{p_x p'_x} = \langle p_x \mid \hat{x} \mid p'_x \rangle = \int \langle p_x \mid x \rangle x \langle x \mid p'_x \rangle \mathrm{d}x$$
$$= \int \mathrm{e}^{-\mathrm{i}p_x x/\hbar} x \mathrm{e}^{\mathrm{i}p'_x x/\hbar} \frac{1}{2\pi\hbar} \mathrm{d}x = \mathrm{i}\hbar \frac{\partial}{\partial p_x} \frac{1}{2\pi\hbar} \int \mathrm{e}^{\mathrm{i}(p'_x - p_x)x/\hbar} \mathrm{d}x$$
$$= \mathrm{i}\hbar \frac{\partial}{\partial p_x} \delta(p'_x - p_x) = \mathrm{i}\hbar \frac{\partial}{\partial p_x} \delta(p_x - p'_x). \tag{6.46}$$

将(6.46)式代入(6.45)式得

$$b_{p_x} = \mathrm{i}\hbar \frac{\partial}{\partial p_x} a_{p_x}. \tag{6.47}$$

由于$|\psi\rangle$是任意态,由此可推论:$\hat{x}$ 在 p_x 表象中的算符形式为

$$\mathrm{i}\hbar \frac{\partial}{\partial p_x}. \tag{6.48}$$

6.3 投影算符和密度算符

6.3.1 投影算符

这里简单介绍一下投影算符,它是一极有用的工具,涉及一系列概念:子空间,子空间正交系,等等.这里仅给出最简单的定义和定理.

A. 定义:若厄米算符 $\hat{P}$ 有性质 $\hat{P}^2 = \hat{P}$,则称该算符为投影算符.

具体看一个例子.若

$$\hat{L} \mid n \rangle = L_n \mid n \rangle, \tag{6.49}$$

$$\left(\langle n \mid n' \rangle = \delta_{nn'}, \sum_n \mid n \rangle \langle n \mid = I. \right)$$

$$\mid \alpha \rangle = \sum_n \mid n \rangle \langle n \mid \alpha \rangle = \sum_n \hat{P}_n \mid \alpha \rangle, \tag{6.50}$$

因

$$\hat{P}_n^\dagger = (\mid n \rangle \langle n \mid)^\dagger = ((\langle n \mid)^\dagger (\mid n \rangle))^\dagger = \mid n \rangle \langle n \mid = \hat{P}_n,$$
$$\hat{P}_n^2 = \mid n \rangle \langle n \mid n \rangle \langle n \mid = \mid n \rangle \langle n \mid = \hat{P}_n,$$

所以,$\hat{P}_n = |n\rangle\langle n|$就是一投影算符.它将任何一个态的某部分抛投出来,而态的这部分恰恰是 $\hat{L}$ 的本征值为 L_n 的本征态,

$$\hat{P}_n \mid \alpha \rangle = \mid n \rangle \langle n \mid \alpha \rangle = \langle n \mid \alpha \rangle \mid n \rangle. \tag{6.51}$$

(或者说,$\hat{P}_n$ 将空间所有态都投入到基矢$|n\rangle$上.)

显然 $\hat{\boldsymbol{P}} = \sum\limits_{n=n_0}^{n'_0} |n\rangle\langle n|$ 也是一投影算符.它将任一态中相应于本征值为 $L_{n_0}, \cdots,$

$L_{n_0'}$ 所相应的本征态分量抛投出来. 也可说,将所有的态都投入到这样一些态的子空间中,成为这些态的线性组合,

$$\hat{P} \mid \alpha\rangle = \sum_{n_0}^{n_0'} \mid n\rangle\langle n \mid \alpha\rangle. \tag{6.52}$$

但可以证明,

$$\hat{P} = \sum_{n_0}^{n_0'} a_n \mid n\rangle\langle n \mid \tag{6.53}$$

就不是投影算符(若 a_n 不全为 1).

B. 任何一投影算符的本征值都是 0 和 1

设$|P\rangle$是 $\hat{P}$ 的本征态,本征值为 P,则

$$\hat{P} \mid P\rangle = P \mid P\rangle,$$

$$\hat{P}^2 \mid P\rangle = P^2 \mid P\rangle = \hat{P} \mid P\rangle = P \mid P\rangle.$$

于是有

$$(P^2 - P) \mid P\rangle = 0. \tag{6.54}$$

由于$|P\rangle$不是零矢量,因此

$$P^2 - P = 0, \tag{6.55}$$

从而证得本征值只能取 0 或 1.

显然,任何一个态矢量都可以按 $\hat{P}$ 的基矢展开,

$$\mid \alpha\rangle = (1 - \hat{P} + \hat{P}) \mid \alpha\rangle = (1 - \hat{P}) \mid \alpha\rangle + \hat{P} \mid \alpha\rangle. \tag{6.56}$$

由

$$\hat{P}(1 - \hat{P}) \mid \alpha\rangle = (\hat{P} - \hat{P}^2) \mid \alpha\rangle = 0$$

可以看出,如$(1-\hat{P})|\alpha\rangle$不是零矢量,那么它是 $\hat{P}$ 的本征值为零的本征矢. 当然,如$(1-\hat{P})|\alpha\rangle=0$,那么$|\alpha\rangle$就是 $\hat{P}$ 的本征值为 1 的本征矢.

而由

$$\hat{P}(\hat{P} \mid \alpha\rangle) = \hat{P}^2 \mid \alpha\rangle = (\hat{P} \mid \alpha\rangle)$$

也可以看出,如 $\hat{P}|\alpha\rangle$不是零矢量,那么它是 $\hat{P}$ 的本征值为 1 的本征矢. 当然,如$\hat{P}|\alpha\rangle=0$,那么$|\alpha\rangle$就是 $\hat{P}$ 的本征值为 0 的本征态.

如 $\hat{P}|\alpha\rangle$,$(1-\hat{P})|\alpha\rangle$都不是零矢量,则 $\hat{P}|\alpha\rangle$和$(1-\hat{P})|\alpha\rangle$是正交的,因

$$\langle\alpha \mid \hat{P}^\dagger(1 - \hat{P}) \mid \alpha\rangle = \langle\alpha \mid \hat{P} - \hat{P}^2 \mid \alpha\rangle = 0.$$

6.3.2 密度算符

A. 密度算符

我们已经习惯以一个态矢量$|\psi\rangle$来描述体系所处的状态. 但我们又如何描述这

样一个体系：它的角动量 $\hat{L}^2$ 为 $2\hbar^2$，而角动量 z 分量 $\hat{L}_z$ 有 30/100 份额为 $\hbar$，有 20/100 份额为 0，还有 50/100 份额为 $-\hbar$？为此，我们可引入算符

$$\hat{\rho} = \sum_m w_m \mid 1m\rangle\langle 1m \mid, \tag{6.57}$$

其中，$w_1=3/10$，$w_0=1/5$，以及 $w_{-1}=1/2$，该算符称为**混合密度算符**（见下）. 而对于以一个态矢量 $|\psi\rangle$ 来描述体系所处的状态时，我们可引入算符

$$\hat{\rho}_\psi = \mid \psi\rangle\langle\psi \mid, \tag{6.58}$$

称之为**密度算符**. 如在 A 表象，态矢量

$$\mid \psi\rangle = \sum_n a_n \mid n\rangle, \tag{6.59}$$

相应的**密度算符**则为

$$\hat{\rho}_\psi = \sum_{n,n'} a_n a_{n'}^* \mid n\rangle\langle n' \mid, \tag{6.60}$$

$\rho_{nn'}=a_n a_{n'}^*$ 就是密度算符 $\hat{\rho}_\psi$ 在 A 表象中的密度矩阵的矩阵元.

于是，利用厄米算符 $\hat{A}$ 的本征态 $|n\rangle$ 的封闭性，力学量 $\hat{B}$ 在该体系中的平均值可表为

$$\begin{aligned}
\overline{B} &= \langle\psi \mid \hat{B} \mid \psi\rangle \\
&= \sum_n \langle\psi \mid \hat{B} \mid n\rangle\langle n \mid \psi\rangle = \sum_n \langle n \mid \psi\rangle\langle\psi \mid \hat{B} \mid n\rangle \\
&= \mathrm{tr}(\hat{\rho}_\psi \hat{B}) \qquad\qquad (6.61)\\
&= \sum_n \langle\psi \mid n\rangle\langle n \mid \hat{B} \mid \psi\rangle = \sum_n \langle n \mid \hat{B} \mid \psi\rangle\langle\psi \mid n\rangle \\
&= \mathrm{tr}(\hat{B}\hat{\rho}_\psi), \qquad\qquad (6.62)
\end{aligned}$$

而测量力学量 $\hat{B}$ 的测得值为 B_μ 的概率为

$$\mid b_\mu \mid^2 = \mid \langle\mu \mid \psi\rangle \mid^2 = \langle\mu \mid \psi\rangle\langle\psi \mid \mu\rangle = \mathrm{tr}(\hat{\rho}_\mu \hat{\rho}_\psi), \tag{6.63}$$

其中，$\hat{\rho}_\mu=|\mu\rangle\langle\mu|$，即为投影算符，$\hat{B}|\mu\rangle=B_\mu|\mu\rangle$. 所以，利用密度算符同样能给出态矢量所能给出的信息.

例 1　体系处于一维谐振子势中，求态矢量为 $|\psi\rangle$ 的能量平均值及 $\hat{x}^2$ 的平均值.

解

$$\begin{aligned}
\overline{H} &= \mathrm{tr}(\hat{\rho}_\psi \hat{H}) = \sum_n \langle n \mid \psi\rangle\langle\psi \mid \hat{H} \mid n\rangle \\
&= \sum_n \langle n \mid \psi\rangle\langle\psi \mid n\rangle\left(n+\frac{1}{2}\right)\hbar\omega = \sum_n \rho_{nn}\left(n+\frac{1}{2}\right)\hbar\omega, \qquad (6.64)
\end{aligned}$$

$$\begin{aligned}
\overline{x^2} &= \mathrm{tr}(\hat{\rho}_\psi \hat{x}^2) = \sum_n \langle\psi \mid \hat{x}^2 \mid n\rangle\langle n \mid \psi\rangle \\
&= \sum_{n,n',n''} \langle n \mid \psi\rangle\langle\psi \mid n'\rangle\langle n' \mid \hat{x} \mid n''\rangle\langle n'' \mid \hat{x} \mid n\rangle
\end{aligned}$$

$$= \frac{\hbar}{2m\omega}\sum_{n,n'}\rho_{nn'}\sum_{n''}(\sqrt{n''}\delta_{n',n''-1}+\sqrt{n''+1}\delta_{n',n''+1})(\sqrt{n}\delta_{n'',n-1}+\sqrt{n+1}\delta_{n'',n+1})$$

$$= \frac{\hbar}{2m\omega}\sum_{n}[\rho_{n,n-2}\sqrt{(n-1)n}+\rho_{n,n}(2n+1)+\rho_{n,n+2}\sqrt{(n+1)(n+2)}], \tag{6.65}$$

其中，$|n\rangle$为一维谐振子势下的能量本征态，$(\rho_{nn'})$为密度算符 $\hat{\rho}_\psi$ 在 H 表象中的密度矩阵.

例 2 设体系处于态

$$(\chi) = \begin{pmatrix} \cos\frac{\theta}{2}e^{-i\frac{\phi}{2}} \\ \sin\frac{\theta}{2}e^{i\frac{\phi}{2}} \end{pmatrix} \tag{6.66}$$

(参见(8.21)式)，求算符$(\sigma_x)=\begin{pmatrix}0 & 1\\ 1 & 0\end{pmatrix}$的平均值.

解 量子态 χ 的密度矩阵

$$(\rho_\chi) = \begin{pmatrix} \cos\frac{\theta}{2}e^{-i\frac{\phi}{2}} \\ \sin\frac{\theta}{2}e^{i\frac{\phi}{2}} \end{pmatrix}\begin{pmatrix}\cos\frac{\theta}{2}e^{i\frac{\theta}{2}} & \sin\frac{\theta}{2}e^{-i\frac{\phi}{2}}\end{pmatrix}$$

$$= \begin{pmatrix} \cos^2\frac{\theta}{2} & \cos\frac{\theta}{2}\sin\frac{\theta}{2}e^{-i\phi} \\ \cos\frac{\theta}{2}\sin\frac{\theta}{2}e^{i\phi} & \sin^2\frac{\theta}{2} \end{pmatrix}, \tag{6.67}$$

于是，算符 $\hat{\sigma}_x$ 的平均值为

$$\bar{\sigma}_x = \mathrm{tr}(\hat{\sigma}_x\hat{\rho}_\chi) = \mathrm{tr}(\sigma_x\rho_\chi) = \mathrm{tr}\left[\begin{pmatrix}0 & 1\\ 1 & 0\end{pmatrix}\begin{pmatrix} \cos^2\frac{\theta}{2} & \cos\frac{\theta}{2}\sin\frac{\theta}{2}e^{-i\phi} \\ \cos\frac{\theta}{2}\sin\frac{\theta}{2}e^{i\phi} & \sin^2\frac{\theta}{2} \end{pmatrix}\right]$$

$$= \mathrm{tr}\begin{pmatrix} \frac{1}{2}\sin\theta e^{i\phi} & \sin^2\frac{\theta}{2} \\ \cos^2\frac{\theta}{2} & \frac{1}{2}\sin\theta e^{-i\phi} \end{pmatrix} = \sin\theta\cos\phi. \tag{6.68}$$

这即

$$\langle\chi\mid\hat{\sigma}_x\mid\chi\rangle = \begin{pmatrix}\cos\frac{\theta}{2}e^{i\frac{\phi}{2}} & \sin\frac{\theta}{2}e^{-i\frac{\phi}{2}}\end{pmatrix}\begin{pmatrix}0 & 1\\ 1 & 0\end{pmatrix}\begin{pmatrix} \cos\frac{\theta}{2}e^{-i\frac{\phi}{2}} \\ \sin\frac{\theta}{2}e^{i\frac{\phi}{2}} \end{pmatrix} = \sin\theta\cos\phi. \tag{6.69}$$

我们可以求得算符 $\hat{\sigma}_x$ 的本征值为± 1，而相应的本征态的表示为

$$(+1) = \frac{1}{\sqrt{2}}\begin{pmatrix}1\\1\end{pmatrix}, \tag{6.70a}$$

$$(-1) = \frac{1}{\sqrt{2}}\begin{pmatrix}-1\\1\end{pmatrix}. \tag{6.70b}$$

态$|+1\rangle$，$|-1\rangle$所对应的投影矩阵(即纯密度矩阵)为

$$\rho_{+1} = \frac{1}{2}\begin{pmatrix}1\\1\end{pmatrix}(1\quad 1) = \frac{1}{2}\begin{pmatrix}1 & 1\\1 & 1\end{pmatrix}, \tag{6.71a}$$

$$\rho_{-1} = \frac{1}{2}\begin{pmatrix}-1\\1\end{pmatrix}(-1\quad 1) = \frac{1}{2}\begin{pmatrix}1 & -1\\-1 & 1\end{pmatrix}. \tag{6.71b}$$

因而，在χ态中，测量算符$\hat{\sigma}_x$得值为±1的概率为

$$\begin{aligned}
P_{\pm1} &= \mathrm{tr}(\hat{\rho}_{\pm1}\hat{\rho}_\chi) = \mathrm{tr}(\rho_{\pm1}\rho_\chi)\\
&= \begin{cases}
\mathrm{tr}\left[\frac{1}{2}\begin{pmatrix}1 & 1\\1 & 1\end{pmatrix}\begin{pmatrix}\cos^2\frac{\theta}{2} & \cos\frac{\theta}{2}\sin\frac{\theta}{2}\mathrm{e}^{-\mathrm{i}\phi}\\ \cos\frac{\theta}{2}\sin\frac{\theta}{2}\mathrm{e}^{\mathrm{i}\phi} & \sin^2\frac{\theta}{2}\end{pmatrix}\right], & \sigma_x = 1\\
\mathrm{tr}\left[\frac{1}{2}\begin{pmatrix}1 & -1\\-1 & 1\end{pmatrix}\begin{pmatrix}\cos^2\frac{\theta}{2} & \cos\frac{\theta}{2}\sin\frac{\theta}{2}\mathrm{e}^{-\mathrm{i}\phi}\\ \cos\frac{\theta}{2}\sin\frac{\theta}{2}\mathrm{e}^{\mathrm{i}\phi} & \sin^2\frac{\theta}{2}\end{pmatrix}\right], & \sigma_x = -1
\end{cases}\\
&= \begin{cases}
\mathrm{tr}\left[\frac{1}{2}\begin{pmatrix}\cos^2\frac{\theta}{2}+\frac{1}{2}\sin\theta\,\mathrm{e}^{\mathrm{i}\phi} & \sin^2\frac{\theta}{2}+\frac{1}{2}\sin\theta\,\mathrm{e}^{-\mathrm{i}\phi}\\ \cos^2\frac{\theta}{2}+\frac{1}{2}\sin\theta\,\mathrm{e}^{\mathrm{i}\phi} & \sin^2\frac{\theta}{2}+\frac{1}{2}\sin\theta\,\mathrm{e}^{-\mathrm{i}\phi}\end{pmatrix}\right], & \sigma_x = 1\\
\mathrm{tr}\left[\frac{1}{2}\begin{pmatrix}\cos^2\frac{\theta}{2}-\frac{1}{2}\sin\theta\,\mathrm{e}^{\mathrm{i}\phi} & -\sin^2\frac{\theta}{2}+\frac{1}{2}\sin\theta\,\mathrm{e}^{-\mathrm{i}\phi}\\ -\cos^2\frac{\theta}{2}+\frac{1}{2}\sin\theta\,\mathrm{e}^{\mathrm{i}\phi} & \sin^2\frac{\theta}{2}-\frac{1}{2}\sin\theta\,\mathrm{e}^{-\mathrm{i}\phi}\end{pmatrix}\right], & \sigma_x = -1
\end{cases}\\
&= \begin{cases}
\frac{1}{2}(1+\sin\theta\cos\phi), & \sigma_x = 1,\\
\frac{1}{2}(1-\sin\theta\cos\phi), & \sigma_x = -1.
\end{cases}
\end{aligned} \tag{6.72}$$

B. 混合密度算符

体系并不总是处于某个纯态中，也就是说，该体系是多个纯态的混合，每一个纯态的份额为$w_i\left(\sum_i w_i = 1\right)$．因此，对角化后的密度算符

$$\hat{\rho} = \sum_i w_i\,|\,\psi_i\rangle\langle\psi_i\,|, \tag{6.73}$$

其中，$0\leqslant w_i\leqslant 1$ 和 $\sum_i w_i=1$（w_i 是实数）. 这时

$$\hat{\rho}=\hat{\rho}^{\dagger},\tag{6.74a}$$

$$\mathrm{tr}(\hat{\rho})=\sum_i w_i=1\tag{6.74b}$$

仍保持. 但 $\mathrm{tr}(\hat{\rho}^2)=\sum_i w_i^2\leqslant\mathrm{tr}(\hat{\rho})$ 仅当 $i=1$ 时，等号才成立.

这时算符 $\hat{B}$ 的平均值则为

$$\begin{aligned}\overline{B}&=\mathrm{tr}(\hat{\rho}\hat{B})=\mathrm{tr}\left(\sum_i w_i\mid\psi_i\rangle\langle\psi_i\mid\hat{B}\right)\\&=\sum_{k,i}w_i\langle b_k\mid\psi_i\rangle\langle\psi_i\mid\hat{B}\mid b_k\rangle=\sum_{k,i}w_i\mid\langle b_k\mid\psi_i\rangle\mid^2 b_k,\end{aligned}\tag{6.75}$$

其中，$\hat{B}|b_k\rangle=b_k|b_k\rangle$. 所以，在这混合态中，测量算符 $\hat{B}$ 取算符 b_k 的概率为 $\sum_i w_i\cdot|\langle b_k\mid\psi_i\rangle|^2$. 由此看到，这一概率是由每一个 $|\psi_i\rangle$ 态中的概率 $|\langle b_k|\psi_i\rangle|^2$ 与权重因子（或称概率因子）w_i 的乘积求和而得. 这表明，$\hat{\rho}$ 是 $\{|\psi_i\rangle\}$ 的非相干叠加，它是描述一个由 $|\psi_i\rangle$ 的纯量子态所构成的概率态. 这也表明，从这一密度算符是能获得体系处于这样的态下的一切有物理意义的可能信息. 而更普遍的平均值表达式为

$$\begin{aligned}\overline{B}&=\sum_i w_i\sum_{m,n}\langle\psi_i\mid a_m\rangle\langle a_m\mid\hat{B}\mid a_n\rangle\langle a_n\mid\psi_i\rangle\\&=\sum_{m,n}\left(\sum_i w_i\langle a_n\mid\psi_i\rangle\langle\psi_i\mid a_m\mid\rangle\langle a_m\mid\hat{B}\mid a_n\rangle\right)\\&=\sum_n\left(\sum_i w_i\langle a_n\mid\psi_i\rangle\langle\psi_i\mid\hat{B}\mid a_n\rangle\right)=\mathrm{tr}(\hat{\rho}\hat{B}).\end{aligned}\tag{6.76}$$

但要注意，这时的密度算符并不能唯一地确定态矢量，也就是说，测量给出的态不是单一态. 例如，有两个态矢量

$$|\uparrow_x\rangle=\sqrt{\frac{1}{2}}(|\uparrow_z\rangle+|\downarrow_z\rangle),\tag{6.77a}$$

$$|\downarrow_x\rangle=\sqrt{\frac{1}{2}}(-|\uparrow_z\rangle+|\downarrow_z\rangle),\tag{6.77b}$$

它们等概率地构成混合密度算符

$$\hat{\rho}=\frac{1}{2}|\uparrow_x\rangle\langle\uparrow_x|+\frac{1}{2}|\downarrow_x\rangle\langle\downarrow_x|.\tag{6.78}$$

但 $\hat{\rho}$ 又可表为

$$\hat{\rho}=\frac{1}{2}|\uparrow_z\rangle\langle\uparrow_z|+\frac{1}{2}|\downarrow_z\rangle\langle\downarrow_z|.\tag{6.79}$$

C. 复合体系和约化密度算符

若体系是由两部分组成，即在 U_{12} 空间①⊗②. 如体系处于态

$$|\varphi\rangle_{12} = a\,|0\rangle_1 \otimes |0\rangle_2 + b\,|1\rangle_1 \otimes |1\rangle_2, \tag{6.80}$$

其中，$|\varphi\rangle_{12}$已归一化，${}_i\langle 0|1\rangle_i=0$. 若力学量仅作用于一个部分，例如 $\hat{A}=\hat{A}_1\otimes I_2$，则在态$|\varphi\rangle_{12}$中，$\hat{A}$ 的平均值为

$$\begin{aligned}
&{}_{12}\langle\varphi\,|\,\hat{A}_1\otimes I_2\,|\,\varphi\rangle_{12}\\
&=(a_1^*\langle 0\,|\otimes_2\langle 0\,|+b_1^*\langle 1\,|\otimes_2\langle 1\,|)(\hat{A}_1\otimes I_2)(a\,|\,0\rangle_1\otimes|\,0\rangle_2\\
&\quad+b\,|\,1\rangle_1\otimes|\,1\rangle_2)\\
&=|\,a\,|_1^2\langle 0\,|\,\hat{A}_1\,|\,0\rangle_1+|\,b\,|_1^2\langle 1\,|\,\hat{A}_1\,|\,1\rangle_1=\mathrm{tr}(\hat{A}_1\hat{\rho}_1),
\end{aligned}\tag{6.81}$$

其中 $\hat{\rho}_1=|a|^2|0\rangle_{11}\langle 0|+|b|^2|1\rangle_{11}\langle 1|$. 这样得到的密度算府被称为约化密度算符. 它有特点：

$$\mathrm{tr}(\hat{\rho}_1)=|\,a\,|^2+|\,b\,|^2=1, \tag{6.82a}$$

$$\hat{\rho}_1=\hat{\rho}_1^\dagger, \tag{6.82b}$$

但 $\hat{\rho}_1^2=|a|^4|0\rangle_{11}\langle 0|+|b|^4|1\rangle_{11}\langle 1|$，所以

$$\mathrm{tr}(\hat{\rho}_1^2)=|\,a\,|^4+|\,b\,|^4<1\quad(\text{若 } a,b \text{ 都不为零}), \tag{6.83}$$

也就是说，这一测量的平均过程，产生一个约化密度算符. 而要判断这一密度算符是纯密度算符还是混合密度算符，就是看 $\hat{\rho}^2$ 是否等于 $\hat{\rho}$: 若 $\hat{\rho}^2=\hat{\rho}$，则为纯密度算符，否则为混合密度算符.

例

$$\hat{\rho}=|\,a\,|^2\,|\,0\rangle\langle 0\,|+|\,b\,|^2\,|\,1\rangle\langle 1\,|+ab^*\,|\,0\rangle\langle 1\,|+a^*b\,|\,1\rangle\langle 0\,|, \tag{6.84a}$$

$$\begin{aligned}
\hat{\rho}^2=&|\,a\,|^4\,|\,0\rangle\langle 0\,|+|\,b\,|^4\,|\,1\rangle\langle 1\,|+|\,a\,|^2ab^*\,|\,0\rangle\langle 1\,|\\
&+|\,b\,|^2a^*b\,|\,1\rangle\langle 0\,|+|\,a\,|^2\,|\,b\,|^2\,|\,0\rangle\langle 0\,|+|\,a\,|^2\,|\,b\,|^2\,|\,1\rangle\langle 1\,|\\
&+ab^*\,|\,b\,|^2\,|\,0\rangle\langle 1\,|+a^*b\,|\,a\,|^2\,|\,1\rangle\langle 0\,|\\
=&|\,a\,|^2\,|\,0\rangle\langle 0\,|+|\,b\,|^2\,|\,1\rangle\langle 1\,|+ab^*\,|\,0\rangle\langle 1\,|+a^*b\,|\,1\rangle\langle 0\,|\\
=&\hat{\rho},
\end{aligned}\tag{6.84b}$$

所以 $\hat{\rho}$ 是纯密度算符. 事实上，

$$\hat{\rho}_\psi=(a\,|\,0\rangle+b\,|\,1\rangle)(a^*\langle 0\,|+b^*\langle 1\,|). \tag{6.85}$$

所以它就是对应于态 $\psi=a|0\rangle+b|1\rangle$的密度算符，也称为纯密度算符.

D. 密度算符随时间的演化

直接可推出密度算符 $\hat{\rho}=\sum_i w_i\,|\,\psi_i\rangle\langle\psi_i\,|$ 随时间的演化.

$$\begin{aligned}
\frac{\mathrm{d}\hat{\rho}}{\mathrm{d}t}&=\sum_i w_i\frac{\mathrm{d}}{\mathrm{d}t}(|\,\psi_i\rangle\langle\psi_i\,|)=\sum_i\frac{w_i}{\mathrm{i}\hbar}(\hat{H}\,|\,\psi_i\rangle\langle\psi_i\,|-|\,\psi_i\rangle\langle\psi_i\,|\,\hat{H})\\
&=\frac{[\hat{H},\rho]}{\mathrm{i}\hbar}.
\end{aligned}\tag{6.86}$$

由此可导出算符 $\hat{O}$ 的平均值的运动方程

$$\frac{\mathrm{d}\bar{O}}{\mathrm{d}t}=\frac{\mathrm{d}}{\mathrm{d}t}\mathrm{tr}(\hat{\rho}\hat{O})=\mathrm{tr}\left(\frac{[\hat{H},\rho]}{\mathrm{i}\hbar}\hat{O}\right)+\mathrm{tr}\left(\hat{\rho}\frac{\partial\hat{O}}{\partial t}\right)=\frac{1}{\mathrm{i}\hbar}\mathrm{tr}(\hat{H}\hat{\rho}\hat{O}-\hat{\rho}\hat{H}\hat{O})+\overline{\frac{\partial\hat{O}}{\partial t}}$$

$$=\frac{1}{\mathrm{i}\hbar}\mathrm{tr}(\hat{\rho}\hat{O}\hat{H}-\hat{\rho}\hat{H}\hat{O})+\overline{\frac{\partial\hat{O}}{\partial t}}=\frac{\overline{[\hat{O},\hat{H}]}}{\mathrm{i}\hbar}+\overline{\frac{\partial\hat{O}}{\partial t}}. \tag{6.87}$$

这与(4.167)式是一致的.

6.4 表象变换,幺正变换

6.4.1 同一状态在不同表象中的表示间的关系

在表象 F 中,态 $|\psi\rangle$ 的表示为

$$a_{f_n}=\langle f_n\mid\psi\rangle, \tag{6.88}$$

其中,$\hat{F}|f_n\rangle=f_n|f_n\rangle$.

在另一表象 G 中,其表示为

$$b_{g_m}=\langle g_m\mid\psi\rangle, \tag{6.89}$$

其中,$\hat{G}|g_m\rangle=g_m|g_m\rangle$.

利用 G 表象基矢 $\{|g_m\rangle\}$ 的封闭性,有

$$a_{f_n}=\langle f_n\mid\psi\rangle=\sum_m\langle f_n\mid g_m\rangle\langle g_m\mid\psi\rangle=\sum_m S_{f_ng_m}b_{g_m}. \tag{6.90}$$

$(S_{f_ng_m})$ 是将态矢量在 G 表象中的表示,变换到 F 表象中表示的变换矩阵(或 F 表象中的表示以 G 表象中的表示来表出).写成矩阵形式,

$$\begin{pmatrix}a_1\\a_2\\\vdots\end{pmatrix}=\begin{pmatrix}S_{11}&S_{12}&\cdots\\S_{21}&S_{22}&\cdots\\\vdots&\vdots&\vdots\end{pmatrix}\begin{pmatrix}b_1\\b_2\\\vdots\end{pmatrix}, \tag{6.91}$$

即

$$a^{\hat{F}}=Sb^{\hat{G}}. \tag{6.92}$$

S 矩阵的矩阵元正是 F 表象基矢与 G 表象基矢的标积,例如,其第 1 列是 G 算符的第 1 个基矢在 F 表象中的表示.直接推得

$$\begin{aligned}(SS^\dagger)_{f_nf_{n'}}&=\sum_m S_{f_ng_m}S^\dagger_{g_mf_{n'}}\\&=\sum_m\langle f_n\mid g_m\rangle\langle g_m\mid f_{n'}\rangle=\langle f_n\mid f_{n'}\rangle=\delta_{f_nf_{n'}}\end{aligned} \tag{6.93}$$

$$(S^\dagger S)_{g_mg_{m'}}=\sum_n\langle g_m\mid f_n\rangle\langle f_n\mid g_{m'}\rangle=\langle g_m\mid g_{m'}\rangle=\delta_{g_mg_{m'}}. \tag{6.94}$$

因此,$\hat{S}$ 是一个幺正算符.这证明了:同一态矢量在不同表象中的表示之间是通过一个幺正变换联系起来的.

6.4.2 两表象的基矢之间关系

$$|f_n\rangle = \sum_m |g_m\rangle\langle g_m|f_n\rangle = \sum_m |g_m\rangle S^{\dagger}_{g_m f_n}. \tag{6.95}$$

所以,基矢的变换是经 $S^{\dagger}$ 来实现的,

$$(|f_1\rangle, |f_2\rangle, \cdots) = (|g_1\rangle, |g_2\rangle, \cdots)\begin{pmatrix} S^*_{f_1 g_1} & S^*_{f_2 g_1} & \cdots \\ S^*_{f_1 g_2} & S^*_{f_2 g_2} & \cdots \\ \cdots & \cdots & \cdots \end{pmatrix} \tag{6.96}$$

$$= (|g_1\rangle, |g_2\rangle, \cdots)\begin{pmatrix} A_{g_1 f_1} & A_{g_1 f_2} & \cdots \\ A_{g_2 f_1} & A_{g_2 f_2} & \cdots \\ \cdots & \cdots & \cdots \end{pmatrix}. \tag{6.97}$$

其中,$A_{g_m f_n} = \langle f_n|g_m\rangle^* = \langle g_m|f_n\rangle = S^*_{f_n g_m}$. (6.96)式也可表为

$$(|g_1\rangle, |g_2\rangle, \cdots) = (|f_1\rangle, |f_2\rangle, \cdots)\begin{pmatrix} S_{f_1 g_1} & S_{f_1 g_2} & \cdots \\ S_{f_2 g_1} & S_{f_2 g_2} & \cdots \\ \cdots & \cdots & \cdots \end{pmatrix}. \tag{6.98}$$

6.4.3 力学量在不同表象中的矩阵表示之间的关系

与态矢量一样,在不同表象中,力学量的矩阵表示是不同的. 它们之间也是通过幺正变换(即由幺正算符进行相似变换)来实现.

对于算符 $\hat{L}$ 在 F 表象中的矩阵表示,可由算符 $\hat{L}$ 在 G 表象中的矩阵表示来表达. 利用 $\hat{G}$ 表象基矢$\{|g_m\rangle\}$的封闭性,可得

$$\begin{aligned}\langle f_n|\hat{L}|f_{n'}\rangle &= \sum_{m,m'}\langle f_n|g_m\rangle\langle g_m|\hat{L}|g_{m'}\rangle\langle g_{m'}|f_{n'}\rangle \\ &= \sum_{m,m'} S_{f_n g_m}(\hat{L})_{g_m g_{m'}}(S^{\dagger})_{g_{m'} f_{n'}}.\end{aligned} \tag{6.99}$$

即 $\hat{L}^F = S\hat{L}^G S^{\dagger}$,而 $S_{f_n g_m} = \langle f_n|g_m\rangle$.

总之,从 G 表象→F 表象:

对同一波函数在不同表象中表示 a_{f_n}, b_{g_m} 间有关系

$$a_{f_n} = \sum_m S_{f_n g_m} b_{g_m}. \tag{6.100}$$

对于基矢间有关系

$$|f_n\rangle = \sum_m |g_m\rangle S^{\dagger}_{g_m f_m}. \tag{6.101}$$

对于力学量的表示间有关系

$$\hat{L}_{f_n f_{n'}} = \langle f_n|\hat{L}|f_{n'}\rangle = \sum_{m,m'} S_{f_n g_m}\hat{L}_{g_m g_{m'}}(S^{\dagger})_{g_{m'} f_{n'}}. \tag{6.102}$$

6.4.4 幺正变换

设 力学量 $\hat{L}$ 经由线性算符 $\hat{U}$（有逆算符 $\hat{U}^{-1}$）进行一相似变换得 $\hat{L}'=\hat{U}\hat{L}\hat{U}^{-1}$，即 $\hat{L}'\hat{U}=\hat{U}\hat{L}$.

A. 算符 $\hat{L}'$ 与 $\hat{L}$ 有同样的本征值

证

$$\hat{L}\mid n\rangle=L_n\mid n\rangle,$$

$$\hat{U}\hat{L}\hat{U}^{-1}\hat{U}\mid n\rangle=L_n\hat{U}\mid n\rangle,$$

$$\hat{L}'(\hat{U}\mid n\rangle)=L_n(\hat{U}\mid n\rangle), \tag{6.103}$$

从而证明了 $\hat{L}'$ 与 $\hat{L}$ 有同样的本征值 L_n，而相应的本征态为 $\hat{U}|n\rangle$.

例 $\hat{L}_z\mid m\rangle=m\mid m\rangle$ （$\hat{L}_z$ 以 $\hbar$ 为单位），

则

$$e^{-i\hat{L}_z\phi}e^{-i\hat{L}_y\theta}\mid m\rangle \tag{6.104}$$

是 $\hat{L}_n=\hat{L}_x\sin\theta\cos\phi+\hat{L}_y\sin\theta\sin\phi+\hat{L}_z\cos\theta$ 的本征态，本征值亦为 m.

证 因 $e^{i\hat{L}_y\theta}e^{i\hat{L}_z\phi}$ 是 $e^{-i\hat{L}_z\phi}e^{-i\hat{L}_y\theta}$ 之逆算符. 根据(6.104)式，态矢量

$$e^{-i\hat{L}_z\phi}e^{-i\hat{L}_y\theta}\mid m\rangle \tag{6.105}$$

是算符 $e^{-i\hat{L}_z\phi}e^{-i\hat{L}_y\theta}\hat{L}_z e^{i\hat{L}_y\theta}e^{i\hat{L}_z\phi}$ 的本征态，本征值为 m. 利用习题 4.4 的公式，我们有

$$\begin{aligned}
e^{-i\hat{L}_y\theta}\hat{L}_z e^{i\hat{L}_y\theta}&=\hat{L}_z-i[\hat{L}_y,\hat{L}_z]\theta+\frac{1}{2!}(-i)^2[\hat{L}_y,[\hat{L}_y,\hat{L}_z]]\theta^2\\
&\quad+\frac{1}{3!}(-i)^3[\hat{L}_y,[\hat{L}_y,[\hat{L}_y,\hat{L}_z]]]\theta^3+\cdots\\
&=\hat{L}_z+\hat{L}_x\theta-\frac{1}{2!}\hat{L}_z\theta^2-\frac{1}{3!}\hat{L}_x\theta^3+\cdots\\
&=\hat{L}_z\cos\theta+\hat{L}_x\sin\theta.
\end{aligned} \tag{6.106}$$

而

$$e^{-i\hat{L}_z\phi}\hat{L}_z\cos\theta\, e^{i\hat{L}_z\phi}=\hat{L}_z\cos\theta, \tag{6.107}$$

$$\begin{aligned}
&e^{-i\hat{L}_z\phi}\hat{L}_x\sin\theta\, e^{i\hat{L}_z\phi}\\
&\quad=\sin\theta\left\{\hat{L}_x-i[\hat{L}_z,\hat{L}_x]\phi+\frac{1}{2!}(-i)^2[\hat{L}_z,[\hat{L}_z,\hat{L}_x]]\phi^2+\cdots\right\}\\
&\quad=\hat{L}_x\sin\theta\cos\phi+\hat{L}_y\sin\theta\sin\phi,
\end{aligned} \tag{6.108}$$

所以

$$e^{-i\hat{L}_z\phi}e^{-i\hat{L}_y\theta}\hat{L}_z e^{i\hat{L}_y\theta}e^{i\hat{L}_z\phi}=\hat{L}_x\sin\theta\cos\phi+\hat{L}_y\sin\theta\sin\phi+\hat{L}_z\cos\theta \tag{6.109}$$

$$=\hat{L}_n. \tag{6.110}$$

从而证得.

B. 在幺正变换下($\hat{U}^{-1}=\hat{U}^{\dagger}$ 是线性算符),线性算符、基矢、厄米共轭矢之间的任何代数关系保持不变

$$\hat{L}\Phi_n = L_n\Phi_n, \Longrightarrow \hat{U}\hat{L}\hat{U}^{\dagger}\hat{U}\Phi_n = \hat{U}L_n\Phi_n, \Longrightarrow \hat{L}'\Phi_n' = L_n\Phi_n'; \quad (6.111\text{a})$$

$$(\Phi,\Psi) = (\Phi,\hat{U}^{\dagger}\hat{U}\Psi) = (\hat{U}\Phi,\hat{U}\Psi) = (\Phi',\Psi'); \quad (6.111\text{b})$$

$$[\hat{A},\hat{B}] = \mathrm{i}\hat{C}, \Longrightarrow \hat{U}\hat{A}\hat{U}^{\dagger}\hat{U}\hat{B}\hat{U}^{\dagger} - \hat{U}\hat{B}\hat{U}^{\dagger}\hat{U}\hat{A}\hat{U}^{\dagger} = \mathrm{i}\hat{U}\hat{C}\hat{U}^{\dagger},$$
$$\Longrightarrow [\hat{A}',\hat{B}'] = \mathrm{i}\hat{C}'. \quad (6.111\text{c})$$

6.5 平均值,本征方程和薛定谔方程的矩阵形式

6.5.1 平均值的矩阵形式

力学量 $\hat{L}$ 在归一化的态矢量$|\psi\rangle$中的平均值为

$$\overline{L} = \langle\psi \mid \hat{L} \mid \psi\rangle = \int\psi^*(\boldsymbol{r})\hat{L}(\boldsymbol{r}, -\mathrm{i}\hbar\nabla)\psi(\boldsymbol{r})\mathrm{d}\boldsymbol{r}. \quad (6.112)$$

设 $\hat{A}$ 构成力学量完全集,共同本征矢为$|\alpha_n\rangle$. 则

$$\overline{L} = \sum_{n,m}\langle\psi \mid \alpha_n\rangle\langle\alpha_n \mid \hat{L} \mid \alpha_m\rangle\langle\alpha_m \mid \psi\rangle = \sum_{n,m}a_n^*\hat{L}_{nm}a_m = a^{\dagger}La, \quad (6.113)$$

$\{a_m\}$是态矢量$|\psi\rangle$在 A 表象中的表示. 若 $\hat{A}$ 为力学量完全集$(\hat{L},\hat{N},\hat{M}\cdots)$,而 $\hat{L}|lnm\cdots\rangle=L_l|lnm\cdots\rangle$,则力学量 $\hat{L}$ 的平均值为

$$\overline{L} = \sum_{\substack{l,n,m\cdots\\ l'n'm'\cdots}} a_{lnm\cdots}^*(\hat{L})_{lnm\cdots,l'n'm'\cdots}a_{l'n'm'\cdots} = \sum_l L_l\Big(\sum_{nm\cdots}\mid a_{lnm\cdots}\mid^2\Big). \quad (6.114)$$

对于两个算符乘积的平均值有

$$\overline{\hat{g}\hat{f}} = \langle\psi \mid \hat{g}\hat{f} \mid \psi\rangle = \sum_{n,m,l}\langle\psi \mid \alpha_n\rangle\langle\alpha_n \mid \hat{g} \mid \alpha_m\rangle\langle\alpha_m \mid \hat{f} \mid \alpha_l\rangle\langle\alpha_l \mid \psi\rangle$$
$$= \sum_{n,m,l}a_n^*g_{nm}f_{ml}a_l. \quad (6.115)$$

6.5.2 本征方程的矩阵形式

对于算符 $\hat{L}$ 的本征方程为

$$\hat{L} \mid u\rangle = L' \mid u\rangle. \quad (6.116)$$

在 A 表象中,方程(6.116)可表为

$$\sum_m\langle\alpha_k \mid \hat{L} \mid \alpha_m\rangle\langle\alpha_m \mid u\rangle = L'\langle\alpha_k \mid u\rangle, \quad (6.117)$$

$a_m=\langle\alpha_m|u\rangle$为 $\hat{L}$ 算符本征值为L'的本征矢在 A 表象中表示,$L_{km}=\langle\alpha_k|\hat{L}|\alpha_m\rangle$为 $\hat{L}$ 算符在 A 表象中的矩阵元. 于是,$\hat{L}$ 算符的本征方程在 A 表象中的矩阵形式为

$$\sum_m L_{km}a_m = L'a_k, \quad k = 1,2,\cdots,\text{或 } 0,1,2,\cdots, \quad (6.118)$$

从而得

$$\sum_m (L_{km} - L'\delta_{km})a_m = 0,\quad k = 1,2,3,\cdots,\text{或 } 0,1,2,\cdots. \tag{6.119}$$

要使此方程组有非零解,即 a_m 不全为 0,则要求其系数行列式为零,即

$$| L_{km} - L'\delta_{km} | = 0. \tag{6.120}$$

由这求出 L',然后代入方程组(6.119)可求出相应的本征矢在 A 表象中的表示 $\{a_m^{L'}\}$.

例 1 某力学量 $\hat{\sigma}_x$ 在 σ_z 表象中的矩阵为 $\begin{pmatrix}0 & 1\\ 1 & 0\end{pmatrix}$,求该力学量的本征值和本征矢.

解 由系数行列式(见(6.120)式)

$$\begin{vmatrix}-L' & 1\\ 1 & -L'\end{vmatrix} = 0, \Longrightarrow L'^2 - 1 = 0, \tag{6.121}$$

其本征值为 $L' = \pm 1$.

$L' = 1$ 代入方程组(6.119)得

$$\begin{cases}-a_1 + a_2 = 0,\\ a_1 - a_2 = 0,\end{cases} \Longrightarrow a_1 = a_2, \tag{6.122}$$

$L' = -1$ 代入方程组(6.119)得

$$\begin{cases}a_1 + a_2 = 0,\\ a_1 - a_2 = 0,\end{cases} \Longrightarrow a_1 = -a_2. \tag{6.123}$$

所以算符 $\hat{\sigma}_x$ 的本征值及所相应的本征矢在 σ_z 表象中的表示为

$$L' = 1,\quad \frac{1}{\sqrt{2}}\begin{pmatrix}1\\ 1\end{pmatrix}; \tag{6.124}$$

$$L' = -1,\quad \frac{1}{\sqrt{2}}\begin{pmatrix}-1\\ 1\end{pmatrix}. \tag{6.125}$$

顺便我们可以看到,对于两个表象之间 $G \xrightarrow{S} F$ 的变换矩阵为

$$\boldsymbol{S}_{f_n g_m} = \langle f_n \mid g_m \rangle = (u_{f_n}, v_{g_m}), \tag{6.126}$$

所以求得 G 表象的基矢在 F 表象中的表示,即可求得变换矩阵. 因一个 G 表象的基矢在 F 表象中的表示正相当于变换矩阵 $\boldsymbol{S}$ 中的一个列.

具体看,$\hat{\sigma}_x$ 的本征矢在 σ_z 表象中的表示为

$$\frac{1}{\sqrt{2}}\begin{pmatrix}1\\ 1\end{pmatrix},\quad \frac{1}{\sqrt{2}}\begin{pmatrix}-1\\ 1\end{pmatrix}, \tag{6.127}$$

所以,由 σ_x 表象到 σ_z 表象的变换矩阵为

$$\boldsymbol{S}_{\sigma_z\sigma_x} = \frac{1}{\sqrt{2}}\begin{pmatrix}1 & -1\\ 1 & 1\end{pmatrix}. \tag{6.128}$$

而我们知道,算符在自身表象中的矩阵表示是对角的,对角元为其本征值

$$(\sigma_x)_{\text{自身表象}} = \begin{pmatrix} 1 & 0 \\ 0 & -1 \end{pmatrix}, \tag{6.129}$$

所以

$$\begin{aligned}(\sigma_x)_{\text{在}\sigma_z\text{表象}} &= \boldsymbol{S}\begin{pmatrix} 1 & 0 \\ 0 & -1 \end{pmatrix}\boldsymbol{S}^\dagger \\ &= \frac{1}{2}\begin{pmatrix} 1 & -1 \\ 1 & 1 \end{pmatrix}\begin{pmatrix} 1 & 0 \\ 0 & -1 \end{pmatrix}\begin{pmatrix} 1 & 1 \\ -1 & 1 \end{pmatrix} \\ &= \begin{pmatrix} 0 & 1 \\ 1 & 0 \end{pmatrix}.\end{aligned}$$

例 2　在(l^2, l_z)表象中,求 $\hat{l}_x$ 在 $l=1$ 的子空间中的本征值、本征矢(在 $l=1$ 的子空间中,也即是在 $\hat{l}^2$ 本征值为 $2\hbar^2$ 的子空间中).

解　首先求 $\hat{l}_x$ 在(l^2, l_z)表象中的矩阵.利用(4.159)式

$$\hat{l}_+ \mid 1m\rangle = \hbar\sqrt{(1-m)(1+m+1)} \mid 1, m+1\rangle, \tag{6.130a}$$

$$\hat{l}_- \mid 1m\rangle = \hbar\sqrt{(1+m)(1-m+1)} \mid 1, m-1\rangle. \tag{6.130b}$$

得

$$\begin{aligned}\hat{l}_x \mid 1m\rangle = \frac{\hbar}{2}\Big(&\sqrt{(1+m)(1-m+1)} \mid 1, m-1\rangle \\ &+ \sqrt{(1-m)(1+m+1)} \mid 1, m+1\rangle\Big),\end{aligned} \tag{6.131}$$

$$(\langle n \mid \hat{l}_x \mid m\rangle) = \hbar\begin{bmatrix} 0 & \frac{\sqrt{2}}{2} & 0 \\ \frac{\sqrt{2}}{2} & 0 & \frac{\sqrt{2}}{2} \\ 0 & \frac{\sqrt{2}}{2} & 0 \end{bmatrix}. \tag{6.132}$$

由本征方程

$$\sum_m [(\hat{l}_x)_{nm} - l_x\hbar\delta_{nm}]a_m = 0 \tag{6.133}$$

的系数行列式,可求出本征值 l_x,

$$\begin{vmatrix} -l_x & \frac{\sqrt{2}}{2} & 0 \\ \frac{\sqrt{2}}{2} & -l_x & \frac{\sqrt{2}}{2} \\ 0 & \frac{\sqrt{2}}{2} & -l_x \end{vmatrix} = 0, \Longrightarrow l_x = 1, 0, -1. \tag{6.134}$$

从而可求得相应的本征矢在 l_z 表象中的表示：

$$l_x = 1 \longrightarrow \frac{1}{2}\begin{pmatrix}1\\ \sqrt{2}\\ 1\end{pmatrix}; \tag{6.135a}$$

$$l_x = 0 \longrightarrow \frac{1}{2}\begin{pmatrix}\sqrt{2}\\ 0\\ -\sqrt{2}\end{pmatrix}; \tag{6.135b}$$

$$l_x = -1 \longrightarrow \frac{1}{2}\begin{pmatrix}1\\ -\sqrt{2}\\ 1\end{pmatrix}. \tag{6.135c}$$

现来求：在 $\hat{l}_z$ 的本征值为 0 的本征态中测量 $\hat{l}_x$ 的可取值概率？

由于 $\hat{l}_z$ 在自身表象中的本征值为 0 的表示为 $\begin{pmatrix}0\\ 1\\ 0\end{pmatrix}$. 于是，测得 $l_x = \pm 1, 0$ 的概率幅为

$$\begin{aligned} C_{l_x} &= \langle 1, l_x \mid 1, l_z = 0\rangle \\ &= \sum_{l_z'} \langle 1, l_x \mid 1, l_z'\rangle\langle 1, l_z' \mid 1, l_z = 0\rangle, \end{aligned} \tag{6.136}$$

从而得

$$\begin{pmatrix}C_\hbar\\ C_0\\ C_{-\hbar}\end{pmatrix} = \begin{pmatrix}\frac{1}{2}(1,\sqrt{2},1)\begin{pmatrix}0\\ 1\\ 0\end{pmatrix}\\ \frac{1}{2}(\sqrt{2},0,-\sqrt{2})\begin{pmatrix}0\\ 1\\ 0\end{pmatrix}\\ \frac{1}{2}(1,-\sqrt{2},1)\begin{pmatrix}0\\ 1\\ 0\end{pmatrix}\end{pmatrix} = \begin{pmatrix}\frac{\sqrt{2}}{2}\\ 0\\ -\frac{\sqrt{2}}{2}\end{pmatrix}. \tag{6.137}$$

所以，在 $Y_{10}(\theta,\phi)$（$\hat{L}_z$ 的本征值为 0 的本征态在坐标表象中的表示）中，测量 $\hat{L}_x$ 的可取值 $l_x\hbar$ 为

$$\hbar, \quad 0, \quad -\hbar$$

的概率为

$$\frac{1}{2}, \quad 0, \quad \frac{1}{2}.$$

这又一次确认,可在任何一表象中来处理问题.

而$(\hat{L}^2,\hat{L}_x)\rightarrow(\hat{L}^2,\hat{L}_z)$的变换矩阵

$$\boldsymbol{S}_{l_z l_x}=\frac{1}{2}\begin{pmatrix}1 & \sqrt{2} & 1\\ \sqrt{2} & 0 & -\sqrt{2}\\ 1 & -\sqrt{2} & 1\end{pmatrix}, \tag{6.138}$$

$(\hat{L}^2,\hat{L}_z)\rightarrow(\hat{L}^2,\hat{L}_x)$则是

$$\boldsymbol{S}'(\hat{L}_x)\boldsymbol{S}'^{\dagger}=(\boldsymbol{S}^{\dagger})(\hat{L}_x)\boldsymbol{S}$$

$$=\frac{1}{2}\begin{pmatrix}1 & \sqrt{2} & 1\\ \sqrt{2} & 0 & -\sqrt{2}\\ 1 & -\sqrt{2} & 1\end{pmatrix}\cdot\hbar\begin{pmatrix}0 & \frac{\sqrt{2}}{2} & 0\\ \frac{\sqrt{2}}{2} & 0 & \frac{\sqrt{2}}{2}\\ 0 & \frac{\sqrt{2}}{2} & 0\end{pmatrix}\cdot\frac{1}{2}\begin{pmatrix}1 & \sqrt{2} & 1\\ \sqrt{2} & 0 & -\sqrt{2}\\ 1 & -\sqrt{2} & 1\end{pmatrix}$$

$$=\hbar\begin{pmatrix}1 & 0 & 0\\ 0 & 0 & 0\\ 0 & 0 & -1\end{pmatrix}. \tag{6.139}$$

6.5.3 薛定谔方程的矩阵形式

$$\mathrm{i}\hbar\frac{\partial}{\partial t}|\psi\rangle=\hat{H}|\psi\rangle. \tag{6.140}$$

设 A 表象中的基矢为$|\alpha_n\rangle$,则(6.140)式可化为

$$\mathrm{i}\hbar\frac{\mathrm{d}}{\mathrm{d}t}\langle\alpha_n|\psi\rangle=\sum_m\langle\alpha_n|\hat{H}|\alpha_m\rangle\langle\alpha_m|\psi\rangle, \tag{6.141a}$$

$$\mathrm{i}\hbar\frac{\mathrm{d}}{\mathrm{d}t}a_n(t)=\sum_m H_{nm}a_m(t)\quad(n=1,2,\cdots). \tag{6.141b}$$

这即为薛定谔方程在 A 表象中的矩阵形式.

若 $\hat{H}$ 不显含 t,而 A 表象就是 H 表象,则

$$H_{nm}=E_m\delta_{nm},$$

$$\mathrm{i}\hbar\frac{\mathrm{d}}{\mathrm{d}t}\begin{pmatrix}a_1(t)\\ a_2(t)\\ \vdots\end{pmatrix}=\begin{pmatrix}E_1 & & 0\\ & E_2 & \\ 0 & & \ddots\end{pmatrix}\begin{pmatrix}a_1(t)\\ a_2(t)\\ \vdots\end{pmatrix}, \tag{6.142}$$

从而得

$$a_1(t)=a_1^0\mathrm{e}^{-\mathrm{i}E_1t/\hbar},$$
$$a_2(t)=a_2^0\mathrm{e}^{-\mathrm{i}E_2t/\hbar},$$
$$\vdots$$

所以,当 $\hat{H}$ 不显含 t,$|\psi\rangle$在 $\hat{H}$ 表象中的表示为

$$\begin{pmatrix} a_1^0 e^{-iE_1 t/\hbar} \\ a_2^0 e^{-iE_2 t/\hbar} \\ \vdots \end{pmatrix} \tag{6.143}$$

$a_1^0, a_2^0, \cdots$由初态($t=0$)给出,即为 $t=0$ 时,$|\psi\rangle$在 H 表象中的表示. 而 $E_1, E_2, \cdots$可由 $\hat{H}$ 在任一表象中的方程$|H_{\alpha\beta}-E\delta_{\alpha\beta}|=0$ 求出.

6.6 量子态的不同描述

由薛定谔方程

$$i\hbar\frac{\partial}{\partial t}|\alpha,t\rangle=\hat{H}|\alpha,t\rangle \tag{6.144}$$

体现了量子力学的因果律. 即当$|\alpha,t_0\rangle$已知,在不受外界干扰下,体系的波函数随 t 的演化是完全确定的.

而

$$\begin{aligned}\overline{A}&=\langle\alpha,t|\hat{A}|\alpha,t\rangle=\sum_{n,m}\langle\alpha,t|u_n\rangle\langle u_n|\hat{A}|u_m\rangle\langle u_m|\alpha,t\rangle\\&=\sum_{n,m}C_n^{\alpha^*}(t)a_m\delta_{nm}C_m^\alpha(t)=\sum_n a_n|C_n^\alpha(t)|^2,\end{aligned} \tag{6.145}$$

其中,$\hat{A}|u_m\rangle=a_m|u_m\rangle, C_m(t)=\langle u_m|\alpha,t\rangle$.

但波函数和算符不是直接观测量,仅力学量取值及其概率密度(或概率)是直接观测量. 因此,重要的是:

(i) $\hat{A}$ 可能取的值 a_n;

(ii) 测量 $\hat{A}$ 取 a_n 的概率幅 $C_n^\alpha(t)=\langle u_n|\alpha,t\rangle$.

设用不同方式来描述,但若上面两个量是完全相同的,则分不清这两种描述的差别. 所以都是可以接受的.

6.6.1 薛定谔绘景

设 $\psi_\alpha(t)$以$|\alpha,t\rangle^S$ 来表示,遵守薛定谔方程

$$i\hbar\frac{d}{dt}|\alpha,t\rangle^S=\hat{H}|\alpha,t\rangle^S. \tag{6.146}$$

如果$|\beta,t_0\rangle$和$|\gamma,t_0\rangle$随时间分别演化为$|\beta,t\rangle$和$|\gamma,t\rangle$. 由态叠加原理,可能态 $C_1|\beta,t_0\rangle+C_2|\gamma,t_0\rangle$将演化为 $C_1|\beta,t\rangle+C_2|\gamma,t\rangle$. 这表明,$|\alpha,t\rangle$可由一线性算符从$|\alpha,0\rangle$获得(以下取 $t_0=0$). 因此可假设

$$|\alpha,t\rangle^S=U(t,0)|\alpha,0\rangle^S, \tag{6.147}$$

其中,$U(t,0)$与$|\alpha,0\rangle^S$ 无关,并有 $U(0,0)=1$.

于是有

$$i\hbar\frac{\mathrm{d}}{\mathrm{d}t}U(t,0)\mid\alpha,0\rangle^{\mathrm{S}}=\hat{H}U(t,0)\mid\alpha,0\rangle^{\mathrm{S}}.\tag{6.148}$$

由于$|\alpha,0\rangle^{\mathrm{S}}$是初态，可任意设定. 所以，时间演化算符$U(t,0)$满足方程

$$i\hbar\frac{\mathrm{d}}{\mathrm{d}t}U(t,0)=\hat{H}U(t,0).\tag{6.149}$$

若$\hat{H}$不显含t，由方程(6.149)可解得

$$U(t,0)=\mathrm{e}^{-i\hat{H}t/\hbar}.\tag{6.150}$$

因$\hat{H}=\hat{H}^{\dagger}$，所以

$$U^{\dagger}(t,0)U(t,0)=U(t,0)U^{\dagger}(t,0)=I.\tag{6.151a}$$

$$U^{\dagger}(t,0)=U^{-1}(t,0).\tag{6.151b}$$

这表明，方程(6.147)中的变换是一幺正变换.

而本征方程

$$\hat{A}_{\mathrm{S}}\mid a_n\rangle^{\mathrm{S}}=a_n\mid a_n\rangle^{\mathrm{S}},\tag{6.152}$$

若$\hat{A}_{\mathrm{S}}$不显含t，那么a_n，$|a_n\rangle^{\mathrm{S}}$也与t无关. 所以，t时刻，测量$\hat{A}_{\mathrm{S}}$取值a_n的概率幅为

$$^{\mathrm{S}}\langle a_n\mid\alpha,t\rangle^{\mathrm{S}}=b_n^{\alpha}(t).\tag{6.153}$$

在上述薛定谔绘景(Schrödinger picture)的描述中，态矢量随t的变化，反映在它的表示随t的变化，而力学量的本征值及本征矢不随t变化.

算符$\hat{A}$的平均值

$$\overline{A}_{\mathrm{S}}={}^{\mathrm{S}}\langle\alpha,t\mid\hat{A}_{\mathrm{S}}\mid\alpha,t\rangle^{\mathrm{S}}=\sum_{n,m}{}^{\mathrm{S}}\langle\alpha,t\mid a_n\rangle^{\mathrm{S}}\,{}^{\mathrm{S}}\langle a_n\mid\hat{A}_{\mathrm{S}}\mid a_m\rangle^{\mathrm{S}}\,{}^{\mathrm{S}}\langle a_m\mid\alpha,t\rangle^{\mathrm{S}}$$

$$=\sum_n a_n\mid b_n^{\alpha}(t)\mid^2,$$

随t变化依赖于$b_n^{\alpha}(t)$，取a_n之值的概率为$|b_n^{\alpha}(t)|^2$. 而$\hat{A}$的矩阵元

$${}^{\mathrm{S}}\langle\alpha,t\mid\hat{A}_{\mathrm{S}}\mid\beta,t\rangle^{\mathrm{S}}=\sum_{n,m}{}^{\mathrm{S}}\langle\alpha t\mid a_n\rangle^{\mathrm{S}}\,{}^{\mathrm{S}}\langle a_n\mid\hat{A}_{\mathrm{S}}\mid a_m\rangle^{\mathrm{S}}\,{}^{\mathrm{S}}\langle a_m\mid\beta,t\rangle^{\mathrm{S}}$$

$$=\sum_n a_n b_n^{\alpha *}(t)b_n^{\beta}(t),$$

随t变化则依赖于$b_n^{\alpha *}(t)b_n^{\beta}(t)$.

可以证明，对所有这些测量可得值或实验可比的量的描述并不唯一，而上述描述只是一些等价描述方式之一.

6.6.2　海森伯绘景

对于薛定谔绘景中的矩阵元，我们看到${}^{\mathrm{S}}\langle\alpha,t|\hat{A}_{\mathrm{S}}|\beta,t\rangle^{\mathrm{S}}$随$t$的变化(如$\hat{A}_{\mathrm{S}}$不显含$t$)是由于态矢量随$t$变化所致. 而

$$|\alpha,t\rangle^{S}=U(t,0)\ |\ \alpha,0\rangle^{S},$$
$$|\beta,t\rangle^{S}=U(t,0)\ |\ \beta,0\rangle^{S},$$

所以,$\hat{A}_S$ 的矩阵元可表为

$$^{S}\langle\alpha,t\ |\ \hat{A}_S\ |\ \beta,t\rangle^{S}={}^{S}\langle\alpha,0\ |\ U^{\dagger}(t,0)\hat{A}_S U(t,0)\ |\ \beta,0\rangle^{S}.\tag{6.154}$$

若算符用

$$\hat{A}_H(t)=U^{\dagger}(t,0)\hat{A}_S U(t,0)$$

来代之,这时态矢量可以表为

$$|\alpha\rangle^{H}=|\alpha,0\rangle^{S}=U^{\dagger}(t,0)\ |\ \alpha,t\rangle^{S},$$
$$|\beta\rangle^{H}=|\beta,0\rangle^{S}=U^{\dagger}(t,0)\ |\ \beta,t\rangle^{S}.$$

这样,矩阵元

$$^{H}\langle\alpha\ |\ \hat{A}_H(t)\ |\ \beta\rangle^{H}={}^{S}\langle\alpha,t\ |\ \hat{A}_S\ |\ \beta,t\rangle^{S}.\tag{6.155}$$

即这一描述与薛定谔绘景的描述是一样的.但这时态矢量不随时间变化.

再看本征方程

$$\hat{A}_S\ |\ a_n\rangle^{S}=a_n\ |\ a_n\rangle^{S},$$
$$U^{\dagger}(t,0)\hat{A}_S U(t,0)U^{\dagger}(t,0)\ |\ a_n\rangle^{S}=a_n U^{\dagger}(t,0)\ |\ a_n\rangle^{S},$$
$$\hat{A}_H\ |\ a_n,t\rangle^{H}=a_n\ |\ a_n,t\rangle^{H},$$
$$|\ a_n,t\rangle^{H}=U^{\dagger}(t,0)\ |\ a_n\rangle^{S}.$$

力学量 $\hat{A}_H$ 的本征值为 a_n,即**谱是相同的**.但相应的本征态为 $|a_n t\rangle^{H}$,是随 t 变化的.

在$|\alpha,t\rangle^{S}$ 中测得 a_n 的概率幅为

$$^{S}\langle a_n\ |\ \alpha,t\rangle^{S}={}^{S}\langle a_n\ |\ U(t,0)\ |\ \alpha,0\rangle^{S}={}^{H}\langle a_n,t\ |\ \alpha\rangle^{H}.$$

这表明,在以$|\alpha\rangle^{H}$ 描述的态矢量中,测得 a_n 的概率幅$^{H}\langle a_n,t|\alpha\rangle^{H}$ 与在以$|\alpha,t\rangle^{S}$ 描述的态矢量中测得 a_n 的**概率幅也是一样的**.

所以,这两种描述是完全等价的.于是,我们引入新的绘景——海森伯绘景.

(i) 态矢量:

$$|\alpha\rangle^{H}=U^{\dagger}(t,0)\ |\ \alpha,t\rangle^{S}=|\ \alpha,0\rangle^{S}.\tag{6.156}$$

(ii) 算符和本征方程:

$$\hat{A}_H=U^{\dagger}(t,0)\hat{A}_S U(t,0),\tag{6.157a}$$
$$\hat{A}_H\ |\ a_n,t\rangle^{H}=a_n\ |\ a_n,t\rangle^{H},\tag{6.157b}$$
$$|\ a_n,t\rangle^{H}=U^{\dagger}(t,0)\ |\ a_n\rangle^{S}.\tag{6.157c}$$

这时本征矢与 t 有关,但本征值相同.对易关系保持不变,

$$[\hat{A}_S,\hat{B}_S]=\mathrm{i}\hat{C}_S,\tag{6.158a}$$
$$[\hat{A}_H,\hat{B}_H]=\mathrm{i}\hat{C}_H.\tag{6.158b}$$

(iii) 算符随时间的变化(运动方程).

$$\begin{aligned}\frac{\mathrm{d}\hat{A}_{\mathrm{H}}}{\mathrm{d}t}&=\frac{\mathrm{d}}{\mathrm{d}t}(U^{\dagger}(t,0)\hat{A}_{\mathrm{S}}U(t,0))\\&=\frac{\mathrm{d}U^{\dagger}(t,0)}{\mathrm{d}t}\hat{A}_{\mathrm{S}}U(t,0)+U^{\dagger}(t,0)\frac{\partial\hat{A}_{\mathrm{S}}}{\partial t}U(t,0)\\&\quad+U^{\dagger}(t,0)\hat{A}_{\mathrm{S}}\frac{\mathrm{d}U(t,0)}{\mathrm{d}t}.\end{aligned}\tag{6.159}$$

对方程(6.149)两边取厄米共轭得

$$-\mathrm{i}\hbar\frac{\mathrm{d}}{\mathrm{d}t}U^{\dagger}(t,0)=U^{\dagger}(t,0)\hat{H}_{\mathrm{S}}.\tag{6.160}$$

当 A_{S} 不显含 t,方程(6.159)则可写为

$$\begin{aligned}\frac{\mathrm{d}\hat{A}_{\mathrm{H}}}{\mathrm{d}t}&=-\frac{1}{\mathrm{i}\hbar}U^{\dagger}(t,0)\hat{H}_{\mathrm{S}}\hat{A}_{\mathrm{S}}U(t,0)+\frac{1}{\mathrm{i}\hbar}U^{\dagger}(t,0)\hat{A}_{\mathrm{S}}\hat{H}_{\mathrm{S}}U(t,0)\\&=\frac{[\hat{A}_{\mathrm{H}},\hat{H}_{\mathrm{H}}]}{\mathrm{i}\hbar},\end{aligned}\tag{6.161}$$

这时,$\hat{H}_{\mathrm{H}}=\hat{H}_{\mathrm{S}}$.

若 $\hat{A}_{\mathrm{S}}$ 是运动常数,即$[\hat{A}_{\mathrm{S}},\hat{H}_{\mathrm{S}}]=0$,由于对易关系保持不变,也有$[\hat{A}_{\mathrm{H}},\hat{H}_{\mathrm{H}}]=0$.所以,$\hat{A}_{\mathrm{H}}$ 也是运动常数.这时 $\hat{A}_{\mathrm{H}}=\hat{A}_{\mathrm{S}}$.

(iv) 本征矢随 t 变化.

由式(6.157c)可得方程

$$\frac{\mathrm{d}\mid a_n t\rangle^{\mathrm{H}}}{\mathrm{d}t}=\frac{\mathrm{d}U^{\dagger}(t,0)}{\mathrm{d}t}\mid a_n\rangle^{\mathrm{S}}=-\frac{1}{\mathrm{i}\hbar}U^{\dagger}(t,0)\hat{H}_{\mathrm{S}}\mid a_n\rangle^{\mathrm{S}},\tag{6.162}$$

即

$$\mathrm{i}\hbar\frac{\mathrm{d}\mid a_n,t\rangle^{\mathrm{H}}}{\mathrm{d}t}=-\hat{H}_{\mathrm{H}}\mid a_n,t\rangle^{\mathrm{H}}.\tag{6.163}$$

这表明,在薛定谔绘景中,态矢量$|\alpha,t\rangle^{\mathrm{S}}$ 在矢量空间随 t 绕一定方向“转动”.而算符和相应的本征矢不变.因此,在本征矢$|a_n\rangle^{\mathrm{S}}$ 张开的坐标架下,态矢量随 t 的变化则反映在它的表示

$${}^{\mathrm{S}}\langle a_n\mid\alpha,t\rangle^{\mathrm{S}}=b_n^{\alpha}(t)\tag{6.164}$$

随 t 的“转动”.

而在海森伯绘景中,态矢量不变,但算符及其本征矢绕同一方向随 t“反转动”,

$$b_n^{\alpha}(t)={}^{\mathrm{S}}\langle a_n\mid\alpha,t\rangle^{\mathrm{S}}={}^{\mathrm{S}}\langle a_n\mid U(t,0)\mid\alpha,0\rangle^{\mathrm{S}}={}^{\mathrm{H}}\langle a_n,t\mid\alpha\rangle^{\mathrm{H}},\tag{6.165}$$

从而保持概率幅与薛定谔绘景相同.

在实际使用中,薛定谔绘景较方便(解方程,求本征值,本征函数);但在理论讨论中,海森伯绘景有其优越性,其形式更类似经典描述(经典物理中讨论的是物理量的变化,而无波函数).

以算符 $\hat{q}$ 和算符 $\hat{p}$ 替代海森伯绘景的运动方程(6.161)中的算符 $\hat{A}$,可得

$$\frac{\mathrm{d}\hat{q}_{\mathrm{H}}}{\mathrm{d}t}=\frac{[\hat{q}_{\mathrm{H}},\hat{H}_{\mathrm{H}}]}{\mathrm{i}\hbar}=\frac{\partial\hat{H}_{\mathrm{H}}}{\partial\hat{p}_{\mathrm{H}}};\tag{6.166a}$$

$$\frac{\mathrm{d}\hat{p}_{\mathrm{H}}}{\mathrm{d}t}=\frac{[\hat{p}_{\mathrm{H}},\hat{H}_{\mathrm{H}}]}{\mathrm{i}\hbar}=-\frac{\partial\hat{H}_{\mathrm{H}}}{\partial\hat{x}_{\mathrm{H}}}.\tag{6.166b}$$

例 求海森伯绘景中一维谐振子的坐标算符和动量算符.

利用运动方程(6.166),可得方程

$$\frac{\mathrm{d}(\hat{p}_x)_{\mathrm{H}}}{\mathrm{d}t}=-\frac{\partial\hat{H}_{\mathrm{H}}}{\partial\hat{x}_{\mathrm{H}}}=-m\omega^2x_{\mathrm{H}};\tag{6.167a}$$

$$\frac{\mathrm{d}\hat{x}_{\mathrm{H}}}{\mathrm{d}t}=\frac{\partial\hat{H}_{\mathrm{H}}}{\partial\hat{p}_{\mathrm{H}}}=\frac{(\hat{p}_x)_{\mathrm{H}}}{m}.\tag{6.167b}$$

由方程(6.167)可得

$$\frac{\mathrm{d}^2\hat{x}_{\mathrm{H}}}{\mathrm{d}t^2}=-\omega^2x_{\mathrm{H}};\tag{6.168a}$$

$$\frac{\mathrm{d}^2(\hat{p}_x)_{\mathrm{H}}}{\mathrm{d}t^2}=-\omega^2(\hat{p}_x)_{\mathrm{H}}.\tag{6.168b}$$

它们有解

$$\hat{x}_{\mathrm{H}}=a_1\cos\omega t+a_2\sin\omega t;\tag{6.169a}$$

$$(\hat{p}_x)_{\mathrm{H}}=-a_1m\omega\sin\omega t+a_2m\omega\cos\omega t.\tag{6.169b}$$

由初条件 $\hat{x}_{\mathrm{H}}(0)=\hat{x}$,$(\hat{p}_x)_{\mathrm{H}}(0)=\hat{p}_x$ 可确定方程中的系数 a_1,a_2. 从而得

$$\hat{x}_{\mathrm{H}}(t)=\hat{x}\cos\omega t+\frac{\hat{p}_x}{m\omega}\sin\omega t;\tag{6.170a}$$

$$(\hat{p}_x)_{\mathrm{H}}(t)=-\hat{x}m\omega\sin\omega t+\hat{p}_x\cos\omega t.\tag{6.170b}$$

不言而喻,

$$[\hat{x}_{\mathrm{H}}(t),(\hat{p}_x)_{\mathrm{H}}(t)]=\mathrm{i}\hbar;\tag{6.171a}$$

$$[\hat{x}_{\mathrm{H}}(t),\hat{x}_{\mathrm{H}}(t)]=0.\tag{6.171b}$$

但应当注意:对易子

$$[\hat{x}_{\mathrm{H}}(t),\hat{x}_{\mathrm{H}}(0)]=-\mathrm{i}\hbar\frac{1}{m\omega}\sin\omega t\tag{6.172}$$

并不等于零.

6.6.3 相互作用绘景

当体系的哈密顿量需要分为两部分处理时,

$$\hat{H}=\hat{H}_0+\hat{H}',\tag{6.173}$$

其中,$\hat{H}_0$ 与时间无关,它的本征态是较易取得的. 而 $\hat{H}'$ 可能与时间有关. 这时,相互作用绘景就非常实用.

类似(6.150)式,定义一幺正算符

$$U_0(t,0)=\mathrm{e}^{-\mathrm{i}H_0t/\hbar}.\tag{6.174}$$

于是,在相互作用绘景中有

(i) 态矢量

$$|\alpha,t\rangle^{\mathrm{I}}=U_0^{\dagger}(t,0)|\alpha,t\rangle^{\mathrm{S}}.\tag{6.175}$$

(ii) 算符和本征方程

$$\hat{A}_{\mathrm{I}}=U_0^{\dagger}(t,0)\hat{A}_{\mathrm{S}}U_0(t,0),\tag{6.176a}$$

$$\hat{A}_{\mathrm{I}}|a_n,t\rangle^{\mathrm{I}}=a_n|a_n,t\rangle^{\mathrm{I}},\tag{6.176b}$$

$$|a_n,t\rangle^{\mathrm{I}}=U_0^{\dagger}(t,0)|a_n\rangle^{\mathrm{S}},\tag{6.176c}$$

于是

$$\hat{H}_0|n\rangle^{\mathrm{S}}=E_n^{(0)}|n\rangle^{\mathrm{S}},\tag{6.176d}$$

$$\hat{H}_0^{\mathrm{I}}|n,t\rangle^{\mathrm{I}}=\hat{H}_0|n,t\rangle^{\mathrm{I}}=E_n^{(0)}|n,t\rangle^{\mathrm{I}},\tag{6.176e}$$

其中,$|n,t\rangle^{\mathrm{I}}=\mathrm{e}^{\mathrm{i}\hat{H}_0t/\hbar}|n\rangle^{\mathrm{S}}=\mathrm{e}^{\mathrm{i}E_n^{(0)}t/\hbar}|n\rangle^{\mathrm{S}}$. 所以,在相互作用绘景中,本征矢也是与 t 有关. 当然,本征值是相同的,对易关系是保持不变的.

$$[\hat{A}_{\mathrm{S}},\hat{B}_{\mathrm{S}}]=\mathrm{i}\hat{C}_{\mathrm{S}},$$

$$[\hat{A}_{\mathrm{I}},\hat{B}_{\mathrm{I}}]=\mathrm{i}\hat{C}_{\mathrm{I}},$$

显然,当 $\hat{H}'=0$ 时,相互作用绘景与海森伯绘景是相同的.

(iii) 态矢量和算符随时间的变化(运动方程)

在相互作用绘景中,态矢量和算符都是随时间变化的.

对于态矢量

$$\begin{aligned}\mathrm{i}\hbar\frac{\partial}{\partial t}|\alpha,t\rangle^{\mathrm{I}}&=-\hat{H}_0\mathrm{e}^{\mathrm{i}\hat{H}_0t/\hbar}|\alpha,t\rangle^{\mathrm{S}}+\mathrm{i}\hbar\mathrm{e}^{\mathrm{i}\hat{H}_0t/\hbar}\frac{\partial}{\partial t}|\alpha,t\rangle^{\mathrm{S}}\\&=-\hat{H}_0\mathrm{e}^{\mathrm{i}\hat{H}_0t/\hbar}|\alpha,t\rangle^{\mathrm{S}}+\mathrm{e}^{\mathrm{i}\hat{H}_0t/\hbar}(\hat{H}_0+H')|\alpha,t\rangle^{\mathrm{S}}\\&=H_{\mathrm{I}}'|\alpha,t\rangle^{\mathrm{I}},\end{aligned}\tag{6.177}$$

所以,在相互作用绘景中,态矢量的变化只依赖于 H_{I}'.

将态矢量 $|\alpha,t\rangle^{\mathrm{I}}$ 对 $\hat{H}_0$ 本征矢展开得

$$|\alpha,t\rangle^{\mathrm{I}}=\sum_n a_n^{\mathrm{I}}(t)|n\rangle^{\mathrm{S}},$$

于是

$$\mathrm{i}\hbar\sum_n\frac{\mathrm{d}}{\mathrm{d}t}a_n^{\mathrm{I}}(t)|n\rangle^{\mathrm{S}}=\hat{H}_{\mathrm{I}}'\sum_{n'}a_{n'}^{\mathrm{I}}(t)|n'\rangle^{\mathrm{S}},$$

从而得到在 H_0 表象中的薛定谔方程

$$\mathrm{i}\hbar\frac{\mathrm{d}}{\mathrm{d}t}a_k^{\mathrm{I}}(t)=\sum_n\langle k|\hat{H}_{\mathrm{I}}'|n\rangle a_n^{\mathrm{I}}(t).\tag{6.178}$$

只要注意,在薛定谔绘景中,我们是对 H_0 的定态展开. 即

$$|\alpha,t\rangle^{\mathrm{S}}=\sum_n a_n^{\mathrm{S}}(t)\mathrm{e}^{-\mathrm{i}E_n^{(0)}t/\hbar}|n\rangle^{\mathrm{S}}.$$

而在相互作用绘景中，我们是对 H_0 的本征矢展开，于是就有

$$a_k^{\mathrm{I}}(t) = a_k^{\mathrm{S}}(t), \tag{6.179}$$

从而直接可得在薛定谔绘景中的(6.178)式

$$\mathrm{i}\hbar \frac{\mathrm{d}}{\mathrm{d}t} a_k^{\mathrm{S}}(t) = \sum_n \langle k \mid \hat{H}' \mid n \rangle a_n^{\mathrm{S}}(t) \mathrm{e}^{\mathrm{i}\omega_{kn} t}, \tag{6.180}$$

而 $\omega_{kn} = \dfrac{E_k^{(0)} - E_n^{(0)}}{\hbar}$.

对于算符

$$\begin{aligned}\frac{\mathrm{d}\hat{A}_{\mathrm{I}}}{\mathrm{d}t} &= \frac{\mathrm{d}}{\mathrm{d}t}(U_0^{\dagger}(t,0)\hat{A}_{\mathrm{S}}U_0(t,0)) \\ &= \frac{\mathrm{d}U_0^{\dagger}(t,0)}{\mathrm{d}t}\hat{A}_{\mathrm{S}}U_0(t,0) + U_0^{\dagger}(t,0)\frac{\partial \hat{A}_{\mathrm{S}}}{\partial t}U_0(t,0) \\ &\quad + U_0^{\dagger}(t,0)\hat{A}_{\mathrm{S}}\frac{\mathrm{d}U_0(t,0)}{\mathrm{d}t}.\end{aligned} \tag{6.181}$$

显然，

$$\mathrm{i}\hbar \frac{\mathrm{d}}{\mathrm{d}t}U_0(t,0) = \hat{H}_0 U_0(t,0),$$

$$-\mathrm{i}\hbar \frac{\mathrm{d}}{\mathrm{d}t}U_0^{\dagger}(t,0) = U_0^{\dagger}(t,0)\hat{H}_0.$$

当 $\hat{A}_{\mathrm{S}}$ 不显含 t 时，方程(6.181)则可写为

$$\begin{aligned}\frac{\mathrm{d}\hat{A}_{\mathrm{I}}}{\mathrm{d}t} &= -\frac{1}{\mathrm{i}\hbar}U_0^{\dagger}(t,0)\hat{H}_0\hat{A}_{\mathrm{S}}U(t,0) + \frac{1}{\mathrm{i}\hbar}U^{\dagger}(t,0)\hat{A}_{\mathrm{S}}\hat{H}_0U(t,0) \\ &= \frac{[\hat{A}_{\mathrm{I}}, \hat{H}_0]}{\mathrm{i}\hbar}.\end{aligned} \tag{6.182}$$

这表明，在相互作用绘景中，算符的变化只依赖于 H_0.

(iv) 本征矢随 t 变化

由式(6.176c)可得方程

$$\frac{\mathrm{d} \mid a_n, t\rangle^{\mathrm{I}}}{\mathrm{d}t} = \frac{\mathrm{d}U_0^{\dagger}(t,0)}{\mathrm{d}t} \mid a_n\rangle^{\mathrm{S}} = -\frac{1}{\mathrm{i}\hbar}U_0^{\dagger}(t,0)\hat{H}_0 \mid a_n\rangle^{\mathrm{S}}, \tag{6.183}$$

即

$$\mathrm{i}\hbar \frac{\mathrm{d} \mid a_n, t\rangle^{\mathrm{I}}}{\mathrm{d}t} = -\hat{H}_0 \mid a_n, t\rangle^{\mathrm{I}}. \tag{6.184}$$

习　　题

6.1　列出下列波函数在动量表象中的表示.

(1) 一维谐振子基态：$\psi(x,t)=\sqrt{\dfrac{\alpha}{\pi^{1/2}}}\mathrm{e}^{-\frac{\alpha^2x^2}{2}-\frac{\mathrm{i}}{2}\omega t}$.

(2) 氢原子基态：$\psi(r,t)=\dfrac{1}{\sqrt{\pi a_0^3}}\mathrm{e}^{-\frac{r}{a_0}-\frac{\mathrm{i}}{\hbar}E_1 t}$.

6.2　在 $l=1$ 的子空间中，ket 矢 $|1,1\rangle$，$|1,0\rangle$ 和 $|1,-1\rangle$ 分别表示算符 $\hat{L}_z$ 本征值为 $\hbar$，0 和 $-\hbar$ 的本征矢，试用它们和相应的 bra 矢表示算符 $\hat{L}_z$，$\hat{L}_+$，$\hat{L}_-$，$\hat{L}_x$ 和 $\hat{L}_y$.

6.3　求一维无限深势阱 $(0\leqslant x\leqslant a)$ 中的粒子的坐标和动量在能量表象中的矩阵元.

6.4　求在动量表象中角动量 $\hat{L}_x$ 的矩阵表示.

6.5　利用本征函数的封闭性，求平面波

$$\varphi_k(x)=A\mathrm{e}^{\mathrm{i}kx}$$

的归一化系数 A.

6.6　粒子在一维位势

$$V(x)=-\mathrm{i}a\hbar\frac{\mathrm{d}}{\mathrm{d}x}$$

中运动. 试在动量表象中：

(1) 求其本征函数和本征值；

(2) 给出在 x 表象中的本征函数.

6.7　设 $|n\rangle$ 为无穷维的 Hilbert 空间的正交归一基. 体系的哈密顿量

$$\hat{H}=\sum_{n=-\infty}^{+\infty}[E_0|n\rangle\langle n|+\Delta|n\rangle\langle n+1|+\Delta|n+1\rangle\langle n|].$$

令

$$\hat{T}|n\rangle=|n+1\rangle.$$

(1) 证明 $[\hat{H},\hat{T}]=0$；

(2) 求 $\hat{T}$ 的本征值为 $\mathrm{e}^{-\mathrm{i}\theta}$ 的本征矢 $|\theta\rangle$；

(3) 证明 $|\theta\rangle$ 也是 $\hat{H}$ 的本征态，并给出相应的本征值.

6.8　在 (L^2,L_z) 表象中，求 $l=1$ 的空间中的 $\hat{L}_y$ 的本征值及相应的本征矢.

6.9　设 $\hat{H}=\dfrac{\hat{p}^2}{2\mu}+V(r)$，试用纯矩阵的方法，证明下列求和规则：

$$\sum_n(E_n-E_m)|x_{nm}|^2=\frac{\hbar^2}{2\mu}.$$

6.10　若矩阵 $\boldsymbol{A}$，$\boldsymbol{B}$，$\boldsymbol{C}$ 满足 $\boldsymbol{A}^2=\boldsymbol{B}^2=\boldsymbol{C}^2=\boldsymbol{I}$，$\boldsymbol{BC}-\boldsymbol{CB}=2\mathrm{i}\boldsymbol{A}$.

(1) 证明：$\boldsymbol{AB}+\boldsymbol{BA}=\boldsymbol{AC}+\boldsymbol{CA}=\boldsymbol{0}$；

(2) 在 $\boldsymbol{A}$ 表象中，求 $\boldsymbol{B}$ 和 $\boldsymbol{C}$ 的矩阵表示.

6.11　设 $\hat{H}=\dfrac{\hat{p}_x^2}{2\mu}+V(x)$，分别写出 x 表象和 p_x 表象中 $\hat{x}$，$\hat{p}_x$ 及 $\hat{H}$ 的矩阵表示.

6.12　在正交基矢 ψ_1，ψ_2 和 ψ_3 展开的态空间中，某力学量 $(\hat{A})=a\begin{bmatrix}2&0&0\\0&0&1\\0&1&0\end{bmatrix}$.

求在态

$$\psi=\frac{1}{\sqrt{2}}\psi_1+\frac{1}{2}\psi_2+\frac{1}{2}\psi_3$$

中，力学量 $\hat{A}$ 的可能测量值，以及相应概率和平均值.

6.13　利用朗德公式，即附录(Ⅴ.41)式，证明：

$$\sum_{m_1}m_1(\langle j_1j_2m_1m_2\mid jm\rangle)^2=\frac{m\{j(j+1)+j_1(j_1+1)-j_2(j_2+1)\}}{2j(j+1)}.$$

6.14　$\hat{x}_{\mathrm{H}}$ 为海森伯绘景中的坐标算符，证明

$$\frac{\mathrm{d}(\hat{x}_{\mathrm{H}})^2}{\mathrm{d}t}=\frac{\mathrm{d}(\hat{x}^2)_{\mathrm{H}}}{\mathrm{d}t}=2\hat{x}_{\mathrm{H}}\frac{\mathrm{d}\hat{x}_{\mathrm{H}}}{\mathrm{d}t}-\frac{\mathrm{i}\hbar}{m}.$$

第七章　量子力学的算符代数方法——因子化方法①②③

我们曾经利用算符的性质来获得一维谐振子和轨道角动量的本征值和本征矢.它们仅是算符因子化方法求解的两个特例.在本章中,我们较系统地介绍这一量子力学所特有的方法.

7.1　哈密顿量的本征值和本征矢

设:算符 $\hat{a}_1,\hat{a}_2,\hat{a}_3,\cdots$满足关系式

$$\hat{a}_1^{\dagger}\hat{a}_1+E_1=\hat{H}_1, \tag{7.1a}$$

$$\hat{a}_2^{\dagger}\hat{a}_2+E_2=\hat{a}_1\hat{a}_1^{\dagger}+E_1=\hat{H}_2, \tag{7.1b}$$

$$\hat{a}_3^{\dagger}\hat{a}_3+E_3=\hat{a}_2\hat{a}_2^{\dagger}+E_2=\hat{H}_3, \tag{7.1c}$$

$$\vdots$$

$$\hat{a}_{k+1}^{\dagger}\hat{a}_{k+1}+E_{k+1}=\hat{a}_k\hat{a}_k^{\dagger}+E_k=\hat{H}_{k+1}, \tag{7.1d}$$

$$\vdots$$

其中 $E_k(k=1,2,\cdots)$为实常数.

A. 若

$$\hat{a}_k\mid\xi_k\rangle=0, \tag{7.2}$$

则实常数 E_k 为 $\hat{H}_1$ 的第 k 个本征值,相应的本征矢为

$$\mid E_k\rangle=\hat{a}_1^{\dagger}\hat{a}_2^{\dagger}\cdots\hat{a}_{k-1}^{\dagger}\mid\xi_k\rangle. \tag{7.3}$$

证　令

$$\hat{H}_k=\hat{a}_k^{\dagger}\hat{a}_k+E_k, \tag{7.4}$$

根据式(7.1d),

$$\hat{H}_{k+1}=\hat{a}_k\hat{a}_k^{\dagger}+E_k. \tag{7.5}$$

用 $\hat{a}_k$ 左乘(7.4)式和用 $\hat{a}_k^{\dagger}$ 右乘(7.4)式可得

$$\hat{H}_{k+1}\hat{a}_k=\hat{a}_k\hat{H}_k, \tag{7.6a}$$

---

① L. Infeld and T. E. Hull, Rev. Mod. Phys., **23** (1951)21.

② H. C. Ohanian, Principles of Quantum Mechanics, Prentice Hall/Englewood Cliffs, New Jersey, 1990, 150.

③ F. Cooper, A. Khare and U. Sukhatme, Physics Reports, **251** (1995)267.

$$\hat{H}_k \hat{a}_k^{\dagger} = \hat{a}_k^{\dagger} \hat{H}_{k+1}. \tag{7.6b}$$

于是，由方程(7.1a)，(7.2)，(7.3)，(7.4)和(7.6b)得

$$\begin{aligned} \hat{H}_1 \mid E_k \rangle &= \hat{H}_1 \hat{a}_1^{\dagger} \hat{a}_2^{\dagger} \cdots \hat{a}_{k-1}^{\dagger} \mid \xi_k \rangle = \hat{a}_1^{\dagger} \hat{H}_2 \hat{a}_2^{\dagger} \cdots \hat{a}_{k-1}^{\dagger} \mid \xi_k \rangle \\ &= \hat{a}_1^{\dagger} \hat{a}_2^{\dagger} \cdots \hat{a}_{k-1}^{\dagger} \hat{H}_k \mid \xi_k \rangle = E_k \hat{a}_1^{\dagger} \hat{a}_2^{\dagger} \cdots \hat{a}_{k-1}^{\dagger} \mid \xi_k \rangle \\ &= E_k \mid E_k \rangle, \end{aligned} \tag{7.7}$$

从而证得 E_k 和 $|E_k\rangle$ 是算符 $\hat{H}_1$ 的本征值和本征矢.

B. 若 E 是 $\hat{H}_1$ 的本征值，则 $E \notin (E_k, E_{k+1})$.

证 若 $|\xi_{k+1}\rangle$ 是已归一化的态矢量，则

$$E_{k+1} - E_k = \langle \xi_{k+1} \mid E_{k+1} - E_k \mid \xi_{k+1} \rangle.$$

利用方程(7.1d)可得

$$\begin{aligned} E_{k+1} - E_k &= \langle \xi_{k+1} \mid E_{k+1} - E_k \mid \xi_{k+1} \rangle \\ &= \langle \xi_{k+1} \mid \hat{a}_k \hat{a}_k^{\dagger} - \hat{a}_{k+1}^{\dagger} \hat{a}_{k+1} \mid \xi_{k+1} \rangle \geqslant 0, \end{aligned}$$

最后一步已利用了(7.2)式. 所以可推得

$$E_1 \leqslant E_2 \leqslant E_3 \leqslant \cdots. \tag{7.8}$$

现设态矢量 $|k\rangle$ 为

$$| k \rangle = \hat{a}_k \hat{a}_{k-1} \cdots \hat{a}_2 \hat{a}_1 \mid E \rangle,$$

其中 $|E\rangle$ 是 $\hat{H}_1$ 的本征值为 E 的已归一化的本征矢. 于是

$$\langle 1 \mid 1 \rangle = \langle E \mid \hat{a}_1^{\dagger} \hat{a}_1 \mid E \rangle = E - E_1, \tag{7.9}$$

最后一步已利用了(7.1a)式. 这表明

$$E - E_1 \geqslant 0.$$

利用等式(7.4)，(7.6a)，(7.1a)和(7.9)又可得

$$\begin{aligned} \langle 2 \mid 2 \rangle &= \langle E \mid \hat{a}_1^{\dagger} \hat{a}_2^{\dagger} \hat{a}_2 \hat{a}_1 \mid E \rangle = \langle E \mid \hat{a}_1^{\dagger} (\hat{H}_2 - E_2) \hat{a}_1 \mid E \rangle \\ &= \langle E \mid \hat{a}_1^{\dagger} \hat{a}_1 (\hat{H}_1 - E_2) \mid E \rangle = (E - E_2) \langle E \mid \hat{a}_1^{\dagger} \hat{a}_1 \mid E \rangle \\ &= (E - E_2)(E - E_1) \geqslant 0, \end{aligned}$$

这意味着，$E \geqslant E_2$ 或 $E = E_1$.

以此类推得

$$\begin{aligned} \langle n \mid n \rangle &= \langle E \mid \hat{a}_1^{\dagger} \hat{a}_2^{\dagger} \cdots \hat{a}_n^{\dagger} \hat{a}_n \cdots \hat{a}_2 \hat{a}_1 \mid E \rangle \\ &= \langle E \mid \hat{a}_1^{\dagger} \cdots \hat{a}_{n-1}^{\dagger} (\hat{H}_n - E_n) \hat{a}_{n-1} \cdots \hat{a}_n \mid E \rangle \\ &= \langle E \mid \hat{a}_1^{\dagger} \cdots \hat{a}_{n-1}^{\dagger} \hat{a}_{n-1} \cdots \hat{a}_1 (\hat{H}_1 - E_n) \mid E \rangle \\ &= (E - E_n) \langle E \mid \hat{a}_1^{\dagger} \cdots \hat{a}_{n-1}^{\dagger} \hat{a}_{n-1} \cdots \hat{a}_1 \mid E \rangle \\ &\quad \vdots \\ &= (E - E_n)(E - E_{n-1}) \cdots (E - E_1) \\ &\geqslant 0. \end{aligned}$$

所以

$$E - E_n \geqslant 0 \quad 或 \quad E = E_k \quad (1 \leqslant k \leqslant n-1).$$

这证明了在(E_k, E_{k+1})中没有另一本征值.

最后应指出,如在求解本征值 E_k 时,可得几个解,则应取其中的最大值.这是因为

$$\delta E_k = \langle \xi_k \mid \delta E_k \mid \xi_k \rangle = \langle \xi_k \mid - \delta \hat{a}_k^\dagger \hat{a}_k - \hat{a}_k^\dagger \delta \hat{a}_k \mid \xi_k \rangle = 0.$$

注意,对方程(7.1d)变分时,保持 E_{k-1} 和 $\hat{a}_{k-1}$ 不变.

C. 本征矢的归一化

设:态矢量$|\xi_k\rangle$已归一化.由方程(7.3),并利用(7.5)式,(7.6b)式和(7.4)式,则得

$$\begin{aligned}
\langle E_k \mid E_k \rangle &= \langle \xi_k \mid \hat{a}_{k-1} \cdots \hat{a}_2 \hat{a}_1 \hat{a}_1^\dagger \hat{a}_2^\dagger \cdots \hat{a}_{k-1}^\dagger \mid \xi_k \rangle \\
&= \langle \xi_k \mid \hat{a}_{k-1} \cdots \hat{a}_2 (\hat{H}_2 - E_1) \hat{a}_2^\dagger \cdots \hat{a}_{k-1}^\dagger \mid \xi_k \rangle \\
&= (E_k - E_1) \langle \xi_k \mid \hat{a}_{k-1} \cdots \hat{a}_2 \hat{a}_2^\dagger \cdots \hat{a}_{k-1}^\dagger \mid \xi_k \rangle \\
&= (E_k - E_1)(E_k - E_2)(E_k - E_3) \cdots (E_k - E_{k-1}).
\end{aligned}$$

所以,本征值为 E_k 的归一化的本征矢是

$$\begin{aligned}
\mid u_k \rangle = &\frac{1}{[(E_k - E_1)(E_k - E_2)(E_k - E_3) \cdots (E_k - E_{k-1})]^{1/2}} \\
&\cdot \hat{a}_1^\dagger \hat{a}_2^\dagger \cdots \hat{a}_{k-1}^\dagger \mid \xi_k \rangle,
\end{aligned} \tag{7.10}$$

其中,$\hat{a}_k|\xi_k\rangle = 0$.

7.2　因子化方法的一些例子

作为例子,我们应用因子化方法来求解几个问题.

7.2.1　一维谐振子的本征值和本征矢

一维谐振子的哈密顿量

$$\hat{H}_1 = \frac{\hat{p}_x^2}{2m} + \frac{1}{2} m \omega^2 x^2. \tag{7.11}$$

现令

$$\hat{a}_k = \frac{1}{\sqrt{2m}} [\mathrm{i} \hat{p}_x + w_k(x)], \tag{7.12}$$

其中 $w_k(x)$是实函数,并称为超位势.于是

$$\hat{a}_k^\dagger \hat{a}_k = \frac{1}{2m} \hat{p}_x^2 + \frac{1}{2m} w_k^2 - \frac{\hbar}{2m} \frac{\mathrm{d} w_k}{\mathrm{d} x}, \tag{7.13a}$$

$$\hat{a}_k\hat{a}_k^\dagger = \frac{1}{2m}\hat{p}_x^2 + \frac{1}{2m}w_k^2 + \frac{\hbar}{2m}\frac{\mathrm{d}w_k}{\mathrm{d}x}. \tag{7.13b}$$

根据方程(7.1a)和方程(7.13a),可得

$$\frac{1}{2m}w_1^2 - \frac{\hbar}{2m}\frac{\mathrm{d}w_1}{\mathrm{d}x} + E_1 = \frac{1}{2}m\omega^2x^2.$$

于是有解

$$w_1(x) = \mp m\omega x,$$

$$E_1 = \mp\frac{1}{2}\hbar\omega.$$

要求 E_1 取最大值,得

$$E_1 = \frac{1}{2}\hbar\omega,$$

$$w_1(x) = m\omega x.$$

所以,

$$\hat{a}_1 = \frac{1}{\sqrt{2m}}(\mathrm{i}\hat{p}_x + m\omega x).$$

再者,由方程(7.1b),(7.13b)可得

$$\frac{1}{2m}w_2^2 - \frac{\hbar}{2m}\frac{\mathrm{d}w_2}{\mathrm{d}x} + E_2 = \frac{1}{2}m\omega^2x^2 + \hbar\omega.$$

所以

$$E_2 = \frac{3}{2}\hbar\omega,$$

$$w_2(x) = m\omega x,$$

$$\hat{a}_2 = \frac{1}{\sqrt{2m}}(\mathrm{i}\hat{p}_x + m\omega x).$$

类似地可推得

$$E_k = \left(k - \frac{1}{2}\right)\hbar\omega \quad (k = 1,2,3,\cdots),$$

$$w_k(x) = m\omega x,$$

$$\hat{a}_k = \frac{1}{\sqrt{2m}}(\mathrm{i}\hat{p}_x + m\omega x).$$

可以看到,一维谐振子问题在因子化方法求解时是比较特殊的,它的所有 $\hat{a}_k$ 都相同,这与我们在 3.8 节中所求得的解是完全相同的$\left(\text{仅在 } \hat{a} = \frac{1}{\sqrt{2m\hbar\omega}}(\mathrm{i}\hat{p}_x + m\omega x)\text{ 的定义中差一因子} \frac{1}{\sqrt{\hbar\omega}}\right)$.

而相应的归一化本征矢为

$$|u_n\rangle = \frac{1}{[(n-1)!(\hbar\omega)^{n-1}]^{1/2}}\hat{a}_1^\dagger\hat{a}_2^\dagger\cdots\hat{a}_{n-1}^\dagger|\xi_n\rangle,\quad n=1,2,\cdots,$$

其中 $\hat{a}_n|\xi_n\rangle=0$,即

$$\frac{1}{\sqrt{2m}}(\mathrm{i}\hat{p}_x+m\omega x)\xi_n(x)=0.$$

于是,归一化的

$$\xi_n(x)=\left(\frac{\alpha}{\sqrt{\pi}}\right)^{1/2}\mathrm{e}^{-\alpha^2x^2/2},$$

其中 $\alpha=\left(\frac{m\omega}{\hbar}\right)^{1/2}$. 类似于方程(3.144)的推导,可得

$$u_n(x)=\left(\frac{\alpha}{2^n n!\sqrt{\pi}}\right)^{1/2}\mathrm{e}^{-\xi^2/2}\mathrm{H}_n(\xi),$$

而 $\mathrm{H}_n(\xi)=(-1)^n\mathrm{e}^{\xi^2}\frac{\mathrm{d}^n}{\mathrm{d}\xi^n}\mathrm{e}^{-\xi^2}$, $\xi=\alpha x$, $n=0,1,2,\cdots$.

7.2.2 二维谐振子的本征值和本征矢

二维谐振子的哈密顿量

$$\begin{aligned}\hat{H}_1&=\frac{1}{2m}(\hat{p}_x^2+\hat{p}_y^2)+\frac{1}{2}m\omega^2(x^2+y^2)\\&=\frac{1}{2m}\hat{p}_\rho^2-\frac{\hbar^2}{8m\rho^2}+\frac{1}{2m\rho^2}\hat{l}_z^2+\frac{1}{2}m\omega^2\rho^2,\end{aligned}\tag{7.14}$$

其中,$\hat{p}_\rho=\frac{1}{2}\left(\hat{\boldsymbol{p}}\cdot\frac{\boldsymbol{\rho}}{\rho}+\frac{\boldsymbol{\rho}}{\rho}\cdot\hat{\boldsymbol{p}}\right)=-\mathrm{i}\hbar\left(\frac{\partial}{\partial\rho}+\frac{1}{2\rho}\right)$(参阅附录(Ⅰ.19)式),并有$[\rho,\hat{p}_\rho]=\mathrm{i}\hbar$.

因$[\hat{H}_1,\hat{l}_z]=0$,我们可取$(\hat{H}_1,\hat{l}_z)$为力学量完全集,其量子数为 E,m_z. 所以,方程(7.14)可表为

$$\hat{H}_1=\frac{1}{2m}\hat{p}_\rho^2-\frac{\hbar^2}{8m\rho^2}+\frac{m_z^2\hbar^2}{2m\rho^2}+\frac{1}{2}m\omega^2\rho^2.\tag{7.15}$$

我们从方程(7.15)得到启发,可设

$$\hat{a}_k=\frac{1}{\sqrt{2m}}\left[\mathrm{i}\hat{p}_\rho+\left(b_k\rho+\frac{c_k}{\rho}\right)\right],\tag{7.16}$$

于是有

$$\hat{a}_k^\dagger\hat{a}_k=\frac{1}{2m}\left[\hat{p}_\rho^2+b_k^2\rho^2+b_k(2c_k-\hbar)+\frac{c_k}{\rho^2}(c_k+\hbar)\right],\tag{7.17a}$$

$$\hat{a}_k\hat{a}_k^\dagger = \frac{1}{2m}\left[\hat{p}_\rho^2 + b_k^2\rho^2 + b_k(2c_k + \hbar) + \frac{c_k}{\rho^2}(c_k - \hbar)\right]. \tag{7.17b}$$

将方程(7.17a)代入方程(7.1a),并与方程(7.15)比较,就有

$$b_1^2 = m^2\omega^2, \tag{7.18a}$$

$$c_1(c_1 + \hbar) = \left(m_z^2 - \frac{1}{4}\right)\hbar^2, \tag{7.18b}$$

$$E_{1|m_z|} = -b_1(2c_1 - \hbar)/2m. \tag{7.18c}$$

从而得

$$b_1 = \mp m\omega,$$

$$c_1 = \left(-\frac{1}{2} \pm |m_z|\right)\hbar,$$

$$E_{1|m_z|} = \pm(|m_z| \pm 1)\hbar\omega.$$

要求 E_1 取最大的值,则

$$b_1 = m\omega,$$

$$c_1 = -\left(\frac{1}{2} + |m_z|\right)\hbar,$$

$$E_1 = (|m_z| + 1)\hbar\omega.$$

再者,由方程(7.17a),(7.17b)和(7.1d)可得

$$b_k^2 = m^2\omega^2,$$

$$c_{k+1}(c_{k+1} + \hbar) = c_k(c_k - \hbar),$$

$$E_{k+1} = E_k + \frac{1}{2m}[b_k(2c_k - \hbar) - b_{k+1}(2c_{k+1} + \hbar)].$$

最后我们有

$$b_k = m\omega, \tag{7.19a}$$

$$c_k = -\left(|m_z| + \frac{2k-1}{2}\right)\hbar, \tag{7.19b}$$

$$\hat{a}_k = \frac{1}{\sqrt{2m}}\left[\mathrm{i}\hat{p}_\rho + m\omega\rho - \frac{\left(|m_z| + \frac{2k-1}{2}\right)\hbar}{\rho}\right], \tag{7.19c}$$

$$E_{k|m_z|} = (|m_z| + 2k - 1)\hbar\omega. \tag{7.19d}$$

而相应的归一化本征矢为

$$|E_{k|m_z|}\rangle = \frac{1}{[(2\hbar\omega)^{(k-1)}(k-1)!]^{1/2}}\hat{a}_1^\dagger\hat{a}_2^\dagger\cdots\hat{a}_{k-1}^\dagger|\xi_k\rangle, \tag{7.20}$$

其中,$\hat{a}_k|\xi_k\rangle = 0$,$\langle\xi_k|\xi_k\rangle = 1$.

7.2.3　氢原子的能量本征值和本征矢

氢原子的哈密顿量

$$\hat{H}_1 = \frac{1}{2m}\hat{p}_r^2 + \frac{1}{2mr^2}\hat{\boldsymbol{l}}^2 - \frac{e^2}{4\pi\varepsilon_0 r}, \tag{7.21}$$

其中，$\hat{p}_r = \frac{1}{2}\left(\hat{\boldsymbol{p}}\cdot\frac{\boldsymbol{r}}{r} + \frac{\boldsymbol{r}}{r}\cdot\hat{\boldsymbol{p}}\right) = -\mathrm{i}\hbar\left(\frac{\partial}{\partial r} + \frac{1}{r}\right)$（参阅第五章习题 2），并有$[r, \hat{p}_r] = \mathrm{i}\hbar$.

A. 氢原子的能量本征值

在$(\hat{H}_1, \hat{\boldsymbol{l}}^2, \hat{l}_z)$表象中，

$$\hat{H}_1 = \frac{1}{2m}\hat{p}_r^2 + \frac{l(l+1)\hbar^2}{2mr^2} - \frac{e^2}{4\pi\varepsilon_0 r}. \tag{7.22}$$

令

$$\hat{a}_k^{(l)} = \frac{1}{\sqrt{2m}}\left[\mathrm{i}p_r + \left(b_k + \frac{c_k}{r}\right)\right], \tag{7.23}$$

于是有

$$\hat{a}_k^{(l)\dagger}\hat{a}_k^{(l)} = \frac{1}{2m}\left[p_r^2 + b_k^2 + 2b_k\frac{c_k}{r} + \frac{c_k}{r^2}(c_k + \hbar)\right], \tag{7.24a}$$

$$\hat{a}_k^{(l)}\hat{a}_k^{(l)\dagger} = \frac{1}{2m}\left[p_r^2 + b_k^2 + 2b_k\frac{c_k}{r} + \frac{c_k}{r^2}(c_k - \hbar)\right]. \tag{7.24b}$$

将(7.22)式和(7.24a)式代入方程(7.1a)，可得

$$c_1(c_1 + \hbar) = l(l+1)\hbar^2, \tag{7.25a}$$

$$\frac{b_1 c_1}{m} = -\frac{e^2}{4\pi\varepsilon_0}, \tag{7.25b}$$

$$\frac{b_1^2}{2m} + E_1 = 0. \tag{7.25c}$$

由(7.25a)式得

$$c_1 = -(l+1)\hbar \text{ 或 } l\hbar.$$

由(7.25b)式可得相应的b_1，

$$b_1 = \frac{me^2}{4\pi\varepsilon_0(l+1)\hbar} \quad \text{或} \quad -\frac{me^2}{4\pi\varepsilon_0 l\hbar}.$$

为使E_1取极大，则取

$$c_1 = -(l+1)\hbar,$$

$$b_1 = \frac{me^2}{4\pi\varepsilon_0(l+1)\hbar},$$

$$E_1=-\frac{b_1^2}{2m}=-\frac{1}{2m}\left[\frac{me^2}{4\pi\varepsilon_0(l+1)\hbar}\right]^2.$$

再由

$$\hat{a}_{k+1}^{(l)\dagger}\hat{a}_{k+1}^{(l)}+E_{k+1}=\hat{a}_k^{(l)}\hat{a}_k^{(l)\dagger}+E_k,$$

得

$$c_{k+1}(c_{k+1}+\hbar)=c_k(c_k-\hbar), \tag{7.26a}$$

$$b_{k+1}c_{k+1}=b_kc_k, \tag{7.26b}$$

$$\frac{b_{k+1}^2}{2m}+E_{k+1}=\frac{b_k^2}{2m}+E_k. \tag{7.26c}$$

于是有

$$c_{k+1}=c_k-\hbar.$$

即

$$c_k=-(l+k)\hbar. \tag{7.27}$$

而由式(7.26b)和式(7.25b)得

$$b_kc_k=b_1c_1=-\frac{me^2}{4\pi\varepsilon_0}. \tag{7.28}$$

将式(7.27)代入方程(7.28)得

$$b_k=\frac{me^2}{4\pi\varepsilon_0(l+k)\hbar}. \tag{7.29}$$

利用(7.26c),(7.25c)和(7.29)得

$$E_k=-\frac{b_k^2}{2m}=-\frac{1}{2m}\left[\frac{me^2}{4\pi\varepsilon_0(l+k)\hbar}\right]^2=-\frac{e^2}{8\pi\varepsilon_0a_0n^2}, \tag{7.30}$$

其中,$n=l+k(n=1,2,\cdots)$,$a_0=\frac{4\pi\varepsilon_0\hbar^2}{me^2}=a_B\frac{m_e}{m}$,$a_B$ 为玻尔半径.

B. 氢原子的能量本征矢

径向本征函数

$$R_{kl}\propto\hat{a}_1^{(l)\dagger}\cdots\hat{a}_{k-1}^{(l)\dagger}\xi_k^{(l)}(r). \tag{7.31}$$

而

$$\begin{aligned}\hat{a}_k^{(l)}\xi_k^{(l)}(r)&=\frac{1}{\sqrt{2m}}\left[\mathrm{i}p_r+\frac{\hbar}{(l+k)a_0}-\frac{(l+k)\hbar}{r}\right]\xi_k^{(l)}(r)\\&=\frac{\hbar}{\sqrt{2m}}\left[\frac{\mathrm{d}}{\mathrm{d}r}+\frac{1}{(l+k)a_0}-\frac{l+k-1}{r}\right]\xi_k^{(l)}(r)\\&=0.\end{aligned}$$

从而求得平方可积的解

$$\xi_k^{(l)}(r)=r^{l+k-1}\mathrm{e}^{-r/(l+k)a_0}.$$

于是氢原子的能量本征函数为

$$\psi_{nlm} \propto \hat{a}_1^{(l)\dagger} \cdots \hat{a}_{k-1}^{(l)\dagger} r^{n-1} \mathrm{e}^{-r/na_0} \mathrm{Y}_{lm}. \tag{7.32}$$

而 $n=l+k$.

7.3 形状不变伴势和谱的超对称性

若

$$| E_i^{(k-i+1)} \rangle = C_{ik} \hat{a}_i^\dagger \hat{a}_{i+1}^\dagger \cdots \hat{a}_{k-1}^\dagger | \xi_k \rangle, \quad 1 \leqslant i \leqslant k, \tag{7.33}$$

其中 $\hat{a}_k | \xi_k \rangle = 0$，而 $i=k$ 时，$C_{kk}=1$，$| E_k^{(1)} \rangle = | \xi_k \rangle$.

由方程(7.6)得

$$\begin{aligned} \hat{H}_i | E_i^{(k-i+1)} \rangle &= \hat{H}_i C_{ik} \hat{a}_i^\dagger \hat{a}_{i+1}^\dagger \cdots \hat{a}_{k-1}^\dagger | \xi_k \rangle \\ &= C_{ik} \hat{a}_i^\dagger \hat{H}_{i+1} \hat{a}_{i+1}^\dagger \cdots \hat{a}_{k-1}^\dagger | \xi_k \rangle \\ &= E_k^{(1)} | E_i^{(k-i+1)} \rangle \\ &= E_i^{(k-i+1)} | E_i^{(k-i+1)} \rangle. \end{aligned} \tag{7.34}$$

现在我们来讨论 $\hat{H}_i$ 谱间的关联.

由(7.7)和(7.34)式，当 $i=k=1$ 时，则

$$\hat{H}_1 | E_1^{(1)} \rangle = E_1 | \xi_1 \rangle = E_1^{(1)} | E_1^{(1)} \rangle. \tag{7.35}$$

当 $k=2$，而 i 分别取 2,1 时，则

$$\hat{H}_2 | E_2^{(1)} \rangle = E_2 | \xi_2 \rangle = E_2^{(1)} | E_2^{(1)} \rangle, \tag{7.36a}$$

$$\begin{aligned} \hat{H}_1 | E_1^{(2)} \rangle &= \hat{H}_1 C_{12} \hat{a}_1^\dagger | \xi_2 \rangle = C_{12} \hat{a}_1^\dagger \hat{H}_2 | \xi_2 \rangle \\ &= E_2 | E_1^{(2)} \rangle = E_1^{(2)} | E_1^{(2)} \rangle. \end{aligned} \tag{7.36b}$$

同理有

$$\hat{H}_3 | E_3^{(1)} \rangle = E_3 | \xi_3 \rangle = E_3^{(1)} | E_3^{(1)} \rangle, \tag{7.37a}$$

$$\begin{aligned} \hat{H}_2 | E_2^{(2)} \rangle &= \hat{H}_2 C_{23} \hat{a}_2^\dagger | \xi_3 \rangle = C_{23} \hat{a}_2^\dagger \hat{H}_3 | \xi_3 \rangle \\ &= E_3 | E_2^{(2)} \rangle = E_2^{(2)} | E_2^{(2)} \rangle, \end{aligned} \tag{7.37b}$$

$$\begin{aligned} \hat{H}_1 | E_1^{(3)} \rangle &= \hat{H}_1 C_{13} \hat{a}_1^\dagger \hat{a}_2^\dagger | \xi_3 \rangle = C_{13} \hat{a}_1^\dagger \hat{a}_2^\dagger \hat{H}_3 | \xi_3 \rangle \\ &= E_3 | E_1^{(3)} \rangle = E_1^{(3)} | E_1^{(3)} \rangle, \end{aligned} \tag{7.37c}$$

$$\hat{H}_4 | E_4^{(1)} \rangle = E_4 | \xi_4 \rangle = E_4^{(1)} | E_4^{(1)} \rangle, \tag{7.38a}$$

$$\begin{aligned} \hat{H}_3 | E_3^{(2)} \rangle &= \hat{H}_3 C_{34} \hat{a}_3^\dagger | \xi_4 \rangle = C_{34} \hat{a}_3^\dagger \hat{H}_4 | \xi_4 \rangle \\ &= E_4 | E_3^{(2)} \rangle = E_3^{(2)} | E_3^{(2)} \rangle, \end{aligned} \tag{7.38b}$$

$$\begin{aligned} \hat{H}_2 | E_2^{(3)} \rangle &= \hat{H}_2 C_{24} \hat{a}_2^\dagger \hat{a}_3^\dagger | \xi_4 \rangle = C_{24} \hat{a}_2^\dagger \hat{a}_3^\dagger \hat{H}_4 | \xi_4 \rangle \\ &= E_4 | E_2^{(3)} \rangle = E_2^{(3)} | E_2^{(3)} \rangle, \end{aligned} \tag{7.38c}$$

$$\hat{H}_1 \mid E_1^{(4)}\rangle = \hat{H}_1 C_{14}\hat{a}_1^\dagger\hat{a}_2^\dagger\hat{a}_3^\dagger \mid \xi_4\rangle = C_{14}\hat{a}_1^\dagger\hat{a}_2^\dagger\hat{a}_3^\dagger\hat{H}_4 \mid \xi_4\rangle$$
$$= E_4 \mid E_1^{(4)}\rangle = E_1^{(4)} \mid E_1^{(4)}\rangle, \tag{7.38d}$$

$$\hat{H}_5 \mid E_5^{(1)}\rangle = E_5 \mid \xi_5\rangle = E_5^{(1)} \mid E_5^{(1)}\rangle, \tag{7.39a}$$

$$\hat{H}_4 \mid E_4^{(2)}\rangle = \hat{H}_4 C_{45}\hat{a}_4^\dagger \mid \xi_5\rangle = C_{45}\hat{a}_4^\dagger\hat{H}_5 \mid \xi_5\rangle$$
$$= E_5 \mid E_4^{(2)}\rangle = E_4^{(2)} \mid E_4^{(2)}\rangle, \tag{7.39b}$$

$$\hat{H}_3 \mid E_3^{(3)}\rangle = \hat{H}_3 C_{35}\hat{a}_3^\dagger\hat{a}_4^\dagger \mid \xi_5\rangle = C_{35}\hat{a}_3^\dagger\hat{a}_4^\dagger\hat{H}_5 \mid \xi_5\rangle$$
$$= E_5 \mid E_3^{(3)}\rangle = E_3^{(3)} \mid E_3^{(3)}\rangle, \tag{7.39c}$$

$$\hat{H}_2 \mid E_2^{(4)}\rangle = \hat{H}_2 C_{25}\hat{a}_2^\dagger\hat{a}_3^\dagger\hat{a}_4^\dagger \mid \xi_5\rangle = C_{25}\hat{a}_2^\dagger\hat{a}_3^\dagger\hat{a}_4^\dagger\hat{H}_5 \mid \xi_5\rangle$$
$$= E_5 \mid E_2^{(4)}\rangle = E_2^{(4)} \mid E_2^{(4)}\rangle, \tag{7.39d}$$

$$\hat{H}_1 \mid E_1^{(5)}\rangle = \hat{H}_1 C_{15}\hat{a}_1^\dagger\hat{a}_2^\dagger\hat{a}_3^\dagger\hat{a}_4^\dagger \mid \xi_5\rangle = C_{15}\hat{a}_1^\dagger\hat{a}_2^\dagger\hat{a}_3^\dagger\hat{a}_4^\dagger\hat{H}_5 \mid \xi_5\rangle$$
$$= E_5 \mid E_1^{(5)}\rangle = E_1^{(5)} \mid E_1^{(5)}\rangle, \tag{7.39e}$$

$$\vdots$$

于是可得 $\hat{H}_i$ 的能谱,如图 7.1 所示.

	⋮	⋮	⋮	⋮	⋮
E_5	— $E_1^{(5)}$	— $E_2^{(4)}$	— $E_3^{(3)}$	— $E_4^{(2)}$	— $E_5^{(1)}$
E_4	— $E_1^{(4)}$	— $E_2^{(3)}$	— $E_3^{(2)}$	— $E_4^{(1)}$	
E_3	— $E_1^{(3)}$	— $E_2^{(2)}$	— $E_3^{(1)}$		
E_2	— $E_1^{(2)}$	— $E_2^{(1)}$			
E_1	— $E_1^{(1)}$				
	$\hat{H}_1$	$\hat{H}_2$	$\hat{H}_3$	$\hat{H}_4$	$\hat{H}_5$

图 7.1 $\hat{H}_i$ 能谱间超对称性的示意图

所以,除 $\hat{H}_i$ 比 $\hat{H}_{i+1}$ 多一条较低的基态之外,相邻的哈密顿量 $\hat{H}_i$ 与 $\hat{H}_{i+1}$ 的谱完全相同.由此,称它们的位势为**形状不变伴势**.而这些哈密顿量的谱是**超对称**的,见图 7.1.

例 求无限深方势阱

$$V_1 = \begin{cases} \infty, & x < 0, x > L, \\ 0, & 0 < x < L \end{cases}$$

的本征值、本征矢和形状不变伴势.

解 在公式(7.1a)中,令

$$\hat{a}_1 = \frac{1}{\sqrt{2m}}\left[\hbar\frac{\mathrm{d}}{\mathrm{d}x} + w_1(x)\right],$$

于是有

$$\hat{a}_1^{\dagger}\hat{a}_1 + E_1 = \hat{H}_1 = \left[-\frac{\hbar}{\sqrt{2m}}\frac{\mathrm{d}}{\mathrm{d}x} + \frac{1}{\sqrt{2m}}w_1(x)\right]\left[\frac{\hbar}{\sqrt{2m}}\frac{\mathrm{d}}{\mathrm{d}x} + \frac{1}{\sqrt{2m}}w_1(x)\right] + E_1 \tag{7.40a}$$

$$= -\frac{\hbar^2}{2m}\frac{\mathrm{d}^2}{\mathrm{d}^2x} - \frac{\hbar}{2m}\frac{\mathrm{d}}{\mathrm{d}x}(w_1(x)) + \frac{1}{2m}(w_1(x))^2 + E_1 \tag{7.40b}$$

$$= -\frac{\hbar^2}{2m}\frac{\mathrm{d}^2}{\mathrm{d}^2x} \quad (0 < x < L), \tag{7.40c}$$

所以

$$\hbar\frac{\mathrm{d}}{\mathrm{d}x}(w_1(x)) = (w_1(x))^2 + 2mE_1. \tag{7.41}$$

令

$$\frac{w_1(x)}{\sqrt{2mE_1}} = -\cot\theta,$$

则

$$\frac{\hbar}{\sqrt{2mE_1}}\frac{\mathrm{d}\theta}{\mathrm{d}x} = 1,$$

得

$$\theta = \frac{\sqrt{2mE_1}}{\hbar}(x-\lambda).$$

于是

$$w_1(x) = -\sqrt{2mE_1}\cot\left[\frac{\sqrt{2mE_1}}{\hbar}(x-\lambda)\right].$$

要使 $w_1(x)$在$(0,L)$区域中无极点，而且 E_1 取最大，则

$$\frac{\sqrt{2mE_1}}{\hbar}L = \pi,$$

从而求得

$$w_1 = -\frac{\pi\hbar}{L}\cot\frac{\pi x}{L}, \tag{7.42a}$$

$$\hat{a}_1 = \frac{\hbar}{\sqrt{2m}}\frac{\mathrm{d}}{\mathrm{d}x} - \frac{\hbar}{\sqrt{2m}}\frac{\pi}{L}\cot\frac{\pi x}{L}. \tag{7.42b}$$

由(7.41)式得

$$E_1 = E_1^{(1)} = \frac{\hbar^2}{2m}\frac{\pi^2}{L^2}, \quad V_1 = \begin{cases}\infty, & x < 0, x > L, \\ 0, & 0 < x < L.\end{cases} \tag{7.43}$$

另由 $\hat{a}_1\langle x|\xi_1\rangle = \hat{a}_1 u_1^{(1)} = 0$，得 $\hat{H}_1$ 的归一化的基态波函数

$$u_1^{(1)} = \sqrt{\frac{2}{L}}\sin\frac{\pi x}{L}. \tag{7.44}$$

又由(7.1b)式，并令

$$\hat{a}_2 = \frac{\hbar}{\sqrt{2m}}\frac{\mathrm{d}}{\mathrm{d}x} + \lambda_2 \frac{\hbar}{\sqrt{2m}}\frac{\pi}{L}\cot\frac{\pi x}{L}, \tag{7.45}$$

得

$$\hat{a}_2^{\dagger}\hat{a}_2 + E_2 = \hat{a}_1\hat{a}_1^{\dagger} + E_1 \tag{7.46a}$$

$$= -\frac{\hbar^2}{2m}\frac{\mathrm{d}^2}{\mathrm{d}x^2} + \frac{\hbar^2}{2m}\frac{\pi^2}{L^2}\sin^{-2}\frac{\pi x}{L} + \frac{\hbar^2}{2m}\frac{\pi^2}{L^2}\cot^2\frac{\pi x}{L} + E_1$$

$$= -\frac{\hbar^2}{2m}\frac{\mathrm{d}^2}{\mathrm{d}x^2} + 2\frac{\hbar^2}{2m}\frac{\pi^2}{L^2}\sin^{-2}\frac{\pi x}{L} \tag{7.46b}$$

$$= -\frac{\hbar^2}{2m}\frac{\mathrm{d}^2}{\mathrm{d}x^2} + \lambda_2\frac{\hbar^2}{2m}\frac{\pi^2}{L^2}\sin^{-2}\frac{\pi x}{L} + \lambda_2^2\frac{\hbar^2}{2m}\frac{\pi^2}{L^2}\cot^2\frac{\pi x}{L} + E_2. \tag{7.46c}$$

由(7.46b)式和(7.46c)式可得

$$\lambda_2 + \lambda_2^2 = 2,$$

$$-\lambda_2^2\frac{\hbar^2}{2m}\frac{\pi^2}{L^2} + E_2 = 0,$$

从而解得

$$\lambda_2 = -2 \text{ 或 } 1.$$

为使 E_2 取最大，则应取 $\lambda_2=-2$. 所以，

$$E_2^{(1)} = 4\frac{\hbar^2}{2m}\frac{\pi^2}{L^2},\quad V_2 = \begin{cases}\infty, & x<0, x>L,\\ 2\dfrac{\hbar^2}{2m}\dfrac{\pi^2}{L^2}\sin^{-2}\dfrac{\pi x}{L}, & 0<x<L,\end{cases} \tag{7.47a}$$

$$\hat{a}_2 = \frac{\hbar}{\sqrt{2m}}\frac{\mathrm{d}}{\mathrm{d}x} - 2\frac{\hbar}{\sqrt{2m}}\frac{\pi}{L}\cot\frac{\pi x}{L}. \tag{7.47b}$$

由 $\hat{a}_2\langle x|\xi_2\rangle=\hat{a}_2 u_2^{(1)}=0$，得 $\hat{H}_2$ 的归一化的基态波函数

$$u_2^{(1)} = \sqrt{\frac{8}{3L}}\sin^2\frac{\pi x}{L}, \tag{7.48a}$$

$$u_1^{(2)} = \frac{1}{\sqrt{E_1^{(2)}-E_1^{(1)}}}\hat{a}_1^{\dagger}\sqrt{\frac{8}{3L}}\sin^2\frac{\pi x}{L} = \frac{1}{\sqrt{3\dfrac{\hbar^2}{2m}\dfrac{\pi^2}{L^2}}}\hat{a}_1^{\dagger}\sqrt{\frac{8}{3L}}\sin^2\frac{\pi x}{L}$$

$$= -\sqrt{\frac{2}{L}}\sin\frac{2\pi x}{L}. \tag{7.48b}$$

利用归纳法，若

$$\hat{a}_k = \frac{\hbar}{\sqrt{2m}}\frac{\mathrm{d}}{\mathrm{d}x} - k\frac{\hbar}{\sqrt{2m}}\frac{\pi}{L}\cot\frac{\pi x}{L}, \tag{7.49}$$

并令

$$\hat{a}_{k+1} = \frac{\hbar}{\sqrt{2m}}\frac{\mathrm{d}}{\mathrm{d}x} + \lambda_{k+1}\frac{\hbar}{\sqrt{2m}}\frac{\pi}{L}\cot\frac{\pi x}{L}, \tag{7.50}$$

则由(7.1d)式可得

$$\begin{aligned}\hat{a}^{\dagger}_{k+1}\hat{a}_{k+1} + E_{k+1} &= \hat{a}_k\hat{a}^{\dagger}_k + \frac{\pi^2\hbar^2}{2mL^2}k^2\\ &= -\frac{\hbar^2}{2m}\frac{\mathrm{d}^2}{\mathrm{d}x^2} + k\frac{\hbar^2}{2m}\frac{\pi^2}{L^2}\sin^{-2}\frac{\pi x}{L}\\ &\quad + k^2\frac{\hbar^2}{2m}\frac{\pi^2}{L^2}\cot^2\frac{\pi x}{L} + \frac{\pi^2\hbar^2}{2mL^2}k^2 \qquad (7.51\text{a})\\ &= -\frac{\hbar^2}{2m}\frac{\mathrm{d}^2}{\mathrm{d}x^2} + \lambda_{k+1}\frac{\hbar^2}{2m}\frac{\pi^2}{L^2}\sin^{-2}\frac{\pi x}{L}\\ &\quad + \lambda^2_{k+1}\frac{\hbar^2}{2m}\frac{\pi^2}{L^2}\cot^2\frac{\pi x}{L} + E_{k+1}. \qquad (7.51\text{b})\end{aligned}$$

由(7.51a)式和(7.51b)式可得

$$\lambda_{k+1} + \lambda^2_{k+1} = k + k^2,$$

$$E_{k+1} = \lambda^2_{k+1}\frac{\hbar^2}{2m}\frac{\pi^2}{L^2},$$

从而解得

$$\lambda_{k+1} = -(k+1) \text{ 或 } k.$$

为使 E_{k+1} 取最大,则应取 $\lambda_{k+1} = -(k+1)$,所以,

$$\left.\begin{aligned}&E^{(1)}_{k+1} = \frac{\hbar^2}{2m}\frac{\pi^2}{L^2}(k+1)^2,\\ &V_{k+1} = \begin{cases}\infty, & x<0, x>L,\\ (k+k^2)\dfrac{\hbar^2}{2m}\dfrac{\pi^2}{L^2}\sin^{-2}\dfrac{\pi x}{L}, & 0<x<L,\end{cases}\end{aligned}\right\} \tag{7.52a}$$

$$\hat{a}_{k+1} = \frac{\hbar}{\sqrt{2m}}\frac{\mathrm{d}}{\mathrm{d}x} - (k+1)\frac{\hbar}{\sqrt{2m}}\frac{\pi}{L}\cot\frac{\pi x}{L}. \tag{7.52b}$$

而

$$\langle x \mid \xi_{k+1}\rangle = u^{(1)}_{k+1} = (k+1)!\,2^{k+1}\sqrt{\frac{1}{L(2k+2)!}}\sin^{k+1}\frac{\pi x}{L}. \tag{7.53}$$

由

$$\begin{aligned}\hat{a}^{\dagger}_k &= -\frac{\hbar}{\sqrt{2m}}\frac{\mathrm{d}}{\mathrm{d}x} - k\frac{\hbar}{\sqrt{2m}}\frac{\pi}{L}\cot\frac{\pi x}{L}\\ &= -\frac{\hbar}{\sqrt{2m}}\frac{1}{\sin^k\frac{\pi x}{L}}\frac{\mathrm{d}}{\mathrm{d}x}\sin^k\frac{\pi x}{L},\end{aligned}$$

可得

$$u_1^{(k+1)} = \frac{1}{\sqrt{(E_1^{(k+1)} - E_1^{(1)})(E_1^{(k+1)} - E_1^{(2)})\cdots(E_1^{(k+1)} - E_1^{(k)})}}$$

$$\cdot \hat{a}_1^\dagger \hat{a}_2^\dagger \cdots \hat{a}_k^\dagger (k+1)!2^{k+1}\sqrt{\frac{1}{(2k+2)!L}}\sin^{k+1}\frac{\pi x}{L}$$

$$= (-1)^k \frac{2^k(k+1)!}{(2k+1)!}\sqrt{\frac{2}{L}}\left(\frac{L}{\pi}\right)^k \left(\frac{1}{\sin\frac{\pi x}{L}}\frac{\mathrm{d}}{\mathrm{d}x}\right)^k \sin^{2k+1}\frac{\pi x}{L}. \qquad (7.54)$$

而**形状不变伴势**如图 7.2 所示.

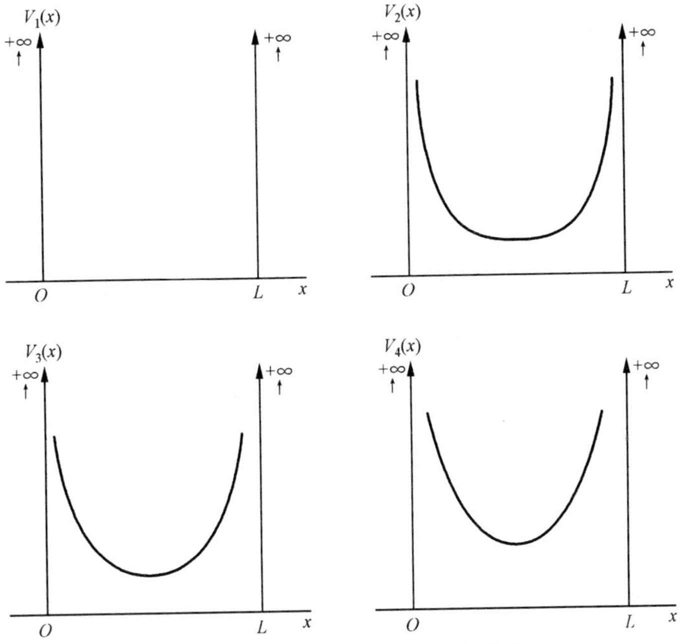

图 7.2 无限深位势的形状不变伴势

相邻的形状不变伴势的能谱,除基态外是完全相同的,

$$E_k = E_1^{(k)} = E_2^{(k-1)} = \cdots = E_k^{(1)} = \frac{\pi^2 \hbar^2}{2mL^2}k^2,$$

即**它们的能谱是超对称的**.

反过来,如果 $\hat{H}_1$ 的本征值和本征矢都已解出,则 $\hat{H}_i$ 的本征值和本征矢可直接求得.

设 $\hat{H}_1$ 的本征方程

$$\hat{H}_1 \mid E_1^{(k)}\rangle = E_1^{(k)} \mid E_1^{(k)}\rangle \qquad (7.55)$$

的本征值和本征矢已解得. 现令

$$\mid E_i^{(k-i+1)}\rangle_0 = D_{ik}\hat{a}_{i-1}\hat{a}_{i-2}\cdots\hat{a}_1 \mid E_1^{(k)}\rangle, \quad i \leqslant k. \qquad (7.56)$$

利用(7.6a)式可得

$$\begin{aligned}\hat{H}_i \mid E_i^{(k-i+1)}\rangle_0 &= \hat{H}_i D_{ik}\hat{a}_{i-1}\hat{a}_{i-2}\cdots\hat{a}_1 \mid E_1^{(k)}\rangle \\ &= D_{ik}\hat{a}_{i-1}\hat{H}_{i-1}\hat{a}_{i-2}\cdots\hat{a}_1 \mid E_1^{(k)}\rangle \\ &= D_{ik}\hat{a}_{i-1}\hat{a}_{i-2}\cdots\hat{a}_1\hat{H}_1 \mid E_1^{(k)}\rangle \\ &= E_1^{(k)} \mid E_i^{(k-i+1)}\rangle_0 = E_i^{(k-i+1)} \mid E_i^{(k-i+1)}\rangle_0. \end{aligned} \tag{7.57}$$

这表明,态矢量

$$\mid E_i^{(k-i+1)}\rangle_0 = D_{ik}\hat{a}_{i-1}\hat{a}_{i-2}\cdots\hat{a}_1 \mid E_1^{(k)}\rangle \tag{7.58}$$

是 $\hat{H}_i$ 的本征矢,本征值为

$$E_i^{(k-i+1)} = E_1^{(k)}, \tag{7.59}$$

即

$$E_2^{(k-1)} = E_3^{(k-2)} = E_4^{(k-3)} = \cdots = E_k^{(1)} = E_1^{(k)}. \tag{7.60}$$

相应的本征矢为

$$\mid E_2^{(k-1)}\rangle_0 = D_{2k}\hat{a}_1 \mid E_1^{(k)}\rangle,\quad k = 2,\cdots, \tag{7.61a}$$

$$\mid E_3^{(k-2)}\rangle_0 = D_{3k}\hat{a}_2\hat{a}_1 \mid E_1^{(k)}\rangle,\quad k = 3,\cdots, \tag{7.61b}$$

$$\mid E_4^{(k-3)}\rangle_0 = D_{4k}\hat{a}_3\hat{a}_2\hat{a}_1 \mid E_1^{(k)}\rangle,\quad k = 4,\cdots, \tag{7.61c}$$

$$\vdots$$

$$\mid E_k^{(1)}\rangle_g = D_{kk}\hat{a}_{k-1}\hat{a}_{k-2}\cdots\hat{a}_1 \mid E_1^{(k)}\rangle. \tag{7.61d}$$

所以,用算符代数法解得 $V_1(x)$ 势的本征值和本征矢后,就很容易推得 $V_2(x)$, $V_3(x)$,$V_4(x)$,…的本征值和本征矢. 这也显示了算符代数法另一优势：可解的位势大大地被扩充了.

7.4　算符代数法和奇异势之解

我们也可将算符代数法用于求一些特定的奇异势的解.

若有一位势如图 7.3 所示. 它在 $x=0$ 处有奇异性. 因此,求薛定谔方程之解是较麻烦的. 但用算符代数法就能直接求出这一类特定的奇异势的解.

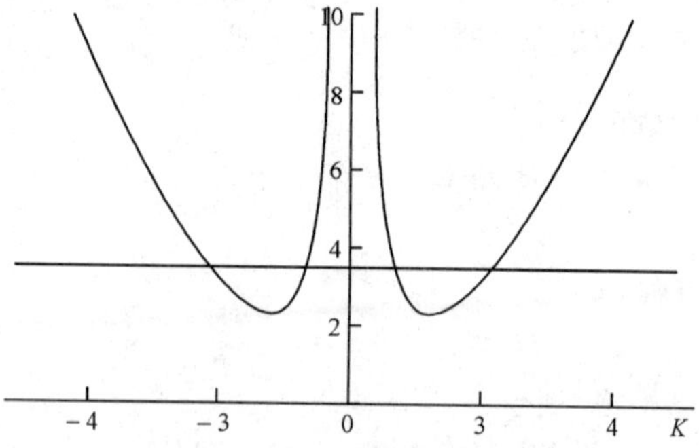

图 7.3　具有奇异性的位势

7.4.1 一维谐振子的奇异势和本征值

不失一般性，取一维谐振子作为例子，来讨论算符代数法求出奇异势的解. 这时取

$$\hat{H}_1 = \frac{\hat{p}_x^2}{2m} + \frac{1}{2}m\omega^2 x^2$$

的第一激发态的能量

$$E_1^{(1)} = \frac{3}{2}\hbar\omega \tag{7.62}$$

为当前哈密顿量

$$\hat{H}_{11} = \hat{a}_1^\dagger \hat{a}_1 + E_{11}^{(1)} \tag{7.63}$$

的基态能量.

令

$$\hat{a}_{11} = \frac{1}{\sqrt{2m}}(\mathrm{i}\hat{p}_x + w_1) = \frac{1}{\sqrt{2m}}\left(\mathrm{i}\hat{p}_x + b_1 x + \frac{c_1}{x}\right)$$

$$\hat{a}_{11}^\dagger = \frac{1}{\sqrt{2m}}\left(-\mathrm{i}\hat{p}_x + b_1 x + \frac{c_1}{x}\right),$$

于是有

$$\begin{aligned}\hat{H}_{11} = \hat{a}_1^\dagger \hat{a}_1 + E_{11}^{(1)} &= \frac{1}{\sqrt{2m}}\left(-\mathrm{i}\hat{p}_x + b_1 x + \frac{c_1}{x}\right)\frac{1}{\sqrt{2m}}\left(\mathrm{i}\hat{p}_x + b_1 x + \frac{c_1}{x}\right) + E_{11}^{(1)} \\ &= \frac{1}{2m}\left(\hat{p}_x^2 - \hbar b_1 + \frac{\hbar c_1}{x^2} + b_1^2 x^2 + 2b_1 c_1 + \frac{c_1^2}{x^2}\right) + E_{11}^{(1)} \\ &= \frac{1}{2m}\hat{p}_x^2 + \frac{1}{2}m\omega^2 x^2,\end{aligned}$$

则

$$b_1 = \pm m\omega,$$

$$c_1 = -\hbar \text{ 或 } 0.$$

现基态能量取 $E_{11}^{(1)} = 3\hbar\omega/2$，则应取 $b_1 = m\omega$，$c_1 = -\hbar$.

由(7.1b)式，

$$\begin{aligned}\hat{H}_{21} = \hat{a}_{11}\hat{a}_{11}^\dagger + E_{11}^{(1)} &= \frac{1}{2m}\left(\hat{p}_x^2 + \hbar b_1 - \frac{\hbar c_1}{x^2} + b_1^2 x^2 + 2b_1 c_1 + \frac{c_1^2}{x^2}\right) + \frac{3}{2}\hbar\omega \\ &= \frac{1}{2m}\hat{p}_x^2 + \frac{1}{2}m\omega^2 x^2 + \frac{\hbar^2}{mx^2} + \hbar\omega \qquad (7.64\text{a}) \\ &= \hat{a}_{21}^\dagger \hat{a}_{21} + E_{21}^{(1)}. \qquad (7.64\text{b})\end{aligned}$$

令

$$\hat{a}_{21} = \frac{1}{\sqrt{2m}}\left(\mathrm{i}\hat{p}_x + b_2 x + \frac{c_2}{x}\right),$$

则

$$\begin{aligned}\hat{a}_{21}^{\dagger}\hat{a}_{21} + E_{21}^{(1)} &= \frac{1}{\sqrt{2m}}\left(-\mathrm{i}\hat{p}_x + b_2 x + \frac{c_2}{x}\right)\frac{1}{\sqrt{2m}}\left(\mathrm{i}\hat{p}_x + b_2 x + \frac{c_2}{x}\right) + E_{21}^{(1)} \\ &= \frac{1}{2m}\left(\hat{p}_x^2 - \hbar b_2 + \frac{\hbar c_2}{x^2} + b_2^2 x^2 + 2b_2 c_2 + \frac{c_2^2}{x^2}\right) + E_{21}^{(1)},\end{aligned} \tag{7.65}$$

与(7.64a)式比较，并取 $E_{21}^{(1)}$ 为极大值，则有

$$b_2 = m\omega,\quad c_2 = -2\hbar,\quad E_{21}^{(1)} = 7\hbar\omega/2,$$

$$V_{21} = \frac{1}{2}m\omega^2 x^2 + \frac{\hbar^2}{mx^2} + \hbar\omega. \tag{7.66}$$

类似做法可推得具有奇异性的对称伴势 $V_{s1}(s=2,3,4,\cdots)$：

$$\hat{a}_{s1} = \frac{1}{\sqrt{2m}}\left(\mathrm{i}\hat{p}_x + m\omega x - \frac{s\hbar}{x}\right), \tag{7.67a}$$

$$\hat{H}_{s1} = \frac{\hat{p}_x^2}{2m} + \frac{1}{2}m\omega^2 x^2 + \frac{s(s-1)\hbar^2}{2mx^2} + (s-1)\hbar\omega, \tag{7.67b}$$

$$E_{s1}^{(1)} = \left(2s - \frac{1}{2}\right)\hbar\omega, \tag{7.67c}$$

$$V_{s1} = \frac{1}{2}m\omega^2 x^2 + \frac{s(s-1)\hbar^2}{2mx^2} + (s-1)\hbar\omega. \tag{7.67d}$$

图 7.4 示出了 V_{s1} 的示意图.

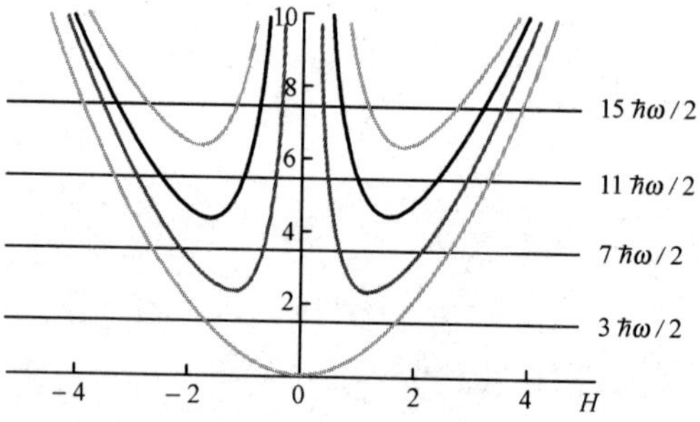

图 7.4　V_{s1} 的示意图

事实上，图 7.4 所示的 $\hat{H}_{s1}$ 的谱为

$$E_{s1}^{(k)} = \left[2(s+k) - \frac{5}{2}\right]\hbar\omega,\quad s = 1,2,3,4,\cdots,\quad k = 1,2,3,\cdots. \tag{7.68}$$

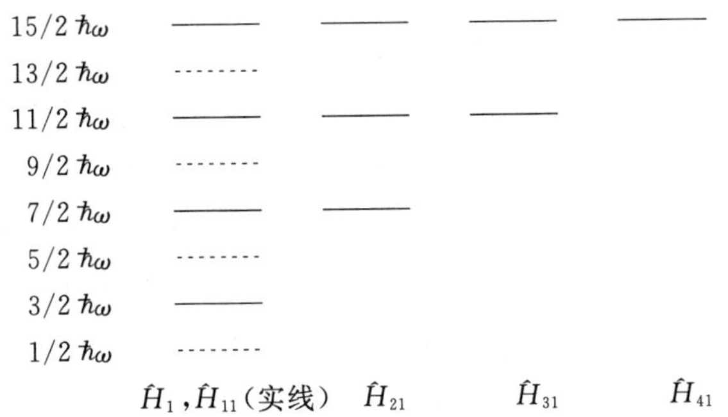

图 7.5 $\hat{H}_{s1}$能谱间部分对称性的示意图

见图 7.5. 而 $\hat{H}_1$ 的谱为

$$E_1^{(k)} = \left(k + \frac{1}{2}\right)\hbar\omega, \quad k = 0,1,2,3,\cdots. \tag{7.69}$$

这表明,$\hat{H}_1$ 的谱与其对称伴势相应的 $\hat{H}_{21}, \hat{H}_{31}, \hat{H}_{41}, \cdots$ 的谱仅有部分简并,即与 $\hat{H}_{s1}(s=2,3,4,\cdots)$的谱之间的超级简并性部分地被破坏.

7.4.2 一维谐振子的具有奇异性的对称伴势的本征函数

根据公式(7.58),

$$| E_{s1}^{(k-s+1)} \rangle_0 = D_{sk}\hat{a}_{s-11}\hat{a}_{s-21}\cdots\hat{a}_{11} | E_{11}^{(k)} \rangle, \quad s \leqslant k, \tag{7.70}$$

我们可直接由 $\hat{H}_1$ 所相应的本征函数导出具有奇异性的 $\hat{H}_{s1}(s=2,3,4,\cdots)$的本征函数.

现已知 $\hat{H}_1$ 本征值和本征函数为

$$E_1^{(0)} = \frac{1}{2}\hbar\omega, \quad \psi_1^{(0)} \propto e^{-\alpha^2x^2/2},$$

$$E_{11}^{(1)} = E_1^{(1)} = \frac{3}{2}\hbar\omega, \quad \psi_{11}^{(1)} = \psi_1^{(1)} \propto x e^{-\alpha^2x^2/2},$$

$$E_1^{(2)} = \frac{5}{2}\hbar\omega, \quad \psi_1^{(2)} \propto [2\alpha^2x^2 - 1]e^{-\alpha^2x^2/2},$$

$$E_{11}^{(2)} = E_1^{(3)} = \frac{7}{2}\hbar\omega, \quad \psi_{11}^{(2)} = \psi_1^{(3)} \propto (2\alpha^2x^3 - 3x)e^{-\alpha^2x^2/2},$$

$$E_1^{(4)} = \frac{9}{2}\hbar\omega, \quad \psi_1^{(4)} \propto (4\alpha^4x^4 - 12\alpha^2x^2 + 3)e^{-\alpha^2x^2/2},$$

$$E_{11}^{(3)} = E_1^{(5)} = \frac{11}{2}\hbar\omega, \quad \psi_{11}^{(3)} = \psi_1^{(5)} \propto (4\alpha^4x^5 - 20\alpha^2x^3 + 15x)e^{-\alpha^2x^2/2},$$

$$E_1^{(6)} = \frac{13}{2}\hbar\omega, \quad \psi_1^{(6)} \propto (8\alpha^6x^6 - 60\alpha^4x^4 + 90\alpha^2x^2 - 15)e^{-\alpha^2x^2/2},$$

$$E_{11}^{(4)} = E_1^{(7)} = \frac{15}{2}\hbar\omega, \quad \psi_{11}^{(4)} = \psi_1^{(7)} \propto (8\alpha^6x^7 - 84\alpha^4x^5 + 210\alpha^2x^3 - 105x)e^{-\alpha^2x^2/2},$$

$$\vdots$$

于是，$\hat{H}_1$ 的具有奇异性的对称伴势 $\hat{H}_{21}$，$\hat{H}_{31}$，$\hat{H}_{41}$，…的本征态可依次求得.

例如，能量为 $E_{11}^{(2)}=(7/2)\hbar\omega$ 的能级是 $\hat{H}_1$ 的第三激发态. 于是可由(7.70)式得 $\hat{H}_{21}$的基态波函数

$$\begin{aligned}\psi_{21}^{(1)} &\propto \hat{a}_{11}\psi_{11}^{(2)}\\ &\propto \left(\hbar\frac{\mathrm{d}}{\mathrm{d}x}+m\omega x-\frac{\hbar}{x}\right)(2\alpha^2x^3-3x)\mathrm{e}^{-\alpha^2x^2/2}\\ &= 4m\omega x^2\mathrm{e}^{-\alpha^2x^2/2},\end{aligned}$$

而

$$\hat{a}_{21}\psi_{21}^{(1)} \propto \left(\hbar\frac{\mathrm{d}}{\mathrm{d}x}+m\omega x-\frac{2\hbar}{x}\right)x^2\mathrm{e}^{-\alpha^2x^2/2}=0,$$

这直接证明了：波函数

$$\psi_{21}^{(1)} \propto 4m\omega x^2\mathrm{e}^{-\alpha^2x^2/2}$$

是 $\hat{H}_{21}$的基态波函数.

又如能量为 $E_{11}^{(3)}=(11/2)\hbar\omega$ 的能级是 $\hat{H}_1$ 的第五激发态，即 $\hat{H}_{11}$的第二激发态. 由(7.70)式可得 $\hat{H}_{31}$的基态波函数和 $\hat{H}_{21}$的第一激发态波函数

$$\begin{aligned}\psi_{21}^{(2)} &\propto \hat{a}_{11}\psi_{11}^{(3)}=\hat{a}_{11}\psi_1^{(5)}\\ &\propto \left(\hbar\frac{\mathrm{d}}{\mathrm{d}x}+m\omega x-\frac{\hbar}{x}\right)(4\alpha^4x^5-20\alpha^2x^3+15x)\mathrm{e}^{-\alpha^2x^2/2}\\ &= (16m\omega\alpha^2x^4-40m\omega x^2)\mathrm{e}^{-\alpha^2x^2/2},\end{aligned}$$

于是

$$\psi_{31}^{(1)} \propto \hat{a}_{21}\hat{a}_{11}\psi_{11}^{(3)} \propto \hat{a}_{21}\psi_{21}^{(2)}=4\hbar\alpha^2x^3\mathrm{e}^{-\alpha^2x^2/2},$$

而

$$\hat{a}_{31}\psi_{31}^{(1)} \propto \left(\hbar\frac{\mathrm{d}}{\mathrm{d}x}+m\omega x-\frac{3\hbar}{x}\right)x^3\mathrm{e}^{-\alpha^2x^2/2}=0,$$

这也证明了

$$\psi_{31}^{(1)} \propto x^3\mathrm{e}^{-\alpha^2x^2/2} \tag{7.71}$$

是 $\hat{H}_{31}$的基态波函数.

根据上述的讨论，我们可得到如下规律：

如从 $\hat{H}_1$ 的基态 $E_1^{(0)}=\hbar\omega/2$ 出发，可求得对称伴势 $\hat{H}_2$，$\hat{H}_3$，$\hat{H}_4$，…之谱. 这时 $\hat{H}_1$ 的谱与对称伴势之谱是超级简并的(除基态外).

但我们若将 $E_1^{(1)}=3\hbar\omega/2$ 作为 $\hat{H}_1$ 的基态，就可求得含有奇异项 $s(s-1)/x^2$ 的对称伴势 $\hat{H}_{21}$，$\hat{H}_{31}$，$\hat{H}_{41}$，…的谱. 但这时 $\hat{H}_1$ 的谱与对称伴势之谱仅部分超级简并. 这是因为 $\hat{H}_{21}$，$\hat{H}_{31}$，$\hat{H}_{41}$，…中含有奇异项 $s(s-1)/x^2$，因而要求波函数在 $x=0$ 处为零，所以无对应于 $\hat{H}_1$ 偶宇称态的能级 $E_1^{(2n)}$ ($n=1,2,3,\cdots$)，即 $5\hbar\omega/2$，$9\hbar\omega/2$，$13\hbar\omega/2$，

…能级.同时我们可从 $\hat{H}_1$ 的能量本征值为 $7\hbar\omega/2, 11\hbar\omega/2, 15\hbar\omega/2, \cdots$ 的本征函数 $\psi_{11}^{(k)}=\psi_1^{(2k-1)}(k=2,3,4,\cdots)$ 来求得具有奇异性的对称伴势 $\hat{H}_{s1}(s=2,3,4,\cdots)$ 的本征函数 $\psi_{s1}^{(k-s+1)}(2\leqslant s\leqslant k)$.

当然,可以类似地利用其它位势来获得各种各样具有奇异性的较难求解的对称伴势的本征值和本征函数.

7.5 同谱势和连续谱中的束缚态之解

纽曼和维格纳在 1929 年就认为,在正能态的连续谱中,可以埋有束缚的本征态,并对具体问题进行了讨论(参见 5.5 节).

在这一节中,我们将可以看到,因子化方法可系统地用来求得在连续谱中埋有束缚态的位势及相应的本征态.

7.5.1 同谱势(Isospectral Potential)

对于薛定谔方程

$$-\frac{\hbar^2}{2m}\psi_1''+V_1\psi_1=E_1\psi_1,$$

ψ_1 是 V_1 的基态解.

设

$$\hat{a}_1=\frac{1}{\sqrt{2m}}(\mathrm{i}\hat{p}_x+w_1)=\frac{1}{\sqrt{2m}}\left(\frac{\hbar\mathrm{d}}{\mathrm{d}x}+w_1\right),$$

则

$$\hat{H}_1=\hat{a}_1^\dagger\hat{a}_1+E_1,$$

$$V_1=\frac{1}{2m}w_1^2-\frac{\hbar}{2m}w_1'+E_1, \tag{7.72a}$$

$$V_2=\frac{1}{2m}w_1^2+\frac{\hbar}{2m}w_1'+E_1=V_1+\frac{\hbar}{m}w_1'=V_1-\frac{\hbar^2}{m}\frac{\mathrm{d}^2}{\mathrm{d}x^2}\ln\psi_1. \tag{7.72b}$$

V_2 的谱与 V_1 的谱相同(除了没有 V_1 的能量为 E_1 的基态).可以直接证明,

$$1/\psi_1 \tag{7.73}$$

是 V_2 的能量为 E_1 基态解.而另一线性无关解为

$$\frac{1}{\psi_1}\int_{-\infty}^{x}\psi_1^2(x')\mathrm{d}x', \tag{7.74}$$

所以,对于位势 V_2 的能量为 E_1 的解是

$$\Phi_1=(I_1+\lambda_1)/\psi_1,\quad I_1=\int_{-\infty}^{x}\psi_1^2(x')\mathrm{d}x'. \tag{7.75}$$

这时,位势 V_2 与 V_1 有完全相同的能谱,称为同谱势.其基态能量为 E_1,波函数如(7.75)式所示.

现在再从 V_2 出发,并代入(7.75)式得

$$\begin{aligned}\hat{V}_1 &= V_2 - \frac{\hbar^2}{m}\frac{\mathrm{d}^2}{\mathrm{d}x^2}\ln\Phi_1 \\ &= V_1 - \frac{\hbar^2}{m}\frac{\mathrm{d}^2}{\mathrm{d}x^2}\ln\psi_1 - \frac{\hbar^2}{m}\frac{\mathrm{d}^2}{\mathrm{d}x^2}\ln\Phi_1 \\ &= V_1 - \frac{\hbar^2}{m}\frac{\mathrm{d}^2}{\mathrm{d}x^2}\ln(I_1+\lambda_1),\end{aligned} \tag{7.76}$$

因 $0\leqslant I_1\leqslant 1$,所以取 $\lambda_1>0$.

$\hat{V}_1$ 的谱与 V_2 的谱完全相同,而可归一化的基态波函数为

$$\hat{\psi}_1 = \frac{1}{\Phi_1} = \psi_1/(I_1+\lambda_1), \tag{7.77}$$

另一态为

$$\int_{-\infty}^{x}\Phi_1^2(x')\mathrm{d}x'/\Phi_1.$$

这时,$\hat{V}_1$,V_2,V_1 的谱是完全相同的,是同谱势.当然基态波函数是不同的,即 ψ_1 是 V_1 的基态波函数,而 $\Phi_1=(I_1+\lambda_1)/\psi_1$ 是 V_2 的基态波函数.$\hat{V}_1$ 的可归一化的基态波函数如公式(7.77)所示.

例 按(7.72a)式,一维谐振子势

$$V_1 = \frac{1}{2}m\omega^2x^2 = \frac{1}{2m}w_1^2 - \frac{\hbar}{2m}w_1' + E_1.$$

所以,$w_1=\hbar\alpha^2x$,即 $w_1=-\dfrac{\hbar\psi_1'}{\psi_1}$,$E_1=\dfrac{1}{2}\hbar\omega$,归一化的波函数为

$$\psi_1 = \left(\frac{\alpha}{\sqrt{\pi}}\right)^{1/2}\mathrm{e}^{-\alpha^2x^2/2}. \tag{7.78}$$

由(7.76)式,相应的同谱势族

$$\hat{V}_1 = V_1 - \frac{\hbar^2}{m}\frac{\mathrm{d}^2}{\mathrm{d}x^2}\ln(I_1+\lambda_1) = \frac{1}{2}m\omega^2x^2 - \frac{\hbar^2}{m}\frac{\mathrm{d}^2}{\mathrm{d}x^2}\ln(I_1+\lambda_1),$$

对应的基态波函数为

$$\hat{\psi}_1 = \frac{1}{I_1+\lambda_1}\left(\frac{\alpha}{\sqrt{\pi}}\right)^{1/2}\mathrm{e}^{-\alpha^2x^2/2}, \tag{7.79}$$

而 $\lambda_1\gg 1$,$\hat{V}_1\to V_1$.

7.5.2 连续谱中的束缚态

用同谱势方法,即可获得在连续谱中埋有束缚态的位势及相应的本征态.

若位势为各向同性，对于 S 态有定态薛定谔方程

$$-\frac{\hbar^2}{2m}\frac{1}{r}\frac{\mathrm{d}^2}{\mathrm{d}^2 r}r\psi+V\psi=E\psi, \tag{7.80}$$

取 $u=r\psi$，得

$$-\frac{\hbar^2}{2m}\frac{\mathrm{d}^2}{\mathrm{d}^2 r}u+Vu=Eu. \tag{7.81}$$

对于该方程，若 $r\to\infty$，$V(r)\to0$，则当 $E>0$ 时，有连续谱，通常波函数 u/r 是不能归一化的.

现设 u_k 是位势 V 下的本征值为 E_k 的一个连续谱解. 由(7.76)式知

$$\hat{V}=V-\frac{\hbar^2}{m}\frac{\mathrm{d}^2}{\mathrm{d}r^2}\ln(I_k+\lambda) \tag{7.82}$$

是 V 的同谱势，其中 $I_k=\int_0^r u_k^2(r')\mathrm{d}r'$. 而

$$\hat{u}_k(r;\lambda)=\frac{u_k}{I_k+\lambda} \tag{7.83}$$

是 $\hat{V}(r;\lambda)$的能量为 E_k 的可归一化的束缚解，是埋在连续谱中的束缚态(这时取 $\lambda>0$). 而另一不可归一化的解为

$$\frac{u_k}{I_k+\lambda}\int_{-\infty}^r\left(\frac{I_k+\lambda}{u_k}\right)^2\mathrm{d}r'. \tag{7.84}$$

例 1 若粒子运动于

$$V(r)=\begin{cases}\infty, & r=0,\\ 0, & r>0.\end{cases}$$

对于 S 波，$\psi_k=u_k/r$，则有方程

$$-\frac{\hbar^2}{2m}\frac{\mathrm{d}^2}{\mathrm{d}r^2}u_k=E_k u_k,\quad r>0.$$

要求 $r=0$ 处波函数为零. 则相应于能量为 $E_k=\hbar^2k^2/2m$ 的球形解是

$$u_k=\sin kr, \tag{7.85a}$$

$$I_k=\int_0^r\sin^2 kr'\mathrm{d}r'=[2kr-\sin(2kr)]/4k. \tag{7.85b}$$

显然，当 $r\to\infty$，$I_k\to r/2$.

由(7.82)式，$V(r)$的具有束缚态(能量为 E_k)的同谱势为

$$\begin{aligned}\hat{V}(r,\lambda)&=V(r)-\frac{\hbar^2}{m}\frac{\mathrm{d}^2}{\mathrm{d}r^2}\ln(I_k+\lambda)\\&=V(r)+\frac{32E_k\sin^4 kr}{N_k^2}-\frac{8E_k\sin(2kr)}{N_k}\end{aligned} \tag{7.86}$$

(而 $\lambda>0$)，相应的能量为 E_k 的束缚态波函数为

$$\hat{u}_k(r;\lambda)=\frac{u_k}{I_k+\lambda}=\frac{4k\sin kr}{N_k},$$

$$\hat{\psi}_k(r;\lambda)=\frac{u_k}{r(I_k+\lambda)}=\frac{4k\sin kr}{rN_k},$$

其中 $N_k=4k(I_k+\lambda)=2kr-\sin(2kr)+4k\lambda$.

图 7.6 是 $E_k=\hbar^2k^2/2m=0.5$, $k=1$, $\lambda=0.5$ 时, $\hat{V}(\rho;\lambda)$, $\hat{u}_k(\rho;\lambda)$, $u_k(\rho)$ 的示意图.

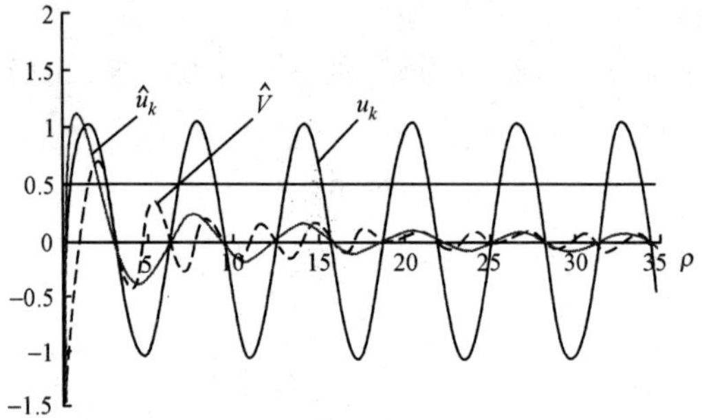

图 7.6 位势和波函数的示意图

例 2 库仑势(Coulomb Potential)

讨论 $l=0$ 的非束缚态($E_k>0$)

$$-\frac{\hbar^2}{2m}\nabla^2\psi-\frac{Ze^2}{4\pi\varepsilon_0 r}\psi=E_k\psi.$$

以 $u_l=r\psi_l$ 代入,则有

$$-\frac{\hbar^2}{2m}u_l''-\frac{Ze^2}{4\pi\varepsilon_0 r}u_l+\frac{l(l+1)\hbar^2}{2mr^2}u_l=E_ku_l.$$

现令 $\rho=kr$, $k=\sqrt{2mE_k/\hbar^2}$, $\gamma=\frac{k}{2E_k}\frac{Ze^2}{4\pi\varepsilon_0}$,则方程为

$$u_l''(\rho)+\frac{2\gamma}{\rho}u_l-\frac{l(l+1)}{\rho^2}u_l+u_l=0.$$

再设

$$u_l(\rho)=Ae^{-i\rho}\rho^{l+1}v_l(\rho),\tag{7.87}$$

于是有

$$\rho v_l''(\rho)+[-2i\rho+2(l+1)]v_l'+[-2i(l+1)+2\gamma]v_l=0,\tag{7.88}$$

取 $x=2i\rho$,最后得方程($\hat{v}_l(x)=v_l(\rho)$)

$$x\hat{v}_l''(x)+[2(l+1)-x]\hat{v}_l'(x)-[(l+1)+i\gamma]\hat{v}_l(x)=0.\tag{7.89}$$

这为合流超比方程,其解为

$$u_l(\rho)=Ae^{-i\rho}\rho^{l+1}F(l+1+i\gamma,2l+2,2i\rho).\tag{7.90}$$

对于 S 态，

$$u_0(\rho) = A\mathrm{e}^{-\mathrm{i}\rho}\rho\mathrm{F}(1+\mathrm{i}\gamma, 2, 2\mathrm{i}\rho). \tag{7.91}$$

（由 $\mathrm{F}(\alpha,\gamma,p)=\mathrm{e}^{p}\mathrm{F}(\gamma-\alpha,\gamma,-p)$，可证得 $u_l(\rho)$ 是实函数.）

显然，$u_0(\rho)(E_k>0)$ 是不能归一化的. 应用同谱势方法，可获得位势（见(7.82)式）

$$\hat{V}(r,\lambda) = V(r) - \frac{\hbar^2}{m}\frac{\mathrm{d}^2}{\mathrm{d}\rho^2}\ln(I_0+\lambda) = -\frac{2E_k\gamma}{\rho} - \frac{2E_k}{k^2}\frac{\mathrm{d}^2}{\mathrm{d}\rho^2}\ln(I_0+\lambda) \tag{7.92}$$

的本征值为 $E_k=\dfrac{\hbar^2k^2}{2m}$ 的可归一化的本征函数

$$\hat{u}_0(r;\lambda) = B\frac{u_0}{I_0+\lambda}, \tag{7.93}$$

其中，$I_0=\int_0^{\rho}\mathrm{e}^{-2\mathrm{i}\rho'}\rho'^2\mathrm{F}^2(1+\mathrm{i}\gamma,2,2\mathrm{i}\rho')\mathrm{d}\rho'$. 从而得

$$\hat{\psi}_0(r;\lambda) = B\frac{u_0}{r(I_0+\lambda)}. \tag{7.94}$$

图 7.7 是 $E_k=\hbar^2k^2/2m=0.6, k=0.3, \lambda=0.5, \gamma=0.25$ 时 $\hat{V}(\rho,\lambda)$，$V(\rho)=-2E_k\gamma/\rho$ 的示意图.

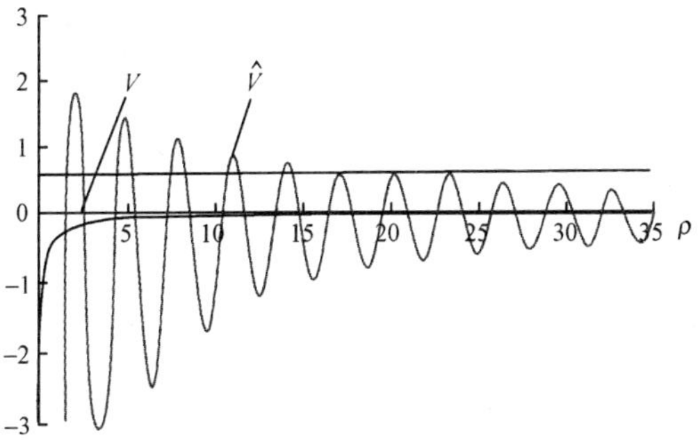

图 7.7　位势示意图

图 7.8 是 $E_k=\hbar^2k^2/2m=0.6, k=0.3, \lambda=0.5, \gamma=0.25$ 时 $u_0(\rho)$，$\hat{u}_0(\rho;\lambda)$，$B=3$ 的示意图.

图 7.9 是 $E_k=\hbar^2k^2/2m=0.6, k=0.3, \lambda=0.5, \gamma=0.25$ 时 $\hat{V}_0(\rho,\lambda)$，$\hat{u}_0(\rho;\lambda)$，$B=3$ 的示意图.

在本章中，我们是从新的观念出发，去求解量子力学中的问题. 事实上，在这里仅部分地介绍了可解的本征值问题. 它的更多、更广泛的应用可参阅相应的文献.

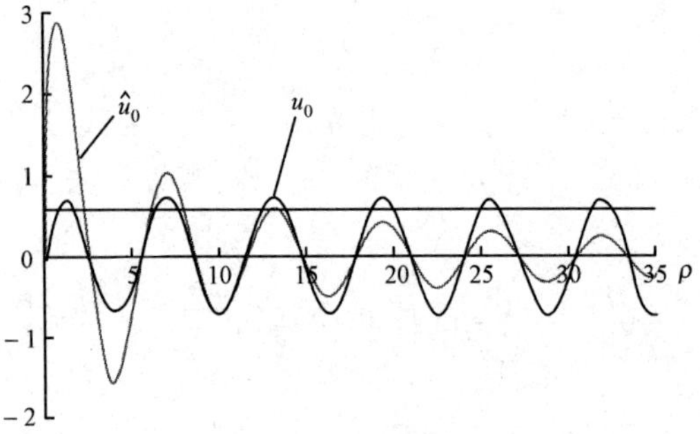

图 7.8　波函数的示意图

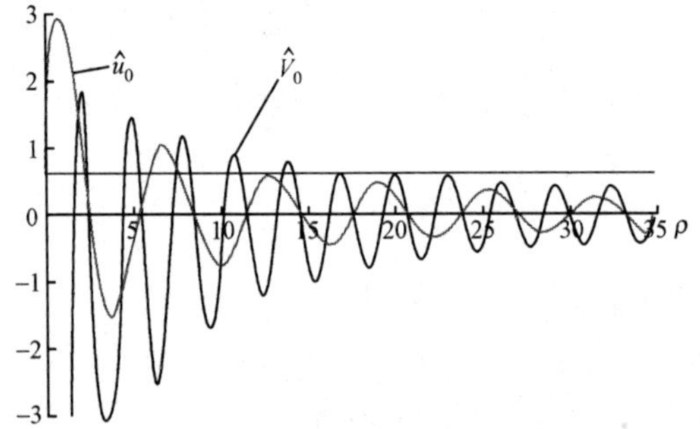

图 7.9　位势和波函数的示意图

习　　题

7.1　若

$$\hat{p}_\rho = \frac{1}{2}\left(\hat{\boldsymbol{p}} \cdot \frac{\boldsymbol{\rho}}{\rho} + \frac{\boldsymbol{\rho}}{\rho} \cdot \hat{\boldsymbol{p}}\right).$$

证明：

(1) $\hat{p}_\rho = -\mathrm{i}\hbar\left(\frac{\partial}{\partial\rho} + \frac{1}{2\rho}\right)$；

(2) $\hat{p}_\rho^2 = -\hbar^2\left[\frac{1}{\rho}\frac{\partial}{\partial\rho}\left(\rho\frac{\partial}{\partial\rho}\right) - \frac{1}{4\rho^2}\right]$；

(3) $\hat{p}_x^2 + \hat{p}_y^2 = -\hbar^2\ \frac{1}{\rho}\frac{\partial}{\partial\rho}\left(\rho\frac{\partial}{\partial\rho}\right) + \frac{1}{\rho^2}\hat{l}_z^2$，其中 $\rho^2 = x^2 + y^2$.

7.2　质量为 m 的粒子在位势

$$V(x) = \begin{cases} \infty, & x < 0 \text{ 或 } x > a, \\ 0, & 0 < x < a \end{cases}$$

中运动，求其能量本征值和本征函数.

7.3 质量为 m 的粒子在位势

$$V(r)=-\frac{V_0}{e^{\kappa r}-1}$$

中运动.求角动量量子数 $l=0$ 时的基态能量.

7.4 求力学量 $\hat{L}^2, \hat{L}_z$ 的本征值和共同本征函数.

7.5 质量为 m 的粒子在位势

$$V(x)=-V_0(2e^{-\alpha x}-e^{-2\alpha x})$$

中运动,其中 $V_0, \alpha>0$.求能量本征值和本征函数.

7.6 用因子化方法求自由粒子的本征态.

7.7 质量为 m 的粒子在位势

$$V(x)=\begin{cases}-\dfrac{\hbar^2 a^2}{m}\operatorname{sech}^2(ax), & x>0,\\ \infty, & x<0\end{cases}$$

中运动.

(1) 证明在 $E_k=\dfrac{\hbar^2 k^2}{2m}>0$ 的连续谱区,有解

$$u_k(x)=\frac{k}{a}\sin(kx)+\tanh(ax)\cos(kx).$$

(2) 利用同谱势方法来求得在连续谱区埋有束缚态$\left(E_k=\dfrac{\hbar^2 k^2}{2m}\right)$的位势和相应的本征函数表达式.

第八章　自　　旋

较强的磁场下一些类氢离子或碱金属原子有正常塞曼效应现象出现，这能用轨道磁矩的存在很好地解释. 但是，当这些原子或离子改置于弱磁场的环境中或仅是光谱分辨率提高后，问题就显得并不是那么简单. 大量实验事实证明，仅用三个自由度 x,y,z 来描述电子并不是完全的.

我们将引入一个新的自由度——自旋，它是粒子固有的.

电子自旋也是 Dirac 电子的相对论性理论的自然结果，而现在我们先从实验事实来引入.

8.1　电子自旋存在的实验事实

8.1.1　施特恩-格拉赫(Stern-Gerlach)实验①②

当一狭窄的原子束通过非均匀磁场时，如果原子无磁矩，它将不偏转；而当原子具有磁矩 $\boldsymbol{\mu}$，则其在磁场中的附加能量为

$$U=-\boldsymbol{\mu}\cdot\boldsymbol{B}=-\mu B\cos\alpha, \tag{8.1}$$

如果经过的路径上，磁场在 z 方向上有梯度，即不均匀，则受力

$$F_z=-\nabla U=\mu\cos\alpha\frac{\mathrm{d}B}{\mathrm{d}z}. \tag{8.2}$$

从经典观点看，$\cos\alpha$ 取值在区域$[-1,+1]$. 因此，不同原子(磁矩取向不同)受力不同，而取值范围在

$$\left[-\mu\frac{\mathrm{d}B}{\mathrm{d}z},\mu\frac{\mathrm{d}B}{\mathrm{d}z}\right],$$

所以原子在接收屏上形成一个带.

但施特恩-格拉赫通过实验发现，当一束处于基态的银原子通过这样的场时，仅发现分裂成两束，即仅两条轨道(两个态)(见图 8.1). 而人们知道，银原子($Z=47$)基态 $l=0$，所以没有轨道磁矩. 而分成两个状态(两个轨道)表明存在磁矩，且这磁矩在任何方向上的投影仅取两个值.

---

① O. Stern, Zeit. für Physik, **7** (1922)249.

② W. Gerlach and O. Stern, Zeit. für Physik, **9** (1922)349.

这磁矩既然不是由于轨道运动产生的，那么只能是电子本身的(核磁矩可忽略). 这磁矩称为内禀磁矩 $\boldsymbol{\mu}_S$，与之相联系的角动量称为电子自旋. 自旋是电子的一个新物理量，也是一个新的动力学变量.

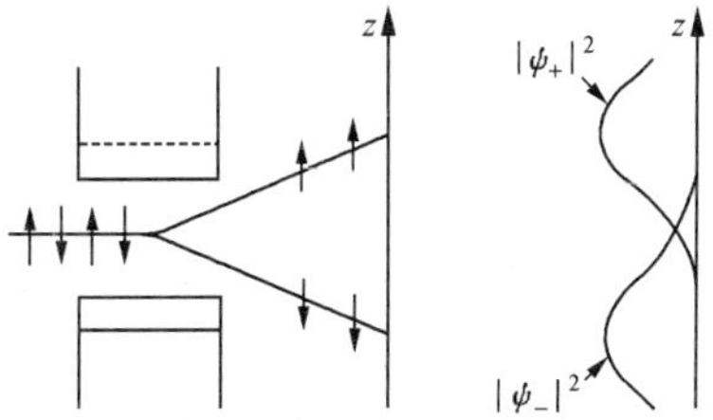

图 8.1 基态银原子通过磁场而分裂

8.1.2 电子自旋存在的其他证据

A. 碱金属光谱的双线结构

钠原子光谱中有一谱线，波长为 5893Å. 但精细测量发现，实际上，这是由两条谱线组成，

$$D_1: 5895.93\text{Å},$$

$$D_2: 5889.95\text{Å}.$$

从电子仅具有三个自由度来看，是无法解释这一实验结果的.

B. 反常塞曼效应(anomalous Zeeman effect)

原子序数 Z 为奇数的原子，其多重态是偶数，在弱磁场中分裂的光谱线条数为偶(如钠 D_1 和 D_2 的两条光谱线在弱磁场中则分裂为 4 条和 6 条). 这种现象称为反常塞曼效应. 不引入电子自旋也是不能解释的.

C. 在弱磁场中，能级分裂出的多重态的相邻能级间距，并不一定为 $\frac{e\hbar}{2\mu}B$ (参阅 5.4.2 小节)，**而是** $g_D\,\frac{e\hbar}{2\mu}B$. 对于不同能级，$g_D$ 可能不同，而不是简单为 1(g_D 称朗德 g 因子).

根据这一系列实验事实，乌伦贝克(G. Uhlenbeck)和古德斯密特(S. Goudsmit)提出假设：

(i) 电子具有自旋 $\boldsymbol{S}$，并且有内禀磁矩 $\boldsymbol{\mu}_S$，它们有关系

$$\boldsymbol{\mu}_S = -\frac{e}{m_e}\boldsymbol{S}. \tag{8.3}$$

(ii) 电子自旋在任何方向上的测量值仅取两个值 $\pm\frac{\hbar}{2}$. 所以

$$\mu_z = \mp\frac{e\hbar}{2m_e}, \tag{8.4a}$$

$$\frac{\mu_z}{S_z} = -\frac{e}{m_e}, \tag{8.4b}$$

以 $\frac{e}{2m_e}$ 为单位，则电子自旋的 g 因子为 $g_S=-2$(而 $g_l=-1$).

现在对此已很清楚：电子自旋的存在可由狄拉克提出的电子相对论性理论自

然得到. 考虑到辐射修正，

$$g_S = -2\left(1+\frac{\alpha}{2\pi}+\cdots\right) = -2.0023193.$$

所以，电子回磁比 $\gamma_e = \frac{\mu_S}{S_z} = g_S\,\frac{e}{2m_e} = -1.760859708\times 10^{11}\,\mathrm{s}^{-1}\cdot\mathrm{T}^{-1}$.

8.2 自旋——微观客体特有的内禀角动量

既然电子有自旋，这表明描述电子运动的变量就不能仅取 x, y, z，还应有第四个变量 S_z，相应的算符为 $\hat{S}_z$.

8.2.1 电子的自旋算符和它的矩阵表示

既然电子具有自旋，实验发现，它也具有内禀磁矩

$$\boldsymbol{\mu}_S = -\frac{e}{m_e}\boldsymbol{S}.$$

所以，自旋这个动力学变量是具有角动量性质的量. 当然它又不同于轨道角动量(自旋仅取两个值，$\pm\frac{\hbar}{2}$). 对于这样一个力学量，自然仍应用一线性厄米算符来表征. 于是我们假设：自旋算符 $\hat{\boldsymbol{S}}$ 有三个分量 $\hat{S}_i$，并满足角动量所具有的对易关系.

A. 对易关系

$$[\hat{S}_i, \hat{S}_j] = \mathrm{i}\,\hbar\varepsilon_{ijk}\hat{S}_k. \tag{8.5}$$

B. 由于它在任意方向上的测量值仅取两个数值 $\pm\frac{\hbar}{2}$，所以

$$\hat{S}_x^2 = \hat{S}_y^2 = \hat{S}_z^2 = \frac{1}{4}\hbar^2. \tag{8.6}$$

于是

$$\hat{S}^2 = \frac{3}{4}\hbar^2 = \frac{1}{2}\left(1+\frac{1}{2}\right)\hbar^2 \tag{8.7}$$

是一常数.

C. 矩阵形式

由于其分量仅取两个数值，也即本征值只有两个，所以 $\hat{S}_x, \hat{S}_y, \hat{S}_z$ 可用 2×2 矩阵表示.

(1) 若选 $\hat{S}_z$ 作为力学量完全集，即取 S_z 表象. $\hat{S}_z$ 在自身表象中的表示自然为对角矩阵，其对角元就是它的本征值，

$$(S_z) = \frac{\hbar}{2}\begin{pmatrix}1 & 0\\ 0 & -1\end{pmatrix}. \tag{8.8}$$

它的自然展开为

$$\hat{S}_z = \frac{\hbar}{2}(|\uparrow\rangle\langle\uparrow| - |\downarrow\rangle\langle\downarrow|).$$

相应的本征矢和本征方程为

$$|S,S_z\rangle = \left|\frac{1}{2},\pm\frac{1}{2}\right\rangle = \begin{cases}|\uparrow\rangle,\\ |\downarrow\rangle,\end{cases} \tag{8.9a}$$

$$\hat{S}_z\ |S,m_S\rangle = m_S\hbar\ |S,m_S\rangle, \tag{8.9b}$$

而本征矢的表示为

$$\begin{pmatrix}1\\0\end{pmatrix},\quad \begin{pmatrix}0\\1\end{pmatrix}. \tag{8.10}$$

(2) $\hat{S}_x,\hat{S}_y$ 在 S_z 表象中的矩阵表示

我们知道，这只要将 $\hat{S}_x,\hat{S}_y$ 作用于 $\hat{S}_z$ 的基矢并以 $\hat{S}_z$ 基矢展开，从展开系数就能获得它们在 S_z 表象中的矩阵表示. 由于

$$[\hat{S}_z,\hat{S}_x] = \mathrm{i}\hbar\hat{S}_y, \tag{8.11a}$$

$$[\hat{S}_z,\hat{S}_y] = -\mathrm{i}\hbar\hat{S}_x, \tag{8.11b}$$

$$[\hat{S}_z,\hat{S}_+] = \hbar\hat{S}_+, \tag{8.11c}$$

其中 $\hat{S}_+ = \hat{S}_x + \mathrm{i}\hat{S}_y$，因此，

$$\begin{aligned}\hat{S}_z\hat{S}_+|S,m_S\rangle &= \hat{S}_+(\hat{S}_z+\hbar)\ |S,m_S\rangle\\ &= (m_S+1)\hbar\hat{S}_+|S,m_S\rangle.\end{aligned} \tag{8.11d}$$

所以

$$\hat{S}_+|S,m_S\rangle = A\ |S,m_S+1\rangle. \tag{8.12}$$

从而得

$$\begin{aligned}A^2 &= \langle S,m_S\ |\hat{S}_-\hat{S}_+|\ S,m_S\rangle\\ &= \langle S,m_S\ |\hat{S}^2-\hat{S}_z^2-\hbar\hat{S}_z|\ S,m_S\rangle\\ &= \frac{3}{4}\hbar^2 - m_S^2\hbar^2 - m_S\hbar^2\\ &= \left(\frac{1}{2}-m_S\right)\left(\frac{1}{2}+m_S+1\right)\hbar^2.\end{aligned} \tag{8.13}$$

将 A 代入(8.12)式得

$$\hat{S}_+|S,m_S\rangle = \hbar\sqrt{(S-m_S)(S+m_S+1)}\ |S,m_S+1\rangle. \tag{8.14}$$

同理可得

$$\hat{S}_-\ |S,m_S\rangle = \hbar\sqrt{(S+m_S)(S-m_S+1)}\ |S,m_S-1\rangle, \tag{8.15a}$$

$$\begin{aligned}\hat{S}_x\ |S,m_S\rangle = \frac{\hbar}{2}\Big[&\sqrt{(S+m_S)(S-m_S+1)}\ |S,m_S-1\rangle\\ &+\sqrt{(S-m_S)(S+m_S+1)}\ |S,m_S+1\rangle\Big],\end{aligned} \tag{8.15b}$$

$$\hat{S}_y \mid S,m_S\rangle = \frac{\mathrm{i}\hbar}{2}\Big[\sqrt{(S+m_S)(S-m_S+1)} \mid S,m_S-1\rangle$$
$$-\sqrt{(S-m_S)(S+m_S+1)} \mid S,m_S+1\rangle\Big]. \tag{8.15c}$$

$\hat{S}_+$,$\hat{S}_-$称为**自旋的升、降算符**. 由方程(8.15b)可得

$$\hat{S}_x\left|\frac{1}{2},\frac{1}{2}\right\rangle = \frac{\hbar}{2}\left|\frac{1}{2},-\frac{1}{2}\right\rangle, \tag{8.16a}$$

$$\hat{S}_x\left|\frac{1}{2},-\frac{1}{2}\right\rangle = \frac{\hbar}{2}\left|\frac{1}{2},\frac{1}{2}\right\rangle. \tag{8.16b}$$

方程组(8.16)的系数矩阵为$\frac{\hbar}{2}\begin{pmatrix}0 & 1\\ 1 & 0\end{pmatrix}$. 将它转置就得 $\hat{S}_x$ 算符在 S_z 表象中的矩阵表示

$$(\hat{S}_x) = \frac{\hbar}{2}\begin{pmatrix}0 & 1\\ 1 & 0\end{pmatrix}. \tag{8.17}$$

又由方程(8.15c)可得

$$\hat{S}_y\left|\frac{1}{2},\frac{1}{2}\right\rangle = \frac{\mathrm{i}\hbar}{2}\left|\frac{1}{2},-\frac{1}{2}\right\rangle, \tag{8.18a}$$

$$\hat{S}_y\left|\frac{1}{2},-\frac{1}{2}\right\rangle = -\frac{\mathrm{i}\hbar}{2}\left|\frac{1}{2},\frac{1}{2}\right\rangle. \tag{8.18b}$$

它们的系数矩阵为$\frac{\mathrm{i}\hbar}{2}\begin{pmatrix}0 & 1\\ -1 & 0\end{pmatrix}$,转置得 $\hat{S}_y$ 算符在 S_z 表象中的矩阵表示

$$(\hat{S}_y) = \frac{\hbar}{2}\begin{pmatrix}0 & -\mathrm{i}\\ \mathrm{i} & 0\end{pmatrix}. \tag{8.19}$$

对于 $\hat{S}_n$($\boldsymbol{n}$ 在θ,ϕ 方向)有

$$\hat{S}_n = \sin\theta\cos\phi\hat{S}_x + \sin\theta\sin\phi\hat{S}_y + \cos\theta\hat{S}_z, \tag{8.20}$$

则相应的本征态的表示分别为

$$\begin{pmatrix}\cos\dfrac{\theta}{2}\mathrm{e}^{-\mathrm{i}\phi/2}\\ \sin\dfrac{\theta}{2}\mathrm{e}^{\mathrm{i}\phi/2}\end{pmatrix}, \quad \begin{pmatrix}-\sin\dfrac{\theta}{2}\mathrm{e}^{-\mathrm{i}\phi/2}\\ \cos\dfrac{\theta}{2}\mathrm{e}^{\mathrm{i}\phi/2}\end{pmatrix}. \tag{8.21}$$

(3) 泡利算符(Pauli operator). 为方便起见,引入泡利算符

$$\hat{\boldsymbol{S}} = \frac{\hbar}{2}\hat{\boldsymbol{\sigma}}. \tag{8.22}$$

于是,在 σ_z 表象(或称 Pauli 表象)中有

$$(\sigma_x) = \begin{pmatrix}0 & 1\\ 1 & 0\end{pmatrix}, \quad (\sigma_y) = \begin{pmatrix}0 & -\mathrm{i}\\ \mathrm{i} & 0\end{pmatrix}, \quad (\sigma_z) = \begin{pmatrix}1 & 0\\ 0 & -1\end{pmatrix}, \tag{8.23}$$

称为泡利矩阵.算符 $\hat{\sigma}_i(i=x,y,z)$ 的本征值为 ±1.它们遵从的规律为

$$[\hat{\sigma}_i,\hat{\sigma}_j]=2\mathrm{i}\varepsilon_{ijk}\hat{\sigma}_k, \tag{8.24a}$$

$$\hat{\sigma}_x^2=\hat{\sigma}_y^2=\hat{\sigma}_z^2=1. \tag{8.24b}$$

并由此得

$$\begin{aligned}\hat{\sigma}_x\hat{\sigma}_y+\hat{\sigma}_y\hat{\sigma}_x&=\frac{1}{2\mathrm{i}}(\hat{\sigma}_x2\mathrm{i}\hat{\sigma}_y+2\mathrm{i}\hat{\sigma}_y\hat{\sigma}_x)=\frac{1}{2\mathrm{i}}(\hat{\sigma}_x[\hat{\sigma}_z,\hat{\sigma}_x]+[\hat{\sigma}_z,\hat{\sigma}_x]\hat{\sigma}_x)\\&=\frac{1}{2\mathrm{i}}[\hat{\sigma}_z,\hat{\sigma}_x^2]=0.\end{aligned} \tag{8.25}$$

即

$$\{\sigma_i,\sigma_j\}=\sigma_i\sigma_j+\sigma_j\sigma_i=2\delta_{ij}.$$

所以

$$\begin{aligned}2\hat{\sigma}_x\hat{\sigma}_y&=\hat{\sigma}_x\hat{\sigma}_y-\hat{\sigma}_y\hat{\sigma}_x=2\mathrm{i}\hat{\sigma}_z,\\\hat{\sigma}_x\hat{\sigma}_y\hat{\sigma}_z&=\mathrm{i}.\end{aligned} \tag{8.26}$$

为使对表象变换、算符矩阵表示以及由矩阵表示求本征值、本征矢有进一步认识,我们举一些例子.

例 1 求 $\hat{\sigma}_y$ 的本征值、本征矢.

因已知 $\hat{\sigma}_y$ 在 σ_z 表象中矩阵形式为 $\begin{pmatrix}0&-\mathrm{i}\\\mathrm{i}&0\end{pmatrix}$,矩阵形式的本征方程则为

$$\sum_k[(\sigma_y)_{nk}-m_S\delta_{nk}]a_k=0. \tag{8.27}$$

要 a_k 不同时为零,则要求方程(8.27)的系数行列式为零,即

$$\begin{vmatrix}-m_S&-\mathrm{i}\\\mathrm{i}&-m_S\end{vmatrix}=0.$$

于是有

$$m_S=\pm1. \tag{8.28}$$

对于 $m_S=1$,方程(8.27)为

$$\begin{pmatrix}-1&-\mathrm{i}\\\mathrm{i}&-1\end{pmatrix}\begin{pmatrix}a_1\\a_2\end{pmatrix}=0,\Longrightarrow a_2=1+\mathrm{i},\quad a_1=1-\mathrm{i},$$

得本征矢

$$\frac{1}{2}\begin{pmatrix}1-\mathrm{i}\\1+\mathrm{i}\end{pmatrix}; \tag{8.29}$$

对于 $m_S=-1$,方程(8.27)为

$$\begin{pmatrix}1&-\mathrm{i}\\\mathrm{i}&1\end{pmatrix}\begin{pmatrix}a_1\\a_2\end{pmatrix}=0,\Longrightarrow a_2=1+\mathrm{i},\quad a_1=-1+\mathrm{i},$$

得本征矢

$$\frac{1}{2}\begin{pmatrix}-1+\mathrm{i}\\1+\mathrm{i}\end{pmatrix}. \tag{8.30}$$

例 2 表象变换.

对于两表象变换 $A\xrightarrow{S}B$，$S_{ba}=\langle b|a\rangle$. 显然，矩阵$(S_{ba})$的列，实为 A 表象基矢 $|a\rangle$在 B 表象中的表示，

$$(S_{\sigma_z\sigma_y})=\frac{1}{2}\begin{pmatrix}1-\mathrm{i}, & -1+\mathrm{i}\\1+\mathrm{i}, & 1+\mathrm{i}\end{pmatrix}, \tag{8.31}$$

而(σ_y)在自身表象为$\begin{pmatrix}1 & 0\\0 & -1\end{pmatrix}$，所以，它在 σ_z 表象中表示为

$$(\sigma_y)_{\sigma_z}=\frac{1}{2}\begin{pmatrix}1-\mathrm{i}, & -1+\mathrm{i}\\1+\mathrm{i}, & 1+\mathrm{i}\end{pmatrix}\begin{pmatrix}1 & 0\\0 & -1\end{pmatrix}\frac{1}{2}\begin{pmatrix}1-\mathrm{i}, & -1+\mathrm{i}\\1+\mathrm{i}, & 1+\mathrm{i}\end{pmatrix}^{\dagger}=\begin{pmatrix}0 & -\mathrm{i}\\\mathrm{i} & 0\end{pmatrix}.$$

当然由 $\sigma_z\to\sigma_y$ 的变换矩阵为

$$(S'_{\sigma_y\sigma_z})=(S^{\dagger}_{\sigma_y\sigma_z})=\frac{1}{2}\begin{pmatrix}1+\mathrm{i}, & 1-\mathrm{i}\\-1-\mathrm{i}, & 1-\mathrm{i}\end{pmatrix},$$

$$(\sigma_y)_{\sigma_y}=\frac{1}{4}\begin{pmatrix}1+\mathrm{i}, & 1-\mathrm{i}\\-1-\mathrm{i}, & 1-\mathrm{i}\end{pmatrix}\begin{pmatrix}0 & -\mathrm{i}\\\mathrm{i} & 0\end{pmatrix}\begin{pmatrix}1+\mathrm{i}, & 1-\mathrm{i}\\-1-\mathrm{i}, & 1-\mathrm{i}\end{pmatrix}^{\dagger}$$
$$=\begin{pmatrix}1 & 0\\0 & -1\end{pmatrix}.$$

D. 自旋的进动

由于电子具有内禀磁矩 $\hat{\boldsymbol{\mu}}_s=-\frac{e\hbar}{2m_e}\hat{\boldsymbol{\sigma}}$. 当置于恒定磁场中，其哈密顿量为

$$\hat{H}=\frac{\hat{\boldsymbol{p}}^2}{2m_e}+\frac{e}{m_e}\hat{\boldsymbol{S}}\cdot\boldsymbol{B}.$$

在海森伯绘景中，自旋满足的运动方程为

$$\frac{\mathrm{d}\hat{S}_i^{\mathrm{H}}}{\mathrm{d}t}=\frac{[\hat{S}_i^{\mathrm{H}},\hat{H}]}{\mathrm{i}\hbar}.$$

由

$$\frac{\mathrm{d}\hat{S}_x^{\mathrm{H}}}{\mathrm{d}t}=\frac{[\hat{S}_x^{\mathrm{H}},\hat{H}]}{\mathrm{i}\hbar}=-\frac{e}{m_e}(\hat{S}_y^{\mathrm{H}}B_z-\hat{S}_z^{\mathrm{H}}B_y),$$

可推得

$$\frac{\mathrm{d}\hat{S}_i^{\mathrm{H}}}{\mathrm{d}t}=-\frac{e}{m_e}(\hat{\boldsymbol{S}}^{\mathrm{H}}\times\boldsymbol{B})_i.$$

若取 $\boldsymbol{B}=B_0\boldsymbol{e}_z$，则

$$\frac{\mathrm{d}\hat{S}_x^{\mathrm{H}}}{\mathrm{d}t}=-\frac{e}{m_e}\hat{S}_y^{\mathrm{H}}B_0=-\omega_0\hat{S}_y^{\mathrm{H}},$$

$$\frac{d\hat{S}_y^H}{dt} = \frac{e}{m_e}\hat{S}_x^H B_0 = \omega_0 \hat{S}_x^H,$$

$$\frac{d\hat{S}_z^H}{dt} = 0,$$

其中 $\omega_0 = \dfrac{eB_0}{m_e}$.

于是有解

$$\hat{S}_x^H(t) = \hat{S}_x^H(0)\cos\omega_0 t - \hat{S}_y^H(0)\sin\omega_0 t,$$

$$\hat{S}_y^H(t) = \hat{S}_y^H(0)\cos\omega_0 t + \hat{S}_x^H(0)\sin\omega_0 t,$$

$$\hat{S}_z^H(t) = \hat{S}_z^H(0).$$

这表明,电子的内禀磁矩以圆频率 $\omega_0 = \dfrac{eB_0}{m_e}$绕着磁场方向(现为 $\boldsymbol{e}_z$ 方向)进动.

8.2.2 考虑自旋后状态和力学量的描述

A. 自旋波函数(电子的自旋态)

对于 $\hat{S}_z$ 的本征方程为

$$\hat{S}_z \mid m_S\rangle = m_S \hbar \mid m_S\rangle. \tag{8.32}$$

它在自身表象中的矩阵表示为

$$(S_z) = \frac{\hbar}{2}\begin{bmatrix}1 & 0\\ 0 & -1\end{bmatrix}. \tag{8.33}$$

相应的本征态的表示为

$$\left(\left\langle S_z \middle| \frac{1}{2}\right\rangle\right) = \chi_{1/2}(S_z) = \begin{pmatrix}1\\0\end{pmatrix} = \alpha, \tag{8.34a}$$

$$\left(\left\langle S_z \middle| -\frac{1}{2}\right\rangle\right) = \chi_{-1/2}(S_z) = \begin{pmatrix}0\\1\end{pmatrix} = \beta, \tag{8.34b}$$

即 $\chi_{m_S}(S_z)$为:$\chi_{1/2}\left(\frac{1}{2}\right)=1$,$\chi_{1/2}\left(-\frac{1}{2}\right)=0$,$\chi_{-1/2}\left(\frac{1}{2}\right)=0$, $\chi_{-1/2}\left(-\frac{1}{2}\right)=1$.

$$(S_z)\alpha = \frac{\hbar}{2}\alpha, \tag{8.35a}$$

$$(S_z)\beta = -\frac{\hbar}{2}\beta, \tag{8.35b}$$

α 是 $\hat{S}_z$ 的本征值为$\dfrac{\hbar}{2}$的本征态在 S_z 表象中的表示,β 是 $\hat{S}_z$ 的本征值为$-\dfrac{\hbar}{2}$的本征态在 S_z 表象中的表示,即

$$(\sigma_z)\alpha = \alpha, \tag{8.36a}$$

$$(\sigma_z)\beta=-\beta. \tag{8.36b}$$

显然，α 和 β 是正交的，$\alpha^\dagger\beta=(1\quad 0)\begin{pmatrix}0\\1\end{pmatrix}=0$.

对于任何一旋量 χ，在 S_z 表象中其表示为

$$\chi=\begin{bmatrix}\chi(\hbar/2)\\ \chi(-\hbar/2)\end{bmatrix}=\begin{pmatrix}a_{1/2}\\ a_{-1/2}\end{pmatrix}=a_{1/2}\chi_{1/2}+a_{-1/2}\chi_{-1/2}=a_{1/2}\alpha+a_{-1/2}\beta. \tag{8.37}$$

若 χ 是归一化的，则 $|a_{\pm 1/2}|^2$ 为以 χ 描述的电子处于 $S_z=\pm\dfrac{\hbar}{2}$ 的概率，即自旋向上（对应"+"号）或向下（对应"−"号）的概率. 而 $a_{1/2}$ 和 $a_{-1/2}$ 可由 α,β 与 χ 标积来获得，

$$\alpha^\dagger\chi=(1\quad 0)\begin{pmatrix}a_{1/2}\\ a_{-1/2}\end{pmatrix}=a_{1/2}, \tag{8.38a}$$

$$\beta^\dagger\chi=(0\quad 1)\begin{pmatrix}a_{1/2}\\ a_{-1/2}\end{pmatrix}=a_{-1/2}. \tag{8.38b}$$

即由它们的表示来计算概率幅，

$$\left\langle\frac{1}{2},\frac{1}{2}\middle|\chi\right\rangle=\sum_{m_S}\left\langle\frac{1}{2},\frac{1}{2}\middle|\frac{1}{2},m_S\right\rangle\left\langle\frac{1}{2},m_S\middle|\chi\right\rangle=\alpha^\dagger\chi, \tag{8.39a}$$

$$\left\langle\frac{1}{2},-\frac{1}{2}\middle|\chi\right\rangle=\sum_{m_S}\left\langle\frac{1}{2},-\frac{1}{2}\middle|\frac{1}{2},m_S\right\rangle\left\langle\frac{1}{2},m_S\middle|\chi\right\rangle=\beta^\dagger\chi. \tag{8.39b}$$

B. 考虑自旋后状态的描述

由于电子除了 x,y,z 之外，还有第四个动力学变量 $\hat{S}_z$，它的特点为仅取两个值，且有 $[\boldsymbol{r},\hat{S}_z]=0$，所以，可在 $(\boldsymbol{r},S_z)$ 表象中表示体系波函数.

$\hat{S}_z$ 仅有两个本征函数. 因此，对于处于某状态 $|\psi\rangle$ 的体系可按自旋波函数展开，

$$\langle\boldsymbol{r},m_S\mid\psi\rangle=\psi_{m_S}(\boldsymbol{r},t). \tag{8.40}$$

这即 ψ 在 $(\boldsymbol{r},S_z)$ 表象中表示. 如令

$$\left\langle\boldsymbol{r},S_z=\frac{\hbar}{2}\middle|\psi\right\rangle=\psi\left(\boldsymbol{r},\frac{\hbar}{2},t\right), \tag{8.41a}$$

$$\left\langle\boldsymbol{r},S_z=-\frac{\hbar}{2}\middle|\psi\right\rangle=\psi\left(\boldsymbol{r},-\frac{\hbar}{2},t\right), \tag{8.41b}$$

则 $|\psi\rangle$ 在 $(\boldsymbol{r},S_z)$ 表象中的表示为

$$(\langle\boldsymbol{r},m_S\mid\psi\rangle)=\begin{bmatrix}\psi\left(\boldsymbol{r},\dfrac{\hbar}{2},t\right)\\ \psi\left(\boldsymbol{r},-\dfrac{\hbar}{2},t\right)\end{bmatrix}=\begin{pmatrix}\psi_{1/2}(\boldsymbol{r},t)\\ \psi_{-1/2}(\boldsymbol{r},t)\end{pmatrix}$$

$$= \psi_{1/2}(\boldsymbol{r},t)\alpha + \psi_{-1/2}(\boldsymbol{r},t)\beta. \tag{8.42}$$

若$|\psi\rangle$是归一化的态矢量，则

$$\langle\psi \mid \psi\rangle = \sum_{m_S}\int \mathrm{d}\boldsymbol{r}\langle\psi \mid \boldsymbol{r},m_S\rangle\langle\boldsymbol{r},m_S \mid \psi\rangle$$

$$= \int[\psi^*_{1/2}(\boldsymbol{r},t)\psi_{1/2}(\boldsymbol{r},t) + \psi^*_{-1/2}(\boldsymbol{r},t)\psi_{-1/2}(\boldsymbol{r},t)]\mathrm{d}\boldsymbol{r}. \tag{8.43}$$

$|\psi_{1/2}|^2$ 代表体系处于 $\boldsymbol{r}$ 而自旋向上的概率密度；$|\psi_{-1/2}|^2$ 代表体系处于 $\boldsymbol{r}$ 而自旋向下的概率密度.

如同一般变量可分离型一样，当 $\hat{H}$ 对 $\boldsymbol{r}$ 和 S_z 是变量可分离型的，则其特解可表为

$$\psi(\boldsymbol{r},S_z,t) = \varphi(\boldsymbol{r},t)\chi(S_z). \tag{8.44}$$

C. 考虑自旋后力学量的表述

$$\hat{L} \mid \psi\rangle = \mid \varphi\rangle. \tag{8.45}$$

在$(\boldsymbol{r},S_z)$表象中$|\psi\rangle$，$|\varphi\rangle$的表示为

$$(\langle\boldsymbol{r},\hat{S}_z \mid \psi\rangle) = \psi_{1/2}\alpha + \psi_{-1/2}\beta, \tag{8.46a}$$

$$(\langle\boldsymbol{r},\hat{S}_z \mid \varphi\rangle) = \varphi_{1/2}\alpha + \varphi_{-1/2}\beta. \tag{8.46b}$$

而 $\hat{L}$ 在$(\boldsymbol{r},S_z)$表象中的表示为(参阅(6.32)和(6.35)式)

$$(\langle\boldsymbol{r},S_z \mid \hat{L} \mid \boldsymbol{r}',S_z'\rangle) = \begin{pmatrix} L_{11}(\boldsymbol{r},\hat{\boldsymbol{p}}) & L_{12}(\boldsymbol{r},\hat{\boldsymbol{p}}) \\ L_{21}(\boldsymbol{r},\hat{\boldsymbol{p}}) & L_{22}(\boldsymbol{r},\hat{\boldsymbol{p}}) \end{pmatrix}\delta(\boldsymbol{r}-\boldsymbol{r}'). \tag{8.47}$$

将$(\hat{\boldsymbol{r}},\hat{S}_z)$的共同本征矢$|\boldsymbol{r},S_z\rangle$与方程(8.45)标积，并插入 $|\boldsymbol{r},S_z\rangle$的封闭性公式

$$\int\sum_{S_z'} \mid \boldsymbol{r}',S_z'\rangle\mathrm{d}\boldsymbol{r}'\langle\boldsymbol{r}',S_z' \mid = \boldsymbol{I},$$

则在$(\boldsymbol{r},S_z)$表象中，方程(8.45)的矩阵形式为

$$\int\sum_{S_z'}\langle\boldsymbol{r},S_z \mid \hat{L} \mid \boldsymbol{r}',S_z'\rangle\mathrm{d}\boldsymbol{r}'\langle\boldsymbol{r}',S_z' \mid \psi\rangle = \langle\boldsymbol{r},S_z \mid \varphi\rangle, \tag{8.48}$$

即

$$\begin{pmatrix} \hat{L}_{11}(\boldsymbol{r},\hat{\boldsymbol{p}}) & \hat{L}_{12}(\boldsymbol{r},\hat{\boldsymbol{p}}) \\ \hat{L}_{21}(\boldsymbol{r},\hat{\boldsymbol{p}}) & \hat{L}_{22}(\boldsymbol{r},\hat{\boldsymbol{p}}) \end{pmatrix}\begin{pmatrix} \psi_{1/2}(\boldsymbol{r}) \\ \psi_{-1/2}(\boldsymbol{r}) \end{pmatrix} = \begin{pmatrix} \varphi_{1/2}(\boldsymbol{r}) \\ \varphi_{-1/2}(\boldsymbol{r}) \end{pmatrix}. \tag{8.49}$$

其中

$$\hat{L}_{11} = \left\langle S_z = \frac{\hbar}{2} \mid \hat{L}(\boldsymbol{r},\hat{\boldsymbol{p}},\hat{S}_i) \mid S_z = \frac{\hbar}{2}\right\rangle, \tag{8.50a}$$

$$\hat{L}_{12} = \left\langle S_z = \frac{\hbar}{2} \mid \hat{L}(\boldsymbol{r},\hat{\boldsymbol{p}},\hat{S}_i) \mid S_z = -\frac{\hbar}{2}\right\rangle, \tag{8.50b}$$

$$\hat{L}_{21} = \left\langle S_z = -\frac{\hbar}{2} \mid \hat{L}(\boldsymbol{r},\hat{\boldsymbol{p}},\hat{S}_i) \mid S_z = \frac{\hbar}{2}\right\rangle, \tag{8.50c}$$

$$\hat{L}_{22}=\left\langle S_z=-\frac{\hbar}{2}\mid \hat{L}(\boldsymbol{r},\hat{\boldsymbol{p}},\hat{S}_i)\mid S_z=-\frac{\hbar}{2}\right\rangle. \tag{8.50d}$$

事实上,可由 $\hat{L}(\boldsymbol{r},\hat{\boldsymbol{p}},\hat{S}_i)$在 S_z 表象中的表示直接来获得

$$\begin{pmatrix}\hat{L}_{11}(\boldsymbol{r},\hat{\boldsymbol{p}}) & \hat{L}_{12}(\boldsymbol{r},\hat{\boldsymbol{p}})\\ \hat{L}_{21}(\boldsymbol{r},\hat{\boldsymbol{p}}) & \hat{L}_{22}(\boldsymbol{r},\hat{\boldsymbol{p}})\end{pmatrix}.$$

对任一算符 $\hat{L}$ 的平均值为

$$\begin{aligned}\overline{\hat{L}}&=\int\psi^{\dagger}\hat{L}\psi\,\mathrm{d}\boldsymbol{r}\\&=\int(\psi_{1/2}^{*}\quad\psi_{-1/2}^{*})\begin{bmatrix}\hat{L}_{11} & \hat{L}_{12}\\ \hat{L}_{21} & \hat{L}_{22}\end{bmatrix}\begin{pmatrix}\psi_{1/2}\\ \psi_{-1/2}\end{pmatrix}\mathrm{d}\boldsymbol{r}\\&=\int\psi_{1/2}^{*}\hat{L}_{11}\psi_{1/2}\,\mathrm{d}\boldsymbol{r}+\int\psi_{1/2}^{*}\hat{L}_{12}\psi_{-1/2}\,\mathrm{d}\boldsymbol{r}\\&\quad+\int\psi_{-1/2}^{*}\hat{L}_{21}\psi_{1/2}\,\mathrm{d}\boldsymbol{r}+\int\psi_{-1/2}^{*}\hat{L}_{22}\psi_{-1/2}\,\mathrm{d}\boldsymbol{r}.\end{aligned} \tag{8.51}$$

例 求 $\hat{\sigma}_+=\frac{1}{2}(\hat{\sigma}_x+\mathrm{i}\hat{\sigma}_y)$在态矢量$|\psi\rangle$中的平均值.

解 $\hat{\sigma}_+$,$|\psi\rangle$在$(\boldsymbol{r},S_z)$表象中的表示为

$$(\hat{\sigma}_+)=\frac{1}{2}\left[\begin{pmatrix}0 & 1\\ 1 & 0\end{pmatrix}+\mathrm{i}\begin{pmatrix}0 & -\mathrm{i}\\ \mathrm{i} & 0\end{pmatrix}\right]=\begin{pmatrix}0 & 1\\ 0 & 0\end{pmatrix},$$

$$(\psi)=\begin{pmatrix}\psi_{1/2}(\boldsymbol{r})\\ \psi_{-1/2}(\boldsymbol{r})\end{pmatrix},$$

从而得

$$\begin{aligned}\bar{\sigma}_+&=\int(\psi_{1/2}^{*}(\boldsymbol{r})\quad\psi_{-1/2}^{*}(\boldsymbol{r}))\begin{pmatrix}0 & 1\\ 0 & 0\end{pmatrix}\begin{pmatrix}\psi_{1/2}(\boldsymbol{r})\\ \psi_{-1/2}(\boldsymbol{r})\end{pmatrix}\mathrm{d}\boldsymbol{r}\\&=\int\psi_{1/2}^{*}(\boldsymbol{r})\psi_{-1/2}(\boldsymbol{r})\,\mathrm{d}\boldsymbol{r}.\end{aligned}$$

8.2.3 考虑自旋后电子在中心势场中的薛定谔方程

A. 动能项

在非相对论极限下,电子的动能算符为

$$\hat{T}=\frac{\hat{\boldsymbol{p}}^2}{2\mu}.$$

当计及电子的自旋后,波函数成为两分量的波函数.并注意到

$$[\hat{\boldsymbol{\sigma}},\hat{\boldsymbol{A}}]=[\hat{\boldsymbol{\sigma}},\hat{\boldsymbol{B}}]=0,$$

$$(\hat{\boldsymbol{\sigma}}\cdot\hat{\boldsymbol{A}})(\hat{\boldsymbol{\sigma}}\cdot\hat{\boldsymbol{B}})=\hat{\boldsymbol{A}}\cdot\hat{\boldsymbol{B}}+\mathrm{i}\hat{\boldsymbol{\sigma}}\cdot(\hat{\boldsymbol{A}}\times\hat{\boldsymbol{B}}),$$

则得电子的动能算符

$$\hat{T} = \hat{\boldsymbol{p}} \cdot \hat{\boldsymbol{\sigma}} \frac{1}{2\mu} \hat{\boldsymbol{\sigma}} \cdot \hat{\boldsymbol{p}}. \tag{8.52}$$

置于电磁场中时，则电子的动能算符为

$$\begin{aligned}
\hat{T} &= [(\hat{\boldsymbol{p}} + e\boldsymbol{A}) \cdot \boldsymbol{\sigma}] \frac{1}{2\mu} [\boldsymbol{\sigma} \cdot (\hat{\boldsymbol{p}} + e\boldsymbol{A})] \\
&= \frac{1}{2\mu}(\hat{\boldsymbol{p}} + e\boldsymbol{A})^2 + \frac{\mathrm{i}}{2\mu} \hat{\boldsymbol{\sigma}} \cdot [(\hat{\boldsymbol{p}} + e\boldsymbol{A}) \times (\hat{\boldsymbol{p}} + e\boldsymbol{A})] \\
&= \frac{1}{2\mu}(\hat{\boldsymbol{p}} + e\boldsymbol{A})^2 + \frac{e\hbar}{2\mu} \hat{\boldsymbol{\sigma}} \cdot \hat{\boldsymbol{B}}.
\end{aligned} \tag{8.53}$$

B. 自旋-轨道耦合项

由狄拉克方程可以证明，当电子在中心力场中运动，在非相对论极限下，哈密顿量中将出现自旋-轨道耦合项（由于核提供的库仑屏蔽场与电子自旋的作用，以及 Thomas 进动效应而导致）

$$\xi(r) \hat{\boldsymbol{S}} \cdot \hat{\boldsymbol{L}}, \tag{8.54}$$

其中，$\xi(r) = \frac{1}{2m_\mathrm{e}^2 c^2} \frac{1}{r} \frac{\mathrm{d}V(r)}{\mathrm{d}r}$.

C. 处于中心场，并置于电磁场中的电子的哈密顿量

$$\hat{H} = \frac{1}{2\mu}(\hat{\boldsymbol{p}} + e\boldsymbol{A})^2 - e\varphi + V(r) + \xi(r)\hat{\boldsymbol{S}} \cdot \hat{\boldsymbol{L}} + \frac{e\hbar}{2\mu}(\hat{\boldsymbol{\sigma}} \cdot \boldsymbol{B}). \tag{8.55}$$

D. 将处于中心场的电子置于电磁场中，其薛定谔方程为

$$\begin{aligned}
\mathrm{i}\hbar \frac{\partial \Psi}{\partial t} &= \frac{1}{2\mu}(\hat{\boldsymbol{p}} + e\boldsymbol{A})^2 \Psi - e\varphi\Psi + V(r)\Psi \\
&\quad + \xi(r)\hat{\boldsymbol{S}} \cdot \hat{\boldsymbol{L}}\Psi + \frac{e\hbar}{2\mu}(\hat{\boldsymbol{\sigma}} \cdot \boldsymbol{B})\Psi.
\end{aligned} \tag{8.56}$$

应该注意，在$(\boldsymbol{r}, S_z)$表象中，(8.56)式右端第一、二、三项是对角矩阵，Ψ 是两分量的，即为$\begin{pmatrix} \psi_{1/2} \\ \psi_{-1/2} \end{pmatrix}$. 于是，薛定谔方程的矩阵形式为

$$\mathrm{i}\hbar \frac{\partial}{\partial t} \begin{pmatrix} \psi_{1/2} \\ \psi_{-1/2} \end{pmatrix} = \begin{pmatrix} H_{11} & H_{12} \\ H_{21} & H_{22} \end{pmatrix} \begin{pmatrix} \psi_{1/2} \\ \psi_{-1/2} \end{pmatrix}. \tag{8.57}$$

8.3 碱金属的双线结构

引进电子自旋后，我们就能够利用量子力学理论来解释原子光谱中的复杂结构及原子在外电磁场中的现象.

8.3.1　总角动量

A. 总角动量引入

当考虑电子具有自旋后，电子在中心力场中的哈密顿量为

$$\hat{H}=\frac{1}{2\mu}\hat{\boldsymbol{p}}^2+V(r)+\xi(\boldsymbol{r})\hat{\boldsymbol{L}}\cdot\hat{\boldsymbol{S}}, \tag{8.58}$$

其中，$\xi(r)=\dfrac{1}{2m_e^2c^2}\dfrac{1}{r}\dfrac{\mathrm{d}V(r)}{\mathrm{d}r}$.

来看 $\hat{\boldsymbol{L}}_z$，$\hat{\boldsymbol{S}}_z$ 与 $\hat{\boldsymbol{L}}\cdot\hat{\boldsymbol{S}}$ 的对易子：

$$[\hat{L}_z,\hat{\boldsymbol{L}}\cdot\hat{\boldsymbol{S}}]=\hat{S}_x[\hat{L}_z,\hat{L}_x]+\hat{S}_y[\hat{L}_z,\hat{L}_y]=\mathrm{i}\hbar\hat{S}_x\hat{L}_y-\mathrm{i}\hbar\hat{S}_y\hat{L}_x,$$

$$[\hat{S}_z,\hat{\boldsymbol{L}}\cdot\hat{\boldsymbol{S}}]=\hat{L}_x[\hat{S}_z,\hat{S}_x]+\hat{L}_y[\hat{S}_z,\hat{S}_y]=\mathrm{i}\hbar\hat{L}_x\hat{S}_y-\mathrm{i}\hbar\hat{L}_y\hat{S}_x.$$

所以，由于自旋-轨道耦合项的存在，$\hat{\boldsymbol{L}}$ 和 $\hat{\boldsymbol{S}}$ 都不再是运动常数了，因此($\hat{H}$，$\hat{L}^2$，$\hat{L}_z$，$\hat{S}_z$)不能构成力学量完全集. 但

$$\begin{aligned}&[\hat{S}_z+\hat{L}_z,\hat{\boldsymbol{L}}\cdot\hat{\boldsymbol{S}}]=0,\\&[\hat{\boldsymbol{L}}+\hat{\boldsymbol{S}},\hat{\boldsymbol{L}}\cdot\hat{\boldsymbol{S}}]=0,\end{aligned} \tag{8.59}$$

引入算符

$$\hat{\boldsymbol{J}}=\hat{\boldsymbol{L}}+\hat{\boldsymbol{S}}, \tag{8.60}$$

它满足角动量的对易关系

$$[\hat{J}_i,\hat{J}_j]=\mathrm{i}\hbar\varepsilon_{ijk}\hat{J}_k, \tag{8.61}$$

被称为总角动量. 一般而言，$\hat{J}^2$，$\hat{J}_z$ 分别取值 $J(J+1)\hbar^2$ 和 $m_j\hbar$. 其中，

$$J=\begin{cases}0,1,2,\cdots,\\ \dfrac{1}{2},\dfrac{3}{2},\cdots,\end{cases} \tag{8.62a}$$

$$m_j=-J,-J+1,\cdots,J-1,J. \tag{8.62b}$$

具体取值见后.

现在

$$[\hat{\boldsymbol{J}},\hat{\boldsymbol{L}}\cdot\hat{\boldsymbol{S}}]=0,\Longrightarrow[\hat{J}^2,\hat{\boldsymbol{L}}\cdot\hat{\boldsymbol{S}}]=0;$$

$$[\hat{\boldsymbol{J}},\hat{\boldsymbol{L}}^2]=0,\Longrightarrow[\hat{\boldsymbol{J}}^2,\hat{\boldsymbol{L}}^2]=0;$$

$$[\hat{\boldsymbol{J}},\hat{\boldsymbol{J}}^2]=0.$$

由于是有心势，

$$[\hat{H},\hat{\boldsymbol{J}}]=0,\Longrightarrow[\hat{H},\hat{\boldsymbol{J}}^2]=0.$$

综上所述，当计及自旋-轨道耦合后，$\hat{L}_z$，$\hat{S}_z$ 不再是运动常数，代之，$\hat{\boldsymbol{L}}^2$，$\hat{\boldsymbol{S}}^2$，$\hat{\boldsymbol{J}}^2$，$\hat{J}_z$ 是运动常数(在中心场下). 所以，可选($\hat{H}$，$\hat{\boldsymbol{L}}^2$，$\hat{\boldsymbol{J}}^2$，$\hat{J}_z$)为力学量完全集(如无 $\hat{\boldsymbol{L}}\cdot\hat{\boldsymbol{S}}$ 项，可选($\hat{H}$，$\hat{L}^2$，$\hat{L}_z$，$\hat{S}_z$)为力学量完全集).

B. $(\hat{\boldsymbol{L}}^2, \hat{\boldsymbol{J}}^2, \hat{J}_z)$的本征值和共同本征矢的表示(在 θ,ϕ,S_z 表象中)

$$(\psi(\theta,\phi,S_z)) = \begin{pmatrix} \psi(\theta,\phi,\hbar/2) \\ \psi(\theta,\phi,-\hbar/2) \end{pmatrix} = \begin{pmatrix} \psi_1(\theta,\phi) \\ \psi_2(\theta,\phi) \end{pmatrix}. \tag{8.63}$$

(i) 波函数(8.63)是 $\hat{J}_z$ 的本征函数：

$$(\hat{J}_z)\begin{pmatrix} \psi_1 \\ \psi_2 \end{pmatrix} = m_j \hbar \begin{pmatrix} \psi_1 \\ \psi_2 \end{pmatrix}. \tag{8.64}$$

所以

$$(\hat{L}_z)\begin{pmatrix} \psi_1 \\ \psi_2 \end{pmatrix} = \begin{pmatrix} (m_j - 1/2)\hbar\psi_1 \\ (m_j + 1/2)\hbar\psi_2 \end{pmatrix}. \tag{8.65}$$

取 $m_j = m + \frac{1}{2}$,则

$$\begin{aligned} \hat{L}_z\psi_1 &= (m_j - 1/2)\hbar\psi_1 = m\hbar\psi_1, \\ \hat{L}_z\psi_2 &= (m_j + 1/2)\hbar\psi_2 = (m+1)\hbar\psi_2. \end{aligned} \tag{8.66}$$

(ii) 波函数(8.63)也是 $\hat{L}^2$ 的本征函数：

$$(\hat{L}^2)\begin{pmatrix} \psi_1 \\ \psi_2 \end{pmatrix} = l(l+1)\hbar^2 \begin{pmatrix} \psi_1 \\ \psi_2 \end{pmatrix}. \tag{8.67}$$

因此

$$(\psi(\theta,\phi,S_z)) = \begin{pmatrix} a\mathrm{Y}_{lm} \\ b\mathrm{Y}_{l,m+1} \end{pmatrix}. \tag{8.68}$$

(iii) 波函数(8.63)还是 $\hat{J}^2$ 的本征函数：

$$\hat{\boldsymbol{J}}^2(\psi(\theta,\phi,S_z)) = \lambda\hbar^2(\psi(\theta,\phi,S_z)), \tag{8.69}$$

而
$$\hat{\boldsymbol{J}}^2 = (\hat{\boldsymbol{L}} + \hat{\boldsymbol{S}})^2 = \hat{\boldsymbol{L}}^2 + \hat{\boldsymbol{S}}^2 + 2\hat{S}_z\hat{L}_z + 2\hat{S}_y\hat{L}_y + 2\hat{S}_x\hat{L}_x.$$

在(θ,ϕ,S_z)表象中的矩阵表示为

$$(\hat{\boldsymbol{J}}^2) = \begin{pmatrix} \hat{\boldsymbol{L}}^2 + 3\hbar^2/4 + \hbar\hat{L}_z & \hbar(\hat{L}_x - \mathrm{i}\hat{L}_y) \\ \hbar(\hat{L}_x + \mathrm{i}\hat{L}_y) & \hat{\boldsymbol{L}}^2 + 3\hbar^2/4 - \hbar\hat{L}_z \end{pmatrix}, \tag{8.70}$$

于是有

$$\begin{pmatrix} [l(l+1) + 3/4 + m] - \lambda & \sqrt{(l+m+1)(l-m)} \\ \sqrt{(l-m)(l+m+1)} & [l(l+1) + 3/4 - m - 1] - \lambda \end{pmatrix}\begin{pmatrix} a \\ b \end{pmatrix} = 0. \tag{8.71}$$

因 a,b 不能同时为零,则要求方程(8.71)的系数行列式为零，

$$\begin{vmatrix} [l(l+1) + 3/4 + m] - \lambda & \sqrt{(l+m+1)(l-m)} \\ \sqrt{(l-m)(l+m+1)} & [l(l+1) + 3/4 - m - 1] - \lambda \end{vmatrix} = 0, \tag{8.72}$$

于是有

$$\lambda^2 - \lambda(2l^2 + 2l + 1/2) + (l^2 + 2l + 3/4)(l^2 - 1/4) = 0. \tag{8.73}$$

从而解得

$$\lambda = (l^2 + 2l + 3/4) = (l + 1/2)(l + 3/2), \tag{8.74a}$$

或

$$\lambda = (l^2 - 1/4) = (l - 1/2)(l + 1/2). \tag{8.74b}$$

即得 $\hat{\boldsymbol{J}}^2$ 的本征值为 $j(j+1)\hbar^2$. 当 l 给定($S=1/2$), $j=l\pm1/2$.

将式(8.74)代入方程(8.71),可求得相应的 a,b. 于是,共同本征矢(8.63)式的最后表示为

$$\psi_{ljm_j}(\theta,\phi,S_z)$$
$$=\begin{cases}\dfrac{1}{\sqrt{2l+1}}\begin{pmatrix}\sqrt{l+m+1}\mathrm{Y}_{lm}\\ \sqrt{l-m}\mathrm{Y}_{l,m+1}\end{pmatrix} & (j=l+1/2, m_j=m+1/2, -l-1\leqslant m\leqslant l),\\ \dfrac{1}{\sqrt{2l+1}}\begin{pmatrix}-\sqrt{l-m}\mathrm{Y}_{lm}\\ \sqrt{l+m+1}\mathrm{Y}_{l,m+1}\end{pmatrix} & (j=l-1/2, m_j=m+1/2, -l\leqslant m\leqslant l-1).\end{cases} \tag{8.75}$$

由此可见,$\hat{J}_z$ 取确定值 $m_j\hbar$,而 $\hat{S}_z$,$\hat{L}_z$ 不具有确定值,它们分别取值为

$$\frac{1}{2}\hbar,\ m\hbar;\quad -\frac{1}{2}\hbar,(m+1)\hbar.$$

所以,由自旋为 1/2 的态和轨道角动量为 l 的态可以耦合为总角动量为$(l+1/2)$和$(l-1/2)$的态. 显然,态的数目是一样多的,为

$$[2(l+1/2)+1]+[2(l-1/2)+1] = 4l+2 = 2(2l+1).$$

事实上,(8.75)式就是 $\hat{L}^2$,$\hat{S}^2$,$\hat{J}^2$,$\hat{J}_z$ 基矢以 $\hat{L}^2$,$\hat{S}^2$,$\hat{L}_z$,$\hat{S}_z$ 基矢展开,即

$$|\,l,S,j,m_j\rangle = \sqrt{\frac{l+m+1}{2l+1}}\,|\,l,m\rangle\,|\,S,1/2\rangle + \sqrt{\frac{l-m}{2l+1}}\,|\,l,m+1\rangle\,|\,S,-1/2\rangle, \tag{8.76}$$

$j=l+1/2, m_j=m+1/2$;

$$|\,l,S,j,m_j\rangle = -\sqrt{\frac{l-m}{2l+1}}\,|\,l,m\rangle\,|\,S,1/2\rangle + \sqrt{\frac{l+m+1}{2l+1}}\,|\,l,m+1\rangle\,|\,S,-1/2\rangle, \tag{8.77}$$

$j=l-1/2, m_j=m+1/2$.

即从$(\hat{L}^2,\hat{L}_z,\hat{S}^2,\hat{S}_z)$表象→$(\hat{L}^2,\hat{S}^2,\hat{J}^2,\hat{J}_z)$表象,方程(8.76),(8.77)可表为如下形式:

$$|\,\boldsymbol{B}\rangle = \sum_A |\,A\rangle(S^{\dagger})_{AB}, \tag{8.78}$$

$$S_{BA} = \langle l,1/2,j,m_j \mid l,m_l,1/2,m_S\rangle. \tag{8.79}$$

人们习惯称$\langle j_1,m_1,j_2,m_2 \mid j_1,j_2,j,m\rangle$为 C-G 系数(Clebsch-Gordan coefficients)(参阅附录Ⅴ.它们形成$(2j_1+1)(2j_2+1)$维的幺正矩阵).而自旋和轨道角动量的耦合是两角动量耦合的特例.

于是在中心势中,考虑了电子的自旋后,其特解为

$$\Psi_{nljm_j} = R_{nlj}\psi_{ljm_j}, \tag{8.80a}$$

$$\hat{L}^2\Psi_{nljm_j} = l(l+1)\hbar^2\Psi_{nljm_j}, \tag{8.80b}$$

$$\hat{J}^2\Psi_{nljm_j} = j(j+1)\hbar^2\Psi_{nljm_j}, \tag{8.80c}$$

$$\hat{J}_z\Psi_{nljm_j} = m_j\hbar\Psi_{nljm_j}, \tag{8.80d}$$

$$\hat{H}\Psi_{nljm_j} = E_{nlj}\Psi_{nljm_j}. \tag{8.80e}$$

例 电四极矩.

电四极矩算符为$\hat{Q}_{ij}=q\hat{q}_{ij}=q(3x_ix_j-r^2\delta_{ij})$.在原子物理和原子核物理学中,测量给出的电四极矩值的定义为

$$Q = \langle n,l,j,m_j \mid \hat{Q}_{zz} \mid n,l,j,m_j\rangle_{m_j=j}. \tag{8.81}$$

对于一个电荷均匀分布的带电体,电四极矩Q的大小和符号能反映体系的形状.

先来求

$$\begin{aligned} Q_{lm} &= \langle n,l,m \mid \hat{Q}_{zz} \mid n,l,m\rangle \\ &= q\langle n,l \mid r^2 \mid n,l\rangle(3\langle l,m \mid \cos^2\theta \mid l,m\rangle - 1). \end{aligned} \tag{8.82}$$

由递推关系(附录(Ⅳ.81c)式)

$$\cos\theta \mid l,m\rangle = a_{lm} \mid l+1,m\rangle + a_{l-1,m} \mid l-1,m\rangle, \tag{8.83}$$

其中,$a_{lm}=\sqrt{\dfrac{(l+1)^2-m^2}{(2l+1)(2l+3)}}$.于是

$$Q_{lm} = q\overline{r^2}[3(a_{lm}^2+a_{l-1,m}^2)-1] = q\overline{r^2}\,\frac{2l(l+1)-6m^2}{(2l-1)(2l+3)}. \tag{8.84}$$

再由方程(8.80a),(8.75)和(8.84),并注意到算符$\hat{Q}_{zz}$与自旋无关,以及α,β的正交性,而得

$$\begin{aligned} Q &= \langle n,l,j,m_j \mid \hat{Q}_{zz} \mid n,l,j,m_j\rangle_{m_j=j} \\ &= q\overline{r^2}[\mid a\mid^2\langle l,m \mid \hat{Q}_{zz} \mid l,m\rangle + \mid b\mid^2\langle l,m+1 \mid \hat{Q}_{zz} \mid l,m+1\rangle] \\ &= q\overline{r^2}\left[a^2\,\frac{2l(l+1)-6m^2}{(2l-1)(2l+3)} + b^2\,\frac{2l(l+1)-6(m+1)^2}{(2l-1)(2l+3)}\right] \\ &= q\overline{r^2}\,\frac{1-2j}{2(j+1)}. \end{aligned} \tag{8.85}$$

最后的等式是因

$$m_j = m+1/2 = j,$$

$$j = \begin{cases} l + 1/2, & m = l, \\ l - 1/2, & m = l - 1 \end{cases}$$

而得.

可见 $j=1/2$ 时，$Q=0$. 这是由于 $\hat{Q}_{zz}$ 算符是角动量为 2 的算符，当它作用于态矢量 $|j,m_j\rangle$ 后，该态矢量将变换为 $||j-2|,m_j\rangle,\cdots,|j+2,m_j\rangle$ 态矢量的线性组合.

当 $j=1/2$，则 $\hat{Q}_{zz}$ 将态矢量 $|1/2,m_j\rangle$ 变换为态矢量 $|5/2,m_j\rangle$，$|3/2,m_j\rangle$ 的线性组合. 所以 $\hat{Q}_{zz}|1/2,m_j\rangle$ 必与 $|1/2,m_j\rangle$ 正交. 因此，这时在带电体外就显示了"电荷"是球形分布.

8.3.2　碱金属的双线结构

碱金属原子有一个价电子，它受到来自原子核和其他电子提供的屏蔽库仑场 $V(r)$ 的作用. 价电子的哈密顿量为

$$\hat{H} = \frac{\hat{\boldsymbol{P}}^2}{2\mu} + V(r) + \xi(r)\hat{\boldsymbol{L}}\cdot\hat{\boldsymbol{S}}, \tag{8.86}$$

其中，$\xi(r) = \dfrac{1}{2m_e^2c^2}\dfrac{1}{r}\dfrac{\mathrm{d}V(r)}{\mathrm{d}r}$.

如选力学量完全集 $(\hat{H},\hat{L}^2,\hat{J}^2,\hat{J}_z)$（运动常数的完全集），则

$$\Psi_{nljm_j} = R_{nlj}(r)\psi_{ljm_j}(\theta,\phi). \tag{8.87}$$

由于

$$\begin{aligned}(\hat{\boldsymbol{S}}\cdot\hat{\boldsymbol{L}})\psi_{ljm_j} &= \frac{1}{2}(\hat{J}^2 - \hat{\boldsymbol{L}}^2 - \hat{\boldsymbol{S}}^2)\psi_{ljm_j} \\ &= \frac{1}{2}[j(j+1) - l(l+1) - 3/4]\hbar^2\psi_{ljm_j} \\ &= \begin{cases} \dfrac{l}{2}\hbar^2\psi_{ljm_j}, & j = l + 1/2, \\ -\dfrac{l+1}{2}\hbar^2\psi_{ljm_j}, & j = l - 1/2, \end{cases}\end{aligned} \tag{8.88}$$

于是，相应的薛定谔方程

$$\hat{H}\Psi_{nljm_j} = E_{nlj}\Psi_{nljm_j}$$

可表为

$$\begin{aligned}-\frac{\hbar^2}{2\mu}\frac{1}{r}\frac{\mathrm{d}^2}{\mathrm{d}r^2}(rR_{nlj}) + \frac{l(l+1)\hbar^2}{2\mu r^2}R_{nlj} + V(r)R_{nlj} \\ + l'\hbar^2\xi(r)R_{nlj} = E_{nlj}R_{nlj},\end{aligned}$$

$$l' = \begin{cases} \dfrac{l}{2}, & \text{当 } j = l + 1/2, \\ -\dfrac{l+1}{2}, & \text{当 } j = l - 1/2. \end{cases} \tag{8.89}$$

由于 $V(r)$ 为吸引势，且 $V(r)$ 是随 r 单调上升，所以 $\frac{dV(r)}{dr}>0$，即 $\xi(r)>0$. 因此，

$$V(r)+\frac{l}{2}\hbar^2\xi(r)\geqslant V(r)-\frac{l+1}{2}\hbar^2\xi(r).$$

根据赫尔曼-费恩曼定理，可证(见习题 5.17(1))

$$E_{n,l,j=l+1/2}>E_{n,l,j=l-1/2}.$$

(例如，$l=1, j=1/2, 3/2$，则 $E_{j=3/2}>E_{j=1/2}$.)

原来的能级发生分裂：

$$E_{nl}\to\begin{cases}E_{n,l,l+1/2},\\E_{n,l,l-1/2},\end{cases}\tag{8.90}$$

这导致观测到的钠光谱的双线结构.

事实上，电子是遵从 Dirac 方程①. 我们可直接求得在原子核点电荷(Ze)产生的库仑场中运动的电子的能量本征值，

$$E_{nj}=\frac{\mu c^2}{\sqrt{1+\dfrac{Z^2(e^2/4\pi\varepsilon_0\hbar c)^2}{(n-s_j)^2}}}-\mu c^2,$$

其中

$$s_j=(j+1/2)-\sqrt{(j+1/2)^2-Z^2(e^2/4\pi\varepsilon_0\hbar c)^2},$$

$$n=1,2,3,\cdots,$$

$$j=1/2,3/2,5/2,\cdots,(n-1/2).$$

也即是，在同一 n 值下的不同 j 的本征态的本征值是不相等的. 在 $n=2$ 中，$2P_{3/2}$ 能级高于 $2P_{1/2}$，$2S_{1/2}$ 的能级，即 $n=2$ 的八个态分为两条四重简并能级(实验中，$2S_{1/2}$ 和 $2P_{1/2}$ 态也有分裂，称为 Lamb 移位). 它们分裂的大小决定于 $(Ze^2/4\pi\varepsilon_0\hbar c)^2$ 值的大小. 这种现象称为原子能级的精细结构，这是相对论效应. 因之，$\frac{e^2}{4\pi\varepsilon_0\hbar c}\approx\frac{1}{137.036}$ 称为精细结构常数.

当 $Z^2\ll 137^2$ 时，我们近似地可得碱金属原子束缚态的本征值

$$E_{nj}\approx-\frac{Ze^2}{8\pi\varepsilon_0 n^2 a}-\frac{Ze^2}{8\pi\varepsilon_0 n^4 a}\left(\frac{Ze^2}{4\pi\varepsilon_0\hbar c}\right)^2\left(\frac{n}{j+1/2}-\frac{3}{4}\right).$$

① R. H. Landau, Quantum Mechanics II: a second course in Quantum Theory. John Wiley and Sons, Inc, 1990, p. 283.

8.4 两个自旋为 1/2 的粒子的自旋波函数

A. (S_{1z},S_{2z})表象中两个自旋为 1/2 的粒子的自旋波函数

设：两粒子的自旋分别为 $\hat{\boldsymbol{S}}_1,\hat{\boldsymbol{S}}_2$. 显然，如选$(S_{1z},S_{2z})$表象则可能的态为

$$\alpha(1)\alpha(2),\quad \alpha(1)\beta(2),\quad \beta(1)\alpha(2),\quad \beta(1)\beta(2). \tag{8.91}$$

B. $(\boldsymbol{S}^2,S_z)$表象中两自旋为 1/2 的粒子的自旋波函数

如令 $\hat{\boldsymbol{S}}=\hat{\boldsymbol{S}}_1+\hat{\boldsymbol{S}}_2$，则 $\hat{\boldsymbol{S}}$ 满足角动量的对易关系

$$[\hat{S}_i,\hat{S}_j]=\mathrm{i}\varepsilon_{ijk}\hbar\hat{S}_k, \tag{8.92}$$

并有

$$[\hat{\boldsymbol{S}}^2,\hat{S}_z]=0.$$

可选表象$(\boldsymbol{S}^2,S_z)$. 由

$$\begin{aligned}\hat{\boldsymbol{S}}^2&=(\hat{\boldsymbol{S}}_1+\hat{\boldsymbol{S}}_2)^2=\hat{\boldsymbol{S}}_1^2+\hat{\boldsymbol{S}}_2^2+2\boldsymbol{S}_1\cdot\boldsymbol{S}_2\\&=\frac{3}{2}\hbar^2+2\hat{\boldsymbol{S}}_1\cdot\hat{\boldsymbol{S}}_2,\end{aligned} \tag{8.93}$$

得

$$\hat{\boldsymbol{S}}^4=\frac{9}{4}\hbar^4+4(\hat{\boldsymbol{S}}_1\cdot\hat{\boldsymbol{S}}_2)(\hat{\boldsymbol{S}}_1\cdot\hat{\boldsymbol{S}}_2)+6\hbar^2\hat{\boldsymbol{S}}_1\cdot\hat{\boldsymbol{S}}_2. \tag{8.94}$$

根据$(\hat{\boldsymbol{\sigma}}\cdot\hat{\boldsymbol{A}})(\hat{\boldsymbol{\sigma}}\cdot\hat{\boldsymbol{B}})=\hat{\boldsymbol{A}}\cdot\hat{\boldsymbol{B}}+\mathrm{i}\hat{\boldsymbol{\sigma}}\cdot(\hat{\boldsymbol{A}}\times\hat{\boldsymbol{B}})$$(\hat{A},\hat{B}$ 与 $\hat{\boldsymbol{\sigma}}$ 对易)，则有

$$(\hat{\boldsymbol{\sigma}}_1\cdot\hat{\boldsymbol{\sigma}}_2)(\hat{\boldsymbol{\sigma}}_1\cdot\hat{\boldsymbol{\sigma}}_2)=\hat{\boldsymbol{\sigma}}_2^2+\mathrm{i}\hat{\boldsymbol{\sigma}}_1\cdot(\hat{\boldsymbol{\sigma}}_2\times\hat{\boldsymbol{\sigma}}_2)=3-2\hat{\boldsymbol{\sigma}}_1\cdot\hat{\boldsymbol{\sigma}}_2, \tag{8.95}$$

所以

$$(\hat{\boldsymbol{S}}_1\cdot\hat{\boldsymbol{S}}_2)(\hat{\boldsymbol{S}}_1\cdot\hat{\boldsymbol{S}}_2)=\frac{3}{16}\hbar^4-\frac{1}{2}\hbar^2\hat{\boldsymbol{S}}_1\cdot\hat{\boldsymbol{S}}_2. \tag{8.96}$$

可作推论：无论$(\hat{\boldsymbol{\sigma}}_1\cdot\hat{\boldsymbol{\sigma}}_2)$的幂次多少，都能化为 $A_1+B_1(\hat{\boldsymbol{\sigma}}_1\cdot\hat{\boldsymbol{\sigma}}_2)$的形式，$\hat{S}^4$ 可化为 $A+B\hat{S}^2$ 的形式.

于是有

$$\begin{aligned}\hat{\boldsymbol{S}}^4&=\frac{9}{4}\hbar^4+\frac{3}{4}\hbar^4-2\hbar^2\hat{\boldsymbol{S}}_1\cdot\hat{\boldsymbol{S}}_2+6\hbar^2\hat{\boldsymbol{S}}_1\cdot\hat{\boldsymbol{S}}_2\\&=3\hbar^4+4\hat{\boldsymbol{S}}_1\cdot\hat{\boldsymbol{S}}_2\hbar^2=2\hat{\boldsymbol{S}}^2\hbar^2.\end{aligned} \tag{8.97}$$

令 χ 是 $\hat{\boldsymbol{S}}^2$ 的本征态，则

$$\begin{aligned}&\hat{S}^2\chi=\lambda\hbar^2\chi,\\&(\hat{\boldsymbol{S}})^4\chi=\lambda^2\hbar^4\chi=2\lambda\hbar^4\chi,\\&(\lambda-2)\lambda\chi=0.\end{aligned} \tag{8.98}$$

因 $\chi\neq0$，所以，

$$\lambda = 2 = 1 \cdot (1+1), \tag{8.99a}$$

$$\lambda = 0 = 0 \cdot (1+0). \tag{8.99b}$$

从而有

$$\hat{\boldsymbol{S}}^2 \chi_{1m_S} = 1 \cdot (1+1)\hbar^2 \chi_{1m_S} = 2\hbar^2 \chi_{1m_S}, \tag{8.100a}$$

$$\hat{\boldsymbol{S}}^2 \chi_{00} = 0, \tag{8.100b}$$

$$\hat{S}_z \chi_{1m_S} = m_S \hbar \chi_{1m_S}, \quad m_S = 1, 0, -1, \tag{8.100c}$$

$$\hat{S}_z \chi_{00} = 0, \qquad m_S = 0. \tag{8.100d}$$

这时仍是四个态：$\chi_{11}, \chi_{10}, \chi_{1,-1}, \chi_{00}$. 显然，

$$\chi_{11} = \alpha(1)\alpha(2), \tag{8.101a}$$

$$\chi_{1,-1} = \beta(1)\beta(2). \tag{8.101b}$$

由(8.93)式，得

$$P_{12} = \frac{1}{2}(1 + \boldsymbol{\sigma}_1 \cdot \boldsymbol{\sigma}_2) = \frac{1}{\hbar^2}\hat{S}^2 - 1, \tag{8.102}$$

所以

$$P_{12}\chi_{Sm_S} = [S(S+1) - 1]\chi_{Sm_S}. \tag{8.103}$$

即

$$S = 1, \quad P_{12}\chi_{1m_S} = \chi_{1m_S}; \tag{8.104a}$$

$$S = 0, \quad P_{12}\chi_{00} = -\chi_{00}. \tag{8.104b}$$

这表明，P_{12}是一个交换算符. 而 $\hat{S}_z\alpha(1)\beta(2) = 0, \hat{S}_z\beta(1)\alpha(2) = 0$. 从而可推得

$$\chi_{10} = 1/\sqrt{2}[\alpha(1)\beta(2) + \beta(1)\alpha(2)], \tag{8.105a}$$

$$\chi_{00} = 1/\sqrt{2}[\alpha(1)\beta(2) - \beta(1)\alpha(2)]. \tag{8.105b}$$

我们称：

χ_{1m_S} 为自旋三重态(对称的)；

χ_{00} 为自旋单态(反对称的)，也称 EPR 对.

对于两个自旋为1/2的全同粒子，当其相互作用对空间坐标和自旋变量是变量可分离型时，则特解为

$$\psi(\boldsymbol{r}_1, S_{1z}, \boldsymbol{r}_2, S_{2z}) = u(\boldsymbol{r}_1, \boldsymbol{r}_2)\chi(S_{1z}, S_{2z}).$$

但是，这并不是体系可处的状态. 微观世界还有一重要规律，使体系波函数不可任意选择，这就是微观粒子的全同性问题. 我们将在8.6节中介绍.

C. 贝尔基(Bell basis)①

若设 $\hat{A} = \hat{\sigma}_{1z}\hat{\sigma}_{2z}, \hat{B} = \hat{\sigma}_{1x}\hat{\sigma}_{2x}$，则$[\hat{A}, \hat{B}] = 0$. 于是可选$(\hat{A}, \hat{B})$的共同本征态作为两

---

① S. L. Braunstein, A. Maun, and M. Revzen, Phys. Rev. Lett., **68**(1992) 3259.

个自旋为$\frac{1}{2}$粒子的自旋波函数,称为贝尔基:

$$\chi_{A_1B_1} = \chi_{++} = \Phi_{12}^{(+)} = \frac{1}{\sqrt{2}}[\alpha(1)\alpha(2) + \beta(1)\beta(2)], \tag{8.106a}$$

$$\chi_{A_1B_2} = \chi_{+-} = \Phi_{12}^{(-)} = \frac{1}{\sqrt{2}}[\alpha(1)\alpha(2) - \beta(1)\beta(2)], \tag{8.106b}$$

$$\chi_{A_2B_1} = \chi_{-+} = \Psi_{12}^{(+)} = \frac{1}{\sqrt{2}}[\alpha(1)\beta(2) + \beta(1)\alpha(2)], \tag{8.106c}$$

$$\chi_{A_2B_2} = \chi_{--} = \Psi_{12}^{(-)} = \frac{1}{\sqrt{2}}[\alpha(1)\beta(2) - \beta(1)\alpha(2)]. \tag{8.106d}$$

8.5 纠缠态,量子隐形传态

8.5.1 纠缠态

若体系的态可表为

$$|\psi\rangle = \frac{1}{\sqrt{2}}(|\uparrow_1\rangle|\downarrow_2\rangle - |\downarrow_1\rangle|\uparrow_2\rangle)$$

或

$$\psi(x,y) = a_{20}u_2(x)u_0(y) + a_{12}u_1(x)u_2(y) + a_{31}u_3(x)u_1(y),$$

其中,$|\uparrow_i\rangle$,$|\downarrow_i\rangle$分别为第 i 个自旋为 1/2 粒子的向上和向下的本征态;而 $u_i(x)$ 和 $u_i(y)$分别为

$$\hat{H}(x) = -\frac{\hbar^2}{2m}\frac{\mathrm{d}^2}{\mathrm{d}x^2} + \frac{1}{2}m\omega^2x^2$$

和

$$\hat{H}(y) = -\frac{\hbar^2}{2m}\frac{\mathrm{d}^2}{\mathrm{d}y^2} + \frac{1}{2}m\omega^2y^2$$

的本征值等于$(i+1/2)\hbar\omega$ 的本征态.

在前一个态中,如我们在 z 方向测量第一个粒子,得到的值为 $\hbar/2$,则第二个粒子必处于同方向的自旋向下的态;而在后一个态中,如我们测量力学量 $\hat{H}(x)$,获得能量值为$\frac{5}{2}\hbar\omega$,则随之测量力学量 $\hat{H}(y)$,所获得的能量值必为$\frac{1}{2}\hbar\omega$. 于是可以看到,在这两个态中,第一个粒子所处的态和第二个粒子所处的态或粒子处于$\hat{H}(x)$的态与粒子处于 $\hat{H}(y)$的态之间都是相关联的,即它们是纠缠在一起. 由此,我们可以给出纠缠态的定义.

纠缠态:两个粒子体系(或体系的两个彼此对易的力学量)(以 A 和 B 表示)的

态，不能表为 A 的态和 B 的态的直乘 $u_A \otimes u_B$（在任一表象中），则称该体系所处的态为纠缠态.

纠缠态充分显示了量子力学的非定域性的基本性质，反映了体系中独立的部分之间关联的整体特性.

在这之前，我们有很多纠缠态的实例，如：两自旋 1/2 的粒子可处于 χ_{00} 和 χ_{10} 态；另外，Bell 基 $\psi_{+\pm}=\Phi^{(\pm)}$，$\psi_{-\pm}=\Psi^{(\pm)}$[①] 也都是纠缠态（参见（8.106a）—（8.106d））. 纠缠态在量子信息和量子计算中起着决定性的作用.

8.5.2 量子隐形传态[②]

为了看到纠缠态的非定域性的基本性质，我们介绍它在量子隐形传态中的最简单的应用.

若 Alice 想把一个连她都不知道的量子体系（光子，光子之色或自旋 1/2 粒子）所处的态

$$|\phi\rangle = a|\uparrow_1\rangle + b|\downarrow_1\rangle$$

精确地传送到 Bob 处.

显然，当 $|\phi\rangle=|\uparrow_1\rangle$ 或 $|\phi\rangle=|\downarrow_1\rangle$，则 Alice 可以精确地将她获知的粒子 1 所处的态告诉 Bob. 但若 $|\phi\rangle$ 是多个单态（可正交，也可能不正交的态）的线性叠加，那她不可能通过测量所获得的信息来精确地传送给 Bob. 但是，我们可利用纠缠态，通过经典通信和量子通道来实现将连 Alice 都不知道的 $|\phi\rangle$ 态传送给 Bob. 具体操作如下（见图 8.2）：

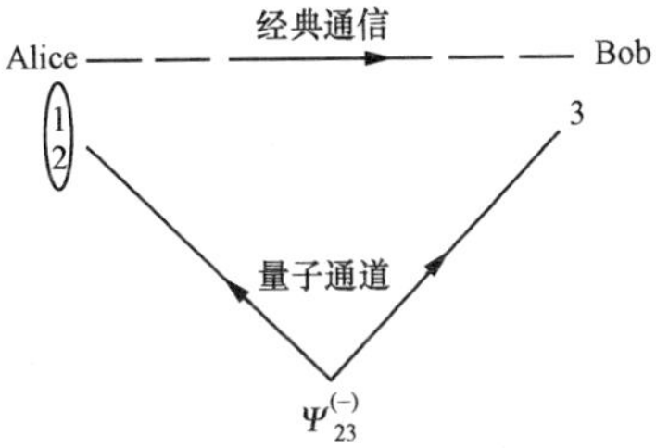

图 8.2 量子隐形传态示意图

制备一个 EPR 对（现为 Bell 基 $\Psi^{(-)}$）

$$\Psi_{23}^{(-)} = \sqrt{\frac{1}{2}}(|\uparrow_2\rangle|\downarrow_3\rangle - |\downarrow_2\rangle|\uparrow_3\rangle),$$

① S. L. Braunstein, A. Mann, and M. Reven, Phys. Rev. Lett., **68**(1992) 3259.

② C. H. Bennet, G. Brassard, C. Crepeau, et al., Phys. Rev. Lett., **70**(1993) 1895; T. Sudbery, Nature, **362**(1993) 586; E. DelRe, B. Crosignani, P. Di Porto, Phys. Rev. Lett., **84**(2000) 2989.

然后，粒子 2 运动到 Alice 处，粒子 3 运动到 Bob 处. 注意，这时粒子 3 并未处于 $|\phi\rangle$ 态.

现在，Alice 处的三粒子态为

$$
\begin{aligned}
|\Psi_{123}\rangle &= |\phi_1\rangle \otimes |\Psi_{23}^{(-)}\rangle \\
&= \frac{a}{\sqrt{2}}(|\uparrow_1\rangle|\uparrow_2\rangle|\downarrow_3\rangle - |\uparrow_1\rangle|\downarrow_2\rangle|\uparrow_3\rangle) \\
&\quad + \frac{b}{\sqrt{2}}(|\downarrow_1\rangle|\uparrow_2\rangle|\downarrow_3\rangle - |\downarrow_1\rangle|\downarrow_2\rangle|\uparrow_3\rangle) \\
&= \frac{1}{2}[(\Phi_{12}^{(+)} + \Phi_{12}^{(-)})a|\downarrow_3\rangle - (\Psi_{12}^{(+)} + \Psi_{12}^{(-)})a|\uparrow_3\rangle \\
&\quad + (\Psi_{12}^{(+)} - \Psi_{12}^{(-)})b|\downarrow_3\rangle - (\Phi_{12}^{(+)} - \Phi_{12}^{(-)})b|\uparrow_3\rangle] \\
&= \frac{1}{2}[\Phi_{12}^{(+)}(a|\downarrow_3\rangle - b|\uparrow_3\rangle) + \Phi_{12}^{(-)}(a|\downarrow_3\rangle + b|\uparrow_3\rangle) \\
&\quad + \Psi_{12}^{(+)}(-a|\uparrow_3\rangle + b|\downarrow_3\rangle) + \Psi_{12}^{(-)}(-a|\uparrow_3\rangle - b|\downarrow_3\rangle)],
\end{aligned}
$$

其中，

$$
\Phi_{12}^{(\pm)} = \sqrt{\frac{1}{2}}(|\uparrow_1\rangle|\uparrow_2\rangle \pm |\downarrow_1\rangle|\downarrow_2\rangle),
$$

$$
\Psi_{12}^{(\pm)} = \sqrt{\frac{1}{2}}(|\uparrow_1\rangle|\downarrow_2\rangle \pm |\downarrow_1\rangle|\uparrow_2\rangle)
$$

是 Bell 算符（$\hat{\sigma}_{1z}\hat{\sigma}_{2z}, \hat{\sigma}_{1x}\hat{\sigma}_{2x}$）的共同本征态，称为 Bell 基.

态 $|\Psi_{123}\rangle$ 明显地显示出 1，2 粒子与第 3 粒子处于纠缠态中. 随着 Alice 对粒子 1 和粒子 2 进行 Bell 算符（$\hat{\sigma}_{1z}\hat{\sigma}_{2z}, \hat{\sigma}_{1x}\hat{\sigma}_{2x}$）的正交基的测量，Bob 处的第 3 粒子将可能处于 4 个纯态之一（概率都为 1/4），在相应的表象中，它们是

$$
\begin{pmatrix} -b \\ a \end{pmatrix}, \quad \begin{pmatrix} b \\ a \end{pmatrix}, \quad \begin{pmatrix} -a \\ b \end{pmatrix}, \quad \begin{pmatrix} -a \\ -b \end{pmatrix}.
$$

这四个态与 Alice 传送的连她自己都不知道的态 $|\phi\rangle$ 有很简单的幺正变换关系：

$$
\begin{aligned}
\begin{pmatrix} a \\ b \end{pmatrix} &= \begin{pmatrix} 0 & 1 \\ -1 & 0 \end{pmatrix}\begin{pmatrix} -b \\ a \end{pmatrix} = \begin{pmatrix} 0 & 1 \\ 1 & 0 \end{pmatrix}\begin{pmatrix} b \\ a \end{pmatrix} \\
&= \begin{pmatrix} -1 & 0 \\ 0 & 1 \end{pmatrix}\begin{pmatrix} -a \\ b \end{pmatrix} = \begin{pmatrix} -1 & 0 \\ 0 & -1 \end{pmatrix}\begin{pmatrix} -a \\ -b \end{pmatrix}.
\end{aligned}
$$

一旦 Alice 通过经典通信（如信鸽，电话等手段）告诉 Bob，她测得的结果是 Bell 基中的那一个，于是 Bob 通过相应的幺正变换可使第 3 粒子立即处于 $|\phi\rangle$ 态，即态

$$
\begin{pmatrix} a \\ b \end{pmatrix}.
$$

这一隐形传态有两个特点：

i. 从 Alice 处将第 1 粒子所处的态 $|\phi\rangle$ 传到 Bob 处，是通过经典通信和量子通道实现的，并非瞬时实现的；

ii. 当实现这一过程后，Alice 处的 $|\phi\rangle$ 已被湮灭. 而不像经典中的传送，原始信息能被保留.

8.6 爱因斯坦、帕多尔斯基和罗森佯谬，贝尔不等式

8.6.1 爱因斯坦、帕多尔斯基和罗森佯谬①

爱因斯坦、帕多尔斯基(B. Podolsky)和罗森(N. Rosen)认为：两个粒子构成一个量子力学体系；对一个粒子的测量将直接得知另一个粒子的状态.

例 设 $\psi(x_1, x_2) = \delta(x_1 + x_2)$.

该态在动量表象中的表示为

$$\begin{aligned}\varphi(p_1, p_2) &= \int \frac{1}{2\pi\hbar} e^{-i(p_1 x_1 + p_2 x_2)/\hbar} \delta(x_1 + x_2) dx_1 dx_2 \\ &= \int \frac{1}{2\pi\hbar} e^{i(p_1 - p_2)x_2/\hbar} dx_2 \\ &= \delta(p_1 - p_2).\end{aligned} \tag{8.107}$$

爱因斯坦等认为：测得第一个粒子的坐标为 x_0，则第二个粒子的坐标必为 $-x_0$；测得第二个粒子的动量为 p_0，那么第一个粒子的动量必为 p_0. 所以，x_i 和 p_i 都是物理实在(即都有确定值)，即坐标和动量可同时具有确定值. 这与用两个自旋为 1/2 的粒子处于自旋 $S=0$ 的态来讨论是等价的.

考虑两个自旋为 1/2 的粒子处于自旋单态. 在初始时，它们在一起；而后分开很大的距离，但仍处于自旋单态. 一旦测得第一个粒子的自旋 z 分量，那么直接允许我们去推断第二个粒子的自旋 z 分量，它始终与第一个粒子的自旋 z 分量相反.

爱因斯坦等人进一步认为，由于我们的测量并未接触到第二个粒子，所以测量第一个粒子自旋之前，第二个粒子的状态应当与测量了第一个粒子自旋之后是相同的. 所以第二个粒子的自旋 z 分量的值，应当是确定的，甚至是在测量第一个粒子自旋 z 分量前就有确定值.

我们又可将这一论证应用于对第一个粒子自旋 x 或 y 分量的测量，从而也推得：测量第一个粒子自旋 x 或 y 分量前，第二个粒子的自旋 x 和 y 分量已有确定的值. 这样的结论，与量子力学的描述是相矛盾的.

---

① A. Einstein, B. Podolsky and N. Rosen, Phys. Rev., **47** (1935)777.

爱因斯坦、帕多尔斯基和罗森提出的定域隐变量观点是：用态矢量来作为量子力学的描述是不完全的. 态矢量必须被补充或被某额外的“隐变量”所替代. 自旋分量必然是这些“隐变量”的函数，所以自旋分量能同时确定.

而量子力学否认这些假设，认为即使两个粒子离开很远，对第一个粒子的测量将影响第二个粒子的状态；另外，粒子本身并没有这种实在性（即粒子的所有物理量都有确定值）. 这种争论持续很久. 要判断这两种观念谁是谁非，只能由特定的实验来认证.

8.6.2 贝尔不等式[①]

两个自旋为 1/2 的粒子系统处于自旋单态：

$$|0,0\rangle=\sqrt{\frac{1}{2}}(|\uparrow,\downarrow\rangle-|\downarrow,\uparrow\rangle)_z \tag{8.108a}$$

$$=\sqrt{\frac{1}{2}}(|\uparrow,\downarrow\rangle-|\downarrow,\uparrow\rangle)_{\hat{n}}. \tag{8.108b}$$

这是一个纠缠态. 它是体系两部分状态的乘积之和，即不能表示为体系的一部分状态和体系的另一部分状态的单个乘积. 显然，在这个态中，测量第一个粒子（在 z 方向）得到某一结果，则知道第二个粒子随之测量（在 z 方向）的结果.

现考虑对它们的自旋沿不同方向进行相继测量. 第一个粒子沿 $\boldsymbol{a}$ 方向测量，第二个粒子沿 $\boldsymbol{b}$ 方向测量. 它们的测量结果都为 ±1. 如 $\boldsymbol{a},\boldsymbol{b}$ 方向相同，则平均值为 −1. 如 $\boldsymbol{a},\boldsymbol{b}$ 方向不同，这一关联量测量的平均值，即关联系数，为

$$\begin{aligned}C(\boldsymbol{a},\boldsymbol{b})&=\langle 0,0\,|\,\hat{\boldsymbol{\sigma}}^{(1)}\cdot\boldsymbol{a}\hat{\boldsymbol{\sigma}}^{(2)}\cdot\boldsymbol{b}\,|\,0,0\rangle\\&=-\cos\theta.\end{aligned} \tag{8.109}$$

其中，$\boldsymbol{a},\boldsymbol{b}$ 都为单位矢量，θ 是 $\boldsymbol{a},\boldsymbol{b}$ 的夹角.

证 不失一般性，假设 $\boldsymbol{a}$ 在 z 方向，$\boldsymbol{b}$ 在 xz 平面，

$$\begin{aligned}C(\boldsymbol{a},\boldsymbol{b})=&\frac{1}{2}(\langle\uparrow|\hat{\sigma}_z^{(1)}|\uparrow\rangle\langle\downarrow|\hat{\sigma}_b^{(2)}|\downarrow\rangle\\&+\langle\downarrow|\hat{\sigma}_z^{(1)}|\downarrow\rangle\langle\uparrow|\hat{\sigma}_b^{(2)}|\uparrow\rangle\\&-\langle\uparrow|\hat{\sigma}_z^{(1)}|\downarrow\rangle\langle\downarrow|\hat{\sigma}_b^{(2)}|\uparrow\rangle\\&-\langle\downarrow|\hat{\sigma}_z^{(1)}|\uparrow\rangle\langle\uparrow|\hat{\sigma}_b^{(2)}|\downarrow\rangle)\\=&\frac{1}{2}(\langle\downarrow|\hat{\sigma}_b^{(2)}|\downarrow\rangle-\langle\uparrow|\hat{\sigma}_b^{(2)}|\uparrow\rangle).\end{aligned}$$

令 $\boldsymbol{b}$ 与 z 轴（即与 $\boldsymbol{a}$ 方向）间的夹角为 θ，则

---

① J. S. Bell, Physics, **1** (1965)195.

$$C(\boldsymbol{a},\boldsymbol{b})=\frac{1}{2}(\langle\downarrow|\hat{\sigma}_x^{(2)}|\downarrow\rangle\sin\theta+\langle\downarrow|\hat{\sigma}_z^{(2)}|\downarrow\rangle\cos\theta$$
$$-\langle\uparrow|\hat{\sigma}_x^{(2)}|\uparrow\rangle\sin\theta-\langle\uparrow|\hat{\sigma}_z^{(2)}|\uparrow\rangle\cos\theta)$$
$$=-\cos\theta. \tag{8.110}$$

A. 对两个处于自旋单态的粒子，在三个不同方向($\boldsymbol{a},\boldsymbol{b},\boldsymbol{c}$)测量它们的自旋

贝尔检验了在三个不同方向的关联测量.根据定域隐变量理论，他证实了这些关联量测量的平均值是受一不等式的限制：

$$|C(\boldsymbol{a},\boldsymbol{b})-C(\boldsymbol{a},\boldsymbol{c})|-C(\boldsymbol{b},\boldsymbol{c})\leqslant 1. \tag{8.111}$$

这称为**贝尔不等式**.

论证如下：令关联量 $\hat{g}=\hat{\sigma}_a^{(1)}\hat{\sigma}_b^{(2)}(1-\hat{\sigma}_b^{(2)}\hat{\sigma}_c^{(2)})$.

在定域隐变量理论中，对第一个粒子的测量将不影响第二个粒子的状态，每个粒子同时有确定的自旋分量.因此，按此理论，沿三个方向的自旋分量都有确定值.当然，重复的测量所得值可以是不同的.$\hat{g}$ 的平均值为

$$\overline{\hat{g}}=\overline{\hat{\sigma}_a^{(1)}\hat{\sigma}_b^{(2)}}-\overline{\hat{\sigma}_a^{(1)}\hat{\sigma}_c^{(2)}}=C(\boldsymbol{a},\boldsymbol{b})-C(\boldsymbol{a},\boldsymbol{c}), \tag{8.112}$$

于是有

$$\begin{aligned}\left|\overline{\hat{g}}\right|\leqslant\overline{|\hat{g}|}&=\overline{|\hat{\sigma}_a^{(1)}\hat{\sigma}_b^{(2)}(1-\hat{\sigma}_b^{(2)}\hat{\sigma}_c^{(2)})|}\\&=\overline{|\hat{\sigma}_a^{(1)}\hat{\sigma}_b^{(2)}|}\cdot\overline{|(1-\hat{\sigma}_b^{(2)}\hat{\sigma}_c^{(2)})|}\\&=\overline{|\hat{\sigma}_a^{(1)}\hat{\sigma}_b^{(2)}|}\cdot(1+\overline{\hat{\sigma}_b^{(1)}\hat{\sigma}_c^{(2)}})\\&=1+\overline{\hat{\sigma}_b^{(1)}\hat{\sigma}_c^{(2)}}\\&=1+C(\boldsymbol{b},\boldsymbol{c}),\end{aligned} \tag{8.113}$$

从而得到贝尔不等式(Bell inequalities)，即(8.111)式：

$$|C(\boldsymbol{a},\boldsymbol{b})-C(\boldsymbol{a},\boldsymbol{c})|-C(\boldsymbol{b},\boldsymbol{c})\leqslant 1.$$

但根据方程(8.109)，量子力学对这一关联量测量的平均值的关系的预言应为

$$\begin{aligned}&|C(\boldsymbol{a},\boldsymbol{b})-C(\boldsymbol{a},\boldsymbol{c})|-C(\boldsymbol{b},\boldsymbol{c})\\&=|-\cos(\boldsymbol{a}\wedge\boldsymbol{b})+\cos(\boldsymbol{a}\wedge\boldsymbol{c})|+\cos(\boldsymbol{b}\wedge\boldsymbol{c}),\end{aligned} \tag{8.114}$$

其中用“∧”表示取两个矢量之间夹角的运算.若在测量时，取 $\boldsymbol{a},\boldsymbol{b},\boldsymbol{c}$ 三个方向共面，并设

$$\boldsymbol{a}\wedge\boldsymbol{b}=\theta,$$
$$\boldsymbol{a}\wedge\boldsymbol{c}=2\theta,$$
$$\boldsymbol{b}\wedge\boldsymbol{c}=\theta$$

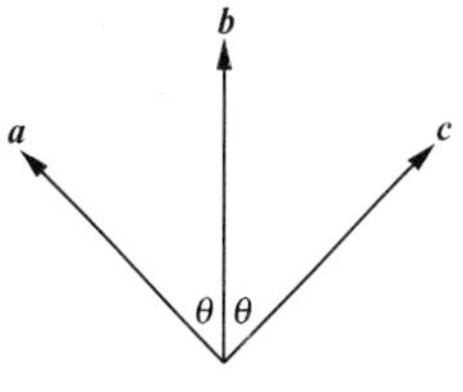

图 8.3 三个共面矢

(见图 8.3)，则得到

$$|C(\boldsymbol{a},\boldsymbol{b})-C(\boldsymbol{a},\boldsymbol{c})|-C(\boldsymbol{b},\boldsymbol{c})=|-\cos\theta+\cos 2\theta|+\cos\theta. \tag{8.115}$$

从图 8.4 可见，量子力学的预言(8.115)式与贝尔不等式(8.111)式是不一致的.

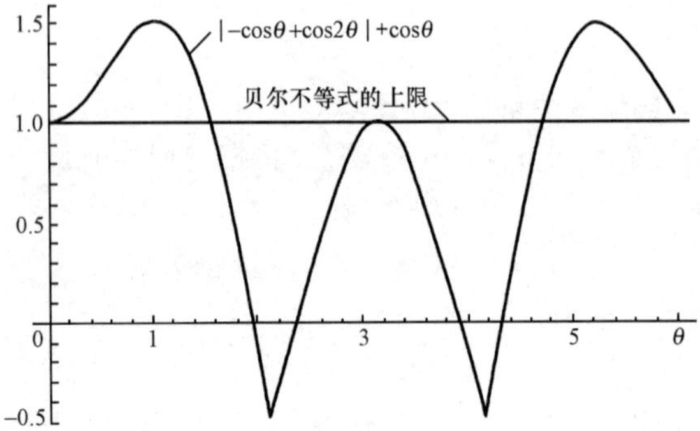

图 8.4　$|-\cos\theta+\cos2\theta|+\cos\theta$ 随 θ 的变化

B. 对两个处于自旋单态的粒子，在四个不同方向($\boldsymbol{a},\boldsymbol{b},\boldsymbol{c}$ 和 $\boldsymbol{a}'$)测量它们的自旋

根据定域隐变量理论，它们的关联量测量的平均值的关系为

$$|C(\boldsymbol{a},\boldsymbol{b})+C(\boldsymbol{a},\boldsymbol{c})+C(\boldsymbol{a}',\boldsymbol{b})-C(\boldsymbol{a}',\boldsymbol{c})|\leqslant 2, \tag{8.116}$$

称为 CHSH 不等式[①]，这是另一个**贝尔不等式**.

论证如下：设关联量

$$\hat{g}=\hat{\sigma}_a^{(1)}\hat{\sigma}_b^{(2)}+\hat{\sigma}_a^{(1)}\hat{\sigma}_c^{(2)}+\hat{\sigma}_{a'}^{(1)}\hat{\sigma}_b^{(2)}-\hat{\sigma}_{a'}^{(1)}\hat{\sigma}_c^{(2)} \tag{8.117}$$

$$=\hat{\sigma}_a^{(1)}(\hat{\sigma}_b^{(2)}+\hat{\sigma}_c^{(2)})+\hat{\sigma}_{a'}^{(1)}(\hat{\sigma}_b^{(2)}-\hat{\sigma}_c^{(2)}). \tag{8.118}$$

根据定域隐变量理论，对任一物理量的测量都有确定值，则

$$当\ \hat{\sigma}_b^{(2)}+\hat{\sigma}_c^{(2)}=\pm 2\ 时，\quad \hat{\sigma}_b^{(2)}-\hat{\sigma}_c^{(2)}=0; \tag{8.119}$$

$$当\ \hat{\sigma}_b^{(2)}+\hat{\sigma}_c^{(2)}=0\ 时，\quad \hat{\sigma}_b^{(2)}-\hat{\sigma}_c^{(2)}=\pm 2. \tag{8.120}$$

因此，关联量 $\hat{g}$ 的测量值为 +2 或 −2. 于是 $\hat{g}$ 的平均值的绝对值满足不等式

$$\left|\overline{\hat{g}}\right|=\left|\overline{\hat{\sigma}_a^{(1)}\hat{\sigma}_b^{(2)}+\hat{\sigma}_a^{(1)}\hat{\sigma}_c^{(2)}+\hat{\sigma}_{a'}^{(1)}\hat{\sigma}_b^{(2)}-\hat{\sigma}_{a'}^{(1)}\hat{\sigma}_c^{(2)}}\right|\leqslant 2. \tag{8.121}$$

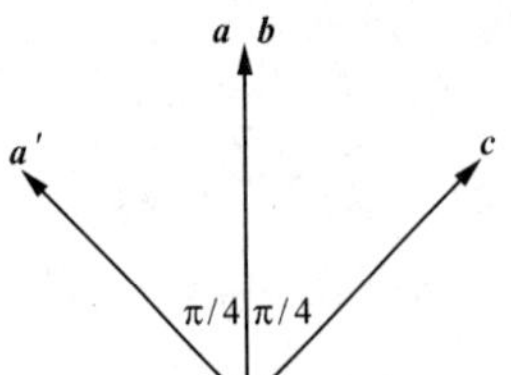

图 8.5　四个共面矢

而根据量子力学，$\hat{g}$ 的平均值的绝对值应为

$$\left|\overline{\hat{g}}\right|=|\cos(\boldsymbol{a}\wedge\boldsymbol{b})+\cos(\boldsymbol{a}\wedge\boldsymbol{c})+\cos(\boldsymbol{a}'\wedge\boldsymbol{b})-\cos(\boldsymbol{a}'\wedge\boldsymbol{c})|. \tag{8.122}$$

显然，当 $\boldsymbol{a},\boldsymbol{b},\boldsymbol{c},\boldsymbol{a}'$ 共面，并取(见图 8.5)

$$\boldsymbol{a}=\boldsymbol{b},$$

$$\boldsymbol{a}\wedge\boldsymbol{c}=\boldsymbol{a}'\wedge\boldsymbol{b}=\pi/4,$$

$$\boldsymbol{a}'\wedge\boldsymbol{c}=\pi/2,$$

① J. F. Clauser, M. A. Horne, A. Shimony, and R. A. Holt, Phys. Rev. Lett., **23**(1969) 880.

这时

$$\left|\overline{g}\right| = |1+\sqrt{2}/2+\sqrt{2}/2| > 2.$$

这与定域隐变量理论所推得的不等式是不相符合的.

若取 $\boldsymbol{a},\boldsymbol{b},\boldsymbol{c},\boldsymbol{a}'$ 共面,并取(见图 8.6)

$$\boldsymbol{a}\wedge\boldsymbol{b}=\boldsymbol{a}\wedge\boldsymbol{c}=\theta,$$
$$\boldsymbol{a}'\wedge\boldsymbol{b}=\theta,$$
$$\boldsymbol{a}'\wedge\boldsymbol{c}=3\theta,$$

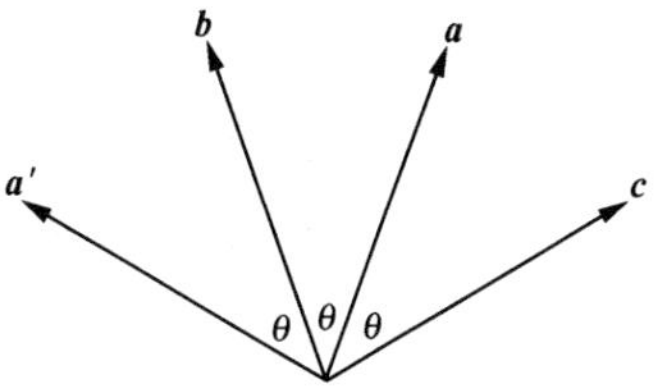

图 8.6 另一种四个共面矢

根据方程(8.109),量子力学对这一关联量测量的平均值的关系的预言应为

$$|\overline{g}| = |\cos\theta+\cos\theta+\cos\theta-\cos3\theta| = |3\cos\theta-\cos3\theta|. \tag{8.123}$$

同样地,我们从图 8.7 也发现,量子力学的预言(8.123)式与贝尔不等式(8.121)式是不一致的.

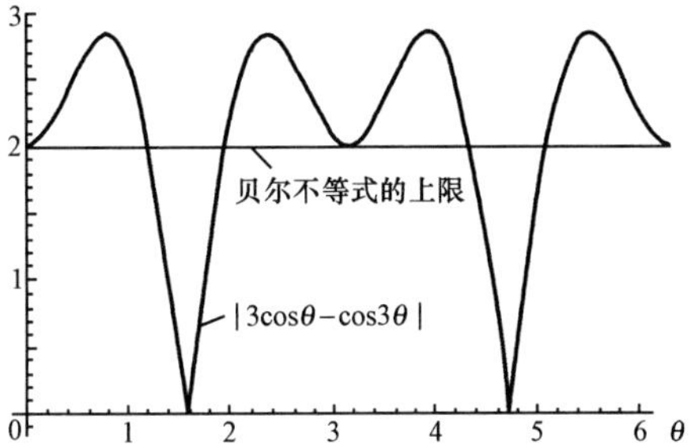

图 8.7 $|3\cos\theta-\cos3\theta|$ 随 θ 的变化

真实的实验结果,如钙的 $J=0\to J=1\to J=0$ 的级联跃迁[①],汞的 $J=0\to J=1\to J=0$ 的级联跃迁[②]以及质子-质子散射[③]等实验结果,都与量子力学的预言很好地一致.这意味着定域隐变量理论是不正确的.爱因斯坦-帕多尔斯基-罗森的假设是不成立的[④].

8.7 全同粒子交换不变性——波函数具有确定的置换对称性

各种微观粒子有一定属性,具有一定质量、电荷、自旋,等等.人们根据它的属

① S. J. Freedman and J. F. Clauser, Phys. Rev. Lett., **28** (1972)938.
② E. S. Fry and R. C. Thompson, Phys. Rev. Lett., **37** (1976)465.
③ J. F. Clauser, A. Shimony, Rep. Prog. Phys., **41** (1978)1881.
④ M. Lamehi-Rachti and W. Mittig, Phys. Rev., **14** (1976)2543.

性的不同，分别称为电子，质子，介子，Δ^{++}，Δ^{+}，等等. 实验证明，每一种粒子，都是完全相同的(如处于两个不同氢原子中的质子或电子都一样).

在经典物理学中，我们习惯称这是电子 1，那是电子 2，……，它们在外力作用下，按自己的轨道运动，我们在任何时刻都能跟踪它，而不会误认电子 1 为电子 2. 即我们是按轨道来区分同一类粒子的.

但从量子力学的观点来看，情况就发生变化. 在量子力学中不能用轨道的概念来描述，而只能用波函数来描述. 量子力学根据波函数来描述粒子出现在 $\boldsymbol{r}_1$—$\boldsymbol{r}_1+\mathrm{d}\boldsymbol{r}$ 体积之中的概率大小；或根据一些力学量完全集来描述粒子所处状态. 即 n_1 个粒子处于 φ_{ε_1} 态；n_2 个粒子处于 φ_{ε_2} 态，……(或是这些态的叠加态上). 但量子力学不可能告诉你，哪一个粒子处于 φ_{ε_1} 态，哪一个粒子处于 φ_{ε_2} 态.

例如

$$\varphi_{\varepsilon_1}(\boldsymbol{r}_1)\varphi_{\varepsilon_2}(\boldsymbol{r}_2),$$
$$\varphi_{\varepsilon_1}(\boldsymbol{r}_2)\varphi_{\varepsilon_2}(\boldsymbol{r}_1)$$

是可能的两种态，测量分不清两者的差别. 它们中的哪一个都不能用于对两个全同粒子的描述. 全同粒子交换是不可观测的.

8.7.1 交换不变性

设：氦原子的两个质子固定不动. 那么描述氦原子中的两个电子组成的体系，其哈密顿量为

$$\hat{H}=\frac{\hat{p}_1^2}{2m}+\frac{\hat{p}_2^2}{2m}-\frac{2e^2}{4\pi\varepsilon_0 r_1}-\frac{2e^2}{4\pi\varepsilon_0 r_2}+\frac{e^2}{4\pi\varepsilon_0\,|\boldsymbol{r}_1-\boldsymbol{r}_2|}. \tag{8.124}$$

取 P_{12} 为粒子交换算符，作交换 1→2，2→1，则

$$\begin{aligned}P_{12}\hat{H}(\boldsymbol{r}_1,\boldsymbol{r}_2,t)\psi(\boldsymbol{r}_1,\boldsymbol{r}_2,t)&=\hat{H}(\boldsymbol{r}_2,\boldsymbol{r}_1,t)\psi(\boldsymbol{r}_2,\boldsymbol{r}_1,t)\\&=\hat{H}(\boldsymbol{r}_2,\boldsymbol{r}_1,t)P_{12}\psi(\boldsymbol{r}_1,\boldsymbol{r}_2,t).\end{aligned}$$

由于 $\psi(\boldsymbol{r}_1,\boldsymbol{r}_2,t)$ 的任意性，所以

$$P_{12}\hat{H}(\boldsymbol{r}_1,\boldsymbol{r}_2,t)=\hat{H}(\boldsymbol{r}_2,\boldsymbol{r}_1,t)P_{12}.$$

若 $\hat{H}$ 是交换不变，即 $\hat{H}(\boldsymbol{r}_2,\boldsymbol{r}_1,t)=\hat{H}(\boldsymbol{r}_1,\boldsymbol{r}_2,t)$，则

$$[P_{12},\hat{H}(\boldsymbol{r}_1,\boldsymbol{r}_2,t)]=0,$$

也就是说，这时 P_{12} 是运动常数.

事实上，由于体系具有交换不变性，所以波函数在 t_0 经粒子交换后演化到 t，应等于波函数先演化到 t 再进行粒子交换，即

$$P_{12}\psi(\boldsymbol{r}_1,\boldsymbol{r}_2,t)=U(t-t_0)P_{12}\psi(\boldsymbol{r}_1,\boldsymbol{r}_2,t_0)=P_{12}U(t-t_0)\psi(\boldsymbol{r}_1,\boldsymbol{r}_2,t_0).$$

由于 ψ 的任意性，所以

$$P_{12}U(t)=U(t)P_{12},\quad U(t)=\mathrm{e}^{-\mathrm{i}\hat{H}(\hat{r}_1,\hat{p}_1,\hat{r}_2,\hat{p}_2)t/\hbar}.$$

又由于 t 是任意可取的，于是有

$$[P_{12},\hat{H}]=0,$$

所以 P_{12}是运动常数，而

$$\hat{H}(\boldsymbol{r}_1,\boldsymbol{p}_1,\boldsymbol{r}_2,\boldsymbol{p}_2)=\hat{H}(\boldsymbol{r}_2,\boldsymbol{p}_2,\boldsymbol{r}_1,\boldsymbol{p}_1).$$

设 $\Psi_\lambda(\boldsymbol{r}_1,\boldsymbol{r}_2,t)$是 P_{12}的本征态，则

$$P_{12}\Psi_\lambda(\boldsymbol{r}_1,\boldsymbol{r}_2,t)=\lambda\Psi_\lambda(\boldsymbol{r}_1,\boldsymbol{r}_2,t),$$

$$P_{12}^2\Psi_\lambda(\boldsymbol{r}_1,\boldsymbol{r}_2,t)=\lambda^2\Psi_\lambda(\boldsymbol{r}_1,\boldsymbol{r}_2,t)=\Psi_\lambda(\boldsymbol{r}_1,\boldsymbol{r}_2,t),$$

于是有

$$\lambda^2=1,$$

$$\lambda=\pm 1. \tag{8.125}$$

因此，有两种态：一种是交换下不变的态，称为对称态 $\psi^{\mathrm{S}}(\boldsymbol{r}_1,\boldsymbol{r}_2,t)$；另一种是交换下改号的态，称为反对称态 $\psi^{\mathrm{A}}(\boldsymbol{r}_1,\boldsymbol{r}_2,t)$.

$$P_{12}\psi^{\mathrm{S}}(\boldsymbol{r}_1,\boldsymbol{r}_2,t)=\psi^{\mathrm{S}}(\boldsymbol{r}_2,\boldsymbol{r}_1,t)=\psi^{\mathrm{S}}(\boldsymbol{r}_1,\boldsymbol{r}_2,t),$$

$$P_{12}\psi^{\mathrm{A}}(\boldsymbol{r}_1,\boldsymbol{r}_2,t)=\psi^{\mathrm{A}}(\boldsymbol{r}_2,\boldsymbol{r}_1,t)=-\psi^{\mathrm{A}}(\boldsymbol{r}_1,\boldsymbol{r}_2,t).$$

显然，

$$\psi^{\mathrm{S}}(\boldsymbol{r}_1,\boldsymbol{r}_2)=C(1+P_{12})\varphi(\boldsymbol{r}_1,\boldsymbol{r}_2), \tag{8.126}$$

$$\psi^{\mathrm{A}}(\boldsymbol{r}_1,\boldsymbol{r}_2)=C(1-P_{12})\varphi(\boldsymbol{r}_1,\boldsymbol{r}_2). \tag{8.127}$$

由于 P_{12}是运动常数，因此如体系初始时处于交换对称态，那么以后任何时候都处于这态.但与其他运动常数相比，本质上的不同之处是：体系要么处于对称态，要么处于反对称态.这是粒子本身所固有的特性.并非是人为地给一个初条件，能让体系处于一个没有确定的交换对称性的状态下.所以，下面一些结论是重要的：

(i) 由于 P_{ij} 是一运动常数，因此一开始体系处于某种交换对称态下，则以后任何时刻都处于这态下.

(ii) P_{ij} 与其他运动常数有本质不同之处是在于，体系要么处于对称态，要么处于反对称态.这是粒子固有的属性，而不是人为地给一初条件的结果.

(iii) 实验表明：具有自旋为$\hbar$的半整数倍的粒子体系，当两粒子交换，波函数反号，即处于反对称态；而自旋为$\hbar$的整数倍的粒子，两者交换，波函数不变，即处于对称态.

在统计物理学中，由自旋为$\hbar$的半整数倍的粒子作为单元构成的体系，遵守费米-狄拉克统计(称该单元为费米子).由自旋为$\hbar$的整数倍的粒子作为单元构成的体系，遵守玻色-爱因斯坦统计(称该单元为玻色子).

8.7.2 全同粒子的波函数结构，泡利不相容原理

忽略粒子间的相互作用，则 N 个全同粒子的哈密顿量为各单粒子哈密顿量

之和：

$$\hat{H}(\hat{\boldsymbol{r}}_1,\hat{\boldsymbol{r}}_2,\cdots,\hat{\boldsymbol{p}}_1,\hat{\boldsymbol{p}}_2,\cdots)$$
$$=h(\hat{\boldsymbol{r}}_1,\hat{\boldsymbol{p}}_1)+h(\hat{\boldsymbol{r}}_2,\hat{\boldsymbol{p}}_2)+\cdots=\sum_i h(\hat{\boldsymbol{r}}_i,\hat{\boldsymbol{p}}_i). \tag{8.128}$$

显然，对任何一粒子，其哈密顿量的形式完全相同：

$$h(\hat{\boldsymbol{r}}_i,\hat{\boldsymbol{p}}_i)=\frac{-\hbar^2}{2\mu}\nabla_i^2+V(\boldsymbol{r}_i). \tag{8.129}$$

体系的能量本征方程为

$$\hat{H}(\hat{\boldsymbol{r}}_1,\hat{\boldsymbol{r}}_2,\cdots,\hat{\boldsymbol{p}}_1,\hat{\boldsymbol{p}}_2,\cdots)u_E(\boldsymbol{r}_1,\cdots,\boldsymbol{r}_N)=Eu_E(\boldsymbol{r}_1,\cdots,\boldsymbol{r}_N), \tag{8.130}$$

其中，$E=\varepsilon_1+\varepsilon_2+\cdots\varepsilon_N$.

若单粒子的能量本征方程为

$$h(\hat{\boldsymbol{r}},\hat{\boldsymbol{p}})\varphi_{\varepsilon_k}(\boldsymbol{r})=\varepsilon_k\varphi_{\varepsilon_k}(\boldsymbol{r}), \tag{8.131}$$

则 N 个无相互作用的全同粒子体系的能量本征方程的一个特解可表达为

$$u_E(\boldsymbol{r}_1,\boldsymbol{r}_2,\cdots,\boldsymbol{r}_N)=\varphi_{\varepsilon_1}(\boldsymbol{r}_1)\varphi_{\varepsilon_2}(\boldsymbol{r}_2)\cdots\varphi_{\varepsilon_N}(\boldsymbol{r}_N), \tag{8.132}$$

但它不能作为体系的态函数，因体系真正的态函数必须满足一定的交换对称性.

A. N 个费米子的波函数，泡利不相容原理

由于费米子体系的波函数交换一对费米子是反对称的，因此，它可以用下述方法来构成.

取

$$\varphi_{\varepsilon_1}(\boldsymbol{r}_1)\varphi_{\varepsilon_2}(\boldsymbol{r}_2)\cdots\varphi_{\varepsilon_N}(\boldsymbol{r}_N) \tag{8.133}$$

作为标准排列，而

$$\varphi_{\varepsilon_1}(\boldsymbol{r}_{\alpha_1})\varphi_{\varepsilon_2}(\boldsymbol{r}_{\alpha_2})\cdots\varphi_{\varepsilon_N}(\boldsymbol{r}_{\alpha_N})$$

是经过置换

$$P_\delta=\begin{pmatrix}1 & 2 & \cdots & N\\ \alpha_1 & \alpha_2 & \cdots & \alpha_N\end{pmatrix} \tag{8.134}$$

得到.

由于对于费米子，对换(transposition)一对粒子，波函数改号，而某一置换(permutation)相应的费米子的对换数的奇偶性是一定的；因此，置换后所得项的符号与标准排列项的符号差别取决于该置换的对换数的奇偶性.

例如，

$$\begin{pmatrix}12345678\\23451768\end{pmatrix}\text{等当于}(12345)(67)\text{，也等当于}(15)(14)(13)(12)(67), \tag{8.135}$$

其中，$\begin{pmatrix}12345678\\23451768\end{pmatrix}$表示从 12345678 置换到 23451768，(ij)代表粒子 i 与 j 的对换，

$(ijklm)$代表粒子 i,j,k,l,m 依序对换,即依次实现 i 和 j 对换,i 和 k 对换,i 和 l 对换,i 和 m 对换. 所以上述置换可经由 5 个对换来实现,所得项的符号为负号.

又如对 3 个粒子作置换$\begin{pmatrix}123\\213\end{pmatrix}$,这一置换可经一个对换(12)来实现,所以为负号. 当然也可经三个对换(12)(13)(13)来实现,但对换数的奇偶性保持不变.

设一个置换 P_δ 对应的对换数为 δ,则真正的波函数应为

$$\Psi = A\sum_{\text{对所有置换}}(-1)^\delta P_\delta[\varphi_{\varepsilon_1}(\boldsymbol{r}_1)\cdots\varphi_{\varepsilon_N}(\boldsymbol{r}_N)],$$

这正是行列式的定义,所以

$$\Psi = A\begin{vmatrix}\varphi_{\varepsilon_1}(\boldsymbol{r}_1) & \varphi_{\varepsilon_1}(\boldsymbol{r}_2) & \cdots & \varphi_{\varepsilon_1}(\boldsymbol{r}_N)\\ \varphi_{\varepsilon_2}(\boldsymbol{r}_1) & \varphi_{\varepsilon_2}(\boldsymbol{r}_2) & \cdots & \varphi_{\varepsilon_2}(\boldsymbol{r}_N)\\ & \vdots & & \\ \varphi_{\varepsilon_N}(\boldsymbol{r}_1) & \varphi_{\varepsilon_N}(\boldsymbol{r}_2) & \cdots & \varphi_{\varepsilon_N}(\boldsymbol{r}_N)\end{vmatrix}. \tag{8.136}$$

例如:对 $N=2$,

$$\begin{aligned}\Psi &= A\begin{vmatrix}\varphi_{\varepsilon_1}(\boldsymbol{r}_1) & \varphi_{\varepsilon_1}(\boldsymbol{r}_2)\\ \varphi_{\varepsilon_2}(\boldsymbol{r}_1) & \varphi_{\varepsilon_2}(\boldsymbol{r}_2)\end{vmatrix}\\ &= A[\varphi_{\varepsilon_1}(\boldsymbol{r}_1)\varphi_{\varepsilon_2}(\boldsymbol{r}_2) - \varphi_{\varepsilon_1}(\boldsymbol{r}_2)\varphi_{\varepsilon_2}(\boldsymbol{r}_1)].\end{aligned} \tag{8.137}$$

可以看出,任意两个粒子的交换(即两列交换)会使 Ψ 改号. 因此,当 φ_{ε_1} 与 φ_{ε_2} 是完全相同的态,那么行列式中有两行是完全相同的,则 $\Psi=0$. 这表明,不能有两个全同的费米子处于这种态中. 于是我们有下面的原理.

泡利不相容原理(Pauli exclusion principle):在客观实际的体系中,没有两个或多个全同费米子可处于一个完全相同的单态中.(或:全同费米子体系的态中,具有同样量子数的单态的数目不能大于 1.)

对于 N 个粒子,行列式展开有 $N!$ 项(因有 $N!$ 个置换). 而每一项中,费米子在这 N 个单态上的分布是不相同的,因此各项之间是正交的. 于是有

$$\int|\Psi|^2\mathrm{d}\boldsymbol{r}_1\cdots\mathrm{d}\boldsymbol{r}_N = A^2N!. \tag{8.138}$$

所以,N 个无相互作用的全同费米子体系的归一化反对称波函数为

$$\Psi^A_{\varepsilon_1\varepsilon_2\cdots\varepsilon_N}(\boldsymbol{r}_1,\boldsymbol{r}_2,\cdots,\boldsymbol{r}_N) = \frac{1}{\sqrt{N!}}\begin{vmatrix}\varphi_{\varepsilon_1}(\boldsymbol{r}_1) & \varphi_{\varepsilon_1}(\boldsymbol{r}_2) & \cdots & \varphi_{\varepsilon_1}(\boldsymbol{r}_N)\\ \varphi_{\varepsilon_2}(\boldsymbol{r}_1) & \varphi_{\varepsilon_2}(\boldsymbol{r}_2) & \cdots & \varphi_{\varepsilon_2}(\boldsymbol{r}_N)\\ & \vdots & & \\ \varphi_{\varepsilon_N}(\boldsymbol{r}_1) & \varphi_{\varepsilon_N}(\boldsymbol{r}_2) & \cdots & \varphi_{\varepsilon_N}(\boldsymbol{r}_N)\end{vmatrix}. \tag{8.139}$$

B. N 个全同玻色子的波函数

由于玻色子波函数相对两全同玻色子对换是对称的，即不变号，所以

$$\Psi_{\varepsilon_1\varepsilon_2\cdots\varepsilon_N}(\boldsymbol{r}_1,\boldsymbol{r}_2,\cdots,\boldsymbol{r}_N) = A\sum_{\text{所有置换}} P_\delta[\varphi_{\varepsilon_1}(\boldsymbol{r}_1)\varphi_{\varepsilon_2}(\boldsymbol{r}_2)\cdots\varphi_{\varepsilon_N}(\boldsymbol{r}_N)], \tag{8.140}$$

因此，处于同一单态上的玻色子可以是任意多个. 设有 n_1 个玻色子处于 φ_{ε_1} 态中，有 n_2 个玻色子处于 φ_{ε_2} 态中，…，有 n_N 个玻色子处于 φ_{ε_N} 态中，有

$$n_1+n_2+\cdots n_N=N, \tag{8.141a}$$

$$n_1\varepsilon_1+n_2\varepsilon_2+\cdots n_N\varepsilon_N=E. \tag{8.141b}$$

于是(8.140)式中的置换虽有 $N!$ 项，但其中有些项的 N 个玻色子在单态上的分布是完全相同的.

例如：在处于 φ_{ε_1} 态中的 n_1 个玻色子之间进行置换，所得的 $n_1!$ 项中的 N 个玻色子在单态上的分布是完全相同的. 同理，处于 φ_{ε_2} 态中的 n_2 个玻色子置换，所得的 $n_2!$ 项彼此也是相同的. 所以 N 个玻色子的 $N!$ 个置换中的某一种排列有 $n_1!n_2!\cdots n_N!$ 个相同项. 因此，不同单态之间交换的排列数应为

$$\frac{N!}{n_1!n_2!\cdots n_N!}. \tag{8.142}$$

于是

$$\int|\Psi|^2\mathrm{d}\boldsymbol{r}_1\cdots\mathrm{d}\boldsymbol{r}_N = A^2(n_1!n_2!\cdots n_N!)^2\frac{N!}{n_1!n_2!\cdots n_N!}. \tag{8.143}$$

所以无相互作用的 N 个全同玻色子的归一化对称波函数为

$$\begin{aligned}\Psi^{\mathrm{S}}_{\varepsilon_1\varepsilon_2\cdots\varepsilon_N}&(\boldsymbol{r}_1,\boldsymbol{r}_2,\cdots,\boldsymbol{r}_N)\\ &=\sqrt{\frac{1}{N!n_1!n_2!\cdots n_N!}}\sum_{\text{所有置换}}P_\delta[\varphi_{\varepsilon_1}(\boldsymbol{r}_1)\varphi_{\varepsilon_2}(\boldsymbol{r}_2)\cdots\varphi_{\varepsilon_N}(\boldsymbol{r}_N)] &(8.144\text{a})\\ &=\sqrt{\frac{1}{N!n_1!n_2!\cdots n_N!}}(n_1!n_2!\cdots n_N!)\sum_{\substack{\text{不同单态间}\\ \text{玻色子的置换}}}P_\delta[\varphi_{\varepsilon_1}(\boldsymbol{r}_1)\cdots\varphi_{\varepsilon_N}(\boldsymbol{r}_N)]\\ &=\sqrt{\frac{n_1!n_2!\cdots n_N!}{N!}}\sum_{\substack{\text{不同单态间}\\ \text{玻色子的置换}}}P_\delta[\varphi_{\varepsilon_1}(\boldsymbol{r}_1)\cdots\varphi_{\varepsilon_N}(\boldsymbol{r}_N)]. &(8.144\text{b})\end{aligned}$$

例 $N=3$ 有二个玻色子在 ε_1 态，一个玻色子在 ε_2 态，则

$$\frac{N!}{n_1!n_2!\cdots n_N!}=\frac{3!}{2!1!0!}=3,$$

即有三种不同分布. 所以归一化对称波函数为

$$\Psi^{\mathrm{S}}_E=\sqrt{\frac{2!1!}{3!}}\sum_{\substack{\text{不同单态间}\\ \text{玻色子的置换}}}P_\delta[\varphi_{\varepsilon_1}(\boldsymbol{r}_1)\varphi_{\varepsilon_1}(\boldsymbol{r}_2)\varphi_{\varepsilon_2}(\boldsymbol{r}_3)]$$

$$= \sqrt{\frac{1}{3}}[\varphi_{\varepsilon_1}(\boldsymbol{r}_1)\varphi_{\varepsilon_1}(\boldsymbol{r}_2)\varphi_{\varepsilon_2}(\boldsymbol{r}_3) + \varphi_{\varepsilon_1}(\boldsymbol{r}_3)\varphi_{\varepsilon_1}(\boldsymbol{r}_2)\varphi_{\varepsilon_2}(\boldsymbol{r}_1) + \varphi_{\varepsilon_1}(\boldsymbol{r}_1)\varphi_{\varepsilon_1}(\boldsymbol{r}_3)\varphi_{\varepsilon_2}(\boldsymbol{r}_2)]. \tag{8.145}$$

另一种写法：$N! = 3! = 6$，有 6 个置换，即有 6 项，但仅有 3 项是不相同的：

$$\begin{pmatrix}123\\123\end{pmatrix},\begin{pmatrix}123\\213\end{pmatrix},\begin{pmatrix}123\\321\end{pmatrix},\begin{pmatrix}123\\231\end{pmatrix},\begin{pmatrix}123\\132\end{pmatrix},\begin{pmatrix}123\\312\end{pmatrix}.$$

$$\begin{aligned}\Psi_E^{S} = &\sqrt{\frac{1}{3!2!1!}}[\varphi_{\varepsilon_1}(\boldsymbol{r}_1)\varphi_{\varepsilon_1}(\boldsymbol{r}_2)\varphi_{\varepsilon_2}(\boldsymbol{r}_3) + \varphi_{\varepsilon_1}(\boldsymbol{r}_2)\varphi_{\varepsilon_1}(\boldsymbol{r}_1)\varphi_{\varepsilon_2}(\boldsymbol{r}_3)\\ &+ \varphi_{\varepsilon_1}(\boldsymbol{r}_3)\varphi_{\varepsilon_1}(\boldsymbol{r}_2)\varphi_{\varepsilon_2}(\boldsymbol{r}_1) + \varphi_{\varepsilon_1}(\boldsymbol{r}_2)\varphi_{\varepsilon_1}(\boldsymbol{r}_3)\varphi_{\varepsilon_2}(\boldsymbol{r}_1)\\ &+ \varphi_{\varepsilon_1}(\boldsymbol{r}_1)\varphi_{\varepsilon_1}(\boldsymbol{r}_3)\varphi_{\varepsilon_2}(\boldsymbol{r}_2) + \varphi_{\varepsilon_1}(\boldsymbol{r}_3)\varphi_{\varepsilon_1}(\boldsymbol{r}_1)\varphi_{\varepsilon_2}(\boldsymbol{r}_2)]\\ = &\sqrt{\frac{1}{3}}[\varphi_{\varepsilon_1}(\boldsymbol{r}_1)\varphi_{\varepsilon_1}(\boldsymbol{r}_2)\varphi_{\varepsilon_2}(\boldsymbol{r}_3) + \varphi_{\varepsilon_1}(\boldsymbol{r}_3)\varphi_{\varepsilon_1}(\boldsymbol{r}_2)\varphi_{\varepsilon_2}(\boldsymbol{r}_1)\\ &+ [\varphi_{\varepsilon_1}(\boldsymbol{r}_1)\varphi_{\varepsilon_1}(\boldsymbol{r}_3)\varphi_{\varepsilon_2}(\boldsymbol{r}_2)].\end{aligned} \tag{8.146}$$

8.7.3 玻色-爱因斯坦凝聚

描述全同粒子构成的多体系的波函数必须满足全同粒子交换对称性. 由于玻色子不遵守泡利不相容原理，因此多个玻色子可同时处于某个单态上. 玻色[①]将光子看作全同粒子气体，导出黑体辐射的普朗克规律；之后爱因斯坦[②]将玻色方法推广到全同的原子和分子气体，并指出在足够低的温度下，这些宏观量级的全同玻色子可同时处于一个能量最低的能级上，从而形成一个大的"量子粒子". 玻色-爱因斯坦凝聚(Bose-Einstein condensation, BEC)就是在极低温度下，由原子或分子形成的一种新的气体超流相. 寻找这一新的物质态是物理学家共同的愿望.

在几十年的准备工作的基础上，1955 年 E. Cornell 和 C. Wiemann[③] 等人发现稀薄铷原子气体在低于 ~100 nK 温度下发生相变，获得~2000 个铷原子聚集在~10^{-6} m 的范围中而形成一个很小的(相对于通常的宏观物体)单个"超原子"，见图 8.8，图中不同灰度表示不同速度，白色和与白色相连的浅灰色代表最低速度. 速度分布证实了玻色-爱因斯坦凝聚的形成. 激光是这一玻色-爱因斯坦凝聚的对应物，不过，在这一玻色-爱因斯坦凝聚中并非光子而是铷原子. 同年 W. Ketterle 等人[④]发现稀薄钠原子气体在低于~100 nK 温度下发生相变，获得~5×10^5 个钠原子聚集

① S. N. Bose, Z. Phys., **26** (1924)178(译文刊于《爱因斯坦文集》，商务印书馆，1977，第二卷，398 页).

② A. Einstein, Sitz. Ber. Preuss. Akad. Wiss. (Berlin), **XXII** (1924)261(译文刊于《爱因斯坦文集》，商务印书馆，1977，第二卷，403 页).

③ E. Cornell and C. E. Wiemann *et al.*, Science, **269** (1995)198.

④ K. B. Davis, M. O. Mewes, W. Ketterle *et al.*, Phys. Rev. Lett., **75** (1995)3969.

于～5× 10^{-15} m^3 的区域中而形成另一个“超原子”，即玻色-爱因斯坦凝聚. 随后获得一系列的玻色-爱因斯坦凝聚以及新的实验结果①. 这些“超原子”显示了宏观尺度下的波动性②(见图 8.9). 由于它们间的相互作用很小，从而为研究宏观量子现象创造了条件③.

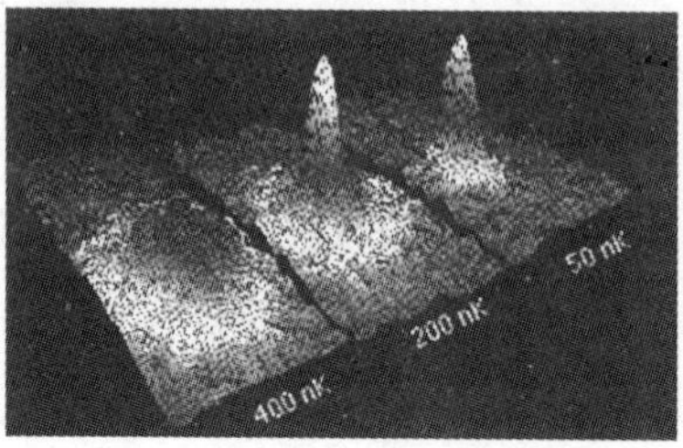

图 8.8 约 2000 个铷原子形成的玻色-爱因斯坦凝聚

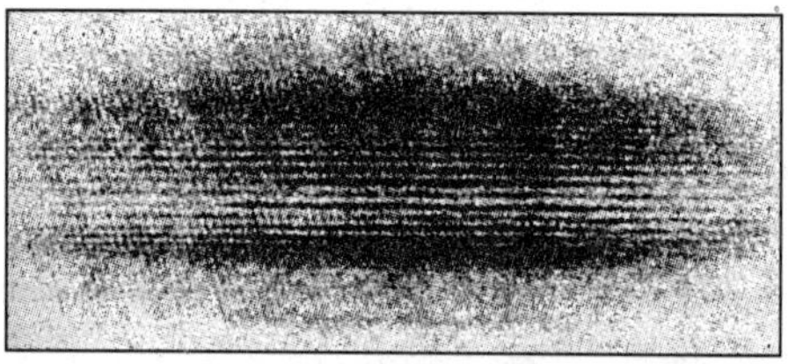

图 8.9 两个玻色-爱因斯坦凝聚间的干涉

8.7.4 全同粒子的交换不变性的后果

A. 两个全同粒子的波函数

若两个全同粒子的相互作用是变量可分离型的，即

$$\psi(\boldsymbol{r}_1, s_{1z}, \boldsymbol{r}_2, s_{2z}) = u(\boldsymbol{r}_1, \boldsymbol{r}_2)\chi_{Sm_S}, \tag{8.147}$$

可以证明：若粒子自旋为 s，则 χ_{Sm_S} 在两粒子自旋交换时的对称性为 $(-1)^{2s-S}$. 若两粒子都处于 $R_{nl}Y_{lm}$ 态，而总角动量为 L，则其交换对称性为 $(-1)^{2l-L}$. 它们的波函数 $\Psi = u_{Lm_L}\chi_{Sm_S}$ 应满足 $(-1)^{2s-S-L}$. 因此，仅当

$$S + L = 偶数, \tag{8.148}$$

才能保证两个全同粒子的波函数具有正确的对称性.

---

① C. C. Bradley *et al.*, Phys. Rev. Lett., **75** (1995)1687, **78** (1997)985;
D. Kleppner *et al.*, Phys. Rev. Lett., **81** (1998)3811;
W. Ketterle *et al.*, Phys. Rev. Lett., **91** (2003)250401.

② W. Ketterle *et al.*, Science, **275** (1997)637.

③ C. J. Pethick and H. Smith, Bose-Einstein Condensation in Dilate Gases, Cambridge Uni. Press, 2004.

B. 由于全同粒子的交换不变性,导致体系可能处的状态数的差异

例　设有三个粒子处于 $\varphi_1,\varphi_2,\varphi_3$(不同量子数单态).

(i) 玻色子:状态数为

$$3+3\times2+1=10.$$

即三个处在同一态,两个处在同一态和三个各处在一个态.

(ii) 费米子:仅有一个态.

C. 由于全同粒子交换不变性,导致体系的概率密度的差异

例　两个粒子(无妨设体系的自旋处于对称态).

(i) 玻色子:

$$\Psi^{\mathrm{S}}(\boldsymbol{r}_1,\boldsymbol{r}_2)=\frac{1}{\sqrt{2}}[\varphi_{\varepsilon_1}(\boldsymbol{r}_1)\varphi_{\varepsilon_2}(\boldsymbol{r}_2)+\varphi_{\varepsilon_1}(\boldsymbol{r}_2)\varphi_{\varepsilon_2}(\boldsymbol{r}_1)]\chi^{\mathrm{S}}. \tag{8.149}$$

(ii) 费米子:

$$\Psi^{\mathrm{A}}(\boldsymbol{r}_1,\boldsymbol{r}_2)=\frac{1}{\sqrt{2}}[\varphi_{\varepsilon_1}(\boldsymbol{r}_1)\varphi_{\varepsilon_2}(\boldsymbol{r}_2)-\varphi_{\varepsilon_1}(\boldsymbol{r}_2)\varphi_{\varepsilon_2}(\boldsymbol{r}_1)]\chi^{\mathrm{S}}. \tag{8.150}$$

在 $\boldsymbol{r}_1=\boldsymbol{r}_2=\boldsymbol{r}_0$ 处,

$$|\Psi^{\mathrm{S}}(\boldsymbol{r}_0,\boldsymbol{r}_0)|^2=2|\varphi_{\varepsilon_1}(\boldsymbol{r}_0)|^2\cdot|\varphi_{\varepsilon_2}(\boldsymbol{r}_0)|^2,$$

$$|\Psi^{\mathrm{A}}(\boldsymbol{r}_0,\boldsymbol{r}_0)|^2=0.$$

D. 由于全同粒子交换不变性,导致在散射时,散射微分

当两粒子散射时,粒子 1 散射到①处,其偏转角为 θ(见图 8.10(a)),其散射微分截面为 $|f(\theta)|^2$;粒子 1 如散射到②处,其偏转角为 $\pi-\theta$(见图 8.10(b)),这时粒子 2 散射到①处,则散射微分截面为 $|f(\pi-\theta)|^2$.

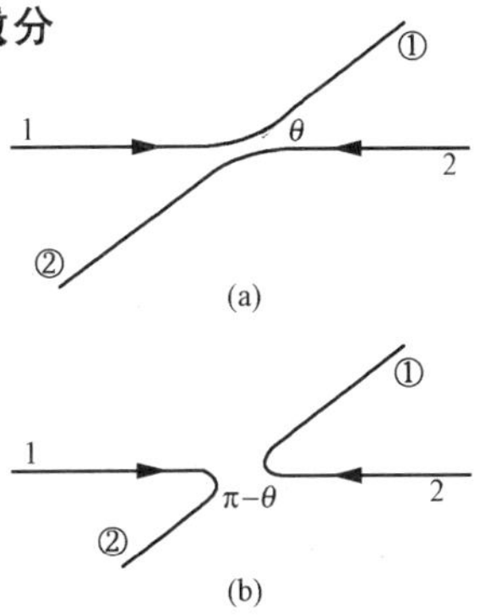

图 8.10　全同粒子散射

(i) 玻色子(自旋为 0).

若玻色子的自旋 s 为零,则散射微分截面为

$$\sigma=|f(\theta)+f(\pi-\theta)|^2.$$

即不能分辨是 1→①,2→②的过程,还是 1→②,2→①的过程.

若玻色子的自旋为 1,非极化散射微分截面为

$$\sigma=\frac{1}{9}|f(\theta)+f(\pi-\theta)|^2+\frac{3}{9}|f(\theta)-f(\pi-\theta)|^2+\frac{5}{9}|f(\theta)+f(\pi-\theta)|^2$$

$$=|f(\theta)|^2+|f(\pi-\theta)|^2+\frac{1}{3}[f^*(\theta)f(\pi-\theta)+f(\theta)f^*(\pi-\theta)].$$

(ii) 费米子(自旋为 1/2).

若 $S=1$,则散射微分截面为 $|f(\theta)-f(\pi-\theta)|^2$;

若 $S=0$,则散射微分截面为 $|f(\theta)+f(\pi-\theta)|^2$.

于是,非极化的自旋为 1/2 的费米子散射微分截面为

$$\sigma=\frac{1}{4}\mid f(\theta)+f(\pi-\theta)\mid^2+\frac{3}{4}\mid f(\theta)-f(\pi-\theta)\mid^2$$

$$=\mid f(\theta)\mid^2+\mid f(\pi-\theta)\mid^2-\frac{1}{2}[f^*(\theta)f(\pi-\theta)+f(\theta)f^*(\pi-\theta)].$$

所以,当 $\theta=\pi/2$ 时,自旋为 1/2、自旋为 0 和自旋为 1 的微分截面是不同的,它们分别为 $\left|f\left(\frac{\pi}{2}\right)\right|^2$,$4\left|f\left(\frac{\pi}{2}\right)\right|^2$ 和 $\frac{8}{3}\left|f\left(\frac{\pi}{2}\right)\right|^2$.

E. 由于全同粒子交换不变性,导致体系所处的状态结构的差异

一个熟知的例子是,元素周期表的排列正是由于电子为费米子,因而是遵从泡利不相容原理的体现.

例　粒子处于一维谐振子势中.

所有单粒子波函数可示为 $u_n(x)\chi_{sm_s}$,相应能量为 $E_n=(n+1/2)\hbar\omega$.

对 N 个无相互作用的玻色子($s=0$),基态是所有粒子都处于 $n=0$ 的态. 基态总能量为

$$E_g=N\cdot\frac{1}{2}\hbar\omega,$$

所以平均每个粒子能量为 $\frac{1}{2}\hbar\omega$.

但对 N 个无相互作用的费米子 $\left(s=\frac{1}{2}\right)$,基态是两个处于 $n=0$ 的态,两个处于 $n=1$ 的态,…,$\begin{cases}\text{一个处于}\dfrac{N-1}{2}\text{的态}, & \text{当 } N \text{ 为奇数;}\\ \text{两个处于}\dfrac{N-2}{2}\text{的态}, & \text{当 } N \text{ 为偶数.}\end{cases}$

当 N 为偶数时,总能量为

$$E_g=2\left[\frac{1}{2}+\frac{3}{2}+\cdots+\left(\frac{N-2}{2}+\frac{1}{2}\right)\right]\hbar\omega=\frac{N^2}{4}\hbar\omega. \tag{8.151}$$

当 N 为奇数时,总能量为

$$E_g=\left\{2\left[\frac{1}{2}+\frac{3}{2}+\cdots+\left(\frac{N-3}{2}+\frac{1}{2}\right)\right]+\left(\frac{N-1}{2}+\frac{1}{2}\right)\right\}\hbar\omega=\frac{N^2+1}{4}\hbar\omega. \tag{8.152}$$

所以,平均每个粒子能量 $\approx\frac{N}{4}\hbar\omega$.

习　题

8.1 设 λ 为常数,证明 $e^{i\lambda\hat{\sigma}_z}=\cos\lambda+i\hat{\sigma}_z\sin\lambda$.

8.2 若 $\hat{\sigma}_{\pm}=\frac{1}{2}(\hat{\sigma}_x\pm i\hat{\sigma}_y)$,证明 $\hat{\sigma}_{\pm}^2=0$.

8.3 在 σ_z 表象中,求 $\hat{\boldsymbol{\sigma}}\cdot\boldsymbol{n}$ 的本征态. 这里

$$\boldsymbol{n}=(\sin\theta\,\mathrm{con}\phi,\sin\theta\sin\phi,\cos\theta)$$

是(θ,ϕ)方向的单位矢.

8.4 证明恒等式:$(\hat{\boldsymbol{\sigma}}\cdot\hat{\boldsymbol{A}})(\hat{\boldsymbol{\sigma}}\cdot\hat{\boldsymbol{B}})=(\hat{\boldsymbol{A}}\cdot\hat{\boldsymbol{B}})+i\hat{\boldsymbol{\sigma}}\cdot(\hat{\boldsymbol{A}}\times\hat{\boldsymbol{B}})$,其中 $\hat{\boldsymbol{A}},\hat{\boldsymbol{B}}$ 都与 $\hat{\boldsymbol{\sigma}}$ 对易.

8.5 若 $\hat{A}=\hat{\sigma}_{1z}\hat{\sigma}_{2z},\hat{B}=\hat{\sigma}_{1x}\hat{\sigma}_{2x}$,证明$[\hat{A},\hat{B}]=0$.

8.6 ket 矢$|\uparrow\rangle$,$|\downarrow\rangle$分别表示算符 $\hat{s}_z$ 的本征值为$\hbar/2$,$-\hbar/2$ 的本征矢,试用它们及相应的 bra 矢表示算符 $\hat{s}_z,\hat{s}_+,\hat{s}_-,\hat{s}_x$ 和 $\hat{s}_y$.

8.7 一束具有自旋量子数为 1/2 和轨道角动量为零的原子通过施特恩-格拉赫磁极(其磁场方向 $\boldsymbol{D}$ 与 z 轴的夹角为 θ),随后自旋沿 $\boldsymbol{D}$ 方向的原子束通过第二个施特恩-格拉赫磁极(其磁场在 z 轴). 证明:通过第二个施特恩-格拉赫磁极的原子束中自旋与 z 轴平行的原子数和与 z 轴反平行的原子数之比为

$$\cos^2\frac{\theta}{2}\Big/\sin^2\frac{\theta}{2}.$$

8.8 处于 1s 态的氢原子被置于均匀磁场中($\boldsymbol{B}=B\boldsymbol{e}_z$),则体系的哈密顿量为

$$\hat{H}=B(\mu_e\hat{\sigma}_{ez}-\mu_p\hat{\sigma}_{pz})+w\hat{\boldsymbol{\sigma}}_e\cdot\hat{\boldsymbol{\sigma}}_p,$$

其中 w 是常数,$\mu_e=\mu_B,\mu_p=2.79\mu_N$. 第一项表示电子、质子的磁偶极矩与磁场的相互作用,第二项表示电子、质子的磁偶极矩间的相互作用. 由于 $\mu_e\gg\mu_p$,所以 $\hat{H}$ 中的 μ_p 项可忽略.

(1) 证明 $B=0$ 时,$\hat{H}$ 的本征态为 $\alpha\alpha,\beta\beta,(\alpha\beta+\beta\alpha)/\sqrt{2}$(本征值为 w),$(\alpha\beta-\beta\alpha)/\sqrt{2}$(本征值为$-3w$).(本征态中的第一个 α,β 为电子所处的自旋态,第二个 α,β 为质子所处的自旋态.)

(2) 证明 $B\neq0$ 时,则能量本征值为

$$w\pm\varepsilon,\quad -w\pm\sqrt{4w^2+\varepsilon^2},$$

其中 $\varepsilon=\mu_e B$.

(3) 画出能量本征值随 B 变化的函数图(图中曲线以自旋量子数来标记).

8.9 类氢原子的价电子处于 $l=1$ 的态上. 置于均匀的磁场中($\boldsymbol{B}=B\boldsymbol{e}_z$),则哈密顿量可表为

$$\hat{H}=\frac{\mu_{\mathrm{B}}B}{\hbar}(\hat{L}_z+2\hat{S}_z)+\frac{2w}{\hbar^2}\hat{\boldsymbol{L}}\cdot\hat{\boldsymbol{S}},$$

其中 $w=\mu_0 z^4 e^2\hbar^2/4\pi m_{\mathrm{e}}^2 a_0^3$，$\hat{L}_z$ 的三个本征态为 $\varphi_1,\varphi_0,\varphi_{-1}$，$\hat{S}_z$ 的本征函数为 α,β. $\hat{L}_z$ 的本征态和 $\hat{S}_z$ 的本征态的乘积波函数为

$$\chi_1=\varphi_1\alpha,\quad \chi_3=\varphi_0\alpha,\quad \chi_5=\varphi_{-1}\alpha,$$
$$\chi_2=\varphi_1\beta,\quad \chi_4=\varphi_0\beta,\quad \chi_6=\varphi_{-1}\beta.$$

证明：

(1)
$$\hat{\boldsymbol{L}}\cdot\hat{\boldsymbol{S}}=\frac{1}{2}(\hat{L}_+\hat{S}_-+\hat{L}_-\hat{S}_+)+\hat{L}_z\hat{S}_z,$$

其中 $\hat{L}_+,\hat{L}_-$ 是轨道角动量的升、降算符；$\hat{S}_+,\hat{S}_-$ 是自旋的升、降算符.

(2)
$$\hat{H}\chi_1=c_{11}\chi_1,\qquad \hat{H}\chi_6=c_{66}\chi_6,$$
$$\hat{H}\chi_2=c_{22}\chi_2+c_{23}\chi_3,\quad \hat{H}\chi_3=c_{32}\chi_2+c_{33}\chi_3,$$
$$\hat{H}\chi_4=c_{44}\chi_4+c_{45}\chi_5,\quad \hat{H}\chi_5=c_{54}\chi_4+c_{55}\chi_5.$$

试给出 c_{ij}.

(3) 试求出 $\hat{H}$ 的能量本征值（$\mu_{\mathrm{B}}B=\varepsilon\ll w$ 和 $\varepsilon\gg w$）.

8.10 电子的磁矩算符 $\hat{\boldsymbol{\mu}}=-\frac{e}{2m_{\mathrm{e}}}\hat{\boldsymbol{l}}-\frac{e}{m_{\mathrm{e}}}\hat{\boldsymbol{s}}$，而电子处于 $\hat{\boldsymbol{l}}^2,\hat{\boldsymbol{j}}^2,\hat{j}_z$ 的本征态 $|ljm_j\rangle$ 中，试求其磁矩 μ，

$$\mu=\langle ljm_j|\hat{\mu}_z|ljm_j\rangle_{m_j=j}.$$

8.11 对于自旋为 1/2 的体系，求 $\hat{S}_x+\hat{S}_y$ 的本征值和本征态，在具有较小的本征值所相应的态中，测量 $\hat{S}_z=\frac{\hbar}{2}$ 的概率是多大？

8.12 自旋为 1/2 的体系，在 $t=0$ 时处于本征值为 $\hbar/2$ 的 $\hat{S}_x$ 的本征态，将其置于 $\boldsymbol{B}=(0,0,B)$ 的磁场中，求 t 时刻，测量 $\hat{S}_x$ 取 $\hbar/2$ 的概率.

8.13 某个自旋为 1/2 的体系，磁矩 $\hat{\boldsymbol{\mu}}=\mu_0\hat{\boldsymbol{\sigma}}$. $t<0$ 时，处于均匀磁场 B_0 中，B_0 指向 z 方向；$t\geqslant 0$ 时，再加上一个旋转磁场 $\boldsymbol{B}_1(t)$，其方向和 z 轴垂直，

$$\boldsymbol{B}_1(t)=B_1\cos 2\omega_0 t\boldsymbol{e}_1-B_1\sin 2\omega_0 t\boldsymbol{e}_2,$$

其中，$\boldsymbol{e}_1,\boldsymbol{e}_2$ 表示 x 轴、y 轴方向的单位矢量，$\omega_0=\mu_0 B_0/\hbar$. 已知 $t\leqslant 0$ 时，体系处于 $S_z=\hbar/2$ 的本征态 $\chi_{1/2}$，求 $t>0$ 时，体系的自旋波函数以及自旋反向所需要的时间.

8.14 有三个全同粒子，可以处于 ψ_1,ψ_2,ψ_3 三个单粒子态上.

$$n_1=3;$$
$$n_1=n_2=n_3=1;$$
$$n_1=2,\quad n_2=1$$

三种情形下的对称或反对称波函数如何写?

8.15 具有同样质量的无相互作用的粒子在宽度为 $2a$ 的无穷深势阱中运动.写出体系最低的四条能级的能量值及简并度,如果

(1) 是两个全同粒子,自旋的量子数为 1/2;

(2) 是两个非全同粒子,自旋的量子数为 1/2;

(3) 是两个全同粒子,自旋的量子数为 1.

8.16 两个无相互作用的全同粒子,在各向同性的谐振子势中运动.试给出最低三条能级的简并度,如

(1) 粒子自旋的量子数为 1/2;

(2) 粒子自旋的量子数为 1.

8.17 设有两个全同粒子,处于一维谐振子势中,彼此间还有与相互距离成正比的作用力,即位势为

$$V(x_1,x_2)=\frac{1}{2}k(x_1^2+x_2^2)+\frac{1}{2}a(x_1-x_2)^2,\quad a,k>0,$$

求体系的能量本征值及本征函数,按波函数的交换对称性分别讨论之.

第九章　量子力学中束缚态的近似方法

在量子力学中，能精确求解的问题为数有限．这些问题要么非常特殊，要么非常简单．我们在这一章中，将介绍一些常用的近似处理方法．因为将量子力学原理用于解决实际问题时，往往必须进行一些近似处理，才能得到所要的结果．

9.1　定态微扰论

本节讨论 $\hat{H}$ 与 t 无关（定态）的问题．通常能量本征方程

$$\hat{H}(\boldsymbol{r},\hat{\boldsymbol{p}})\psi = E\psi$$

没有解析解，为解决这问题，我们将 $\hat{H}(\boldsymbol{r},\hat{\boldsymbol{p}})$ 表示为

$$\hat{H}(\boldsymbol{r},\hat{\boldsymbol{p}}) = \hat{H}_0(\boldsymbol{r},\hat{\boldsymbol{p}}) + \hat{H}_1(\boldsymbol{r},\hat{\boldsymbol{p}}). \tag{9.1}$$

其中，$\hat{H}_0$ 很接近 $\hat{H}$，且有解析解．而 $\hat{H}_1$ 是小量，为易于表示其大小数量级，无妨令

$$\hat{H}(\lambda) = \hat{H}_0 + \lambda\hat{H}_1. \tag{9.2}$$

9.1.1　非简并能级的微扰论

设：$\hat{H}_0$ 的本征值和本征函数为 $E_k^{(0)}$，$\varphi_k^{(0)}$，

$$\hat{H}_0\varphi_k^{(0)} = E_k^{(0)}\varphi_k^{(0)}, \tag{9.3}$$

$\varphi_k^{(0)}$ 构成一正交，归一完备组．现来求解

$$(\hat{H}_0 + \lambda\hat{H}_1)\psi_k = E_k\psi_k. \tag{9.4}$$

求解 E_k，ψ_k 是通过逐级逼近的步骤来求精确解，即将 E_k，ψ_k 对 λ 展开．由于涉及 λ 的项较小，因此 E_k 应接近 $E_k^{(0)}$，ψ_k 接近 $\varphi_k^{(0)}$．所以，可以从 $E_k^{(0)}$，$\varphi_k^{(0)}$ 出发求 E_k，ψ_k．当 $\lambda\to 0$，即 $\hat{H}_1\to 0$，$\psi_k\to\varphi_k^{(0)}$，$E_k\to E_k^{(0)}$．

我们要讨论的所谓**非简并微扰论，就是要处理的那一条能级是非简并的（或即使有简并，但相应的简并态并不影响处理的结果）**．

我们可将 E_k，ψ_k 对 λ 展开：

$$\begin{aligned}\psi_k &= N(\varphi_k^{(0)} + \lambda\varphi_k^{(1)} + \lambda^2\varphi_k^{(2)} + \cdots)\\ &= N\Big(\varphi_k^{(0)} + \lambda\sum_i{}'\varphi_i^{(0)}a_{ik}^{(1)} + \lambda^2\sum_i{}'\varphi_i^{(0)}a_{ik}^{(2)} + \cdots\Big),\end{aligned} \tag{9.5}$$

其中 N 为归一化常数，它随准确到哪一级而定，求和号上的撇表示求和不包括 $\varphi_k^{(0)}$ 态，即 $\varphi_k^{(i)}$ 是与 $\varphi_k^{(0)}$ 正交的．

$$E_k = E_k^{(0)} + \lambda E_k^{(1)} + \lambda^2 E_k^{(2)} + \cdots. \tag{9.6}$$

将(9.5),(9.6)代入(9.4)式得

$$(\hat{H}_0 + \lambda \hat{H}_1)(\varphi_k^{(0)} + \lambda \varphi_k^{(1)} + \lambda^2 \varphi_k^{(2)} + \cdots)$$
$$= (E_k^{(0)} + \lambda E_k^{(1)} + \lambda^2 E_k^{(2)} + \cdots)(\varphi_k^{(0)} + \lambda \varphi_k^{(1)} + \lambda^2 \varphi_k^{(2)} + \cdots). \tag{9.7}$$

于是有

$$\lambda^0: \hat{H}_0 \varphi_k^{(0)} = E_k^{(0)} \varphi_k^{(0)}. \tag{9.8a}$$

$$\lambda^1: \hat{H}_0 \sum_i{}' \varphi_i^{(0)} a_{ik}^{(1)} + \hat{H}_1 \varphi_k^{(0)} = E_k^{(0)} \sum_i{}' \varphi_i^{(0)} a_{ik}^{(1)} + E_k^{(1)} \varphi_k^{(0)}. \tag{9.8b}$$

$$\lambda^2: \hat{H}_0 \sum_i{}' \varphi_i^{(0)} a_{ik}^{(2)} + \hat{H}_1 \sum_i{}' \varphi_i^{(0)} a_{ik}^{(1)}$$
$$= E_k^{(0)} \sum_i{}' \varphi_i^{(0)} a_{ik}^{(2)} + E_k^{(1)} \sum_i{}' \varphi_i^{(0)} a_{ik}^{(1)} + E_k^{(2)} \varphi_k^{(0)}. \tag{9.8c}$$

$$\vdots$$

A. 一级微扰近似

$$\hat{H}_0 \sum_i{}' \varphi_i^{(0)} a_{ik}^{(1)} + \hat{H}_1 \varphi_k^{(0)} = E_k^{(0)} \sum_i{}' \varphi_i^{(0)} a_{ik}^{(1)} + E_k^{(1)} \varphi_k^{(0)}. \tag{9.9}$$

以 $\varphi_k^{(0)}$ 与方程(9.9)两边标积得

$$E_k^{(1)} = \int \varphi_k^{(0)*} \hat{H}_1 \varphi_k^{(0)} \mathrm{d}\boldsymbol{r} = \langle \varphi_k^{(0)} \mid \hat{H}_1 \mid \varphi_k^{(0)} \rangle. \tag{9.10}$$

所以,在 $E_k^{(0)}$ 这条能级为非简并时,其能量的一级修正恰好等于微扰 $\hat{H}_1$ 在无微扰状态 $\varphi_k^{(0)}$ 中的平均值.

再以 $\varphi_i^{(0)}(i \neq k)$ 与方程(9.9)两边标积可得

$$E_i^{(0)} a_{ik}^{(1)} + \langle \varphi_i^{(0)} \mid \hat{H}_1 \mid \varphi_k^{(0)} \rangle = E_k^{(0)} a_{ik}^{(1)},$$

$$a_{ik}^{(1)} = \frac{\langle \varphi_i^{(0)} \mid \hat{H}_1 \mid \varphi_k^{(0)} \rangle}{E_k^{(0)} - E_i^{(0)}} = \frac{(\hat{H}_1)_{ik}}{E_k^{(0)} - E_i^{(0)}}. \tag{9.11}$$

因此,在一级近似下

$$E_k = E_k^{(0)} + (\hat{H}_1)_{kk} = \langle \varphi_k^{(0)} \mid \hat{H}_0 + \hat{H}_1 \mid \varphi_k^{(0)} \rangle, \tag{9.12a}$$

$$\psi_k = \varphi_k^{(0)} + \varphi_k^{(1)} = \varphi_k^{(0)} + \sum_i{}' \varphi_i^{(0)} \frac{(\hat{H}_1)_{ik}}{E_k^{(0)} - E_i^{(0)}}. \tag{9.12b}$$

在一级近似下的归一化系数 $N=1$.

例 1 考虑一个粒子处于位势

$$V(x) = \begin{cases} \frac{1}{2} m\omega^2 x^2, & |x| \leqslant a, \\ \frac{1}{2} m\omega^2 a^2, & |x| > a, \end{cases} \tag{9.13}$$

则有

$$\hat{H}=\frac{p_x^2}{2m}+\begin{cases}\frac{1}{2}m\omega^2x^2, & |x|\leqslant a\\ \frac{1}{2}m\omega^2a^2, & |x|>a\end{cases} \tag{9.14}$$

$$=\hat{H}_0+\hat{H}_1, \tag{9.15}$$

其中，

$$\hat{H}_0=\frac{1}{2m}p_x^2+\frac{1}{2}m\omega^2x^2, \tag{9.16a}$$

$$\hat{H}_1=\begin{cases}0, & |x|\leqslant a,\\ -\frac{1}{2}m\omega^2(x^2-a^2), & |x|>a.\end{cases} \tag{9.16b}$$

能量的一级修正为

$$E_n^{(1)}=\langle n\mid\hat{H}_1\mid n\rangle=-\frac{1}{2}m\omega^2\cdot 2\int_a^{\infty}(x^2-a^2)u_n^2\mathrm{d}x. \tag{9.17}$$

所以，准至一级修正的能量为

$$E_n=\left(n+\frac{1}{2}\right)\hbar\omega-\frac{1}{2}m\omega^2\cdot 2\int_a^{\infty}(x^2-a^2)\mid u_n\mid^2\mathrm{d}x. \tag{9.18}$$

本例清楚显示：

(i) 微扰论的应用限度.

可以看出，如 E 准至一级修正，E_n 完全是分立能级. 但事实上，当 $E>\frac{1}{2}m\omega^2a^2$ 时，粒子是自由的，因此是连续的，可取任何值. 这表明，一级修正的精度是很差的. 要求一级修正的精度较为满意，则 $E_n^{(0)}$ 必须满足 $E_n^{(0)}\ll\frac{1}{2}m\omega^2a^2$，即 $\left(n+\frac{1}{2}\right)\hbar\omega\ll\frac{1}{2}m\omega^2a^2$.

(ii) 经典力学和量子力学的差别.

经典粒子不能运动到 $|x|>\sqrt{\frac{2E}{m\omega^2}}$ 之外区域，而在量子力学中，粒子有一定概率在 $|x|>\sqrt{\frac{2E}{m\omega^2}}$ 区域中. 这就是量子粒子的隧穿性.

事实上，由于 $\frac{1}{2}m\omega^2x^2\geqslant V(x)$，由赫尔曼-费恩曼定理可证得

$$E_n<\varepsilon_n=(n+1/2)\hbar\omega. \tag{9.19}$$

例 2　一个 μ^- 介子在核 (Ze) 库仑场中运动，

$$\hat{H}_0=\frac{\hat{\boldsymbol{p}}^2}{2\mu}-\frac{Ze^2}{4\pi\varepsilon_0 r}, \tag{9.20}$$

$$\varphi_{nlm}^{(0)} = \langle \boldsymbol{r} \mid nlm \rangle. \tag{9.21}$$

而相应的零级能量为

$$E_n^{(0)} = -\frac{Ze^2}{8\pi\varepsilon_0 a n^2}, \tag{9.22}$$

其中，$a=\dfrac{4\pi\varepsilon_0\hbar^2}{\mu Ze^2}$.

当原子核发生 β^- 衰变后，该 μ^- 在 $(Z+1)e$ 的库仑场中运动，这时 μ^- 的哈密顿量为

$$\hat{H} = \frac{\hat{\boldsymbol{p}}^2}{2\mu} - \frac{(Z+1)e^2}{4\pi\varepsilon_0 r}, \tag{9.23}$$

试用微扰论求衰变后 μ^- 原子的能级.

解

$$\hat{H} = \hat{H}_0 - \frac{e^2}{4\pi\varepsilon_0 r}. \tag{9.24}$$

利用位力定理，一级微扰论的能量修正

$$E_{nlm}^{(1)} = \langle nlm \mid \frac{-e^2}{4\pi\varepsilon_0 r} \mid nlm \rangle = \frac{1}{Z}\langle nlm \mid \frac{-Ze^2}{4\pi\varepsilon_0 r} \mid nlm \rangle$$

$$= \frac{1}{Z}\cdot 2E_n^{(0)} = -\frac{Ze^2}{4\pi\varepsilon_0 a_0 n^2},$$

其中，$|nlm\rangle$ 为 $\hat{H}_0$ 的本征矢，$a_0=\dfrac{4\pi\varepsilon_0\hbar^2}{\mu e^2}$. 于是

$$E_{nlm} = -\frac{Z^2e^2}{8\pi\varepsilon_0 a_0 n^2} - \frac{Ze^2}{4\pi\varepsilon_0 a_0 n^2} = -\frac{Z(Z+2)e^2}{8\pi\varepsilon_0 a_0 n^2}. \tag{9.25}$$

事实上，这问题是可以精确求解的，它的能量本征值为

$$E_{nlm}^{\text{精确}} = -\frac{(Z+1)^2e^2}{8\pi\varepsilon_0 a_0 n^2}. \tag{9.26}$$

近似解与精确解之差为

$$\Delta E = \frac{e^2}{8\pi\varepsilon_0 a_0 n^2}. \tag{9.27}$$

由此可见：

(i) Z 越大，一级微扰修正的相对精度就越高. 所以仅取低级近似就可以达到较精确的程度.

(ii) 应该指出，在现在处理的问题中，能级实际上是简并的(简并度为 n^2)，但仍用了非简并微扰论来处理，这是因为微扰作用的矩阵元

$$\langle n'l'm' \mid \frac{e^2}{4\pi\varepsilon_0 r} \mid nlm \rangle = \delta_{ll'}\delta_{mm'}A_{nn'}. \tag{9.28}$$

也就是说，对于 $|nlm\rangle$ 态，由于 $\dfrac{-e^2}{4\pi\varepsilon_0 r}$ 微扰的影响仅来自 $|n'lm\rangle$. 因为 $l\neq l'$ 或(和)

$m\neq m'$的态根本不起作用，所以态$|n'l'm'\rangle$（无论n'是否等于n，只要$l\neq l'$或（和）$m\neq m'$）都形同虚设. 这时，微扰可用非简并微扰论来处理. 所以，所谓一个问题可用非简并微扰论处理，是指在此问题中，我们要处理的态（现为$|nlm\rangle$）所在能级的其他态（现为$|nl'm'\rangle$，$l\neq l'$或（和）$m\neq m'$）在微扰中的任何级中都不起作用，即$\langle n'l'm'|\frac{e^2}{r}|nlm\rangle\equiv 0$（若$l\neq l'$或（和）$m\neq m'$）（在9.1.3 小节中将进一步讨论）.

例 3 求氦原子的基态能量（准至一级）.

氦原子的哈密顿量为

$$\begin{aligned}\hat{H}&=\frac{-\hbar^2}{2\mu}(\nabla_1^2+\nabla_2^2)-\frac{2e'^2}{r_1}-\frac{2e'^2}{r_2}+\frac{e'^2}{r_{12}}\\&=\hat{H}_0+\hat{H}_1,\end{aligned}\tag{9.29}$$

$$\hat{H}_1=\frac{e'^2}{r_{12}}=\frac{e'^2}{(r_1^2+r_2^2-2r_1r_2\cos\theta)^{1/2}},\tag{9.30}$$

其中$e'^2=\frac{e^2}{4\pi\varepsilon_0}$，$\theta$为$\boldsymbol{r}_1$，$\boldsymbol{r}_2$之间的夹角.

设$\hat{H}_0$的基态为$|0\rangle$，它在（$\hat{S}^2$，$\hat{S}_z$，$\boldsymbol{r}_1$和$\boldsymbol{r}_2$）表象中的表示为

$$\langle S,S_z,\boldsymbol{r}_1,\boldsymbol{r}_2\mid 0\rangle=u_{100}(\boldsymbol{r}_1)u_{100}(\boldsymbol{r}_2)\chi_{00}=\frac{1}{\pi a^3}\mathrm{e}^{-\frac{1}{a}(r_1+r_2)}\chi_{00}.\tag{9.31}$$

氦原子基态的零级能量为

$$E_0^{(0)}=-2\frac{2e^2}{2a\cdot 4\pi\varepsilon_0}=-2\frac{e^2}{4\pi\varepsilon_0 a},\tag{9.32}$$

其中$a=\frac{4\pi\varepsilon_0\hbar^2}{2\mu e^2}$.

而氦原子基态能量的一级修正为

$$\begin{aligned}E_0^{(1)}&=\langle 0\mid\hat{H}_1\mid 0\rangle\\&=\frac{e'^2}{(\pi a^3)^2}\int\mathrm{d}\boldsymbol{r}_1\int\mathrm{e}^{-\frac{2}{a}(r_1+r_2)}\frac{r_2^2\sin\theta_2\,\mathrm{d}\theta_2\,\mathrm{d}\phi_2\,\mathrm{d}r_2}{(r_1^2+r_2^2-2r_1r_2\cos\theta)^{1/2}}.\end{aligned}\tag{9.33}$$

取$\boldsymbol{r}_1$方向为z方向，则（参阅附录（Ⅳ.64b）式）

$$\frac{1}{r_{12}}=\begin{cases}\dfrac{1}{r_1}\sum\limits_{l=0}^{\infty}\mathrm{P}_l(\cos\theta)\left(\dfrac{r_2}{r_1}\right)^l, & r_1>r_2,\\[2ex]\dfrac{1}{r_2}\sum\limits_{l=0}^{\infty}\mathrm{P}_l(\cos\theta)\left(\dfrac{r_1}{r_2}\right)^l, & r_1<r_2.\end{cases}\tag{9.34}$$

将(9.34)式代入(9.33)式得

$$E_0^{(1)}=\frac{2\pi e'^2}{(\pi a^3)^2}\int_0^{\infty}\mathrm{d}\boldsymbol{r}_1\cdot\mathrm{e}^{-\frac{2}{a}r_1}\left[\int_0^{r_1}\mathrm{e}^{-\frac{2}{a}r_2}r_2^2\frac{1}{r_1}\mathrm{d}r_2\right.$$

$$\cdot \int_{-1}^{1} \sum_{l=0}^{\infty} \mathrm{P}_l(\cos\theta)\left(\frac{r_2}{r_1}\right)^l \mathrm{d}\cos\theta_2$$

$$+\int_{r_1}^{\infty} \mathrm{e}^{-\frac{2}{a}r_2} r_2^2 \frac{1}{r_2}\mathrm{d}r_2 \int_{-1}^{1} \sum_{l=0}^{\infty} \mathrm{P}_l(\cos\theta)\left(\frac{r_1}{r_2}\right)^l \mathrm{d}\cos\theta\Bigg]. \tag{9.35}$$

利用

$$\int_{-1}^{1} \mathrm{P}_l(\cos\theta)\mathrm{P}_{l'}(\cos\theta)\mathrm{d}\cos\theta = \frac{2}{2l+1}\delta_{ll'}, \quad \mathrm{P}_0(\cos\theta) = 1, \tag{9.36}$$

则方程(9.35)可表为

$$\begin{aligned} E_0^{(1)} &= \frac{2e'^2}{\pi a^6}\int \mathrm{d}\boldsymbol{r}_1 \cdot \mathrm{e}^{-\frac{2}{a}r_1}\left[\int_0^{r_1} \mathrm{e}^{-\frac{2}{a}r_2} \frac{2}{r_1}r_2^2\mathrm{d}r_2 + \int_{r_1}^{\infty} \mathrm{e}^{-\frac{2}{a}r_2} \frac{2}{r_2}r_2^2\mathrm{d}r_2\right] \\ &= \frac{8e'^2}{a^6}\int \mathrm{d}r_1\left[\left(-\frac{a^2}{2}r_1^2 - \frac{a^3}{2}r_1\right)\mathrm{e}^{-\frac{4r_1}{a}} + \frac{a^3}{2}r_1\mathrm{e}^{-\frac{2r_1}{a}}\right] \\ &= \frac{5e'^2}{8a}. \end{aligned} \tag{9.37}$$

从而得到氦原子基态的能量(准至一级修正)

$$E_0 = E_0^{(0)} + E_0^{(1)} = -2 \cdot \frac{2e'^2}{2a} + \frac{5e'^2}{8a} = -\frac{11e^2}{32\pi\varepsilon_0 a}. \tag{9.38}$$

B. 二级微扰修正

当微扰较大,或一级微扰为零时,二级微扰就变得重要而必须考虑了.

以 $\varphi_k^{(0)}$ 标积方程(9.8c)两边得

$$\begin{aligned} E_k^{(2)} &= \sum_i{}' \langle\varphi_k^{(0)} \mid \hat{H}_1 \mid \varphi_i^{(0)}\rangle a_{ik}^{(1)} = \sum_i{}' \frac{|\langle\varphi_i^{(0)} \mid \hat{H}_1 \mid \varphi_k^{(0)}\rangle|^2}{E_k^{(0)} - E_i^{(0)}} \\ &= \langle\varphi_k^{(0)} \mid \hat{H}_1 \mid \varphi_k^{(1)}\rangle. \end{aligned} \tag{9.39}$$

最后等式是由式(9.11)和(9.12b)得到.

以 $\varphi_j^{(0)}(j\neq k)$ 标积方程(9.8c)两边得

$$E_j^{(0)}a_{jk}^{(2)} + \sum_i{}' \langle\varphi_j^{(0)} \mid \hat{H}_1 \mid \varphi_i^{(0)}\rangle a_{ik}^{(1)} = E_k^{(0)}a_{jk}^{(2)} + E_k^{(1)}a_{jk}^{(1)}. \tag{9.40}$$

将式(9.10),(9.11)代入式(9.40)得

$$\begin{aligned} (E_k^{(0)} - E_j^{(0)})a_{jk}^{(2)} &= \sum_i{}' \langle\varphi_j^{(0)} \mid \hat{H}_1 \mid \varphi_i^{(0)}\rangle \frac{\langle\varphi_i^{(0)} \mid \hat{H}_1 \mid \varphi_k^{(0)}\rangle}{E_k^{(0)} - E_i^{(0)}} \\ &\quad - \langle\varphi_k^{(0)} \mid \hat{H}_1 \mid \varphi_k^{(0)}\rangle \frac{\langle\varphi_j^{(0)} \mid \hat{H}_1 \mid \varphi_k^{(0)}\rangle}{E_k^{(0)} - E_j^{(0)}}, \end{aligned}$$

$$a_{jk}^{(2)} = \frac{1}{E_k^{(0)} - E_j^{(0)}}\left[\sum_i{}' \frac{(\hat{H}_1)_{ji}(\hat{H}_1)_{ik}}{E_k^{(0)} - E_i^{(0)}} - \frac{(\hat{H}_1)_{jk}(\hat{H}_1)_{kk}}{E_k^{(0)} - E_j^{(0)}}\right]. \tag{9.41}$$

所以,准至二级的能量为

$$E_k = E_k^{(0)} + (\hat{H}_1)_{kk} + \sum_i{}' \frac{|(\hat{H}_1)_{ik}|^2}{E_k^{(0)} - E_i^{(0)}} \tag{9.42}$$

$$= E_k^{(0)} + \langle \varphi_k^{(0)} \mid \hat{H}_1 \mid \varphi_k^{(0)} \rangle + \langle \varphi_k^{(0)} \mid \hat{H}_1 \mid \varphi_k^{(1)} \rangle$$

$$= \langle \varphi_k^{(0)} \mid \hat{H} \mid \varphi_k^{(0)} + \varphi_k^{(1)} \rangle. \tag{9.43}$$

而波函数

$$\psi_k = N\Big\{\varphi_k^{(0)} + \sum_i{}' \varphi_i^{(0)} \frac{\langle \varphi_i^{(0)} \mid \hat{H}_1 \mid \varphi_k^{(0)} \rangle}{E_k^{(0)} - E_i^{(0)}} \tag{9.44}$$

$$+ \sum_j{}' \frac{\varphi_j^{(0)}}{E_k^{(0)} - E_j^{(0)}} \Big[\sum_i{}' \frac{(\hat{H}_1)_{ji}(\hat{H}_1)_{ik}}{E_k^{(0)} - E_i^{(0)}} - \frac{(\hat{H}_1)_{jk}(\hat{H}_1)_{kk}}{E_k^{(0)} - E_j^{(0)}}\Big]\Big\}. \tag{9.45}$$

由

$$\int \psi_k^* \psi_k \mathrm{d}\boldsymbol{r} = \Big[1 + \sum_{i \neq k} \frac{|\langle \varphi_i^{(0)} \mid \hat{H} \mid \varphi_k^{(0)} \rangle|^2}{(E_k^{(0)} - E_i^{(0)})^2}\Big] N^2 = 1,$$

得

$$N^2 = \frac{1}{1 + \sum\limits_{i \neq k} \dfrac{|(\hat{H}_1)_{ik}|^2}{(E_k^{(0)} - E_i^{(0)})^2}}. \tag{9.46}$$

所以，准至二级修正的归一化波函数为

$$\psi_k = \Big[1 - \frac{1}{2} \sum_i{}' \frac{|(\hat{H}_1)_{ik}|^2}{(E_k^{(0)} - E_i^{(0)})^2}\Big]\varphi_k^{(0)} + \sum_i{}' \varphi_i^{(0)} \frac{(\hat{H}_1)_{ik}}{E_k^{(0)} - E_i^{(0)}}$$

$$+ \sum_j{}' \frac{\varphi_j^{(0)}}{E_k^{(0)} - E_j^{(0)}} \Big[\sum_i{}' \frac{(\hat{H}_1)_{ji}(\hat{H}_1)_{ik}}{E_k^{(0)} - E_i^{(0)}} - \frac{(\hat{H}_1)_{jk}(\hat{H}_1)_{kk}}{E_k^{(0)} - E_j^{(0)}}\Big]. \tag{9.47}$$

显然，要使近似解逼近真实解，就要恰当选取 $\hat{H}_0, \hat{H}_1$，而且要求 $\left|\dfrac{(\hat{H}_1)_{ik}}{E_k^{(0)} - E_i^{(0)}}\right| \ll 1$，这样取一级近似才可以满足精度要求.

由微扰的能量二级修正公式(9.39)可以看出，对于基态有 $E_k^{(0)} < E_i^{(0)}$，即 $E_k^{(0)} - E_i^{(0)} < 0$. 所以，二级微扰是负的，使能级下降.

例　刚体转子的**斯塔克效应**.

设：转子的角动量为 $\hat{L}$，电偶极矩为 $\boldsymbol{p}$. 当置于均匀外电场(取电场方向为 z)，转子的哈密顿量

$$\hat{H} = \hat{H}_0 + \hat{H}_1 = \frac{\hat{L}^2}{2\mathscr{I}} - \boldsymbol{p} \cdot \boldsymbol{\varepsilon} = \frac{\hat{L}^2}{2\mathscr{I}} - p\varepsilon\cos\theta. \tag{9.48}$$

显然

$$\hat{H}_0 \mathrm{Y}_{lm} = E_l^{(0)} \mathrm{Y}_{lm} = \frac{l(l+1)\hbar^2}{2\mathscr{I}} \mathrm{Y}_{lm}$$

有 $2l+1$ 重简并. 由于 $\hat{H}_1 = -p\varepsilon\cos\theta$，而

$$\hat{L}_z = -\mathrm{i}\hbar \frac{\partial}{\partial \phi},$$

$$[\hat{L}_z, \hat{H}_1] = 0,$$

因此，$\hat{H}_1$ 运算到 $\hat{L}_z$ 的本征态上，不改变其本征值，

$$\hat{L}_z\hat{H}_1 Y_{lm} = \hat{H}_1\hat{L}_z Y_{lm} = m\hbar\hat{H}_1 Y_{lm}. \tag{9.49}$$

所以，$\hat{H}_1 Y_{lm}$也是$\hat{L}_z$的本征态，本征值仍为$m\hbar$. 由递推关系（参阅附录（Ⅳ.79c）式）

$$\cos\theta Y_{lm}(\theta,\phi) = a_{lm}Y_{l+1,m} + a_{l-1,m}Y_{l-1,m}, \tag{9.50}$$

其中 $a_{lm}=\sqrt{\dfrac{(l+1)^2-m^2}{(2l+1)(2l+3)}}$，有

$$\int Y_{l'm'}^{*}\cos\theta Y_{lm}\,\mathrm{d}\Omega = (a_{lm}\delta_{l',l+1} + a_{l-1,m}\delta_{l',l-1})\delta_{m'm}. \tag{9.51}$$

因此尽管每一条能级 $E_l^{(0)}=\dfrac{l(l+1)\hbar^2}{2\mathcal{I}}$有 $2l+1$ 重简并. 但是，对某一态 Y_{lm} 有影响的态是那些不同 l 但 m 相同的态. 所以，考虑 $\hat{H}_0$ 的能级态 Y_{lm} 的微扰影响时，只需要在所有不同 l 但相同 m 的状态 $Y_{l'm}$ 中来考虑. 这样尽管能级是简并的，但就一个态而言，可看成"没有简并"的态，其他的态对它没有任何影响（在微扰下），从而可用非简并微扰论来处理. 一级、二级能量修正分别是

$$E_{lm}^{(1)} = -p\varepsilon\int Y_{lm}^{*}\cos\theta Y_{lm}\,\mathrm{d}\Omega = 0. \tag{9.52}$$

$$\begin{aligned}
E_{lm}^{(2)} &= \sum_{l'm'}{}' \frac{|(\hat{H}_1)_{l'm'lm}|^2}{E_l^{(0)} - E_{l'}^{(0)}} \\
&= \frac{2\mathcal{I}}{\hbar^2}p^2\varepsilon^2\sum_{l'}{}' \frac{\dfrac{(l+1)^2-m^2}{(2l+1)(2l+3)}\delta_{l',l+1} + \dfrac{l^2-m^2}{(2l-1)(2l+1)}\delta_{l',l-1}}{l(l+1)-l'(l'+1)} \\
&= \frac{p^2\varepsilon^2}{2E_l^{(0)}}\cdot\frac{l(l+1)-3m^2}{(2l-1)(2l+3)}.
\end{aligned} \tag{9.53}$$

于是，置于均匀外电场的转子的能量（准至二级修正）

$$E_{lm} = E_l^{(0)} - \frac{1}{2}\left[-\frac{p^2}{E_l^{(0)}}\frac{l(l+1)-3m^2}{(2l-1)(2l+3)}\right]\varepsilon^2. \tag{9.54a}$$

所以，当刚体转子，即体系，置于外电场中，能级将发生移动，这一现象称为斯塔克效应(Stark Effect). 现能级移动正比于 ε^2，所以称为四极斯塔克效应(Quadratic Stark Effect).

根据极化率(Polarizability)的定义

$$\Delta E = -\frac{1}{2}\alpha\varepsilon^2, \tag{9.54b}$$

则具有电偶极矩 p 的刚体转子的极化率为

$$\alpha = -\frac{p^2}{E_l^{(0)}}\frac{l(l+1)-3m^2}{(2l-1)(2l+3)}. \tag{9.54c}$$

由此可看出，简并部分解除（同 l 不同 $|m|$ 的能量不同，但对 $\pm m$ 仍相同），

$|lm\rangle$和$|l,-m\rangle$态仍简并，即由原来的一条能级($2l+1$ 重简并)分裂为 $l+1$ 条能级($m=0$ 不简并，而其他的为二重简并)．

简并的解除，实际上是 $\hat{H}_0$ 的对称性被破坏；而如没有完全解除，实际上是对称性没有完全被破坏．

C. 三级微扰修正

同理可得三级微扰公式

$$E_k^{(3)} = \sum_{m,p\neq k} \frac{\langle \varphi_k^{(0)} \mid \hat{H}_1 \mid \varphi_m^{(0)} \rangle \langle \varphi_m^{(0)} \mid \hat{H}_1 \mid \varphi_p^{(0)} \rangle \langle \varphi_p^{(0)} \mid \hat{H}_1 \mid \varphi_k^{(0)} \rangle}{(E_k^{(0)} - E_m^{(0)})(E_k^{(0)} - E_p^{(0)})}$$

$$- E_k^{(1)} \sum_{m\neq k} \frac{\langle \varphi_k^{(0)} \mid \hat{H}_1 \mid \varphi_m^{(0)} \rangle \langle \varphi_m^{(0)} \mid \hat{H}_1 \mid \varphi_k^{(0)} \rangle}{(E_k^{(0)} - E_m^{(0)})^2}. \tag{9.55}$$

9.1.2 碱金属光谱的双线结构和反常塞曼效应

在进一步介绍简并微扰论前，我们应用非简并微扰论来讨论碱金属光谱的双线结构和反常塞曼效应．

A. 碱金属光谱的双线结构

在 8.3 节中已定性给出了碱金属光谱由于自旋-轨道耦合导致的能级分裂．现用微扰论来处理这一问题．碱金属原子有一个价电子，它受到来自原子核和其他电子一起提供的屏蔽库仑场 $V(r)$的作用，价电子的哈密顿量

$$\hat{H} = \frac{\hat{\boldsymbol{p}}^2}{2\mu} + V(r) + \xi(r)\boldsymbol{L}\cdot\boldsymbol{S} \tag{9.56}$$

$$= \hat{H}_0 + \hat{H}_1, \tag{9.57}$$

其中，$\hat{H}_1 = \xi(r)\boldsymbol{L}\cdot\boldsymbol{S}$，$\xi(r) = \dfrac{1}{2m_e^2c^2}\dfrac{1}{r}\dfrac{\mathrm{d}V}{\mathrm{d}r}$.

选力学量完全集$(\hat{H}_0, \hat{L}^2, \hat{J}^2, \hat{J}_z)$，则

$$\hat{H}_0\psi_{nljm_j} = E_{nl}^{(0)}\psi_{nljm_j}. \tag{9.58}$$

能量 $E_{nl}^{(0)}$ 与 j 无关．由变量可分离法，令

$$\psi_{nljm_j} = R_{nl}\varphi_{ljm_j}, \tag{9.59}$$

代入(9.58)式得

$$-\frac{\hbar^2}{2\mu}\frac{1}{r}\frac{\mathrm{d}^2}{\mathrm{d}r^2}(rR) + \frac{l(l+1)\hbar^2}{2\mu r^2}R_{nl} + V(r)R_{nl} = E_{nl}^{(0)}R_{nl}. \tag{9.60}$$

直接可见，$\hat{H}_0$ 的本征值及径向 R 与 j 无关．即，$E_{nl}^{(0)}$ 对 j 和 m_j 是简并的．

碱金属原子能级一级能量修正

$$E_{nlj}^{(1)} = \langle nljm_j \mid \xi(r)\boldsymbol{l}\cdot\boldsymbol{s} \mid nljm_j \rangle$$

$$= \left[\int \mid R_{nl} \mid^2 \xi(r) r^2 \mathrm{d}r\right]\frac{\hbar^2}{2}[j(j+1) - l(l+1) - s(s+1)]$$

$$=\begin{cases}\langle nl \mid \xi \mid nl\rangle \dfrac{l}{2}\hbar^2, & j=l+\dfrac{1}{2},\\ \langle nl \mid \xi \mid nl\rangle \dfrac{-l-1}{2}\hbar^2, & j=l-\dfrac{1}{2}.\end{cases} \tag{9.61}$$

所以，碱金属原子能级一级能量修正是与 j 相关的.

在 8.3 节中已讨论过 $\langle nl|\xi|nl\rangle=\int R_{nl}^{(2)}(r)\xi(r)r^2\mathrm{d}r>0$. 因此，

$$E_{nlj=l+\frac{1}{2}}>E_{n,l,j=l-\frac{1}{2}}. \tag{9.62}$$

这就是能观测到钠光谱双线结构的原因.

B. 反常塞曼效应

在较强磁场中，原子光谱谱线分裂的现象（一般分为三条），称为正常塞曼效应. 即使考虑自旋而自旋-轨道耦合和 B^2 项又可忽略时，也有同样现象（因 $\Delta m_s=0$）.

当磁场较弱时，$\xi(r)\hat{\boldsymbol{L}}\cdot\hat{\boldsymbol{S}}$ 与 $\dfrac{qB}{2\mu}\hat{L}_z$ 引起的附加能量可比较时，就不能忽略自旋-轨道相互作用项而仅考虑 $\dfrac{qB}{2\mu}\hat{L}_z$ 项.

这时，在均匀外磁场下，电子的哈密顿量

$$\hat{H}=\frac{1}{2\mu}(\hat{\boldsymbol{p}}+e\boldsymbol{A})^2+V(r)+\xi(r)\hat{\boldsymbol{L}}\cdot\hat{\boldsymbol{S}}+\frac{e\hbar}{2\mu}\hat{\boldsymbol{\sigma}}\cdot\boldsymbol{B}. \tag{9.63}$$

取 $\boldsymbol{B}$ 方向为 z 方向，则 $\boldsymbol{A}=\dfrac{1}{2}\boldsymbol{B}\times\boldsymbol{r}=\left(-\dfrac{1}{2}yB,\dfrac{1}{2}xB,0\right)$. 电子的哈密顿量(9.63)可表为

$$\begin{aligned}\hat{H}&=\frac{\hat{p}^2}{2\mu}+V(r)+\xi(r)\hat{\boldsymbol{L}}\cdot\hat{\boldsymbol{S}}+\frac{eB}{2\mu}(\hat{L}_z+2\hat{S}_z)\\ &=\hat{H}_0+\frac{eB}{2\mu}\hat{J}_z+\frac{eB}{2\mu}\hat{S}_z\quad\left(\text{忽略}\frac{e^2B^2}{8\mu}r_\perp^2\right).\end{aligned} \tag{9.64}$$

选力学量完全集 $(\hat{H}_0,\hat{\boldsymbol{L}}^2,\hat{\boldsymbol{J}}^2,\hat{J}_z)$，则

$$\hat{H}_0\mid nljm_j\rangle=E_{nlj}^{(0)}\mid nljm_j\rangle, \tag{9.65}$$

$E_{nlj}^{(0)}$ 是磁场为零时的能量本征方程的本征值.

置入均匀弱磁场（取 z 方向）中，则会引起能级移动. 这时能级能量的一级微扰修正为

$$\begin{aligned}E_{nljm_j}^{(1)}&=\langle nljm_j\mid\frac{eB}{2\mu}\hat{J}_z+\frac{eB}{2\mu}\hat{S}_z\mid nljm_j\rangle\\ &=\frac{eB}{2\mu}m_j\hbar+\frac{eB}{2\mu}\int\varphi_{ljm_j}^{\dagger}\hat{S}_z\varphi_{ljm_j}\mathrm{d}\Omega\\ &=\frac{eB}{2\mu}m_j\hbar+\frac{eB\hbar}{2\mu\cdot 2}\int(a\mathrm{Y}_{lm}^*,b\mathrm{Y}_{l,m+1}^*)\begin{pmatrix}a\mathrm{Y}_{lm}\\-b\mathrm{Y}_{l,m+1}\end{pmatrix}\mathrm{d}\Omega\end{aligned} \tag{9.66a}$$

$$= \frac{eB}{2\mu} m_j \hbar + \frac{eB}{2\mu} \frac{\hbar}{2} (a^2 - b^2)$$

$$= \begin{cases} \dfrac{eB}{2\mu} m_j \hbar + \dfrac{eB\hbar}{2\mu} \dfrac{m_j}{2l+1} = \dfrac{e\hbar}{2\mu} B\left(\dfrac{2l+2}{2l+1} m_j\right), & j = l + \dfrac{1}{2}, \\ \dfrac{eB}{2\mu} m_j \hbar + \dfrac{eB\hbar}{2\mu}\left(-\dfrac{m_j}{2l+1}\right) = \dfrac{e\hbar}{2\mu} B\left(\dfrac{2l}{2l+1} m_j\right), & j = l - \dfrac{1}{2}, \end{cases} \tag{9.66b}$$

其中,a,b 值见(8.75)式.

事实上,由附录 Landé 公式(V.41),直接可得

$$\begin{aligned} E^{(1)}_{nljm_j} &= \omega_{\mathrm{L}} \langle jm_j \mid \hat{J}_z + \hat{S}_z \mid jm_j \rangle \\ &= \hbar\omega_{\mathrm{L}} \frac{\langle jm_j \mid \hat{J}_z [\hat{\boldsymbol{J}} \cdot (\hat{\boldsymbol{J}} + \hat{\boldsymbol{S}})]/\hbar^3 \mid jm_j \rangle}{j(j+1)} \\ &= \hbar\omega_{\mathrm{L}} m_j \left[1 + \frac{\langle jm_j \mid (\hat{\boldsymbol{L}} \cdot \hat{\boldsymbol{S}} + \hat{\boldsymbol{S}}^2)/\hbar^2 \mid jm_j \rangle}{j(j+1)}\right] \\ &= \hbar\omega_{\mathrm{L}} m_j \left[1 + \frac{j(j+1) - l(l+1) + 3/4}{2j(j+1)}\right] \\ &= \hbar\omega_{\mathrm{L}} m_j \left(1 \pm \frac{1}{2l+1}\right), \end{aligned}$$

$$j = l + 1/2 \text{ 取“+”},\ j = l - 1/2 \text{ 取“−”}. \tag{9.67}$$

所以,当放入均匀弱磁场中,能级由

$$E^{(0)}_{nlj} \to E^{(0)}_{nlj} + \hbar\omega_{\mathrm{L}} m_j \left(1 \pm \frac{1}{2l+1}\right), \quad \omega_{\mathrm{L}} = \frac{eB}{2\mu},$$

$$j = l + 1/2 \text{ 取“+”},\ j = l - 1/2 \text{ 取“−”}. \tag{9.68}$$

即能级变化不为$\hbar\omega_{\mathrm{L}} m_j$,而是 $g_{\mathrm{D}} \hbar\omega_{\mathrm{L}} m_j$($g_{\mathrm{D}}$ 即朗德 g 因子).

根据电偶极跃迁选择定则 $\Delta l = \pm 1$,$\Delta j = 0, \pm 1$,$\Delta m_j = 0, \pm 1$,则 $P_{1/2} \to S_{1/2}$ 有四条光谱线(见图 9.1(a)):

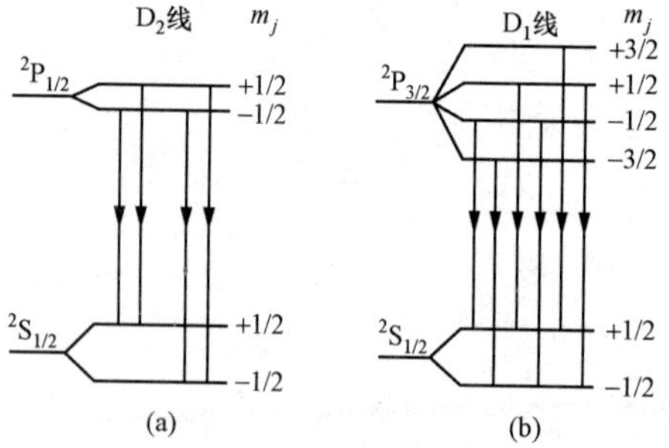

图 9.1 反常塞曼效应示例

$$\omega = \omega^0_{1/2\to 1/2} + \begin{cases} \frac{4}{3}\omega_L, & \frac{1}{2} \to -\frac{1}{2}, \\ \frac{2}{3}\omega_L, & -\frac{1}{2} \to -\frac{1}{2}, \\ -\frac{2}{3}\omega_L, & \frac{1}{2} \to \frac{1}{2}, \\ -\frac{4}{3}\omega_L, & -\frac{1}{2} \to \frac{1}{2}. \end{cases} \tag{9.69}$$

而 $P_{3/2} \to S_{1/2}$ 有六条光谱线(见图 9.1(b)):

$$\omega = \omega^0_{3/2\to 1/2} + \begin{cases} \frac{5}{3}\omega_L, & \frac{1}{2} \to -\frac{1}{2}, \\ \omega_L, & \frac{3}{2} \to \frac{1}{2}, \\ \frac{1}{3}\omega_L, & -\frac{1}{2} \to -\frac{1}{2}, \\ -\frac{1}{3}\omega_L, & \frac{1}{2} \to \frac{1}{2}, \\ -\omega_L, & -\frac{3}{2} \to -\frac{1}{2}, \\ -\frac{5}{3}\omega_L, & -\frac{1}{2} \to \frac{1}{2}. \end{cases} \tag{9.70}$$

所以,这时每条能谱线是偶数的多重态;多重态的能量间距随不同能级而不同;而光谱线也是偶数条,如图 9.2 所示,这一现象称为反常塞曼效应.

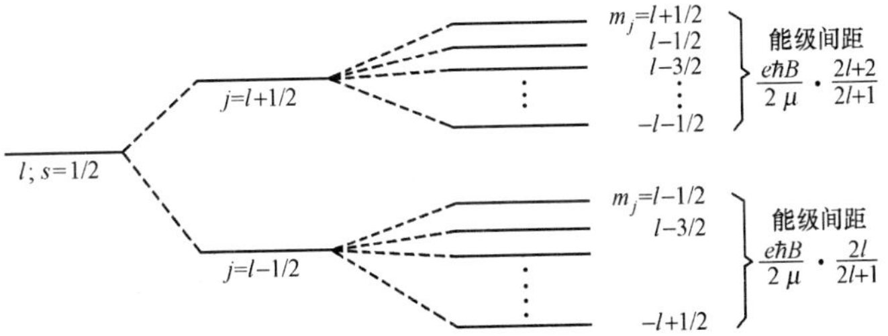

图 9.2 奇 Z 原子的能级分裂示意图

9.1.3 简并能级的微扰论

当体系的一些能级是简并时,那么考虑这些能级所受的扰动影响,就不一定能利用前述非简并微扰论的公式.因这时初态不能确定是处于哪一个简并态上,而一级波函数修正为

$$\sum_n{}' \varphi_n^{(0)} \frac{(\hat{H}_1)_{n0}}{E_0^{(0)} - E_n^{(0)}}.$$

当 $E_n^{(0)}=E_0^{(0)}$ 时(即有与 φ_0 简并的态),则分母为 0;另外二级微扰的能量 $E_0^{(2)} = \sum_n{}' \frac{|(\hat{H}_1)_{n0}|^2}{E_0^{(0)} - E_n^{(0)}}$ 也存在这一问题.

事实上,由于零级是简并的,我们就不知从哪一个态出发是正确的.所以,简并能级的微扰问题的处理比之于非简并微扰问题的处理要复杂一些,实质的不同在于零级波函数的选取,即要正确选取零级波函数.

例　若未受微扰的体系仅有一条能级,是二重简并(这两个态构成完全集),

$$\hat{H}_0\varphi_i^{(0)} = E_0^{(0)}\varphi_i^{(0)}. \tag{9.71}$$

若微扰矩阵元

$$\begin{aligned}
&\langle \varphi_1^{(0)} \mid \hat{H}_1 \mid \varphi_1^{(0)} \rangle = 0,\\
&\langle \varphi_2^{(0)} \mid \hat{H}_1 \mid \varphi_2^{(0)} \rangle = 0,\\
&\langle \varphi_1^{(0)} \mid \hat{H}_1 \mid \varphi_2^{(0)} \rangle = \langle \varphi_2^{(0)} \mid \hat{H}_1 \mid \varphi_1^{(0)} \rangle = V,
\end{aligned} \tag{9.72}$$

现求 $\hat{H}=\hat{H}_0+\hat{H}_1$ 的本征值和本征函数.

在 $\hat{H}_0$ 表象中 $\hat{H}$ 的本征方程为

$$\sum_j [\langle \varphi_i^{(0)} \mid \hat{H} \mid \varphi_j^{(0)} \rangle - E\delta_{ij}] a_j^{(0)} = 0, \tag{9.73}$$

其系数行列式是

$$\begin{vmatrix} E_0^{(0)} - E & V \\ V & E_0^{(0)} - E \end{vmatrix} = 0. \tag{9.74}$$

由式(9.73)和式(9.74)直接可求得 $\hat{H}$ 的本征值和相应的本征态的表示:

$$\text{本征值 } E_\pm = E_0^{(0)} \pm V,\text{相应的本征态的表示为}\begin{cases} \dfrac{1}{\sqrt{2}}\begin{pmatrix}1\\1\end{pmatrix}, \\ \dfrac{1}{\sqrt{2}}\begin{pmatrix}1\\-1\end{pmatrix}. \end{cases} \tag{9.75}$$

如用非简并微扰论来求,从 $\varphi_i^{(0)}$ 出发,

$$\langle \varphi_1^{(0)} \mid \hat{H}_1 \mid \varphi_1^{(0)} \rangle = 0, \quad \langle \varphi_2^{(0)} \mid \hat{H}_1 \mid \varphi_2^{(0)} \rangle = 0.$$

所以,$\hat{H}_0$ 的能级能量的一级修正为零,这个近似修正显然不好.

但如从 $\varphi_\pm^{(0)} = \frac{1}{\sqrt{2}}(\varphi_1^{(0)} \pm \varphi_2^{(0)})$ 出发,则一级微扰

$$\langle \varphi_\pm^{(0)} \mid \hat{H}_1 \mid \varphi_\pm^{(0)} \rangle = \pm V, \tag{9.76}$$

这样经一级近似修正就等于精确解的值.

本征态现在可表为

$$\varphi_{\pm}=\varphi_{\pm}^{(0)}+\lambda\varphi_{\pm}^{(1)}+\lambda^2\varphi_{\pm}^{(2)}+\cdots,$$

但 $\varphi_{\pm}\overset{\lambda\to 0}{\neq}\begin{cases}\varphi_1^{(0)},\\ \varphi_2^{(0)}.\end{cases}$ 所以,在处理简并态的微扰时,要注意恰当选取零级波函数.

A. 零级波函数的选择

设:能级 $E_l^{(0)}$ 有 f_l 重简并,

$$\hat{H}_0\varphi_{lk}^{(0)}=E_l^{(0)}\varphi_{lk}^{(0)}\quad(k=1,2,\cdots,f_l).\tag{9.77}$$

取零级波函数

$$\psi_l^{(0)}=\sum_{k=1}^{f_l}\varphi_{lk}^{(0)}a_{lk}^{(0)},\tag{9.78}$$

由方程

$$(\hat{H}_0+\lambda\hat{H}_1)\psi_l=E_l\psi_l,\tag{9.79}$$

准至一级修正:

$$(\hat{H}_0+\lambda\hat{H}_1)(\psi_l^{(0)}+\lambda\psi_l^{(1)})=(E_l^{(0)}+\lambda E_l^{(1)})(\psi_l^{(0)}+\lambda\psi_l^{(1)}).\tag{9.80}$$

从而得 λ^0,λ^1 的方程.

$$\lambda^0:\ \hat{H}_0\psi_l^{(0)}=E_l^{(0)}\psi_l^{(0)}.\tag{9.81a}$$

(此方程不能决定零级波函数.)

$$\lambda^1:\ \hat{H}_0\psi_l^{(1)}+\hat{H}_1\psi_l^{(0)}=E_l^{(0)}\psi_l^{(1)}+E_l^{(1)}\psi_l^{(0)}.\tag{9.81b}$$

令

$$\psi_l^{(1)}=\sum_{k=1}^{f_l}\varphi_{lk}^{(0)}a_{lk}^{(1)}+\sum_{l'}{}'\varphi_{l'}^{(0)}a_{l'l}^{(1)},\tag{9.82}$$

求和号上的撇表示对 l' 不取 l.

将 $\varphi_{lm}^{(0)}$ 与方程(9.81b)标积得哈密顿量 $\hat{H}_1$ 在 $\hat{H}_0$ 本征态的子空间 $\{\varphi_{lk}^{(0)}\}$ (l 固定)中的本征方程:

$$E_l^{(0)}a_{lm}^{(1)}+\sum_{k=1}^{f_l}\langle\varphi_{lm}^{(0)}\mid\hat{H}_1\mid\varphi_{lk}^{(0)}\rangle a_{lk}^{(0)}=E_l^{(0)}a_{lm}^{(1)}+E_l^{(1)}a_{lm}^{(0)},$$

即

$$\sum_{k=1}^{f_l}[\langle\varphi_{lm}^{(0)}\mid\hat{H}_1\mid\varphi_{lk}^{(0)}\rangle-E_l^{(1)}\delta_{mk}]a_{lk}^{(0)}=0\quad(m=1,2,\cdots,f_l).\tag{9.83}$$

要方程组(9.83)有非零解,即 $a_{lk}^{(0)}$ 不全为 0,则其系数行列式应为零:

$$|(\hat{H}_1)_{mk}-E_l^{(1)}\delta_{mk}|=0.\tag{9.84}$$

由这可解得 $E_{ln}^{(1)}$ $(n=1,2,\cdots,f_l)$.

将 $E_{ln}^{(1)}$ 代入方程组(9.83)可求得相应于一级能量修正 $E_{ln}^{(1)}$ 的零级波函数

$$\psi_{ln}^{(0)}=\sum_k\varphi_{lk}^{(0)}a_{lk}^{n(0)}\quad(\text{能量准至一级,即为 }E_l^{(0)}+E_{ln}^{(1)}).\tag{9.85}$$

这是一个什么样的过程呢？从原则上讲，$\hat{H}\psi=E\psi$ 的解为 $\psi=\sum_{l,k=1}^{s,f_l} a_{lk}\varphi_{lk}^{(0)}$. 因此在 $\hat{H}_0$ 表象中，$\hat{H}$ 的矩阵维数为 $\sum_{l=1}^{s} f_l$.

$\hat{H}_0$ 在 $\hat{H}_0$ 表象中是对角的. 当考虑 $\hat{H}_1$ 后，则有非对角元. 如非对角元相同，则从 9.1.1 小节知，H_0 的各个本征值之间的差越大，其影响越小(扰动越小). 如非对角元为 0，则对被微扰的能级就没有直接影响.

所以，在求能量一级修正 $E_{ln}^{(1)}$ 时，实际上是把 l 与 $l'(l'\neq l)$ 的态之间的微扰矩阵元都假设为 0. 正是在 $\langle\varphi_{lm}^{(0)}|\hat{H}_1|\varphi_{l'}^{(0)}\rangle=0(l'\neq l)$ 即 $\varphi_{lm}^{(0)}$ 的子空间中对 $\hat{H}_1$ 对角化. 在这一假设的近似下而获得能量的一级修正，并同时确定了正确的零级波函数.

显然，对于 $E_{ln}^{(1)}(n=1,2,\cdots,f_l)$ 都不等的态，$a_{lk}^{n(0)}$ 可唯一地被确定. 当 $E_{ln}^{(1)}$ 中有能量相等的 $E_{ln_i}^{(1)}$ 的态时，其零级波函数仍不能唯一地确定. 这时，这些波函数可经线性组合成为正交归一化的波函数. 但应注意，从这些态出发的微扰，仍应由它们的线性组合出发，来求高级微扰修正.

应该指出：

(i) **新的零级波函数 $\psi_{ln}^{(0)}$ 之间是正交的：**

$$(\psi_{ln}^{(0)},\psi_{ln'}^{(0)})=\delta_{nn'}. \tag{9.86}$$

证：

$$\sum_{k=1}^{f_l}[(\hat{H}_1)_{mk}-E_{ln}^{(1)}\delta_{mk}]a_{lk}^{n(0)}=0, \tag{9.87a}$$

$$\sum_{k=1}^{f_l}[(\hat{H}_1)_{mk}-E_{ln'}^{(1)}\delta_{mk}]a_{lk}^{n'(0)}=0, \tag{9.87b}$$

以 $a_{lm}^{n'(0)*}$ 乘方程(9.87a)两边，并对 m 求和：

$$\sum_{m,k=1}^{f_l}[(\hat{H}_1)_{mk}-E_{ln}^{(1)}\delta_{mk}]a_{lm}^{n'(0)*}a_{lk}^{n(0)}=0. \tag{9.88}$$

对方程(9.87b)取复共轭，然后以 $a_{lm}^{n(0)}$ 乘方程两边，并对 m 求和：

$$\sum_{m,k=1}^{f_l}[(\hat{H}_1)_{mk}^{*}-E_{ln'}^{(1)}\delta_{mk}]a_{lk}^{n'(0)*}a_{lm}^{n(0)}=0. \tag{9.89}$$

由 $(\hat{H}_1)_{mk}^{*}=(\hat{H}_1^{\dagger})_{km}=(\hat{H}_1)_{km}$，并将(9.89)中的求和指标 m,k 交换得

$$\sum_{m,k=1}^{f_l}[(\hat{H}_1)_{mk}-E_{ln'}^{(1)}\delta_{mk}]a_{lm}^{n'(0)*}a_{lk}^{n(0)}=0. \tag{9.90}$$

将方程(9.88)和(9.90)相减得

$$(E_{ln'}^{(1)}-E_{ln}^{(1)})\sum_{k=1}^{f_l}a_{lk}^{n'(0)*}a_{lk}^{n(0)}=0. \tag{9.91}$$

当 $E_{ln'}^{(1)}\neq E_{ln}^{(1)}$ 时，则 $\sum_{k=1}^{f_l}a_{lk}^{n'(0)*}a_{lk}^{n(0)}=0$. 从而证明 $\psi_{ln}^{(0)},\psi_{ln'}^{(0)}$ 是正交的. 如 $E_{ln'}^{(1)}=E_{ln}^{(1)}$ 时，可直接将它们正交归一化.

(ii) $\hat{H}_1$ **在** $\psi_{ln}^{(0)}$ **(已归一化)子空间中是对角的**：

$$\langle\psi_{ln'}^{(0)}\mid\hat{H}_1\mid\psi_{ln}^{(0)}\rangle=\sum_{m,k}^{f_l}(\hat{H}_1)_{mk}a_{lm}^{n'(0)*}a_{lk}^{n(0)}=\sum_{m,k}^{f_l}E_{ln}^{(1)}\delta_{mk}a_{lm}^{n'(0)*}a_{lk}^{n(0)}$$

$$=E_{ln}^{(1)}\sum_{k=1}^{f_l}a_{lk}^{n'(0)*}a_{lk}^{n(0)}=E_{ln}^{(1)}\delta_{nn'}. \tag{9.92}$$

但这并不等于说 $\psi_{ln}^{(0)}$ 是 $\hat{H}_1$ 的本征态，本征值为 $E_{ln}^{(1)}$.

总之，由 $\hat{H}_1$ 在 $\varphi_{lk}^{(0)}(k=1,2,\cdots,f_l)$ 中对角化而可得到相应的波函数 $\psi_{lk}^{(0)}$ 和对角矩阵元，它们就是恰当的零级波函数和正确的一级微扰能量：

$$\begin{pmatrix}(\hat{H}_1)_{11} & (\hat{H}_1)_{12} & \cdots\\ (\hat{H}_1)_{21} & (\hat{H}_1)_{22} & \cdots\\ (\hat{H}_1)_{f_l1} & (\hat{H}_1)_{f_l2} & \cdots\end{pmatrix}\xrightarrow{S}\begin{bmatrix}E_{l1}^{(1)} & & & 0\\ & E_{l2}^{(1)} & & \\ & & E_{l3}^{(1)} & \\ 0 & & & \ddots\end{bmatrix}, \tag{9.93}$$

$$\boldsymbol{S}_{AB}=(\psi_{lk}^{(0)},\varphi_{lk}^{(0)}), \tag{9.94}$$

从而得到一组 f_l 个相互正交的零级波函数为

$$\psi_{ln}^{(0)}=\sum_{k=1}^{f_l}\varphi_{lk}^{(0)}a_{lk}^{n(0)},\quad n=1,2,\cdots,f_l, \tag{9.95}$$

相应的能量为 $E_l=E_l^{(0)}+E_{ln}^{(1)}$，而

$$\int\psi_{ln'}^{(0)*}\psi_{ln}^{(0)}\mathrm{d}\boldsymbol{r}=\delta_{nn'}. \tag{9.96}$$

B. 简并能级下的一级微扰

如果选定了这样一组正确的零级波函数后，对于 $E_{ln}^{(1)}\neq E_{ln'}^{(1)}(n'\neq n)$ 所对应的波函数作微扰出发点，抛开该能级原来的简并性(对 $\hat{H}_0$ 而言)也就无妨，而可当作非简并态进行微扰处理.

现讨论 $\psi_{ln}^{(0)}(E_{ln}^{(1)}\neq E_{ln'}^{(1)}$，对所有 $n'\neq n)$，即经一级微扰能级 $E_l^{(0)}$ 解除简并的某一个态.

设：

$$\psi=N\Big(\psi_{ln}^{(0)}+\lambda\sum_{l'}{}'\varphi_{l'}^{(0)}a_{l'l}^{n(1)}+\lambda\sum_{n'}{}'\psi_{ln'}^{(0)}a_{n'n}^{(1)}$$

$$+\lambda^2\sum_{l'}{}'\varphi_{l'}^{(0)}a_{l'l}^{n(2)}+\lambda^2\sum_{n'}{}'\psi_{ln'}^{(0)}a_{n'n}^{(2)}+\cdots\Big), \tag{9.97a}$$

$$E = E_l^{(0)} + \lambda E_{ln}^{(1)} + \lambda^2 E_{ln}^{(2)} + \cdots, \tag{9.97b}$$

$$\hat{H} = \hat{H}_0 + \lambda \hat{H}_1. \tag{9.97c}$$

有

$$\lambda^0: \hat{H}_0 \psi_{ln}^{(0)} = E_l^{(0)} \psi_{ln}^{(0)}; \tag{9.98a}$$

$$\begin{aligned}\lambda^1: \hat{H}_0 {\sum_{l}}' \varphi_{l'}^{(0)} a_{l'l}^{n(1)} + \hat{H}_0 {\sum_{n'}}' \psi_{ln'}^{(0)} a_{n'n}^{(1)} + \hat{H}_1 \psi_{ln}^{(0)} \\ = E_l^{(0)} {\sum_{l'}}' \varphi_{l'}^{(0)} a_{l'l}^{n(1)} + E_l^{(0)} {\sum_{n'}}' \psi_{ln'}^{(0)} a_{n'n}^{(1)} + E_{ln}^{(1)} \psi_{ln}^{(0)};\end{aligned} \tag{9.98b}$$

$$\begin{aligned}\lambda^2: \hat{H}_0 {\sum_{l'}}' \varphi_{l'}^{(0)} a_{l'l}^{n(2)} + \hat{H}_0 {\sum_{n'}}' \psi_{ln'}^{(0)} a_{n'n}^{(2)} + \hat{H}_1 {\sum_{l'}}' \varphi_{l'}^{(0)} a_{l'l}^{n(1)} \\ + \hat{H}_1 {\sum_{n'}}' \psi_{ln'}^{(0)} a_{n'n}^{(1)} \\ = E_l^{(0)} {\sum_{l'}}' \varphi_{l'}^{(0)} a_{l'l}^{n(2)} + E_l^{(0)} {\sum_{n'}}' \psi_{ln'}^{(0)} a_{n'n}^{(2)} + E_{ln}^{(1)} {\sum_{l'}}' \varphi_{l'}^{(0)} a_{l'l}^{(1)} \\ + E_{ln}^{(1)} {\sum_{n'}}' \psi_{ln'}^{(0)} a_{n'n}^{(1)} + E_{ln}^{(2)} \psi_{ln}^{(0)}.\end{aligned} \tag{9.98c}$$

以 $\psi_{ln}^{(0)}$ 标积(9.98b)方程的两边得

$$E_{ln}^{(1)} = \langle \psi_{ln}^{(0)} \mid \hat{H}_1 \mid \psi_{ln}^{(0)} \rangle, \tag{9.99}$$

这正是 $\hat{H}_1$ 在 $\varphi_{lk}^{(0)}$ 子空间求出的本征值.

以 $\varphi_{l''}^{(0)}(l''\neq l)$ 标积方程(9.98b)两边得

$$E_{l''}^{(0)} a_{l''l}^{n(1)} + \langle \varphi_{l''}^{(0)} \mid \hat{H}_1 \mid \psi_{ln}^{(0)} \rangle = E_l^{(0)} a_{l''l}^{n(1)},$$

即

$$a_{l'l}^{n(1)} = \frac{\langle \varphi_{l'}^{(0)} \mid \hat{H}_1 \mid \psi_{ln}^{(0)} \rangle}{E_l^{(0)} - E_{l'}^{(0)}}. \tag{9.100}$$

以 $\psi_{ln''}^{(0)}(n''\neq n)$ 标积方程(9.98c)两边得

$${\sum_{l'}}' \langle \psi_{ln''}^{(0)} \mid \hat{H}_1 \mid \varphi_{l'}^{(0)} \rangle a_{l'l}^{n(1)} + E_{ln''}^{(1)} a_{n''n}^{(1)} = E_{ln}^{(1)} a_{n''n}^{(1)},$$

所以

$$\begin{aligned}a_{n'n}^{(1)} &= \frac{{\sum_{l'}}' \langle \psi_{ln'}^{(0)} \mid \hat{H}_1 \mid \varphi_{l'}^{(0)} \rangle}{E_{ln}^{(1)} - E_{ln'}^{(1)}} a_{l'l}^{n(1)} \\ &= \frac{1}{E_{ln}^{(1)} - E_{ln'}^{(1)}} {\sum_{l'}}' \frac{\langle \psi_{ln'}^{(0)} \mid \hat{H}_1 \mid \varphi_{l'}^{(0)} \rangle \langle \varphi_{l'}^{(0)} \mid \hat{H}_1 \mid \psi_{ln}^{(0)} \rangle}{E_l^{(0)} - E_{l'}^{(0)}}.\end{aligned} \tag{9.101}$$

从而得到相应于一级能量修正的波函数

$$\Psi_{ln} = \psi_{ln}^{(0)} + {\sum_{l'}}' \varphi_{l'}^{(0)} \frac{\langle \varphi_{l'}^{(0)} \mid H_1 \mid \psi_{ln}^{(0)} \rangle}{E_l^{(0)} - E_{l'}^{(0)}}$$

$$+\sum_{n'\neq n}\frac{\psi_{ln'}^{(0)}}{E_{ln}^{(1)}-E_{ln'}^{(1)}}\sum_{l'\neq l}\frac{\langle\psi_{ln'}^{(0)}\mid\hat{H}_1\mid\varphi_{l'}^{(0)}\rangle\langle\varphi_{l'}^{(0)}\mid\hat{H}_1\mid\psi_{ln}^{(0)}\rangle}{E_l^{(0)}-E_{l'}^{(0)}}. \quad (9.102)$$

例 在均匀外电场中,氢原子能级的变化(**线性斯塔克效应**).

考虑氢原子在弱的外电场中的情况(电场强度 $\boldsymbol{\varepsilon}$ 在 z 方向,忽略 $\boldsymbol{l}\cdot\boldsymbol{s}$,即不考虑自旋):

$$\hat{H}=-\frac{\hbar^2}{2\mu}\nabla^2-\frac{e^2}{4\pi\varepsilon_0 r}+e\varepsilon z=\hat{H}_0+\hat{H}_1, \quad (9.103)$$

其中 $\hat{H}_1=e\varepsilon z$.

我们讨论氢原子 $n=2$ 状态的能级,它处于四重简并态 φ_{2lm},即

$$\varphi_{200},\ \varphi_{210},\ \varphi_{2,1,-1},\ \varphi_{211}.$$

由于$[\hat{L}_z,z]=0$,z 不改变 $\hat{L}_z$ 的本征值,即 z 的矩阵元仅在初、末态中 m 相同时才可能不为零.另外,由于 z 是奇函数,所以仅初、末态宇称相反才可能不为零.所以 $\hat{H}_1$ 在$\{\varphi_{2lm}\}$子空间中的不为零的矩阵元仅为(参阅 5.1.4 小节)

$$\begin{aligned}\langle\varphi_{200}\mid z\mid\varphi_{210}\rangle&=\frac{1}{32\pi a_0^3}\int e^{-\frac{r}{a_0}}\frac{1}{a_0}r\left(2-\frac{r}{a_0}\right)e\varepsilon r\cos^2\theta\sin\theta\mathrm{d}\theta\mathrm{d}\phi\cdot r^2\mathrm{d}r\\&=-3e\varepsilon a_0.\end{aligned} \quad (9.104)$$

于是,方程$\sum_j[(\hat{H}_1)_{ij}-E^{(1)}\delta_{ij}]a_j^{(0)}=0$ 可表为

$$\begin{pmatrix}-E^{(1)} & -3a_0e\varepsilon & 0 & 0\\ -3a_0e\varepsilon & -E^{(1)} & 0 & 0\\ 0 & 0 & -E^{(1)} & 0\\ 0 & 0 & 0 & -E^{(1)}\end{pmatrix}\begin{pmatrix}a_1^{(0)}\\ a_2^{(0)}\\ a_3^{(0)}\\ a_4^{(0)}\end{pmatrix}=0. \quad (9.105)$$

从而求得氢原子 $n=2$ 的能级能量的一级修正和零级波函数:

$$E_1^{(1)}=-3ae\varepsilon,\quad \psi_{21}^{(0)}=\frac{1}{\sqrt{2}}(\varphi_{200}+\varphi_{210}),\quad a_1^{(0)}=a_2^{(0)},a_3^{(0)}=a_4^{(0)}=0, \quad (9.106a)$$

$$E_2^{(1)}=3ae\varepsilon,\quad \psi_{22}^{(0)}=\frac{1}{\sqrt{2}}(\varphi_{200}-\varphi_{210}),\quad a_1^{(0)}=-a_2^{(0)},a_3^{(0)}=a_4^{(0)}=0, \quad (9.106b)$$

$$E_3^{(1)}=0,\quad \psi_{23}^{(0)}=\varphi_{2,1,-1},\quad a_1^{(0)}=a_2^{(0)}=0,a_3^{(0)}=1,a_4^{(0)}=0, \quad (9.106c)$$

$$E_4^{(1)}=0,\quad \psi_{24}^{(0)}=\varphi_{211},\quad a_1^{(0)}=a_2^{(0)}=0,a_3^{(0)}=0,a_4^{(0)}=1. \quad (9.106d)$$

这时,微扰能与电场 ε 成线性,所以称该斯塔克效应为线性斯塔克效应.

C. 简并态的二级微扰

以 $\psi_{ln}^{(0)}$ 标积方程(9.98c)两边得

$$E_{ln}^{(2)}=\left\langle\psi_{ln}^{(0)}\mid\hat{H}_1\mid{\sum_{l'}}'\varphi_{l'}^{(0)}a_{l'l}^{n(1)}\right\rangle$$

$$= \left\langle \psi_{ln}^{(0)} \mid \hat{H}_1 \mid \sum_{l'}{}' \varphi_{l'}^{(0)} a_{l'l}^{n(1)} + \sum_{n'}{}' \psi_{ln'}^{(0)} a_{n'n}^{(1)} \right\rangle \tag{9.107a}$$

$$= \langle \psi_{ln}^{(0)} \mid \hat{H}_1 \mid \psi_{ln}^{(1)} \rangle \tag{9.107b}$$

$$= \sum_{l'}{}' \frac{|\langle \varphi_{l'}^{(0)} \mid \hat{H}_1 \mid \psi_{ln}^{(0)} \rangle|^2}{E_l^{(0)} - E_{l'}^{(0)}}, \tag{9.107c}$$

最后一步已利用了方程(9.100).

D. 简并微扰的进一步讨论

(1) 一级微扰仅部分解除简并的讨论

在讨论简并态的一级和二级微扰时,我们假设对所处理的 $\psi_{ln}^{(0)}$ 有 $E_{ln}^{(1)} \neq E_{ln'}^{(1)}$ $(n' \neq n)$. 但常常有这种情况,一级微扰并未把简并完全解除.

例如,氢原子置于均匀电场中,对 $n=2$, φ_{211} 和 $\varphi_{2,1,-1}$ 的一级能量修正相等(见方程(9.106c),(9.106d)), $E_3^{(1)} = E_4^{(1)} = 0$.

设零级能量、波函数及一级能量修正的表示为:

$$E_l^{(0)};\ \psi_{l1}^{(0)}, \psi_{l2}^{(0)}, \cdots, \psi_{lf_l}^{(0)};\ E_{l1}^{(1)}, E_{l2}^{(1)}, E_{l3}^{(1)}, \cdots, E_{lf_l}^{(1)}.$$

若其中 $E_{lk_1}^{(1)} = E_{lk_2}^{(1)}$,而我们要处理又正是这两个仍简并的态($\psi_{lk_1}^{(0)}, \psi_{lk_2}^{(0)}$),则它们取哪一个波函数为零级波函数就不确定.

这时若做微扰修正,零级波函数应取 $\psi_{lk_1}^{(0)}$ 和 $\psi_{lk_2}^{(0)}$ 的线性组合,组合系数由 λ^2 级的能量修正的本征方程定. 令

$$\Psi_{lk}^{(0)} = \sum_{i=1}^{2} \psi_{lk_i}^{(0)} a_i^{k(0)}, \tag{9.108}$$

于是有

$$\begin{aligned} \Psi_{lk} &= \Psi_{lk}^{(0)} + \lambda \Psi_{lk}^{(1)} + \lambda^2 \Psi_{lk}^{(2)} + \cdots \\ &= \Psi_{lk}^{(0)} + \lambda \Big(\sum_{l'}{}' \varphi_{l'}^{(0)} a_{l'l}^{k(1)} + \sum_{k'}{}' \psi_{lk'}^{(0)} a_{k'k}^{(1)} \Big) \\ &\quad + \lambda^2 \Big(\sum_{l'}{}' \varphi_{l'}^{(0)} a_{l'l}^{k(2)} + \sum_{k'}{}' \psi_{lk'}^{(0)} a_{k'k}^{(2)} \Big) + \cdots. \end{aligned} \tag{9.109}$$

应注意两点:

(i) 求和 $\sum_{k'}{}'$ 不包括 k_1, k_2;

(ii) 显然

$$\langle \psi_{lk_1}^{(0)} \mid \hat{H}_1 \mid \psi_{lk'}^{(0)} \rangle = E_{lk_1}^{(1)} \delta_{k_1 k'}, \tag{9.110}$$

$$\langle \psi_{lk_2}^{(0)} \mid \hat{H}_1 \mid \psi_{lk'}^{(0)} \rangle = E_{lk_2}^{(1)} \delta_{k_2 k'}, \tag{9.111}$$

其中对态 $\psi_{lk_1}^{(0)}, \psi_{lk_2}^{(0)}$, $\hat{H}_1$ 的矩阵元对角且相等,即 $E_{lk_1}^{(1)} = E_{lk_2}^{(1)} = E_{lk}^{(1)}$.

将式(9.109)代入能量本征方程,从而得

$$\lambda^0:\ \hat{H}_0 \Psi_{lk}^{(0)} = E_l^{(0)} \Psi_{lk}^{(0)}; \tag{9.112}$$

$$\lambda^1:\hat{H}_0\sum_{l''}{}'\varphi_{l''}^{(0)}a_{l''l}^{k(1)}+\hat{H}_0\sum_{k'}{}'\psi_{lk'}^{(0)}a_{k'k}^{(1)}+\hat{H}_1\Psi_{lk}^{(0)}$$
$$=E_l^{(0)}\sum_{l''}{}'\varphi_{l''}^{(0)}a_{l''l}^{k(1)}+E_l^{(0)}\sum_{k'}{}'\psi_{lk'}^{(0)}a_{k'k}^{(1)}+E_{lk}^{(1)}\Psi_{lk}^{(0)}. \tag{9.113}$$

以 $\varphi_{l'}^{(0)}$ 标积方程(9.113)两边得

$$a_{l'l}^{k(1)}=\frac{\langle\varphi_{l'}^{(0)}\mid\hat{H}_1\mid\Psi_{lk}^{(0)}\rangle}{E_l^{(0)}-E_{l'}^{(0)}}=\sum_{j=1}^{2}\frac{\langle\varphi_{l'}^{(0)}\mid\hat{H}_1\mid\psi_{lk_j}^{(0)}\rangle}{E_l^{(0)}-E_{l'}^{(0)}}a_j^{k(0)}. \tag{9.114}$$

而 λ^2 的方程为

$$\lambda^2:\hat{H}_0\sum_{l'}{}'\varphi_{l'}^{(0)}a_{l'l}^{k(2)}+\hat{H}_1\sum_{l'}{}'\varphi_{l'}^{(0)}a_{l'l}^{k(1)}+\hat{H}_1\sum_{k'}{}'\psi_{lk'}^{(0)}a_{k'k}^{(1)}$$
$$=E_l^{(0)}\sum_{l'}{}'\varphi_{l'}^{(0)}a_{l'l}^{k(2)}+E_{lk}^{(1)}\sum_{l'}{}'\varphi_{l'}^{(0)}a_{l'l}^{k(1)}$$
$$+E_{lk}^{(1)}\sum_{k'}{}'\psi_{lk'}^{(0)}a_{k'k}^{(1)}+E_{lk}^{(2)}\Psi_{lk}^{(0)}. \tag{9.115}$$

注意由于一级修正未解除简并，这就意味着 $\psi_{lk_1}^{(0)}$，$\psi_{lk_2}^{(0)}$ 与其他 $\psi_{lk}^{(0)}$ 的矩阵元为 0，而它们的对角矩阵元是相等的.

以 $\psi_{lk_i}^{(0)}$ 标积方程(9.115)两边得

$$\sum_{l'}{}'\langle\psi_{lk_i}^{(0)}\mid\hat{H}_1\mid\varphi_{l'}^{(0)}\rangle a_{l'l}^{k(1)}=E_{lk}^{(2)}a_i^{k(0)}\quad(i=1,2). \tag{9.116}$$

将(9.114)式代入方程(9.116)得

$$\sum_{j=1}^{2}\left(\sum_{l'}{}'\frac{\langle\psi_{lk_i}^{(0)}\mid\hat{H}_1\mid\varphi_{l'}^{(0)}\rangle\langle\varphi_{l'}^{(0)}\mid\hat{H}_1\mid\psi_{lk_j}^{(0)}\rangle}{E_l^{(0)}-E_{l'}^{(0)}}-E_{lk}^{(2)}\delta_{ij}\right)a_j^{k(0)}=0. \tag{9.117}$$

由于 $a_j^{k(0)}$ 不能同时为零，则方程组(9.117)的系数行列式必须为零. 从而可解得 $E_{lk}^{(2)}$. 由这样的步骤求出的 $E_{lk}^{(2)}$ 才是正确的，并可能获得正确的零级波函数 $(\Psi_{l1}^{(0)},\Psi_{l2}^{(0)})$.

例 平面转子在外电场(见图 9.3)中的问题.

设转动惯量为 $\mathscr{I}$，有

$$\hat{H}_0=\frac{\hat{L}_z^2}{2\mathscr{I}}, \tag{9.118}$$

有本征态 $\frac{1}{\sqrt{2\pi}}e^{im\phi}$，$\frac{1}{\sqrt{2\pi}}e^{-im\phi}$；本征值为 $\frac{m^2\hbar^2}{2\mathscr{I}}$. 所以是两重简并. 若置于均匀外电场中(电场强度 $\boldsymbol{\varepsilon}$ 在 x 轴)，

$$\hat{H}_1=-\boldsymbol{p}\cdot\boldsymbol{\varepsilon}=-\varepsilon p\cos\phi. \tag{9.119}$$

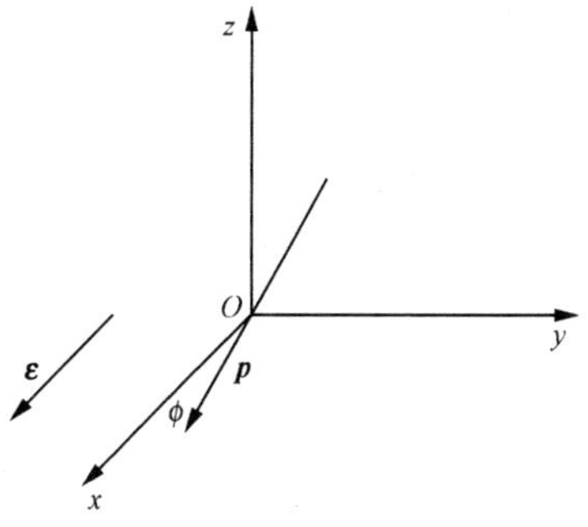

图 9.3 在外电场中的平面转子

显然$\langle m|\hat{H}_1|m\rangle=\langle -m|\hat{H}_1|m\rangle=0$,即简并态之间无作用,简并态上的平均值为零.若认为这时可用非简并微扰论去求微扰修正,则从原则上讲是错误的.因为按照前面讨论,现在态的简并是以$\hat{L}_z$的本征值$\pm m\hbar$来表示的($[\hat{H}_0,\hat{L}_z]=0$).但$[\hat{H}_1,\hat{L}_z]\neq 0$,所以原则上不能用非简并微扰去做.

具体看:

(i) 如认为因

$$\langle m \mid \hat{H}_1 \mid m\rangle = \langle -m \mid \hat{H}_1 \mid -m\rangle = \langle -m \mid \hat{H}_1 \mid m\rangle = 0,$$

所以可用非简并微扰论去做,则

$$E_{|m|}^{(1)} = 0, \tag{9.120}$$

$$\begin{aligned} E_m^{(2)} &= \sum_{m'\neq\pm m} \frac{|\langle m' \mid \hat{H}_1 \mid m\rangle|^2}{E_m^{(0)} - E_{m'}^{(0)}} \\ &= \frac{1}{4}p^2\varepsilon^2\,\frac{2\mathscr{I}}{\hbar^2}\left[\frac{1}{m^2-(m-1)^2}+\frac{1}{m^2-(m+1)^2}\right] \\ &= \frac{1}{\hbar^2}p^2\varepsilon^2\mathscr{I}\frac{1}{4m^2-1}, \end{aligned} \tag{9.121}$$

所以,能量至二级修正,态$|\pm m\rangle$仍是简并的.

而当$m=\pm1$,则有

$$E_{|1|}^{(2)} = \frac{\mathscr{I}}{3\hbar^2}p^2\varepsilon^2. \tag{9.122}$$

(ii) 但事实并非如(i)中所推得.由于$E_{|m|}^{(1)}=0$,故简并并未解除,微扰的零级波函数仍要由两个态$|\pm m\rangle$的线性组合来处理才行.

由方程(9.83),

$$\sum_{j=-m,m}((\hat{H}_1)_{ij} - E_m^{(1)}\delta_{ij})a_j = 0, \Longrightarrow E_{|m|}^{(1)} = 0 \quad (i=-m,m).$$

由方程(9.117),

$$\sum_{m_j=m,-m}\left(\sum_{m'}{}' \frac{\langle m_i \mid \hat{H}_1 \mid m'\rangle\langle m' \mid \hat{H}_1 \mid m_j\rangle}{E_m^{(0)} - E_{m'}^{(0)}} - E_m^{(2)}\delta_{ij}\right)a_j^{m(0)} = 0$$

($m_i=-m,m$)的系数行列式(对$m=1$)

$$\begin{vmatrix} \dfrac{p^2\varepsilon^2\mathscr{I}}{3\hbar^2} - E^{(2)} & \dfrac{p^2\varepsilon^2\mathscr{I}}{2\hbar^2} \\ \dfrac{p^2\varepsilon^2\mathscr{I}}{2\hbar^2} & \dfrac{p^2\varepsilon^2\mathscr{I}}{3\hbar^2} - E^{(2)} \end{vmatrix} = 0 \tag{9.123}$$

的解为

$$E_{11}^{(2)} = \frac{5\mathscr{I}}{6\hbar^2}p^2\varepsilon^2, \tag{9.124a}$$

$$E_{12}^{(2)}=-\frac{\mathscr{I}}{6\hbar^2}p^2\varepsilon^2. \tag{9.124b}$$

这才是简并态($|\pm1\rangle$)的正确的二级微扰修正. 而相应的零级波函数是

$$\Psi_{11}^{(0)}=\frac{1}{2\sqrt{\pi}}(\mathrm{e}^{\mathrm{i}\phi}+\mathrm{e}^{-\mathrm{i}\phi}), \tag{9.125a}$$

$$\Psi_{12}^{(0)}=\frac{1}{2\sqrt{\pi}}(\mathrm{e}^{\mathrm{i}\phi}-\mathrm{e}^{-\mathrm{i}\phi}). \tag{9.125b}$$

这表明,在斯塔克效应下,简并态的能级发生移动,从而解除了简并($\Psi_{11}^{(0)},\Psi_{12}^{(0)}$).

(2) 简并态可用非简并微扰论处理的条件

设

$$\hat{H}_0u_{lk}^{(0)}=E_l^{(0)}u_{lk}^{(0)}\quad(k=1,2,\cdots,f_l), \tag{9.126}$$

其中能量为 $E_l^{(0)}$ 的能级具有简并度 f_l. 简并态的存在,是因 $\hat{H}_0$ 与两个不对易的算符都对易,简并态的解除是由于 $\hat{H}_1$ 的对称性降低了 $\hat{H}_0$ 的对称性之故.

如 $\hat{H}_0$ 与 $\hat{A}$ 对易,$\hat{H}_1$ 也与 $\hat{A}$ 对易,则可选非微扰态为($\hat{H}_0,\hat{A}$)的共同本征态.

设 $\varphi_{ln}^{(0)}$ 为($\hat{H}_0,\hat{A}$)的共同本征态,

$$\hat{H}_0\varphi_{ln}^{(0)}=E_l^{(0)}\varphi_{ln}^{(0)}, \tag{9.127a}$$

$$\hat{A}\varphi_{ln}^{(0)}=A_n\varphi_{ln}^{(0)}. \tag{9.127b}$$

取 $\varphi_{ln}^{(0)}=\sum\limits_{k'=1}^{f_l}u_{lk'}^{(0)}a_{lk'}^{n(0)}$,并以 $u_{lk}^{(0)}$ 标积方程(9.127b)两边得

$$\sum_{k'}(\langle u_{lk}^{(0)}\mid\hat{A}\mid u_{lk'}^{(0)}\rangle-A_n\delta_{kk'})a_{lk'}^{n(0)}=0. \tag{9.128}$$

要 $a_{lk'}^{n(0)}$ 不同时为零,则要求方程组(9.128)的系数行列式为零:

$$|\langle u_{lk}^{(0)}\mid\hat{A}\mid u_{lk'}^{(0)}\rangle-A_n\delta_{kk'}|=0. \tag{9.129}$$

由方程(9.129)求出 A_n,然后代入方程组(9.128)定出 $a_{lk'}^{n(0)}$,从而获得 $\varphi_{ln}^{(0)}$.

由于$[\hat{H}_1,\hat{A}]=0$,所以

$$\begin{aligned}0&=\langle\varphi_{ln}^{(0)}\mid[\hat{H}_1,\hat{A}]\mid\varphi_{l'n'}^{(0)}\rangle\qquad(n'\neq n)\\&=(A_{n'}-A_n)\langle\varphi_{ln}^{(0)}\mid\hat{H}_1\mid\varphi_{l'n'}^{(0)}\rangle.\end{aligned} \tag{9.130}$$

若 $A_{n'}\neq A_n$,则

$$\langle\varphi_{ln}^{(0)}\mid\hat{H}_1\mid\varphi_{l'n'}^{(0)}\rangle=V(l,l',n)\delta_{nn'}. \tag{9.131}$$

因此,如选 $\hat{H}_0,\hat{A}$ 的共同本征态作为零级波函数 $\varphi_{ln}^{(0)}$,则态 $\varphi_{l'n'}^{(0)}$($n'\neq n,l'$任意)对 $\varphi_{ln}^{(0)}$ 不起任何作用,即 $\hat{H}_1$ 在它们之间的矩阵元为 0. 所以简并态 $\varphi_{ln'}^{(0)}$($n'\neq n$)对 $\varphi_{ln}^{(0)}$ 不起任何作用. 因此,可用非简并微扰论来处理.

例 1 均匀电场中的刚体转子.

$$\hat{H}_0=\frac{\hat{L}^2}{2\mathscr{I}}, \tag{9.132}$$

$\hat{H}_0$ 的能级$\left(能量为 E_l^{(0)}=\dfrac{l(l+1)\hbar^2}{2\mathscr{I}}\right)$有 $2l+1$ 重简并.

$$\hat{H}_1=-p\varepsilon\cos\theta \quad (\boldsymbol{\varepsilon}\ 在\ z\ 方向). \tag{9.133}$$

因

$$[\hat{H}_0,\hat{L}_z]=[\hat{H}_1,\hat{L}_z]=0, \tag{9.134}$$

如取($\hat{H}_0,\hat{L}_z$)的共同本征函数作为零级波函数,则可用非简并微扰方法,求微扰影响. Y_{lm} 正是($\hat{H}_0,\hat{L}_z$)的共同本征态,而简并态标记恰为 $\hat{L}_z$ 的量子数,

$$\langle lm \mid \hat{H}_1 \mid l'm'\rangle = V_{ll'm}\delta_{mm'}. \tag{9.135}$$

如处理 Y_{lm_0},则不必担心简并态 $Y_{lm'}(m'\neq m_0)$的存在.

例 2 反常塞曼效应(见 9.1.2 小节).

$$\hat{H}_1=\frac{eB}{2\mu}(\hat{l}_z+2\hat{S}_z), \tag{9.136}$$

选力学量完全集($\hat{H}_0,\boldsymbol{L}^2,\boldsymbol{J}^2,J_z$)来分类 $\hat{H}_0$ 的态. 这时,$\hat{H}_0$ 能级的能量 $E_{nlj}^{(0)}$ 对 m_j 简并,而 $m_j\hbar$ 是 $\hat{J}_z$ 的本征值. $[\hat{H}_1,\hat{J}_z]=[\hat{H}_0,\hat{J}_z]=0$,所以,这样取的零级波函数使简并态的微扰可用非简并微扰法来处理.

为了更清楚地看到这一点,我们讨论另一些例子.

例 3 平面转子在外电场中的问题(见图 9.3).

$$\hat{H}_0=\frac{\hat{L}_z^2}{2\mathscr{I}}, \tag{9.137}$$

有本征态$\dfrac{1}{\sqrt{2\pi}}e^{im\phi}$,$\dfrac{1}{\sqrt{2\pi}}e^{-im\phi}$,本征值为$\dfrac{m^2\hbar^2}{2\mathscr{I}}$,所以是两重简并的.

若置于均匀外电场中($\boldsymbol{\varepsilon}$ 在 x 轴),有

$$\hat{H}_1=-\boldsymbol{p}\cdot\boldsymbol{\varepsilon}=-\varepsilon p\cos\phi. \tag{9.138}$$

(i) 严格按简并微扰论做(见方程(9.117)).

可求得正确的简并态能量的二级修正(见方程(9.124))

$$E_{11}^{(2)}=\frac{5\mathscr{I}}{6\hbar^2}p^2\varepsilon^2, \tag{9.139a}$$

$$E_{12}^{(2)}=-\frac{\mathscr{I}}{6\hbar^2}p^2\varepsilon^2. \tag{9.139b}$$

(ii) 现在我们尝试按前面的讨论,寻找另一力学量来将简并态分类,以便能用非简并微扰论来处理.

设定算符 $\hat{R}_\phi$,其作用是使 $\phi\to-\phi$,由于

$$\hat{H}_0=-\frac{\hbar^2}{2\mathscr{I}}\frac{\partial^2}{\partial\phi^2}, \tag{9.140}$$

所以

$$[\hat{H}_0,\hat{R}_\phi]=0. \tag{9.141}$$

又因 $\hat{H}_1=-p\varepsilon\cos\phi$，同样有

$$[\hat{H}_1,\hat{R}_\phi]=0. \tag{9.142}$$

因此，如以力学量完全集$(\hat{H}_0,\hat{R}_\phi)$来分类 $\hat{H}_0$ 的本征态，并以此作为零级波函数，则可用非简并微扰论来处理.

如取零级波函数为

$$|+1\rangle=\frac{1}{2\sqrt{\pi}}(\mathrm{e}^{\mathrm{i}\phi}+\mathrm{e}^{-\mathrm{i}\phi}),\ (\hat{R}_\phi,\hat{H}_0)\text{ 的本征值为}\left(+1,\frac{\hbar^2}{2\mathscr{I}}\right), \tag{9.143a}$$

$$|-1\rangle=\frac{1}{2\sqrt{\pi}}(\mathrm{e}^{\mathrm{i}\phi}-\mathrm{e}^{-\mathrm{i}\phi}),\ (\hat{R}_\phi,\hat{H}_0)\text{ 的本征值为}\left(-1,\frac{\hbar^2}{2\mathscr{I}}\right), \tag{9.143b}$$

注意

$$|+0\rangle=\frac{1}{\sqrt{2\pi}}, \tag{9.144}$$

于是

$$E^{(1)}_{\pm1}=\langle\pm1\mid\hat{H}_1\mid\pm1\rangle=0, \tag{9.145}$$

$$\begin{aligned}E^{(2)}_{+1}&=\sum_{m'}{}'\frac{|\langle m'\mid\hat{H}_1\mid+1\rangle|^2}{E^{(0)}_1-E^{(0)}_{m'}}\\&=\frac{|\langle+0\mid\hat{H}_1\mid+1\rangle|^2}{E^{(0)}_1-E^{(0)}_0}+\frac{|\langle+2\mid\hat{H}_1\mid+1\rangle|^2}{E^{(0)}_1-E^{(0)}_2}\\&=\frac{5\mathscr{I}}{6\hbar^2}p^2\varepsilon^2,\end{aligned} \tag{9.146}$$

$$\begin{aligned}E^{(2)}_{-1}&=\sum_{m'}{}'\frac{|\langle-m'\mid\hat{H}_1\mid-1\rangle|^2}{E^{(0)}_1-E^{(0)}_{m'}}\\&=\sum_{m'}{}'\frac{|\langle-2\mid\hat{H}_1\mid-1\rangle|^2}{E^{(0)}_1-E^{(0)}_2}\\&=-\frac{\mathscr{I}}{6\hbar^2}p^2\varepsilon^2.\end{aligned} \tag{9.147}$$

这与(9.139)式的结果完全一致. 图 9.4 显示式(9.120)，(9.124)(及(9.146)，(9.147))和(9.122)的结果.

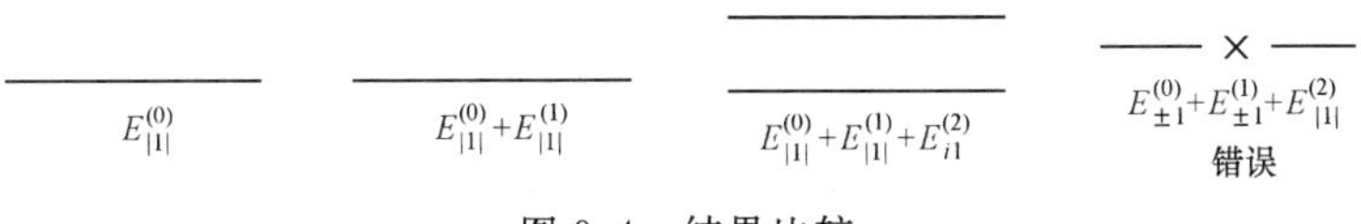

图 9.4 结果比较

例 $\hat{H}=\frac{\hat{L}_z^2}{2\mathscr{I}}+V_0\delta(\phi-\phi_0)$.

第一组是以$(\hat{H}_0,\hat{L}_z)$共同本征函数组

$$\varphi_1 = \frac{1}{\sqrt{2\pi}}e^{im\phi}, \quad \varphi_2 = \frac{1}{\sqrt{2\pi}}e^{-im\phi} \tag{9.148}$$

来分类零级波函数. 由于$[\hat{L}_z, \hat{H}_1] \neq 0$,所以原则上不能用非简并微扰方法求微扰修正.

若用非简并微扰,则

$$E_1^{(1)} = \langle \varphi_1 \mid \hat{H}_1 \mid \varphi_1 \rangle = \frac{V_0}{2\pi}, \tag{9.149a}$$

$$E_2^{(1)} = \langle \varphi_2 \mid \hat{H}_1 \mid \varphi_2 \rangle = \frac{V_0}{2\pi}. \tag{9.149b}$$

第二组是以$(\hat{H}_0, \hat{R}_\phi)$共同本征函数

$$\varphi'_1 = \sqrt{\frac{1}{\pi}}\cos m\phi, \quad \varphi'_2 = \sqrt{\frac{1}{\pi}}\sin m\phi \tag{9.150}$$

来分类零级波函数.

若用非简并微扰,则

$$E_1^{(1)} = \langle \varphi'_1 \mid \hat{H}_1 \mid \varphi'_1 \rangle = \frac{V_0}{\pi}\cos^2 m\phi_0, \tag{9.151a}$$

$$E_2^{(1)} = \langle \varphi'_2 \mid \hat{H}_1 \mid \varphi'_2 \rangle = \frac{V_0}{\pi}\sin^2 m\phi_0. \tag{9.151b}$$

但若设算符 $\hat{\eta}_\phi$的作用是将$\phi - \phi_0$ 变换为$-\phi + \phi_0$. 显然,$[\hat{\eta}_\phi, \hat{H}_0] = [\hat{\eta}_\phi, \hat{H}_1] = 0$. $\hat{H}_0$ 的本征态按力学量完全集$(\hat{H}_0, \hat{\eta}_\phi)$来分类. 零级波函数为

$$\psi_1 = \frac{1}{\sqrt{\pi}}\cos m(\phi - \phi_0), \quad \psi_2 = \frac{1}{\sqrt{\pi}}\sin m(\phi - \phi_0). \tag{9.152}$$

这时可用非简并微扰论求能级修正:

$$E_1^{(1)} = \langle \psi_1 \mid \hat{H}_1 \mid \psi_1 \rangle = \frac{V_0}{\pi}, \tag{9.153a}$$

$$E_2^{(1)} = \langle \psi_2 \mid \hat{H}_1 \mid \psi_2 \rangle = 0. \tag{9.153b}$$

如严格按简并微扰论做(即由方程(9.84)来求),对第一组波函数得

$$\begin{vmatrix} \dfrac{V_0}{2\pi} - E^{(1)} & \dfrac{V_0}{2\pi}e^{-2im\phi_0} \\ \dfrac{V_0}{2\pi}e^{2im\phi_0} & \dfrac{V_0}{2\pi} - E^{(1)} \end{vmatrix} = 0, \Longrightarrow \begin{cases} E_1^{(1)} = \dfrac{V_0}{\pi}, \\ E_2^{(1)} = 0. \end{cases} \tag{9.154}$$

对第二组波函数得

$$\begin{vmatrix} \dfrac{V_0\cos^2 m\phi_0}{\pi} - E^{(1)} & \dfrac{V_0\cos m\phi_0\sin m\phi_0}{\pi} \\ \dfrac{V_0\cos m\phi_0\sin m\phi_0}{\pi} & \dfrac{V_0\sin^2 m\phi_0}{\pi} - E^{(1)} \end{vmatrix} = 0, \Longrightarrow \begin{cases} E_1^{(1)} = \dfrac{V_0}{\pi}, \\ E_2^{(1)} = 0. \end{cases} \tag{9.155}$$

这与以$(\hat{H}_0, \hat{\eta}_\phi)$的共同本征函数来分类零级波函数,然后直接用非简并微扰方

法求出的修正是完全一样的.图 9.5 示出(9.153),(9.151)和(9.149)式的结果.

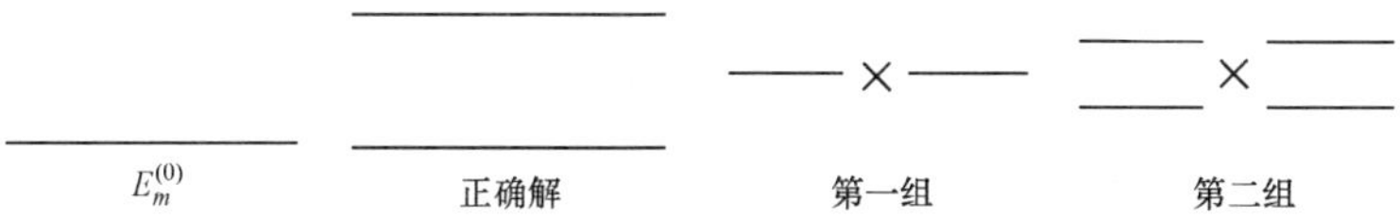

图 9.5 结果比较

所以在计算简并能级的微扰修正时,只有正确选好零级波函数,或严格按简并微扰论来求修正,才能得到正确的结果.

9.2 变 分 法

定态微扰论的方法有效的前提是:必须找到 $\hat{H}=\hat{H}_0+\hat{H}_1$,$\hat{H}_0$ 有解析解,且逼近 $\hat{H}$.但这并不是容易做到的.定态解的另一种求法是变分法.

9.2.1 体系的哈密顿量在任一合理的试探波函数中的平均值必大于等于体系基态能量

定理:体系的哈密顿量在任一合理的试探波函数中的平均值必大于等于体系的基态能量.

证

$$\overline{H}=\frac{\langle\psi\mid\hat{H}\mid\psi\rangle}{\langle\psi\mid\psi\rangle}. \tag{9.156}$$

设:$\varphi_0,\varphi_1,\cdots$是 $\hat{H}$ 的本征态,

$$\hat{H}\varphi_k=E_k\varphi_k, \tag{9.157}$$

并设本征值

$$E_0\leqslant E_1\leqslant E_2\leqslant\cdots. \tag{9.158}$$

显然,φ_k 形成一正交归一、完备组,任一波函数 ψ 可按$\{\varphi_k\}$展开:

$$\psi=\sum_k\varphi_k a_k. \tag{9.159}$$

于是

$$\overline{H}=\frac{\sum\limits_{kk'}a_{k'}^*a_k\langle\varphi_{k'}\mid\hat{H}\mid\varphi_k\rangle}{\sum\limits_k a_k^*a_k}=\frac{\sum\limits_k\mid a_k\mid^2\cdot E_k}{\sum\limits_k\mid a_k\mid^2}\geqslant\frac{E_0\sum\limits_k\mid a_k\mid^2}{\sum\limits_k\mid a_k\mid^2}=E_0. \tag{9.160}$$

当 $\psi=\varphi_0$ 时,等号成立.

因此,当我们用一试探波函数去求能量平均值时,一般总比基态能量大,再通

过求变分,可以得到尽可能小的平均值及相应波函数.当然,此平均值仍大于等于基态能量,即由变分给出的平均值是基态能量的上限.

应当注意,在证明的过程中,实际上有一个自然假设:所处理的函数的行为是足够地好,以至于它们的积分和求和次序可以交换.

9.2.2 莱兹(Ritz)变分法

现可利用变分原理到具体问题上,以求体系的近似本征能量和本征函数.

基本思想:根据物理上的考虑给出含一组参量的试探波函数 $\psi(\boldsymbol{r},\alpha_1,\alpha_2,\cdots)$,求出能量平均值(是 $\alpha_1,\alpha_2,\cdots$的函数)

$$\overline{H}(\alpha_1,\alpha_2,\cdots)=\frac{\langle\psi\mid\hat{H}\mid\psi\rangle}{\langle\psi\mid\psi\rangle}. \tag{9.161}$$

对 $\alpha_1,\alpha_2,\cdots$求极值,从而确定 $\alpha_1^{(0)},\alpha_2^{(0)},\cdots$.显然,

$$\overline{H}(\alpha_1^{(0)},\alpha_2^{(0)},\cdots)\geqslant E_0(\text{基态能量}). \tag{9.162}$$

当然,如果要求第 m 条能级的近似本征值和本征函数,则要求知道第一条(基态),…,第 $m-1$ 条能级的波函数 $\varphi_0,\varphi_1,\cdots,\varphi_{m-2}$(设已归一化).取试探波函数 ψ'_{m-1},然后处理一下,给出新的波函数

$$\begin{aligned}\mid\psi_{m-1}(\alpha_1,\alpha_2,\cdots)\rangle&=\mid\psi'_{m-1}\rangle-\mid\varphi_0\rangle\langle\varphi_0\mid\psi'_{m-1}\rangle-\mid\varphi_1\rangle\langle\varphi_1\mid\psi'_{m-1}\rangle\\&\quad-\cdots-\mid\varphi_{m-2}\rangle\langle\varphi_{m-2}\mid\psi'_{m-1}\rangle\\&=\sum_{i\geqslant m-1}\mid\varphi_i\rangle\langle\varphi_i\mid\psi'_{m-1}\rangle.\end{aligned} \tag{9.163}$$

于是有

$$\begin{aligned}\overline{H}=\frac{\langle\psi_{m-1}\mid\hat{H}\mid\psi_{m-1}\rangle}{\langle\psi\mid\psi\rangle}&=\frac{\sum\limits_{i\geqslant m-1}E_i\mid\langle\varphi_i\mid\psi'_{m-1}\rangle\mid^2}{\sum\limits_{i\geqslant m-1}\mid\langle\varphi_i\mid\psi'_{m-1}\rangle\mid^2}\\&\geqslant\frac{E_{m-1}\sum\limits_{i\geqslant m-1}\mid\langle\varphi_i\mid\psi'_{m-1}\rangle\mid^2}{\sum\limits_{i\geqslant m-1}\mid\langle\varphi_i\mid\psi'_{m-1}\rangle\mid^2}=E_{m-1}.\end{aligned} \tag{9.164}$$

从而给出第 m 条能级的近似本征值(即上限)及相应的近似波函数.

例 求氦原子(有两个电子)基态能量的近似值.

我们知道,氦原子的哈密顿量为(为简化起见,忽略 $\hat{\boldsymbol{l}}\cdot\hat{\boldsymbol{S}}$)

$$\hat{H}=\frac{-\hbar^2}{2\mu}\nabla_1^2+\frac{-\hbar^2}{2\mu}\nabla_2^2-\frac{Ze'^2}{r_1}-\frac{Ze'^2}{r_2}+\frac{e'^2}{\mid\boldsymbol{r}_1-\boldsymbol{r}_2\mid}, \tag{9.165}$$

其中 $e'^2=\dfrac{e^2}{4\pi\varepsilon_0}$.

从物理上考虑,当两个电子在原子中运动,它们互相屏蔽,使每个电子感受到

的库仑作用不是两个单位的正电荷(核电荷)产生的.可以推测等效的作用电荷量应比两个单位的正电荷小,很自然可把它当作待定参量λ,利用莱兹变分法来确定这一待定参量,以获得较理想的近似值.

若类氢离子的波函数为$\varphi_n(\boldsymbol{r},\lambda)$,则$\varphi_n(\boldsymbol{r},\lambda)$满足薛定谔方程

$$\left(\frac{-\hbar^2}{2\mu}\nabla^2-\frac{\lambda e'^2}{r}\right)\varphi_n(\boldsymbol{r},\lambda)=-\frac{\lambda^2 e'^2}{2a_0 n^2}\varphi_n(\boldsymbol{r},\lambda). \tag{9.166}$$

其中,$a_0=\dfrac{\hbar^2}{\mu e'^2}$.波函数(见(5.90a))

$$\varphi_1(\boldsymbol{r},\lambda)=\left(\frac{\lambda^3}{\pi a_0^3}\right)^{1/2}\mathrm{e}^{-\frac{\lambda}{a_0}r}. \tag{9.167}$$

于是可取试探波函数(已归一化)

$$\psi(\boldsymbol{r}_1,\boldsymbol{r}_2,\lambda)=\frac{\lambda^3}{\pi a_0^3}\mathrm{e}^{-\lambda(r_1+r_2)/a_0}. \tag{9.168}$$

显然,

$$\left(\frac{-\hbar^2}{2\mu}\nabla_i^2-\frac{\lambda e'^2}{r_i}\right)\psi(\boldsymbol{r}_1,\boldsymbol{r}_2,\lambda)=-\frac{\lambda^2 e'^2}{2a_0}\psi(\boldsymbol{r}_1,\boldsymbol{r}_2,\lambda). \tag{9.169}$$

利用位力定理(4.177)和(9.37)式得

$$\begin{aligned}\overline{H}(\lambda)&=\int\psi^*(\lambda)\left(-\frac{\hbar^2}{2\mu}\nabla_1^2-\frac{\hbar^2}{2\mu}\nabla_2^2-\frac{Ze'^2}{r_1}-\frac{Ze'^2}{r_2}+\frac{\mathrm{e}'^2}{|\boldsymbol{r}_1-\boldsymbol{r}_2|}\right)\psi(\lambda)\mathrm{d}\boldsymbol{r}_1\mathrm{d}\boldsymbol{r}_2\\&=\int\psi^*(\lambda)\left(-\frac{\hbar^2}{2\mu}\nabla_1^2-\frac{\lambda e'^2}{r_1}-\frac{\hbar^2}{2\mu}\nabla_2^2-\frac{\lambda e'^2}{r_2}\right)\psi(\lambda)\mathrm{d}\boldsymbol{r}_1\mathrm{d}\boldsymbol{r}_2\\&\quad+\int\psi^*(\lambda)\left[\frac{Z-\lambda}{\lambda}\left(-\frac{\lambda e'^2}{r_1}\right)+\frac{Z-\lambda}{\lambda}\left(-\frac{\lambda e'^2}{r_2}\right)+\frac{e'^2}{|\boldsymbol{r}_1-\boldsymbol{r}_2|}\right]\psi(\lambda)\mathrm{d}\boldsymbol{r}_1\mathrm{d}\boldsymbol{r}_2\\&=-2\frac{\lambda^2 e'^2}{2a_0}+2\frac{Z-\lambda}{\lambda}\left[2\left(-\frac{\lambda^2 e'^2}{2a_0}\right)\right]+\frac{5\lambda e'^2}{8a_0}\\&=\frac{e'^2}{a_0}\left[(\lambda^2-2\lambda\left(Z-\frac{5}{16}\right)\right].\end{aligned} \tag{9.170}$$

由对$\overline{H}(\lambda)$求极小,

$$\frac{\partial\overline{H}}{\partial\lambda}=\frac{e'^2}{a_0}\left[(2\lambda-2\left(Z-\frac{5}{16}\right)\right]=0, \tag{9.171}$$

得

$$\lambda=Z-\frac{5}{16}. \tag{9.172}$$

从而有

$$E_0=\overline{H}\left(\lambda=Z-\frac{5}{16}\right)=-\left(Z-\frac{5}{16}\right)^2\frac{e'^2}{a_0}=-77.46\,\mathrm{eV}. \tag{9.173}$$

较接近实验值$-78.86\,\mathrm{eV}$.

附注

事实上,求解能量本征方程 $\hat{H}\psi=E\psi$,当 φ_m 是 $\hat{H}$ 的本征态时,$\overline{H}$ 的极小值就是它的本征值 E_m.

证明

$$\lambda(\psi)=\frac{\int\psi^*\hat{H}\psi\mathrm{d}\boldsymbol{r}}{\langle\psi\mid\psi\rangle}. \tag{1}$$

如对 ψ 变分,则 λ 有一相应变化:

$$\delta\lambda\int\psi^*\psi\mathrm{d}\boldsymbol{r}+\lambda\int\delta\psi^*\psi\mathrm{d}\boldsymbol{r}+\lambda\int\psi^*\delta\psi\mathrm{d}\boldsymbol{r}=\int\delta\psi^*\hat{H}\psi\mathrm{d}\boldsymbol{r}+\int\psi^*H\delta\psi\mathrm{d}\boldsymbol{r}. \tag{2}$$

若对 ψ 一级变分,使 λ 取极小,即 $\delta\lambda=0$,则

$$\int\mathrm{d}\boldsymbol{r}\{\delta\psi[\lambda\psi^*-(\hat{H}\psi)^*]+\delta\psi^*(\lambda\psi-\hat{H}\psi)\}=0. \tag{3}$$

由于 $\delta\psi$ 可任意取值:

当 $\delta\psi$ 为实函数时,$\delta\psi=\delta\psi^*$,由方程(3)可得

$$[\lambda\psi^*-(\hat{H}\psi)^*]+(\lambda\psi-\hat{H}\psi)=0; \tag{4a}$$

当 $\delta\psi$ 为纯虚函数时,$\delta\psi=-\delta\psi^*$,由方程(3)可得

$$[\lambda\psi^*-(\hat{H}\psi)^*]-[\lambda\psi-\hat{H}\psi]=0. \tag{4b}$$

将方程(4a)减(4b)可得 $\hat{H}\psi=\lambda\psi$. 也就是说,当 ψ 是 $\hat{H}$ 的本征态,λ 的极小值就是其本征值. 即

$$\hat{H}\varphi_m=E_m\varphi_m. \tag{5}$$

而在莱兹变分法中,ψ 的函数形式是给定的,即 $\psi(\boldsymbol{r},\alpha_1,\alpha_2,\cdots)$,仅改变参量 $\alpha_1,\alpha_2,\cdots$,使 $\overline{H}$ 取极小(但函数形式不变),所以只能得到近似的本征函数. $\overline{H}$ 只能是本征值的上限.

另外,必须指出:

在求 $\hat{H}\psi=E\psi$ 时,若取试探波函数 $\psi=\sum_{i=1}^{k}a_i\varphi_i$(这仍然是一近似,因 ψ 仅在某力学量完全集的本征态 φ_i 下展开),在这一近似下,将这一试探波函数代入方程(1)并对 a_i^* 和 a_j 变分可得

$$\delta\lambda\sum_{i,j}a_i^*a_jS_{ij}+\lambda\sum_{i,j}\delta a_i^*a_jS_{ij}+\lambda\sum_{i,j}a_i^*\delta a_jS_{ij}=\sum_{i,j}\delta a_i^*a_jH_{ij}+\sum_{i,j}a_i^*H_{ij}\delta a_j, \tag{6}$$

其中 $S_{ij}=\int\varphi_i^*\varphi_j\mathrm{d}\boldsymbol{r}$.

若对 a_i 一级变分,使 λ 取极小,即 $\delta\lambda=0$. 由方程(6)可得

$$\delta a_i^*\sum_j(\hat{H}_{ij}a_j-\lambda S_{ij}a_j)+\delta a_i\sum_j(H_{ij}^*a_j^*-\lambda S_{ij}^*a_j^*)=0. \tag{7}$$

所以,

$$若\ \delta a_i=\delta a_i^*,\Longrightarrow\sum_j(H_{ij}a_j-\lambda S_{ij}a_j)+\sum_j(H_{ij}a_j-\lambda S_{ij}a_j)^*=0, \tag{8}$$

$$若\ \delta a_i=-\delta a_i^*,\Longrightarrow\sum_j(H_{ij}a_j-\lambda S_{ij}a_j)-\sum_j(H_{ij}a_j-\lambda S_{ij}a_j)^*=0. \tag{9}$$

由方程(8)和(9)可推得

$$\sum_j(H_{ij}-\lambda S_{ij})a_j=0\quad(i=1,\cdots,n). \tag{10}$$

因 a_j 不能同时为零，则方程组(10)的系数行列式必须为零：

$$|H_{ij}-\lambda S_{ij}|=0. \tag{11}$$

从而可求得哈密顿量 $\hat{H}$ 的近似本征值 $\lambda_1,\lambda_2,\cdots,\lambda_n$. 若 λ_g 为其中的最小值，并将其代入方程(10)，可求得对应的 a_j^g. 于是哈密顿量 $\hat{H}$ 的基态能量 E_g 上限为 λ_g，相应的基态波函数为

$$\psi_g=\sum_j a_j^g\varphi_j.$$

9.2.3 哈特里自洽场方法

从对氦原子的计算结果看，若将 $\dfrac{e'^2}{r_{12}}$ 作微扰，其一级微扰修正为 $\dfrac{5e'^2}{4a_0}=34\ \text{eV}$（见式(9.37)）. 而零级能量为 $-108.8\ \text{eV}$，所以一级微扰修正并不是太小.

对多电子原子，其哈密顿量为

$$\hat{H}(\boldsymbol{r}_1,\boldsymbol{r}_2,\cdots,\boldsymbol{r}_Z)=\sum_k\left(-\frac{\hbar^2}{2m}\nabla_k^2-\frac{Ze'^2}{r_k}\right)+\frac{1}{2}\sum_{j\neq k}\frac{e'^2}{r_{jk}}, \tag{9.174}$$

其中，$e'^2=\dfrac{e^2}{4\pi\varepsilon_0}$. 可见，其能量本征方程 $\hat{H}\psi=E\psi$ 是 $3Z$ 维方程，想要求得精确解是不可能的. 但也不能简单地直接用 $\dfrac{1}{2}\sum\limits_{i\neq j}\dfrac{e'^2}{r_{ij}}$ 作微扰来处理.

哈特里(D. R. Hartree)①在 1928 年建议通过平均场方法来求解多电子原子的本征值和本征态.

假设忽略多电子原子中电子之间的关联(位置)，即假设原子中多电子的基态波函数是单电子波函数的简单乘积：

$$\psi(\boldsymbol{r}_1,\boldsymbol{r}_2,\cdots,\boldsymbol{r}_Z)=u_1(\boldsymbol{r}_1)u_2(\boldsymbol{r}_2)\cdots u_Z(\boldsymbol{r}_Z) \tag{9.175}$$

(如考虑反对称要求，这就是福克(V. Fock)②和 J. C. Slater③ 发展的哈特里-福克(Hartree-Fock)自洽场方法④).

将体系的哈密顿量(9.174)在这一波函数下求平均：

$$\begin{aligned}\langle H\rangle=&\sum_k\int u_k^*\left(-\frac{\hbar^2}{2m}\nabla_k^2-\frac{Ze'^2}{r_k}\right)u_k\,\mathrm{d}\boldsymbol{r}_k\\&+\frac{1}{2}\sum_{j\neq k}\int u_k^*\left(\int|u_j|^2\left(\frac{e'^2}{r_{jk}}\right)\mathrm{d}\boldsymbol{r}_j\right)u_k\,\mathrm{d}\boldsymbol{r}_k.\end{aligned} \tag{9.176}$$

这时在 $\langle H\rangle$ 中与 u_k 有关的项为

---

① D. R. Hartree, Proc. Cambridge Phil. Soc., **24** (1928)89, 111.

② V. Fock, Z. Physik, **61** (1930)126, **62** (1930)795.

③ J. C. Slater, Phys. Rev., **35** (1930)210.

④ 有兴趣的读者可参看 J. C. Slater, Quantum Theory of Atomic Structure, Vol. II, McGraw-Hill Book Company, INC, 1960.

$$\int u_k^* \left(-\frac{\hbar^2}{2m}\nabla_k^2 - \frac{Ze'^2}{r_k}\right)u_k \mathrm{d}\boldsymbol{r}_k + \sum_{j\neq k}\int u_k^* \left(\int |u_j|^2 \frac{e'^2}{r_{jk}}\mathrm{d}\boldsymbol{r}_j\right)u_k \mathrm{d}\boldsymbol{r}_k$$
$$= \int u_k^* H_k u_k \mathrm{d}\boldsymbol{r}_k. \tag{9.177}$$

即 $\hat{H}_k = -\frac{\hbar^2}{2m}\nabla_k^2 - \frac{Ze'^2}{r_k} + \sum_{j\neq k}\int |u_j|^2 \frac{e'^2}{r_{jk}}\mathrm{d}\boldsymbol{r}_j$.

而由变分法知，方程(9.177)中对 u_k 变分，使 $\hat{H}_k$ 的平均值为最小时的 u_k 就是 $\hat{H}_k$ 的本征态(相应于最低本征值 ε_k)，即

$$\left[\left(-\frac{\hbar^2}{2m}\nabla_i^2 - \frac{Ze'^2}{r_i}\right) + \sum_{j\neq i}\int |u_j(\boldsymbol{r}_j)|^2 \frac{e'^2}{r_{ji}}\mathrm{d}\boldsymbol{r}_j\right]u_i = \varepsilon_i u_i. \tag{9.178}$$

若由方程(9.178)计算得 u_i 和 ε_i，就可求得 $\langle H\rangle$. 通过这样的变分方法，我们就可将求 $3Z$ 维方程的解简化为通过求三维方程的解来实现.

具体过程是以一位势 $V(r_i)$ 来代替方程(9.178)中的

$$\sum_{j\neq i}\int |u_j(\boldsymbol{r}_j)|^2 \frac{e'^2}{r_{ji}}\mathrm{d}\boldsymbol{r}_j - \frac{Ze'^2}{r_i}. \tag{9.179}$$

于是可由方程(9.178)求得 $u_i, \varepsilon_i\ (i=1,\cdots,Z)$. 再以所得 $u_j(\boldsymbol{r}_j)$ 代入方程(9.179)，得 $V^{(1)}(r_i)$(注意对各个方向求平均而成为有心势). 根据所得 $V^{(1)}(r_i)$ 及物理上的判断，再选一 $V^{(2)}(r_i)$ 代入方程(9.178)，求得新的一组 $u_i^{(2)}, \varepsilon_i^{(2)}\ (i=1,\cdots,Z)$，再将 $u_j^{(2)}(\boldsymbol{r}_j)$ 代入方程(9.179)，得 $V^{(3)}(r_i),\cdots$，直到 $V^{(n-1)}(r_i)$ 与 $V^{(n)}(r_i)$，$\varepsilon_i^{(n-1)}$ 与 $\varepsilon_i^{(n)}$ 的差别满足所需精度，从而求得多电子原子的能量本征方程 $\hat{H}\psi = E\psi$ 的基态本征值和本征函数(单电子波函数相乘)，即

$$E = \langle H\rangle = \sum_i \varepsilon_i - \frac{1}{2}\sum_{j,i(j\neq i)}\int |u_j|^2 |u_i|^2 \frac{e'^2}{r_{ji}}\mathrm{d}\boldsymbol{r}_j \mathrm{d}\boldsymbol{r}_i. \tag{9.180}$$

在对第一项的 ε_i 求和中，将电子 j 和电子 i 间的相互作用计算了两次. 因此要扣除这部分，即第二项.

上述过程是一个非相对论性的平均场的自洽场方法. 考虑反对称，则称为哈特里-福克方法. 这一方法提供了原子结构的更仔细计算的出发点：

$$\begin{aligned}\hat{H} &= \sum_k\left(-\frac{\hbar^2}{2m}\nabla_k^2 - \frac{Ze'^2}{r_k}\right) + \frac{1}{2}\sum_{j,k(j\neq k)}\frac{e'^2}{r_{jk}} \\ &= \sum_k\left(-\frac{\hbar^2}{2m}\nabla_k^2 + V_k\right) + \left(\frac{1}{2}\sum_{j,k(j\neq k)}\frac{e'^2}{r_{jk}} - \sum_k\frac{Ze'^2}{r_k} - \sum_k V_k\right) \\ &= \hat{H}_0 + \hat{H}_1.\end{aligned} \tag{9.181}$$

$\hat{H}_0$ 作为 $\hat{H}$ 的主要部分，微扰为 $\hat{H}_1$.

9.3　达尔戈诺-刘易斯方法

上节定态微扰处理过程中，求二级以上的能量修正时，都涉及无穷级数的求

和;而在变分法中,实际上仅能处理基态.

本节介绍达尔戈诺-刘易斯方法(Dalgarno-Lewis method).它的特点是只要计算有限个的积分,就可求得高级的能量修正,并可求得非基态的能量本征值及本征函数的修正.

令不显含 t 的哈密顿量为

$$\hat{H}=\hat{H}_0+\hat{H}_1,$$

$\hat{H}_1$ 是微扰部分.

设:有一组算符 $\hat{D}_n$,满足方程

$$[\hat{D}_n,\hat{H}_0]\mid u_n\rangle=(\hat{H}_1-A)\mid u_n\rangle, \tag{9.182}$$

其中 $|u_n\rangle$ 为 $\hat{H}_0$ 的本征矢.以 $|u_n\rangle$ 标积方程(9.182),得

$$\langle u_n\mid[\hat{D}_n,\hat{H}_0]\mid u_n\rangle=\langle u_n\mid(\hat{H}_1-A)\mid u_n\rangle=0.$$

所以,A 实际上就是能量本征值的一级修正,即

$$A=\langle u_n\mid\hat{H}_1\mid u_n\rangle=E_n^{(1)}. \tag{9.183}$$

以 $|u_m\rangle(m\neq n)$ 标积方程(9.182),得

$$\langle u_m\mid[\hat{D}_n,\hat{H}_0]\mid u_n\rangle=\langle u_m\mid\hat{H}_1\mid u_n\rangle. \tag{9.184}$$

于是有

$$\begin{aligned}\langle u_m\mid\hat{D}_n\mid u_n\rangle&=\frac{\langle u_m\mid\hat{H}_1\mid u_n\rangle}{E_n^{(0)}-E_m^{(0)}}\\&=\frac{\langle u_n\mid\hat{H}_1\mid u_m\rangle}{E_n^{(0)}-E_m^{(0)}}.\quad(\text{若}\langle u_m\mid\hat{H}_1\mid u_n\rangle\text{是实数})\end{aligned} \tag{9.185}$$

对于一维问题,由方程(9.182)和(9.183)得

$$\frac{\mathrm{d}^2}{\mathrm{d}x^2}D_n(x)u_n(x)-D_n(x)\frac{\mathrm{d}^2}{\mathrm{d}x^2}u_n(x)=\frac{2m}{\hbar^2}(\hat{H}_1-E_n^{(1)})u_n(x),$$

$$\frac{1}{u_n(x)}\frac{\mathrm{d}}{\mathrm{d}x}\left[u_n^2(x)\frac{\mathrm{d}}{\mathrm{d}x}D_n(x)\right]=\frac{2m}{\hbar^2}(\hat{H}_1-E_n^{(1)})u_n(x),$$

从而得

$$u_n^2(x)\left.\frac{\mathrm{d}D_n(x)}{\mathrm{d}x}\right|_C^x=\frac{2m}{\hbar^2}\int_C^x(\hat{H}_1-E_n^{(1)})u_n^2(x_1)\mathrm{d}x_1.$$

通常取常数 C 使 $u_n(C)=0$,这样就有

$$D_n(x)=\frac{2m}{\hbar^2}\int^x\mathrm{d}x_2u_n^{-2}(x_2)\left[\int_C^{x_2}(\hat{H}_1-E_n^{(1)})u_n^2(x_1)\mathrm{d}x_1\right]+\lambda. \tag{9.186}$$

而对于任意一个常数 λ,总满足方程

$$[\lambda,\hat{H}_0]=0. \tag{9.187}$$

所以,选取的 $D_n(x)$ 可差一常数,同样能满足(9.182)式.于是,可选这组算符为

$$D_n(x)=\frac{2m}{\hbar^2}\int^x\mathrm{d}x_2u_n^{-2}(x_2)\left[\int_C^{x_2}(\hat{H}_1-E_n^{(1)})u_n^2(x_1)\mathrm{d}x_1\right]. \tag{9.188}$$

注意,这正是求算符 $D_n(x)$ 的方程.

显然,由于积分下限 C 的不同取值而使 $\frac{\mathrm{d}D_n(x)}{\mathrm{d}x}$ 差一正比于 $u_n^{-2}(x)$ 的函数(见(9.188)式).但下限的取值必须保证 $D_n(x)$ 满足方程(9.185).一旦 $D_n(x)$ 被确定后,则可利用它们来获得求各级微扰的结果.

根据二级微扰公式(9.39)知

$$E_n^{(2)} = \sum_{m\neq n} \frac{|\langle u_n \mid \hat{H}_1 \mid u_m\rangle|^2}{E_n^{(0)} - E_m^{(0)}} = \sum_{m\neq n} \frac{\langle u_n \mid \hat{H}_1 \mid u_m\rangle\langle u_m \mid \hat{H}_1 \mid u_n\rangle}{E_n^{(0)} - E_m^{(0)}}. \tag{9.189}$$

将公式(9.185)代入公式(9.189),并利用本征态 $|u_n\rangle$ 的封闭性和(9.183)式得

$$E_n^{(2)} = \langle u_n \mid \hat{H}_1\hat{D}_n \mid u_n\rangle - E_n^{(1)}\langle u_n \mid \hat{D}_n \mid u_n\rangle. \tag{9.190}$$

这一结果表明,二级微扰修正仅涉及两个积分的求值.

又根据微扰的三级修正公式(9.55)可得

$$\begin{aligned}E_n^{(3)} &= \sum_{m,p\neq n} \frac{\langle u_n \mid \hat{H}_1 \mid u_m\rangle\langle u_m \mid \hat{H}_1 \mid u_p\rangle\langle u_p \mid \hat{H}_1 \mid u_n\rangle}{(E_n^{(0)} - E_m^{(0)})(E_n^{(0)} - E_p^{(0)})} \\ &\quad - E_n^{(1)}\sum_{m\neq n} \frac{\langle u_n \mid \hat{H}_1 \mid u_m\rangle\langle u_m \mid \hat{H}_1 \mid u_n\rangle}{(E_n^{(0)} - E_m^{(0)})^2} \\ &= \sum_{m,p\neq n} \langle u_n \mid \hat{D}_n \mid u_m\rangle\langle u_m \mid \hat{H}_1 \mid u_p\rangle\langle u_p \mid \hat{D}_n \mid u_n\rangle \\ &\quad - E_n^{(1)}\sum_{m\neq n}\langle u_n \mid \hat{D}_n \mid u_m\rangle\langle u_m \mid \hat{D}_n \mid u_n\rangle.\end{aligned} \tag{9.191}$$

利用本征态 $|u_n\rangle$ 的封闭性得

$$E_n^{(3)} = \langle u_n \mid \hat{D}_n\hat{H}_1\hat{D}_n \mid u_n\rangle - 2E_n^{(2)}\langle u_n \mid \hat{D}_n \mid u_n\rangle - E_n^{(1)}\langle u_n \mid \hat{D}_n^2 \mid u_n\rangle. \tag{9.192}$$

所以,求三级微扰修正,我们只要再求两个积分值即可.

由公式(9.12b)得到准至一级修正的波函数

$$\varphi_n = |u_n\rangle + \sum_{m\neq n} |u_m\rangle \frac{\langle u_m \mid \hat{H}_1 \mid u_n\rangle}{E_n^{(0)} - E_m^{(0)}} = (1 + \hat{D}_n - \langle u_n \mid \hat{D}_n \mid u_n\rangle) \mid u_n\rangle. \tag{9.193}$$

例 1 考虑体系的哈密顿量

$$\hat{H} = \hat{H}_0 + \hat{H}_1, \tag{9.194}$$

其中,$\hat{H}_0 = \frac{p_x^2}{2m} + \frac{1}{2}m\omega^2x^2$,$\hat{H}_1 = \lambda\hbar\omega\sqrt{\frac{m\omega}{\hbar}}x$.求基态和第一激发态的能量本征值(准至三级修正)及本征函数(准至一级修正).

解 (i) 对于基态(见(3.148)式)

$$u_0(x) = \left(\frac{m\omega}{\pi\hbar}\right)^{1/4} e^{-\frac{m\omega}{2\hbar}x^2}, \quad E_0^{(0)} = \frac{1}{2}\hbar\omega, \tag{9.195}$$

显然，$E_0^{(1)} = \langle u_0 | \hat{H}_1 | u_0 \rangle = 0 \left(因\ \hat{H}_1 = \lambda\hbar\omega\sqrt{\frac{m\omega}{\hbar}}x\ 是奇宇称算符 \right)$.

根据(9.188)式，

$$\begin{aligned} D_0(x) &= \frac{2m}{\hbar^2}\int^x dx_2 u_0^{-2}(x_2)\int_{-\infty}^{x_2}\hat{H}_1 u_0^2(x_1)dx_1 \\ &= \frac{2m}{\hbar^2}\int^x dx_2\left(\frac{m\omega}{\pi\hbar}\right)^{-1/2} e^{\frac{m\omega}{\hbar}x_2^2}\left(-\frac{\lambda\hbar\omega}{2}\right)\sqrt{\frac{1}{\pi}}e^{-\frac{m\omega}{\hbar}x_2^2} \\ &= -\lambda\sqrt{\frac{m\omega}{\hbar}}x. \end{aligned} \tag{9.196}$$

于是，由(9.190)式得

$$\begin{aligned} E_0^{(2)} &= \langle u_0 \mid \hat{H}_1\hat{D}_0 \mid u_0 \rangle - E_0^{(1)}\langle u_0 \mid \hat{D}_0 \mid u_0 \rangle \\ &= \langle u_0 \mid \hat{H}_1\hat{D}_0 \mid u_0 \rangle \\ &= -\int_{-\infty}^{\infty}\lambda^2\frac{m\omega}{\hbar}\hbar\omega\left(\frac{m\omega}{\pi\hbar}\right)^{1/2}x^2 e^{-\frac{m\omega}{\hbar}x^2}dx \\ &= -\lambda^2\hbar\omega\left(\frac{1}{\pi}\right)^{1/2}\int_{-\infty}^{\infty}y^2 e^{-y^2}dy = -\lambda^2\frac{\hbar\omega}{2}. \end{aligned} \tag{9.197}$$

又由(9.192)式可得

$$\begin{aligned} E_0^{(3)} &= \langle u_0 \mid \hat{D}_0\hat{H}_1\hat{D}_0 \mid u_0 \rangle - 2E_0^{(2)}\langle u_0 \mid \hat{D}_0 \mid u_0 \rangle - E_0^{(1)}\langle u_0 \mid \hat{D}_0^2 \mid u_0 \rangle \\ &= \langle u_0 \mid \hat{D}_0\hat{H}_1\hat{D}_0 \mid u_0 \rangle = 0. \end{aligned} \tag{9.198}$$

所以，准至三级修正的基态能量为

$$\begin{aligned} E_0 &\approx E_0^{(0)} + E_0^{(1)} + E_0^{(2)} + E_0^{(3)} = \frac{1}{2}\hbar\omega + 0 - \lambda^2\frac{1}{2}\hbar\omega + 0 \\ &= (1-\lambda^2)\frac{1}{2}\hbar\omega. \end{aligned}$$

事实上，基态能量的精确值正是$(1-\lambda^2)\frac{1}{2}\hbar\omega$.

由公式(9.193)可得准至一级修正的基态波函数

$$\varphi_0(x) \approx (1+\hat{D}_0 - \langle u_0 \mid \hat{D}_0 \mid u_0 \rangle)u_0(x) = \left[1-\lambda\sqrt{\frac{m\omega}{\hbar}}x\right]\left(\frac{m\omega}{\pi\hbar}\right)^{1/4}e^{-\frac{m\omega}{2\hbar}x^2}.$$

(ii) 对于第一激发态(见(3.149)式)，

$$u_1(x) = \left(\frac{m\omega}{\hbar}\right)^{3/4}\frac{\sqrt{2}x}{\pi^{1/4}}e^{-\frac{m\omega}{2\hbar}x^2}, E_1^{(0)} = \frac{3}{2}\hbar\omega, \tag{9.199}$$

$$E_1^{(1)} = \langle u_1 \mid \hat{H}_1 \mid u_1 \rangle = 0, \tag{9.200}$$

$\left[\text{因 } \hat{H}_1=\lambda\hbar\omega\sqrt{\frac{m\omega}{\hbar}}x \text{ 是奇宇称算符}\right]$.

根据(9.188)式,

$$
\begin{aligned}
D_1(x)&=\frac{2m}{\hbar^2}\int^x \mathrm{d}x_2 u_1^{-2}(x_2)\int_{-\infty}^{x_2}\hat{H}_1 u_1^2(x_1)\mathrm{d}x_1 \\
&=\frac{2m}{\hbar^2}\int^x \mathrm{d}x_2 u_1^{-2}(x_2)\int_{-\infty}^{x_2}\lambda\sqrt{\frac{m\omega}{\hbar}}\hbar\omega x_1\left(\frac{m\omega}{\hbar}\right)^{3/2}\frac{2x_1^2}{\pi^{1/2}}\mathrm{e}^{-\frac{m\omega}{\hbar}x_1^2}\mathrm{d}x_1 \\
&=-\lambda\left[\sqrt{\frac{m\omega}{\hbar}}x-\sqrt{\frac{\hbar}{m\omega}}\frac{1}{x}\right].
\end{aligned}
\tag{9.201}
$$

于是,由(9.190)式得

$$
\begin{aligned}
E_1^{(2)}&=\langle u_1\mid\hat{H}_1\hat{D}_1\mid u_1\rangle-E_1^{(1)}\langle u_1\mid\hat{D}_1\mid u_1\rangle \\
&=\langle u_1\mid\hat{H}_1\hat{D}_1\mid u_1\rangle \\
&=-\lambda^2\hbar\omega\frac{2}{\pi^{1/2}}\int_{-\infty}^{\infty}(y^2-1)y^2\mathrm{e}^{-y^2}\mathrm{d}y \\
&=-\lambda^2\frac{\hbar\omega}{2}.
\end{aligned}
\tag{9.202}
$$

由(9.192)式可得

$$
\begin{aligned}
E_1^{(3)}&=\langle u_1\mid\hat{D}_1\hat{H}_1\hat{D}_1\mid u_1\rangle-2E_1^{(2)}\langle u_1\mid\hat{D}_1\mid u_1\rangle-E_1^{(1)}\langle u_1\mid\hat{D}_1^2\mid u_1\rangle \\
&=\langle u_1\mid\hat{D}_1\hat{H}_1\hat{D}_1\mid u_1\rangle=0.
\end{aligned}
\tag{9.203}
$$

所以,准至三级修正的第一激发态的能量为

$$
\begin{aligned}
E_1&\approx E_1^{(0)}+E_1^{(1)}+E_1^{(2)}+E_1^{(3)}=\frac{3}{2}\hbar\omega+0-\lambda^2\frac{1}{2}\hbar\omega+0 \\
&=(3-\lambda^2)\frac{1}{2}\hbar\omega.
\end{aligned}
\tag{9.204}
$$

由公式(9.193)可得一级修正后的第一激发态的波函数

$$
\begin{aligned}
\varphi_1(x)&\approx(1+D_1-\langle u_1\mid\hat{D}_1\mid u_1\rangle)u_1(x) \\
&=\left[1-\lambda\left(\sqrt{\frac{m\omega}{\hbar}}x-\sqrt{\frac{\hbar}{m\omega}}\frac{1}{x}\right)\right]\left(\frac{m\omega}{\hbar}\right)^{3/4}\frac{\sqrt{2}}{\pi^{1/4}}x\mathrm{e}^{-\frac{m\omega}{2\hbar}x^2}.
\end{aligned}
$$

在本例中,精确本征值为

$$
E_n=\left(n+\frac{1}{2}-\frac{\lambda^2}{2}\right)\hbar\omega. \tag{9.205}
$$

另外,直接计算得

$$
\frac{\langle u_1\mid\hat{H}_1\mid u_0\rangle}{E_0^{(0)}-E_1^{(0)}}=-\frac{\lambda}{\sqrt{2}}=\langle u_1\mid\hat{D}_0\mid u_0\rangle, \tag{9.206}
$$

$$\frac{\langle u_0 \mid \hat{H}_1 \mid u_1 \rangle}{E_1^{(0)} - E_0^{(0)}} = \frac{\lambda}{\sqrt{2}} = \langle u_0 \mid \hat{D}_1 \mid u_1 \rangle. \tag{9.207}$$

这从另一侧面表明所选算符 $\hat{D}_0$,$\hat{D}_1$ 是正确的.

例 2 考虑体系的哈密顿量为

$$\hat{H} = \hat{H}_0 + \hat{H}_1 = \frac{p_x^2}{2m} + V(x), \tag{9.208}$$

其中,$V(x)=\begin{cases}\frac{1}{2}m\omega^2x^2+\frac{\lambda\hbar^2}{mx^2}, & x\geqslant 0,\\ \infty, & x<0.\end{cases}$ 试求基态的能量本征值(准至 λ^2 项).

解 考虑体系的哈密顿量

$$\hat{H} = \hat{H}_0 + \hat{H}_1, \tag{9.209}$$

其中,$\hat{H}_0 = \frac{p_x^2}{2m} + \frac{1}{2}m\omega^2x^2$,$\hat{H}_1 = \lambda\frac{\hbar^2}{mx^2}$.

由于 $x=0$ 处,波函数为零,所以其解即为谐振子的奇宇称解.这样 $\hat{H}_0$ 的基态波函数和能量就为(参见(3.149)式,但要注意波函数的归一化的区域)

$$u_0(x) = \left(\frac{m\omega}{\hbar}\right)^{3/4}\frac{2x}{\pi^{1/4}}e^{-\frac{m\omega}{2\hbar}x^2}, \quad E_0^{(0)} = \frac{3}{2}\hbar\omega, \tag{9.210}$$

于是,一级修正的能量为

$$\begin{aligned} E_0^{(1)} = \langle u_0 \mid \hat{H}_1 \mid u_0 \rangle &= \frac{4}{\pi^{1/2}}\left(\frac{m\omega}{\hbar}\right)^{3/2}\frac{\lambda\hbar^2}{m}\int_0^\infty \frac{1}{x^2}x^2 e^{-\frac{m\omega}{\hbar}x^2}dx \\ &= 2\lambda\hbar\omega. \end{aligned} \tag{9.211}$$

根据(9.188)式,则

$$\begin{aligned} D_0(x) &= \frac{2m}{\hbar^2}\int^x dx_2 u_0^{-2}(x_2)\int_0^{x_2}(\hat{H}_1 - 2\lambda\hbar\omega)u_0^2(x_1)dx_1 \\ &= \frac{2m}{\hbar^2}\int^x dx_2 u_0^{-2}(x_2)\int_0^{x_2}\lambda\hbar\omega(4-8y^2)\frac{1}{\pi^{1/2}}e^{-y^2}dy \\ &= 2\lambda\int^x \frac{1}{\left(\frac{m\omega}{\hbar}\right)^{1/2}x_2}d\left(\frac{m\omega}{\hbar}\right)^{1/2}x_2 = \lambda\ln\left(\frac{m\omega}{\hbar}x^2\right). \end{aligned} \tag{9.212}$$

利用附录中积分公式(Ⅱ.5),

$$\begin{aligned} \langle u_0 \mid \hat{H}_1\hat{D}_0 \mid u_0 \rangle &= \lambda^2\frac{\hbar^2}{m}\left(\frac{m\omega}{\hbar}\right)^{3/2}\frac{4}{\pi^{1/2}}\int_0^\infty\frac{1}{x^2}x^2\ln\left(\frac{m\omega}{\hbar}x^2\right)e^{-\frac{m\omega}{\hbar}x^2}dx \\ &= \lambda^2\frac{8\hbar\omega}{\pi^{1/2}}\int_0^\infty \ln y e^{-y^2}dy \\ &= -2\lambda^2(\gamma + \ln 4)\hbar\omega, \end{aligned} \tag{9.213a}$$

$$\langle u_0 \mid \hat{D}_0 \mid u_0 \rangle = 2\lambda\int_0^\infty \ln y \cdot \frac{4}{\pi^{1/2}}y^2e^{-y^2}dy = -\lambda(\gamma - 2 + \ln 4), \tag{9.213b}$$

将(9.213)式代入(9.190)式得

$$\begin{aligned}E_0^{(2)} &= \langle u_0 \mid \hat{H}_1\hat{D}_0 \mid u_0\rangle - E_0^{(1)}\langle u_0 \mid \hat{D}_0 \mid u_0\rangle \\ &= -2\lambda^2(\gamma+\ln 4)\hbar\omega - 2\lambda\hbar\omega[-\lambda(\gamma-2+\ln 4)] \\ &= 2\lambda^2(-\gamma-\ln 4+\gamma-2+\ln 4)\hbar\omega \\ &= -4\lambda^2\hbar\omega.\end{aligned}$$

所以,准确到 λ^2 项的基态能量为

$$\begin{aligned}E_0 \approx E_0^{(0)} + E_0^{(1)} + E_0^{(2)} &= \frac{3}{2}\hbar\omega + 2\lambda\hbar\omega - 4\lambda^2\hbar\omega \\ &= \left(\frac{3}{2} + 2\lambda - 4\lambda^2\right)\hbar\omega.\end{aligned}$$

利用三维各向同性谐振子势的解,可得本例的精确解

$$E_0 = \frac{2+\sqrt{1+8\lambda}}{2}\hbar\omega \approx \left(\frac{3}{2}+2\lambda-4\lambda^2+\cdots\right)\hbar\omega.$$

达尔戈诺-刘易斯方法也可以应用于三维的情况①,但比较复杂,我们仅介绍用于有心势下的微扰问题.

若

$$\hat{H}_0 = -\frac{\hbar^2}{2m}\frac{1}{r}\frac{\partial^2}{\partial r^2}r + \frac{\hat{L}^2}{2mr^2} + V(r),$$

$$\hat{H}_0\psi_{nlm}^{(0)} = E_{nl}^{(0)}\psi_{nlm}^{(0)}, \quad \psi_{nlm}^{(0)}(r,\theta,\phi) = \frac{u_{nl}(r)}{r}Y_{lm}(\theta,\phi),$$

$$\hat{H}_1 = h_{nl}^{l'}(r)Y_{l'm'}(\theta,\phi), \quad \hat{D}_{nl}^{l'} = d_{nl}^{l'}(r)Y_{l'm'}(\theta,\phi).$$

类似(9.182)式

$$[\hat{D}_{nl}^{l'}, \hat{H}_0]\psi_{nlm}^{(0)} = (\hat{H}_1 - A)\psi_{nlm}^{(0)}, \tag{9.214}$$

以 $\psi_{nlm}^{(0)}$ 标积方程(9.214),得

$$A = \int \psi_{nlm}^{(0)*}\hat{H}_1\psi_{nlm}^{(0)}\mathrm{d}\boldsymbol{r} = E_{nl}^{(1)}.$$

若$(lm)=(00)$,展开(9.214)式则得

$$\left[\frac{\mathrm{d}^2}{\mathrm{d}r^2} + 2\left(\frac{\mathrm{d}}{\mathrm{d}r}\ln u_{n0}\right)\frac{\mathrm{d}}{\mathrm{d}r} - \frac{l'(l'+1)}{r^2}\right]d_{n0}^{l'}(r)Y_{l'm'}(\theta,\phi) = \frac{2m}{\hbar^2}(\hat{H}_1 - E_{n0}^{(1)}). \tag{9.215}$$

若$(l'm')=(00)$,展开(9.214)式则得

$$\left[\frac{\mathrm{d}^2}{\mathrm{d}r^2} + 2\left(\frac{\mathrm{d}}{\mathrm{d}r}\ln u_{nl}\right)\frac{\mathrm{d}}{\mathrm{d}r}\right]d_{n0}^{l'}(r)\frac{1}{\sqrt{4\pi}} = \frac{2m}{\hbar^2}(\hat{H}_1 - E_{n0}^{(1)}). \tag{9.216}$$

---

① 有兴趣的读者可参阅文献 Dalgarno and J. T. Lewis. Roy. Soc., A233 (1955)70; C. Schwartz. Ann. Phys., 6(1959)156; H. A. Mavromatis. Am. J. Phys., **59(8)** (1991)738.

例 处于基态的氢原子被置于沿 z 方向的弱电场($\boldsymbol{\varepsilon}=\varepsilon\boldsymbol{e}_z$),求微扰电场作用后的基态波函数(准至一级修正)及能量(准至二级修正).

由氢原子基态波函数知(参见(5.90a)式)

$$\psi_{100}^{(0)}=\sqrt{\frac{1}{\pi a_0^3}}\mathrm{e}^{-r/a_0},$$

$$u_{10}(r)=2r\left(\frac{1}{a_0}\right)^{3/2}\mathrm{e}^{-r/a_0},\quad E_{10}^{(1)}=0.$$

于是,方程(9.215)可化为

$$\left[\frac{\mathrm{d}^2}{\mathrm{d}r^2}+2\left(\frac{1}{r}-\frac{1}{a_0}\right)\frac{\mathrm{d}}{\mathrm{d}r}-\frac{2}{r^2}\right]d_{10}^1(r)\sqrt{\frac{3}{4\pi}}=\frac{2m}{\hbar^2}e\varepsilon r,$$

直接可求得

$$\hat{D}_{10}^1=-\frac{mea_0^2\varepsilon}{\hbar^2}\left(1+\frac{r}{2a_0}\right)z. \tag{9.217}$$

由式(9.193)得准至一级修正的基态波函数

$$\psi_{100}(r,\theta,\phi)=(1+\hat{D}_{10}^1)\psi_{100}^{(0)}=\left[1-\frac{mea_0^2\varepsilon}{\hbar^2}\left(1+\frac{r}{2a_0}\right)z\right]\psi_{100}^{(0)}.$$

由式(9.190)得基态能量的二级修正

$$E_{10}^{(2)}=\langle 100\mid\hat{H}_1\hat{D}_{10}^1\mid 100\rangle=-\int\frac{1}{\pi a_0^3}\mathrm{e}^{-2r/a_0}e\varepsilon z\,\frac{me\varepsilon a_0^2}{\hbar^2}\left(1+\frac{r}{2a_0}\right)z\mathrm{d}\boldsymbol{r}$$

$$=-9\pi\varepsilon_0 a_0^3\varepsilon^2,$$

于是,准至二级修正的基态能量

$$E_{10}=E_{10}^{(0)}+E_{10}^{(1)}+E_{10}^{(2)}=-\frac{e^2}{8\pi\varepsilon_0 a_0}-9\pi\varepsilon_0 a_0^3\varepsilon^2,$$

而电场的极化率

$$\alpha=-2E_{10}^{(2)}/\varepsilon^2=18\pi\varepsilon_0 a_0^3.$$

9.4 双原子分子

9.4.1 玻恩-奥本海默近似①

我们知道,分子是由多个原子组成,一个分子含有数个原子核和大量的电子,要求解这类问题显然是很困难的.

但是,电子的质量比原子核的质量小得多($m_N/m_e\gg 10^3$),而所受到的作用力

① M. Born and R. Oppenheimer, Ann. d. Physik, **84** (1927)457.

又是同数量级的.所以,原子核的运动比电子的运动慢得多.因此,作为一个很好的近似,在讨论电子的运动时,可以暂时认为原子核固定于空间不动.而在讨论原子核的运动时,由于电子运动极快,因此原子核受到电子的影响可看作一个平均势场的影响.对于分子,其哈密顿量可表为

$$(T_{\mathrm{N}}+T_{\mathrm{e}}+V(\boldsymbol{r}_{\mathrm{e}},\boldsymbol{r}_{\mathrm{N}}))\psi(\boldsymbol{r}_{\mathrm{e}},\boldsymbol{r}_{\mathrm{N}})=E\psi(\boldsymbol{r}_{\mathrm{e}},\boldsymbol{r}_{\mathrm{N}}), \tag{9.218}$$

其中,T_{N} 是原子核的动能和,T_{e} 是电子的动能和,$V(\boldsymbol{r}_{\mathrm{e}},\boldsymbol{r}_{\mathrm{N}})$是势能(原子核和电子的库仑吸引势,电子和电子的库仑排斥势以及原子核间的库仑排斥势).

首先,考虑电子的运动,而原子核的位置保持不变(作为参量).所以电子的本征方程为

$$(T_{\mathrm{e}}+V(\boldsymbol{r}_{\mathrm{e}},\boldsymbol{r}_{\mathrm{N}}))u_n(\boldsymbol{r}_{\mathrm{e}},\boldsymbol{r}_{\mathrm{N}})=\varepsilon_n(r_{\mathrm{N}})u_n(\boldsymbol{r}_{\mathrm{e}},\boldsymbol{r}_{\mathrm{N}}), \tag{9.219}$$

由此可解得 $u_n(\boldsymbol{r}_{\mathrm{e}},\boldsymbol{r}_{\mathrm{N}})$,电子能量项 $\varepsilon_n(\boldsymbol{r}_{\mathrm{N}})$.

由于 $u_n(\boldsymbol{r}_{\mathrm{e}},\boldsymbol{r}_{\mathrm{N}})$是完备组,所以方程(9.218)的解可表为

$$\psi(\boldsymbol{r}_{\mathrm{e}},\boldsymbol{r}_{\mathrm{N}})=\sum_n v_n(\boldsymbol{r}_{\mathrm{N}})u_n(\boldsymbol{r}_{\mathrm{e}},\boldsymbol{r}_{\mathrm{N}}), \tag{9.220}$$

将(9.220)式代入方程(9.218)得

$$(T_{\mathrm{N}}+T_{\mathrm{e}}+V(\boldsymbol{r}_{\mathrm{e}},\boldsymbol{r}_{\mathrm{N}}))\sum_n v_n(\boldsymbol{r}_{\mathrm{N}})u_n(\boldsymbol{r}_{\mathrm{e}},\boldsymbol{r}_{\mathrm{N}})=E\sum_n v_n(\boldsymbol{r}_{\mathrm{N}})u_n(\boldsymbol{r}_{\mathrm{e}},\boldsymbol{r}_{\mathrm{N}}). \tag{9.221}$$

由于,$u_n(\boldsymbol{r}_{\mathrm{e}},\boldsymbol{r}_{\mathrm{N}})$是随 $\boldsymbol{r}_{\mathrm{N}}$ 变化很慢的,而且变化很小(因原子核仅作小振动),所以,$\nabla_{\mathrm{N}}u_n(\boldsymbol{r}_{\mathrm{e}},\boldsymbol{r}_{\mathrm{N}})$和$\nabla_{\mathrm{N}}^2u_n(\boldsymbol{r}_{\mathrm{e}},\boldsymbol{r}_{\mathrm{N}})$可忽略.于是得近似方程

$$\begin{aligned}\sum_n[T_{\mathrm{N}}v_n(\boldsymbol{r}_{\mathrm{N}})]u_n(\boldsymbol{r}_{\mathrm{e}},\boldsymbol{r}_{\mathrm{N}})&+\sum_n\varepsilon_n(\boldsymbol{r}_{\mathrm{N}})v_n(\boldsymbol{r}_{\mathrm{N}})u_n(\boldsymbol{r}_{\mathrm{e}},\boldsymbol{r}_{\mathrm{N}})\\&=E\sum_n v_n(\boldsymbol{r}_{\mathrm{N}})u_n(\boldsymbol{r}_{\mathrm{e}},\boldsymbol{r}_{\mathrm{N}}).\end{aligned} \tag{9.222}$$

将 $u_n(\boldsymbol{r}_{\mathrm{e}},\boldsymbol{r}_{\mathrm{N}})$与方程(9.222)两边标积得

$$T_{\mathrm{N}}v_n(\boldsymbol{r}_{\mathrm{N}})+\varepsilon_n(\boldsymbol{r}_{\mathrm{N}})v_n(\boldsymbol{r}_{\mathrm{N}})=Ev_n(\boldsymbol{r}_{\mathrm{N}}). \tag{9.223}$$

该方程表示了原子核在位势 $\varepsilon_n(\boldsymbol{r}_{\mathrm{N}})$(电子能量项)中的本征方程.这一过程称为玻恩-奥本海默近似(Born-Oppenheimer approximation).

9.4.2 氢分子离子的能量

为了对电子能量项 $\varepsilon_n(\boldsymbol{r}_{\mathrm{N}})$有一感性认识,我们举一个最简单的氢分子离子 H_2^+(图 9.6)作为例子.

电子本征方程(9.219)式成为

$$\begin{aligned}\hat{H}_0u_0(\boldsymbol{r},\boldsymbol{R})&=\left(\frac{\hat{p}_{\mathrm{e}}^2}{2m}-\frac{e^2}{4\pi\varepsilon_0\,|\,\boldsymbol{r}-\boldsymbol{R}/2\,|}-\frac{e^2}{4\pi\varepsilon_0\,|\,\boldsymbol{r}+\boldsymbol{R}/2\,|}+\frac{e^2}{4\pi\varepsilon_0R}\right)u_0(\boldsymbol{r},\boldsymbol{R})\\&=\varepsilon_0(\boldsymbol{R})u_0(\boldsymbol{r},\boldsymbol{R}).\end{aligned} \tag{9.224}$$

如考虑质子 2 在$-\infty$处,则对于质子 1,试探波函数可表为

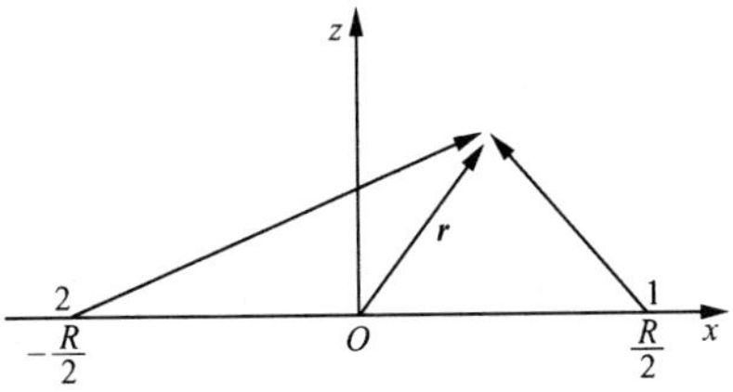

图 9.6 H_2^+ 中电子坐标示意图

$$\varphi_1(\boldsymbol{r},\boldsymbol{R}) = \left(\frac{\lambda^3}{\pi}\right)^{1/2} \mathrm{e}^{-|\boldsymbol{r}-\boldsymbol{R}/2|\lambda}. \tag{9.225}$$

类似的考虑下,对于质子 2,试探波函数为

$$\varphi_2(\boldsymbol{r},\boldsymbol{R}) = \left(\frac{\lambda^3}{\pi}\right)^{1/2} \mathrm{e}^{-|\boldsymbol{r}+\boldsymbol{R}/2|\lambda}. \tag{9.226}$$

所以,一个合理的试探波函数应为它们的线性组合,即

$$\psi = a_1\varphi_1(\boldsymbol{r},\boldsymbol{R}) + a_2\varphi_2(\boldsymbol{r},\boldsymbol{R}). \tag{9.227}$$

由于哈密顿量在空间反射 $\boldsymbol{r}\to-\boldsymbol{r},\boldsymbol{R}\to-\boldsymbol{R},\hat{\boldsymbol{p}}_e\to-\hat{\boldsymbol{p}}_e$ 下不变,所以波函数可取为具有确定宇称的态:

$$\psi_+ = N_+(R)[\varphi_1(\boldsymbol{r},\boldsymbol{R}) + \varphi_2(\boldsymbol{r},\boldsymbol{R})], \tag{9.228a}$$

$$\psi_- = N_-(R)[\varphi_1(\boldsymbol{r},\boldsymbol{R}) - \varphi_2(\boldsymbol{r},\boldsymbol{R})]. \tag{9.228b}$$

而归一化系数为

$$N_\pm^2(R) = \frac{1}{2(1\pm S)}, \tag{9.229}$$

其中

$$\begin{aligned}
S &= \int \mathrm{d}\boldsymbol{r}\varphi_1^*(\boldsymbol{r},\boldsymbol{R})\varphi_2(\boldsymbol{r},\boldsymbol{R}) = \left(\frac{\lambda^3}{\pi}\right)\int \mathrm{d}\boldsymbol{r}\mathrm{e}^{-|\boldsymbol{r}-\boldsymbol{R}/2|\lambda}\mathrm{e}^{-|\boldsymbol{r}+\boldsymbol{R}/2|\lambda} \\
&= \frac{\lambda^3}{\pi}\int \mathrm{d}\boldsymbol{r}'\mathrm{e}^{-|\boldsymbol{r}'-\boldsymbol{R}|\lambda}\mathrm{e}^{-r'\lambda} \\
&= \frac{\lambda^3}{\pi}2\pi\int r'^2\mathrm{d}r'\mathrm{e}^{-r'\lambda}\mathrm{e}^{-\sqrt{r'^2+R^2-2r'R\cos\theta}\lambda}\sin\theta\mathrm{d}\theta \\
&= \left(1 + R\lambda + \frac{1}{3}R^2\lambda^2\right)\mathrm{e}^{-R\lambda}.
\end{aligned} \tag{9.230}$$

所以能量平均值为

$$\begin{aligned}
\langle\hat{H}_0\rangle_\pm &= \langle\psi_\pm|\hat{H}_0|\psi_\pm\rangle \\
&= \frac{1}{2(1\pm S)}[\langle\varphi_1|\hat{H}_0|\varphi_1\rangle + \langle\varphi_2|\hat{H}_0|\varphi_2\rangle \\
&\quad \pm\langle\varphi_1|\hat{H}_0|\varphi_2\rangle \pm \langle\varphi_2|\hat{H}_0|\varphi_1\rangle] \\
&= \frac{1}{(1\pm S)}[\langle\varphi_1|\hat{H}_0|\varphi_1\rangle \pm \langle\varphi_1|\hat{H}_0|\varphi_2\rangle].
\end{aligned} \tag{9.231}$$

而

$$\langle\varphi_1|\hat{H}_0|\varphi_1\rangle=\int\varphi_1^*(\boldsymbol{r},\boldsymbol{R})\Big(\frac{\hat{p}_e^2}{2m}-\frac{e^2}{4\pi\varepsilon_0|\boldsymbol{r}-\boldsymbol{R}/2|}-\frac{e^2}{4\pi\varepsilon_0|\boldsymbol{r}+\boldsymbol{R}/2|}+\frac{e^2}{4\pi\varepsilon_0 R}\Big)\varphi_1(\boldsymbol{r},\boldsymbol{R})\mathrm{d}\boldsymbol{r},$$

直接可求得

$$\langle\varphi_1|\frac{\hat{p}_e^2}{2m}|\varphi_1\rangle=\frac{\lambda^3}{\pi}\int\mathrm{e}^{-|\boldsymbol{r}-\boldsymbol{R}/2|\lambda}\frac{\hat{p}_e^2}{2m}\mathrm{e}^{-|\boldsymbol{r}-\boldsymbol{R}/2|\lambda}\mathrm{d}\boldsymbol{r}=\frac{e^2a_0}{8\pi\varepsilon_0}\lambda^2,\tag{9.232}$$

$$\langle\varphi_1|\frac{e^2}{4\pi\varepsilon_0|\boldsymbol{r}-\boldsymbol{R}/2|}|\varphi_1\rangle=\int\mathrm{e}^{-|\boldsymbol{r}-\boldsymbol{R}/2|\lambda}\frac{e^2}{4\pi\varepsilon_0|\boldsymbol{r}-\boldsymbol{R}/2|}\mathrm{e}^{-|\boldsymbol{r}-\boldsymbol{R}/2|\lambda}\mathrm{d}\boldsymbol{r}=\frac{e^2}{4\pi\varepsilon_0}\lambda,\tag{9.233}$$

$$\langle\varphi_1|\frac{e^2}{4\pi\varepsilon_0|\boldsymbol{r}+\boldsymbol{R}/2|}|\varphi_1\rangle=\int\mathrm{e}^{-|\boldsymbol{r}-\boldsymbol{R}/2|\lambda}\frac{e^2}{4\pi\varepsilon_0|\boldsymbol{r}+\boldsymbol{R}/2|}\mathrm{e}^{-|\boldsymbol{r}-\boldsymbol{R}/2|\lambda}\mathrm{d}\boldsymbol{r}=\frac{e^2}{4\pi\varepsilon_0 R}-\frac{e^2}{4\pi\varepsilon_0 R}(1+\lambda R)\mathrm{e}^{-2\lambda R}.\tag{9.234}$$

所以

$$\begin{aligned}\langle\varphi_1|\hat{H}_0|\varphi_1\rangle&=\int\varphi_1^*(\boldsymbol{r},\boldsymbol{R})\Big(\frac{\hat{p}_e^2}{2m}-\frac{e^2}{4\pi\varepsilon_0|\boldsymbol{r}-\boldsymbol{R}/2|}-\frac{e^2}{4\pi\varepsilon_0|\boldsymbol{r}+\boldsymbol{R}/2|}+\frac{e^2}{4\pi\varepsilon_0 R}\Big)\varphi_1(\boldsymbol{r},\boldsymbol{R})\mathrm{d}\boldsymbol{r}\\&=\frac{e^2a_0}{8\pi\varepsilon_0}\lambda^2-\frac{e^2}{4\pi\varepsilon_0}\lambda+\frac{e^2}{4\pi\varepsilon_0 R}(1+\lambda R)\mathrm{e}^{-2\lambda R}.\end{aligned}\tag{9.235}$$

类似地可直接求得

$$\begin{aligned}\langle\varphi_2|\hat{H}_0|\varphi_1\rangle&=\int\varphi_2^*(\boldsymbol{r},\boldsymbol{R})\Big(\frac{\hat{p}_e^2}{2m}-\frac{e^2}{4\pi\varepsilon_0|\boldsymbol{r}-\boldsymbol{R}/2|}-\frac{e^2}{4\pi\varepsilon_0|\boldsymbol{r}+\boldsymbol{R}/2|}+\frac{e^2}{4\pi\varepsilon_0 R}\Big)\varphi_1(\boldsymbol{r},\boldsymbol{R})\mathrm{d}\boldsymbol{r}\\&=\Big(-\frac{e^2a_0}{8\pi\varepsilon_0}\lambda^2+\frac{e^2}{4\pi\varepsilon_0 R}\Big)S(R)\\&\quad+\frac{e^2}{4\pi\varepsilon_0}\lambda(1+\lambda R)(\lambda a_0-2)\mathrm{e}^{-\lambda R}.\end{aligned}\tag{9.236}$$

最后可得

$$\begin{aligned}\langle\hat{H}_0\rangle_\pm&=\frac{1}{(1\pm S)}[\langle\varphi_1|\hat{H}_0|\varphi_1\rangle\pm\langle\varphi_1|\hat{H}_0|\varphi_2\rangle]\\&=\frac{\frac{e^2a_0}{8\pi\varepsilon_0}\lambda^2-\frac{e^2}{4\pi\varepsilon_0}\lambda+\frac{e^2}{4\pi\varepsilon_0 R}(1+\lambda R)\mathrm{e}^{-2\lambda R}}{1\pm S}\end{aligned}$$

$$\pm\frac{\left(\frac{e^2}{4\pi\varepsilon_0 R}-\frac{e^2 a_0}{8\pi\varepsilon_0}\lambda^2\right)S(R)+\frac{e^2}{4\pi\varepsilon_0}\lambda(1+\lambda R)(\lambda a_0-2)\mathrm{e}^{-\lambda R}}{1\pm S}. \tag{9.237}$$

若简单地取 $\lambda=\frac{1}{a_0}$,则

$$\begin{aligned}\varepsilon_\pm(R)&=\langle\hat{H}_0\rangle_\pm\\&=\frac{-\frac{e^2}{8\pi\varepsilon_0 a_0}(1\pm S)\pm\frac{e^2}{4\pi\varepsilon_0 R}S(R)\mp\frac{e^2}{4\pi\varepsilon_0 a_0}\left(1+\frac{R}{a_0}\right)\mathrm{e}^{-R/a_0}+\frac{e^2}{4\pi\varepsilon_0 R}\left(1+\frac{R}{a_0}\right)\mathrm{e}^{-2R/a_0}}{1\pm\left(1+\frac{R}{a_0}+\frac{R^2}{3a_0^2}\right)\mathrm{e}^{-R/a_0}}\\&=-\frac{e^2}{8\pi\varepsilon_0 a_0}\left[1-2\frac{\left(1+\frac{a_0}{R}\right)\mathrm{e}^{-2R/a_0}\pm\left(\frac{a_0}{R}-\frac{2R}{3a_0}\right)\mathrm{e}^{-R/a_0}}{1\pm\left(1+\frac{R}{a_0}+\frac{R^2}{3a_0^2}\right)\mathrm{e}^{-R/a_0}}\right].\end{aligned} \tag{9.238}$$

由图 9.7 可见,奇宇称态($E_o(R)$)没有束缚态,即不可能形成氢原子离子. 所以,偶宇称态($E_e(R)$)才是氢原子离子态.

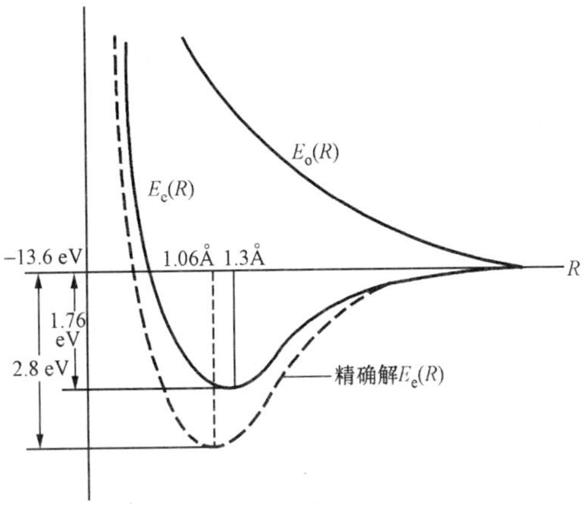

图 9.7 H_2^+ 中电子的能量与核子间距的关系

9.4.3 双原子分子的振动和转动

由方程(9.223)知,在玻恩-奥本海默近似下,对某个电子态(相应于 $\varepsilon(|\boldsymbol{r}_1-\boldsymbol{r}_2|)$),对于双原子分子的两个原子核,薛定谔方程为

$$\left(-\frac{\hbar^2}{2m}\nabla_1^2-\frac{\hbar^2}{2m}\nabla_2^2+\varepsilon(|\boldsymbol{r}_1-\boldsymbol{r}_2|)\right)\psi(\boldsymbol{r}_1,\boldsymbol{r}_2)=E\psi(\boldsymbol{r}_1,\boldsymbol{r}_2). \tag{9.239}$$

引入相对坐标和质心坐标,则方程(9.239)可写为

$$\left(-\frac{\hbar^2}{2M}\nabla_R^2-\frac{\hbar^2}{2\mu}\nabla_r^2+\varepsilon(r)\right)\psi(\boldsymbol{R},\boldsymbol{r})=E\psi(\boldsymbol{R},\boldsymbol{r}), \tag{9.240}$$

其中 $\boldsymbol{R}=\dfrac{\boldsymbol{r}_1+\boldsymbol{r}_2}{2}, \boldsymbol{r}=\boldsymbol{r}_1-\boldsymbol{r}_2, M=2m, \mu=\dfrac{m}{2}$. 这是变量可分离型的方程,令

$$\psi(\boldsymbol{R},\boldsymbol{r}) = f(\boldsymbol{R})\varphi(\boldsymbol{r}), \tag{9.241}$$

代入方程(9.240)得

$$-\frac{\hbar^2}{2M}\nabla_R^2 f(\boldsymbol{R}) = E_c f(\boldsymbol{R}), \tag{9.242}$$

$$\left(-\frac{\hbar^2}{2\mu}\nabla_r^2+\varepsilon(r)\right)\varphi(\boldsymbol{r}) = E_r\varphi(\boldsymbol{r}), \tag{9.243}$$

其中 $E_r=E-E_c$.

我们不考虑质心平移,对相对坐标取球坐标系,则

$$\varphi(\boldsymbol{r}) = R(r)Y_{IM}(\theta,\phi), \tag{9.244}$$

代入方程(9.243)得转子方程

$$\frac{\hat{L}^2}{2\mu r^2}Y_{IM}(\theta,\phi) = \frac{I(I+1)\hbar^2}{2\mu r^2}Y_{IM}(\theta,\phi), \tag{9.245}$$

其中,μr^2 为转动惯量,$\dfrac{I(I+1)\hbar^2}{2\mu r^2}$为转动能. 于是有

$$-\frac{\hbar^2}{2\mu}\frac{1}{r}\frac{\mathrm{d}^2}{\mathrm{d}r^2}(rR)+\frac{I(I+1)\hbar^2}{2\mu r^2}R(r)+\varepsilon(r)R(r) = E_rR(r), \tag{9.246}$$

即

$$-\frac{\hbar^2}{2\mu}\frac{\mathrm{d}^2}{\mathrm{d}r^2}s(r)+\left[\frac{I(I+1)\hbar^2}{2\mu r^2}+\varepsilon(r)\right]s(r) = E_rs(r), \tag{9.247}$$

其中 $s(r)=rR(r)$,并有 $s(r)\xrightarrow{r\to 0}0$.

方程(9.247)代表了一个质量为 μ 的"粒子"在位势

$$V(r) = \frac{I(I+1)\hbar^2}{2\mu r^2}+\varepsilon(r) \tag{9.248}$$

中运动.

当转动不太激烈时,分子仍保持稳定,处于定态,即有平衡位置

$$\left.\frac{\mathrm{d}V(r)}{\mathrm{d}r}\right|_{r=r_0} = 0. \tag{9.249}$$

我们可将位势在平衡位置处展开得

$$\begin{aligned} V(r) &= V(r_0)+\frac{1}{2}V''(r_0)(r-r_0)^2+\cdots \\ &= \varepsilon(r_0)+\frac{I(I+1)\hbar^2}{2\mu r_0^2}+\frac{1}{2}V''(r_0)(r-r_0)^2+\cdots \\ &\approx \varepsilon(r_0)+\frac{I(I+1)\hbar^2}{2\mu r_0^2}+\frac{1}{2}\mu\omega^2(r-r_0)^2, \end{aligned} \tag{9.250}$$

其中 $\mu\omega_0^2 = V''(r_0)$.

于是(9.247)式可写为

$$-\frac{\hbar^2}{2\mu}\frac{\mathrm{d}^2}{\mathrm{d}z^2}s(z)+\frac{1}{2}\mu\omega^2z^2s(z)=\left[E_r-\varepsilon(r_0)-\frac{I(I+1)\hbar^2}{2\mu r_0^2}\right]s(z), \quad (9.251)$$

这里,$z=r-r_0$,$\mu\omega^2=V''(r_0)$,$s(z)|_{z=-r_0}=0$,$s(\infty)=0$. 因此,要求 z 在区域$(-r_0,\infty)$区间中有界的解为

$$s_\nu(z)=N_\nu \mathrm{H}_\nu(\alpha z)\mathrm{e}^{-\alpha^2z^2/2}, \quad (9.252)$$

其中,$\alpha=\sqrt{\frac{\mu\omega}{\hbar}}$,$\mathrm{H}_\nu(\xi)$为厄米函数(见附录(Ⅳ.38)式,取 $n=\nu$),ν 由方程 $\mathrm{H}_\nu(-\alpha r_0)=0$ 来确定. 由于 αr_0 很小很小,所以 ν 近似为正整数. 于是

$$E_n=\varepsilon_n(r_0)+\left(\nu+\frac{1}{2}\right)\hbar\omega+\frac{I(I+1)\hbar^2}{2\mathscr{I}}, \quad (9.253)$$

其中,$\mathscr{I}=\mu r_0^2$,$\varepsilon_n(r_0)$是 r_0 处的电子能量项,$\left(\nu+\frac{1}{2}\right)\hbar\omega$ 是振动能,$\frac{I(I+1)\hbar^2}{2\mathscr{I}}$是转动能.

$$\psi(\boldsymbol{r}_\mathrm{e},\boldsymbol{r}_\mathrm{N})=Au_n(r_\mathrm{e},R,r)\mathrm{e}^{\mathrm{i}\boldsymbol{k}\cdot\boldsymbol{R}}R_\nu(r)\mathrm{Y}_{IM}(\theta,\phi). \quad (9.254)$$

下面我们对能量进行一些定性的估计.

假设分子尺度为 $a(\approx 10^{-8}\ \mathrm{cm})$,则电子运动范围$\approx a$,电子动量的数量级为$\frac{\hbar}{a}$. 于是电子平动动能

$$\varepsilon_{\mathrm{el}}\approx\frac{\hbar^2}{m_\mathrm{e}a^2}. \quad (9.255)$$

这时原子核的转动动能

$$\varepsilon_{\mathrm{rot}}\approx\frac{I(I+1)\hbar^2}{2\mu a^2}\approx\frac{\hbar^2}{\mu a^2}\approx\frac{m_\mathrm{e}}{\mu}\varepsilon_{\mathrm{el}}. \quad (9.256)$$

一个原子核从平衡位置移动 a,则体系获得能量为$\frac{1}{2}\mu\omega^2a^2$. 这相当于一个原子被分离(而这能量数量级相当于 $\varepsilon_{\mathrm{el}}$,即电子被分离,分离能相当于 $\varepsilon_{\mathrm{el}}$). 所以

$$\mu\omega^2a^2\approx\frac{\hbar^2}{m_\mathrm{e}a^2}, \Longrightarrow \hbar\omega\approx\sqrt{\frac{m_\mathrm{e}}{\mu}}\frac{\hbar^2}{m_\mathrm{e}a^2}. \quad (9.257)$$

由方程(9.255),(9.256)和(9.257)可得平动、振动、转动能量数量级的大小为

$$\varepsilon_{\mathrm{el}}\gg\varepsilon_{\mathrm{vib}}\gg\varepsilon_{\mathrm{rot}}. \quad (9.258)$$

一般而言:$\varepsilon_{\mathrm{el}}$所相应的波长在 3500Å 左右;$\varepsilon_{\mathrm{vib}}$所相应的波长在 10^{-3} cm 的量级;$\varepsilon_{\mathrm{rot}}$所相应的波长约在 0.04~0.1 cm. 亦即在一个电子态下,有一组振动态,每一个振动态下有一系列转动态,如图 9.8 所示.

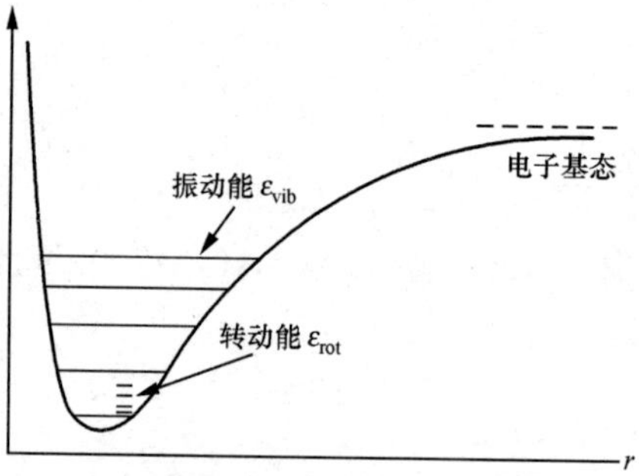

图 9.8　双原子分子能谱示意图

事实上以$\frac{1}{2}V''(r_0)(r-r_0)^2$ 作为近似位势不好. 实验上发现,振动能级不是等距离的,而是收敛的,即振动态能级间距越来越小. 所以还有其他一系列的模式位势去作为近似位势,如 Morse 势.

例　设方程(9.248)的 $V(r)$是一 Morse 势①:

$$V(r) = V_0(e^{-2a(r-r_0)} - 2e^{-a(r-r_0)}), \tag{9.259}$$

其中,$e^{ar_0}>2$. 求该分子的振动能级.

解　对小振动即 $x=r-r_0$ 变化很小,有

$$V(x) = V_0[-1 + a^2x^2 + O(x^3)]. \tag{9.260}$$

于是,有效哈密顿量

$$H_{\text{eff}} = -\frac{\hbar^2}{2\mu}\frac{\partial^2}{\partial x^2} + V_0a^2x^2 = -\frac{\hbar^2}{2\mu}\frac{\partial^2}{\partial x^2} + \frac{1}{2}\mu\omega_0^2x^2. \tag{9.261}$$

其中,μ 为约化质量,$\omega_0 = \left(\frac{2V_0a^2}{\mu}\right)^{1/2}$. 所以能级的能量为

$$E_n = \left(n + \frac{1}{2}\right)\hbar\omega_0 - V_0. \tag{9.262}$$

当然,n 不能太大,以保证二次项的近似较好.

对氢分子: $V_0=5.07\,\text{eV}$, $r_0=0.74\text{Å}$, $a=1.88\text{Å}^{-1}$,相应的 $\hbar\omega_0=0.54\,\text{eV}$. 所以氢分子的振动能级的能量为

$$E_n = (0.54n - 4.80)\text{eV}. \tag{9.263}$$

其精确解为(见习题 5.13)

$$E_n = -V_0 + \left(n + \frac{1}{2}\right)\hbar\omega_0 - \frac{\left[\left(n + \frac{1}{2}\right)\hbar\omega_0\right]^2}{4V_0}, \tag{9.264}$$

① P. M. Morse, Phys. Rev., **34** (1929)57.

其中 $\omega_0 = a\left(\frac{2V_0}{\mu}\right)^{1/2}$.

所以能级的修正比为

$$\frac{\Delta E_n}{E_n} \approx \left(n+\frac{1}{2}\right)\frac{\hbar\omega_0}{V_0} = 0.11\left(n+\frac{1}{2}\right). \tag{9.265}$$

由此可见,n 应小于 10,而能级间距随 n 增加而减小.

9.4.4 双原子分子的转动谱线的强度规律

当双原子分子由全同原子组成时,我们知道,其波函数要具有一定的交换对称性.这将使谱线强度(即谱线的明亮程度)出现一定的规律.

氢原子的两个原子核是质子,自旋为$\frac{\hbar}{2}$,是费米子.波函数对于两个质子交换应是反对称的.

当两个原子核的坐标交换 $\boldsymbol{r}_{N_1} \rightleftharpoons \boldsymbol{r}_{N_2}$ 时,质心坐标不变,而相对坐标

$$\boldsymbol{r} \to -\boldsymbol{r}. \tag{9.266}$$

即

$$r \to r,\ \theta \to \pi-\theta,\ \phi \to \pi+\phi. \tag{9.267}$$

因此,当两个原子核空间坐标交换时,质心坐标和振动波函数不改变,而转动波函数

$$\mathrm{Y}_{IM}(\theta,\phi) \to \mathrm{Y}_{IM}(\pi-\theta,\pi+\phi) = (-1)^I\mathrm{Y}_{IM}(\theta,\phi). \tag{9.268}$$

对于 H_2 分子,考虑到反对称的要求,相对运动波函数应为

$$R_\nu(r)\mathrm{Y}_{IM}(\theta,\phi)\cdot\begin{cases}\chi_{00}, & I\ 为偶数,\\ \chi_{1m}, & I\ 为奇数.\end{cases} \tag{9.269}$$

由于原子间的相互作用与核自旋无关,因此,$\Delta S\neq 0$ 的跃迁是禁戒的.所以,$S=1$ 状态的氢分子的能量尽管高于 $S=0$ 的状态的氢分子,但是并不发生跃迁.这样 $S=1$ 中能量最低的氢分子态的寿命很长,历史上把这一态称为正氢基态,而把处于最低能量的 $S=0$ 状态的氢分子称为仲氢基态.

另外,由于原子间的相互作用与核自旋无关,所以 χ_{1m} 和 χ_{00} 这四个态在自然界是等概率出现的.因此,自然界中的正氢和仲氢的分子数之比约为① 3∶1,正氢的光谱线强.这些转动态之间的跃迁(四极跃迁)的能量差为

$$\frac{\hbar^2}{2\mathscr{I}}[I(I+1)-(I-2)(I-1)] = \frac{\hbar^2}{\mathscr{I}}(2I-1). \tag{9.270}$$

① 当转动能与 kT 同量级时,应考虑热平衡时的玻尔兹曼分布对光谱线强度带来的影响.

跃迁频率 $\omega_I=\frac{\hbar}{\mathscr{I}}(2I-1)$ 随 I 增大而增大，而相邻的频率差为 $\Delta\omega_I=\frac{2\hbar}{\mathscr{I}}$. 所以，相邻谱线的频率差为一常数.

习　题

9.1　设一体系未受微扰作用时只有两条能级：E_{01} 及 E_{02}. 现在受到微扰 $\hat{H}'$ 的作用,微扰矩阵元为 $H'_{12}=H'_{21}=a$，$H_{11}=H_{22}=b$. a,b 都是实数，用微扰公式求能量至二级修正值.

9.2　质量为 m 的粒子运动于一维谐振子势 $V_0=\frac{1}{2}kx^2$ 中，加上一个小的微扰项 $V_1=\frac{1}{2}\delta kx^2$.

(1) 试求一级，二级微扰能量；

(2) 与精确结果比较.

9.3　质量为 m，电荷为 e 的粒子在一维谐振子势（角频率为 ω）中运动. 当置入均匀电场 $\boldsymbol{\varepsilon}$ 中，试求对原能级的影响，并给出相应的极化率.

9.4　类氢原子的价电子处于 $l=1$ 的态，其哈密顿量为

$$\hat{H}=\frac{\mu_B B}{\hbar}(\hat{L}_z+2\hat{S}_z)+\frac{2w}{\hbar^2}\hat{\boldsymbol{L}}\cdot\hat{\boldsymbol{S}}.$$

若 $w\gg\mu_B B$，求一级微扰的能级修正.

9.5　如忽略自旋效应，氢原子 $n=2$ 的能级是四重简并（能量为 $E^{(0)}$）. 当置于均匀电场 $\boldsymbol{\varepsilon}$（在 z 方向）中，取一级修正，则能量为

$$E^{(0)}\pm 3a_0e\varepsilon,\quad E^{(0)},\quad E^{(0)}.$$

但若 u_{210} 和 u_{200} 不简并，能量为 $E^{(0)}+\Delta$，$E^{(0)}-\Delta$.

(1) 证明它们有能量本征值为 $E^{(0)}\pm\sqrt{\Delta^2+\varepsilon_0^2}$，其中 $\varepsilon_0=3a_0e\varepsilon$.

(2) 与微扰论比较：

a. $\varepsilon_0\gg\Delta$；b. $\varepsilon_0\ll\Delta$.

(3) 画出 $E^{(0)}\pm\sqrt{\Delta^2+\varepsilon_0^2}$ 与 ε 的变化图.

(4) 若 u_{210} 和 u_{200} 的波数分裂为 36 m^{-1}，计算 $\varepsilon_0=\Delta$ 时的电场值.

9.6　若认为氢原子中的质子是一半径为 b 的电荷均匀分布的球壳.

(1) 试求氢原子的基态能量的一级修正；

(2) 若 $b\approx10^{-15}$ m，$a_0=0.529\times10^{-10}$ m（因此，若 $r<b$，$\mathrm{e}^{-2r/a_0}\approx1$），试给出一级能量修正与零级能量之比.

9.7　在磁场 $\boldsymbol{B}=B_0\boldsymbol{e}_z$ 中的两个自旋为 1/2 的粒子（非全同），其哈密顿量为

$$\hat{H} = B_0(a_1\hat{\sigma}_{z^{(1)}} + a_2\hat{\sigma}_{z^{(2)}}) + \chi\hat{\boldsymbol{\sigma}}^{(1)} \cdot \hat{\boldsymbol{\sigma}}^{(2)} \quad (a_1 \neq a_2).$$

(1) 设 B_0 很小，求能量修正到二级；

(2) 若 χ 很小，求能量修正到二级；

(3) 求精确解，并与(1)、(2)比较.

9.8 设在 H_0 表象中，H 矩阵表示为 $\begin{bmatrix} E_1^{(0)} & 0 & a \\ 0 & E_2^{(0)} & b \\ a^* & b^* & E_3^{(0)} \end{bmatrix}$，试用微扰论求能量的二级修正.

9.9 设粒子处于三维各向同性的谐振子势的第一激发态上，其归一化的波函数(在 $\hat{H}_0, \hat{\boldsymbol{L}}^2, \hat{L}_z$ 表象中)为 $R_{11}Y_{1m}$.

若有一微扰 $\mu_B\hat{L}_xB_0/\hbar$(B_0 很小)，试求它对粒子能量引起的一级修正，并给出正确的零级波函数.

9.10 设自由粒子在长度为 L 的一维区域中运动，波函数满足周期性边条件 $\psi\left(-\frac{L}{2}\right)=\psi\left(\frac{L}{2}\right)$，波函数的形式可取为

$$\psi_+^{(0)} = \sqrt{\frac{2}{L}}\cos kx, \quad \psi_-^{(0)} = \sqrt{\frac{2}{L}}\sin kx, \quad k = \frac{2\pi n}{L}, \quad n = 0,1,2\cdots.$$

设粒子还受到一个"陷阱"$H^{(1)}(x) = -V_0 e^{-x^2/a^2}$，$a \ll L$ 的作用. 试用简并微扰论计算能量一级修正.

9.11 一体系在无微扰时有两条能级，其中一条是二重简并的，在 H_0 表象中，哈密顿量为

$$\begin{bmatrix} E_1^{(0)} & 0 & 0 \\ 0 & E_1^{(0)} & 0 \\ 0 & 0 & E_2^{(0)} \end{bmatrix}, \quad E_1^{(0)} < E_2^{(0)},$$

在计及微扰后，哈密顿量为 $\begin{bmatrix} E_1^{(0)} & 0 & a \\ 0 & E_1^{(0)} & b \\ a^* & b^* & E_2^{(0)} \end{bmatrix}$.

(1) 用微扰论求 H 本征值，准到二级近似；

(2) 把 $\hat{H}$ 严格对角化，求 $\hat{H}$ 的精确本征值，然后进行比较.

9.12 考虑体系 $\hat{H}=\hat{T}+V(x)$，

$$V(x) = \begin{cases} Ax \ (A > 0), & x \geqslant 0, \\ \infty, & x < 0, \end{cases}$$

(1) 利用变分法，取试探波函数

$$\psi_1(x)=\begin{cases}\left(\dfrac{2}{b\sqrt{\pi}}\right)^{1/2}\mathrm{e}^{\frac{-x^2}{2b^2}}, & x\geqslant 0,\\ 0, & x<0,\end{cases}$$

求基态能量上限；

(2) 我们知道，如试探波函数为

$$\psi_2(x)=\begin{cases}\left(\dfrac{1}{b\sqrt{\pi}}\right)^{1/2}\dfrac{2x}{b}\mathrm{e}^{\frac{-x^2}{2b^2}}, & x\geqslant 0,\\ 0, & x<0,\end{cases}$$

则基态能量上限为 $E_2=\left(\dfrac{81}{2\pi}\right)^{1/3}\left(\dfrac{A^2\hbar^2}{2m}\right)^{1/3}$. 对这两个基态的能量上限，你能接受哪一个？为什么？

9.13 试用变分法求一维谐振子的基态波函数和能量（试探波函数取 $\mathrm{e}^{-\lambda x^2}$，$\lambda$ 为待定参数）.

9.14 用试探波函数 $\psi(x)=\mathrm{e}^{-|x|/a}$，估计一维谐振子基态能量和波函数.

9.15 设氢原子基态试探波函数取 $\psi(\lambda,r)=N\mathrm{e}^{-\lambda(r/a)^2}$，其中 $a=4\pi\varepsilon_0\hbar^2/\mu e^2$，$N$ 为归一化常数，λ 为变分参数，求基态能量，并与精确解比较.

9.16 粒子在一吸引有心势 $V(r)=Ar^n$（整数 $n\geqslant -1$）中运动. 设试探波函数为

$$R(r)=\mathrm{e}^{-\beta r},$$

试利用变分法求基态的能量，并与 $n=-1$，$n=2$ 时的精确解比较.

9.17 粒子在一维势场中运动，$V(x)<0$（当 $x\to\pm\infty$，$V(x)\to 0$），试证明：至少存在一个束缚态（$E<0$），取试探波函数 $u_\lambda(x)=\dfrac{\sqrt{\lambda}}{\pi^{1/4}}\mathrm{e}^{-\lambda^2x^2/2}$.

9.18 利用达尔戈诺-刘易斯方法求哈密顿量为

$$\hat{H}=\frac{p_x^2}{2m}+\begin{cases}\dfrac{1}{2}m\omega^2x^2+\lambda\hbar\omega\left[\sqrt{\dfrac{m\omega}{\hbar}}x\right]^2, & x\geqslant 0,\\ \infty, & x<0\end{cases}$$

的基态的能量（准确到 λ^3），并与精确解比较.

9.19 由底夸克(b)和反底夸克($\bar{\mathrm{b}}$)构成的 1s 重夸克偶素，即 γ 粒子($\mathrm{b}\bar{\mathrm{b}}$)，系统的哈密顿量为($\hbar=c=1$)

$$\hat{H}=-\frac{1}{2\mu}\nabla^2-\frac{\kappa}{r}+\sigma r.$$

试利用达尔戈诺-刘易斯方法，求 1s 态的能量（准至 σ^3）.（$\kappa=0.52$，$\mu=2.5$ GeV，$\sigma=\dfrac{1}{2.34^2}$ GeV^2.）

第十章　含时间的微扰论——量子跃迁

10.1　量 子 跃 迁

在第九章中，我们遇到的问题是，哈密顿量 $\hat{H}$ 与 t 无关的能量本征方程无解析解. 于是，我们利用 $\hat{H}_0=\dfrac{p^2}{2m}+V_0$ 有解析解，并且 $\hat{H}_1=V-V_0$ 又比较小，通过微扰法来逐级求得能量本征方程 $\hat{H}(\boldsymbol{r},\hat{\boldsymbol{p}})\psi(\boldsymbol{r})=E\psi(\boldsymbol{r})$的近似解，并扼要地介绍了达尔戈诺-刘易斯方法. 另外也讨论了如何利用变分法或哈特里自洽场方法来求最接近能级能量的上限值.

现在要来处理的情况是：体系原处于 $\hat{H}_0$ 的本征态(或本征态的叠加态)上，而这时有一与 t 相关的微扰 $\hat{H}_1(t)$作用到该体系上.

显然，这时体系的能量不是运动常数，其状态并不处于定态(即使 $\hat{H}_1$ 可能在一段时间中不变)，在 $\hat{H}_0$ 的各定态中的概率并不是常数，而是随时间变化的. 我们无法获得含时间的薛定谔方程解析解. 有时这一附加作用在一段时间之后结束，这时体系的哈密顿量又为 $\hat{H}_0$，体系的状态在 $\hat{H}_0$ 的本征态上的概率又不随时间变化了. 当然，这时的概率与微扰 $\hat{H}_1(t)$作用前的概率已有所不同. 也就是说，**体系可以从一个态以一定概率跃迁到另一态，这一物理过程称为量子跃迁**. 对于这类问题就需要利用含时间的微扰论来处理. 总之，含时间的微扰论就是研究体系所处的位势随时间发生变化时，或变化后，体系所处状态发生的变化.

10.1.1　含时间的微扰论

令体系的哈密顿量为 $\hat{H}_0(\boldsymbol{r},\hat{\boldsymbol{p}})$，其后随 t 加一扰动 $V(t)$. 这时体系的状态满足薛定谔方程

$$\mathrm{i}\hbar\frac{\partial\psi}{\partial t}=\hat{H}(t)\psi,$$

其中，$\hat{H}(t)=\hat{H}_0+V(t)$.

因 $\hat{H}_0$ 不显含 t，可有能量本征方程

$$\hat{H}_0(\boldsymbol{r},\hat{\boldsymbol{p}})\varphi_n(\boldsymbol{r})=E_n^{(0)}\varphi_n(\boldsymbol{r}),\tag{10.1}$$

其定态解为

$$\phi_n(\boldsymbol{r},t)=\varphi_n(\boldsymbol{r})\mathrm{e}^{-\mathrm{i}E_n^{(0)}t/\hbar}.\tag{10.2}$$

所以 $\hat{H}_0$ 的通解为

$$\psi_0(\boldsymbol{r},t)=\sum_n a_n\varphi_n(\boldsymbol{r})\mathrm{e}^{-\mathrm{i}E_n^{(0)}t/\hbar}$$
$$=\sum_n a_n\phi_n(\boldsymbol{r},t).\tag{10.3}$$

而

$$a_n=(\phi_n(t),\psi_0(t))=(\varphi_n,\psi_0(0))\tag{10.4}$$

是不随 t 变化的常数.

当 $a_n=\delta_{nk}$ 时，即 $t=0$，体系处于 $\varphi_k(\boldsymbol{r})$，则 t 时刻体系处于

$$\psi_0(\boldsymbol{r},t)=\varphi_k(\boldsymbol{r})\mathrm{e}^{-\mathrm{i}E_k^{(0)}t/\hbar}=\phi_k(\boldsymbol{r},t).\tag{10.5}$$

即微扰不存在时，体系处于定态 $\phi_k(\boldsymbol{r},t)$ 上.

当微扰存在，且特别是与 t 有关时，则体系处于 $\hat{H}_0$ 的各本征态（或定态）的概率将可能随时间发生变化. 设：$\hat{H}=\hat{H}_0+V$，则体系所处的状态满足薛定谔方程

$$\mathrm{i}\hbar\frac{\partial\psi(\boldsymbol{r},t)}{\partial t}=\hat{H}\psi(\boldsymbol{r},t).\tag{10.6}$$

当然，$\psi(\boldsymbol{r},t)$ 仍可按 $\hat{H}_0$ 的定态 $\phi_n(\boldsymbol{r},t)$ 展开，但由于 $\phi_n(\boldsymbol{r},t)$ 不是 $\hat{H}$ 的定态，所以展开系数与 t 有关：

$$\psi(\boldsymbol{r},t)=\sum_{n'}a_{n'}(t)\phi_{n'}(\boldsymbol{r},t)=\sum_{n'}a_{n'}(t)\varphi_{n'}(\boldsymbol{r})\mathrm{e}^{-\mathrm{i}E_{n'}^{(0)}t/\hbar}.\tag{10.7}$$

将 $\psi(\boldsymbol{r},t)$ 代入方程(10.6)，并与 $\phi_n(\boldsymbol{r},t)$ 标积，得

$$\mathrm{i}\hbar\frac{\mathrm{d}}{\mathrm{d}t}a_n(t)+E_n^{(0)}a_n(t)=E_n^{(0)}a_n(t)+\sum_{n'}V_{nn'}\mathrm{e}^{\mathrm{i}(E_n^{(0)}-E_{n'}^{(0)})t/\hbar}a_{n'}(t).\tag{10.8}$$

于是有方程

$$\mathrm{i}\hbar\frac{\mathrm{d}}{\mathrm{d}t}a_n(t)=\sum_{n'}V_{nn'}\mathrm{e}^{\mathrm{i}(E_n^{(0)}-E_{n'}^{(0)})t/\hbar}a_{n'}(t)=\sum_{n'}V_{nn'}\mathrm{e}^{\mathrm{i}\omega_{nn'}t}a_{n'}(t).\tag{10.9a}$$

也可表为

$$\mathrm{i}\hbar\frac{\mathrm{d}}{\mathrm{d}t}\begin{pmatrix}a_1(t)\\a_2(t)\\a_3(t)\\\vdots\end{pmatrix}=\begin{pmatrix}V_{11}&V_{12}\mathrm{e}^{\mathrm{i}\omega_{12}t}&V_{13}\mathrm{e}^{\mathrm{i}\omega_{13}t}&\cdots\\V_{21}\mathrm{e}^{\mathrm{i}\omega_{21}t}&V_{22}&V_{23}\mathrm{e}^{\mathrm{i}\omega_{23}t}&\cdots\\V_{31}\mathrm{e}^{\mathrm{i}\omega_{31}t}&V_{32}\mathrm{e}^{\mathrm{i}\omega_{32}t}&V_{33}&\cdots\\\cdots&\cdots&\cdots&\cdots\end{pmatrix}\begin{pmatrix}a_1(t)\\a_2(t)\\a_3(t)\\\vdots\end{pmatrix}.\tag{10.9b}$$

其中，

$$\omega_{nn'}=(E_n^{(0)}-E_{n'}^{(0)})/\hbar,\tag{10.10a}$$

$$V_{nn'}=\int\varphi_n^*(\boldsymbol{r})V(\boldsymbol{r},t)\varphi_{n'}(\boldsymbol{r})\mathrm{d}\boldsymbol{r}.\tag{10.10b}$$

注意，$\varphi_n(\boldsymbol{r})$ 为 $\hat{H}_0$ 的本征态.

$a_n(t)$ 是 t 时刻，以 $\hat{H}$ 描述的体系，处于 $\hat{H}_0$ 的本征态 φ_n 中的概率幅. 实际上，

(10.9)式是薛定谔方程在 $\hat{H}_0$ 表象中的矩阵表示，这个方程的解依赖初态和 $V(\boldsymbol{r},t)$.

假设 V 很小，可看做一微扰，则可通过逐级近似求解.

令 $a_n=a_n^{(0)}+a_n^{(1)}+a_n^{(2)}+\cdots$，则有

$$\mathrm{i}\hbar\frac{\mathrm{d}}{\mathrm{d}t}a_n^{(0)}(t)=0, \tag{10.11a}$$

$$\mathrm{i}\hbar\frac{\mathrm{d}}{\mathrm{d}t}a_n^{(1)}(t)=\sum_{n'}V_{nn'}\mathrm{e}^{\mathrm{i}\omega_{nn'}t}a_{n'}^{(0)}(t), \tag{10.11b}$$

$$\mathrm{i}\hbar\frac{\mathrm{d}}{\mathrm{d}t}a_n^{(2)}(t)=\sum_{n'}V_{nn'}\mathrm{e}^{\mathrm{i}\omega_{nn'}t}a_{n'}^{(1)}(t), \tag{10.11c}$$

$$\vdots$$

由方程(10.11a)可解得

$$a_n^{(0)}(t)=A_n. \tag{10.12}$$

A_n 是与 t 无关的.

由初条件 $t=t_0$ 时，体系处于 $\hat{H}_0$ 的定态 $\phi_k(\boldsymbol{r},t_0)=\varphi_k(\boldsymbol{r})\mathrm{e}^{-\mathrm{i}E_k^{(0)}t_0/\hbar}$，即得

$$a_n^{k(0)}(t)=\delta_{nk}. \tag{10.13}$$

将(10.13)式代入方程(10.11b)得

$$\mathrm{i}\hbar\frac{\mathrm{d}}{\mathrm{d}t}a_n^{(1)}=\sum_{n'}V_{nn'}\mathrm{e}^{\mathrm{i}\omega_{nn'}t}\delta_{n'k}=V_{nk}\mathrm{e}^{\mathrm{i}\omega_{nk}t}. \tag{10.14}$$

于是有解

$$a_n^{k(1)}(t)=\frac{1}{\mathrm{i}\hbar}\int_{t_0}^{t}V_{nk}(t_1)\mathrm{e}^{\mathrm{i}\omega_{nk}t_1}\mathrm{d}t_1. \tag{10.15}$$

又由方程(10.11c)，

$$\mathrm{i}\hbar\frac{\mathrm{d}}{\mathrm{d}t}a_n^{k(2)}(t)=\sum_{n'}V_{nn'}\mathrm{e}^{\mathrm{i}\omega_{nn'}t}a_{n'}^{k(1)}(t), \tag{10.16}$$

可得

$$a_n^{k(2)}(t)=\left(\frac{1}{\mathrm{i}\hbar}\right)^2\sum_{n_1}\int_{t_0}^{t}\mathrm{d}t_2\int_{t_0}^{t_2}\mathrm{d}t_1V_{nn_1}(t_2)\mathrm{e}^{\mathrm{i}\omega_{nn_1}t_2}V_{n_1k}(t_1)\mathrm{e}^{\mathrm{i}\omega_{n_1k}t_1}. \tag{10.17}$$

依此类推得

$$a_n^{k(m)}(t)=\left(\frac{1}{\mathrm{i}\hbar}\right)^m\sum_{n_1n_2\cdots n_{m-1}}\int_{t_0}^{t}\mathrm{d}t_m\int_{t_0}^{t_m}\mathrm{d}t_{m-1}\cdots\int_{t_0}^{t_2}\mathrm{d}t_1V_{nn_{m-1}}(t_m)\mathrm{e}^{\mathrm{i}\omega_{nn_{m-1}}t_m}$$
$$\cdot V_{n_{m-1}n_{m-2}}(t_{m-1})\mathrm{e}^{\mathrm{i}\omega_{n_{m-1}n_{m-2}}t_{m-1}}\cdots V_{n_1k}(t_1)\mathrm{e}^{\mathrm{i}\omega_{n_1k}t_1}. \tag{10.18a}$$

在相互作用绘景中(参见(6.178))即为

$$a_n^{k(m)\mathrm{I}}(t)=\left(\frac{1}{\mathrm{i}\hbar}\right)^m\sum_{n_1n_2\cdots n_{m-1}}\int_{t_0}^{t}\mathrm{d}t_m\int_{t_0}^{t_m}\mathrm{d}t_{m-1}\cdots\int_{t_0}^{t_2}\mathrm{d}t_1V_{nn_{m-1}}^{\mathrm{I}}(t_m)$$

$$\cdot V^{\mathrm{I}}_{n_{m-1}n_{m-2}}(t_{m-1})\cdots V^{\mathrm{I}}_{n_1 k}(t_1). \tag{10.18b}$$

而

$$a_n^k(t)=\sum_{i=0} a_n^{k(i)}(t)=\sum_{i=0} a_n^{k(i)\mathrm{I}}(t). \tag{10.19}$$

10.1.2 跃迁概率

若 V_{nk} 很小，即跃迁概率很小，我们只要取一级近似即可，则

$$a_n^{k(1)}(t)=\frac{1}{\mathrm{i}\,\hbar}\int_{t_0}^{t} V_{nk}(t_1)\mathrm{e}^{\mathrm{i}\omega_{nk}t_1}\,\mathrm{d}t_1. \tag{10.20}$$

这表明，t_0 时刻处于 $\hat{H}_0$ 的定态 $\phi_k(\boldsymbol{r},t_0)$ 的体系在 t 时刻，可处于 $\hat{H}_0$ 的定态 $\phi_n(\boldsymbol{r},t)$，其概率幅为 $a_n^{k(1)}(t)(n\neq k)$. 因此，我们在 t 时刻，测量发现体系处于这一态的概率为

$$P_{k\to n}=|\,a_n^{k(1)}(t)\,|^2=\frac{1}{\hbar^2}\left|\int_{t_0}^{t} V_{nk}(t_1)\mathrm{e}^{\mathrm{i}\omega_{nk}t_1}\,\mathrm{d}t_1\right|^2. \tag{10.21}$$

例 1 一维线性谐振子，被时间相关的位势

$$V(x,t)=P(t)x \tag{10.22}$$

所扰动. 其中，$P(t)=\dfrac{P_0}{\sqrt{\pi}}\mathrm{e}^{-(t/\tau)^2}$. 在 $t\to-\infty$（即 $t_0=-\infty$）时，体系处于谐振子基态.

(i) $t\to+\infty$，振子处于第 n 个激发态的概率.

$$\begin{aligned}
P_{0\to n}&\approx|\,a_n^{0(1)}(t=+\infty)\,|^2\\
&=\frac{1}{\hbar^2}\left|\int_{-\infty}^{+\infty}\frac{P_0}{\sqrt{\pi}}\langle n\mid x\mid 0\rangle\mathrm{e}^{-(t_1/\tau)^2+\mathrm{i}n\omega t_1}\,\mathrm{d}t_1\right|^2\\
&=\frac{1}{\hbar^2}\left|\frac{P_0}{\sqrt{\pi}}\langle n\mid x\mid 0\rangle\tau\sqrt{\pi}\mathrm{e}^{-n^2\omega^2\tau^2/4}\right|^2\\
&=\frac{P_0^2}{\hbar^2}\,|\,\langle n\mid x\mid 0\rangle\,|^2\tau^2\mathrm{e}^{-n^2\omega^2\tau^2/2}.
\end{aligned} \tag{10.23}$$

(ii) 当 τ 很大时，

$$P_{0\to n}\to 0. \tag{10.24}$$

我们看到，微扰是渐渐加上，体系经微扰后仍处于基态，这称为绝热近似(adiabatic approximation).

(iii) 当 τ 很小，微扰在很短时间加上，即微扰施加的过程非常快，则体系状态保持不变，这称为突然近似(sudden approximation).

τ 很小，则

$$P_{0\to n}\approx\frac{P_0^2}{\hbar^2}\,|\,\langle n\mid x\mid 0\rangle\,|^2\tau^2\mathrm{e}^{-n^2\omega^2\tau^2/2}\approx 0, \tag{10.25}$$

所以，末态≈初态.

若 $t<t_0$，体系的哈密顿量为 H_0 并处于它的本征态 φ_i 中. 而在 $t>t_0$，体系的哈密顿量为 H_0'，其本征态为 Φ_i，即在 t_0 时突然加一外场，使得 $H_0\to H_0'$. 由于这时体系所处的波函数不变，

$$\Psi=\begin{cases}\varphi_i, & t<t_0,\\ \sum_j b_j\Phi_j, & t>t_0,\end{cases} \tag{10.26}$$

所以在 H_0' 的能级 Φ_s 的概率为

$$|\langle\Phi_s|\varphi_i\rangle|^2=|b_s|^2. \tag{10.27}$$

(iv) 求 $t\to\infty$ 时，体系处于第 10 个激发态的概率.

由于

$$\langle m+1|x|m\rangle=\frac{1}{\alpha}\sqrt{\frac{m+1}{2}}, \tag{10.28}$$

其中 $\alpha=\sqrt{\frac{m\omega}{\hbar}}$，所以，一级跃迁概率为零，二级跃迁概率为零，……依此类推，仅当 $a_{10}^{0(10)}$ 时才不为零，即至少要到第 10 级跃迁才不为零，

$$a_{10}^{0(10)}=\left(\frac{1}{\mathrm{i}\hbar}\right)^{10}\int_{t_0}^{t}\mathrm{d}t_{10}\int_{t_0}^{t_{10}}\mathrm{d}t_9\cdots\int_{t_0}^{t_2}\mathrm{d}t_1V_{10,9}(t_{10})\mathrm{e}^{\mathrm{i}\omega_{10,9}t_{10}}$$

$$\cdot V_{9,8}(t_9)\mathrm{e}^{\mathrm{i}\omega_{9,8}t_9}\cdots V_{1,0}(t_1)\mathrm{e}^{\mathrm{i}\omega_{1,0}t_1}\propto P_0^{10}.$$

于是跃迁概率

$$P_{0\to10}\propto P_0^{20}. \tag{10.29}$$

例 2 处于基态($t\to-\infty$)的氢原子受位势 $V(t)=exE_0\mathrm{e}^{-\gamma|t|}$ ($\gamma>0$，为实参数)扰动.

(i) 求 $t\to+\infty$ 时，处于 $|nlm\rangle$ 态的概率.

$$\begin{aligned}P_{nlm}&=\frac{1}{\hbar^2}\left|\int_{-\infty}^{+\infty}eE_0\langle nlm|x|100\rangle\mathrm{e}^{-\gamma|t|}\mathrm{e}^{\mathrm{i}(E_n-E_1)t/\hbar}\mathrm{d}t\right|^2\\&=\frac{e^2E_0^2}{\hbar^2}|\langle nlm|x|100\rangle|^2\left|\int_{-\infty}^{0}\mathrm{e}^{(\gamma+\mathrm{i}\omega_{n1})t}\mathrm{d}t+\int_0^{\infty}\mathrm{e}^{-(\gamma-\mathrm{i}\omega_{n1})t}\mathrm{d}t\right|^2\\&=\frac{e^2E_0^2}{\hbar^2}|\langle nlm|x|100\rangle|^2\frac{4\gamma^2}{(\gamma^2+\omega_{n1}^2)^2}.\end{aligned} \tag{10.30}$$

(ii) 求 $P_{nlm}^{\max}$. 由

$$\frac{\partial P}{\partial\gamma}=0=\frac{8\gamma}{(\gamma^2+\omega_{n1}^2)^2}-\frac{16\gamma^3}{(\gamma^2+\omega_{n1}^2)^3}, \tag{10.31}$$

得

$$\gamma^2=\omega_{n1}^2. \tag{10.32}$$

将(10.32)式代入方程(10.30)得最大跃迁概率

$$P_{nlm}^{\max} = \frac{e^2 E_0^2}{\hbar^2} \frac{1}{\omega_{n1}^2} |\langle nlm | x | 100\rangle|^2. \tag{10.33}$$

(iii) 求选择定则.

由 $x = r\sqrt{\frac{2\pi}{3}}(Y_{1,-1} - Y_{11})$(见附录表Ⅳ.1),得

$$\begin{aligned}|\langle nlm | x | 100\rangle|^2 &= |\langle nl | r | 10\rangle|^2 \cdot \frac{2\pi}{3} |\langle lm | Y_{1,-1} - Y_{11} | 00\rangle|^2 \\ &= |\langle nl | r | 10\rangle|^2 \cdot \frac{2\pi}{3}\frac{1}{4\pi} |\delta_{l1}\delta_{m,-1} - \delta_{l1}\delta_{m1}|^2. \end{aligned} \tag{10.34}$$

类似地讨论算符 $\hat{y}$,$\hat{z}$,从而推得算符 $\hat{\boldsymbol{r}}$ 的选择定则为

$$\Delta l = \pm 1, \quad \Delta m = \pm 1, 0. \tag{10.35}$$

$$P_{n,1,\pm 1} = \frac{e^2 E_0^2}{\hbar^2} \frac{2}{3} \frac{\gamma^2}{(\gamma^2 + \omega_{n1}^2)^2} |\langle n1 | r | 10\rangle|^2. \tag{10.36}$$

当 $\gamma \to$ 很小(微扰缓慢加上),$P_{n,1,\pm1} \approx 0$,所以氢原子经扰动后仍处于基态(非简并态下的绝热近似).

当 $\gamma \to$ 很大(即微扰时间很短),$P_{n,1,\pm1} \approx 0$,所以氢原子受扰动后仍处于基态(突然近似).

10.2　微扰引起的跃迁

A. 常微扰下的跃迁率

在某些实验中,微扰常常是不依赖于 t 的(在作用时间内).若从 $t=0$ 开始加上一个与 t 无关的外作用 $V(\boldsymbol{r})$,于是

$$a_n^{k(1)}(t) = \frac{1}{\mathrm{i}\hbar}\int_0^t V_{nk} \mathrm{e}^{\mathrm{i}\omega_{nk} t_1} \mathrm{d}t_1 = \frac{1}{\hbar} V_{nk} \frac{1 - \mathrm{e}^{\mathrm{i}\omega_{nk} t}}{\omega_{nk}}, \tag{10.37}$$

其中,$a_n^{k(1)}(0) = 0 (n \neq k)$,$V_{nk} = \int \varphi_n^*(\boldsymbol{r}) V(\boldsymbol{r}) \varphi_k(\boldsymbol{r}) \mathrm{d}\boldsymbol{r}$.

所以,当 $t=0$ 时,体系处于 $\hat{H}_0$ 的本征态$|k\rangle$,而在 t 时刻,体系处于 $\hat{H}_0$ 本征态$|n\rangle$的概率为$\left(当\frac{V_{nk}}{\hbar\omega_{nk}} \ll 1 时,一级近似就满足要求了\right)$

$$P_{k\to n} = \frac{2|V_{nk}|^2}{\hbar^2} \cdot \frac{1 - \cos\omega_{nk} t}{\omega_{nk}^2} = \frac{4|V_{nk}|^2}{\hbar^2} \cdot \frac{\sin^2 \frac{\omega_{nk}}{2} t}{\omega_{nk}^2}. \tag{10.38}$$

而我们知(见附录(Ⅲ.10b)式)

$$\lim_{t\to\infty}\frac{2\sin^2\frac{\omega}{2}t}{\pi\omega^2 t}=\delta(\omega),\tag{10.39}$$

即 t 很大时，

$$\frac{\sin^2\frac{\omega_{nk}}{2}t}{\omega_{nk}^2}\approx\frac{\pi}{2}t\delta(\omega_{nk}).\tag{10.40}$$

由此可见，$E_n^{(0)}\approx E_k^{(0)}$ 时，$P_{k\to n}$ 最大，而 $E_n^{(0)}\neq E_k^{(0)}$ 时，$P_{k\to n}$ 小. 这表明，当 t 大时，跃迁到能量与 $t=0$ 时的能量 $E_k^{(0)}$ 相近的态的跃迁概率较大. 而这范围很小$\left(\approx\frac{2\pi}{t}\hbar\right)$.

总跃迁概率为

$$P=\int P_{k\to n}\rho_{\mathrm{f}}(E_n^{(0)})\mathrm{d}E_n^{(0)}=\frac{2}{\hbar^2}\int|V_{nk}|^2\frac{1-\cos\omega_{nk}t}{\omega_{nk}^2}\rho_{\mathrm{f}}(E_n^{(0)})\mathrm{d}E_n^{(0)}.\tag{10.41}$$

$\rho_{\mathrm{f}}(E_n^{(0)})$是末态能量为 $E_n^{(0)}$ 的态密度. 但要注意，它是 $\hat{H}_0$ 的态密度，而不是 $\hat{H}$ 的. 于是，**单位时间跃迁概率**(称为跃迁速率或跃迁率)

$$w=\frac{\mathrm{d}P}{\mathrm{d}t}=\frac{2}{\hbar}\int_{-\infty}^{+\infty}|V_{nk}|^2\frac{\sin\omega_{nk}t}{\omega_{nk}}\rho_{\mathrm{f}}(E_n^{(0)})\mathrm{d}\omega_{nk}.\tag{10.42}$$

当 t 足够大，则由(见附录(Ⅲ.10d)式和图 10.1)

$$\lim_{t\to\infty}\frac{\sin\omega t}{\pi\omega}=\delta(\omega),\tag{10.43}$$

得

$$\begin{aligned}w&=\frac{2\pi}{\hbar}\int|V_{nk}|^2\rho_{\mathrm{f}}(E_n^{(0)})\delta(\omega_{nk})\mathrm{d}\omega_{nk}\\&=\frac{2\pi}{\hbar}|V_{nk}|^2\rho_{\mathrm{f}}(E_k^{(0)})\quad(E_n^{(0)}\approx E_k^{(0)}).\end{aligned}\tag{10.44}$$

它表明：

(i) 单位时间跃迁概率与时间无关. 通常称为费米黄金定则.

(ii) 当 t 达到一定大小后，跃迁贡献来自同初态能量相同的末态.

应该强调，使公式(10.44)成立的条件：t 足够大，$\hbar\omega_{nk}$ 区域$(\varepsilon,-\varepsilon)$虽然很小，但主要贡献都包括在内(参见图 10.1)；但 t 又不能太大，以保证 $wt\ll1$. 所以要求 $|V_{nk}|^2$ 很小，以满足一级近似条件.

B. 周期性微扰下的跃迁率

设：微扰 V 随时间作周期性变化，

$$V=V_0\cos\omega t=\frac{V_0}{2}(\mathrm{e}^{\mathrm{i}\omega t}+\mathrm{e}^{-\mathrm{i}\omega t}),\tag{10.45}$$

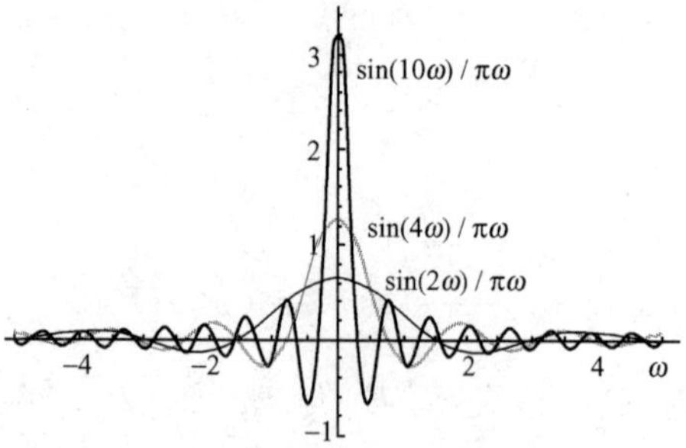

图 10.1　$\frac{\sin\omega t}{\pi\omega}$的形状与 t 的关系

其中 V_0 与 t 无关. 在一级近似下

$$a_n^{k(1)}=\frac{1}{\mathrm{i}\hbar}\int_0^t \mathrm{e}^{\mathrm{i}\omega_{nk}t_1}V_{nk}(t_1)\mathrm{d}t_1$$

$$=\frac{1}{\hbar}\left(\frac{V_0}{2}\right)_{nk}\left(\frac{1-\mathrm{e}^{\mathrm{i}(\omega_{nk}+\omega)t}}{\omega_{nk}+\omega}+\frac{1-\mathrm{e}^{\mathrm{i}(\omega_{nk}-\omega)t}}{\omega_{nk}-\omega}\right). \tag{10.46}$$

根据前面分析,当 t 足够大时,引发体系从 $\hat{H}_0$ 的 φ_k 态跃迁到 $\hat{H}_0$ 的 φ_n 态,其间的能量关系是$\hbar(\omega_{nk}\pm\omega)\approx 0$,即 $E_n^{(0)}\approx E_k^{(0)}\pm\hbar\omega$.

一般而言,对原子来说,其跃迁的能量数量级为 eV,所以

$$\omega_{nk}=\frac{1\,\mathrm{eV}}{\hbar}=1.5\times 10^{15}/\mathrm{s}. \tag{10.47}$$

而可见光 $\lambda\approx 5000\,\text{Å}$,所以 $\omega=\frac{2\pi c}{\lambda}\approx 4\times 10^{15}/\mathrm{s}$. 因此,当 $\omega_{nk}+\omega\approx 0$ 时,$|\omega_{nk}-\omega|$很大;而当 $\omega_{nk}-\omega\approx 0$ 时,$|\omega_{nk}+\omega|$很大,这表明仅一项起作用.

所以当 t 足够大时,跃迁率(从$|k\rangle$态出发)

$$w=\frac{2\pi}{\hbar}\left|\left(\frac{V_0}{2}\right)_{nk}\right|^2\rho_{\mathrm{f}}(E_n^{(0)}\approx E_k^{(0)}\pm\hbar\omega). \tag{10.48}$$

例　设有一均匀的周期性电场作用到一个氢原子上,扰动位势

$$V=e(\boldsymbol{E}_0\cdot\boldsymbol{r})\cos\omega t. \tag{10.49}$$

该氢原子在 $t=0$ 时处于基态,试用微扰论求氢原子电离的跃迁率.

解　由于讨论的是电离,即氢原子中电子被电离而成为具有确定动量的自由电子. 为简单起见,设末态是具有确定动量的平面波$\frac{1}{(2\pi)^{3/2}}\mathrm{e}^{\mathrm{i}\boldsymbol{k}\cdot\boldsymbol{r}}$. 所以

$$\langle\boldsymbol{k}\mid\boldsymbol{k}'\rangle=\delta(\boldsymbol{k}-\boldsymbol{k}'), \tag{10.50a}$$

$$\int|\boldsymbol{k}\rangle\mathrm{d}\boldsymbol{k}\langle\boldsymbol{k}|=\boldsymbol{I}. \tag{10.50b}$$

由此可见,在 $\boldsymbol{k}$ 空间中态密度为 1. $\Big($但是,当末态表为 $\mathrm{e}^{\mathrm{i}\boldsymbol{k}\cdot\boldsymbol{r}}$,则 $\langle\boldsymbol{k}|\boldsymbol{k}'\rangle=(2\pi)^3\delta(\boldsymbol{k}-\boldsymbol{k}')$,即 $\int|\boldsymbol{k}\rangle\frac{\mathrm{d}^3k}{(2\pi)^3}\langle\boldsymbol{k}|=\boldsymbol{I}$. 这时,在 $\boldsymbol{k}$ 空间中态密度为 $\frac{1}{(2\pi)^3}$. $\Big)$

因此,末态在体积元 $\mathrm{d}\boldsymbol{k}$ 中的态数为

$$\rho(E_k)\mathrm{d}E_k=\mathrm{d}\boldsymbol{k}=k^2\mathrm{d}k\mathrm{d}\Omega_k=\frac{m_e}{\hbar^2}k\mathrm{d}\Omega_k\mathrm{d}E_k. \tag{10.51}$$

所以,跃迁到 $\mathrm{d}\Omega_k$ 立体角中的跃迁率为

$$w_{\mathrm{i}\to\mathrm{f}}\mathrm{d}\Omega_k=\frac{2\pi}{\hbar}\frac{e^2}{4}|\langle\mathrm{f}|\boldsymbol{E}_0\cdot\boldsymbol{r}|\mathrm{i}\rangle|^2\frac{m_e}{\hbar^2}k\mathrm{d}\Omega_k. \tag{10.52}$$

由上式得总跃迁率

$$W_{\mathrm{i}\to\mathrm{f}}=\frac{2\pi}{\hbar}\frac{e^2}{4}\int|\langle\mathrm{f}|\boldsymbol{E}_0\cdot\boldsymbol{r}|\mathrm{i}\rangle|^2\frac{m_e}{\hbar^2}k\mathrm{d}\Omega_k. \tag{10.53}$$

由式(5.33a),(5.90a)及附录中的表Ⅳ.1,

$$\begin{aligned}\langle\mathrm{f}|\boldsymbol{r}\rangle&=\frac{1}{(2\pi)^{3/2}}\mathrm{e}^{-\mathrm{i}\boldsymbol{k}\cdot\boldsymbol{r}}\\&=\frac{1}{(2\pi)^{3/2}}\sum_{l,m}4\pi(-\mathrm{i})^l\mathrm{Y}_{lm}^*(\theta_r,\phi_r)\mathrm{Y}_{lm}(\theta_k,\phi_k)\mathrm{j}_l(kr),\end{aligned} \tag{10.54a}$$

$$\langle\boldsymbol{r}|\mathrm{i}\rangle=\frac{1}{(\pi a_0^3)^{1/2}}\mathrm{e}^{-\frac{r}{a_0}}, \tag{10.54b}$$

$$\begin{aligned}\boldsymbol{E}_0\cdot\boldsymbol{r}=\sqrt{\frac{4\pi}{3}}r[&E_{00}^*\mathrm{Y}_{10}(\theta_r,\varphi_r)+E_{01}^*\mathrm{Y}_{11}(\theta_r,\varphi_r)\\&+E_{0,-1}^*\mathrm{Y}_{1,-1}(\theta_r,\varphi_r)],\end{aligned} \tag{10.54c}$$

其中,$E_{01}=\frac{-1}{\sqrt{2}}(E_{0x}+\mathrm{i}E_{0y})$,$E_{00}=E_{0z}$,$E_{0,-1}=\frac{1}{\sqrt{2}}(E_{0x}-\mathrm{i}E_{0y})$,并利用附录(Ⅳ.34a)可得

$$\int|\langle\mathrm{f}|\boldsymbol{E}_0\cdot\boldsymbol{r}|\mathrm{i}\rangle|^2\mathrm{d}\Omega_k=\frac{(4\pi)^2E_0^2}{(2\pi)^3(\pi a_0^3)}\frac{4\pi}{3}\frac{64a_0^{10}k^2}{(1+k^2a_0^2)^6}. \tag{10.55}$$

将(10.55)式代入方程(10.53),最后得总跃迁率

$$W_{\mathrm{i}\to\mathrm{f}}=\frac{2\pi}{\hbar}\frac{e^2}{4}\frac{(4\pi)^2E_0^2}{(2\pi)^3(\pi a_0^3)}\frac{4\pi}{3}\frac{m_e}{\hbar^2}\frac{64a_0^{10}k^3}{(1+k^2a_0^2)^6} \tag{10.56}$$

$$=4\pi\varepsilon_0\frac{256}{3}\frac{a_0^3E_0^2}{\hbar}\left(\frac{\omega_0}{\omega}\right)^6\left(\frac{\omega-\omega_0}{\omega_0}\right)^{3/2}. \tag{10.57}$$

最后的等式利用了 $\frac{\hbar^2}{2m_e}k^2+\hbar\omega_0=\hbar\omega$,得 $1+k^2a_0^2=\frac{\omega}{\omega_0}$ 和 $k^2a_0^2=\frac{\omega-\omega_0}{\omega_0}$,其中,$\omega_0=\frac{e^2}{8\pi\varepsilon_0a_0\hbar}$.

C. 辐射场下原子的跃迁率

当微扰影响较小时，一级近似很好，

$$P_{k\to n}=\frac{1}{\hbar^2}\left|\int_0^t V(t_1)_{nk}\,\mathrm{e}^{\mathrm{i}\omega_{nk}t_1}\,\mathrm{d}t_1\right|^2. \tag{10.58}$$

现考虑原子被置于一个纯辐射场中：

$$\hat{H}=\frac{1}{2m}(\hat{\boldsymbol{p}}+e\hat{A})^2+V_0. \tag{10.59}$$

在原子区域中，无外电势 $\varphi=0$，$\nabla\cdot\boldsymbol{A}(\boldsymbol{r},t)=0$，则 $\boldsymbol{A}(\boldsymbol{r},t)$ 满足

$$\nabla^2\boldsymbol{A}-\frac{1}{c^2}\frac{\partial^2\boldsymbol{A}}{\partial t^2}=0. \tag{10.60}$$

其通解为

$$\boldsymbol{A}(\boldsymbol{r},t)=\int_{-\infty}^{+\infty}\boldsymbol{A}(\omega)\mathrm{e}^{-\mathrm{i}\omega(t-\boldsymbol{n}\cdot\boldsymbol{r}/c)}\,\mathrm{d}\omega. \tag{10.61}$$

由于 $\boldsymbol{A}$ 为实函数，$\nabla\cdot\boldsymbol{A}(\boldsymbol{r},t)=0$，则有

$$\boldsymbol{A}(\omega)=\boldsymbol{A}^*(-\omega), \tag{10.62}$$

$$\boldsymbol{n}\cdot\boldsymbol{A}(\omega)=0. \tag{10.63}$$

另外，因是弱磁场，$\boldsymbol{A}^2$ 可被忽略，所以

$$\hat{H}=\frac{p^2}{2m}+V_0+\frac{e}{m}\boldsymbol{A}\cdot\boldsymbol{p}. \tag{10.64}$$

在电磁波很弱的条件下，由一级微扰近似得跃迁概率

$$\begin{aligned}P_{k\to n}&=\frac{e^2}{\hbar^2m^2}\left|\int_0^t\mathrm{d}t_1\int_{-\infty}^{+\infty}\mathrm{e}^{\mathrm{i}(\omega_{nk}-\omega)t_1}\,\mathrm{d}\omega\boldsymbol{A}(\omega)\cdot\langle n\mid \mathrm{e}^{\mathrm{i}\omega\boldsymbol{n}\cdot\boldsymbol{r}/c}\hat{\boldsymbol{p}}\mid k\rangle\right|^2\\&=\frac{e^2}{\hbar^2m^2}\left|\int_{-\infty}^{+\infty}\mathrm{d}\omega\boldsymbol{A}(\omega)\cdot\langle n\mid \mathrm{e}^{\mathrm{i}\omega\boldsymbol{n}\cdot\boldsymbol{r}/c}\hat{\boldsymbol{p}}\mid k\rangle\frac{\mathrm{e}^{\mathrm{i}(\omega_{nk}-\omega)t}-1}{\mathrm{i}(\omega_{nk}-\omega)}\right|^2\\&=\frac{e^2}{\hbar^2m^2}\left|\int_{-\infty}^{+\infty}\mathrm{d}\omega\boldsymbol{A}(\omega)\right.\\&\qquad\left.\cdot\langle n\mid \mathrm{e}^{\mathrm{i}\omega\boldsymbol{n}\cdot\boldsymbol{r}/c}\hat{\boldsymbol{p}}\mid k\rangle\frac{2\sin[(\omega_{nk}-\omega)t/2]\cdot\mathrm{e}^{\mathrm{i}(\omega_{nk}-\omega)t/2}}{(\omega_{nk}-\omega)}\right|^2.\end{aligned} \tag{10.65}$$

由公式(10.43)，则方程(10.65)可化为

$$\begin{aligned}P_{k\to n}&=\frac{\pi^2e^2}{\hbar^2m^2}\left|\int_{-\infty}^{+\infty}\mathrm{d}\omega\boldsymbol{A}(\omega)\cdot\langle n\mid \mathrm{e}^{\mathrm{i}\omega\boldsymbol{n}\cdot\boldsymbol{r}/c}\hat{\boldsymbol{p}}\mid k\rangle\delta\left(\frac{\omega_{nk}-\omega}{2}\right)\mathrm{e}^{\mathrm{i}(\omega_{nk}-\omega)t/2}\right|^2\\&=\frac{4\pi^2e^2}{\hbar^2m^2}\left|\boldsymbol{A}(\omega_{nk})\cdot\langle n\mid \mathrm{e}^{\mathrm{i}\omega_{nk}\boldsymbol{n}\cdot\boldsymbol{r}/c}\hat{\boldsymbol{p}}\mid k\rangle\right|^2.\end{aligned} \tag{10.66}$$

可以证明：受激吸收和受激发射的跃迁概率相等

$$P_{n\to k}=P_{k\to n}. \tag{10.67}$$

同样可以证明：在(i) 弱辐射场，(ii) 长波近似(即电偶极近似)，(iii) 辐射是非极

化(极化各向同性)的条件下,单位时间的跃迁概率,即跃迁率(见本节末之附注)

$$w_{k\to n}=\frac{e^2}{4\pi\varepsilon_0}\frac{4\pi^2}{3\hbar^2}u(\omega_{nk})\mid \boldsymbol{r}_{nk}\mid^2,\tag{10.68}$$

注意 $\mu_0\varepsilon_0=\frac{1}{c^2}$, $\boldsymbol{H}=\frac{1}{\mu_0}\nabla\times\boldsymbol{A}$. 而 $u(\omega_{nk})$ 为能量密度分布,即光强度分布;$cu(\omega_{nk})$ 为单位时间通过单位面积的能量分布.

这表明,能否发生 $k\to n$ 跃迁,取决于辐射场是否含有 ω_{nk} 处的分布,即光强度分布.

附注　证明公式(10.68).

若仅考虑线极化(椭圆极化可分解为两个相互垂直的线极化,当入射电磁波的相位是任意时,它们彼此相干,互相抵消(在很多脉冲平均下),则总吸收概率是两个线极化概率之和),即取

$$\boldsymbol{A}(\omega)=A(\omega)\boldsymbol{e},\tag{1}$$

其中 $\boldsymbol{e}$ 为 $\boldsymbol{A}(\omega)$ 方向的单位矢量,

$$P_{k\to n}=\frac{4\pi^2e^2}{\hbar^2m^2}\mid A(\omega_{nk})\mid^2\mid\langle n\mid e^{i\omega_{nk}\boldsymbol{n}\cdot\boldsymbol{r}/c}\hat{\boldsymbol{p}}\cdot\boldsymbol{e}\mid k\rangle\mid^2.\tag{2}$$

因原子中发出的光谱的波长～5000Å,所以

$$\omega_{nk}\boldsymbol{n}\cdot\boldsymbol{r}/c\leqslant 2\pi a_0/Z\lambda_{nk}\ll 1,$$

这样

$$e^{i\omega_{nk}\boldsymbol{n}\cdot\boldsymbol{r}/c}\approx 1+i\omega_{nk}\boldsymbol{n}\cdot\boldsymbol{r}/c+\cdots\approx 1.$$

因此,在原子中,跃迁的主要贡献通常来自

$$\langle n\mid\hat{\boldsymbol{p}}\cdot\boldsymbol{e}\mid k\rangle=\frac{m}{i\hbar}\langle n\mid[\boldsymbol{r},\hat{H}_0]\cdot\boldsymbol{e}\mid k\rangle=\frac{m}{i\hbar}(E_k^{(0)}-E_n^{(0)})\langle n\mid\boldsymbol{r}\cdot\boldsymbol{e}\mid k\rangle.\tag{3}$$

所以,方程(2)可化为

$$P_{k\to n}=\frac{4\pi^2e^2}{\hbar^2}\omega_{nk}^2\mid A(\omega_{nk})\mid^2\mid\langle n\mid\boldsymbol{r}\cdot\boldsymbol{e}\mid k\rangle\mid^2.\tag{4}$$

而表示电磁波的(脉冲)强度的坡印亭矢量,即单位时间通过单位面积的能量为

$$\begin{aligned}\boldsymbol{N}=\boldsymbol{E}\times\boldsymbol{H}&=-\frac{\partial\boldsymbol{A}}{\partial t}\times\frac{1}{\mu_0}(\nabla\times\boldsymbol{A})\\&=-\frac{1}{\mu_0}\left(\int_{-\infty}^{+\infty}A(\omega)\boldsymbol{e}(-i\omega)e^{-i\omega\left(t-\frac{\boldsymbol{n}\cdot\boldsymbol{r}}{c}\right)}d\omega\right)\\&\quad\times\left(\int_{-\infty}^{+\infty}\frac{i\omega'}{c}\boldsymbol{n}\times\boldsymbol{e}A(\omega')e^{-i\omega'\left(t-\frac{\boldsymbol{n}\cdot\boldsymbol{r}}{c}\right)}d\omega'\right).\end{aligned}$$

因 $\boldsymbol{e}\times\boldsymbol{n}\times\boldsymbol{e}=\boldsymbol{n}$,所以

$$\boldsymbol{N}=\frac{-1}{\mu_0c}\left(\int_{-\infty}^{+\infty}A(\omega)A(\omega')\omega\omega'e^{-i(\omega+\omega')\left(t-\frac{\boldsymbol{n}\cdot\boldsymbol{r}}{c}\right)}d\omega d\omega'\right)\boldsymbol{n}.\tag{5}$$

因此,在脉冲通过的整个期间,通过传播方向上单位面积的能量应为

$$\begin{aligned}\int_{-\infty}^{+\infty}\boldsymbol{N}\cdot\boldsymbol{n}dt&=\frac{-1}{\mu_0c}\int_{-\infty}^{+\infty}A(\omega)A(\omega')\omega\omega'e^{-i(\omega+\omega')\left(t-\frac{\boldsymbol{n}\cdot\boldsymbol{r}}{c}\right)}d\omega d\omega'dt\\&=\frac{-2\pi}{\mu_0c}\int_{-\infty}^{+\infty}A(\omega)A(\omega')\omega\omega'\delta(\omega+\omega')e^{i(\omega+\omega')\frac{\boldsymbol{n}\cdot\boldsymbol{r}}{c}}d\omega d\omega'\end{aligned}$$

$$= \frac{4\pi}{\mu_0 c}\int_0^{+\infty} |A(\omega)|^2\omega^2 d\omega = \int_0^{\infty} n(\omega)d\omega. \tag{6}$$

$$n(\omega) = \frac{4\pi\omega^2}{\mu_0 c}|A(\omega)|^2. \tag{7}$$

它就是电磁波通过垂直传播方向上单位面积的能量分布. 所以,在整个期间(这一电磁波与原子作用)通过垂直于传播方向上单位面积而频率在$(\omega,\omega+d\omega)$的电磁波所带的能量为$n(\omega)d\omega$.

将(7)式代入方程(4)得

$$P_{k\to n} = \frac{\mu_0 c\pi e^2}{\hbar^2}n(\omega_{nk})|\langle n|\boldsymbol{r}\cdot\boldsymbol{e}|k\rangle|^2.$$

令Θ为矢量$\hat{r}$与矢量$\boldsymbol{e}$之间的夹角. 利用附录(Ⅳ.78)得

$$\boldsymbol{r}\cdot\boldsymbol{e} = r\cos\Theta = rP_1(\cos\Theta) = r\frac{4\pi}{3}\sum_m Y_{1m}(\theta_r,\phi_r)Y_{1m}^*(\theta_e,\phi_e). \tag{8}$$

由此可见电偶极跃迁的选择定则

$$\Delta l = l_n - l_k = \pm 1, \quad \Delta m = m_n - m_k = 0, \pm 1. \tag{9}$$

如辐射极化是各向同性等概率的(即非极化的),则对极化方向求平均

$$\langle n|\boldsymbol{r}\cdot\boldsymbol{e}|k\rangle = |\langle n|\boldsymbol{r}|k\rangle|\cos\Theta_{\hat{r}_{nk}\wedge e},$$

其中,$\boldsymbol{r}_{nk}$代表$\boldsymbol{r}$在态$|n\rangle$和$|k\rangle$中矩阵元的方向. 而$\frac{1}{4\pi}\int\cos^2\Theta_{\hat{r}_{nk}\wedge e}d\Omega_e = \frac{1}{3}$.

如单位时间内平均有s个脉冲,那平均引起的跃迁率(单位时间跃迁概率)

$$w_{k\to n} = \frac{\sum_{i=1}^{s}P_{k\to n}^i}{\text{单位时间}} = \frac{\pi e^2}{3\hbar^2}\mu_0 c\left(\frac{\sum_i n_i(\omega_{nk})}{\text{单位时间}}\right)|(\boldsymbol{r})_{nk}|^2. \tag{10}$$

而单位时间通过单位面积的能量分布就等于$cu(\omega_{nk})$($u(\omega_{nk})$为能量密度分布). 从而证得,在(i)弱辐射场,(ii)长波近似(即电偶极近似),(iii)辐射是非极化的(极化各向同性)条件下,单位时间跃迁概率,即跃迁率

$$w_{k\to n} = \frac{\pi e^2}{3\hbar^2}\mu_0 c^2 u(\omega_{nk})|(\boldsymbol{r})_{nk}|^2 = \frac{e^2}{4\pi\varepsilon_0}\frac{4\pi^2}{3\hbar^2}u(\omega_{nk})|(\boldsymbol{r})_{nk}|^2, \tag{11}$$

其中$\mu_0\varepsilon_0 = \frac{1}{c^2}$.

10.3　磁　共　振

均匀磁场$\boldsymbol{B}_0$(在z方向),将使电子的简并态(自旋↑,↓)发生分裂,其能量差

$$\Delta E = E_+ - E_- = \hbar\omega_0 = 2\mu_B B_0, \tag{10.69}$$

其中$\mu_B = e\hbar/2m_e$.

当电子吸收一光子$\hbar\omega$,则将电子激发到较高能级,即自旋向上的态.

A. 跃迁概率和跃迁率

设:有一垂直于静场$\boldsymbol{B}_0$的磁场. 于是,总磁场为

$$B_x = b\cos\omega t,$$
$$B_y = b\sin\omega t, \tag{10.70}$$
$$B_z = B_0.$$

若振荡场比静场小，$b \ll B_0$，电子的总哈密顿量在 $\hat{H}_0$ 表象即在 $\hat{S}_z$ 表象中的表示

$$(\hat{H}) = (\hat{H}_0) + (\hat{H}'), \tag{10.71}$$

其中

$$(\hat{H}_0) = \begin{bmatrix} \mu_B B_0 & 0 \\ 0 & -\mu_B B_0 \end{bmatrix}, \tag{10.72a}$$

$$(\hat{H}') = \begin{bmatrix} 0 & \mu_B b e^{-i\omega t} \\ \mu_B b e^{i\omega t} & 0 \end{bmatrix}. \tag{10.72b}$$

设 $t=0$ 时刻，电子自旋态的本征值为 $-\hbar/2$. 在一级近似下，从本征值为 $-\hbar/2$ 的自旋态跃迁到本征值为 $\hbar/2$ 的自旋态的概率

$$\begin{aligned} P_{\downarrow\to\uparrow} &= \frac{1}{\hbar^2}\left|\int_0^t \begin{bmatrix}1\\0\end{bmatrix}^\dagger \begin{bmatrix} 0 & \mu_B b e^{-i\omega t'} \\ \mu_B b e^{i\omega t'} & 0 \end{bmatrix}\begin{bmatrix}0\\1\end{bmatrix} e^{i2\mu_B B_0 t'/\hbar}\, dt'\right|^2 \\ &= \frac{1}{\hbar^2}(\mu_B b)^2 \left|\int_0^t e^{-i(\omega-\omega_0)t'}\, dt'\right|^2 \\ &= \left(\frac{\mu_B bt}{\hbar}\right)^2 \left[\frac{\sin\frac{1}{2}(\omega-\omega_0)t}{\frac{1}{2}(\omega-\omega_0)t}\right]^2, \end{aligned} \tag{10.73}$$

其中，$\omega_0 = \dfrac{e}{m_e}B_0$.

图 10.2 示出 t 时刻，跃迁概率随 $\omega-\omega_0$ 的变化. 由图可见，当 $\omega=\omega_0$ 时，跃迁概率达到最大，即发生共振. 这是由于磁场中的电子在外加交变磁场下发生的共振，所以称为磁共振.

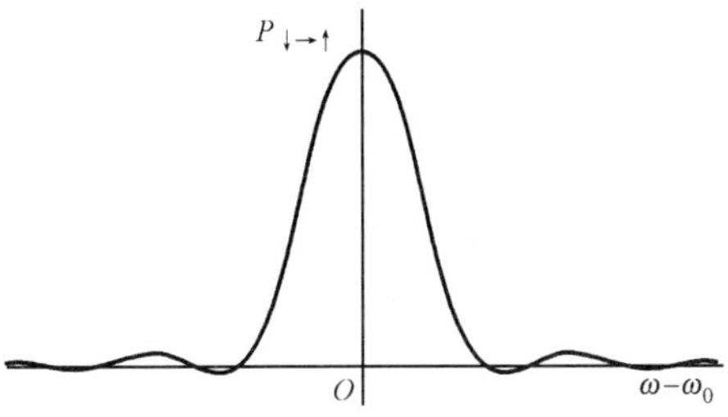

图 10.2 跃迁概率随 $\omega-\omega_0$ 的变化

若 $I(\omega)$ 为单位频率中的态密度，则总的跃迁概率为

$$Q_{\downarrow\to\uparrow}=\int_0^\infty I(\omega)P_{\downarrow\to\uparrow}\,\mathrm{d}\omega=\int_0^\infty I(\omega)\left(\frac{\mu_{\mathrm{B}}bt}{\hbar}\right)^2\left[\frac{\sin\frac{1}{2}(\omega-\omega_0)t}{\frac{1}{2}(\omega-\omega_0)t}\right]^2\mathrm{d}\omega$$

$$=\frac{2\pi}{\hbar}(\mu_{\mathrm{B}}b)^2\,\frac{I(\omega_0)}{\hbar}t. \tag{10.74}$$

最后等式是在 t 足够大或 $I(\omega)$ 在共振区变化很缓慢的条件下，利用附录(Ⅲ.10b)式而得.

于是，单位时间的跃迁概率(跃迁率)

$$W_{\downarrow\to\uparrow}=\frac{2\pi}{\hbar}(\mu_{\mathrm{B}}b)^2\,\frac{I(\omega_0)}{\hbar}=\frac{2\pi}{\hbar}\,|\langle\chi_\uparrow\,|\,H'\,|\,\chi_\downarrow\rangle|^2\,\frac{I(\omega_0)}{\hbar}. \tag{10.75}$$

B. 两能级间的振荡——Rabi 振荡

电子的总哈密顿量在 $\hat{H}_0$ 表象，即在 $\hat{S}_z$ 表象中为

$$(\hat{H})=\begin{pmatrix}\mu_{\mathrm{B}}B_0 & \mu_{\mathrm{B}}b\mathrm{e}^{-\mathrm{i}\omega t}\\ \mu_{\mathrm{B}}b\mathrm{e}^{\mathrm{i}\omega t} & -\mu_{\mathrm{B}}B_0\end{pmatrix}. \tag{10.76}$$

设 t 时刻，电子状态(或称自旋态)的表示为

$$(\psi(t))=\begin{pmatrix}c_1\\ c_2\end{pmatrix}, \tag{10.77}$$

$$\mathrm{i}\hbar\frac{\mathrm{d}}{\mathrm{d}t}\begin{pmatrix}c_1\\ c_2\end{pmatrix}=\begin{pmatrix}\mu_{\mathrm{B}}B_0 & \mu_{\mathrm{B}}b\mathrm{e}^{-\mathrm{i}\omega t}\\ \mu_{\mathrm{B}}b\mathrm{e}^{\mathrm{i}\omega t} & -\mu_{\mathrm{B}}B_0\end{pmatrix}\begin{pmatrix}c_1\\ c_2\end{pmatrix}, \tag{10.78}$$

于是有

$$\mathrm{i}\hbar\dot{c}_1=\mu_{\mathrm{B}}B_0c_1+\mu_{\mathrm{B}}b\mathrm{e}^{-\mathrm{i}\omega t}c_2, \tag{10.79a}$$

$$\mathrm{i}\hbar\dot{c}_2=\mu_{\mathrm{B}}b\mathrm{e}^{\mathrm{i}\omega t}c_1-\mu_{\mathrm{B}}B_0c_2. \tag{10.79b}$$

由式(10.79a)得

$$c_2=\frac{\mathrm{i}\hbar}{\mu_{\mathrm{B}}b}\mathrm{e}^{\mathrm{i}\omega t}\dot{c}_1-\frac{\mu_{\mathrm{B}}B_0}{\mu_{\mathrm{B}}b}\mathrm{e}^{\mathrm{i}\omega t}c_1. \tag{10.80}$$

将式(10.80)代入式(10.79b)得

$$-\hbar^2\ddot{c}_1+\mathrm{i}\hbar(-\hbar\omega-\mu_{\mathrm{B}}B_0+\mu_{\mathrm{B}}B_0)\dot{c}_1$$
$$+[\hbar\omega\mu_{\mathrm{B}}B_0-(\mu_{\mathrm{B}}b)^2-(\mu_{\mathrm{B}}B_0)^2]c_1=0. \tag{10.81}$$

令 $c_1=\mathrm{e}^{-\mathrm{i}\lambda t}$，并代入式(10.81)得

$$\hbar^2\lambda^2-\hbar^2\lambda\omega-[(\mu_{\mathrm{B}}B_0)^2-\hbar\omega\mu_{\mathrm{B}}B_0+(\mu_{\mathrm{B}}b)^2]=0. \tag{10.82}$$

$$\lambda_\mp=\frac{\hbar\omega\mp\sqrt{(\hbar\omega)^2+4[(\mu_{\mathrm{B}}B_0)^2-\hbar\omega\mu_{\mathrm{B}}B_0+(\mu_{\mathrm{B}}b)^2]}}{2\hbar}$$

$$=\frac{\hbar\omega\mp\sqrt{(2\mu_{\mathrm{B}}B_0-\hbar\omega)^2+4(\mu_{\mathrm{B}}b)^2}}{2\hbar}. \tag{10.83}$$

所以，$\lambda=\lambda_-$ 时，利用公式(10.80)，有解

$$
(\psi_-)=\begin{pmatrix}c_1^-\\ c_2^-\end{pmatrix}
=\begin{pmatrix}1\\ \dfrac{-2\mu_B B_0+\hbar\omega-\sqrt{(2\mu_B B_0-\hbar\omega)^2+4(\mu_B b)^2}}{2\mu_B b}\mathrm{e}^{\mathrm{i}\omega t}\end{pmatrix}\mathrm{e}^{-\mathrm{i}\lambda_- t}. \quad (10.84)
$$

$\lambda=\lambda_+$ 时，有解

$$
(\psi_+)=\begin{pmatrix}c_1^+\\ c_2^+\end{pmatrix}
=\begin{pmatrix}1\\ \dfrac{-2\mu_B B_0+\hbar\omega+\sqrt{(2\mu_B B_0-\hbar\omega)^2+4(\mu_B b)^2}}{2\mu_B b}\mathrm{e}^{\mathrm{i}\omega t}\end{pmatrix}\mathrm{e}^{-\mathrm{i}\lambda_+ t}. \quad (10.85)
$$

普遍解为

$$
(\psi_{(t)})=\begin{pmatrix}Ac_1^+ + Bc_1^-\\ Ac_2^+ + Bc_2^-\end{pmatrix}
=\begin{pmatrix}A\mathrm{e}^{-\mathrm{i}\lambda_+ t}+B\mathrm{e}^{-\mathrm{i}\lambda_- t}\\ \left(-A\dfrac{K-\sqrt{K^2+4\alpha^2}}{2\alpha}\mathrm{e}^{-\mathrm{i}\lambda_+ t}+B\dfrac{-K-\sqrt{K^2+4\alpha^2}}{2\alpha}\mathrm{e}^{-\mathrm{i}\lambda_- t}\right)\mathrm{e}^{\mathrm{i}\omega t}\end{pmatrix}. \quad (10.86)
$$

其中 $K=2\mu_B B_0/\hbar-\omega=\omega_0-\omega,\alpha=\mu_B b/\hbar$.

若 $t=0$，电子处于 $\hat{H}_0$ 本征值为 $-\mu_B B_0$ 的本征态上，其表示即为 $\begin{pmatrix}0\\1\end{pmatrix}$，则由式(10.86)可得

$$
A+B=0, \quad (10.87\mathrm{a})
$$

$$
-A\frac{K-\sqrt{K^2+4\alpha^2}}{2\alpha}-B\frac{K+\sqrt{K^2+4\alpha^2}}{2\alpha}=1. \quad (10.87\mathrm{b})
$$

由方程组(10.87)可解得

$$
A=\frac{\alpha}{\sqrt{K^2+4\alpha^2}}, \quad (10.88)
$$

$$
B=-\frac{\alpha}{\sqrt{K^2+4\alpha^2}}, \quad (10.89)
$$

最后有解

$$
(\psi(t))=\begin{pmatrix}Ac_1^+ + Bc_1^-\\ Ac_2^+ + Bc_2^-\end{pmatrix}
$$

$$
= \begin{pmatrix} \dfrac{\alpha}{\sqrt{K^2+4\alpha^2}}\mathrm{e}^{-\mathrm{i}\lambda_+ t} - \dfrac{\alpha}{\sqrt{K^2+4\alpha^2}}\mathrm{e}^{-\mathrm{i}\lambda_- t} \\ \left(-\dfrac{\alpha}{\sqrt{K^2+4\alpha^2}}\dfrac{K-\sqrt{K^2+4\alpha^2}}{2\alpha}\mathrm{e}^{-\mathrm{i}\lambda_+ t} + \dfrac{K+\sqrt{K^2+4\alpha^2}}{2\sqrt{K^2+4\alpha^2}}\mathrm{e}^{-\mathrm{i}\lambda_- t}\right)\mathrm{e}^{\mathrm{i}\omega t} \end{pmatrix}
$$

$$
= \begin{pmatrix} \dfrac{-2\mathrm{i}\alpha}{\sqrt{K^2+4\alpha^2}}\mathrm{e}^{-\mathrm{i}\omega t/2}\sin\left(\dfrac{\sqrt{K^2+4\alpha^2}}{2}t\right) \\ \dfrac{\mathrm{e}^{\mathrm{i}\omega t/2}}{\sqrt{K^2+4\alpha^2}}\left(\mathrm{i}K\sin\left(\dfrac{\sqrt{K^2+4\alpha^2}}{2}t\right)+\sqrt{K^2+4\alpha^2}\cos\left(\dfrac{\sqrt{K^2+4\alpha^2}}{2}t\right)\right) \end{pmatrix}. \tag{10.90}
$$

于是在 t 时刻，处于 $\hat{H}_0$ 本征值为 $\mu_B B_0$ 的本征态，其表示为 $\begin{pmatrix}1\\0\end{pmatrix}$ 的概率为

$$
P_{\mu_B B_0} = \frac{4\alpha^2}{K^2+4\alpha^2}\sin^2\left(\frac{\sqrt{K^2+4\alpha^2}}{2}t\right); \tag{10.91}
$$

而仍处于 $\hat{H}_0$ 本征值为 $-\mu_B B_0$ 的本征态，其表示为 $\begin{pmatrix}0\\1\end{pmatrix}$ 的概率为

$$
P_{-\mu_B B_0} = \cos^2\left(\frac{\sqrt{K^2+4\alpha^2}}{2}t\right)+\frac{K^2}{K^2+4\alpha^2}\sin^2\left(\frac{\sqrt{K^2+4\alpha^2}}{2}t\right). \tag{10.92}
$$

所以电子随时间在 $\hat{H}_0$ 的这两个本征态之间以一定的频率振荡（见图 10.3）．从图 10.3(c)中可见，当 $K=\omega_0-\omega=2\mu_B B/\hbar-\omega=0$ 时（称为共振条件），体系在态 $|\downarrow\rangle$ 和态 $|\uparrow\rangle$ 之间随 t 振荡．而在特定时刻，处于这些态的概率都可等于 1，即发生共振．t 从 0 到 $\pi/2\alpha$，体系能量从 $-\mu B_0$ 态（$|\downarrow\rangle$）到 μB_0 态（$|\uparrow\rangle$），即从 $\hat{H}'$ 中吸收能量；而 t 从 $\pi/2\alpha$ 到 π/α，体系能量从 μB_0 态（$|\uparrow\rangle$）到 $-\mu B_0$ 态（$|\downarrow\rangle$），即放出能量到 $\hat{H}'$ 中．

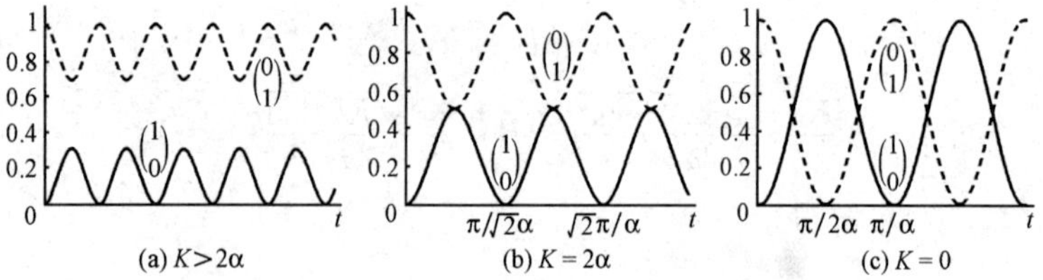

图 10.3 电子在两个态之间以一定的概率振荡

C. 一级近似公式的精确性

从图 10.4 可以看到，当 $\alpha t=1$，一级近似解公式(10.73)的结果与精确解公式(10.91)的结果相差甚大；而当 $\alpha t=0.25$ 时，一级近似解的结果与精确解的结果基本相等．这显示，仅当 $\alpha t\ll 1$ 时，一级近似解公式的结果才与精确解结果趋于一致．

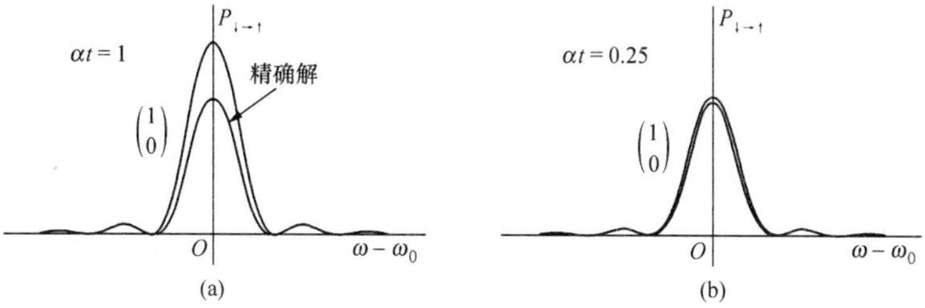

图 10.4 一级近似公式的精确性与 $\alpha t=\mu_{\mathrm{B}} bt/\hbar$ 的关系

10.4 绝 热 近 似

在含时间的微扰论中,关注的是从一个态跃迁到另一个态的概率或跃迁率.此时我们希望微扰的非对角矩阵元很小,以保证 $wT\ll 1$(见 10.2 节,w 是跃迁率,$T=t_{\mathrm{f}}-t_{\mathrm{i}}$).现在我们要讨论的另一类问题是,在微扰期间,哈密顿量 $\hat{H}(t)$随时间的变化率很小.对于这一类问题,我们可用量子绝热近似法来处理.

A. 绝热近似的条件

当哈密顿量 $\hat{H}(t)$随时间变化非常缓慢时,则可定义瞬时本征方程

$$\hat{H}(t)\mid u_m(t)\rangle = E_m(t)\mid u_m(t)\rangle. \tag{10.93}$$

并有,$\langle u_n(t)|u_m(t)\rangle=\delta_{nm}$.

对于 t 时刻,薛定谔方程

$$\mathrm{i}\hbar\frac{\partial}{\partial t}\mid\psi(t)\rangle = \hat{H}(t)\mid\psi(t)\rangle \tag{10.94}$$

的解可表为

$$\mid\psi(t)\rangle = \sum_m a_m(t)\mid u_m(t)\rangle \mathrm{e}^{-\frac{\mathrm{i}}{\hbar}\int_{t_{\mathrm{i}}}^{t}E_m(t')\mathrm{d}t'}. \tag{10.95}$$

将(10.95)式代入方程(10.94)并与$|u_n(t)\rangle \mathrm{e}^{-\frac{\mathrm{i}}{\hbar}\int_{t_{\mathrm{i}}}^{t}E_n(t')\mathrm{d}t'}$标积得

$$\dot{a}_n(t)+\sum_m a_m(t)\langle u_n(t)\mid\dot{u}_m(t)\rangle \mathrm{e}^{\frac{\mathrm{i}}{\hbar}\int_{t_{\mathrm{i}}}^{t}(E_n(t')-E_m(t'))\mathrm{d}t'}=0, \tag{10.96}$$

即

$$\begin{aligned}&\dot{a}_n(t)+a_n(t)\langle u_n(t)\mid\dot{u}_n(t)\rangle\\&=-\sum_{m\neq n}a_m(t)\langle u_n(t)\mid\dot{u}_m(t)\rangle \mathrm{e}^{\frac{\mathrm{i}}{\hbar}\int_{t_{\mathrm{i}}}^{t}(E_n(t')-E_m(t'))\mathrm{d}t'}.\end{aligned} \tag{10.97}$$

其积分形式为

$$\begin{aligned}&a_n(t_{\mathrm{f}})-a_n(t_{\mathrm{i}})+\int_{t_{\mathrm{i}}}^{t_{\mathrm{f}}}a_n(t')\langle u_n(t')\mid\dot{u}_n(t')\rangle\mathrm{d}t'\\&=-\sum_{m\neq n}\int_{t_{\mathrm{i}}}^{t_{\mathrm{f}}}\left(a_m(t')\langle u_n(t')\mid\dot{u}_m(t')\rangle \mathrm{e}^{\frac{\mathrm{i}}{\hbar}\int_{t_{\mathrm{i}}}^{t'}(E_n(t'')-E_m(t''))\mathrm{d}t''}\right)\mathrm{d}t'\end{aligned}$$

$$= \sum_{m \neq n} \sum_{l=0}^{\infty} \left\{ \frac{\mathrm{i}\hbar \mathrm{e}^{\frac{\mathrm{i}}{\hbar}\int_{t_i}^{t}(E_n(t')-E_m(t'))\mathrm{d}t'}}{E_n(t)-E_m(t)} (-\mathrm{i}\hbar)^l \left[\frac{(\dot{E}_n(t)-\dot{E}_m(t))}{(E_n(t)-E_m(t))^2} - \frac{1}{E_n(t)-E_m(t)} \frac{\mathrm{d}}{\mathrm{d}t} \right]^l (a_m(t)\langle u_n(t) \mid \dot{u}_m(t)\rangle) \right\} \Bigg|_{t_i}^{t_f}. \tag{10.98}$$

如果因哈密顿量 $\hat{H}(t)$ 的变化而引起 $a_m(t)\langle u_n(t)|\dot{u}_m(t)\rangle$ 缓慢而又非常平滑地变化，而 $\mathrm{e}^{\frac{\mathrm{i}}{\hbar}\int_{t_i}^{t}(E_n(t')-E_m(t'))\mathrm{d}t'}$ 又是一个振荡很快的函数，则(10.97)式右边对 $a_n(t)$ 的贡献为零. 于是(10.98)式可表为

$$a_n(t_f) - a_n(t_i) + \int_{t_i}^{t_f} a_n(t')\langle u_n(t') \mid \dot{u}_n(t')\rangle \mathrm{d}t' \approx 0. \tag{10.99}$$

我们直接可得有绝热近似解

$$a_n(t) = a_n(0)\mathrm{e}^{\mathrm{i}\gamma_n(t)} \tag{10.100}$$

的条件为

$$\left| \frac{\hbar\langle u_n(t) \mid \dot{u}_m(t)\rangle}{E_n(t)-E_m(t)} \right| \ll 1, \tag{10.101}$$

其中，$\gamma_n(t) = \mathrm{i}\int_0^t \langle u_n(t') \mid \dot{u}_n(t')\rangle \mathrm{d}t'$.

而由瞬时能量本征方程(10.93)式可得

$$\dot{\hat{H}} \mid u_m\rangle + \hat{H} \mid \dot{u}_m\rangle = \dot{E}_m \mid u_m\rangle + E_m \mid \dot{u}_m\rangle, \tag{10.102}$$

其中，$\dot{\hat{H}} = \frac{\partial}{\partial t}\hat{H}$，$|\dot{u}_m\rangle = \frac{\partial}{\partial t}|u_m\rangle$. 将 $|u_n\rangle$ 与方程(10.102)标积得

$$\langle u_n \mid \dot{u}_m\rangle(E_m - E_n) = \langle u_n \mid \dot{\hat{H}} \mid u_m\rangle. \tag{10.103}$$

于是，**绝热近似条件**(10.101)可表为

$$\frac{\hbar \mid \langle u_n(t) \mid \dot{\hat{H}} \mid u_m(t)\rangle \mid}{(E_n(t)-E_m(t))^2} \ll 1. \tag{10.104}$$

上式又可表为

$$\left| \frac{\langle u_n(t) \mid \dot{\hat{H}} \mid u_m(t)\rangle}{E_n(t)-E_m(t)} \right| \ll \left| \frac{E_n(t)-E_m(t)}{\hbar} \right|, \tag{10.105}$$

即体系的特征频率 $\left| \frac{(E_n(t)-E_m(t))}{\hbar} \right|$ 远大于哈密顿量 $\hat{H}(t)$ 的相对变化率. 这就是哈密顿量 $\hat{H}(t)$ 变化非常缓慢的判据.

应当注意，判断物理过程是否满足绝热近似条件时，不仅要判断某时刻的绝热近似条件是否满足，还要求体系在演化过程中能级 $E_n(t)$ 不发生交叉.

B. 绝热定理

由(10.95)式和(10.100)式,我们就有

绝热定理:若体系在初始时刻 $t_i=0$ 时处于瞬时本征态 $|u_n(0)\rangle$,即 $a_m(0)=\delta_{mn}$,则在绝热近似条件下,t 时刻体系仍处于瞬时本征态$|u_n(t)\rangle$,即体系的绝热近似波函数为

$$|\psi_n(t)\rangle = e^{i\gamma_n(t)} e^{-\frac{i}{\hbar}\int_0^t E_n(t')dt'} |u_n(t)\rangle. \tag{10.106}$$

也就是说,在绝热演化过程中,体系的状态被激发到 $m\neq n$ 的$|u_m(t)\rangle$态的概率是可忽略的.

例 1 将氢原子置于均匀电场

$$\boldsymbol{E}(t) = \frac{A\tau}{\tau^2+t^2}\boldsymbol{e}_z \tag{10.107}$$

中. 如 $t\to-\infty$时,氢原子处于基态,试求 $t\to+\infty$时,体系被激发到第一激发态的概率.

解 在$(-\infty,+\infty)$区间,微扰为

$$\hat{V}(t) = \frac{eA\tau}{\tau^2+t^2}z = \frac{eA\tau}{\tau^2+t^2}r\cos\theta. \tag{10.108}$$

由一级微扰公式(10.21),跃迁概率为

$$P_{初态\to末态} = \frac{1}{\hbar^2}\left|\int_{-\infty}^{+\infty}\langle f|\hat{V}(t)|i\rangle e^{i\omega_{fi}t}dt\right|^2. \tag{10.109}$$

初态$|i\rangle=|nlm\rangle=|100\rangle$,而第一激发态是简并态($|200\rangle$, $|210\rangle$, $|2,1,-1\rangle$, $|211\rangle$). 根据算符 $\hat{V}$ 的选择定则: $\Delta l=\pm1$, $\Delta m=0$,所以,末态$|f\rangle$只能为$|210\rangle$. 直接代入氢原子的波函数(5.90)式,从而得

$$\langle 210|r\cos\theta|100\rangle = \frac{2^{15/2}}{3^5}a_0. \tag{10.110}$$

所以

$$P_{|100\rangle\to|210\rangle} = \frac{2^{15}e^2A^2\tau^2a_0^2}{3^{10}\hbar^2}\left|\int_{-\infty}^{+\infty}\frac{1}{\tau^2+t^2}e^{i\frac{3e^2}{32\pi\varepsilon_0a_0\hbar}t}dt\right|^2. \tag{10.111}$$

利用留数定理

$$\int_{-\infty}^{+\infty}\frac{e^{i\omega_{fi}t}}{\tau^2+t^2}dt = \frac{\pi}{\tau}e^{-\omega_{fi}\tau}, \tag{10.112}$$

有

$$P_{|100\rangle\to|210\rangle} = \frac{2^{15}e^2A^2\pi^2a_0^2}{3^{10}\hbar^2}e^{-\frac{3e^2}{16\pi\varepsilon_0a_0\hbar}\tau}. \tag{10.113}$$

由此可见,当微扰的特征时间尺度 τ 很大,使 $\omega_{fi}\tau\gg1$,则 $a_{|210\rangle}\approx0$. 同理可计算得 $a_{|211\rangle}=a_{|2,1,-1\rangle}\approx0$,也就是说,经微扰后,体系仍处于状态$|100\rangle$(仅改变一相位因

子).这正是绝热定理的一个例子.

例 2 讨论自旋为 1/2,具有磁矩 $\mu\boldsymbol{\sigma}$ 的粒子在磁场

$$\boldsymbol{B}(t) = B_0(\sin\theta\cos\omega t\boldsymbol{e}_x + \sin\theta\sin\omega t\boldsymbol{e}_y + \cos\theta\boldsymbol{e}_z) \tag{10.114}$$

中的转动.

解 磁场显然在$(\theta,\omega t)$方向,即磁场绕 z 轴以角速度 ω 转动.

因 $\hat{H}=-\mu\boldsymbol{\sigma}\cdot\boldsymbol{B}$,于是在 S_z 表象中

$$(\hat{H}) = \begin{pmatrix} -\mu B_0\cos\theta & -\mu B_0\sin\theta\,\mathrm{e}^{-\mathrm{i}\omega t} \\ -\mu B_0\sin\theta\,\mathrm{e}^{\mathrm{i}\omega t} & \mu B_0\cos\theta \end{pmatrix}. \tag{10.115}$$

设体系态矢量的表示为

$$\psi(t) = \begin{pmatrix} \varphi_1(t) \\ \varphi_2(t) \end{pmatrix}, \tag{10.116}$$

代入薛定谔方程得

$$\begin{aligned} \mathrm{i}\hbar\dot{\varphi}_1 &= -\mu B_0(\cos\theta\varphi_1 + \sin\theta\,\mathrm{e}^{-\mathrm{i}\omega t}\varphi_2), \\ \mathrm{i}\hbar\dot{\varphi}_2 &= -\mu B_0(\sin\theta\,\mathrm{e}^{\mathrm{i}\omega t}\varphi_1 - \cos\theta\varphi_2). \end{aligned} \tag{10.117}$$

令 $\varphi_1=\mathrm{e}^{-\mathrm{i}\omega t/2}\chi_1,\varphi_2=\mathrm{e}^{\mathrm{i}\omega t/2}\chi_2$,代入上式,得

$$\ddot{\chi}_1 = -\frac{1}{\hbar^2}\left[(\mu B_0)^2 + \left(\frac{\hbar\omega}{2}\right)^2 + \mu B_0\,\hbar\omega\cos\theta\right]\chi_1.$$

于是得解

$$\varphi_1(t) = \mathrm{e}^{-\mathrm{i}\omega t/2}(C_1\mathrm{e}^{\mathrm{i}\lambda t} + C_2\mathrm{e}^{-\mathrm{i}\lambda t}), \tag{10.118a}$$

$$\varphi_2(t) = \mu B_0\sin\theta\,\mathrm{e}^{\mathrm{i}\omega t/2}\left(\frac{C_1\mathrm{e}^{\mathrm{i}\lambda t}}{\hbar\lambda + \mu B_0\cos\theta + \hbar\omega/2} - \frac{C_2\mathrm{e}^{-\mathrm{i}\lambda t}}{\hbar\lambda - \mu B_0\cos\theta - \hbar\omega/2}\right). \tag{10.118b}$$

其中

$$\lambda = \frac{[(\mu B_0\cos\theta + \hbar\omega/2)^2 + (\mu B_0\sin\theta)^2]^{1/2}}{\hbar}. \tag{10.119}$$

因 $t=0$,自旋沿 $\boldsymbol{B}(0)$方向,即$(\theta,0)$方向.所以基态的表示(参见(8.21)式)为

$$\psi_{基态}(0) = \begin{pmatrix} \cos\dfrac{\theta}{2} \\ \sin\dfrac{\theta}{2} \end{pmatrix}. \tag{10.120}$$

代入方程组(10.118)得 C_1,C_2:

$$C_1 = \frac{(\hbar\lambda + \mu B_0\cos\theta + \hbar\omega/2)(\hbar\lambda + \mu B_0 - \hbar\omega/2)}{4\,\hbar\lambda\mu B_0\cos\dfrac{\theta}{2}}, \tag{10.121a}$$

$$
\begin{aligned}
C_2 &= \cos\frac{\theta}{2} - C_1 \\
&= \frac{(-\hbar\lambda + \mu B_0\cos\theta + \hbar\omega/2)(\hbar\lambda - \mu B_0 + \hbar\omega/2)}{4\,\hbar\lambda\mu B_0\cos\dfrac{\theta}{2}}.
\end{aligned}
\tag{10.121b}
$$

在绝热近似下，要求 $\hat{H}(t)$ 随时间的变化率远小于体系的特征频率 $2\mu B_0/\hbar$，即 $\omega/2 \ll 2\mu B_0/\hbar$，则(10.119)式可化为

$$
\lambda \approx \frac{\mu B_0}{\hbar} + \frac{\omega}{2}\cos\theta + \cdots. \tag{10.122}
$$

因此，在 $\psi(t)$ 表示式中 $e^{-i\lambda t}$ 项的系数 $C_2 \sim \dfrac{\hbar\omega}{\mu B_0} \approx 0$，即在绝热演化过程中，体系状态发生跃迁的概率可忽略. 也就是说，在绝热演化过程中，粒子的自旋方向始终沿着磁场方向(即能量仍为 $-\mu B_0$). 体系的波函数为

$$
\psi_{绝热态}(t) = e^{i\frac{\omega t\cos\theta}{2}} \begin{pmatrix} \cos\dfrac{\theta}{2}e^{-i\omega t/2} \\ \sin\dfrac{\theta}{2}e^{i\omega t/2} \end{pmatrix} e^{i\mu B_0 t/\hbar}. \tag{10.123}
$$

当然，我们可直接由绝热定理给出绝热态.

$$
\psi_{绝热态}(t) = e^{i\gamma_{基态}} u_{基态}(t) e^{-i\int_0^t E_{基态}(t')dt'/\hbar},
$$

$$
\begin{aligned}
\gamma_{基态}(t) &= i\int_0^t \langle u(t') \mid \dot{u}(t') \rangle dt' \\
&= i\int_0^t \left(\cos\frac{\theta}{2}e^{i\omega t'/2}, \sin\frac{\theta}{2}e^{-i\omega t'/2}\right) \begin{pmatrix} -\dfrac{i\omega}{2}\cos\dfrac{\theta}{2}e^{-i\omega t'/2} \\ \dfrac{i\omega}{2}\sin\dfrac{\theta}{2}e^{i\omega t'/2} \end{pmatrix} dt' \\
&= \frac{\omega t}{2}\cos\theta,
\end{aligned}
$$

$$
e^{-i\int_0^t E_{基态}(t')dt'/\hbar} = e^{i\mu B_0 t/\hbar},
$$

$$
\psi_{绝热态}(t) = e^{i\frac{\omega t}{2}\cos\theta} \begin{pmatrix} \cos\dfrac{\theta}{2}e^{-i\omega t/2} \\ \sin\dfrac{\theta}{2}e^{i\omega t/2} \end{pmatrix} e^{i\mu B_0 t/\hbar}.
$$

这与精确解在绝热近似下是一致的. 当 t 的量级为 $\hbar/\mu B_0$，则相位因子 $e^{i\frac{\omega t\cos\theta}{2}}$ 可忽略：

$$
\psi_{绝热态}(t) = e^{i\mu B_0 t/\hbar} \begin{pmatrix} \cos\dfrac{\theta}{2}e^{-i\omega t/2} \\ \sin\dfrac{\theta}{2}e^{i\omega t/2} \end{pmatrix}. \tag{10.124}
$$

所以，在 1984 年以前，人们常将演化波函数表为

$$\psi_n(t) = e^{-\frac{i}{\hbar}\int_0^t E_n(t')dt'} \mid u_n(t)\rangle; \qquad (10.125)$$

或者认为，瞬时本征矢 $|u_n(t)\rangle$ 是由瞬时本征方程(10.93)所定义的，所以可自由选择相位因子以使(10.125)式成立.

但到 1984 年，贝利[①](M. V. Berry)指出，不是所有过程的本征函数都可以简化为(10.125)式. 这一论证不仅指出相位因子并不总是可以任意选择的，而且开辟了量子力学应用的新领域[②③].

10.5　贝利(Berry)相位

A. 贝利相位和贝利相位因子

上节我们已经讨论了在绝热近似下，若初始时刻 t_i 体系处于瞬时本征态 $|u_n(t_i)\rangle$，则 t 时刻，体系处于态

$$\psi(t) = e^{i\gamma(t)} e^{-\frac{i}{\hbar}\int_{t_i}^t E_n(t')dt'} \mid u_n(t)\rangle. \qquad (10.126)$$

即除了通常称为动力学相位因子外，还存在另外一个相位

$$\gamma_n(t) = i\int_{t_i}^t \langle u_n(t') \mid \dot{u}_n(t')\rangle dt'. \qquad (10.127)$$

贝利考虑一个体系，其哈密顿量随时间在一个多维参量 $\boldsymbol{R}$ 的空间中演化. 它的瞬时本征方程为

$$\hat{H}(\boldsymbol{r},\boldsymbol{R}(t)) \mid u_n(\boldsymbol{r},\boldsymbol{R}(t))\rangle = E_n(\boldsymbol{R}(t)) \mid u_n(\boldsymbol{r},\boldsymbol{R}(t))\rangle. \qquad (10.128)$$

体系的薛定谔方程是

$$i\hbar \frac{d}{dt}\psi_n(\boldsymbol{r},\boldsymbol{R}(t)) = \hat{H}(\boldsymbol{r},\boldsymbol{R}(t))\psi_n(\boldsymbol{r},\boldsymbol{R}(t)). \qquad (10.129)$$

由(10.106)式知，体系的绝热演化波函数为

$$\psi_n(\boldsymbol{r},\boldsymbol{R}(t)) = e^{i\gamma_n(t)} e^{-\frac{i}{\hbar}\int_{t_i}^t E_n(\boldsymbol{R}(t'))dt'} \mid u_n(\boldsymbol{r},\boldsymbol{R}(t))\rangle, \qquad (10.130)$$

其中，$\gamma_n(t) = i\int_{\boldsymbol{R}(t_i)}^{\boldsymbol{R}(t)} \langle u_n(\boldsymbol{r},\boldsymbol{R}(t') \mid \nabla_R \mid u_n(\boldsymbol{r},\boldsymbol{R}(t')\rangle \cdot d\boldsymbol{R}(t')$.

贝利指出，当演化到

$$\boldsymbol{R}(t_f) = \boldsymbol{R}(t_i), \qquad (10.131)$$

即经过一个回路，有 $H(\boldsymbol{r},\boldsymbol{R}(t_f))=\hat{H}(\boldsymbol{r},\boldsymbol{R}(t_i))$ 时，态矢量 $|u_n(\boldsymbol{r}, \boldsymbol{R}(t_f))\rangle$ 与 $|u_n(\boldsymbol{r},$

---

① M. V. Berry, Proc. Roy. Soc. Lond., **A392** (1984)45.

② A. Shapere, F. Wilczek, Geometric Phases in Physics, World Scientific, Singapore, 1989.

③ 孙昌璞、张芃，量子绝热理论与 Berry 相因子：推广和应用，见《量子力学新进展》(第二辑)，北京大学出版社，2001 年，第 21 页.

$\boldsymbol{R}(t_i))\rangle$之间能够发生干涉. 所以,在参数空间中,经封闭路径 C 后,相位

$$\gamma_n(C) = -\oint_C [\mathrm{Im}\langle u_n(\boldsymbol{r},\boldsymbol{R}) \mid \nabla_R \mid u_n(\boldsymbol{r},\boldsymbol{R})\rangle] \cdot \mathrm{d}\boldsymbol{R}$$
$$= \iint_{S(C)} \mathrm{d}\boldsymbol{S} \cdot \boldsymbol{V}_n(R) \tag{10.132}$$

是一个可观测量. 它被称为**贝利相位**,$\mathrm{e}^{\mathrm{i}\gamma_n(C)}$ **被称为贝利相位因子**. 而

$$\boldsymbol{V}_n(R) = -\mathrm{Im}[\nabla_{\boldsymbol{R}} \times (\langle u_n(\boldsymbol{r},\boldsymbol{R}) \mid \nabla_R \mid u_n(\boldsymbol{r},\boldsymbol{R})\rangle)]$$
$$= -\mathrm{Im}(\langle \nabla_R u_n(\boldsymbol{r},\boldsymbol{R}) \mid \times \mid \nabla_R u_n(\boldsymbol{r},\boldsymbol{R})\rangle)$$
$$= -\sum_{m\neq n} \mathrm{Im}(\langle \nabla_R u_n(\boldsymbol{r},\boldsymbol{R}) \mid u_m(\boldsymbol{r},\boldsymbol{R})\rangle$$
$$\times \langle u_m(\boldsymbol{r},\boldsymbol{R}) \mid \nabla_R u_n(\boldsymbol{r},\boldsymbol{R})\rangle). \tag{10.133}$$

将方程(10.103)代入(10.133)式得

$$\boldsymbol{V}_n(R) = -\sum_{m\neq n} \mathrm{Im}(\langle \nabla_R u_n(\boldsymbol{r},\boldsymbol{R}) \mid u_m(\boldsymbol{r},\boldsymbol{R})\rangle \times \langle u_m(\boldsymbol{r},\boldsymbol{R}) \mid \nabla_R u_n(\boldsymbol{r},\boldsymbol{R})\rangle)$$
$$= -\mathrm{Im}\sum_{m\neq n} \frac{\langle u_n(\boldsymbol{R}) \mid (\nabla_R H(\boldsymbol{R})) \mid u_m(\boldsymbol{R})\rangle \times \langle u_m(\boldsymbol{R}) \mid (\nabla_R \hat{H}(\boldsymbol{R})) \mid u_n(\boldsymbol{R})\rangle}{(E_n(R) - E_m(R))^2}. \tag{10.134}$$

贝利相位 $\gamma_n(C)$的变化仅与封闭路径 C 相关,所以它又被称为贝利几何相位,以与动力学相位 $-\int E_n(\boldsymbol{R}(t))\mathrm{d}t/\hbar$ 相区别(这一点我们将可从后面的例子中看到).

显然,贝利相位不会因为瞬时本征态的相因子的选择而改变. 证明如下:

设新的瞬时本征态为

$$\mid u_n(\boldsymbol{r},\boldsymbol{R}(t))\rangle_{\mathrm{new}} = \mathrm{e}^{\mathrm{i}\phi(\boldsymbol{R})} \mid u_n(\boldsymbol{r},\boldsymbol{R}(t))\rangle, \tag{10.135}$$

则

$$\boldsymbol{V}_n(R)_{\mathrm{new}} = -\mathrm{Im}[\nabla_{\boldsymbol{R}} \times ({}_{\mathrm{new}}\langle u_n(\boldsymbol{R}) \mid \nabla_R \mid u_n(\boldsymbol{R})\rangle_{\mathrm{new}})]$$
$$= -\mathrm{Im}[\nabla_{\boldsymbol{R}} \times (\langle u_n(\boldsymbol{R}) \mid \nabla_R \mid u_n(\boldsymbol{R})\rangle)$$
$$+ \mathrm{i}\,\nabla_R \times \nabla_R \phi(\boldsymbol{R})\langle u_n(\boldsymbol{R}) \mid u_n(\boldsymbol{R})\rangle]$$
$$= \boldsymbol{V}_n(R),$$

所以

$$\gamma_{n\,\mathrm{new}}(C) = \gamma_n(C). \tag{10.136}$$

从而证得“矢势”$\boldsymbol{V}_n(R)$,经规范变换后,保持 $\gamma_n(C)$不变,即 $\gamma_n(C)$是规范不变的.

例 考虑在磁场中自旋的问题.

当 $\boldsymbol{B}(t)$保持其长度 B_0 不变但缓慢地改变它的方向,自旋也随之改变其方向,沿场的方向 $\boldsymbol{z}$ 有 $S_z = m\hbar\,(m = -S,\cdots,S)$,则体系的哈密顿量可写为

$$\hat{H} = -g\mu\hat{\boldsymbol{S}}\cdot\boldsymbol{B}(t)/\hbar \tag{10.137}$$

$\left(g\right.$ 为回磁比，对电子为 $g=-2, \mu=\mu_{\mathrm{B}}=\left.\dfrac{e\hbar}{2m_{\mathrm{e}}}\right)$.

能量本征值

$$E_m = -g\mu m B_0. \tag{10.138}$$

显然有 $2S+1$ 重简并度，而 $B_0=0$ 是简并点. 当矢量 $\boldsymbol{B}(t)$ 保持其长度 B_0 不变，而绕 $\hat{k}$ 轴缓慢地转动最后回到初始方向，则 $\boldsymbol{B}(t)$ 矢量的顶端在半径为 B_0 的球面上画出一个封闭的回路. 这时，

$$\boldsymbol{V}_m(\boldsymbol{B}) = -\mathrm{Im}\sum_{n\neq m}\frac{\langle u_m(\boldsymbol{B})\mid \boldsymbol{S}/\hbar\mid u_n(\boldsymbol{B})\rangle\times\langle u_n(\boldsymbol{B})\mid \boldsymbol{S}/\hbar\mid u_m(\boldsymbol{B})\rangle}{B_0^2(m-n)^2}, \tag{10.139}$$

而

$$\langle S,m\pm1\mid S_x/\hbar\mid S,m\rangle = \frac{1}{2}\sqrt{(S\mp m)(S\pm m+1)}, \tag{10.140a}$$

$$\langle S,m\pm1\mid S_y/\hbar\mid S,m\rangle = \mp\frac{\mathrm{i}}{2}\sqrt{(S\mp m)(S\pm m+1)}. \tag{10.140b}$$

将方程(10.140)代入方程(10.139)得

$$(\boldsymbol{V}_m(\boldsymbol{B}))_x = 0,\quad (\boldsymbol{V}_m(\boldsymbol{B}))_y = 0,\quad (\boldsymbol{V}_m(\boldsymbol{B}))_z = -m/B_0^2. \tag{10.141}$$

这表明 $\boldsymbol{V}_m(\boldsymbol{B})$ 平行磁场 $\boldsymbol{B}(t)$ 且垂直 $\boldsymbol{B}$ 空间的球面，将式(10.141)代入式(10.132)，得

$$\gamma_m(C) = -m\iint_{S(C)}\mathrm{d}\boldsymbol{s}\cdot\frac{\hat{\boldsymbol{n}}_s}{B_0^2} = -m\Omega(C), \tag{10.142}$$

其中 $\Omega(C)$ 就是回路 C 对着简并点($B=0$)的立体角(见图 10.5).

我们可以看到，$\gamma_m(C)$ 既不依赖 B_0 的大小(当然不能为零)，也不依赖决定体系动力学的力学量 $\hat{\boldsymbol{S}}$，而仅依赖于无量纲的 m 和立体角 $\Omega(C)$，所以将 $\gamma_m(C)$ 称为贝利几何相位是合适的. 另外，只要 $\boldsymbol{B}(t)$ 缓慢地转动，其顶端在上述立体角的锥面上的轨迹形成一封闭回路 C'，则

$$\gamma_m(C') = -m\Omega(C') = -m\Omega(C),$$

正是由于这一事实，人们又称 $\gamma_m(C)$ 为贝利拓扑相位.

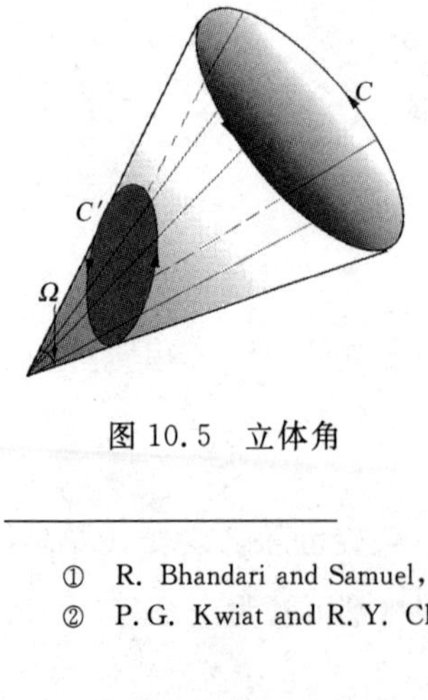

图 10.5　立体角

大量的实验证实了贝利的结论[1][2].

① R. Bhandari and Samuel, J. Phys. Rev. Lett., **60** (1988)1211.

② P. G. Kwiat and R. Y. Chiao, Phys. Rev. Lett., **66** (1991)588.

B. 阿哈朗诺夫-玻姆(Aharonov-Bohm)效应

阿哈朗诺夫-玻姆①在1959年预言，如图10.6所示的电子双缝干涉实验过程中，当以F标示的区域内有磁场，相应的磁通量为Φ，而在这区域之外无磁场时，则通过双缝的电子状态的干涉条纹与磁通量有关. 从经典电动力学来看这是决不可能的. 因按经典电动力学，电子经过之处既无磁场，就不可能受到电磁力的影响. 但这一预言在1960年立即被Chambers② 所证实. 但真正证实这一效应的实验是由A. Tonomura等人③实现的.

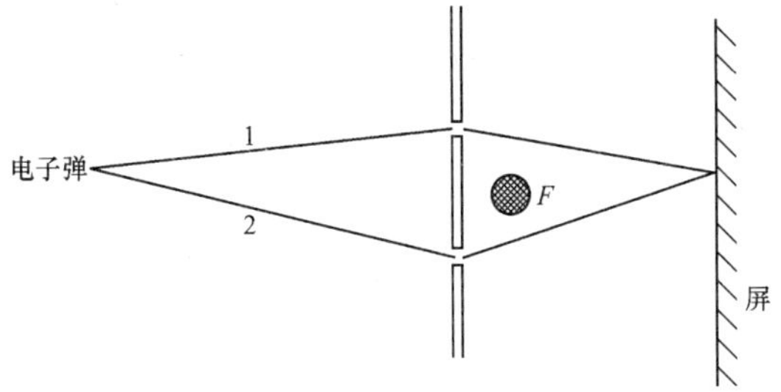

图10.6 阿哈朗诺夫-玻姆效应示意图

如图10.6所示，电子经双缝衍射，在屏幕上形成干涉条纹，这是由于两部分波函数叠加，

$$\psi = \psi_1 + \psi_2 \tag{10.143}$$

的结果，其强度

$$I = |\psi_1 + \psi_2|^2 = |\psi_1|^2 + |\psi_2|^2 + 2|\psi_1||\psi_2|\cos(\alpha_1 - \alpha_2), \tag{10.144}$$

其中$\psi_1 = |\psi_1|e^{i\alpha_1}$，$\psi_2 = |\psi_2|e^{i\alpha_2}$.

如图10.6所示，在F处放入螺线管，但磁场不穿透螺线管所在的小区域，所以在螺线管之外无磁场. 若ψ_i满足薛定谔方程

$$\left(\frac{\hat{\boldsymbol{p}}^2}{2m} + V(\boldsymbol{r})\right)\psi_i = E_i\psi_i, \tag{10.145}$$

有螺线管时，则有

$$\left(\frac{1}{2m}(\hat{\boldsymbol{p}} + e\boldsymbol{A})^2 + V(\boldsymbol{r})\right)\psi_i' = E_i\psi_i', \tag{10.146}$$

而$\psi_i' = e^{-i\frac{ef}{\hbar}}\psi_i$，$f_i(\boldsymbol{r},t) = \int^{\boldsymbol{r}} \boldsymbol{A}(\boldsymbol{r}',t)\cdot d\boldsymbol{r}'$.

于是

① Y. Aharonov and D. Bohm, Phys. Rev., **115** (1959)485.

② R. G. Chambers, Phys. Rev. Lett., **5** (1960)3.

③ A. Tonomura, N. Osakabe, T. Matsuda et al., Phys. Rev. Lett., **56**(1986)792.

$$
\begin{aligned}
\psi' &= \mathrm{e}^{-\mathrm{i}\frac{ef_1}{\hbar}}\psi_1 + \mathrm{e}^{-\mathrm{i}\frac{ef_2}{\hbar}}\psi_2 = \mathrm{e}^{-\mathrm{i}\frac{e}{\hbar}\int_1 \boldsymbol{A}(\boldsymbol{r}',t)\cdot\mathrm{d}\boldsymbol{r}'}\psi_1 + \mathrm{e}^{-\mathrm{i}\frac{e}{\hbar}\int_2 \boldsymbol{A}(\boldsymbol{r}',t)\cdot\mathrm{d}\boldsymbol{r}'}\psi_2 \\
&= \mathrm{e}^{-\mathrm{i}\frac{e}{\hbar}\int_2 \boldsymbol{A}(\boldsymbol{r}',t)\cdot\mathrm{d}\boldsymbol{r}'}\left[\mathrm{e}^{\mathrm{i}\frac{e}{\hbar}\oint \boldsymbol{A}(\boldsymbol{r}',t)\cdot\mathrm{d}\boldsymbol{r}'}\psi_1 + \psi_2\right] \\
&= \mathrm{e}^{-\mathrm{i}\frac{e}{\hbar}\int_2 \boldsymbol{A}(\boldsymbol{r}',t)\cdot\mathrm{d}\boldsymbol{r}'}\left[\mathrm{e}^{\mathrm{i}\frac{e\Phi}{\hbar}}\psi_1 + \psi_2\right].
\end{aligned} \tag{10.147}
$$

Φ 为通过小区域 F 的磁通量. 于是

$$
\begin{aligned}
I &= |\psi_1' + \psi_2'|^2 \\
&= |\psi_1|^2 + |\psi_2|^2 + 2|\psi_1||\psi_2|\cos(\alpha_1 - \alpha_2 + e\Phi/\hbar).
\end{aligned} \tag{10.148}
$$

正如 A. Tonomura 等人[①]的实验显示,磁通量是量子化的,$\Phi=\frac{\pi\hbar n}{\mathrm{e}}$. 当 n 为奇数时,因这一附加的相位而观测到干涉图像的移动;而当 n 为偶数时,干涉图像不变(见图 10.7). 所以,尽管电子未经磁场区域,但磁通量却引起了相对相位的改变,即改变了屏幕上的干涉图像. 这表明,用 $\boldsymbol{B},\boldsymbol{E}$ 来描述电磁场是不够的,矢势和标势不仅仅是 $\boldsymbol{B},\boldsymbol{E}$ 的另一表示法,而是具有实质性的物理量.

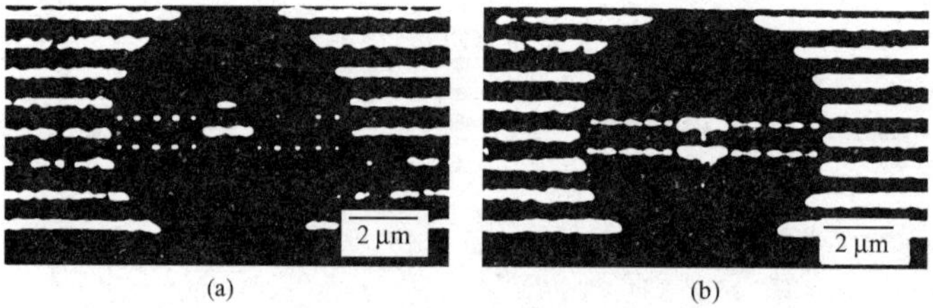

图 10.7 阿哈朗诺夫-玻姆效应的实验结果

(a) 相位改变为 0;(b) 相位改变为 π

实际上,阿哈朗诺夫-玻姆效应是贝利几何相位的特例[②].

习 题

10.1 氢原子处于基态,受到脉冲电场

$$\boldsymbol{\varepsilon}(t) = \boldsymbol{\varepsilon}_0\delta(t), \quad \boldsymbol{\varepsilon}_0 \text{ 是常矢量}$$

的作用. 试用微扰论计算电子跃迁到各激发态的概率以及仍停留在基态的概率.

10.2 具有电荷 q 的离子,在其平衡位置附近作一维简谐运动. 在光的照射下发生跃迁,入射光能量密度分布为 $\rho(\omega)$,波长较长,求:

---

① A. Tonomura, N. Osakabe, T. Matsuda *et al.*, Phys. Rev. Lett., **56** (1986)792; A. Tonomura, Chinese Journal Phys., **30** (1992)943.

② M. V. Berry, Proc. R. Soc. Lond., **A392** (1984)45.

(1) 跃迁选择定则；

(2) 设离子原来处于基态，求跃迁到第一激发态的概率.

10.3 设把处于基态的氢原子放在平板电容器中，取平板法线方向为 z 轴方向，电场沿 z 轴方向可视为均匀. 设电容器突然充电，然后放电，电场随时间变化为

$$\boldsymbol{\varepsilon}(t)=\begin{cases}0, & t<0,\\ \boldsymbol{\varepsilon}_0\mathrm{e}^{-t/\tau}, & t>0,\tau\text{ 为常数}.\end{cases}$$

求充分长的时间之后，氢原子跃迁到 2s 态及 2p 态的概率.

10.4 设把处于基态的氢原子放在平板电容器中，取平板法线方向为 z 轴方向，电场沿 z 轴方向可视为均匀. 当电容器放电（$T=-\infty$开始），电场随时间变化为

$$\varepsilon(t)=\varepsilon_0\mathrm{e}^{-\alpha^2t^2}.$$

(1) 求充分长的时间之后，氢原子跃迁到 2s 态及 2p 态的概率；

(2) 若电场随时间极缓慢地变化，讨论所得结果.

10.5 有一自旋为$\hbar/2$、磁矩为 $\boldsymbol{\mu}$，而电荷为零的粒子，置于磁场 $\boldsymbol{B}$ 中，开始时 $t=0$，$\boldsymbol{B}=\boldsymbol{B}_0=(0,0,B_0)$，粒子处于 $\hat{\sigma}_z$ 的本征态 $\begin{pmatrix}0\\1\end{pmatrix}$，即 $\sigma_z=-1$. $t>0$ 时，再加上沿 x 方向较弱的磁场 $\boldsymbol{B}_1=(B_1,0,0)$，于是 $\boldsymbol{B}=\boldsymbol{B}_0+\boldsymbol{B}_1=(B_1,0,B_0)$，求 $t>0$ 时，粒子的自旋态，以及测得自旋“向上”($\sigma_z=1$)的概率.

10.6 试具体计算出 10.4 节例 2 中的绝热近似条件.

第十一章　量子散射的近似方法

在近代物理研究中，研究一个粒子或多个粒子与散射中心的作用是很重要的. 这些研究提供了大量的基本数据. 如用散射资料推出核力的一些知识，强子结构、原子核和基本粒子的电荷分布，等等；甚至给出核子或核子对处于原子核某状态的概率，给出双重子可能存在的结构图像.

在束缚态问题中，我们是解本征值问题，以期与实验比较. 而在散射问题中，能量是连续的，初始能量是我们给定的(还有极化)，这时有兴趣的问题是粒子分布(即散射到各个方向的强度). 所以散射问题(特别是弹性散射)，主要关心的是散射强度，即关心远处的波函数.

11.1　一 般 描 述

A. 散射截面定义

用散射截面来描述粒子被一力场或靶散射是很方便的. 反之，知道散射截面的性质，可以推导出力场的许多性质. 而我们对原子核和基本粒子性质，很多就是这样获得的. 这也是量子力学中的逆问题.

设想一束不宽的(与散射区域比较)、具有一定能量的粒子，轰击到一个靶上(当然粒子束与散射中心尺度比较起来还是宽的，如图 11.1 所示). 为简单起见，粒子到达散射中心时，可用一个平面波 $e^{i\boldsymbol{k}\cdot\boldsymbol{r}-i\omega t}$ 来描述.

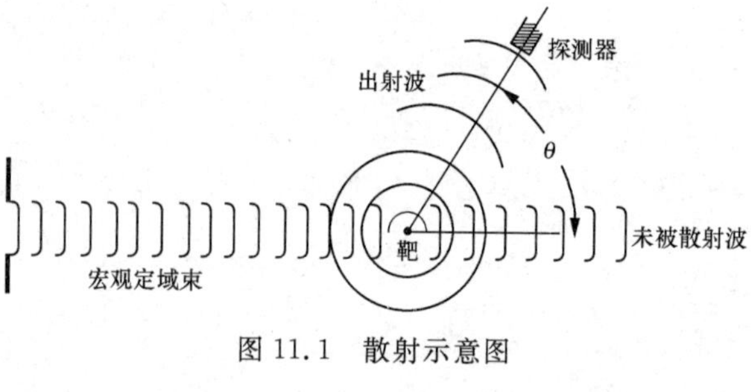

图 11.1　散射示意图

设：**入射粒子的相对通量 $\Phi_{入}$ 为单位时间内，通过与靶相对静止并垂直于传播方向的单位面积的入射粒子数**(对于单粒子，显然即为概率通量). 这时，单位时间内经散射而到达(θ,ϕ)方向 $d\Omega$ 中的粒子数

$$\mathrm{d}n \propto \Phi_{\text{入}}\,\mathrm{d}\Omega, \tag{11.1}$$

即

$$\mathrm{d}n(\theta,\phi) = \sigma(\theta,\phi)\Phi_{\text{入}}\,\mathrm{d}\Omega. \tag{11.2}$$

比例常数一般是(θ,ϕ)的函数.如入射方向为z轴,且束和靶都不极化,则$\sigma(\theta,\phi)$仅为θ的函数,它的量纲为$[\mathrm{L}]^2$.所以称之为散射微分截面,

$$\sigma(\theta,\phi) = \frac{\mathrm{d}n}{\Phi_{\text{入}}\,\mathrm{d}\Omega}. \tag{11.3}$$

于是有**散射微分截面定义:在单位时间内,单个散射中心将入射粒子(单个粒子)散射到(θ,ϕ)方向上的单位立体角中的粒子数(概率)与入射粒子的相对通量(概率通量)之比**,即

$$\sigma(\theta,\phi) = \frac{\dfrac{\mathrm{d}n(\theta,\phi)}{\mathrm{d}\Omega}}{\Phi_{\text{入}}}. \tag{11.4}$$

而散射总截面

$$\sigma_{\text{总}} = \int \sigma(\theta,\phi)\,\mathrm{d}\Omega. \tag{11.5}$$

对于固定散射中心的情形,实验室坐标系和质心坐标系是一样的.但如果是两个粒子散射,则不一样,理论上处理问题一般在质心坐标系(较简单).而通常实验中的靶是静止的,所以在比较时,需要将这两个坐标系中的物理量进行换算(见本节末附注).

B. 散射振幅

我们现在讨论一种稳定情况,即入射束的粒子不断入射,长时间后体系达到稳定状态的情况.考虑一个质量为μ的粒子被一位势$V(\boldsymbol{r})$散射$\left(\text{当 } r\to\infty, V(\boldsymbol{r})\text{趋于 } 0 \text{ 比}\dfrac{1}{r}\text{快}\right)$,感兴趣的很多物理问题是满足这一条件的(至于库仑散射问题将在本章末的附注中讨论).我们知道,薛定谔方程

$$\left[-\frac{\hbar^2}{2\mu}\nabla^2 + V(\boldsymbol{r})\right]\psi(\boldsymbol{r},t) = \mathrm{i}\hbar\frac{\partial}{\partial t}\psi(\boldsymbol{r},t) \tag{11.6}$$

的定态解可表为

$$\psi(\boldsymbol{r},t) = \varphi(\boldsymbol{r})\mathrm{e}^{-\mathrm{i}Et/\hbar}. \tag{11.7}$$

如是两粒子散射,则μ为约化质量$\mu=\dfrac{m_1m_2}{m_1+m_2}$,$E=\dfrac{\mu}{m_1}E_0$,$E_0$为实验室系的初动能,$m_1$为入射粒子质量(见附注).

当粒子以一定动量$\hbar\boldsymbol{k}$入射,经位势散射后,在$\boldsymbol{r}$很大处,解的渐近形式(弹性散射)为

$$\varphi_k(\boldsymbol{r}) \to \mathrm{e}^{\mathrm{i}\boldsymbol{k}\cdot\boldsymbol{r}} + f(\theta,\phi)\frac{\mathrm{e}^{\mathrm{i}kr}}{r}. \tag{11.8}$$

这时，$\psi_k(\boldsymbol{r},t)=\varphi_k(\boldsymbol{r})\mathrm{e}^{-\mathrm{i}E_k t/\hbar}$被称为**定态散射波函数**.

为证实这一点，将(11.8)代入 $\hat{H}$ 的本征方程. 在 r 很大时，保留到$\frac{1}{r}$次幂：

$$\hat{H}\psi_{r大时}=\frac{\hbar^2k^2}{2\mu}\mathrm{e}^{\mathrm{i}\boldsymbol{k}\cdot\boldsymbol{r}}-\frac{\hbar^2}{2\mu}\left[\frac{1}{r}\frac{\mathrm{d}^2}{\mathrm{d}r^2}f(\theta,\phi)\mathrm{e}^{\mathrm{i}kr}-\frac{\hat{l}^2}{\hbar^2r^2}f(\theta,\phi)\frac{\mathrm{e}^{\mathrm{i}kr}}{r}\right]$$
$$+V(\boldsymbol{r})\mathrm{e}^{\mathrm{i}\boldsymbol{k}\cdot\boldsymbol{r}}+V(\boldsymbol{r})f(\theta,\phi)\frac{\mathrm{e}^{\mathrm{i}kr}}{r}. \tag{11.9}$$

因 $V(\boldsymbol{r})\to 0$ 比$\frac{1}{r}$快，则有

$$\frac{\hbar^2k^2}{2\mu}\left[\mathrm{e}^{\mathrm{i}\boldsymbol{k}\cdot\boldsymbol{r}}+\frac{1}{r}f(\theta,\phi)\mathrm{e}^{\mathrm{i}kr}\right]=E_k\left[\mathrm{e}^{\mathrm{i}\boldsymbol{k}\cdot\boldsymbol{r}}+\frac{1}{r}f(\theta,\phi)\mathrm{e}^{\mathrm{i}kr}\right]. \tag{11.10}$$

即 $\hat{H}\varphi_k\approx E_k\varphi_k\left(准至\frac{1}{r}\right)$. 我们称 $f(\theta,\phi)$**为散射振幅，其量纲为长度的量纲；**$f(\theta,\phi)\frac{\mathrm{e}^{\mathrm{i}kr}}{r}$**为散射波**.

当入射粒子沿 z 方向入射，束、靶都是非极化时，则散射与 ϕ 无关，$f(\theta,\phi)=f(\theta)$.

下面我们给出 $f(\theta)$ 的物理意义：

对于渐近解的通量(对单粒子，即为概率通量)

$$\boldsymbol{j}=\frac{-\mathrm{i}\hbar}{2\mu}\left\{\left[\mathrm{e}^{-\mathrm{i}\boldsymbol{k}\cdot\boldsymbol{r}}+f^*(\theta)\frac{\mathrm{e}^{-\mathrm{i}kr}}{r}\right]\nabla\left[\mathrm{e}^{\mathrm{i}\boldsymbol{k}\cdot\boldsymbol{r}}+f(\theta)\frac{\mathrm{e}^{\mathrm{i}kr}}{r}\right]\right.$$
$$\left.-\left[\mathrm{e}^{\mathrm{i}\boldsymbol{k}\cdot\boldsymbol{r}}+f(\theta)\frac{\mathrm{e}^{\mathrm{i}kr}}{r}\right]\nabla\left[\mathrm{e}^{-\mathrm{i}\boldsymbol{k}\cdot\boldsymbol{r}}+f^*(\theta)\frac{\mathrm{e}^{-\mathrm{i}kr}}{r}\right]\right\}$$
$$=\frac{\hbar\boldsymbol{k}}{\mu}+\frac{\hbar k}{\mu}\frac{|f(\theta)|^2}{r^2}\hat{n}_r+\frac{\hbar\boldsymbol{k}}{2\mu}\frac{1}{r}\left[f^*(\theta)\mathrm{e}^{-\mathrm{i}kr(1-\cos\theta)}+f(\theta)\mathrm{e}^{\mathrm{i}kr(1-\cos\theta)}\right]$$
$$+\frac{\hbar k}{2\mu}\frac{\hat{n}_r}{r}\left[f(\theta)\mathrm{e}^{\mathrm{i}kr(1-\cos\theta)}+f^*(\theta)\mathrm{e}^{-\mathrm{i}kr(1-\cos\theta)}\right]+O\left(\frac{1}{r^3}\right). \tag{11.11}$$

应注意，我们的测量是在很远的地方($\theta\neq 0$)，而且测量始终是在一个小的、但有一定大小的立体角中进行. 因此，上式的有些项可表为

$$\int_{\Delta\Omega}g(\theta)\mathrm{e}^{\mathrm{i}kr(1-\cos\theta)}\sin\theta\mathrm{d}\theta\mathrm{d}\phi. \tag{11.12}$$

当 r 很大时，$\mathrm{e}^{\mathrm{i}kr(1-\cos\theta)}$ 振荡很快，而 $g(\theta)$ 是一光滑函数，这一积分趋于 0 比$\frac{1}{r}$快. 所以包含这一因子的项趋于 0 比$\frac{1}{r^2}$快.

事实上，入射束是一定域入射束，因此在探测器处入射波与散射波不重叠. 可以证明：在远处，对于渐近解的概率通量

$$\boldsymbol{j}=\frac{\hbar\boldsymbol{k}}{\mu}+\frac{\hbar k}{\mu}\frac{|f(\theta)|^2}{r^2}\hat{n}_r+O\left(\frac{1}{r^3}\right). \tag{11.13}$$

而当无位势时，$f(\theta)=0$，无散射，仅有沿 k 方向的平面波. 对 r 大处，在渐近区域$\frac{\hbar \boldsymbol{k}}{\mu}$对径向通量没贡献.

所以在远处，单位时间散射到(θ,ϕ)方向上的 $\mathrm{d}\Omega$ 立体角中的概率为

$$\mathrm{d}n=\frac{\hbar k}{\mu}\mid f(\theta)\mid^{2}\frac{1}{r^{2}}\cdot r^{2}\sin\theta\mathrm{d}\theta\mathrm{d}\phi \tag{11.14}$$

($r^2\mathrm{d}\Omega$ 即 $\mathrm{d}\Omega$ 立体角在 r 处所张的面积). 于是

$$\sigma(\theta,\phi)=\frac{\mathrm{d}n}{j_{\text{入}}\mathrm{d}\Omega}=\frac{\frac{\hbar k}{\mu}\mid f(\theta,\phi)\mid^{2}\mathrm{d}\Omega}{\frac{\hbar k}{\mu}\mathrm{d}\Omega}=\mid f(\theta,\phi)\mid^{2}. \tag{11.15}$$

上式表明，**散射振幅的模的平方，即为散射微分截面**. 而散射总截面为

$$\sigma_{\mathrm{T}}(\boldsymbol{k})=\int\sigma(\theta,\phi)\mathrm{d}\Omega=\int\mid f(\theta,\phi)\mid^{2}\mathrm{d}\Omega. \tag{11.16}$$

现在的问题是要从$\left[\frac{-\hbar^{2}}{2\mu}\nabla^{2}+V(r)\right]\varphi=E\varphi$ 出发，求具有在 r 很远处渐近形式为(11.8)式的解，从而获得 $f(\theta,\phi)$，进而得到理论上的散射微分截面 $\sigma_{\text{理}}(\theta,\phi)$.

附注　物理量在实验室坐标系和质心坐标系间的变换

1. **能量关系**

实验室系中，对于 m_1 速度为 v，而 m_2 不动的情况，总动能表达为：

$$E_0=\frac{1}{2}m_1v^2.$$

质心系(见图 11.2)：

$$E_{\mathrm{c}}=\frac{1}{2}m_1\left(\frac{m_2v}{m_1+m_2}\right)^2+\frac{1}{2}m_2\left(\frac{-m_1v}{m_1+m_2}\right)^2=\frac{\mu}{m_1}E_0, \tag{1}$$

其中，$\mu=\frac{m_1m_2}{m_1+m_2}$.

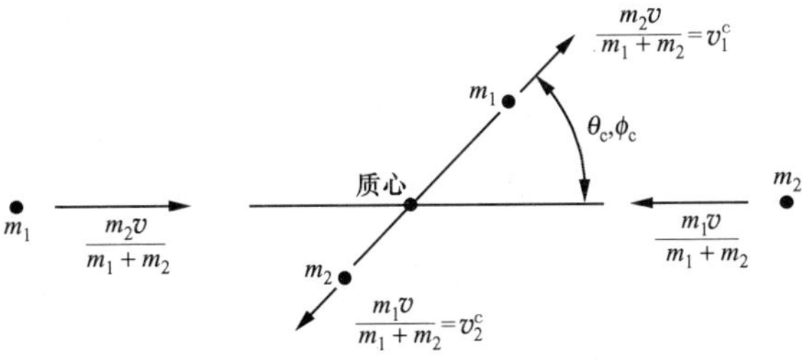

图 11.2　质心系

2. **角度之间关系**

由速度合成知(见图 11.3)：

$$\boldsymbol{v}'=\boldsymbol{v}^{\mathrm{c}}+\boldsymbol{V}_{\mathrm{c}},$$

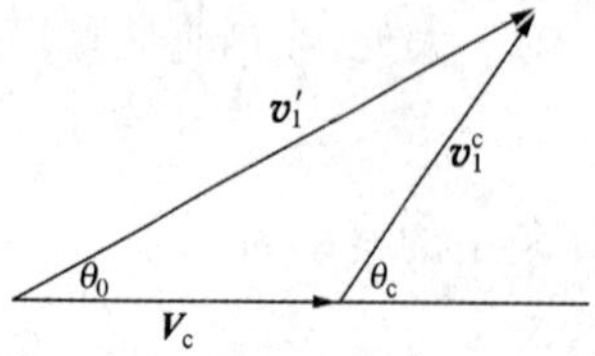

图 11.3　角度之间关系

$$v_1'\cos\theta_0 = V_c + v_1^c\cos\theta_c,$$
$$v_1'\sin\theta_0 = v_1^c\sin\theta_c,$$
$$\tan\theta_0 = \frac{\sin\theta_c}{\frac{V_c}{v_1^c}+\cos\theta_c} = \frac{\sin\theta_c}{\gamma+\cos\theta_c}. \tag{2}$$

其中 $\boldsymbol{v}_1'$ 为入射粒子经反应后在实验室系中的速度，V_c 为质心速度，

$$\gamma = \frac{\text{质心速度}}{\text{入射粒子经反应后在质心系中的速度}} = \frac{V_c}{v_1^c}.$$

对于弹性散射，

$$\frac{V_c}{v_1^c} = \frac{\frac{m_1 v}{m_1+m_2}}{\frac{m_2 v}{m_1+m_2}} = \frac{m_1}{m_2}. \tag{3}$$

对于非弹性散射，在非相对论下，质量总和不变. 能量转换：

$$E \to E+Q,\quad \frac{p^2}{2m_3}+\frac{p^2}{2m_4} = E+Q,$$

$$v_1^c = \frac{1}{m_3}\sqrt{\frac{2(E+Q)m_3m_4}{m_3+m_4}},$$

m_3, m_4 分别为非弹性散射后粒子 1 和粒子 2 的质量，而 $V_c = \frac{1}{m_2}\sqrt{\frac{2Em_1m_2}{m_1+m_2}}$，所以

$$\gamma = \frac{V_c}{v_1^c} = \sqrt{\frac{m_1m_3E}{m_2m_4(E+Q)}}. \tag{4}$$

3. **散射微分截面**

入射束的通量是指相对通量，所以在实验室和在质心坐标系中通量相等. 于是

$$\sigma_0(\theta_0,\phi_0)\mathrm{d}\Omega_0 = \sigma_c(\theta_c,\phi_c)\mathrm{d}\Omega_c,$$

$$\frac{\sigma_c(\theta_c,\phi_c)}{\sigma_0(\theta_0,\phi_0)} = \frac{\mathrm{d}\Omega_0}{\mathrm{d}\Omega_c} = \left|\frac{\mathrm{d}\cos\theta_0}{\mathrm{d}\cos\theta_c}\right| \quad (\phi_0=\phi_c).$$

由(2)式得

$$\cos\theta_0 = \frac{|\gamma+\cos\theta_c|}{(1+\gamma^2+2\gamma\cos\theta_c)^{1/2}}.$$

得

$$\sigma_0(\theta_0,\phi_0) = \frac{(1+\gamma^2+2\gamma\cos\theta_c)^{3/2}}{|1+\gamma\cos\theta_c|}\sigma_c(\theta_c,\phi_c). \tag{5}$$

在下面我们处理两个粒子散射时，是将质心运动与相对运动分开，讨论一质量为 μ，而能量为 $\frac{\mu}{m_1}E_0 = \frac{1}{2}\mu v^2$ 的入射粒子被一位势 $V(\boldsymbol{r})$ $(\boldsymbol{r}=\boldsymbol{r}_1-\boldsymbol{r}_2)$ 散射，计算得 $\sigma_c(\theta_c,\phi_c)$. 然后，通过上述公式可换算成 $\sigma_0(\theta_0,\phi_0)$.

11.2　玻恩近似，卢瑟福散射

现在讨论如何近似求解 $f(\theta)$，以获得 $\sigma(\theta)$.

假设 $V(\boldsymbol{r})$ 对自由粒子产生散射. 根据费米黄金定则，从动量本征态 $|\psi_{p}\rangle$（初态）跃迁到动量本征态 $|\psi_{p'}\rangle$（末态）的跃迁率为

$$w_{p\to p'} = \frac{2\pi}{\hbar} \mid \langle \psi_{p'} \mid V(\boldsymbol{r}) \mid \psi_{p} \rangle \mid^2 \rho(E). \tag{11.17}$$

由于平面波是取

$$\langle \boldsymbol{r} \mid \boldsymbol{p} \rangle = \mathrm{e}^{\mathrm{i}\frac{\boldsymbol{p}\cdot\boldsymbol{r}}{\hbar}}, \tag{11.18}$$

所以

$$\langle \boldsymbol{p} \mid \boldsymbol{p}' \rangle = \delta(\boldsymbol{p} - \boldsymbol{p}') \cdot (2\pi\hbar)^3. \tag{11.19}$$

因此，其封闭性为

$$\int \mid p \rangle \frac{\mathrm{d}p}{(2\pi\hbar)^3} \langle p \mid = \boldsymbol{I}. \tag{11.20}$$

即在 $\boldsymbol{p}$ 空间中的态密度为 $\frac{1}{(2\pi\hbar)^3}$. 于是

$$\rho(E)\mathrm{d}E = \frac{\mathrm{d}^3\boldsymbol{p}'}{(2\pi\hbar)^3} = \frac{m\sqrt{2mE}}{(2\pi\hbar)^3}\mathrm{d}E\mathrm{d}\Omega. \tag{11.21}$$

对于跃迁到 $\mathrm{d}\Omega$ 中的跃迁率为

$$w_{p\to p'}\mathrm{d}\Omega = \frac{2\pi}{\hbar}\left|\int \mathrm{e}^{-\mathrm{i}\boldsymbol{p}'\cdot\boldsymbol{r}'/\hbar} V(\boldsymbol{r}')\mathrm{e}^{\mathrm{i}\boldsymbol{p}\cdot\boldsymbol{r}'/\hbar}\mathrm{d}^3\boldsymbol{r}'\right|^2 \cdot \frac{m\sqrt{2mE}}{(2\pi\hbar)^3}\mathrm{d}\Omega. \tag{11.22}$$

因入射波函数为 $\mathrm{e}^{\mathrm{i}\boldsymbol{p}\cdot\boldsymbol{r}/\hbar}$，所以入射粒子通量为 $\frac{|\boldsymbol{p}|}{m}$. 于是，散射微分截面

$$\sigma(\theta) = \left(\frac{m}{2\pi\hbar^2}\right)^2 \left|\int V(\boldsymbol{r}')\mathrm{e}^{\mathrm{i}(\boldsymbol{p}-\boldsymbol{p}')\cdot\boldsymbol{r}'/\hbar}\mathrm{d}\boldsymbol{r}'\right|^2. \tag{11.23}$$

从而得**一级玻恩近似下的散射振幅**

$$f_p^{(1)}(\theta) = -\frac{m}{2\pi\hbar^2}\int V(\boldsymbol{r}')\mathrm{e}^{\mathrm{i}(\boldsymbol{p}-\boldsymbol{p}')\cdot\boldsymbol{r}'/\hbar}\mathrm{d}\boldsymbol{r}'. \tag{11.24}$$

其中，$\boldsymbol{p}' = p\frac{\boldsymbol{r}}{r}$（散射振幅的格林函数解法见本节末附注）.

当 $V(\boldsymbol{r}) = V(r)$ 为有心势，令转移波矢（图 11.4）

$$\boldsymbol{q} = (\boldsymbol{p} - \boldsymbol{p}')/\hbar = \boldsymbol{k} - \boldsymbol{k}', \tag{11.25}$$

则

$$f_p^{(1)}(\theta) = -\frac{m}{2\pi\hbar^2}\int \mathrm{e}^{\mathrm{i}qr\cos\theta'} V(r) r^2 \mathrm{d}r\mathrm{d}\Omega', \tag{11.26}$$

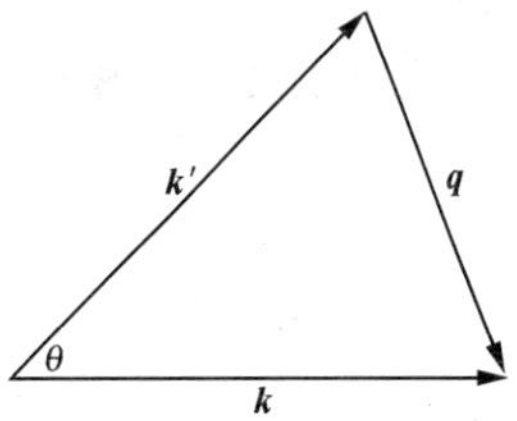

图 11.4 波矢的转移

计算时，取 $\boldsymbol{q}$ 方向为 z 轴. 因是有心势，

$$f_p^{(1)}(\theta)=-\frac{m}{2\pi\hbar^2}2\pi\frac{1}{\mathrm{i}q}\int V(r)r\mathrm{d}r(\mathrm{e}^{\mathrm{i}qr}-\mathrm{e}^{-\mathrm{i}qr})$$

$$=-\frac{2m}{\hbar^2 q}\int_0^\infty V(r)\sin(qr)r\mathrm{d}r, \tag{11.27}$$

其中，$q=2k\sin\frac{\theta}{2}$，$\boldsymbol{k}$ 在 z 方向.

由于一级玻恩近似处理的是位势作为自由粒子哈密顿量的一个微扰的情形，所以要求粒子动能比势能大，即玻恩近似方法在处理高能粒子散射或弱势时才是好的近似方法.

例 求入射电子在原子核的屏蔽位势

$$V(r)=-\frac{Ze^2}{4\pi\varepsilon_0}\frac{\mathrm{e}^{-r/b}}{r} \tag{11.28}$$

作用下的散射微分截面.

解 利用公式(11.27)得

$$f(\theta)=\frac{2m}{\hbar^2 q}\frac{Ze^2}{4\pi\varepsilon_0}\int_0^\infty \mathrm{e}^{-r/b}\sin(qr)\mathrm{d}r=\frac{2m}{\hbar^2}\frac{Ze^2}{4\pi\varepsilon_0}\frac{1}{q^2+1/b^2}. \tag{11.29}$$

所以，散射微分截面

$$\frac{\mathrm{d}\sigma}{\mathrm{d}\Omega}=|f(\theta)|^2=\left(\frac{2m}{\hbar^2}\frac{Ze^2}{4\pi\varepsilon_0}\right)^2\frac{1}{(q^2+1/b^2)^2}. \tag{11.30}$$

高能时，$q^2\gg\frac{1}{b^2}$，则

$$\frac{\mathrm{d}\sigma}{\mathrm{d}\Omega}=\left(\frac{2m}{\hbar^2}\frac{Ze^2}{4\pi\varepsilon_0}\right)^2\frac{1}{q^4}. \tag{11.31}$$

由 $q=2k\sin(\theta/2)=2\frac{\sqrt{2mE}}{\hbar}\sin(\theta/2)$，得

$$\frac{\mathrm{d}\sigma}{\mathrm{d}\Omega}=\left(\frac{Ze^2}{16\pi\varepsilon_0 E}\right)^2\frac{1}{\sin^4(\theta/2)}, \tag{11.32}$$

即当 b 很大时，$\mathrm{e}^{-r/b}\to 1$，也就是相当于大多数的散射是在原子核附近发生. 这时位势最强，几乎无屏蔽.

将(11.32)公式中的 Z 以 Z_1Z_2 代之，则公式改变为

$$\frac{\mathrm{d}\sigma}{\mathrm{d}\Omega}=\left(\frac{Z_1Z_2e^2}{16\pi\varepsilon_0 E}\right)^2\frac{1}{\sin^4(\theta/2)}. \tag{11.33}$$

它正是卢瑟福用经典力学推出的卢瑟福散射微分截面公式.

附注 格林函数解法和玻恩近似

1. 格林函数解法

我们来求具有渐近形式为

$$\psi(\boldsymbol{r}) \to \mathrm{e}^{\mathrm{i}\boldsymbol{k}\cdot\boldsymbol{r}} + f(\theta,\phi)\,\frac{\mathrm{e}^{\mathrm{i}kr}}{r} \tag{1}$$

的定态薛定谔方程

$$(\nabla^2 + k^2)\psi(\boldsymbol{r}) = U(\boldsymbol{r})\psi(\boldsymbol{r}) \tag{2}$$

的解. 其中，$k^2=\dfrac{2\mu E}{\hbar^2}$，$U(\boldsymbol{r})=\dfrac{2\mu}{\hbar^2}V(\boldsymbol{r})$，$U(\boldsymbol{r})$称为散射势. (2)式相应的齐次方程为

$$(\nabla^2 + k^2)u_{\boldsymbol{k}} = 0.$$

由于有(1)式，所以它的解取为

$$u_{\boldsymbol{k}} = \mathrm{e}^{\mathrm{i}\boldsymbol{k}\cdot\boldsymbol{r}}. \tag{3}$$

设 $G_k(\boldsymbol{r},\boldsymbol{r}')$满足方程

$$(\nabla^2 + k^2)G_k(\boldsymbol{r},\boldsymbol{r}') = \delta(\boldsymbol{r}-\boldsymbol{r}'), \tag{4}$$

则称 $G_k(\boldsymbol{r},\boldsymbol{r}')$是相应算符$\nabla^2+k^2$ 的格林函数. 于是(2)式的散射解可用一积分方程来表示：

$$\psi_{\boldsymbol{k}} = \mathrm{e}^{\mathrm{i}\boldsymbol{k}\cdot\boldsymbol{r}} + \int G_k(\boldsymbol{r},\boldsymbol{r}')U(\boldsymbol{r}')\psi_{\boldsymbol{k}}(\boldsymbol{r}')\mathrm{d}\boldsymbol{r}'. \tag{5}$$

通常称方程(5)为李普曼-薛温格(Lippmann-Schwinger)方程，它的具体形式取决于 $\psi_{\boldsymbol{k}}$ 的渐近形式.

设

$$G_k(\boldsymbol{r},\boldsymbol{r}') = \int g_k(\boldsymbol{k}')\mathrm{e}^{\mathrm{i}\boldsymbol{k}'\cdot(\boldsymbol{r}-\boldsymbol{r}')}\mathrm{d}\boldsymbol{k}', \tag{6}$$

并考虑到

$$\delta(\boldsymbol{r}-\boldsymbol{r}') = \frac{1}{(2\pi)^3}\int \mathrm{e}^{\mathrm{i}\boldsymbol{k}'\cdot(\boldsymbol{r}-\boldsymbol{r}')}\mathrm{d}\boldsymbol{k}',$$

于是方程(4)可表为

$$(\nabla^2 + k^2)G_k(\boldsymbol{r},\boldsymbol{r}') = \int g_k(\boldsymbol{k}')(k^2-k'^2)\mathrm{e}^{\mathrm{i}\boldsymbol{k}'\cdot(\boldsymbol{r}-\boldsymbol{r}')}\mathrm{d}\boldsymbol{k}' = \frac{1}{(2\pi)^3}\int \mathrm{e}^{\mathrm{i}\boldsymbol{k}'\cdot(\boldsymbol{r}-\boldsymbol{r}')}\mathrm{d}\boldsymbol{k}'.$$

所以，

$$g_k(\boldsymbol{k}') = \frac{1}{(2\pi)^3}\,\frac{1}{(k^2-k'^2)}. \tag{7}$$

将(7)式代入方程(6)得

$$G_k(\boldsymbol{r},\boldsymbol{r}') = \frac{1}{(2\pi)^3}\int \frac{\mathrm{e}^{\mathrm{i}\boldsymbol{k}'\cdot(\boldsymbol{r}-\boldsymbol{r}')}}{(k^2-k'^2)}\mathrm{d}\boldsymbol{k}' \tag{8a}$$

$$= \frac{1}{(2\pi)^3}\int \frac{\mathrm{e}^{\mathrm{i}k'\cdot|\boldsymbol{r}-\boldsymbol{r}'|\cos\theta}}{(k^2-k'^2)}(-\mathrm{d}\cos\theta)k'^2\mathrm{d}k'\mathrm{d}\phi$$

$$= \frac{1}{4\pi^2\,|\boldsymbol{r}-\boldsymbol{r}'|}\,\frac{\mathrm{d}}{\mathrm{d}\,|\boldsymbol{r}-\boldsymbol{r}'|}\int_{-\infty}^{+\infty}\frac{\mathrm{e}^{\mathrm{i}k'\cdot|\boldsymbol{r}-\boldsymbol{r}'|}}{(k'^2-k^2)}\mathrm{d}k'. \tag{8b}$$

$$\int_{-\infty}^{+\infty}\frac{\mathrm{e}^{\mathrm{i}k'\cdot|\boldsymbol{r}-\boldsymbol{r}'|}}{(k'^2-k^2)}\mathrm{d}k' = \lim_{\gamma\to0}\int_{-\infty}^{+\infty}\frac{\mathrm{e}^{\mathrm{i}k'\cdot|\boldsymbol{r}-\boldsymbol{r}'|}}{[k'^2-(k+\mathrm{i}\gamma)^2]}\mathrm{d}k'$$

$$= \lim_{\gamma\to0}\oint_C\frac{\mathrm{e}^{\mathrm{i}k'\cdot|\boldsymbol{r}-\boldsymbol{r}'|}}{[k'^2-(k+\mathrm{i}\gamma)^2]}\mathrm{d}k'$$

$$= \lim_{\gamma\to0}2\pi\mathrm{i}\,\frac{\mathrm{e}^{\mathrm{i}(k+\mathrm{i}\gamma)\cdot|\boldsymbol{r}-\boldsymbol{r}'|}}{2(k+\mathrm{i}\gamma)}$$

$$= \mathrm{i}\pi\,\frac{\mathrm{e}^{\mathrm{i}k\cdot|\boldsymbol{r}-\boldsymbol{r}'|}}{k}. \tag{8c}$$

其中积分回路 C 见图 11.5,最后两等式是应用了留数定理. 由(8)式得具有出射球面波的 ∇^2+k^2 的格林函数

$$
\begin{aligned}
G_k(\boldsymbol{r},\boldsymbol{r}') &= \frac{1}{4\pi^2\,|\boldsymbol{r}-\boldsymbol{r}'|}\frac{\mathrm{d}}{\mathrm{d}\,|\boldsymbol{r}-\boldsymbol{r}'|}\int_{-\infty}^{+\infty}\frac{\mathrm{e}^{\mathrm{i}k'\cdot|\boldsymbol{r}-\boldsymbol{r}'|}}{(k'^2-k^2)}\mathrm{d}k' \\
&= \frac{1}{4\pi^2\,|\boldsymbol{r}-\boldsymbol{r}'|}\frac{\mathrm{i}\pi}{k}\frac{\mathrm{d}}{\mathrm{d}\,|\boldsymbol{r}-\boldsymbol{r}'|}\mathrm{e}^{\mathrm{i}k\cdot|\boldsymbol{r}-\boldsymbol{r}'|} \\
&= -\frac{1}{4\pi}\frac{\mathrm{e}^{\mathrm{i}k\cdot|\boldsymbol{r}-\boldsymbol{r}'|}}{|\boldsymbol{r}-\boldsymbol{r}'|}.
\end{aligned}
\tag{9}
$$

将(9)式代入方程(5),我们就求得满足 r 很大处的边条件为(1)式的定态薛定谔方程(2)的散射解

$$
\psi_k(\boldsymbol{r}) = \mathrm{e}^{\mathrm{i}\boldsymbol{k}\cdot\boldsymbol{r}} - \frac{1}{4\pi}\int\frac{\mathrm{e}^{\mathrm{i}k|\boldsymbol{r}-\boldsymbol{r}'|}}{|\boldsymbol{r}-\boldsymbol{r}'|}U(\boldsymbol{r}')\psi_k(\boldsymbol{r}')\mathrm{d}\boldsymbol{r}'. \tag{10}
$$

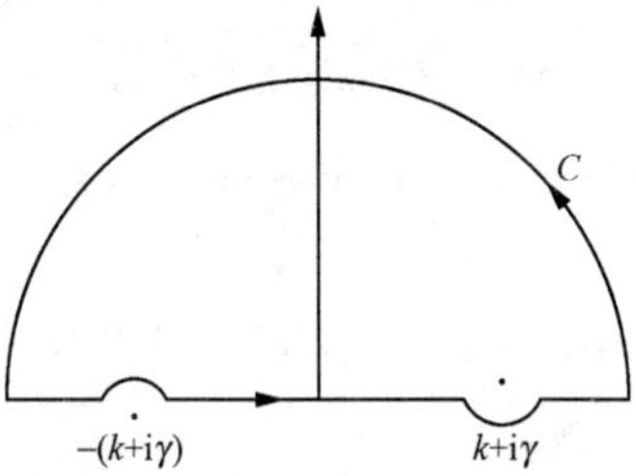

图 11.5　积分回路 C

2. **玻恩近似**

在式(10)中,由于 r 很大,$U(\boldsymbol{r}')$ 仅在不是太大的范围内不为零,所以 $|\boldsymbol{r}-\boldsymbol{r}'|$ 可用 r 替代,而(10)式右端积分项分子中的相位

$$
\begin{aligned}
k\cdot|\boldsymbol{r}-\boldsymbol{r}'| &= kr\sqrt{1-\frac{2\boldsymbol{r}\cdot\boldsymbol{r}'}{r^2}+\frac{r'^2}{r^2}} \\
&= kr - k\frac{\boldsymbol{r}\cdot\boldsymbol{r}'}{r} + k\frac{(\boldsymbol{r}\times\boldsymbol{r}')^2}{2r^3}+\cdots.
\end{aligned}
$$

同样由于 $U(\boldsymbol{r}')$ 仅在不是太大的 r' 范围内不为零,所以 $k\dfrac{r'^2}{r}\ll 1$,从而可得

$$
\psi_k(\boldsymbol{r}) \approx \mathrm{e}^{\mathrm{i}\boldsymbol{k}\cdot\boldsymbol{r}} - \frac{\mathrm{e}^{\mathrm{i}kr}}{4\pi r}\int\mathrm{e}^{-\mathrm{i}\boldsymbol{k}'\cdot\boldsymbol{r}'}U(\boldsymbol{r}')\psi_k(\boldsymbol{r}')\mathrm{d}\boldsymbol{r}',
$$

其中 $\boldsymbol{k}'=k\dfrac{\boldsymbol{r}}{r}$. 于是散射振幅为

$$
f_k(\theta,\phi) = -\frac{1}{4\pi}\int\mathrm{e}^{-\mathrm{i}\boldsymbol{k}'\cdot\boldsymbol{r}'}U(\boldsymbol{r}')\psi_k(\boldsymbol{r}')\mathrm{d}\boldsymbol{r}' = -\frac{\mu}{2\pi\hbar^2}\int\mathrm{e}^{-\mathrm{i}\boldsymbol{k}'\cdot\boldsymbol{r}'}V(\boldsymbol{r}')\psi_k(\boldsymbol{r}')\mathrm{d}\boldsymbol{r}'. \tag{11}
$$

由迭代法可得一级玻恩近似的散射振幅

$$
f_k^{(1)}(\theta,\phi) = -\frac{1}{4\pi}\int\mathrm{e}^{\mathrm{i}(\boldsymbol{k}-\boldsymbol{k}')\cdot\boldsymbol{r}'}U(\boldsymbol{r}')\mathrm{d}\boldsymbol{r}' = -\frac{1}{2(2\pi)}\frac{2\mu}{\hbar^2}V(\boldsymbol{k}'-\boldsymbol{k}). \tag{12}
$$

利用(5)式,(8a)式,则从(11)式可得二级玻恩近似的散射振幅

$$
f_k^{(2)}(\theta,\phi) = \frac{1}{2(2\pi)^4}\left(\frac{2\mu}{\hbar^2}\right)^2\int\frac{V(\boldsymbol{k}'-\boldsymbol{k}'')V(\boldsymbol{k}''-\boldsymbol{k})}{k''^2-k^2}\mathrm{d}\boldsymbol{k}'', \tag{13}
$$

其中 $V(\boldsymbol{q})=\int e^{-i\boldsymbol{q}\cdot\boldsymbol{r}}V(\boldsymbol{r})d\boldsymbol{r}$.

11.3 有心势中的分波法和相移

当位势是有心势时，粒子在中心力场作用下，角动量是运动常数(散射前后).因此，入射波和散射波可由角动量本征态叠加而成，而每一个分波(本征态)分别被位势散射，彼此互不相干.

A. 散射截面和相移

当取入射粒子方向 $\boldsymbol{k}$ 为 z 轴，则入射(无自旋)是对 ϕ 对称，即与 ϕ 无关，而相互作用势 $V(r)$ 是各向同性.因此，经 $V(r)$ 作用后也与 ϕ 无关，

$$\psi_{\boldsymbol{k}}=\sum_{l=0}^{\infty}\frac{\chi_l(r)}{r}Y_{l0}(\theta,\phi)\quad(\boldsymbol{k}\text{ 在 }z\text{ 方向}).\tag{11.34}$$

代入薛定谔方程得

$$\frac{d^2}{dr^2}\chi_l(r)-\frac{l(l+1)}{r^2}\chi_l(r)+k^2\chi_l(r)-U(r)\chi_l(r)=0.\tag{11.35}$$

其中，$U(r)=\frac{2m}{\hbar^2}V(r)$，$k^2=\frac{2mE}{\hbar^2}$.

当 $r\to\infty$ 时，方程的渐近形式为

$$\frac{d^2}{dr^2}\chi_l(r)+k^2\chi_l(r)=0,\tag{11.36}$$

它的解为

$$\chi_l(r)\approx A_l\sin(kr+B_l)=A_l\sin\left(kr-\frac{l\pi}{2}+\delta_l\right),\tag{11.37}$$

所以，在有心势存在时，具有确定 $\boldsymbol{k}$(在 z 方向)的解为

$$\begin{aligned}\psi_{\boldsymbol{k}}&\approx\sum_{l=0}^{\infty}A_l\frac{\sin\left(kr-\frac{l\pi}{2}+\delta_l\right)}{r}Y_{l0}(\theta,\phi)\\&=\sum_{l=0}^{\infty}\left[\frac{(-i)^l}{2i}A_le^{i\delta_l}\frac{e^{ikr}}{r}-\frac{i^l}{2i}A_le^{-i\delta_l}\frac{e^{-ikr}}{r}\right]Y_{l0}(\theta,\phi).\end{aligned}\tag{11.38}$$

当位势不存在时，解为

$$e^{ikz}=\sum_{l=0}\sqrt{4\pi(2l+1)}i^lj_l(kr)Y_{l0}(\theta,\phi),\tag{11.39}$$

而当 $r\to\infty$ 时，

$$j_l(kr)\sim\frac{\sin(kr-l\pi/2)}{kr}.\tag{11.40}$$

所以

$$e^{ikz} \approx \sum_{l=0} \left[\frac{\sqrt{4\pi(2l+1)}}{2ki} \frac{e^{ikr}}{r} - \frac{\sqrt{4\pi(2l+1)}(-1)^l}{2ki} \frac{e^{-ikr}}{r} \right] Y_{l0}(\theta,\phi). \tag{11.41}$$

与公式(11.38)的 ψ_k 比较,球面入射波系数应相同:

$$\frac{i^l}{2i} A_l e^{-i\delta_l} = \frac{\sqrt{4\pi(2l+1)}(-1)^l}{2ki}, \tag{11.42}$$

即

$$A_l = \frac{\sqrt{4\pi(2l+1)}i^l}{k} e^{i\delta_l}. \tag{11.43}$$

将 A_l 代入(11.38)式得

$$\psi_k \approx \sum_{l=0} \left[\frac{\sqrt{4\pi(2l+1)}}{2ki} e^{2i\delta_l} \frac{e^{ikr}}{r} - \frac{\sqrt{4\pi(2l+1)}(-1)^l}{2ki} \frac{e^{-ikr}}{r} \right] Y_{l0}(\theta,\phi). \tag{11.44}$$

显然,对每一个分波 l,都是一个入射球面波和一个出射球面波(同强度)的叠加,但定态散射解中的出射波和平面波的出射波差一相因子 $S_l(k)=e^{2i\delta_l}$(称为 S 矩阵元). 这表明:散射位势的效应是使每一个出射分波有一相移 δ_l,相应的相因子为 $e^{2i\delta_l}$.

因 $\psi_k(\boldsymbol{r}) \approx e^{ikz} + \frac{e^{ikr}}{r} f_k(\theta)$,与方程(11.41)和(11.44)比较得散射振幅

$$f_k(\theta) = \frac{\sqrt{4\pi}}{k} \sum_{l=0}^{\infty} \frac{\sqrt{2l+1}}{2i} (e^{2i\delta_l} - 1) Y_{l0}(\theta,\phi) \tag{11.45a}$$

$$= \frac{\sqrt{4\pi}}{k} \sum_{l=0}^{\infty} \sqrt{2l+1} e^{i\delta_l} \sin\delta_l Y_{l0}(\theta,\phi) \tag{11.45b}$$

$$= \sqrt{4\pi} \sum_{l=0}^{\infty} \sqrt{2l+1} f_{kl} Y_{l0}. \tag{11.45c}$$

而

$$f_{kl} = \frac{1}{2ik}(e^{2i\delta_l} - 1) = \frac{1}{k(\cot\delta_l - i)}. \tag{11.46}$$

从而得到散射微分截面

$$\sigma_k(\theta) = \frac{4\pi}{k^2} \sum_{l,l'=0}^{\infty} \sqrt{(2l+1)(2l'+1)} e^{i(\delta_l - \delta_{l'})} \sin\delta_l \sin\delta_{l'} Y_{l0} Y_{l'0}. \tag{11.47}$$

而散射总截面是

$$\sigma_T = \int \sigma_k(\theta) d\Omega \tag{11.48}$$

$$= \frac{4\pi}{k^2} \sum_{l=0}^{\infty} (2l+1) \sin^2\delta_l, \tag{11.49}$$

其中每一项$\frac{4\pi}{k^2}(2l+1)\sin^2\delta_l=\sigma_l$ 代表相应的角动量量子数为 l 的分波对散射截面的贡献，

$$\sigma_l \leqslant \frac{4\pi}{k^2}(2l+1), \tag{11.50}$$

当 $\delta_l=\left(n+\frac{1}{2}\right)\pi\ (n=0,1,2,\cdots)$，$\sigma_l$ 达极大.

将(11.49)式与散射振幅(11.45b)式比较，并注意 $Y_{l0}(0,\phi)=\sqrt{\frac{2l+1}{4\pi}}$得

$$\sigma_{\mathrm{T}} = \frac{4\pi}{k}\mathrm{Im}f_k(0), \tag{11.51}$$

这称为光学定理.

B. 一些讨论

(1) 分波法的适用性

要求：(i) 中心力场；(ii) δ_l 不为 0 的数要少，即 $\sigma(\theta)$或 σ_{T} 对 l 的收敛很快.

处于分波 l 的粒子，其运动区域为

$$\frac{l(l+1)\hbar^2}{2mr^2} \leqslant \frac{\hbar^2 k^2}{2m}, \tag{11.52}$$

所以 l 分波的粒子运动区域 r 应满足 $kr\geqslant\sqrt{l(l+1)}$.

若相互作用力程为 r_0，当 $kr_0<\sqrt{l(l+1)}$时，则表明这一分波不能进入到相互作用的力程 r_0 内，也即在力程之外. 于是，在 r_0 很小时，仅 $l=0,1$，即仅 $\delta_0,\delta_1\neq 0$，或 k 很小，即低能、短程散射时，分波法适用.

(2) 相移符号

r 很大时，自由粒子在 l 分波的径向波函数为 $\frac{\sin\left(kr-\frac{l\pi}{2}\right)}{kr}$，有位势时为 $\frac{\sin\left(kr-\frac{l\pi}{2}+\delta_l\right)}{kr}$. 前者波节在 $r_n^0=\frac{1}{k}\left(n\pi+\frac{l\pi}{2}\right)$，后者在 $r_n=\frac{1}{k}\left(n\pi+\frac{l\pi}{2}-\delta_l\right)$. 排斥势是将粒子向外推，所以 r_n 应大，即 $\delta_l<0$. 而对吸引势 $\delta_l>0$.

(3) 相移的积分表示

方程(11.35)

$$\frac{\mathrm{d}^2}{\mathrm{d}r^2}\chi_l(r) + \left(k^2 - U(r) - \frac{l(l+1)}{r^2}\right)\chi_l(r) = 0 \tag{11.53}$$

有渐近解

$$\chi_l = \begin{cases} rR_l \xrightarrow{r\to 0} 0, \\ rR_l \xrightarrow{r\to\infty} \sin(kr - l\pi/2 + \delta_l), \end{cases} \tag{11.54}$$

其中，$U(r)=\frac{2m}{\hbar^2}V(r)$，$k^2=\frac{2mE}{\hbar^2}$.

于是有

$$\frac{\mathrm{d}}{\mathrm{d}r}\left[rR_l^{(V)}\frac{\mathrm{d}}{\mathrm{d}r}(rR_l^{(V_1)})-rR_l^{(V_1)}\frac{\mathrm{d}}{\mathrm{d}r}(rR_l^{(V)})\right]=rR_l^{(V_1)}(U_1-U)rR_l^{(V)},\tag{11.55}$$

$R_l^{(V)}$，$R_l^{(V_1)}$ 分别表示位势为 $V(r)$，$V_1(r)$的径向解.

对方程两边积分，并利用渐近解(11.54)可得

$$\sin(\delta_l^{(V)}-\delta_l^{(V_1)})=\frac{2m}{k\hbar^2}\int_0^{\infty}rR_l^{(V_1)}(V_1-V)rR_l^{(V)}\,\mathrm{d}r.\tag{11.56}$$

若取 $V_1=0$，则 $rR_l^{(V_1=0)}=kr\mathrm{j}_l(kr)$，$\delta_l^{(V_1)}=0$. 于是由方程(11.56)可得最后结果

$$\sin\delta_l(k)=-\frac{2m}{\hbar^2}\int_0^{\infty}\mathrm{j}_l(kr)V(r)R_l(r)r^2\,\mathrm{d}r.\tag{11.57}$$

(4) 低能相移和散射长度

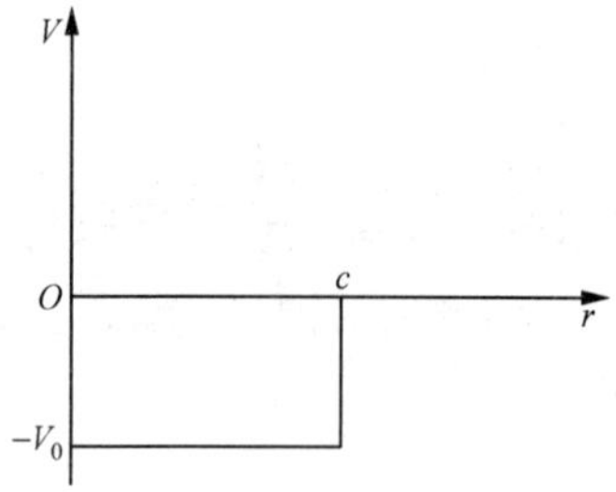

图 11.6 有限球方势阱

若位势半径为 c(见图 11.6)，则定态散射解为

$$R_l(kr)=\begin{cases}A_l\mathrm{j}_l(k'r), & r<c,\\ k(\cos\delta_l\mathrm{j}_l(kr)-\sin\delta_l\mathrm{n}_l(kr)) & r>c,\end{cases}\tag{11.58}$$

其中，$k'=\sqrt{2m(E+V_0)/\hbar^2}$，$k=\sqrt{2mE/\hbar^2}$.

由 $r=c$ 处波函数对数的导数连续，得

$$\cot\delta_l=\frac{k\mathrm{n}_l'(kc)-\gamma_l(k'c)\mathrm{n}_l(kc)}{k\mathrm{j}_l'(kc)-\gamma_l(k'c)\mathrm{j}_l(kc)},\tag{11.59}$$

其中 $\gamma_l(k'c)=\frac{k'\mathrm{j}_l'(k'c)}{\mathrm{j}_l(k'c)}$.

在低能时，根据球贝塞尔函数渐近式

$$\mathrm{j}_l(kr)\xrightarrow{kr\to 0}\frac{(kr)^l}{(2l+1)!!},\tag{11.60a}$$

$$\mathrm{n}_l(kr)\xrightarrow{kr\to 0}-\frac{(2l-1)!!}{(kr)^{l+1}},\tag{11.60b}$$

则

$$\cot\delta_l(k)\approx(kc)^{-(2l+1)}(2l+1)!!(2l-1)!!\frac{l+1+kc\gamma_l(k'c)}{l-kc\gamma_l(k'c)}.$$

所以，在低能下，相移与 k 的关系为

$$\sin\delta_l(k)\propto(k)^{2l+1}.\tag{11.61}$$

因此，当 $k\to 0$ 时，所有相移都趋于 π 的整数倍，而主要贡献为 S 波.

定义 散射长度

$$a \equiv -\lim_{k\to 0}\frac{\tan\delta_0(k)}{k}. \tag{11.62}$$

于是，低能下的散射总截面

$$\sigma = \frac{4\pi}{k^2}\sin^2\delta_0(k) \to 4\pi a^2. \tag{11.63}$$

例 1 求一维方势阱散射的相移.

$$V(x) = \begin{cases} \infty, & x < 0, \\ -V_0, & 0 < x < a, \\ 0, & x > a, \end{cases} \tag{11.64a}$$

$$\psi(x) = \begin{cases} 0, & x < 0, \\ A\sin k'x, & 0 < x < a, \\ B\sin(kx+\delta), & x > a, \end{cases} \tag{11.64b}$$

其中，$k'=\sqrt{\frac{2m(V_0+E)}{\hbar^2}}$，$k=\sqrt{\frac{2mE}{\hbar^2}}$.

波函数对数的导数在 $x=a$ 处连续：

$$k'\cot k'a = k\cot(ka+\delta).$$

于是有

$$\cot\delta = \frac{\tan ka + \frac{k'}{k}\cot k'a}{1-\frac{k'}{k}\cot k'a\tan ka}. \tag{11.65}$$

在 V_0，a 给定下，δ 仅依赖于能量 E（或 k），如图 11.7 所示.

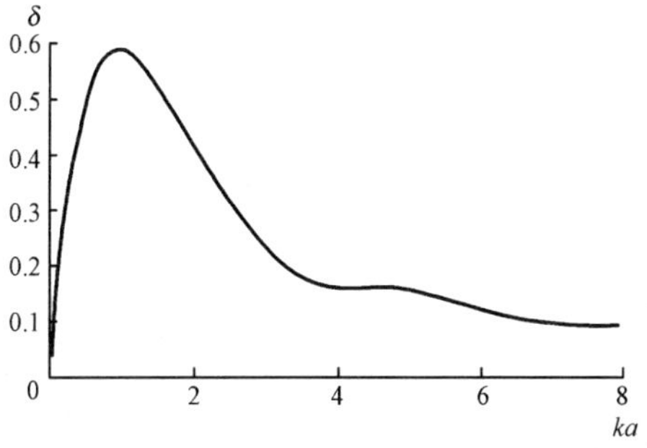

图 11.7 δ 随 k 的变化

例 2 硬球散射（散射靶为硬球）的相移.

解

$$V(r) = \begin{cases} \infty, & r < a, \\ 0, & r > a \end{cases} \quad (a \text{ 为硬球半径}). \tag{11.66}$$

设：径向波函数

$$R_l(kr) = \begin{cases} 0, & r < a, \\ R_l(kr), & r > a. \end{cases} \tag{11.67}$$

则满足薛定谔方程

$$\frac{1}{r}\frac{\mathrm{d}^2}{\mathrm{d}r^2}rR_l+\left[k^2-\frac{l(l+1)}{r^2}\right]R_l=0,\quad r>a \tag{11.68}$$

的解 R_l 为 $\mathrm{j}_l(kr)$，$\mathrm{n}_l(kr)$（参阅附录Ⅳ.3）. 所以

$$R_l(kr)=b\mathrm{j}_l(kr)+c\mathrm{n}_l(kr). \tag{11.69}$$

由式(11.37)知，大 r 处的渐近解为

$$rR_l\approx\sin\left(kr-\frac{l\pi}{2}+\delta_l\right). \tag{11.70}$$

而

$$\mathrm{j}_l\xrightarrow{r\to\infty}\frac{\sin\left(kr-\frac{l\pi}{2}\right)}{kr}, \tag{11.71a}$$

$$\mathrm{n}_l\xrightarrow{r\to\infty}\frac{-\cos\left(kr-\frac{l\pi}{2}\right)}{kr}, \tag{11.71b}$$

将方程(11.71)代入方程(11.69)，并与方程(11.70)比较，得

$$b=k\cos\delta_l,\quad c=-k\sin\delta_l. \tag{11.72}$$

从而得

$$R_l=k[\cos\delta_l\mathrm{j}_l(kr)-\sin\delta_l\mathrm{n}_l(kr)]. \tag{11.73}$$

由于波函数在 a 处连续，$R_l(a)=0$，可得

$$\tan\delta_l=\frac{\mathrm{j}_l(ka)}{\mathrm{n}_l(ka)}. \tag{11.74}$$

(i) 低能极限($ka\to0$).

利用(11.60)式，注意 $l=0$ 时，$(2l-1)!!$ 取 1. 于是

$$\tan\delta_l\xrightarrow{ka\to0}\frac{-(ka)^{2l+1}}{(2l-1)!!(2l+1)!!}. \tag{11.75}$$

由于 $ka\to0$，仅分波 $l=0$ 的相移 δ_0 是重要的，

$$\tan\delta_0\xrightarrow{ka\to0}-ka, \tag{11.76}$$

即 $\delta_0\approx-ka$（排斥力）. 总散射截面

$$\sigma_{\mathrm{T}}=\frac{4\pi}{k^2}\sin^2\delta_0\approx\frac{4\pi}{k^2}\delta_0^2=4\pi a^2. \tag{11.77}$$

这表明，角分布各向同性，总截面是硬球截面的 4 倍，即与硬球表面积相等. 这是因为波长很长，产生衍射带来的结果.

(ii) 高能极限($ka\to\infty$).

$$\sigma_{\mathrm{T}}=\frac{4\pi}{k^2}\sum_{l=0}^{[ka]}(2l+1)\sin^2\delta_l, \tag{11.78}$$

其中“[]”表示取整数部分. 因被散射的分波 l 有条件 $ka\geqslant\sqrt{l(l+1)}$，所以高于 ka

的 l，对总散射截面无贡献. 因此求和至 $[ka]$ 附近的整数：

$$\sigma_T = \frac{4\pi}{k^2}\sum_{l=0}^{[ka]}(2l+1)\frac{j_l^2(ka)}{j_l^2(ka)+n_l^2(ka)}. \tag{11.79}$$

当 ka 很大，则

$$\sigma_T = \frac{4\pi}{k^2}\sum_{l=0}^{[ka]}(2l+1)\sin^2\left(ka-\frac{l\pi}{2}\right), \tag{11.80}$$

由

$$\sin^2\left(x-\frac{l\pi}{2}\right)=\begin{cases}\sin^2 x, & \text{当 } l \text{ 为偶}, \quad (11.81)\\ \cos^2 x, & \text{当 } l \text{ 为奇}, \quad (11.82)\end{cases}$$

得

$$\begin{aligned}\sigma_T &= \frac{4\pi}{k^2}\left[\sum_{l=0,2,4,\cdots}^{[ka]}(2l+1)\sin^2 ka+\sum_{l=1,3,5,\cdots}^{[ka]}(2l+1)\cos^2 ka\right]\\ &\approx \frac{4\pi}{k^2}\left[\frac{(ka+1)(ka+2)}{2}\sin^2 ka+\frac{(ka+1)(ka+2)}{2}\cos^2 ka\right].\end{aligned} \tag{11.83}$$

所以，高能极限下 $(ka\to\infty)$

$$\sigma_T = \frac{4\pi}{k^2}\frac{(ka)^2}{2} = 2\pi a^2. \tag{11.84}$$

11.4 共振散射[①]

当相移随能量很快通过 $\pi/2$ 时，在一光滑的散射截面的背景下，可能出现一个峰，这种现象称为共振散射.

A. 单能级共振公式——Breit-Wigner 公式[②]

考虑 l 分波方程(11.35)：

$$\frac{1}{r}\frac{d^2}{dr^2}(rR_l)+\left[k^2-U(r)-\frac{l(l+1)}{r^2}\right]R_l = 0. \tag{11.85}$$

取 1,2 两种情形，k^2 为 k_1^2 和 k_2^2，分别代入上式，再将得到的两式相减，则有

$$(k_1^2-k_2^2)r^2R_l^{(1)}R_l^{(2)} = \frac{d}{dr}\left[r^2\left(R_l^{(1)}\frac{d}{dr}R_l^{(2)}-R_l^{(2)}\frac{d}{dr}R_l^{(1)}\right)\right]. \tag{11.86}$$

若力程为 c，则有

$$(k_1^2-k_2^2)\int_0^c R_l^{(1)}R_l^{(2)}r^2\,dr = c^2R_l^{(1)}(c)R_l^{(2)}(c)[\gamma_l(k_2c)-\gamma_l(k_1c)]. \tag{11.87}$$

其中，$\gamma_l(kc)=\left.\frac{dR_l(r)}{dr}\right/R_l(r)\Big|_{r=c}$.

---

① L. E. Ballentine, Quantum Mechanics, World Scientific Publishing Co. Pre. Ltd, 2001, p. 458.

② G. Breit, E. P. Wigner, Phys. Rev., **49**(1936)519, 642.

以上两种情形中，若 $E_i=\dfrac{\hbar^2k_i^2}{2m}$，$i=1,2$，当 $E_2\to E_1=E=\dfrac{\hbar^2k^2}{2m}$，由方程(11.87)可推得

$$\frac{\partial\gamma_l(kc)}{\partial E}=-\frac{2m}{c^2\hbar^2(R_l(c))^2}\int_0^c(R_l)^2r^2\mathrm{d}r<0. \tag{11.88}$$

所以，$\gamma_l(kc)$是 E 的单调下降函数.

当 $\delta_l\approx\pi/2$ 时，则 l 分波对总散射截面贡献最大. 这时(11.59)式中的分子为零. 若此时 $E_r=\hbar^2k_r^2/2m$，则在 E_r 附近有

$$\gamma_l(kc)\approx\frac{k_r\mathrm{n}_l'(k_rc)}{\mathrm{n}_l(k_rc)}-\lambda(E-E_r). \tag{11.89}$$

根据公式(11.89)，于是(11.59)式可表为

$$\cot\delta_l\approx\frac{k_r\mathrm{n}_l'(k_rc)-k_r\mathrm{n}_l'(k_rc)\mathrm{n}_l(k_rc)/\mathrm{n}_l(k_rc)+\lambda(E-E_r)\mathrm{n}_l(k_rc)}{k_r\mathrm{j}_l'(k_rc)-k_r\mathrm{n}_l'(k_rc)\mathrm{j}_l(k_rc)/\mathrm{n}_l(k_rc)+\lambda(E-E_r)\mathrm{j}_l(k_rc)} \tag{11.90}$$

$$\approx\frac{\lambda(E-E_r)\mathrm{n}_l^2(k_rc)}{k_r\mathrm{j}_l'(k_rc)\mathrm{n}_l(k_rc)-\mathrm{j}_l(k_rc)k_r\mathrm{n}_l'(k_rc)} \tag{11.91}$$

$$=\frac{\lambda(E-E_r)\mathrm{n}_l^2(k_rc)}{-\dfrac{1}{k_rc^2}}. \tag{11.92}$$

最后一等式已利用附录(Ⅳ. 35g)式. 令$[k_rc^2\lambda\mathrm{n}_l^2(k_rc)]^{-1}=\Gamma/2$，并代入方程(11.92)得

$$\cot\delta_l=\frac{E_r-E}{\Gamma/2}.$$

从而得

$$\sin^2\delta_l=\frac{\Gamma^2}{4(E_r-E)^2+\Gamma^2}. \tag{11.93}$$

由公式(11.49)得共振的 l 分波对总散射截面的贡献是

$$\sigma_l=\frac{4\pi}{k^2}(2l+1)\frac{\Gamma^2}{4(E_r-E)^2+\Gamma^2}. \tag{11.94}$$

这即 Breit-Wigner 单能级共振公式(Breit-Wigner resonance formula).

当 Γ 较小时，这一分波将在光滑的总散射截面背景中产生一个峰.

B. Jost 函数和刘维松定理

为简单起见，我们讨论 $l=0$. 这时粒子所满足的方程(11.35)为

$$\frac{\mathrm{d}^2}{\mathrm{d}r^2}\varphi_k(r)+k^2\varphi_k(r)-U(r)\varphi_k(r)=0. \tag{11.95}$$

由(11.44)知，在位势外之解为

$$\varphi_k(r) \xrightarrow{r\to\infty} \alpha(k)[\mathrm{e}^{-\mathrm{i}kr} - S(k)\mathrm{e}^{\mathrm{i}kr}]. \tag{11.96}$$

若 $u_{\pm k}(r)$是方程(11.95)的两个线性无关解,并有

$$u_{\pm k}(r) \xrightarrow{r\to\infty} \mathrm{e}^{\mp\mathrm{i}kr}, \tag{11.97}$$

则可直接证得

$$u_{\pm k}(r) = \mathrm{e}^{\mp\mathrm{i}kr} + \frac{1}{k}\int_r^\infty \sin k(r'-r)U(r')u_{\pm k}(r')\mathrm{d}r' \tag{11.98}$$

是满足方程(11.95)的.

为满足 $\varphi_k(0)=0$,方程(11.95)的解应为

$$\varphi_k(r) = \frac{1}{J(-k)}[J(-k)u_k(r) - J(k)u_{-k}(r)], \tag{11.99a}$$

$$J(\pm k) = u_{\pm k}(0), \tag{11.99b}$$

其中,$J(\pm k)$被称为 Jost 函数. 于是有

$$\varphi_k(0) = 0, \tag{11.100}$$

$$\varphi_k(r) \xrightarrow{r\to\infty} \mathrm{e}^{-\mathrm{i}kr} - \frac{J(k)}{J(-k)}\mathrm{e}^{\mathrm{i}kr}. \tag{11.101}$$

与式(11.96)比较得散射矩阵

$$S(k) = \mathrm{e}^{2\mathrm{i}\delta(k)} = \frac{J(k)}{J(-k)}. \tag{11.102}$$

若 $k=-\mathrm{i}\chi$ 是 $J(k)$的零点(而 $J(\mathrm{i}\chi)\neq 0$),则

$$S(-\mathrm{i}\chi) = \frac{J(-\mathrm{i}\chi)}{J(\mathrm{i}\chi)} = 0, \quad \chi > 0, \tag{11.103}$$

于是

$$\varphi_{-\mathrm{i}\chi}(r) \xrightarrow{r\to\infty} \mathrm{e}^{-\chi r}, \tag{11.104}$$

显然 $\varphi_{-\mathrm{i}\chi}(r)$是相应于能量本征值 $E=-\dfrac{\hbar^2\chi^2}{2m}$的束缚态本征函数.

由式(11.97),(11.98)可知,当$|k|\to\infty$,$J(k)\to 1$,所以 $\delta(\infty)=0$. 从而推得[①]

$$\delta(0) = \begin{cases} \left(n+\dfrac{1}{2}\right)\pi, & J(0) = 0, \\ n\pi, & J(0) \neq 0, \end{cases} \tag{11.105}$$

n 为位势中 $l=0$ 的束缚态个数(包括零能束缚态). 这即为刘维松定理(Levinson Theroem). 它可扩展得

$$\delta_l(0) = n_l\pi, \quad l \geqslant 1, \tag{11.106}$$

① C. J. Joachain, Quantum Collision Theory (1975)258.

n_l 为位势中角动量为 l 的束缚态个数(包括零能束缚态).

C. 共振散射实例

(1) 球方位阱共振散射

质量为 m 的粒子,经球方位阱

$$V(r)=\begin{cases}-\lambda\dfrac{\hbar^2}{2ma^2}, & 0<r<a,\\ 0, & a<r\end{cases}\tag{11.107}$$

散射.

直接借助式(11.65),则有 $l=0$ 的相移 δ_0 满足

$$\cot\delta_0=\frac{ka\tan ka+k'a\cot k'a}{ka-k'a\cot k'a\tan ka},\tag{11.108}$$

而 $k'a=\sqrt{\lambda+(ka)^2}$, $k=\sqrt{2mE/\hbar^2}$.

图 11.8 中,图(a)表示 $\lambda<\left(\dfrac{\pi}{2}\right)^2$ 时的 δ_0 随 ka 的变化.这时位阱中无束缚态,所以 $\delta_0<\pi/2$.图(b)表示 $\lambda=\left(\dfrac{\pi}{2}\right)^2$ 时的 δ_0 随 ka 的变化.这时位阱中有一束缚态.

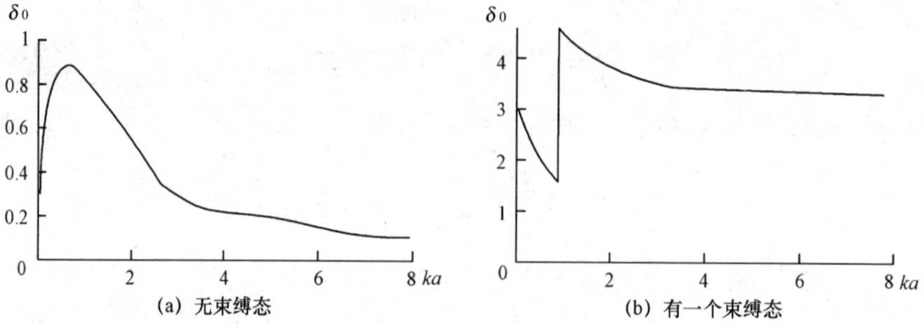

图 11.8　δ_0 随 ka 的变化

(2) 球壳 δ 势共振散射

质量为 m 的粒子,被球壳 δ 势

$$V(r)=\lambda\frac{\hbar^2}{2ma}\delta(r-a),\quad \lambda>0\tag{11.109}$$

散射.

当 $r<a$ 时,有方程

$$\frac{d^2u}{dr^2}=-k^2u,\quad k=\sqrt{2mE}/\hbar,\tag{11.110}$$

式中,$u(r)=rR(r)$($R(r)$为径向波函数).于是,有解

$$u=B\sin(kr+\eta),\quad r<a.\tag{11.111}$$

由于 $u(0)=0$，从而有 $u=B\sin kr(r<a)$.

而在 $r>a$ 时的解为

$$u(r)=A\sin(kr+\delta_0),\quad r>a. \tag{11.112}$$

波函数及其导数在 $r=a$ 处的连接条件

$$B\sin ka=A\sin(ka+\delta_0), \tag{11.113a}$$

$$Ak\cos(ka+\delta_0)-Bk\cos ka=\frac{2m}{\hbar^2}\frac{\lambda\hbar^2}{2ma}B\sin ka. \tag{11.113b}$$

从而得

$$\tan\delta_0=-\frac{\dfrac{\lambda}{ka}\sin ka\tan ka}{\sin ka\tan ka+\dfrac{\lambda}{ka}\sin ka+\cos ka}. \tag{11.114}$$

图 11.9 中，图(a)表示 $\lambda<\left(\frac{\pi}{2}\right)^2$ 时的 δ_0 随 ka 的变化，这时位阱中无束缚态，所以 $\delta_0<\pi/2$；图(b)表示 λ 较大、位阱中有 n 个束缚态时的 $\delta_0-n\pi$ 随 ka 的变化.

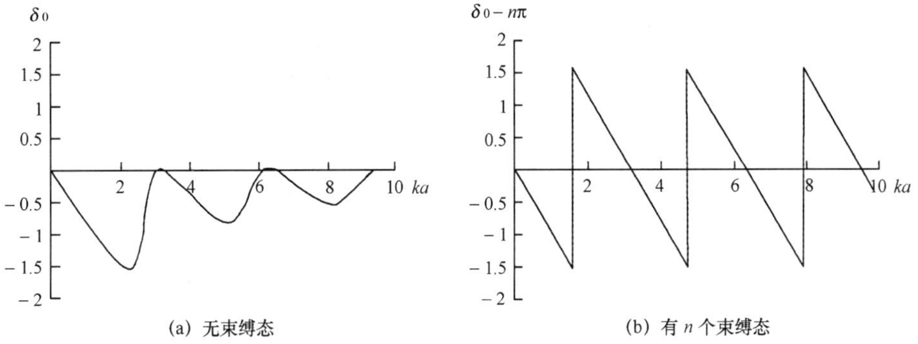

图 11.9 δ_0 随 ka 的变化

11.5 全同粒子的散射

A. 对称微分截面和反对称微分截面

在第八章讨论自旋时，我们讨论了全同粒子的对称性. 我们知道，全同费米子体系(自旋为半整数)的波函数具有反对称性；而全同玻色子体系的波函数则具有对称性.

两个具有自旋为 s 的粒子，取总自旋(S^2,S_z)的表象，则总自旋波函数 χ_{S,S_z} 的对称性为

$$(-1)^{2s-S}. \tag{11.115}$$

因此，两个处于角动量量子数为 l 态的全同粒子的空间波函数的对称性取决于它们总自旋的奇、偶性，也就是要满足 $(-1)^{L+S}=1$，即

$$L+S\ \text{为偶}, \tag{11.116}$$

其中 L 为总轨道角动量. 即当自旋波函数已按对称或反对称分类时，则描述两全同粒子散射的空间波函数必须是对称的或反对称的.

在质心坐标系中 $\boldsymbol{r}=\boldsymbol{r}_1-\boldsymbol{r}_2$，所以交换粒子即相应于 $\boldsymbol{r}\to-\boldsymbol{r}$，

$$r\to r,$$
$$\theta\to\pi-\theta,$$
$$\phi\to\pi+\phi.$$

对于沿 z 轴入射的散射态波函数，

$$\psi\approx(\mathrm{e}^{\mathrm{i}kz}\pm\mathrm{e}^{-\mathrm{i}kz})+[f(\theta)\pm f(\pi-\theta)]\frac{\mathrm{e}^{\mathrm{i}kr}}{r}. \tag{11.117}$$

所以空间部分的散射微分截面为

$$\sigma(\theta)=|f(\theta)\pm f(\pi-\theta)|^2, \tag{11.118}$$

即

$$\sigma^{\mathrm{S}}(\theta)=|f(\theta)+f(\pi-\theta)|^2\quad(\text{总自旋为偶，空间对称}), \tag{11.119a}$$
$$\sigma^{\mathrm{A}}(\theta)=|f(\theta)-f(\pi-\theta)|^2\quad(\text{总自旋为奇，空间反对称}). \tag{11.119b}$$

对分波法而言，

$$f(\theta)=\sum_{l=0}^{\infty}\frac{2l+1}{k}\mathrm{e}^{\mathrm{i}\delta_l}\sin\delta_l\mathrm{P}_l(\cos\theta). \tag{11.120}$$

当 $\theta\to\pi-\theta$，

$$\mathrm{P}_l(\cos(\pi-\theta))=\mathrm{P}_l(-\cos\theta)=(-1)^l\mathrm{P}_l(\cos\theta).$$

所以

$$f(\pi-\theta)=\sum_{l=0}^{\infty}\frac{2l+1}{k}\mathrm{e}^{\mathrm{i}\delta_l}(\sin\delta_l)(-1)^l\mathrm{P}_l(\cos\theta). \tag{11.121}$$

于是

$$\sigma^{\mathrm{S}}(\theta)=\frac{4}{k^2}\left|\sum_{l=0,2,\cdots}(2l+1)\mathrm{e}^{\mathrm{i}\delta_l}(\sin\delta_l)\mathrm{P}_l(\cos\theta)\right|^2, \tag{11.122a}$$

$$\sigma^{\mathrm{A}}(\theta)=\frac{4}{k^2}\left|\sum_{l=1,3,\cdots}(2l+1)\mathrm{e}^{\mathrm{i}\delta_l}(\sin\delta_l)\mathrm{P}_l(\cos\theta)\right|^2. \tag{11.122b}$$

以上散射微分截面表示中，对 l 的求和，要么为奇数，要么为偶数，从而使求和的平方在 $\theta\to\pi-\theta$ 下不变. 这清楚表明，由于全同粒子交换不变性，所以在自旋和坐标同时交换下，物理量的结果是不变的.

B. 具有自旋为 s 的粒子的非极化散射

对于自旋为 s 的粒子，它的自旋态可为 $-s,-s+1,\cdots,s$，故有 $2s+1$ 个态. 因

此，这两个全同粒子态 $\chi_{sm_1}(1)\chi_{sm_2}(2)$共有$(2s+1)^2$ 个.

如按对称性来分类：当 $m_1=m_2$ 有 $2s+1$ 个是对称的；当 $m_1\neq m_2$ 可组成 $2s(2s+1)$个态.所以，对称态有$(s+1)(2s+1)$个，反对称态有 $s(2s+1)$个.因此，自旋对称的概率为$\dfrac{(s+1)(2s+1)}{(2s+1)^2}=\dfrac{s+1}{2s+1}$；自旋反对称的概率为$\dfrac{s(2s+1)}{(2s+1)^2}=\dfrac{s}{2s+1}$.

由于是非极化散射，所以不管取哪一种态，概率是相等的，即散射截面与总自旋的 z 分量 S_z 无关.所以，当 s 为半整数时，散射微分截面为

$$\begin{aligned}\sigma(\theta)&=\frac{s+1}{2s+1}\sigma^{\mathrm{A}}(\theta)+\frac{s}{2s+1}\sigma^{\mathrm{S}}(\theta)\\&=|f(\theta)|^2+|f(\pi-\theta)|^2-\frac{1}{2s+1}[f(\theta)f^*(\pi-\theta)\\&\quad+f^*(\theta)f(\pi-\theta)].\end{aligned}\tag{11.123}$$

当 s 为整数时，散射微分截面为

$$\begin{aligned}\sigma(\theta)&=\frac{s}{2s+1}\sigma^{\mathrm{A}}(\theta)+\frac{s+1}{2s+1}\sigma^{\mathrm{S}}(\theta)\\&=|f(\theta)|^2+|f(\pi-\theta)|^2+\frac{1}{2s+1}[f(\theta)f^*(\pi-\theta)\\&\quad+f^*(\theta)f(\pi-\theta)].\end{aligned}\tag{11.124}$$

附注　库仑势散射

1. **库仑势散射**

库仑势是一长程势，即力程是无限的.因而散射解的渐近形式

$$\psi\approx \mathrm{e}^{\mathrm{i}k\cdot z}+f(\theta,\phi)\frac{\mathrm{e}^{\mathrm{i}kr}}{r}.\tag{1}$$

不是库仑势的薛定谔方程之解.库仑势的薛定谔方程可在抛物线坐标系中处理①②.

令(ξ,η,ϕ)为抛物线坐标，有

$$\begin{cases}x=\sqrt{\xi\eta}\cos\phi,\\ y=\sqrt{\xi\eta}\sin\phi,\\ z=\dfrac{1}{2}(\xi-\eta),\\ \xi=r+z,\\ \eta=r-z,\\ \phi=\arctan(y/x).\end{cases}\tag{2}$$

于是库仑势的薛定谔方程可表为

$$-\frac{\hbar^2}{2m}\left\{\frac{4}{\xi+\eta}\left[\frac{\partial}{\partial\xi}\left(\xi\frac{\partial}{\partial\xi}\right)+\frac{\partial}{\partial\eta}\left(\eta\frac{\partial}{\partial\eta}\right)\right]+\frac{1}{\xi\eta}\frac{\partial^2}{\partial\phi^2}\right\}\psi+\frac{2Z_1Z_2e'^2}{\xi+\eta}\psi=E\psi,\tag{3}$$

① W. Gordon, Z. f. Physik, **48** (1928)180.

② A. Messiah, Quantum Mechanics, Vol. I, Appendix B1, Wiley, New York, 1972.

其中 $e'^2=e^2/4\pi\varepsilon_0$.

要使方程(3)解的形式类似于公式(1),即有项 $\mathrm{e}^{\mathrm{i}kz}$ 和 $\mathrm{e}^{\mathrm{i}kr}/r$,则方程(3)的解可表为

$$\psi = \mathrm{e}^{\mathrm{i}kz}u(\eta). \tag{4}$$

其中,$k^2=2mE/\hbar^2$.

将(4)式代入方程(3),得

$$su''(s)+(1-s)u'(s)+\mathrm{i}\gamma u(s)=0. \tag{5}$$

其中,$s=\mathrm{i}k\eta,\gamma=mZ_1Z_2e'^2/(\hbar^2k)$. 方程(5)为合流超几何方程,它在 $s=0$ 处的正常解为合流超几何函数 $\mathrm{F}(-\mathrm{i}\gamma,1,\mathrm{i}k\eta)$(见附录Ⅳ.1).

于是

$$\psi \xrightarrow{|r-z|\to\infty} C\frac{\mathrm{e}^{\pi\gamma/2}}{\Gamma(1+\mathrm{i}\gamma)}\left\{\mathrm{e}^{\mathrm{i}\{kz+\gamma\ln[k(r-z)]\}}\left(1+\frac{\gamma^2}{\mathrm{i}k(r-z)}+\cdots\right)\right.$$

$$\left.+f_{\mathrm{c}}(\theta)\frac{\mathrm{e}^{\mathrm{i}\{kr-\gamma\ln[k(r-z)]\}}}{r}\left(1+\frac{(1+\mathrm{i}\gamma)^2}{\mathrm{i}k(r-z)}+\cdots\right)\right\}, \tag{6}$$

其中,$f_{\mathrm{c}}(\theta)=-\gamma\mathrm{e}^{2\mathrm{i}\alpha}\dfrac{\mathrm{e}^{-\mathrm{i}\gamma\ln\left(\sin^2\frac{\theta}{2}\right)}}{2k\sin^2\dfrac{\theta}{2}}$,$\mathrm{e}^{2\mathrm{i}\alpha}=\dfrac{\Gamma(1+\mathrm{i}\gamma)}{\Gamma(1-\mathrm{i}\gamma)}$,而 $\alpha=\arg\Gamma(1+\mathrm{i}\gamma)$.

于是在入射波矢方向的概率通量为

$$\boldsymbol{j}_i\cdot\hat{\boldsymbol{k}}=\hbar kA^*A/m+\cdots, \tag{7}$$

而散射到 $\hat{r}$ 方向单位立体角中的概率通量为

$$\boldsymbol{j}_s\cdot\hat{\boldsymbol{r}}\cdot r^2=A^*A\frac{\hbar k}{m}|f_{\mathrm{c}}(\theta)|^2+\cdots, \tag{8}$$

其中 $A=C\mathrm{e}^{\pi\gamma/2}/\Gamma(1+\mathrm{i}\gamma)$. 从而得散射微分截面

$$\frac{\mathrm{d}\sigma_{\mathrm{c}}}{\mathrm{d}\Omega}=\frac{\boldsymbol{j}_s\cdot\hat{\boldsymbol{r}}\cdot r^2}{\boldsymbol{j}_i\cdot\hat{\boldsymbol{k}}}=|f_{\mathrm{c}}|^2=\frac{\gamma^2}{4k^2\sin^4\dfrac{\theta}{2}}=\left(\frac{Z_1Z_2e^2}{16\pi\varepsilon_0E\sin^2\dfrac{\theta}{2}}\right)^2. \tag{9}$$

这与方程(11.33)是一致的. 但在两个全同粒子的库仑散射时,经典的散射微分截面与量子的散射微分截面则不相同. 散射振幅 f_{c} 中的相因子是量子效应.

2. **两个全同粒子的库仑散射**①②

(i) 两个自旋为零的全同玻色子的库仑散射.

由方程(11.124)可得两个自旋为零的全同玻色子的库仑散射微分截面

$$\frac{\mathrm{d}\sigma_{\mathrm{c}}}{\mathrm{d}\Omega}=|f_{\mathrm{c}}(\theta,\phi)+f_{\mathrm{c}}(\pi-\theta,\phi+\pi)|^2$$

$$=\left(\frac{\gamma}{2k}\right)^2\left\{\csc^4\frac{\theta}{2}+\sec^4\frac{\theta}{2}+2\csc^2\frac{\theta}{2}\sec^2\frac{\theta}{2}\cos\left[2\gamma\ln\left(\tan\frac{\theta}{2}\right)\right]\right\}. \tag{10}$$

方程(10)右边第三项显示出量子效应,而散射振幅 f_{c} 中的相因子起着重要的作用.

(ii) 两个自旋为 1/2 的全同费米子的库仑散射.

---

① N. F. Mott, Proc. Roy. Soc., **A126** (1930)259.

② D. A. Bromley, J. A. Kuehner and E. Almqvist, Phys. Rev., **123** (1961)878.

由方程(11.123)可得两个自旋为 1/2 的非极化的全同费米子的库仑散射微分截面

$$\begin{aligned}\frac{d\sigma_c}{d\Omega} &= \frac{1}{4}\left| f_c(\theta,\phi) + f_c(\pi-\theta,\phi+\pi)\right|^2 \\ &\quad + \frac{3}{4}\left| f_c(\theta,\phi) - f_c(\pi-\theta,\phi+\pi)\right|^2 \\ &= \left(\frac{\gamma}{2k}\right)^2 \left\{\csc^4\frac{\theta}{2} + \sec^4\frac{\theta}{2}\right. \\ &\quad \left. - \csc^2\frac{\theta}{2}\sec^2\frac{\theta}{2}\cos\left[2\gamma\ln\left(\tan\frac{\theta}{2}\right)\right]\right\}. \end{aligned} \tag{11}$$

类似方程(10),方程(11)右边第三项同样也显示出量子效应,而散射振幅 f_c 中的相因子起着重要的作用.

习　　题

11.1　用玻恩近似法,求在下列位势中的散射微分截面.

(1) $V(r)=V_0 e^{-ar^2}\quad (a>0)$;

(2) $V(r)=V_0 e^{-ar}\quad (a>0)$.

11.2　用分波法公式,证明光学定理

$$\mathrm{Im} f(0) = \frac{k}{4\pi}\sigma_{\mathrm{T}}.$$

11.3　设势场 $V(r)=V_0/r^2$.

(1) 用分波法求 l 分波的相移;

(2) 当 $\left|\frac{8mV_0}{\hbar^2}\right| \ll 1, \delta_l = ?$

11.4　质量为 μ 的粒子束,被球壳 δ 势场散射,

$$V(r) = V_0\delta(r-a).$$

(1) 在高能近似下,用玻恩近似法计算散射振幅和微分截面;

(2) 求各分波相移 δ_l,并和刚球散射的结果比较.

11.5　质量为 m 的粒子经一位势

$$V(\boldsymbol{r}) = V_0\delta(\boldsymbol{r})$$

散射.

(1) 求玻恩近似下的散射振幅;

(2) 若该位势是模拟热中子被原子核散射,求 V_0 与散射长度的关系.

11.6　质量为 m,能量为 E 的中子经一球对称吸引势

$$V = \begin{cases} -V_0, & r < a, \\ 0, & r \geqslant a \end{cases}$$

的散射.若中子速度 $v \ll \frac{\hbar}{ma}$,证明:

(1) 散射是球对称的;

(2) 给出S波相移所满足的方程;

(3) 求出散射长度;

(4) 求出当 $E \to 0$ 时的总散射截面.

11.7 求中子-中子低能($E \to 0$)S波散射截面,设两中子间的作用为

$$V = \begin{cases} V_0 \hat{\boldsymbol{\sigma}}_1 \cdot \hat{\boldsymbol{\sigma}}_2, & r \leqslant a, \\ 0, & r > a, \end{cases}$$

其中 $V_0 > 0$,$\hat{\boldsymbol{\sigma}}_1$,$\hat{\boldsymbol{\sigma}}_2$ 是两中子的泡利自旋算符,入射中子和靶中子都是未极化的.

11.8 实验发现,中子-质子低能S波散射的散射振幅和散射截面与中子-质子体系的自旋状态有关.对于自旋单态和自旋三重态,散射振幅分别为

$$f_1 = -2.37 \times 10^{-12}\ \text{cm},$$

$$f_2 = 0.538 \times 10^{-12}\ \text{cm}.$$

(1) 分别求自旋单态和三重态的散射总截面;

(2) 如入射中子(n)和质子(p)都是未极化的,求散射总截面;

(3) 如入射中子自旋"向上",质子靶自旋"向下",求散射总截面,以及散射后n,p自旋均转向相反方向的概率.

第十二章　量子力学的经典极限和 WKB 近似

12.1　量子力学的经典极限

在绪论中,我们已经指出,量子力学是研究微观物质世界运动的力学规律的学科.但是不应该误认为量子物理学与宏观世界毫无关系,事实上它不仅支配了微观世界的运动,也支配了宏观世界的运动.它是整个物理学.

很清楚,量子力学不能用轨道来描述体系的运动.在某一时刻不可能同时有确定的位置和动量.在量子力学中,我们不是用牛顿方程来描述粒子的运动规律,在这里粒子的运动规律是遵从薛定谔方程.

事实上,量子力学与经典力学存在密切的联系,量子力学的物理量是从经典力学中的物理量类比而推出的.此即将 p_i 代之以算符 $\hat{p}_i$,而

$$[\hat{x}_i, \hat{p}_j] = \mathrm{i}\hbar\delta_{ij}, \tag{12.1}$$

并有

$$\Delta x_i \Delta p_j \geqslant \hbar/2. \tag{12.2}$$

因此,不言而喻,要从量子世界过渡到经典极限,必须是在 $\hbar \to 0$ 的条件下获得,可以看到:

(i) 当$\hbar \to 0$,$\hat{x}_i$ 和 $\hat{p}_j$ 才有可能同时测准;

(ii) 当$\hbar \to 0$,力学量取值的量子化就消失.

例如:磁通量的量子化为

$$\Phi = \frac{2\pi\hbar}{e} n, \tag{12.3}$$

所以,相应的磁通量差 $\Delta\Phi = \frac{2\pi\hbar}{e} \xrightarrow{\hbar \to 0} 0$,磁通量取连续值.

下面,我们具体地讨论量子力学的经典极限.

A. 海森伯方程的经典极限

在海森伯绘景中,我们知道态矢量是与时间无关,而力学量是随时间"运动".它们满足方程

$$\frac{\mathrm{d}\hat{F}_H}{\mathrm{d}t} = \frac{\partial \hat{F}_H}{\partial t} + \frac{1}{\mathrm{i}\hbar}[\hat{F}_H, \hat{H}], \tag{12.4}$$

其中,$[\hat{F}_H, \hat{H}] = \hat{F}_H\hat{H} - \hat{H}\hat{F}_H$.

而进入经典力学，我们知道力学量及其函数的运动方程为

$$\frac{\mathrm{d}F}{\mathrm{d}t}=\frac{\partial F}{\partial t}+\{F,H\}, \tag{12.5}$$

其中，$\{F,H\}=\sum_{i=1}^{f}\left\{\frac{\partial F}{\partial q_i}\frac{\partial H}{\partial p_i}-\frac{\partial F}{\partial p_i}\frac{\partial H}{\partial q_i}\right\}$.

这就暗示：量子力学的运动方程或可由经典力学的运动方程来表示. 只要用 $\frac{1}{\mathrm{i}\hbar}[\hat{F}_H,\hat{H}]$代替$\{F,H\}$即可.

于是式(12.4)→式(12.5)即为量子力学过渡到经典极限；海森伯方程过渡到经典力学的正则方程.

现来证明(12.5)式.

设：A,B 为整函数，即

$$\hat{A}=\sum_{nm}A_{nm}\hat{q}^n\hat{p}^m, \tag{12.6a}$$

$$\hat{B}=\sum_{n'm'}B_{n'm'}\hat{q}^{n'}\hat{p}^{m'}. \tag{12.6b}$$

所以

$$\begin{aligned}[\hat{A},\hat{B}]&=\sum_{nmn'm'}A_{nm}B_{n'm'}[\hat{q}^n\hat{p}^m,\hat{q}^{n'}\hat{p}^{m'}]\\&=\sum_{nmn'm'}A_{nm}B_{n'm'}(\hat{q}^n[\hat{p}^m,\hat{q}^{n'}]\hat{p}^{m'}+\hat{q}^{n'}[\hat{q}^n,\hat{p}^{m'}]\hat{p}^m).\end{aligned} \tag{12.7}$$

由于对易子的性质与表象无关，我们可在任一表象中求之. 在 q 表象，

$$\begin{aligned}\hat{p}^m\hat{q}^n\Phi&=(-\mathrm{i}\hbar)^m\left(\frac{\mathrm{d}}{\mathrm{d}q}\right)^m q^n\Phi(q)\\&=(-\mathrm{i}\hbar)^m\\&\quad\cdot\begin{cases}\left[\Phi^{(m)}q^n+m\Phi^{(m-1)}(q^n)'+\cdots+\dfrac{m(m-1)\cdots(m-n+1)}{n!}\Phi^{(m-n)}(q^n)^{(n)}\right], & m\geqslant n\\ [\Phi^{(m)}q^n+m\Phi^{(m-1)}(q^n)'+\cdots+\Phi(q)(q^n)^{(m)}], & m\leqslant n\end{cases}\\&=(\hat{p}^m\Phi)q^n+(-\mathrm{i}\hbar)nm(\hat{p}^{m-1}\Phi)q^{n-1}\\&\quad+\frac{m(m-1)}{2}(-\mathrm{i}\hbar)^2n(n-1)(\hat{p}^{m-2}\Phi)q^{n-2}+\cdots,\end{aligned} \tag{12.8}$$

所以

$$\begin{aligned}[\hat{p}^m,\hat{q}^n]\Phi&=(-\mathrm{i}\hbar)nm\hat{q}^{n-1}\hat{p}^{m-1}\Phi\\&\quad+\frac{m(m-1)}{2}(-\mathrm{i}\hbar)^2n(n-1)\hat{q}^{n-2}\hat{p}^{m-2}\Phi+\cdots.\end{aligned}$$

由于 Φ 是任意的，于是有

$$\left.\frac{[\hat{q}^n,\hat{p}^m]}{\mathrm{i}\hbar}\right|_{\hbar\to 0}=nm\hat{q}^{n-1}\hat{p}^{m-1}$$

$$= \left(\frac{\partial \hat{q}^n}{\partial \hat{q}} \cdot \frac{\partial \hat{p}^m}{\partial \hat{p}} - \frac{\partial \hat{q}^n}{\partial \hat{p}} \cdot \frac{\partial \hat{p}^m}{\partial \hat{q}}\right) = \{\hat{q}^n, \hat{p}^m\}. \tag{12.9}$$

从而可推得

$$\begin{aligned}\frac{[\hat{A},\hat{B}]}{\mathrm{i}\hbar} &= \sum_{nmn'm'} A_{nm} B_{n'm'} \left(\frac{-\hat{q}^n[\hat{q}^{n'},\hat{p}^m]\hat{p}^{m'}}{\mathrm{i}\hbar} + \frac{\hat{q}^{n'}[\hat{q}^n,\hat{p}^{m'}]\hat{p}^n}{\mathrm{i}\hbar}\right) \\ &\xlongequal{\hbar\to 0} \sum_{nmn'm'} A_{nm} B_{n'm'} (-\hat{q}^n\{\hat{q}^{n'},\hat{p}^m\}\hat{p}^{m'} + \hat{q}^{n'}\{\hat{q}^n,\hat{p}^{m'}\}\hat{p}^m) \\ &= \sum_{nmn'm'} A_{nm} B_{n'm'} (\hat{q}^n\{\hat{p}^m,\hat{q}^{n'}\}\hat{p}^{m'} + \{\hat{q}^n,\hat{q}^{n'}\}\hat{p}^m\hat{p}^{m'} \\ &\quad + \hat{q}^{n'}\{\hat{q}^n,\hat{p}^{m'}\}\hat{p}^m + \hat{q}^{n'}\hat{q}^n\{\hat{p}^m,\hat{p}^{m'}\}) \\ &= \sum_{nmn'm'} A_{nm} B_{n'm'} (\{\hat{q}^n\hat{p}^m,\hat{q}^{n'}\}\hat{p}^{m'} + \hat{q}^{n'}\{\hat{q}^n\hat{p}^m,\hat{p}^{m'}\}) \\ &= \{A,B\}.\end{aligned} \tag{12.10}$$

因此，当$\hbar\to 0$时，量子力学的算符的运动方程（海森伯绘景）就回到经典力学的运动方程.

$$\frac{\mathrm{d}q_H}{\mathrm{d}t} = \frac{[\hat{q}_H,\hat{H}]}{\mathrm{i}\hbar} \xrightarrow{\hbar\to 0} \frac{\mathrm{d}q}{\mathrm{d}t} = \frac{\partial H}{\partial p}, \tag{12.11a}$$

$$\frac{\mathrm{d}p_H}{\mathrm{d}t} = \frac{[\hat{p}_H,\hat{H}]}{\mathrm{i}\hbar} \xrightarrow{\hbar\to 0} \frac{\mathrm{d}p}{\mathrm{d}t} = -\frac{\partial H}{\partial q}. \tag{12.11b}$$

即海森伯方程$\xrightarrow{\hbar\to 0}$经典正则方程.

B. 薛定谔方程的经典极限

设：粒子在势场$V(\boldsymbol{r})$中运动，则薛定谔方程为

$$\mathrm{i}\hbar\frac{\partial}{\partial t}\psi = \left(-\frac{\hbar^2}{2m}\nabla^2 + V\right)\psi. \tag{12.12}$$

ψ是一复函数，总可表为

$$\psi = R\mathrm{e}^{\mathrm{i}S/\hbar}, \tag{12.13}$$

代入方程(12.12)，得

$$\begin{aligned}&\mathrm{i}\hbar\frac{\partial R}{\partial t}\mathrm{e}^{\mathrm{i}S/\hbar} - R\frac{\partial S}{\partial t}\mathrm{e}^{\mathrm{i}S/\hbar} \\ &= -\frac{\hbar^2}{2m}\left[\nabla\cdot\left((\nabla R)\mathrm{e}^{\mathrm{i}S/\hbar} + \frac{\mathrm{i}}{\hbar}R(\nabla S)\mathrm{e}^{\mathrm{i}S/\hbar}\right)\right] + VR\mathrm{e}^{\mathrm{i}S/\hbar} \\ &= -\frac{\hbar^2}{2m}\left[(\nabla^2 R)\mathrm{e}^{\mathrm{i}S/\hbar} + \frac{2\mathrm{i}}{\hbar}\nabla R\cdot\nabla S\mathrm{e}^{\mathrm{i}S/\hbar}\right. \\ &\quad \left. + \frac{\mathrm{i}}{\hbar}R(\nabla^2 S)\mathrm{e}^{\mathrm{i}S/\hbar} - \frac{1}{\hbar^2}R(\nabla S)^2\mathrm{e}^{\mathrm{i}S/\hbar}\right] + VR\mathrm{e}^{\mathrm{i}S/\hbar}.\end{aligned}$$

上式等号两端的虚部和实部应分别相等，则得

$$m\frac{\partial R}{\partial t}+\nabla R\cdot\nabla S+\frac{1}{2}R\,\nabla^2 S=0,\tag{12.14a}$$

$$\frac{\partial S}{\partial t}+\frac{(\nabla S)^2}{2m}+V-\frac{\hbar^2}{2m}\frac{\nabla^2 R}{R}=0.\tag{12.14b}$$

由(12.14a)式可得

$$2mR\frac{\partial R}{\partial t}+2R\,\nabla R\cdot\nabla S+R^2\,\nabla^2 S=0,$$

即

$$\frac{\partial R^2}{\partial t}+\nabla\cdot\left(\frac{\nabla S}{m}R^2\right)=0.\tag{12.15}$$

这正是连续性方程

$$\frac{\partial\rho}{\partial t}+\nabla\cdot\boldsymbol{j}=0,$$

其中 $\rho=|\psi|^2=R^2$，$\boldsymbol{j}=\frac{1}{m}\mathrm{Re}(\psi^*(-\mathrm{i}\,\hbar\nabla)\psi)=\frac{\nabla S}{m}R^2$.

当$\hbar\to 0$ 时，方程(12.14b)则为

$$\frac{\partial S}{\partial t}+\frac{(\nabla S)^2}{2m}+V=0.\tag{12.16}$$

这正是雅可比方程(S 为主函数).

由连续性方程(12.15)得 $\boldsymbol{v}=\boldsymbol{j}/\rho=\frac{\nabla S}{m}$，于是方程(12.16)可表为

$$\frac{\partial S}{\partial t}+\frac{m}{2}v^2+V=0.$$

将上式取梯度得

$$\frac{\partial\nabla S}{\partial t}+m(\boldsymbol{v}\cdot\nabla)\,\boldsymbol{v}+\nabla V=0,$$

$$m\frac{\mathrm{d}\boldsymbol{v}}{\mathrm{d}t}=-\nabla V.\tag{12.17}$$

这恰是流体的粒子所遵从的运动方程.

由此可得出结论：在$\hbar\to 0$ 这一量子的经典极限下，ψ 描述质量为 m，处在位势 $V(\boldsymbol{r})$中的无相互作用的流体，这一流体的密度和流密度始终等于量子粒子在该点的概率密度 ρ 和概率通量 $\boldsymbol{j}$，而粒子的运动轨迹是垂直于等相面的($\boldsymbol{p}=\nabla S$).

12.2　WKB 近似

从上节讨论可知，当$\hbar\to 0$ 时，量子力学的 $\hat{\boldsymbol{r}}$，$\hat{\boldsymbol{p}}$ 所对应的海森伯方程以及薛定谔方程归趋经典力学中的正则方程和雅可比方程.

不过，为了给出量子力学的近似解，我们就不能取极限$\hbar\to 0$，而是将$\hbar$的幂次保留到一定阶数. WKB(G. Wengel, H. M. Kramers, L. Brillouin)近似方法就是把展开保留到一定程度，即保留到$\hbar$.

当位势不显含时间时，则薛定谔方程

$$\mathrm{i}\hbar\frac{\partial\psi}{\partial t}=\hat{H}\psi$$

的特解为

$$\varphi_n=u_n\mathrm{e}^{-\mathrm{i}E_nt/\hbar},$$

而 u_n 满足方程

$$\left[\frac{\hat{p}^2}{2\mu}+V(\boldsymbol{r})\right]u_n=E_nu_n.$$

当方程是变量可分离型，即可表示为一个或多个仅具有一个独立变量的方程式时，则可用 WKB 方法来求准经典解.

A. 一维本征方程的近似解

设：一维本征方程为

$$\left[\frac{\hat{p}^2}{2m}+V(x)\right]u(x)=Eu(x). \tag{12.18}$$

令其解为

$$u(x)=\mathrm{e}^{\mathrm{i}S(x)/\hbar},$$

代入方程(12.18)得

$$\left[\frac{\mathrm{d}S(x)}{\mathrm{d}x}\right]^2=\mathrm{i}\hbar\frac{\mathrm{d}^2S(x)}{\mathrm{d}x^2}+2m(E-V(x)). \tag{12.19}$$

将 $S(x)$按 $\mathrm{i}\hbar$展开得

$$S(x)=S_0(x)+\mathrm{i}\hbar S_1(x)+(\mathrm{i}\hbar)^2S_2(x)+\cdots, \tag{12.20}$$

代入方程(12.19)，并比较 $\mathrm{i}\hbar$同幂次的系数，得

$$S_0'(x)^2=2m(E-V(x)), \tag{12.21a}$$

$$2S_0'(x)S_1'(x)=S_0''(x), \tag{12.21b}$$

$$S_1'(x)^2+2S_0'(x)S_2'(x)=S_1''(x), \tag{12.21c}$$

$$\vdots$$

(i) $E>V(x)$，则

$$S_0'(x)=\pm\sqrt{2m(E-V(x))}=\pm\hbar k(x),$$

$$S_0(x)=\pm\hbar\int^x k(x')\mathrm{d}x', \tag{12.22a}$$

$$S_1'(x) = \frac{S_0''(x)}{2S_0'(x)},$$

$$S_1(x) = \ln(\hbar k(x))^{1/2} + C_1. \tag{12.22b}$$

所以，当 $S(x)$ 准至 $\hbar$ 项，则

$$u(x) = \frac{1}{(\hbar k(x))^{1/2}}\left(A_1 e^{i\int^x k(x')dx'} + A_2 e^{-i\int^x k(x')dx'}\right)$$

$$= \frac{A}{(\hbar k(x))^{1/2}}\sin\left(\int^x k(x')dx' + \alpha\right). \tag{12.23}$$

可以看到，在 $E>V(x)$ 的区域，波函数是振荡的.

(ii) $E<V(x)$，则

$$S_0'(x) = \pm i\sqrt{2m(V(x)-E)} = \pm i\hbar\kappa(x),$$

$$S_0(x) = \pm i\hbar\int^x \kappa(x')dx', \tag{12.24a}$$

$$S_1'(x) = \frac{S_0''(x)}{2S_0'(x)}, \tag{12.24b}$$

$$S_1(x) = \ln(\hbar\kappa(x))^{1/2} + C_2. \tag{12.24c}$$

所以，$S(x)$ 准至 $O(\hbar)$，则

$$u(x) = \frac{1}{(\hbar\kappa(x))^{1/2}}\left(A_1 e^{-\int^x \kappa(x')dx'} + A_2 e^{\int^x \kappa(x')dx'}\right). \tag{12.25}$$

(12.23)式和(12.25)式就是 WKB 方法的近似波函数.

B. 近似解有效性

要近似解有效，则必须

$$\left|\frac{i}{\hbar}(i\hbar)^2 S_2(x)\right| \ll 1.$$

而由方程(12.21c)和(12.24b)可得

$$S_2'(x) = \frac{S_0'''(x)}{4S_0'(x)^2} - \frac{3}{8S_0'(x)}\left(\frac{S_0''(x)}{S_0'(x)}\right)^2. \tag{12.26}$$

若设

$$S_0'(x) = \frac{1}{A(x)},$$

并代入方程(12.26)，可得

$$S_2'(x) = -\frac{1}{4}A''(x) + \frac{1}{8}\frac{(A'(x))^2}{A(x)},$$

$$S_2(x) = -\frac{1}{4}A'(x) + \frac{1}{8}\int^x \frac{(A'(x'))^2}{A(x')}dx'. \tag{12.27}$$

显然，当$|\hbar A'(x)|\ll 1$时(此为充分条件)，则有$|\hbar S_2(x)|\ll 1$. 而

$$|\hbar A'(x)| = \left|\hbar\left(\frac{1}{S_0'}\right)'\right| = \left|\frac{\lambda}{2\pi}\frac{p'}{p}\right| = \left|\frac{m\hbar V'(x)}{[2m(E-V(x))]^{3/2}}\right| \ll 1. \tag{12.28}$$

所以说，当**位势变化很慢，而动能很大**时，WKB 的近似解是一个很好的近似解. 或者说，WKB 近似解可被采纳的情形，是在当位势变化如此缓慢，以致在一个波长的范围内，动量的变化率远小于 1. 显然，当$|p|=[2m(E-V(x))]^{1/2}=0$时，近似解是不合适的. 因此，在$E=V(x)$的那些转折点处，应另行处理.

C. WKB 近似波函数的确定

如有一位势在a处有$E=V(a)$，则根据上节的讨论，在离开转折点a处较远时，波函数可用 WKB 近似解来描述，而且其近似程度较好. 于是，如图 12.1 所示，在(Ⅰ)区域，波函数有形式

$$u(x) = Ak^{-1/2}\sin\left(\int_a^x k(x')\mathrm{d}x' + \alpha\right).$$

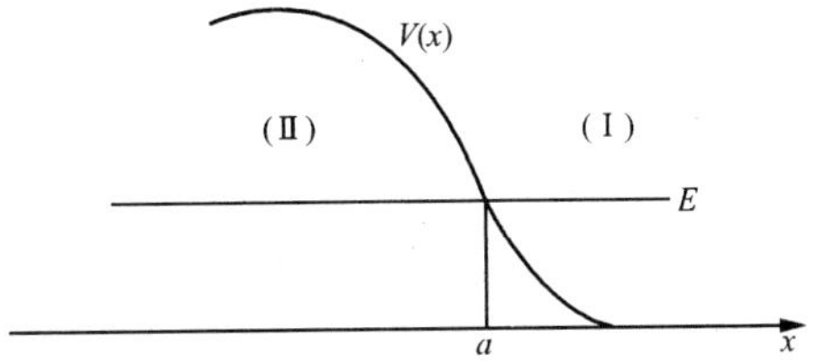

图 12.1 位势示意图

在(Ⅱ)区域，波函数有形式

$$u(x) = \kappa^{-1/2}\left(B_1 \mathrm{e}^{-\int_a^x \kappa(x')\mathrm{d}x'} + B_2 \mathrm{e}^{\int_a^x \kappa(x')\mathrm{d}x'}\right). \tag{12.29}$$

其中，$k=\sqrt{2m(E-V(x))}/\hbar$，$\kappa=\sqrt{2m(V(x)-E)}/\hbar$.

由于这两个波函数在$x=a$的近似性不好，因此，它们之间的系数关系就无法直接利用它们的连续性来确定. 所以，要确定两个区域波函数的系数，就必须求解在转折点附近的波函数.

(1) 线性转折点附近的解

本征方程为

$$\frac{\mathrm{d}^2 u}{\mathrm{d}x^2} + k^2(x)u = 0,\quad k^2(x) = 2m(E-V(x))/\hbar^2, \tag{12.30a}$$

$$\frac{\mathrm{d}^2 u}{\mathrm{d}x^2} - \kappa^2(x)u = 0,\quad \kappa^2(x) = 2m(V(x)-E)/\hbar^2. \tag{12.30b}$$

在区域(Ⅰ),令 $\xi_1 = \int_a^x k(x')\mathrm{d}x'$,在区域(Ⅱ),令 $\xi_2 = \int_x^a \kappa(x')\mathrm{d}x'$.

假设: 在转折点处取线性近似

$$E - V(x) = \alpha(x-a).$$

于是

$$\xi_1 = \int_a^x k(x)\mathrm{d}x \approx \frac{2}{3}\sqrt{\frac{2m\alpha}{\hbar^2}}(x-a)^{3/2}, \tag{12.31a}$$

$$\xi_2 = \int_x^a \kappa(x)\mathrm{d}x \approx \frac{2}{3}\sqrt{\frac{2m\alpha}{\hbar^2}}(a-x)^{3/2}, \tag{12.31b}$$

即

$$k = \left(\frac{3m\alpha}{\hbar^2}\xi_1\right)^{1/3}, \tag{12.32a}$$

$$\kappa = \left(\frac{3m\alpha}{\hbar^2}\xi_2\right)^{1/3}. \tag{12.32b}$$

令

$$u_1(x) = A\xi_1^{1/2}k^{-1/2}v_1(\xi_1), \tag{12.33a}$$

$$u_2(x) = B\xi_2^{1/2}\kappa^{-1/2}v_2(\xi_2), \tag{12.33b}$$

可求得

$$\frac{\mathrm{d}u_1(x)}{\mathrm{d}x} = A\left[\frac{1}{2}\xi_1^{-1/2}k^{1/2}v_1(\xi_1) - \frac{m\alpha}{2\hbar^2}\xi_1^{1/2}k^{-5/2}v_1(\xi_1) + \xi_1^{1/2}k^{1/2}v_1'(\xi_1)\right], \tag{12.34a}$$

$$\frac{\mathrm{d}u_2(x)}{\mathrm{d}x} = B\left[-\frac{1}{2}\xi_2^{-1/2}\kappa^{1/2}v_2(\xi_2) + \frac{m\alpha}{2\hbar^2}\xi_2^{1/2}\kappa^{-5/2}v_2(\xi_2) - \xi_2^{1/2}\kappa^{1/2}v_2'(\xi_2)\right], \tag{12.34b}$$

$$\frac{\mathrm{d}^2u_1(x)}{\mathrm{d}x^2} = A\left[\xi_1^{1/2}k^{3/2}v_1''(\xi_1) + \xi_1^{-1/2}k^{3/2}v_1'(\xi_1) - \frac{1}{9}\xi_1^{-3/2}k^{3/2}v_1(\xi_1)\right], \tag{12.34c}$$

$$\frac{\mathrm{d}^2u_2(x)}{\mathrm{d}x^2} = B\left[\xi_2^{1/2}\kappa^{3/2}v_2''(\xi_2) + \xi_2^{-1/2}\kappa^{3/2}v_2'(\xi_2) - \frac{1}{9}\xi_2^{-3/2}\kappa^{3/2}v_2(\xi_2)\right]. \tag{12.34d}$$

代入本征方程(12.30)得

$$\frac{\mathrm{d}^2v_1(\xi_1)}{\mathrm{d}\xi_1^2} + \frac{1}{\xi_1}\frac{\mathrm{d}v_1(\xi_1)}{\mathrm{d}\xi_1} + \left(1 - \frac{1}{9\xi_1^2}\right)v_1(\xi_1) = 0, \tag{12.35a}$$

$$\frac{\mathrm{d}^2 v_2(\xi_2)}{\mathrm{d}\xi_2^2}+\frac{1}{\xi_2}\frac{\mathrm{d}v_2(\xi_2)}{\mathrm{d}\xi_2}-\left(1+\frac{1}{9\xi_2^2}\right)v_2(\xi_2)=0. \tag{12.35b}$$

其解为贝塞尔函数 $\mathrm{J}_{\pm\frac{1}{3}}(\xi_1)$ 和虚宗量贝塞尔函数 $\mathrm{I}_{\pm\frac{1}{3}}(\xi_2)$[①]. 代入(12.33)式得

$$u_{1\pm}(x)=A_\pm\ \xi_1^{1/2}k^{-1/2}\mathrm{J}_{\pm\frac{1}{3}}(\xi_1), \tag{12.36a}$$

$$u_{2\pm}(x)=B_\pm\ \xi_2^{1/2}\kappa^{-1/2}\mathrm{I}_{\pm\frac{1}{3}}(\xi_2). \tag{12.36b}$$

而

$$\mathrm{J}_{\pm\frac{1}{3}}(\xi_1)\begin{cases}\xrightarrow{x\to a}\dfrac{(\xi_1/2)^{\pm 1/3}}{\Gamma(1\pm 1/3)}, & (12.37\text{a})\\ \xrightarrow{\xi_1\to\infty}(\pi\xi_1/2)^{-1/2}\cos(\xi_1\mp\pi/6-\pi/4), & (12.37\text{b})\end{cases}$$

$$\mathrm{I}_{\pm\frac{1}{3}}(\xi_2)\begin{cases}\xrightarrow{x\to a}\dfrac{(\xi_2/2)^{\pm 1/3}}{\Gamma(1\pm 1/3)}, & (12.37\text{c})\\ \xrightarrow{\xi_2\to\infty}(2\pi\xi_2)^{-1/2}\left[\mathrm{e}^{\xi_2}+\mathrm{e}^{-\xi_2}\cdot\mathrm{e}^{-(1/2\pm 1/3)\pi\mathrm{i}}\right]. & (12.37\text{d})\end{cases}$$

所以,在转折点 $x=a$ 处,

$$u_{1\pm}(x)=A_\pm\ (1/2)^{\pm 1/3}\ \frac{1}{\Gamma(1\pm 1/3)}\xi_1^{1/2\pm 1/3}k^{-1/2}, \tag{12.38a}$$

$$u_{2\pm}(x)=B_\pm\ (1/2)^{\pm 1/3}\ \frac{1}{\Gamma(1\pm 1/3)}\xi_2^{1/2\pm 1/3}\kappa^{-1/2}. \tag{12.38b}$$

将式(12.31)和(12.32)代入(12.38),则在 $x=a$ 附近的波函数为

$$u_{1+}(x)=A_+\ C(x-a), \tag{12.39a}$$

$$u_{2+}(x)=B_+\ C(a-x), \tag{12.39b}$$

$$u_{1-}(x)=A_-\ C_1, \tag{12.39c}$$

$$u_{2-}(x)=B_-\ C_1. \tag{12.39d}$$

因此,在转折点 $x=a$ 附近的解为

$$u=u_{1+}(x)+u_{1-}(x),\quad x>a, \tag{12.40a}$$

$$u=u_{2+}(x)+u_{2-}(x),\quad x<a. \tag{12.40b}$$

根据波函数在 $x=a$ 处的连续性,

$$A_+=-B_+, \tag{12.41a}$$

$$A_-=B_-. \tag{12.41b}$$

(2) 转折点两边 WKB 波函数的确定

由(12.37d),在远离转折点 $x=a$ 的解为

$$u_{2+}(x)=B_+\ \xi_2^{1/2}\kappa^{-1/2}(2\pi\xi_2)^{-1/2}\left[\mathrm{e}^{\xi_2}+\mathrm{e}^{-\xi_2}\cdot\mathrm{e}^{-\mathrm{i}\pi 5/6}\right], \tag{12.42a}$$

$$u_{2-}(x)=B_-\ \xi_2^{1/2}\kappa^{-1/2}(2\pi\xi_2)^{-1/2}\left[\mathrm{e}^{\xi_2}+\mathrm{e}^{-\xi_2}\cdot\mathrm{e}^{-\mathrm{i}\pi/6}\right]. \tag{12.42b}$$

---

① 王竹溪、郭敦仁,《特殊函数概论》,北京大学出版社,2000 年, 7.8 节, 第 346 页.

因而,要使区域(Ⅱ)中远离转折点的渐近波函数为

$$u \approx B\kappa^{-1/2}\mathrm{e}^{-\xi_2}, \tag{12.43}$$

则

$$\begin{aligned} &B_+ \xi_2^{1/2}\kappa^{-1/2}(2\pi\xi_2)^{-1/2}[\mathrm{e}^{\xi_2}+\mathrm{e}^{-\xi_2}\cdot\mathrm{e}^{-\mathrm{i}\pi5/6}] \\ &\quad + B_- \xi_2^{1/2}\kappa^{-1/2}(2\pi\xi_2)^{-1/2}[\mathrm{e}^{\xi_2}+\mathrm{e}^{-\xi_2}\cdot\mathrm{e}^{-\mathrm{i}\pi/6}] \\ &= B\kappa^{-1/2}\mathrm{e}^{-\xi_2}. \end{aligned} \tag{12.44}$$

从而可得区域(Ⅱ)中 WKB 波函数的系数

$$B_+ = -B_- = -\left(\frac{2\pi}{3}\right)^{1/2} B. \tag{12.45}$$

根据(12.36a),(12.37b),(12.40a),(12.41)和(12.45)式,则区域(Ⅰ)中的 WKB 的渐近波函数为

$$u \approx 2Bk^{-1/2}\cos(\xi_1 - \pi/4). \tag{12.46}$$

所以,由转折点附近的解,我们可以推得:

当区域(Ⅱ)中 WKB 波函数为

$$\kappa^{-1/2}\mathrm{e}^{-\int_x^a \kappa \mathrm{d}x'} \tag{12.47}$$

时,则相应地在区域(Ⅰ)中 WKB 波函数为

$$2k^{-1/2}\cos\left(\int_a^x k\,\mathrm{d}x' - \pi/4\right). \tag{12.48}$$

若区域(I)中 WKB 波函数为

$$k^{-1/2}\sin\left(\int_a^x k\,\mathrm{d}x' - \pi/4\right), \tag{12.49}$$

则区域(I)中的 WKB 的渐近波函数为

$$\begin{aligned} u &= A_+ \xi_1^{1/2}k^{-1/2}(\pi\xi_1/2)^{-1/2}\cos(\xi_1 - 5\pi/12) \\ &\quad + A_- \xi_1^{1/2}k^{-1/2}(\pi\xi_1/2)^{-1/2}\cos(\xi_1 - \pi/12) \\ &= k^{-1/2}\sin\left(\int_a^x k\,\mathrm{d}x' - \pi/4\right), \end{aligned}$$

这就要求 $A_+ = -A_- = A = (\pi/2)^{1/2}$. 于是,根据(12.41)和(12.42)式,则区域(Ⅱ)中的 WKB 的渐近波函数为

$$\begin{aligned} &B_+ \xi_2^{1/2}\kappa^{-1/2}(2\pi\xi_2)^{-1/2}[\mathrm{e}^{\xi_2}+\mathrm{e}^{-\xi_2}\cdot\mathrm{e}^{-\mathrm{i}\pi5/6}] \\ &\quad + B_- \xi_2^{1/2}\kappa^{-1/2}(2\pi\xi_2)^{-1/2}[\mathrm{e}^{\xi_2}+\mathrm{e}^{-\xi_2}\cdot\mathrm{e}^{-\mathrm{i}\pi/6}] \\ &= -\kappa^{-1/2}\mathrm{e}^{\xi_2}. \end{aligned} \tag{12.50}$$

所以,我们有

$$\underset{\text{区域(Ⅰ)}}{k^{-1/2}\sin\left(\int_a^x k\,\mathrm{d}x' - \pi/4\right)}, \implies \underset{\text{区域(Ⅱ)}}{-\kappa^{-1/2}\mathrm{e}^{\int_x^a \kappa \mathrm{d}x'}}, \tag{12.51a}$$

$$\underset{\text{区域(Ⅱ)}}{\kappa^{-1/2}\mathrm{e}^{-\int_x^a \kappa \mathrm{d}x'}}, \quad \Longrightarrow \quad \underset{\text{区域(Ⅰ)}}{2k^{-1/2}\cos\left(\int_a^x k\,\mathrm{d}x' - \pi/4\right)}. \tag{12.51b}$$

箭头方向是表示我们可从一个区域的 WKB 近似解正确地推得另一个区域的 WKB 近似解.

当位势如图 12.2 时,类似地可推得转折点处两边的 WKB 近似解

$$\underset{\text{区域(Ⅰ)}}{k^{-1/2}\sin\left(\int_x^a k\,\mathrm{d}x' - \pi/4\right)}, \quad \Longrightarrow \quad \underset{\text{区域(Ⅱ)}}{-\kappa^{-1/2}\mathrm{e}^{\int_a^x \kappa \mathrm{d}x'}}, \tag{12.52a}$$

$$\underset{\text{区域(Ⅱ)}}{\kappa^{-1/2}\mathrm{e}^{-\int_a^x \kappa \mathrm{d}x'}}, \quad \Longrightarrow \quad \underset{\text{区域(Ⅰ)}}{2k^{-1/2}\cos\left(\int_x^a k\,\mathrm{d}x' - \pi/4\right)}. \tag{12.52b}$$

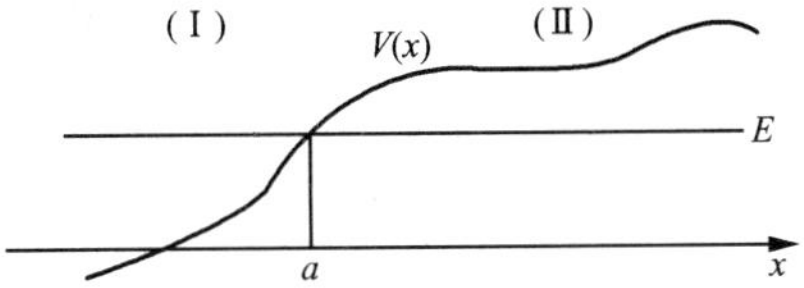

图 12.2 位势示意图

D. WKB 方法的应用举例

(1) 应用于束缚态

粒子在势阱(如图 12.3)中运动,我们来确定其能量可取值.

图 12.3 中,a,b 两点是转折点. 因此,远离 a,b 两点的区域可以取 WKB 近似解.

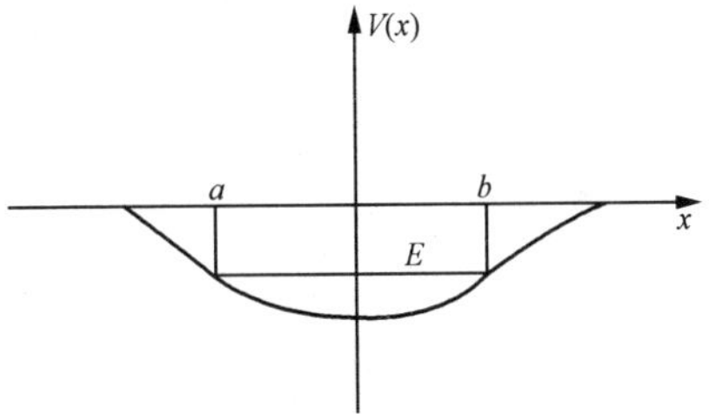

图 12.3 势阱示意图

在区域 $x<a$ 的波函数必然是指数下降,即

$$u_2 \approx \kappa^{-1/2}\mathrm{e}^{-\int_x^a \kappa \mathrm{d}x'}. \tag{12.53}$$

根据两区域近似解的连续关系(12.51b),在区域 $a<x<b$ 的 WKB 近似解应为

$$u_1 \approx 2k^{-1/2}\cos\left(\int_a^x k\,\mathrm{d}x' - \pi/4\right)$$

$$= 2k^{-1/2}\Big[-\cos\Big(\int_a^b k\,\mathrm{d}x'\Big)\sin\Big(\int_x^b k\,\mathrm{d}x' - \pi/4\Big)$$
$$+\sin\Big(\int_a^b k\,\mathrm{d}x'\Big)\cos\Big(\int_x^b k\,\mathrm{d}x' - \pi/4\Big)\Big]. \tag{12.54}$$

由转折点 b 处的近似解的连接关系(12.52a)知，若区域 $a<x<b$ 的 WKB 近似解为

$$k^{-1/2}\sin\Big(\int_x^b k\,\mathrm{d}x' - \pi/4\Big),$$

则在区域 $x>b$ 的 WKB 近似解应为

$$-\kappa^{-1/2}\mathrm{e}^{\int_b^x \kappa \mathrm{d}x'}.$$

而我们知，在区域 $x>b$ 的 WKB 近似解应有指数下降形式 $\mathrm{e}^{-\int_b^x \kappa \mathrm{d}x}$. 因此，(12.54)式中的正弦项的系数应恒为零，即

$$\cos\Big(\int_a^b k\,\mathrm{d}x'\Big) = 0. \tag{12.55}$$

于是有

$$\int_a^b k\,\mathrm{d}x = \Big(n+\frac{1}{2}\Big)\pi,\quad n = 0,1,2,\cdots. \tag{12.56}$$

方程(12.56)决定了在该位势下运动的粒子能量可能取的分立值.

引出经典的动量 $p(x)=\pm\hbar k(x)$，于是有量子化条件(图 12.4)

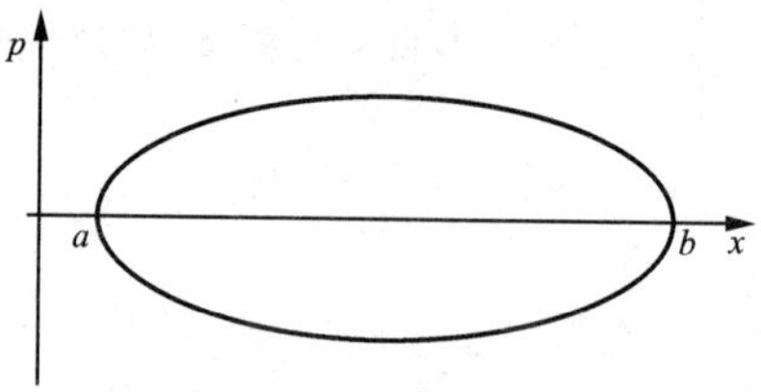

图 12.4　相空间

$$\oint p(x)\,\mathrm{d}x = \Big(n+\frac{1}{2}\Big)h,\quad n = 0,1,2,\cdots, \tag{12.57}$$

但它有一附加的$\frac{1}{2}$.

若 $V(x)=\frac{1}{2}m\omega^2x^2$，则

$$\int_{-a}^{a} k\,\mathrm{d}x = \int_{-a}^{a}\frac{1}{\hbar}\sqrt{2m\Big(E-\frac{1}{2}m\omega^2x^2\Big)}\,\mathrm{d}x \tag{12.58}$$

$$= \frac{2E}{\hbar\omega}\frac{\pi}{2} = \Big(n+\frac{1}{2}\Big)\pi. \tag{12.59}$$

于是有

$$E_n = \left(n+\frac{1}{2}\right)\hbar\omega. \tag{12.60}$$

这结果与精确解一致.

(2) 应用于势垒透射

假设粒子以能量 E 从左边入射,如图 12.5.

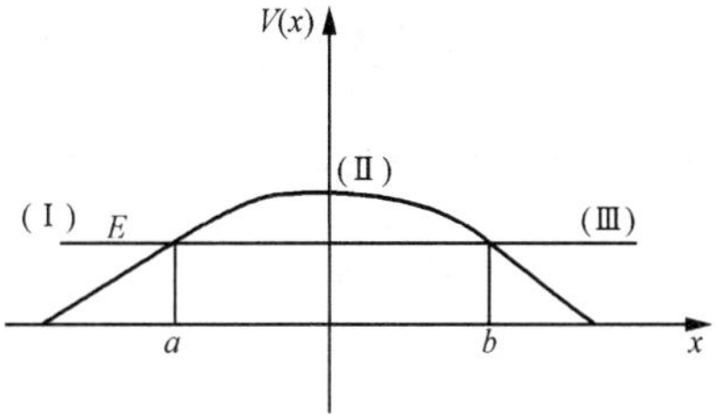

图 12.5 势垒透射

图 12.5 中,在 a 处有反射,但有一部分透射过去;在 b 处有反射,但也有一部分透射过去.假设 a,b 间的间隔比波长大得多,则可用 WKB 近似解.

对于远离 a 处的区域(Ⅰ),有 WKB 近似解

$$u_{\mathrm{I}} = A_+ k^{-1/2}\mathrm{e}^{\mathrm{i}\left(\int_x^a k\mathrm{d}x'-\pi/4\right)} + A_- k^{-1/2}\mathrm{e}^{-\mathrm{i}\left(\int_x^a k\mathrm{d}x'-\pi/4\right)}. \tag{12.61}$$

注意,u_{I} 的表达式中前者是反射波,而后者是入射波.

在远离 b 处的区域(Ⅲ),有 WKB 近似解为

$$\begin{aligned} u_{\mathrm{III}} &= Bk^{-1/2}\mathrm{e}^{\mathrm{i}\left(\int_b^x k\mathrm{d}x'-\pi/4\right)} \\ &= Bk^{-1/2}\cos\left(\int_b^x k\,\mathrm{d}x'-\pi/4\right) + \mathrm{i}Bk^{-1/2}\sin\left(\int_b^x k\,\mathrm{d}x'-\pi/4\right). \end{aligned} \tag{12.62}$$

而根据连接关系(12.51),则在区域(Ⅱ)中的 WKB 近似解应为

$$\begin{aligned} u_{\mathrm{II}} &= \frac{1}{2}B\kappa^{-1/2}\mathrm{e}^{-\int_x^b \kappa\mathrm{d}x'} - \mathrm{i}B\kappa^{-1/2}\mathrm{e}^{\int_x^b \kappa\mathrm{d}x'} \\ &= \frac{1}{2}B\kappa^{-1/2}\mathrm{e}^{-\int_a^b \kappa\mathrm{d}x'}\mathrm{e}^{\int_a^x \kappa\mathrm{d}x'} - \mathrm{i}B\kappa^{-1/2}\mathrm{e}^{\int_a^b \kappa\mathrm{d}x'}\mathrm{e}^{-\int_a^x \kappa\mathrm{d}x'} \\ &= \frac{1}{2}B\kappa^{-1/2}\tau^{-1}\mathrm{e}^{\int_a^x \kappa\mathrm{d}x'} - \mathrm{i}B\kappa^{-1/2}\tau\mathrm{e}^{-\int_a^x \kappa\mathrm{d}x'}, \end{aligned} \tag{12.63}$$

其中,$\tau = \mathrm{e}^{\int_a^b \kappa\mathrm{d}x'}$.

利用 a 处的连接关系(12.52),由式(12.63)可得区域(Ⅰ)中的 WKB 近似解

$$\begin{aligned} u_{\mathrm{I}} &= -\frac{1}{2}Bk^{-1/2}\tau^{-1}\sin\left(\int_x^a k\,\mathrm{d}x'-\frac{\pi}{4}\right) - 2\mathrm{i}Bk^{-1/2}\tau\cos\left(\int_x^a k\,\mathrm{d}x'-\frac{\pi}{4}\right) \\ &= \frac{\mathrm{i}B}{2}\left(\frac{1}{2\tau}-2\tau\right)k^{-1/2}\mathrm{e}^{\mathrm{i}\left(\int_x^a k\mathrm{d}x'-\frac{\pi}{4}\right)} + \frac{\mathrm{i}B}{2}\left(-\frac{1}{2\tau}-2\tau\right)k^{-1/2}\mathrm{e}^{-\mathrm{i}\left(\int_x^a k\mathrm{d}x'-\frac{\pi}{4}\right)}. \end{aligned} \tag{12.64}$$

对应于式(12.61),则得反射系数和透射系数

$$R = \left|\frac{A_+}{A_-}\right|^2 = \left|\frac{\frac{1}{2\tau} - 2\tau}{\frac{1}{2\tau} + 2\tau}\right|^2, \tag{12.65}$$

$$T = \left|\frac{B}{A_-}\right|^2 = \frac{|B|^2}{\frac{|B|^2}{4}\left|\frac{1}{2\tau} + 2\tau\right|^2} = \frac{4}{\left|\frac{1}{2\tau} + 2\tau\right|^2}. \tag{12.66}$$

如果 $\tau \gg 1$,即 E 比 V 的极大值小得多,且 a,b 间距很大,则透射系数近似为

$$T \approx \tau^{-2} = \mathrm{e}^{-2\int_a^b \kappa \mathrm{d}x}. \tag{12.67}$$

习　　题

12.1　利用 WKB 近似方法,求在位势

$$V(x) = \begin{cases} \infty, & x < 0, \\ Ax, & x > 0, A > 0 \end{cases}$$

中运动的粒子能级.

12.2　利用 WKB 近似方法,求在位势

$$V(x) = \begin{cases} \infty, & x < 0, \\ Ax^{1/2}, & x > 0, A > 0 \end{cases}$$

中运动的粒子能级.

12.3　利用 WKB 近似方法,求在位势

$$V(x) = A\,|\,x\,|, \quad A > 0$$

中运动的粒子能级.

12.4　利用 WKB 近似方法,求类氢原子 $l=0$ 的能级.你从结果中可得到什么启示?

12.5　试利用 WKB 近似方法,求在位势

$$V(x) = \frac{1}{2}m\omega^2 x^2$$

中运动的粒子的能级.

12.6　粒子由左向右入射,经势垒

$$V(x) = \begin{cases} 0, & x < 0, \\ V_0, & 0 < x < a, \\ 0, & a < x \end{cases}$$

散射.利用 WKB 近似方法,求反射系数和透射系数($E<V_0$).

12.7 粒子由左向右入射，经势垒(图 12.6)

$$V(x)=\begin{cases}0, & x<0,\\ \dfrac{Z_1Z_2e^2}{4\pi\varepsilon_0 x}, & 0<x\end{cases}$$

散射.利用 WKB 近似方法，求透射系数.

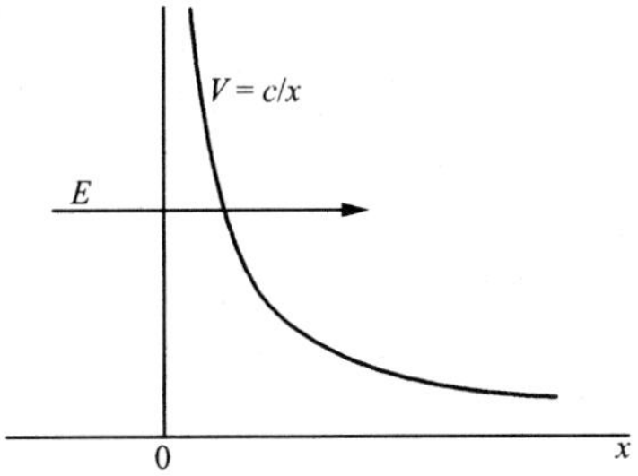

图 12.6 库仑势垒的透射

附录Ⅰ　数学分析

Ⅰ.1　矢量分析公式

A. 与矢积有关的公式

$$\boldsymbol{A}\times\boldsymbol{B}=(A_yB_z-A_zB_y)\boldsymbol{e}_x+(A_zB_x-A_xB_z)\boldsymbol{e}_y+(A_xB_y-A_yB_x)\boldsymbol{e}_z,\tag{Ⅰ.1}$$

$$\boldsymbol{A}\cdot(\boldsymbol{B}\times\boldsymbol{C})=\begin{vmatrix}A_x & A_y & A_z\\ B_x & B_y & B_z\\ C_x & C_y & C_z\end{vmatrix}=A_x(B_yC_z-B_zC_y)+A_y(B_zC_x-B_xC_z)+A_z(B_xC_y-B_yC_x),\tag{Ⅰ.2}$$

$$\boldsymbol{A}\times(\boldsymbol{B}\times\boldsymbol{C})=(\boldsymbol{A}\cdot\boldsymbol{C})\boldsymbol{B}-(\boldsymbol{A}\cdot\boldsymbol{B})\boldsymbol{C},\tag{Ⅰ.3}$$

$$(\boldsymbol{A}\times\boldsymbol{B})\cdot(\boldsymbol{C}\times\boldsymbol{D})=(\boldsymbol{A}\cdot\boldsymbol{C})(\boldsymbol{B}\cdot\boldsymbol{D})-(\boldsymbol{A}\cdot\boldsymbol{D})(\boldsymbol{B}\cdot\boldsymbol{C}).\tag{Ⅰ.4}$$

注：若 $\boldsymbol{A},\boldsymbol{B},\boldsymbol{C}$ 和 $\boldsymbol{D}$ 之间存在不可对易时，则应将公式运算的结果按它们原来的顺序排列.

B. 与算符 ∇ 运算有关的公式

$$\nabla\cdot(\nabla\times\boldsymbol{A})=0,\tag{Ⅰ.5}$$

$$\nabla(\boldsymbol{A}\cdot\boldsymbol{B})=\boldsymbol{A}\times(\nabla\times\boldsymbol{B})-(\nabla\times\boldsymbol{A})\times\boldsymbol{B}+(\boldsymbol{A}\cdot\nabla)\boldsymbol{B}+\left(\frac{\partial}{\partial x}\boldsymbol{A}\right)B_x+\left(\frac{\partial}{\partial y}\boldsymbol{A}\right)B_y+\left(\frac{\partial}{\partial z}\boldsymbol{A}\right)B_z,\tag{Ⅰ.6}$$

$$\nabla\cdot(\varphi\boldsymbol{A})=(\nabla\varphi)\cdot\boldsymbol{A}+\varphi(\nabla\cdot\boldsymbol{A}),\tag{Ⅰ.7}$$

$$\nabla\cdot(\boldsymbol{A}\times\boldsymbol{B})=(\nabla\times\boldsymbol{A})\cdot\boldsymbol{B}-\boldsymbol{A}\cdot(\nabla\times\boldsymbol{B}),\tag{Ⅰ.8}$$

$$\nabla\times(\nabla\varphi)=0,\tag{Ⅰ.9}$$

$$\nabla\times(\nabla\times\boldsymbol{A})=\nabla(\nabla\cdot\boldsymbol{A})-\nabla^2\boldsymbol{A},\tag{Ⅰ.10}$$

$$\nabla\times(\varphi\boldsymbol{A})=\varphi(\nabla\times\boldsymbol{A})+(\nabla\varphi)\times\boldsymbol{A},\tag{Ⅰ.11}$$

$$\nabla\times(\boldsymbol{A}\times\boldsymbol{B})=\boldsymbol{A}(\nabla\cdot\boldsymbol{B})-(\nabla\cdot\boldsymbol{A})\boldsymbol{B}-(\boldsymbol{A}\cdot\nabla)\boldsymbol{B}+\left(\frac{\partial}{\partial x}\boldsymbol{A}\right)B_x+\left(\frac{\partial}{\partial y}\boldsymbol{A}\right)B_y+\left(\frac{\partial}{\partial z}\boldsymbol{A}\right)B_z.\tag{Ⅰ.12}$$

Ⅰ.2　正交曲面坐标系中的矢量分析公式①

A. 直角坐标系($\boldsymbol{A}=A_x\boldsymbol{e}_x+A_y\boldsymbol{e}_y+A_z\boldsymbol{e}_z$)

(i) 梯度

$$\nabla\varphi=\frac{\partial\varphi}{\partial x}\boldsymbol{e}_x+\frac{\partial\varphi}{\partial y}\boldsymbol{e}_y+\frac{\partial\varphi}{\partial z}\boldsymbol{e}_z. \tag{Ⅰ.13}$$

(ii) 散度

$$\nabla\cdot\boldsymbol{A}=\frac{\partial A_x}{\partial x}+\frac{\partial A_y}{\partial y}+\frac{\partial A_z}{\partial z}. \tag{Ⅰ.14}$$

(iii) 旋度

$$\nabla\times\boldsymbol{A}=\left(\frac{\partial A_z}{\partial y}-\frac{\partial A_y}{\partial z}\right)\boldsymbol{e}_x+\left(\frac{\partial A_x}{\partial z}-\frac{\partial A_z}{\partial x}\right)\boldsymbol{e}_y+\left(\frac{\partial A_y}{\partial x}-\frac{\partial A_x}{\partial y}\right)\boldsymbol{e}_z. \tag{Ⅰ.15}$$

(iv) 拉普拉斯算符

$$\nabla^2\varphi=\frac{\partial^2\varphi}{\partial x^2}+\frac{\partial^2\varphi}{\partial y^2}+\frac{\partial^2\varphi}{\partial z^2}. \tag{Ⅰ.16}$$

B. 平面极坐标系($\boldsymbol{A}=A_\rho\boldsymbol{e}_\rho+A_\phi\boldsymbol{e}_\phi$)

(i) 梯度

$$\nabla\varphi=\frac{\partial\varphi}{\partial\rho}\boldsymbol{e}_\rho+\frac{1}{\rho}\frac{\partial\varphi}{\partial\phi}\boldsymbol{e}_\phi. \tag{Ⅰ.17}$$

(ii) 散度

$$\nabla\cdot\boldsymbol{A}=\frac{1}{\rho}\frac{\partial(\rho A_\rho)}{\partial\rho}+\frac{1}{\rho}\frac{\partial A_\phi}{\partial\phi}. \tag{Ⅰ.18}$$

(iii) 拉普拉斯算符

$$\nabla^2\varphi=\frac{1}{\rho}\frac{\partial}{\partial\rho}\left(\rho\frac{\partial\varphi}{\partial\rho}\right)+\frac{1}{\rho^2}\frac{\partial^2\varphi}{\partial\phi^2}, \tag{Ⅰ.19}$$

C. 柱坐标系($\boldsymbol{A}=A_\rho\boldsymbol{e}_\rho+A_\phi\boldsymbol{e}_\phi+A_z\boldsymbol{e}_z$)

(i) 梯度

$$\nabla\varphi=\frac{\partial\varphi}{\partial\rho}\boldsymbol{e}_\rho+\frac{1}{\rho}\frac{\partial\varphi}{\partial\phi}\boldsymbol{e}_\phi+\frac{\partial\varphi}{\partial z}\boldsymbol{e}_z. \tag{Ⅰ.20}$$

(ii) 散度

$$\nabla\cdot\boldsymbol{A}=\frac{1}{\rho}\frac{\partial(\rho A_\rho)}{\partial\rho}+\frac{1}{\rho}\frac{\partial A_\phi}{\partial\phi}+\frac{\partial A_z}{\partial z}. \tag{Ⅰ.21}$$

① 吴崇试,《数学物理方法》(第二版),北京大学出版社,2003年.

(iii) 旋度

$$\nabla\times\boldsymbol{A}=\frac{1}{\rho}\left[\frac{\partial A_z}{\partial\phi}-\frac{\partial(\rho A_\phi)}{\partial z}\right]\boldsymbol{e}_\rho+\left(\frac{\partial A_\rho}{\partial z}-\frac{\partial A_z}{\partial\rho}\right)\boldsymbol{e}_\phi$$

$$+\frac{1}{\rho}\left[\frac{\partial(\rho A_\phi)}{\partial\rho}-\frac{\partial A_\rho}{\partial\phi}\right]\boldsymbol{e}_z. \tag{Ⅰ.22}$$

(iv) 拉普拉斯算符

$$\nabla^2\varphi=\frac{1}{\rho}\frac{\partial}{\partial\rho}\left(\rho\frac{\partial\varphi}{\partial\rho}\right)+\frac{1}{\rho^2}\frac{\partial^2\varphi}{\partial\phi^2}+\frac{\partial^2\varphi}{\partial z^2}. \tag{Ⅰ.23}$$

D. 球坐标系($\boldsymbol{A}=A_r\boldsymbol{e}_r+A_\theta\boldsymbol{e}_\theta+A_\phi\boldsymbol{e}_\phi$)

(i) 梯度

$$\nabla\varphi=\frac{\partial\varphi}{\partial r}\boldsymbol{e}_r+\frac{1}{r}\frac{\partial\varphi}{\partial\theta}\boldsymbol{e}_\theta+\frac{1}{r\sin\theta}\frac{\partial\varphi}{\partial\phi}\boldsymbol{e}_\phi. \tag{Ⅰ.24}$$

(ii) 散度

$$\nabla\cdot\boldsymbol{A}=\frac{1}{r^2}\frac{\partial(r^2A_r)}{\partial r}+\frac{1}{r\sin\theta}\frac{\partial(\sin\theta A_\theta)}{\partial\theta}+\frac{1}{r\sin\theta}\frac{\partial A_\phi}{\partial\phi}. \tag{Ⅰ.25}$$

(iii) 旋度

$$\nabla\times\boldsymbol{A}=\frac{1}{r\sin\theta}\left[\frac{\partial(\sin\theta A_\phi)}{\partial\theta}-\frac{\partial(A_\theta)}{\partial\phi}\right]\boldsymbol{e}_r+\frac{1}{r}\left[\frac{1}{\sin\theta}\frac{\partial A_r}{\partial\phi}-\frac{\partial(rA_\phi)}{\partial r}\right]\boldsymbol{e}_\theta$$

$$+\frac{1}{r}\left[\frac{\partial(rA_\theta)}{\partial r}-\frac{\partial A_r}{\partial\theta}\right]\boldsymbol{e}_\phi. \tag{Ⅰ.26}$$

(iv) 拉普拉斯算符

$$\nabla^2\varphi=\frac{1}{r^2}\frac{\partial}{\partial r}\left(r^2\frac{\partial\varphi}{\partial r}\right)+\frac{1}{r^2\sin\theta}\frac{\partial}{\partial\theta}\left(\sin\theta\frac{\partial\varphi}{\partial\theta}\right)+\frac{1}{r^2\sin^2\theta}\frac{\partial^2\varphi}{\partial\phi^2} \tag{Ⅰ.27a}$$

$$=\frac{1}{r}\frac{\partial^2}{\partial r^2}(r\varphi)+\frac{1}{r^2\sin\theta}\frac{\partial}{\partial\theta}\left(\sin\theta\frac{\partial\varphi}{\partial\theta}\right)+\frac{1}{r^2\sin^2\theta}\frac{\partial^2\varphi}{\partial\phi^2}. \tag{Ⅰ.27b}$$

附录Ⅱ　一些有用的积分公式

A. 与高斯函数(e^{-ax^2})有关的积分公式

$$\int_{-\infty}^{+\infty} e^{-ax^2} dx = \sqrt{\frac{\pi}{a}} \quad (a > 0), \tag{Ⅱ.1a}$$

$$\int_{-\infty}^{+\infty} x^{2n} e^{-ax^2} dx = \frac{(2n-1)!!}{(2a)^n} \sqrt{\frac{\pi}{a}}, \tag{Ⅱ.1b}$$

$$\int_{-\infty}^{+\infty} x^{2n-1} e^{-ax^2} dx = 0 \quad (n\text{ 取整数}, a > 0), \tag{Ⅱ.1c}$$

$$\int_{-\infty}^{+\infty} \frac{1}{\sqrt{2\pi}} e^{-ikx} e^{-x^2/2\sigma^2} dx = \sigma e^{-\sigma^2 k^2/2}, \tag{Ⅱ.1d}$$

可见,高斯函数的傅里叶变换仍是高斯函数.

若 $P(x) = \frac{1}{\sqrt{2\pi}\sigma} e^{\frac{-(x-\bar{x})^2}{2\sigma^2}}$,有

$$\int_{-\infty}^{+\infty} P(x) dx = 1, \tag{Ⅱ.2a}$$

$$\int_{-\infty}^{+\infty} x P(x) dx = \bar{x}, \tag{Ⅱ.2b}$$

$$\int_{-\infty}^{+\infty} (x-\bar{x})^2 P(x) dx = \sigma^2. \tag{Ⅱ.2c}$$

由

$$\int_{0}^{+\infty} e^{\pm iax^2} dx = e^{\pm i\pi/4} \frac{1}{2} \sqrt{\frac{\pi}{a}} \quad (a > 0), \tag{Ⅱ.3}$$

于是有

$$\int_{0}^{+\infty} \cos(ax^2) dx = \frac{1}{2} \sqrt{\frac{\pi}{2a}}, \tag{Ⅱ.4a}$$

$$\int_{0}^{+\infty} \sin(ax^2) dx = \frac{1}{2} \sqrt{\frac{\pi}{2a}}, \tag{Ⅱ.4b}$$

$$\int_{0}^{+\infty} \frac{dx}{\sqrt{x}} e^{-ax-b/x} dx = \sqrt{\frac{x}{a}} e^{-2\sqrt{ab}} \quad (a, b > 0), \tag{Ⅱ.4c}$$

$$\int_{0}^{+\infty} \sin^2(x)/x^2 \, dx = \frac{\pi}{2}, \tag{Ⅱ.4d}$$

$$\int_{0}^{+\infty} \sin^4(x)/x^4 \, dx = \frac{\pi}{3}. \tag{Ⅱ.4e}$$

（注：令 $t=\sqrt{ax}-\sqrt{\dfrac{b}{x}}$，即可证得前三式.）

$$\int_0^{+\infty} \ln x \cdot \mathrm{e}^{-ax^2}\,\mathrm{d}x = -\frac{1}{4}\sqrt{\frac{\pi}{a}}[\gamma + \ln(4a)] \quad (a > 0), \tag{Ⅱ.5}$$

其中，欧拉常数

$$\gamma = \lim_{n\to\infty}\left(1 + \frac{1}{2} + \frac{1}{3} + \cdots + \frac{1}{n} - \ln n\right) = 0.577\,215\,664\,9\cdots;$$

$$\int_0^{+\infty} (\ln x)^2 \cdot \mathrm{e}^{-ax^2}\,\mathrm{d}x = \frac{1}{8}\sqrt{\frac{\pi}{a}}[(\gamma + \ln 4a)^2 + \pi^2/2] \quad (a > 0). \tag{Ⅱ.6}$$

B. 与指数函数有关的积分公式

$$\int_0^{+\infty} x^n \mathrm{e}^{-ax}\,\mathrm{d}x = \frac{n!}{a^{n+1}} \quad (a > 0), \tag{Ⅱ.7a}$$

$$\int_0^{+\infty} \ln x \cdot \mathrm{e}^{-ax}\,\mathrm{d}x = -\frac{1}{a}(\gamma + \ln a) \quad (a > 0), \tag{Ⅱ.7b}$$

$$\int_0^{+\infty} (\ln x)^2 \cdot \mathrm{e}^{-ax}\,\mathrm{d}x = \frac{1}{a}[(\gamma + \ln a)^2 + \pi^2/6] \quad (a > 0). \tag{Ⅱ.7c}$$

C. 一些有用的无穷级数公式

$$\sum_{n=1}^{\infty} \frac{1}{n^2} = \frac{\pi^2}{6}, \tag{Ⅱ.8a}$$

$$\sum_{n=1}^{\infty} \frac{1}{n^4} = \frac{\pi^4}{90}, \tag{Ⅱ.8b}$$

$$\sum_{n=1}^{\infty} \frac{(-1)^{n+1}}{n^2} = \frac{\pi^2}{12}, \tag{Ⅱ.8c}$$

$$\sum_{n=1}^{\infty} \frac{1}{(2n-1)^2} = \frac{\pi^2}{8}, \tag{Ⅱ.8d}$$

$$\sum_{n=1}^{\infty} \frac{(-1)^{n+1}}{(2n-1)^3} = \frac{\pi^3}{32}, \tag{Ⅱ.8e}$$

$$\sum_{n=1}^{\infty} \frac{1}{(2n-1)^4} = \frac{\pi^2}{96}. \tag{Ⅱ.8f}$$

附录Ⅲ　δ　函　数①②

Ⅲ.1　δ函数的定义和表示

δ函数不是一般意义下的函数，而是一分布. 其重要性和意义是在积分中体现出来的. 它可用函数的极限来定义.

由阶梯函数

$$U(x)=\begin{cases}1, & x>0\\ 0, & x<0\end{cases}=\int_{-\infty}^{x}\delta(x')\mathrm{d}x', \tag{Ⅲ.1}$$

可得

$$\delta(x)=U'(x). \tag{Ⅲ.2}$$

或写得更为明确一些(参见图Ⅲ.1)，

$$\begin{aligned}\delta(x)&=\lim_{a\to 0^+}\frac{U(x+a)-U(x-a)}{(x+a)-(x-a)}\\ &=\lim_{a\to 0^+}\frac{U(x+a)-U(x-a)}{2a} &(Ⅲ.3)\\ &=\lim_{a\to 0^+}F_a(x), &(Ⅲ.4)\end{aligned}$$

其中

$$F_a(x)=\begin{cases}0, & x>a,\\ \dfrac{1}{2a}, & a>x>-a,\\ 0, & x<-a.\end{cases} \tag{Ⅲ.5}$$

所以，当 $a\to 0^+$，$F_a(x)\to+\infty$ $(x\in(-a,a))$. 但总面积恒为1，即

$$\int_{-\infty}^{+\infty}F_a(x)\mathrm{d}x=1\quad(对任意\ a). \tag{Ⅲ.6}$$

于是有

$$\int_{-\infty}^{+\infty}\delta(x)g(x)\mathrm{d}x=\lim_{a\to 0^+}\int_{-\infty}^{+\infty}F_a(x)g(x)\mathrm{d}x=g(0). \tag{Ⅲ.7}$$

并可推得δ函数的重要性质

---

① P. A. M. Dirac, The Principles of Quantum Mechanics (fourth edition), 1958, p. 58.

② 伊凡宁柯和索科洛夫，《经典场论》，黄祖洽译，科学出版社，1958年，第1页.

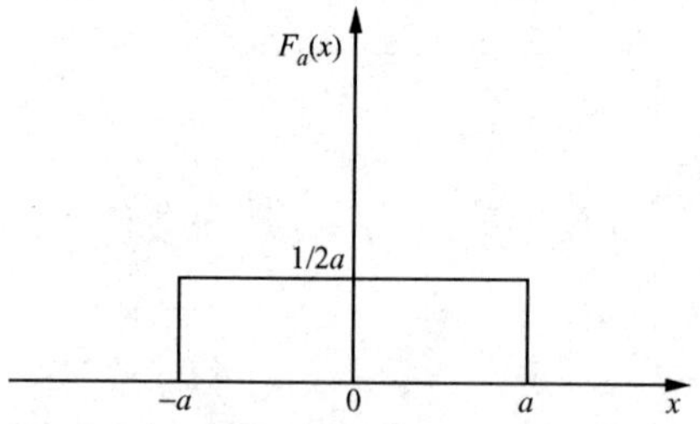

图Ⅲ.1 $F_a(x)$

$$\int_{-\infty}^{+\infty}\delta(x-y)g(x)\mathrm{d}x = g(y). \tag{Ⅲ.8}$$

可以证明：

$$U(x)=\frac{1}{2\pi\mathrm{i}}\int_c \frac{\mathrm{e}^{\mathrm{i}zx}}{z}\mathrm{d}z.$$

所以

$$\delta(x)=U'(x)=\frac{1}{2\pi}\int_c \mathrm{e}^{\mathrm{i}zx}\,\mathrm{d}z$$

$$=\frac{1}{2\pi}\int_{-\infty}^{+\infty}\mathrm{e}^{\mathrm{i}kx}\,\mathrm{d}k. \tag{Ⅲ.9}$$

下面给出一些有用的以函数参量极限来定义的δ函数：

$$\delta(x)=\frac{1}{2}\frac{\mathrm{d}^2\,|x|}{\mathrm{d}x^2} \tag{Ⅲ.10a}$$

$$=\frac{1}{\pi}\lim_{\alpha\to+\infty}\frac{\sin^2\alpha x}{\alpha x^2} \tag{Ⅲ.10b}$$

$$=\frac{1}{\pi}\lim_{\alpha\to0^+}\frac{\alpha}{x^2+\alpha^2} \tag{Ⅲ.10c}$$

$$=\frac{1}{\pi}\lim_{\alpha\to+\infty}\frac{\sin\alpha x}{x} \tag{Ⅲ.10d}$$

$$=\frac{4}{3\pi}\lim_{\alpha\to+\infty}\alpha\left(\frac{\sin\alpha x}{\alpha x}\right)^3 \tag{Ⅲ.10e}$$

$$=\frac{3}{2\pi}\lim_{\alpha\to+\infty}\alpha\left(\frac{\sin\alpha x}{\alpha x}\right)^4 \tag{Ⅲ.10f}$$

$$=\lim_{\alpha\to+\infty}\sqrt{\frac{\alpha}{\pi\mathrm{i}}}\mathrm{e}^{\mathrm{i}\alpha x^2} \tag{Ⅲ.10g}$$

$$=\lim_{\alpha\to0^+}\alpha\,|x|^{\alpha-1} \tag{Ⅲ.10h}$$

$$=\lim_{\sigma\to0^+}\sqrt{\frac{1}{\pi\sigma}}\mathrm{e}^{-x^2/\sigma} \tag{Ⅲ.10i}$$

$$= \sqrt{\frac{2}{\pi}} \lim_{\alpha \to +\infty} \sqrt{\alpha} \cos \alpha x^2 \tag{Ⅲ.10j}$$

$$= \lim_{\alpha \to 0^+} \frac{1}{\alpha} \mathrm{Ai}\left(\frac{x}{\alpha}\right) \tag{Ⅲ.10k}$$

$$= \lim_{\alpha \to 0^+} \frac{1}{\alpha} \mathrm{J}_{1/3}\left(\frac{x+1}{\alpha}\right). \tag{Ⅲ.10l}$$

Ⅲ.2 δ函数的性质

下面给出的δ函数性质的含义是，当它们与其他函数相乘并一起在积分中出现时，等号左边的表示可被右边的表示代替.

$$\delta(x) = \delta(-x), \tag{Ⅲ.11a}$$

$$\delta(ax) = \frac{1}{|a|}\delta(x), \tag{Ⅲ.11b}$$

$$x\delta(x) = 0. \tag{Ⅲ.11c}$$

根据方程(Ⅲ.11c)可得推论：如有方程 $A(x)=B(x)$，则

$$\frac{A(x)}{x} = \frac{B(x)}{x} + C\delta(x) \quad (C\text{ 为常数}). \tag{Ⅲ.12}$$

例如，由 $x\frac{\mathrm{d}}{\mathrm{d}x}\ln x=1$，得

$$\frac{\mathrm{d}}{\mathrm{d}x}\ln x = \frac{1}{x} + C\delta(x).$$

又

$$\int_a^b \frac{\mathrm{d}}{\mathrm{d}x}\ln x \mathrm{d}x = \ln b - \ln a, \tag{Ⅲ.13}$$

$$\int_a^b \frac{1}{x}\mathrm{d}x = \ln|b| - \ln|a|. \tag{Ⅲ.14}$$

对于 a，b 都大于零或都小于零，以上两式相等；但若 $a>0$，$b<0$ 或 $a<0$，$b>0$，则两式不等，并可定出 $C=-\mathrm{i}\pi$，即

$$\frac{\mathrm{d}}{\mathrm{d}x}\ln x = \frac{1}{x} - \mathrm{i}\pi\delta(x). \tag{Ⅲ.15}$$

δ函数还有性质

$$f(x)\delta(x-a) = f(a)\delta(x-a), \tag{Ⅲ.16}$$

$$\int_{-\infty}^{+\infty} \delta(y-x)\delta(x-a)\mathrm{d}x = \delta(y-a), \tag{Ⅲ.17}$$

$$\delta(g(x)) = \sum_n \frac{1}{|g'(x_n)|}\delta(x-x_n), \tag{Ⅲ.18}$$

其中，$g(x_n)=0$，但 $g'(x_n)\neq 0$，即不是重根.

例

$$\begin{aligned}\delta(x^2-a^2)&=\frac{1}{|(x^2-a^2)'|_{x=a}}\delta(x-a)\\&\quad+\frac{1}{|(x^2-a^2)'|_{x=-a}}\delta(x+a)\\&=\frac{1}{2|a|}\delta(x-a)+\frac{1}{2|a|}\delta(x+a)\\&=\frac{1}{2|x|}(\delta(x-a)+\delta(x+a)).\end{aligned}\tag{Ⅲ.19}$$

但不应错误地推得

$$|x|\delta(x^2)=\delta(x).\tag{Ⅲ.20}$$

比如，

$$\begin{aligned}\int_{-\infty}^{+\infty}|x|\delta(x^2)\mathrm{d}x&=\int_{-\infty}^{0}(-x)\delta(x^2)\mathrm{d}x+\int_{0}^{+\infty}x\delta(x^2)\mathrm{d}x\\&=-\frac{1}{2}\int_{+\infty}^{0}\delta(w)\mathrm{d}w+\frac{1}{2}\int_{0}^{+\infty}\delta(y)\mathrm{d}y\\&=\frac{1}{2}\int_{-\infty}^{+\infty}\delta(y)\mathrm{d}y,\end{aligned}\tag{Ⅲ.21}$$

由这给出

$$2|x|\delta(x^2)=\delta(x).\tag{Ⅲ.22}$$

方程(Ⅲ.20)和(Ⅲ.22)矛盾，这是因$|x|\delta(x^2)=\delta(x)$成立是有条件的($a^2\to 0^+$)，而在 $a^2\equiv 0$ 时，是不成立的.

为清楚地看到这一点，由方程(Ⅲ.10b)

$$\delta(x^2-\varepsilon)=\frac{1}{\pi}\lim_{\alpha\to 0^+}\frac{\alpha}{(x^2-\varepsilon)^2+\alpha^2}$$

可得

$$\begin{aligned}\int_{-\infty}^{+\infty}|x|\delta(x^2-\varepsilon)\mathrm{d}x&=2\int_{0}^{+\infty}\frac{x}{\pi}\lim_{\alpha\to 0^+}\frac{\alpha}{\alpha^2+(x^2-\varepsilon)^2}\mathrm{d}x\\&=\lim_{\alpha\to 0^+}\frac{1}{\pi}\int_{0}^{+\infty}\frac{\mathrm{d}(x^2-\varepsilon)/\alpha}{1+(x^2-\varepsilon)^2/\alpha^2}\\&=\lim_{\alpha\to 0^+}\frac{1}{\pi}\int_{-\varepsilon/\alpha}^{+\infty}\frac{\mathrm{d}y}{1+y^2}\\&=\frac{1}{\pi}\lim_{\alpha\to 0^+}\left(\frac{\pi}{2}-\arctan\frac{-\varepsilon}{\alpha}\right),\end{aligned}\tag{Ⅲ.23}$$

$$\int_{-\infty}^{+\infty} |x| \delta(x^2-\varepsilon)\mathrm{d}x = \begin{cases} 1, & \varepsilon > 0, \\ \frac{1}{2}, & \varepsilon = 0, \\ 0, & \varepsilon < 0. \end{cases} \tag{Ⅲ.24}$$

所以正确的结果应为①

$$|x| \delta(x^2-\varepsilon) = \begin{cases} \delta(x), & \varepsilon \to 0^+, \\ \frac{1}{2}\delta(x), & \varepsilon = 0, \\ 0, & \varepsilon \to 0^-. \end{cases} \tag{Ⅲ.25}$$

Ⅲ.3 δ函数的导数

δ函数具有任何级的导数,可以证明

$$\int_{-\infty}^{+\infty} \delta^{(n)}(x-x_0)f(x)\mathrm{d}x = (-1)^n f^{(n)}(x_0). \tag{Ⅲ.26}$$

注意:微商是对宗量进行的.

$$\delta^{(m)}(x) = (-1)^m \delta^{(m)}(-x), \tag{Ⅲ.27}$$

$$\int \delta^{(m)}(y-x)\delta^{(n)}(x-a)\mathrm{d}x = \delta^{(m+n)}(y-a), \tag{Ⅲ.28}$$

$$x\delta^{(n)}(x) = -n\delta^{(n-1)}(x), \tag{Ⅲ.29}$$

$$x^{m+1}\delta^{(m)}(x) = 0. \tag{Ⅲ.30}$$

例 求方程 $xu(x)=-\delta(x)$ 的通解.

由(Ⅲ.29)式有 $x\delta'(x)=-\delta(x)$,所以方程特解是 $\delta'(x)$. 而由(Ⅲ.30),相应的齐次方程

$$xu(x) = 0$$

有解 $\delta(x)$. 所以方程的通解为

$$u(x) = \delta'(x) + C\delta(x).$$

另一种解法是,直接利用方程(Ⅲ.12),则由方程 $xu(x)=-\delta(x)$ 可推得解

$$u(x) = -\frac{\delta(x)}{x} + C\delta(x),$$

再将方程(Ⅲ.29)($n=1$)代入,就得通解

$$u(x) = \delta'(x) + C\delta(x).$$

还应特别注意

$$\frac{\partial}{\partial x}\delta(x-x_0) = \frac{\partial}{\partial x}\delta(x_0-x), \tag{Ⅲ.31a}$$

$$\frac{\partial}{\partial x}\delta(x-x_0) = -\frac{\partial}{\partial x_0}\delta(x-x_0) = -\frac{\partial}{\partial x_0}\delta(x_0-x). \tag{Ⅲ.31b}$$

---

① 伊凡宁科,索科洛夫,《经典场论》,黄祖洽译,1958年,第1页.

附录Ⅳ 特殊函数

Ⅳ.1 合流超几何函数①

A. 合流超几何函数

在球坐标系中求解氢原子或三维各向同性谐振子势的径向波函数时，薛定谔方程可化为合流超几何方程. 而常用的贝塞尔函数、厄米函数等等是它的特殊情形.

合流超几何方程式是

$$p\frac{\mathrm{d}^2R}{\mathrm{d}p^2}+(\gamma-p)\frac{\mathrm{d}R}{\mathrm{d}p}-\alpha R=0, \tag{Ⅳ.1}$$

它的解为合流超几何函数

$$\mathrm{F}(\alpha,\gamma,p)=\sum_{m=0}^{\infty}\frac{\Gamma(\alpha+m)\Gamma(\gamma)}{\Gamma(\alpha)\Gamma(\gamma+m)}p^m, \tag{Ⅳ.2}$$

其中，$\Gamma(\alpha)$为 Γ 函数，参数 α 可任意，而参数 γ 为非零或非负整数.

若作一变换 $R=p^{1-\gamma}S$，则方程变为另一形式的合流超几何方程：

$$p\frac{\mathrm{d}^2S}{\mathrm{d}p^2}+(2-\gamma-p)\frac{\mathrm{d}S}{\mathrm{d}p}-(\alpha-\gamma+1)S=0, \tag{Ⅳ.3}$$

则

$$p^{1-\gamma}\mathrm{F}(\alpha-\gamma+1,2-\gamma,p) \tag{Ⅳ.4}$$

也是(Ⅳ.1)式之解，而且适合 γ 为负整数的情形. 所以方程(Ⅳ.1)的普遍解为

$$R=C_1\mathrm{F}(\alpha,\gamma,p)+C_2p^{1-\gamma}\mathrm{F}(\alpha-\gamma+1,2-\gamma,p). \tag{Ⅳ.5}$$

当 α 为负整数($-n$)或零时，合流超几何函数就约化为 n 幂次的多项式：

$$\mathrm{F}(-n,\gamma,p)=\sum_{m=0}^{n}\frac{\Gamma(-n+m)\Gamma(\gamma)}{\Gamma(-n)\Gamma(\gamma+m)}p^m. \tag{Ⅳ.6}$$

B. 带权重的合流超几何函数的积分公式

$$\begin{aligned}C_\nu&=\int_0^\infty \mathrm{e}^{-kp}p^{\nu-1}[\mathrm{F}(-n,\gamma,kp)]^2\mathrm{d}p\\&=\frac{\Gamma(\nu)n!}{k^\nu\gamma(\gamma+1)\cdots(\gamma+n-1)}\left\{1+\frac{n(\gamma-\nu-1)(\gamma-\nu)}{1^2\gamma}\right.\end{aligned}$$

---

① 读者可参考：吴崇试，《数学物理方法》(第二版)，北京大学出版社，2003 年；王竹溪，郭敦仁，《特殊函数概论》，北京大学出版社，2000 年；郭敦仁，《数学物理方法》，高等教育出版社，1990 年，第 292 页.

$$+\frac{n(n-1)(\gamma-\nu-2)(\gamma-\nu-1)(\gamma-\nu)(\gamma-\nu+1)}{1^2 2^2\gamma(\gamma+1)}$$

$$\left.+\cdots+\frac{n(n-1)\cdots 1\cdot(\gamma-\nu-n)\cdots(\gamma-\nu+n-1)}{1^2 2^2\cdots n^2\gamma(\gamma+1)\cdots(\gamma+n-1)}\right\}. \qquad (Ⅳ.7)$$

C. 一些微分方程的解可以以合流超几何函数来表示

(i) m 阶贝塞尔方程

$$\frac{d^2 J_m}{dz^2}+\frac{1}{z}\frac{dJ_m}{dz}+\left(1-\frac{m^2}{z^2}\right)J_m=0 \qquad (Ⅳ.8)$$

之解为

$$J_m(z)=(2i)^{1/2}(2iz)^m e^{-iz}F\left(m+\frac{1}{2},2m+1,2iz\right). \qquad (Ⅳ.9)$$

(ii) 惠特克(Whittaker)方程

$$\frac{d^2 W}{dz^2}+\left(\frac{1}{4}+\frac{\kappa}{z}+\frac{1/4-\mu^2}{z^2}\right)W=0 \qquad (Ⅳ.10)$$

之解为

$$W_{\kappa,\mu}(z)=z^{\mu+1/2}e^{-\frac{z^2}{2}}F(\mu-\kappa+1/2,1+2\mu,z) \qquad (Ⅳ.11)$$

(iii) 韦伯方程

$$\frac{d^2 y_n}{dz^2}+\left(n+\frac{1}{2}-\frac{z^2}{4}\right)y_n=0 \qquad (Ⅳ.12)$$

之解为

$$y_n(z)=2^{-3/4}ze^{-\frac{z^2}{4}}F\left(\frac{1-n}{2},\frac{3}{2},\frac{z^2}{2}\right)\text{或 }2^{-1/4}e^{-\frac{z^2}{4}}F\left(-\frac{n}{2},\frac{1}{2},\frac{z^2}{2}\right). \qquad (Ⅳ.13)$$

而若令 $z=\sqrt{2}x$,则韦伯方程就化为一维谐振子势的薛定谔方程的形式.

(iv) 厄米方程

$$\frac{d^2 y}{dz^2}-2z\frac{dy}{dz}+2ny=0 \qquad (Ⅳ.14)$$

之解为

$$y_n(z)\propto zF\left(\frac{1-n}{2},\frac{3}{2},z^2\right)\text{或 }F\left(-\frac{n}{2},\frac{1}{2},z^2\right). \qquad (Ⅳ.15)$$

(v) 氢原子的径向波动方程

$$\frac{d^2}{d\rho^2}(\rho R)-\left[\frac{1}{4}-\frac{\lambda}{\rho}+\frac{l(l+1)}{\rho^2}\right](\rho R)=0 \qquad (Ⅳ.16)$$

之解为

$$R_{nl}(\rho)\propto\rho^l e^{-\frac{1}{2}\rho}F(l+1-n,2(l+1),\rho). \qquad (Ⅳ.17)$$

(vi) 三维各向同性谐振子势的径向波动方程

$$\frac{d^2}{d\rho^2}(\rho R)+\left[\lambda-\rho^2-\frac{l(l+1)}{\rho^2}\right](\rho R)=0 \qquad (Ⅳ.18)$$

之解为

$$R_{n_r l}(\rho) \propto \rho^l e^{-\frac{1}{2}\rho^2} F\left(-n_r, l+\frac{3}{2}, \rho^2\right), \tag{Ⅳ.19}$$

其中 $n_r = \frac{\lambda - 2l - 3}{4} = 0, 1, 2, \cdots$.

D. 一些有用的公式

(i) $F(\alpha, \gamma, z) = e^z F(\gamma - \alpha, \gamma, -z)$;

(ii) $F(\alpha, \gamma, 0) = 1$;

(iii) $\frac{d}{dz} F(\alpha, \gamma, z) = \frac{\alpha}{\gamma} F(\alpha+1, \gamma+1, z)$;

(iv) $F'(\alpha, \gamma, z)|_{z=0} = \frac{\alpha}{\gamma}$;

(v) $\mathrm{erf}(z) = \frac{2}{\sqrt{\pi}} \int_0^z e^{-t^2} dt = \frac{2z}{\sqrt{\pi}} F\left(\frac{1}{2}, \frac{3}{2}, -z^2\right)$.

Ⅳ.2 贝塞尔函数

在平面极坐标系或柱坐标系中求解自由粒子的径向波函数时，就要解贝塞尔方程

$$\frac{d^2 R_\nu}{d\eta^2} + \frac{1}{\eta} \frac{dR_\nu}{d\eta} + \left(1 - \frac{\nu^2}{\eta^2}\right) R_\nu = 0, \tag{Ⅳ.20}$$

其中 ν 称为方程的阶，它可以是任意实数或复数.

A. 贝塞尔函数和诺伊曼函数

当 $2\nu \neq$ 整数时，贝塞尔方程的两个线性无关解为(称为贝塞尔函数)

$$J_{\pm\nu}(\eta) = \sum_{k=0}^{\infty} \frac{(-1)^k}{k! \Gamma(k \pm \nu + 1)} \left(\frac{\eta}{2}\right)^{2k \pm \nu}. \tag{Ⅳ.21}$$

当 $\nu = n(n = 0, 1, 2, \cdots)$ 为整数时，则

$$J_{-n}(\eta) = (-1)^n J_n(\eta). \tag{Ⅳ.22}$$

所以，J_{-n} 和 J_n 是线性相关的. 而与 $J_n(\eta)$ 线性无关的解为

$$N_n(\eta) = \lim_{\nu \to n} N_\nu(\eta) = \frac{1}{\pi} \left[\frac{\partial J_\nu(\eta)}{\partial \nu} - (-1)^n \frac{\partial J_{-\nu}(\eta)}{\partial \nu}\right]_{\nu = n}. \tag{Ⅳ.23}$$

其中

$$N_\nu(\eta) = \frac{\cos \nu\pi J_\nu(\eta) - J_{-\nu}(\eta)}{\sin \nu\pi}, \tag{Ⅳ.24}$$

称为第二类贝塞尔函数，又称诺伊曼函数.

B. 贝塞尔函数的性质

(i)

$$J_0(0)=1,\quad J_{n\neq 0}(0)=0;\tag{Ⅳ.25a}$$

(ii)

$$J_{\nu-1}+J_{\nu+1}=\frac{2\nu}{\eta}J_\nu;\tag{Ⅳ.25b}$$

$$J_{\nu-1}-J_{\nu+1}=2J_\nu';\tag{Ⅳ.25c}$$

(iii)

$$J_1=-J_0';\tag{Ⅳ.25d}$$

(iv)

$$J_{\pm\nu}(\eta e^{i\pi})=e^{\pm i\nu\pi}J_{\pm\nu}(\eta).\tag{Ⅳ.25e}$$

很多常微分方程的解可以用贝塞尔函数表示出来①.

Ⅳ.3 球贝塞尔函数

A. 球贝塞尔函数

在球坐标系中,求解自由粒子的径向波函数时,就需要解方程

$$\frac{1}{\rho^2}\frac{d}{d\rho}\left(\rho^2\frac{dR}{d\rho}\right)+\left(1-\frac{l(l+1)}{\rho^2}\right)R=0,\tag{Ⅳ.26}$$

这个方程称为球贝塞尔方程.

可以证明,球贝塞尔方程的解为

$$j_l(\rho)=\sqrt{\frac{\pi}{2\rho}}J_{l+\frac{1}{2}}(\rho)=(-\rho)^l\left(\frac{1}{\rho}\frac{d}{d\rho}\right)^l\frac{\sin\rho}{\rho}\tag{Ⅳ.27a}$$

和

$$n_l(\rho)=\sqrt{\frac{\pi}{2\rho}}N_{l+\frac{1}{2}}(\rho)=-(-\rho)^l\left(\frac{1}{\rho}\frac{d}{d\rho}\right)^l\frac{\cos\rho}{\rho},\tag{Ⅳ.27b}$$

分别称为 l 阶球贝塞尔函数和球诺伊曼函数.在具体的使用时,有时也直接利用它们的线性组合函数

$$h_l^{(1,2)}(\rho)=j_l(\rho)\pm i n_l(\rho),\tag{Ⅳ.28}$$

分别称为 l 阶第一类和第二类球汉开尔函数.

B. 球贝塞尔函数的性质

(i) 球贝塞尔函数的表示式.

① 吴崇试,《数学物理方法》(第二版),北京大学出版社,2003年.

$$\mathrm{j}_l(\rho) = (-\rho)^l\left(\frac{1}{\rho}\frac{\mathrm{d}}{\mathrm{d}\rho}\right)^l\frac{\sin\rho}{\rho},\quad \mathrm{n}_l(\rho) = -(-\rho)^l\left(\frac{1}{\rho}\frac{\mathrm{d}}{\mathrm{d}\rho}\right)^l\frac{\cos\rho}{\rho};\tag{Ⅳ.29}$$

$$\mathrm{h}_l^{(1,2)}(\rho) = \mathrm{j}_l(\rho) \pm \mathrm{i}n_l(\rho) = (\mp\mathrm{i})(-\rho)^l\left(\frac{1}{\rho}\frac{\mathrm{d}}{\mathrm{d}\rho}\right)^l\frac{\mathrm{e}^{\pm\mathrm{i}\rho}}{\rho}.\tag{Ⅳ.30}$$

(ii) 球贝塞尔函数的渐近式.

当 $\rho\to0$,

$$\mathrm{j}_l(\rho) \approx \frac{\rho^l}{(2l+1)!!}\left[1-\frac{\rho^2}{2(2l-3)}+\cdots\right],\tag{Ⅳ.31a}$$

$$\mathrm{n}_l(\rho) \approx -\frac{(2l+1)!!}{2l+1}\left(\frac{1}{\rho}\right)^{l+1}\left[1+\frac{\rho^2}{2(2l-1)}+\cdots\right],\tag{Ⅳ.31b}$$

而

$$\mathrm{j}_l(0) = \begin{cases}1, & l=0,\\ 0, & l\neq 0.\end{cases}\tag{Ⅳ.32}$$

当 $\rho\to\infty$,

$$\mathrm{j}_l(\rho) \to \frac{\sin\left(\rho-\frac{l\pi}{2}\right)}{\rho},\tag{Ⅳ.33a}$$

$$\mathrm{n}_l(\rho) \to -\frac{\cos\left(\rho-\frac{l\pi}{2}\right)}{\rho},\tag{Ⅳ.33b}$$

$$\mathrm{h}_l^{(1,2)}(\rho) \to \frac{(\mp\mathrm{i})}{\rho}\mathrm{e}^{\pm\mathrm{i}\left(\rho-\frac{l\pi}{2}\right)}.\tag{Ⅳ.33c}$$

前几个球贝塞尔函数、球诺伊曼函数和球汉开尔函数为

$$\mathrm{j}_0(\rho) = \frac{\sin\rho}{\rho},\quad \mathrm{j}_1(\rho) = \frac{\sin\rho}{\rho^2}-\frac{\cos\rho}{\rho};\tag{Ⅳ.34a}$$

$$\mathrm{n}_0(\rho) = -\frac{\cos\rho}{\rho},\quad \mathrm{n}_1(\rho) = -\frac{\cos\rho}{\rho^2}-\frac{\sin\rho}{\rho};\tag{Ⅳ.34b}$$

$$\mathrm{h}_0^{(1,2)}(\rho) = \mp\mathrm{i}\,\frac{\mathrm{e}^{\pm\mathrm{i}\rho}}{\rho},\quad \mathrm{h}_1^{(1,2)}(\rho) = -\left(1\pm\frac{\mathrm{i}}{\rho}\right)\frac{\mathrm{e}^{\pm\mathrm{i}\rho}}{\rho}.\tag{Ⅳ.34c}$$

(iii) 球贝塞尔函数的递推关系及归一化.

若 $l\neq0$,则有

$$\frac{2kk'}{\pi}\int_0^\infty \mathrm{j}_l(kr)\mathrm{j}_l(k'r)r^2\mathrm{d}r = \delta(k-k'),\tag{Ⅳ.35a}$$

$$(2l+1)B_l(\rho) = \rho[B_{l+1}(\rho)+B_{l-1}(\rho)],\tag{Ⅳ.35b}$$

$$B_l(\rho) = \left[(-\rho)^l\left(\frac{1}{\rho}\frac{\mathrm{d}}{\mathrm{d}\rho}\right)^l\right]B_0(\rho),\tag{Ⅳ.35c}$$

$$B_l'(\rho) = \frac{1}{2l+1}[lB_{l-1}(\rho)-(l+1)B_{l+1}(\rho)],\tag{Ⅳ.35d}$$

$$B_l'(\rho) = B_{l-1}(\rho) - \frac{l+1}{\rho} B_l(\rho), \tag{Ⅳ.35e}$$

$$B_{l-1}'(\rho) = \frac{l-1}{\rho} B_{l-1}(\rho) - B_l(\rho), \tag{Ⅳ.35f}$$

$$\mathrm{j}_l(\rho)\mathrm{n}_l'(\rho) - \mathrm{j}_l'(\rho)\mathrm{n}_l(\rho) = \rho^{-2}. \tag{Ⅳ.35g}$$

其中 $B_l(\rho)$可为 $\mathrm{j}_l(\rho)$，$\mathrm{n}_l(\rho)$和 $\mathrm{h}_l^{(1,2)}(\rho)$.

Ⅳ.4 厄米多项式

A. 厄米多项式定义

满足厄米方程

$$\left[\frac{\mathrm{d}^2}{\mathrm{d}\xi^2} - 2\xi\frac{\mathrm{d}}{\mathrm{d}\xi} + 2n\right]\mathrm{H}_n(\xi) = 0 \tag{Ⅳ.36}$$

的多项式

$$\mathrm{H}_n(\xi) = (-1)^n \mathrm{e}^{\xi^2}\left(\frac{\mathrm{d}^n}{\mathrm{d}\xi^n}\mathrm{e}^{-\xi^2}\right), \quad n = 0,1,2,\cdots \tag{Ⅳ.37}$$

称为厄米多项式. 其最高幂次为 n，最高幂次系数为 2^n，宇称为$(-1)^n$，有 n 个节点. 由公式(Ⅳ.15)可得

$$\mathrm{H}_n(\xi) = \begin{cases} (-1)^{\frac{n}{2}} \dfrac{n!}{\left(\dfrac{n}{2}\right)!}\mathrm{F}\left(-\dfrac{n}{2},\dfrac{1}{2},\xi^2\right), & n \text{ 为偶数}, \\ (-1)^{\frac{n-1}{2}} 2\dfrac{n!}{\left(\dfrac{n-1}{2}\right)!}\xi\,\mathrm{F}\left(-\dfrac{n-1}{2},\dfrac{3}{2},\xi^2\right), & n \text{ 为奇数}. \end{cases} \tag{Ⅳ.38}$$

B. 厄米多项式的生成函数

$$S(\xi,\lambda) = \mathrm{e}^{\xi^2-(\lambda-\xi)^2} \tag{Ⅳ.39}$$

$$= \mathrm{e}^{-\lambda^2+2\lambda\xi} = \sum_{n=0}^{\infty}\frac{\mathrm{H}_n(\xi)}{n!}\lambda^n. \tag{Ⅳ.40}$$

(i) 方程(Ⅳ.40)中的 $\mathrm{H}_n(\xi)$是满足方程(Ⅳ.37)的厄米多项式.

对方程(Ⅳ.40)两边求微商：

$$\frac{\partial S}{\partial \xi} = \sum_n \frac{2\lambda^{n+1}}{n!}H_n(\xi) = \sum_n \frac{\lambda^n}{n!}\mathrm{H}_n'(\xi), \tag{Ⅳ.41a}$$

$$\frac{\partial S}{\partial \lambda} = \sum_n \frac{(-2\lambda+2\xi)\lambda^n}{n!}\mathrm{H}_n(\xi) = \sum_n \frac{\lambda^{n-1}}{(n-1)!}\mathrm{H}_n(\xi). \tag{Ⅳ.41b}$$

由方程(Ⅳ.41a)或(Ⅳ.41b)两边 λ 等幂次项的系数相等可得

$$\mathrm{H}_n'(\xi) = 2\lambda \mathrm{H}_{n-1}(\xi), \tag{Ⅳ.42a}$$

$$H_{n+1}(\xi) = 2\xi H_n(\xi) - 2nH_{n-1}(\xi). \tag{Ⅳ.42b}$$

利用方程(Ⅳ.42a)和(Ⅳ.42b),可直接证得 $H_n(\xi)$是满足方程(Ⅳ.37)的.

(ii) 带权重的厄米多项式的正交归一.

$$\int_{-\infty}^{+\infty} e^{-\lambda^2+2\lambda\xi-t^2+2t\xi} e^{-\xi^2} d\xi \tag{Ⅳ.43}$$

$$= \sum_{n=0}^{\infty}\sum_{m=0}^{\infty} \frac{\lambda^n t^m}{n!m!}\int_{-\infty}^{+\infty} H_n(\xi)H_m(\xi)e^{-\xi^2} d\xi \tag{Ⅳ.44}$$

$$= \sqrt{\pi}e^{2\lambda t} = \sqrt{\pi}\sum_{n=0}^{\infty} \frac{(2\lambda t)^n}{n!}, \tag{Ⅳ.45}$$

于是得带权重的厄米多项式的正交归一:

$$\int_{-\infty}^{+\infty} H_m(\xi)H_n(\xi)e^{-\xi^2} d\xi = \sqrt{\pi}2^n n!\delta_{mn}, \quad m,n = 0,1,2,\cdots. \tag{Ⅳ.46}$$

C. 厄米多项式性质

(i)

$$H_n(0) = \begin{cases} (-1)^{\frac{n}{2}} \dfrac{n!}{\left(\frac{n}{2}\right)!}, & n \text{ 为偶数}, \\ 0, & n \text{ 为奇数}. \end{cases} \tag{Ⅳ.47}$$

(ii) 厄米多项式的递推关系.

$$H_{n+1}(\xi) - 2\xi H_n(\xi) + 2nH_{n-1}(\xi) = 0, \tag{Ⅳ.48a}$$

$$H_n'(\xi) = 2nH_{n-1}(\xi). \tag{Ⅳ.48b}$$

Ⅳ.5 勒让德多项式和连带勒让德函数

在球坐标系用分离变数法解亥姆霍兹方程时,与 θ 相关的方程

$$\frac{1}{\sin\theta}\frac{d}{d\theta}\left(\sin\theta\frac{d\Theta}{d\theta}\right)+\left[\lambda-\frac{m^2}{\sin^2\theta}\right]\Theta(\theta) = 0 \tag{Ⅳ.49}$$

称为连带勒让德方程,其中 λ, m 是在分离变数时引进的参数. 令 $x=\cos\theta, y(x)=\Theta(\theta)$ 和 $\lambda=\nu(\nu+1)$,则方程(Ⅳ.49)可表为

$$\frac{d}{dx}\left((1-x^2)\frac{dy}{dx}\right)+\left[\nu(\nu+1)-\frac{m^2}{1-x^2}\right]y = 0. \tag{Ⅳ.50}$$

A. 勒让德多项式

当方程(Ⅳ.50)中 $m=0, \nu=l$(整数)时,所得方程

$$(1-x^2)\frac{d^2y}{dx^2}-2x\frac{dy}{dx}+l(l+1)y = 0, \quad l = 0,1,2,\cdots \tag{Ⅳ.51}$$

的解称为勒让德多项式.

(i) 勒让德多项式表示.

$$P_l(x)=\frac{1}{2^l l!}\frac{d^l}{dx^l}(x^2-1)^l \tag{Ⅳ.52a}$$

$$=\sum_{m=0}^{l}\frac{1}{(m!)^2}\frac{(l+m)!}{(l-m)!}\left(\frac{x-1}{2}\right)^m \tag{Ⅳ.52b}$$

$$=\sum_{m=0}^{[l/2]}(-1)^m\frac{(2l-2m)!}{2^l m!(l-m)!(l-2m)!}x^{l-2m}. \tag{Ⅳ.52c}$$

前几个勒让德多项式是

$$P_0(x)=1,\qquad P_1(x)=x,$$

$$P_2(x)=\frac{1}{2}(3x^2-1),\qquad P_3(x)=\frac{1}{2}(5x^3-3x),$$

$$P_4(x)=\frac{1}{8}(35x^4-30x^2+3).$$

(ii) 勒让德多项式性质.

$$P_l(-x)=(-1)^l P_l(x), \tag{Ⅳ.53}$$

$$P_l(0)=\begin{cases}(-1)^{l/2}\dfrac{l!}{2^l\left[\left(\dfrac{l}{2}\right)!\right]^2}, & l\text{ 为偶数},\\ 0, & l\text{ 为奇数},\end{cases} \tag{Ⅳ.54}$$

$$P_l(1)=1. \tag{Ⅳ.55}$$

(iii) 勒让德多项式的正交完备性.

$$\int_{-1}^{1}P_k(x)P_l(x)dx=\frac{2}{2l+1}\delta_{kl}. \tag{Ⅳ.56}$$

任意一个在区间[−1,1]中分段连续的函数 $f(x)$ 可以展为级数

$$f(x)=\sum_{l=0}^{\infty}c_l P_l(x), \tag{Ⅳ.57}$$

而系数 c_l 可由正交性求得

$$c_l=\frac{2l+1}{2}\int_{-1}^{1}f(x)P_l(x)dx. \tag{Ⅳ.58}$$

(iv) 勒让德多项式的递推关系.

$$xP_l(x)=\frac{1}{2l+1}[(l+1)P_{l+1}(x)+lP_{l-1}(x)]\quad(l\geqslant 1), \tag{Ⅳ.59a}$$

$$P'_{l+1}(x)=xP'_l(x)+(l+1)P_l(x), \tag{Ⅳ.59b}$$

$$P'_{l-1}(x)=xP'_l(x)-lP_l(x), \tag{Ⅳ.59c}$$

$$(1-x^2)P'_l(x)=lP_{l-1}(x)-lxP_l(x). \tag{Ⅳ.59d}$$

B. 连带勒让德函数

当方程(Ⅳ.50)中 $\nu=l=0,1,2,\cdots$，而 m 为任意整数时，所得方程

$$\frac{\mathrm{d}}{\mathrm{d}x}\left((1-x^2)\frac{\mathrm{d}y}{\mathrm{d}x}\right)+\left[l(l+1)-\frac{m^2}{1-x^2}\right]y=0 \tag{Ⅳ.60}$$

之解(在 $x=0$ 处收敛)$\mathrm{P}_l^m(x)$称为连带勒让德函数,它可表示为[①]

$$\mathrm{P}_l^m(x)=(1-x^2)^{m/2}\frac{\mathrm{d}^m}{\mathrm{d}x^m}\mathrm{P}_l(x) \tag{Ⅳ.61a}$$

$$=\frac{(1-x^2)^{m/2}}{2^l l!}\frac{\mathrm{d}^{l+m}}{\mathrm{d}x^{l+m}}(x^2-1)^l. \tag{Ⅳ.61b}$$

(i) 连带勒让德函数性质.

$$\mathrm{P}_l^l(x)=(2l-1)!!(1-x^2)^{l/2}, \tag{Ⅳ.62a}$$

$$\mathrm{P}_l^0(x)=\mathrm{P}_l(x), \tag{Ⅳ.62b}$$

$$\mathrm{P}_l^m(0)=\begin{cases}(-1)^q\dfrac{(2q+2m)!}{2^l q!(q+m)!}, & l-m=2q,\\ 0, & l-m=2q+1,\end{cases} \tag{Ⅳ.62c}$$

$$\mathrm{P}_l^m(1)=\mathrm{P}_l^m(-1)=0\quad(m\neq 0), \tag{Ⅳ.62d}$$

$$\mathrm{P}_l^{-m}(x)=(-1)^m\frac{(l-m)!}{(l+m)!}\mathrm{P}_l^m(x)\quad(m\geqslant 0). \tag{Ⅳ.62e}$$

对(Ⅳ.62e)式的证明如下:

$$\begin{aligned}\frac{\mathrm{d}^{l+m}}{\mathrm{d}x^{l+m}}(x^2-1)^l&=\frac{\mathrm{d}^{l+m}}{\mathrm{d}x^{l+m}}[(x-1)^l(x+1)^l]\\&=\sum_{k=m}^{l}\mathrm{C}_{l+m}^k\left(\frac{\mathrm{d}^k}{\mathrm{d}x^k}(x-1)^l\right)\left(\frac{\mathrm{d}^{l+m-k}}{\mathrm{d}x^{l+m-k}}(x+1)^l\right)\\&=\sum_{k=m}^{l}\mathrm{C}_{l+m}^k\frac{l!}{(l-k)!}(x-1)^{l-k}\frac{l!}{(k-m)!}(x+1)^{k-m}\\&=\sum_{s=0}^{l-m}\mathrm{C}_{l+m}^{m+s}\frac{l!}{(l-m-s)!}(x-1)^{l-m-s}\frac{l!}{s!}(x+1)^s\\&=\frac{1}{(x^2-1)^m}\sum_{s=0}^{l-m}\frac{(l+m)!}{(m+s)!(l-s)!}\frac{l!}{(l-m-s)!}\\&\quad\cdot(x-1)^{l-s}\frac{l!}{s!}(x+1)^{m+s}\\&=\frac{1}{(x^2-1)^m}\sum_{s=0}^{l-m}\frac{(l+m)!}{s!(l-m-s)!}\frac{l!}{(l-s)!}\\&\quad\cdot(x-1)^{l-s}\frac{l!}{(m+s)!}(x+1)^{m+s}\end{aligned}$$

① 与前述参考书中吴崇试及王竹溪、郭敦仁的著作差一因子$(-1)^m$.

$$= \frac{(l+m)!}{(l-m)!}\frac{1}{(x^2-1)^m}\sum_{s=0}^{l-m}\frac{(l-m)!}{s!(l-m-s)!}\frac{l!}{(l-s)!}$$

$$\cdot (x-1)^{l-s}\frac{l!}{(m+s)!}(x+1)^{m+s}$$

$$= \frac{(l+m)!}{(l-m)!}\frac{1}{(x^2-1)^m}\sum_{s=0}^{l-m}\frac{(l-m)!}{s!(l-m-s)!}$$

$$\cdot \left[\frac{\mathrm{d}^s}{\mathrm{d}x^s}(x-1)^l\right]\left[\frac{\mathrm{d}^{l-m-s}}{\mathrm{d}x^{l-m-s}}(x+1)^l\right]$$

$$= \frac{(l+m)!}{(l-m)!}\frac{1}{(x^2-1)^m}\frac{\mathrm{d}^{l-m}}{\mathrm{d}x^{l-m}}(x^2-1)^l,$$

于是

$$\mathrm{P}_l^m(x) = \frac{(1-x^2)^{m/2}}{2^l l!}\frac{\mathrm{d}^{l+m}}{\mathrm{d}x^{l+m}}(x^2-1)^l$$

$$= \frac{(1-x^2)^{m/2}}{2^l l!}\frac{(l+m)!}{(l-m)!}\frac{1}{(x^2-1)^m}\frac{\mathrm{d}^{l-m}}{\mathrm{d}x^{l-m}}(x^2-1)^l$$

$$= (-1)^m\frac{(l+m)!}{(l-m)!}\frac{(1-x^2)^{-m/2}}{2^l l!}\frac{\mathrm{d}^{l-m}}{\mathrm{d}x^{l-m}}(x^2-1)^l$$

$$= (-1)^m\frac{(l+m)!}{(l-m)!}\mathrm{P}_l^{-m}(x).$$

$\mathrm{P}_l^m(x)$的宇称为$(-1)^{l-m}$;在区间$(-1,1)$中有$(l-m)$个节点.

(ii) 连带勒让德函数的正交归一性.

$$\int_{-1}^1 \mathrm{P}_k^m(x)\mathrm{P}_l^m(x)\mathrm{d}x = \frac{2}{2l+1}\frac{(l+m)!}{(l-m)!}\delta_{kl}, \tag{Ⅳ.63a}$$

$$\int_{-1}^1 \frac{\mathrm{P}_l^m(x)\mathrm{P}_l^k(x)}{1-x^2}\mathrm{d}x = \frac{1}{m}\frac{(l+m)!}{(l-m)!}\delta_{km}. \tag{Ⅳ.63b}$$

(iii) 连带勒让德函数的递推关系.

$$x\mathrm{P}_l^m(x) = \frac{1}{2l+1}[(l+1-m)\mathrm{P}_{l+1}^m(x)+(l+m)\mathrm{P}_{l-1}^m(x)], \tag{Ⅳ.64}$$

$$(1-x^2)\frac{\mathrm{d}\mathrm{P}_l^m(x)}{\mathrm{d}x} = (l+m)\mathrm{P}_{l-1}^m(x) - lx\mathrm{P}_l^m(x) \tag{Ⅳ.65a}$$

$$= (l+1)x\mathrm{P}_l^m(x) - (l+1-m)\mathrm{P}_{l+1}^m(x). \tag{Ⅳ.65b}$$

(iv) $\dfrac{1}{|\boldsymbol{r}-\boldsymbol{r}'|}$的连带勒让德函数展开及加法公式.

$$\frac{1}{|\boldsymbol{r}-\boldsymbol{r}'|}=\begin{cases}\dfrac{1}{r'}\displaystyle\sum_{l=0}^{\infty}\left(\frac{r}{r'}\right)^{l}\Big[\mathrm{P}_l(\cos\theta)\mathrm{P}_l(\cos\theta') \\ \quad +2\displaystyle\sum_{m=1}^{l}\frac{(l-m)!}{(l+m)!}\mathrm{P}_l^m(\cos\theta)\mathrm{P}_l^m(\cos\theta') \\ \quad \cdot\cos m(\phi-\phi')\Big],\quad r'\geqslant r \\ \dfrac{1}{r}\displaystyle\sum_{l=0}^{\infty}\left(\frac{r'}{r}\right)^{l}\Big[\mathrm{P}_l(\cos\theta)\mathrm{P}_l(\cos\theta') \\ \quad +2\displaystyle\sum_{m=1}^{l}\frac{(l-m)!}{(l+m)!}\mathrm{P}_l^m(\cos\theta)\mathrm{P}_l^m(\cos\theta') \\ \quad \cdot\cos m(\phi-\phi')\Big],\quad r'\leqslant r\end{cases} \tag{Ⅳ.66a}$$

$$=\begin{cases}\dfrac{1}{r'}\displaystyle\sum_{l=0}^{\infty}\left(\frac{r}{r'}\right)^{l}\mathrm{P}_l(\cos\gamma),\quad r'\geqslant r, \\ \dfrac{1}{r}\displaystyle\sum_{l=0}^{\infty}\left(\frac{r'}{r}\right)^{l}\mathrm{P}_l(\cos\gamma),\quad r'\leqslant r,\end{cases} \tag{Ⅳ.66b}$$

其中 γ 为(θ,ϕ)和(θ',ϕ')两方向间的夹角，

$$\cos\gamma=\cos\theta\cos\theta'+\sin\theta\sin\theta'\cos(\phi-\phi'). \tag{Ⅳ.67}$$

比较(Ⅳ.66a)和(Ⅳ.66b)式,则得连带勒让德函数的加法公式

$$\mathrm{P}_l(\cos\gamma)=\Big[\mathrm{P}_l(\cos\theta)\mathrm{P}_l(\cos\theta')+2\sum_{m=1}^{l}\frac{(l-m)!}{(l+m)!}\mathrm{P}_l^m(\cos\theta) \cdot\mathrm{P}_l^m(\cos\theta')\cos m(\phi-\phi')\Big]. \tag{Ⅳ.68}$$

Ⅳ.6 球谐函数

A. 球谐函数定义

球谐函数 $\mathrm{Y}_{lm}(\theta,\phi)$是轨道角动量及其 z 分量的共同本征函数：

$$\hat{L}^2\mathrm{Y}_{lm}(\theta,\phi)=l(l+1)\hbar^2\mathrm{Y}_{lm}(\theta,\phi), \tag{Ⅳ.69a}$$

$$\hat{L}_z\mathrm{Y}_{lm}(\theta,\phi)=m\hbar\mathrm{Y}_{lm}(\theta,\phi), \tag{Ⅳ.69b}$$

$$l=0,1,2,\cdots,\quad m=-l,-l+1,\cdots,l-1,l.$$

则满足在边界 $\theta=0,\pi$ 处有限的解为

$$\mathrm{Y}_{lm}(\theta,\phi)=(-1)^m\left[\frac{(2l+1)(l-m)!}{4\pi(l+m)!}\right]^{1/2}\mathrm{P}_l^m(\cos\theta)\mathrm{e}^{\mathrm{i}m\phi}, \tag{Ⅳ.70}$$

其中 P_l^m 为连带勒让德函数. 由(Ⅳ.61b)式得

$$Y_{lm}(\theta,\phi)=(-1)^m\left[\frac{(2l+1)(l-m)!}{4\pi(l+m)!}\right]^{1/2}\frac{(1-x^2)^{m/2}}{2^l l!}\cdot\frac{d^{l+m}}{dx^{l+m}}(x^2-1)^l e^{im\phi}. \quad (Ⅳ.71)$$

B. 球谐函数性质

(i) 正交归一性和封闭性.

$$\int Y_{lm}^*(\theta,\phi)Y_{l'm'}(\theta,\phi)d\Omega\equiv\int_0^{2\pi}d\phi\int_0^{\pi}\sin\theta d\theta Y_{lm}^*(\theta,\phi)Y_{l'm'}(\theta,\phi)=\delta_{ll'}\delta_{mm'}, \quad (Ⅳ.72)$$

$$\sum_{l=0}^{\infty}\sum_{m=-l}^{l}Y_{lm}^*(\theta,\phi)Y_{lm}(\theta',\phi')=\frac{\delta(\theta-\theta')\delta(\phi-\phi')}{\sin\theta}\equiv\delta(\Omega-\Omega'). \quad (Ⅳ.73)$$

(ii) 球谐函数的耦合.

$$Y_{l_1m_1}(\theta,\phi)Y_{l_2m_2}(\theta,\phi)=\sum_{l,m=m_1+m_2}\sqrt{\frac{(2l_1+1)(2l_2+1)}{4\pi(2l+1)}}\cdot\langle l_1m_1l_2m_2\mid lm\rangle\cdot\langle l_10l_20\mid l0\rangle Y_{lm}(\theta,\phi), \quad (Ⅳ.74)$$

$$\sum_{m_1,m_2}\langle lm\mid l_1m_1l_2m_2\rangle Y_{l_1m_1}(\theta,\phi)Y_{l_2m_2}(\theta,\phi)=\sqrt{\frac{(2l_1+1)(2l_2+1)}{4\pi(2l+1)}}\langle l_10l_20\mid l0\rangle Y_{lm}(\theta,\phi), \quad (Ⅳ.75)$$

$$\int Y_{l_1m_1}(\theta,\phi)Y_{l_2m_2}(\theta,\phi)Y_{l_3m_3}^*(\theta,\phi)d\Omega=\sqrt{\frac{(2l_1+1)(2l_2+1)}{4\pi(2l_3+1)}}\langle l_1m_1l_2m_2\mid l_3m_3\rangle\langle l_10l_20\mid l_30\rangle, \quad (Ⅳ.76)$$

$$\int Y_{20}(\theta,\phi)Y_{20}(\theta,\phi)Y_{20}^*(\theta,\phi)d\Omega=\frac{1}{7}\sqrt{\frac{5}{\pi}}, \quad (Ⅳ.77)$$

$$P_l(\cos\theta_{12})=\frac{4\pi}{(2l+1)}\sum_m Y_{lm}^*(\theta_1,\phi_1)Y_{lm}(\theta_2,\phi_2), \quad (Ⅳ.78)$$

其中 θ_{12} 为(θ_1,ϕ_1)和(θ_2,ϕ_2)两方向之间的夹角.

(iii) 球谐函数的宇称及复共轭.

在空间反射$(\theta,\phi)\rightarrow(\pi-\theta,\phi+\pi)$的变换下,球谐函数变为

$$Y_{lm}(\pi-\theta,\phi+\pi)=(-1)^l Y_{lm}(\theta,\phi), \quad (Ⅳ.79)$$

即其宇称为$(-1)^l$.

球谐函数的复共轭

$$Y_{lm}^*(\theta,\phi)=(-1)^m Y_{l,-m}(\theta,\phi). \quad (Ⅳ.80)$$

(iv) 递推关系.

$$\hat{L}_\pm Y_{lm}=[l(l+1)-m(m\pm1)]^{1/2}\hbar Y_{l,m\pm1}=[(l\mp m)(l\pm m+1)]^{1/2}\hbar Y_{l,m\pm1}, \quad (Ⅳ.81a)$$

$$\sin\theta\frac{\partial}{\partial\theta}\mathrm{Y}_{lm}=\left[\frac{(l+1+m)(l+1-m)}{(2l+1)(2l+3)}\right]^{\frac{1}{2}}\mathrm{Y}_{l+1,m}-\left[\frac{(l+m)(l-m)}{(2l+1)(2l-1)}\right]^{\frac{1}{2}}(l+1)\mathrm{Y}_{l-1,m},\tag{Ⅳ.81b}$$

$$\cos\theta\mathrm{Y}_{lm}=\left[\frac{(l+1+m)(l+1-m)}{(2l+1)(2l+3)}\right]^{\frac{1}{2}}\mathrm{Y}_{l+1,m}+\left[\frac{(l+m)(l-m)}{(2l+1)(2l-1)}\right]^{\frac{1}{2}}\mathrm{Y}_{l-1,m},\tag{Ⅳ.81c}$$

$$\sin\theta\,\mathrm{e}^{\mathrm{i}\phi}\mathrm{Y}_{lm}=-\left[\frac{(l+m+1)(l+m+2)}{(2l+1)(2l+3)}\right]^{1/2}\mathrm{Y}_{l+1,m+1}+\left[\frac{(l-m)(l-m-1)}{(2l-1)(2l+1)}\right]^{1/2}\mathrm{Y}_{l-1,m+1},\tag{Ⅳ.81d}$$

$$\sin\theta\,\mathrm{e}^{-\mathrm{i}\phi}\mathrm{Y}_{lm}=-\left[\frac{(l-m+1)(l-m+2)}{(2l+1)(2l+3)}\right]^{\frac{1}{2}}\mathrm{Y}_{l+1,m-1}+\left[\frac{(l+m-1)(l+m)}{(2l+1)(2l-1)}\right]^{\frac{1}{2}}\mathrm{Y}_{l-1,m-1}.\tag{Ⅳ.81e}$$

最后三个方程是式(Ⅳ.74)之特例.

(v) 约化矩阵元.

$$\langle l_2\parallel \mathrm{Y}_L\parallel l_1\rangle=\sqrt{\frac{(2l_1+1)(2l_2+1)}{4\pi}}\langle l_1 0 L 0\mid l_2 0\rangle.\tag{Ⅳ.82}$$

C. 球谐多项式及球谐函数表

球谐多项式定义为

$$\mathscr{Y}_{lm}(\boldsymbol{r})=r^l\mathrm{Y}_{lm}(\theta,\phi).\tag{Ⅳ.83}$$

表Ⅳ.1 列出了一些对应的球谐多项式和球谐函数.

表Ⅳ.1 球谐多项式 $\mathscr{Y}_{lm}$ 和球谐函数

l,m	$\mathscr{Y}_{lm}$	Y_{lm}
0,0	$\frac{1}{2}\sqrt{\frac{1}{\pi}}$	$\frac{1}{2}\sqrt{\frac{1}{\pi}}$
1,0	$\frac{1}{2}\sqrt{\frac{3}{\pi}}z$	$\frac{1}{2}\sqrt{\frac{3}{\pi}}\cos\theta$
1,±1	$\mp\frac{1}{2}\sqrt{\frac{3}{2\pi}}(x\pm \mathrm{i}y)$	$\mp\frac{1}{2}\sqrt{\frac{3}{2\pi}}\mathrm{e}^{\pm\mathrm{i}\phi}\sin\theta$
2,0	$\frac{1}{4}\sqrt{\frac{5}{\pi}}(2z^2-x^2-y^2)$	$\frac{1}{4}\sqrt{\frac{5}{\pi}}(3\cos^2\theta-1)$
2,±1	$\mp\frac{1}{2}\sqrt{\frac{15}{2\pi}}z(x\pm \mathrm{i}y)$	$\mp\frac{1}{2}\sqrt{\frac{15}{2\pi}}\mathrm{e}^{\pm\mathrm{i}\phi}\cos\theta\sin\theta$
2,±2	$\frac{1}{4}\sqrt{\frac{15}{2\pi}}(x\pm \mathrm{i}y)^2$	$\frac{1}{4}\sqrt{\frac{15}{2\pi}}\mathrm{e}^{\pm\mathrm{i}2\phi}\sin^2\theta$

（续表）

3,0	$\frac{1}{4}\sqrt{\frac{7}{\pi}}z(2z^2-x^2-y^2)$	$\frac{1}{4}\sqrt{\frac{7}{\pi}}\cos\theta(5\cos^2\theta-3)$
3,±1	$\mp\frac{1}{8}\sqrt{\frac{21}{\pi}}(4z^2-x^2-y^2)(x\pm iy)$	$\mp\frac{1}{8}\sqrt{\frac{21}{\pi}}e^{\pm i\phi}\sin\theta(5\cos^2\theta-1)$
3,±2	$\frac{1}{4}\sqrt{\frac{105}{2\pi}}z(x\pm iy)^2$	$\frac{1}{4}\sqrt{\frac{105}{2\pi}}e^{\pm 2i\phi}\cos\theta\sin^2\theta$
3,±3	$\mp\frac{1}{8}\sqrt{\frac{35}{\pi}}(x\pm iy)^3$	$\mp\frac{1}{8}\sqrt{\frac{35}{\pi}}e^{\pm i3\phi}\sin^3\theta$

附录Ⅴ　角动量的基本关系①

A. 角动量的定义

角动量 $\hat{j}$ 满足对易关系

$$[\hat{j}_x, \hat{j}_y] = \mathrm{i}\hat{j}_z, \quad x, y, z \text{ 循环置换}. \tag{Ⅴ.1}$$

令

$$\hat{j}_\pm = \hat{j}_x + \mathrm{i}\hat{j}_y, \tag{Ⅴ.2}$$

则有

$$[\hat{j}_z, \hat{j}_\pm] = \pm \hat{j}_\pm, \tag{Ⅴ.3}$$

$$[\hat{j}^2, \hat{j}_z] = [\hat{j}^2, \hat{j}_\pm] = 0. \tag{Ⅴ.4}$$

在$(\hat{j}^2, \hat{j}_z)$表象中，态矢量$|jm\rangle$满足

$$\hat{j}^2 \mid jm\rangle = j(j+1) \mid jm\rangle, \tag{Ⅴ.5a}$$

$$\hat{j}_z \mid jm\rangle = m \mid jm\rangle, \tag{Ⅴ.5b}$$

$$\hat{j}_\pm \mid jm\rangle = (j \mp m)(j \pm m + 1) \mid j, m-1\rangle, \tag{Ⅴ.5c}$$

其中 $m = -j, -j+1, \cdots, j$，并有正交归一性

$$\langle jm \mid j'm'\rangle = \delta_{jj'}\delta_{mm'} \tag{Ⅴ.6}$$

和封闭性

$$\sum_{j,m} \mid jm\rangle\langle jm \mid = \boldsymbol{I}. \tag{Ⅴ.7}$$

如果 $\hat{j}$ 仅表示轨道角动量算符 $\hat{l}$，其本征函数为

$$\langle \theta, \phi \mid lm\rangle = \mathrm{Y}_{lm}(\theta, \phi), \quad l = 0, 1, 2, \cdots, \tag{Ⅴ.8}$$

式中 $\mathrm{Y}_{lm}(\theta, \phi)$ 为球谐函数（参阅附录Ⅳ.6）.

如果 $\hat{j}$ 仅表示电子或核子自旋算符 $\hat{s}$，其本征态在$(\hat{s}^2, \hat{s}_z)$表象中的表示为

$$\langle s, s_z \mid s, m = 1/2\rangle = \alpha = \begin{bmatrix} 1 \\ 0 \end{bmatrix}, \tag{Ⅴ.9}$$

$$\langle s, s_z \mid s, m = -1/2\rangle = \alpha = \begin{bmatrix} 0 \\ 1 \end{bmatrix}. \tag{Ⅴ.10}$$

B. 角动量相加

两个角动量 $\hat{j}_1$ 和 $\hat{j}_2$ 可以耦合成（若$[\hat{j}_1, \hat{j}_2] = 0$）

$$\hat{j} = \hat{j}_1 + \hat{j}_2, \tag{Ⅴ.11}$$

---

① A. R. Edmonds, Angular Momentum in Quantum Mechanics, Princeton University Press, 1960; M. E. Rose, Elementary Theory of Angular Momentum, John Wiley & Sons, 1957.

可产生总角动量

$$j = j_1 + j_2, j_1 + j_2 - 1, \cdots, |j_1 - j_2|. \tag{Ⅴ.12}$$

耦合态$|(j_1,j_2)jm\rangle$是$|j_1m_1\rangle$和$|j_2m_2\rangle$的组合：

$$|(j_1,j_2)jm\rangle \equiv \sum_{m_1+m_2=m} \langle j_1m_1j_2m_2 | jm\rangle |j_1m_1\rangle |j_2m_2\rangle, \tag{Ⅴ.13}$$

其中，展开系数$\langle j_1m_1j_2m_2|jm\rangle$称为 C-G 系数. 当$j_1, j_2$给定后，显然，正交归一基矢$|j_1m_1\rangle|j_2m_2\rangle$的个数为$(2j_1+1)(2j_2+1)$，它等于正交归一基矢$|(j_1,j_2)jm\rangle$的个数，因为

$$\sum_{j=|j_1-j_2|}^{j_1+j_2} \sum_{m=-j}^{j} 1 = \sum_{j=|j_1-j_2|}^{j_1+j_2} (2j+1) = (2j_1+1)(2j_2+1). \tag{Ⅴ.14}$$

C-G 系数满足正交关系：

$$\sum_{m_1,m_2} \langle j_1m_1j_2m_2 | jm\rangle\langle j'm' | j_1m_1j_2m_2\rangle = \delta_{jj'}\delta_{mm'}, \tag{Ⅴ.15a}$$

$$\sum_{j,m} \langle j_1m_1j_2m_2 | jm\rangle\langle jm | j_1m_1'j_2m_2'\rangle = \delta_{m_1m_1'}\delta_{m_2m_2'}, \tag{Ⅴ.15b}$$

其中

$$\langle j_1m_1j_2m_2 | jm\rangle = \langle jm | j_1m_1j_2m_2\rangle, \tag{Ⅴ.16}$$

即 C-G 系数为实数.

C-G 系数有如下的对称关系：

$$\langle j_1m_1j_2m_2 | jm\rangle = (-1)^{j_1+j_2-j}\langle j_2m_2j_1m_1 | jm\rangle, \tag{Ⅴ.17a}$$

$$\langle j_1m_1j_2m_2 | jm\rangle = (-1)^{j_1+j_2-j}\langle j_1, -m_1, j_2, -m_2 | j, -m\rangle, \tag{Ⅴ.17b}$$

$$\langle j_1m_1j_2m_2 | jm\rangle = (-1)^{j_2+m_2}\left(\frac{2j+1}{2j_1+1}\right)^{1/2}\langle j_2, -m_2, j, m | j_1m_1\rangle, \tag{Ⅴ.17c}$$

$$\langle j_1m_1j_2m_2 | jm\rangle = (-1)^{j_1-m_1}\left(\frac{2j+1}{2j_2+1}\right)^{1/2}\langle j, m, j_1, -m_1 | j_2m_2\rangle. \tag{Ⅴ.17d}$$

C-G 系数有如下的特殊值：

$$\langle j_1j_1j_2j_2 | j_1+j_2, j_1+j_2\rangle = 1, \tag{Ⅴ.18a}$$

$$\langle jm00 | j'm'\rangle = \delta_{jj'}\delta_{mm'}, \tag{Ⅴ.18b}$$

$$\langle j, m, j', -m' | 00\rangle = (-1)^{j-m}\left(\frac{1}{2j+1}\right)^{1/2}\delta_{jj'}\delta_{mm'}. \tag{Ⅴ.18c}$$

当我们用态矢量$|(j_1,j_2)jm\rangle$展开态矢量$|j_1m_1\rangle|j_2m_2\rangle$时，其展开系数仍然是 C-G 系数：

$$|j_1m_1\rangle|j_2m_2\rangle = \sum_{j,m=m_1+m_2} \langle jm | j_1m_1j_2m_2\rangle |(j_1,j_2)jm\rangle. \tag{Ⅴ.19}$$

C. 电子或核子的自旋-轨道角动量耦合

电子的自旋$\hat{s}$和轨道角动量$\hat{l}$的耦合是角动量叠加的一个特例：

$$\hat{j} = \hat{l} + \hat{s}. \tag{Ⅴ.20}$$

由于 $s=1/2$,所以

$$j = l \pm 1/2, \quad l = 0,1,2,\cdots. \tag{V.21}$$

根据(V.13)式有

$$\begin{aligned}\langle \theta,\phi,s_z \mid (l,s)jm\rangle &\equiv \sum_{m_l+m_s=m} \langle lm_l s m_s \mid jm\rangle\langle \theta,\phi \mid lm_l\rangle\langle s_z \mid sm_s\rangle \\ &= \langle lm-\frac{1}{2},\frac{1}{2}\frac{1}{2} \mid jm\rangle \mathrm{Y}_{l,m-\frac{1}{2}}\alpha \\ &\quad + \langle lm+\frac{1}{2},\frac{1}{2}-\frac{1}{2} \mid jm\rangle \mathrm{Y}_{l,m+\frac{1}{2}}\beta,\end{aligned} \tag{V.22}$$

由(V.18a)式可得

$$\langle \theta,\phi,s_z \mid l,\frac{1}{2},l+\frac{1}{2},l+\frac{1}{2}\rangle = \mathrm{Y}_{ll}\alpha, \tag{V.23}$$

将算符 $\hat{j}_- = \hat{l}_- + \hat{s}_-$ 作用于方程(V.23)两边得

$$\hat{j}_- \mid l,\frac{1}{2},l+\frac{1}{2},l+\frac{1}{2}\rangle = \sqrt{2l+1} \mid l,\frac{1}{2},l+\frac{1}{2},l-\frac{1}{2}\rangle, \tag{V.24}$$

$$(\hat{l}_- + \hat{s}_-)\mathrm{Y}_{ll}\alpha = \sqrt{2l}\mathrm{Y}_{l,l-1}\alpha + \mathrm{Y}_{ll}\beta. \tag{V.25}$$

由此得出

$$\begin{aligned}&\langle \theta,\phi,s_z \mid l,\frac{1}{2},l+\frac{1}{2},l-\frac{1}{2}\rangle \\ &= \sqrt{\frac{2l}{2l+1}}\mathrm{Y}_{l,l-\frac{1}{2}}\alpha + \sqrt{\frac{1}{2l+1}}\mathrm{Y}_{l,l+\frac{1}{2}}\beta.\end{aligned} \tag{V.26}$$

类似地,以 $(\hat{j}_-)^{l-m}$ 作用于(V.23)式,则可得

$$\begin{aligned}&\langle \theta,\phi,s_z \mid l,\frac{1}{2},l+\frac{1}{2},m\rangle \\ &= \sqrt{\frac{l+m+1/2}{2l+1}}\mathrm{Y}_{l,m-\frac{1}{2}}\alpha + \sqrt{\frac{1-m+1/2}{2l+1}}\mathrm{Y}_{l,m+\frac{1}{2}}\beta,\end{aligned} \tag{V.27}$$

利用 $|l,\frac{1}{2},l-\frac{1}{2},m\rangle$ 与 $|l,\frac{1}{2},l+\frac{1}{2},m\rangle$ 的正交性,可得

$$\begin{aligned}&\langle \theta,\phi,s_z \mid l,\frac{1}{2},l-\frac{1}{2},m\rangle \\ &= -\sqrt{\frac{l-m+1/2}{2l+1}}\mathrm{Y}_{l,m-\frac{1}{2}}\alpha + \sqrt{\frac{1+m+1/2}{2l+1}}\mathrm{Y}_{l,m+\frac{1}{2}}\beta.\end{aligned} \tag{V.28}$$

D. 维格纳-埃卡特定理

若算符 $\hat{T}_{LM}$ 满足以下的对易关系:

$$[\hat{J}_\pm,\hat{T}_{LM}] = [(L\mp M)(L\pm M+1)]^{1/2}\hat{T}_{L,M\pm1}, \tag{V.29a}$$

$$[\hat{J}_z \hat{T}_{LM}] = M\hat{T}_{LM}. \tag{V.29b}$$

则称 T_{LM} 为 L 秩不可约张量算符. 于是有

维格纳-埃卡特定理(Wigner-Eckart theorem):矩阵元 $\langle j'm' | T_{LM} | jm\rangle$ 与投影

量子数的关系完全包含在 C-G 系数中，即

$$\langle j'm' \mid T_{LM} \mid jm\rangle = \langle jLj'm' \mid jmLM\rangle\langle j' \parallel T_L \parallel j\rangle. \tag{V.30}$$

其中，$\langle j' \parallel T_L \parallel j\rangle$称为约化矩阵元.

证　由方程

$$\langle j'm' \mid [J_z, T_{LM}] \mid jm\rangle = M\langle j'm' \mid T_{LM} \mid jm\rangle, \tag{V.31}$$

可得

$$(m'-m-M)\cdot\langle j'm' \mid T_{LM} \mid jm\rangle = 0. \tag{V.32}$$

它是表示投影量子数的守恒规则. 由

$$\begin{aligned}\langle j'm' \mid [J_\pm, T_{LM}] \mid jm\rangle &= [(L\mp M)(L\pm M+1)]^{1/2}\\ &\quad\cdot\langle j'm' \mid T_{L,M\pm1} \mid jm\rangle,\end{aligned} \tag{V.33}$$

得

$$\begin{aligned}&[(j'\pm m')(j'\mp m'+1)]^{1/2}\langle j', m'\mp1 \mid T_{LM} \mid jm\rangle\\ &\quad -[(j\mp m)(j\pm m+1)]^{1/2}\langle j'm' \mid T_{LM} \mid j, m\pm1\rangle\\ &\quad = [(L\mp M)(L\pm M+1)]^{1/2}\langle j'm' \mid T_{L,M\pm1} \mid jm\rangle,\end{aligned} \tag{V.34}$$

根据投影量子数守恒(V.32)式知，仅当

$$m' = M+m\pm1, \tag{V.35}$$

矩阵元才不为零.

将算符 $\hat{J}'_\mp = \hat{j}_\mp + \hat{L}_\mp$ 作用于方程

$$\mid j'm'\rangle = \sum_{m,M}\mid jm\rangle\mid LM\rangle\langle jm, LM \mid jLj'm'\rangle \tag{V.36}$$

两边，并利用方程(V.5c)可得

$$\begin{aligned}&[(j'\pm m')(j'\mp m'+1)]^{1/2}\mid j', m'\mp1\rangle\\ &\quad = \sum_{m,M}[(j\pm m)(j\mp m+1)]^{1/2}\mid j, m\mp1\rangle\cdot\mid LM\rangle\langle jm, LM \mid jLj'm'\rangle\\ &\qquad + \sum_{m,M}[(L\pm M)(L\mp M+1)]^{1/2}\mid jm\rangle\cdot\mid L, M\mp1\rangle\langle jm, LM \mid jLj'm'\rangle.\end{aligned}$$

于是有

$$\begin{aligned}&[(j'\pm m')(j'\mp m'+1)]^{1/2}\cdot\sum_{\lambda,\rho}\mid j\lambda\rangle\mid L\rho\rangle\langle j\lambda L\rho \mid j', m'\mp1\rangle\\ &\quad = \sum_{\lambda,\rho}[(j\pm\lambda+1)(j\mp\lambda)]^{1/2}\mid j\lambda\rangle\cdot\mid L\rho\rangle\langle j, \lambda\pm1, L, \rho \mid jLj'm'\rangle\\ &\qquad + \sum_{\lambda,\rho}[(L\pm\rho+1)(L\mp\rho)]^{1/2}\cdot\mid j\lambda\rangle\mid L\rho\rangle\langle j, \lambda, L, \rho\pm1 \mid jLj'm'\rangle.\end{aligned} \tag{V.37}$$

以$\mid jm\rangle\mid LM\rangle$标积方程(V.37)两边，得

$$\begin{aligned}&[(j'\pm m')(j'\mp m'+1)]^{1/2}\langle jmLM \mid j', m'\mp1\rangle\\ &\quad -[(j\pm m+1)(j\mp m)]^{1/2}\langle j, m\pm1, L, M \mid jLj'm'\rangle\end{aligned}$$

$$= [(L \pm M+1)(L \mp M)]^{1/2}\langle j,m,L,M\pm 1 \mid jLj'm'\rangle. \quad (\text{Ⅴ}.38)$$

与(Ⅴ.34)式比较,则知 T_{LM} 矩阵元随投影量子数的变化与C-G系数的变化是完全一样的.于是证得(Ⅴ.30).

有些约化矩阵元与 j',j 的关系易求出.例如,从方程(Ⅳ.74)

$$\int Y_{l_1m_1}(\theta,\phi)Y_{l_2m_2}(\theta,\phi)Y^*_{l_3m_3}(\theta,\phi)\mathrm{d}\Omega$$
$$=\sqrt{\frac{(2l_1+1)(2l_2+1)}{4\pi(2l_3+1)}}\langle l_1m_1l_2m_2 \mid l_3m_3\rangle\langle l_10l_20 \mid l_30\rangle$$
$$=\langle l_1m_1l_2m_2 \mid l_3m_3\rangle\langle l_3 \| r_{l_2} \| l_1\rangle, \quad (\text{Ⅴ}.39)$$

可得约化矩阵元

$$\langle l_3 \| Y_{l_2} \| l_1\rangle=\sqrt{\frac{(2l_1+1)(2l_2+1)}{4\pi(2l_3+1)}}\langle l_10l_20 \mid l_30\rangle. \quad (\text{Ⅴ}.40)$$

现在,在轨道角动量本征态中求球谐函数的矩阵元时,就不需要知道轨道角动量本征函数了.

E. 一秩张量的投影定理——Landé 公式

$$\langle j'm' \mid T_{1M} \mid jm\rangle=\frac{\langle j'm' \mid J_M(J\cdot T_1) \mid jm\rangle}{j(j+1)}\delta_{j'j}, \quad m'=M+m. \quad (\text{Ⅴ}.41)$$

证 由于 T_{1M} 为一秩不可约张量算符,所以

$$[J_\pm,T_{1M}]=[(1\mp M)(2\pm M)]^{1/2}T_{1,M\pm 1},$$
$$[J_z,T_{1M}]=MT_{1M},$$

从而得

$$[J_x,T_{1y}]=\mathrm{i}T_{1z}, \quad (\text{Ⅴ}.42\text{a})$$
$$[J_y,T_{1x}]=-\mathrm{i}T_{1z}, \quad (\text{Ⅴ}.42\text{b})$$
$$[J_z,T_{1x}]=\mathrm{i}T_{1y}, \quad (\text{Ⅴ}.42\text{c})$$
$$[J_z,T_{1y}]=-\mathrm{i}T_{1x}. \quad (\text{Ⅴ}.42\text{d})$$

现求 $[J^2,T_{1i}]$.

$$[J^2,T_{1x}]=\boldsymbol{J}\cdot[\boldsymbol{J},T_{1x}]+[\boldsymbol{J},T_{1x}]\cdot\boldsymbol{J}$$
$$=-\mathrm{i}J_yT_{1z}+\mathrm{i}J_zT_{1y}+\mathrm{i}T_{1y}J_z-\mathrm{i}T_{1z}J_y$$
$$=2J_zT_{1y}-2\mathrm{i}J_yT_{1z}-2T_{1x},$$
$$[J^2,T_{1y}]=\boldsymbol{J}\cdot[\boldsymbol{J},T_{1y}]+[\boldsymbol{J},T_{1y}]\cdot\boldsymbol{J}$$
$$=\mathrm{i}J_xT_{1z}-\mathrm{i}J_zT_{1x}+\mathrm{i}T_{1z}J_x-\mathrm{i}T_{1x}J_z,$$
$$[J^2,T_{1z}]=\boldsymbol{J}\cdot[\boldsymbol{J},T_{1z}]+[\boldsymbol{J},T_{1z}]\cdot\boldsymbol{J}$$
$$=\mathrm{i}J_yT_{1x}-\mathrm{i}J_xT_{1y}+\mathrm{i}T_{1x}J_y-\mathrm{i}T_{1y}J_x.$$

由

$$[J^2,[J^2,T_{1x}]]=2J_y^2T_{1x}-2[J_zJ_xT_{1z}-J_z^2T_{1x}+J_zT_{1z}J_x$$

$$
\begin{aligned}
&-J_zT_{1x}J_z+J_yJ_xT_{1y}-J_yT_{1x}J_y\\
&+J_yT_{1y}J_x]-2[J^2,T_{1x}] \qquad (Ⅴ.43)\\
=&-2[-\mathrm{i}J_zT_{1y}-2J_z^2T_{1x}+2J_zT_{1z}J_x\\
&+\mathrm{i}J_zT_{1y}-2J_y^2T_{1x}+\mathrm{i}J_yT_{1z}-\mathrm{i}J_yT_{1z}\\
&+2J_yT_{1y}J_x]-2[J^2,T_{1x}] \qquad (Ⅴ.44)\\
=&-2[-2(J_x^2+J_y^2+J_z^2)T_{1x}+2(J_xT_{1x}\\
&+J_yT_{1y}+J_zT_{1z})J_x+2J_x^2T_{1x}\\
&-2J_xT_{1x}J_x]-2[J^2,T_{1x}]\\
=&-4[-J^2T_{1x}+(\boldsymbol{J}\cdot\boldsymbol{T})J_x]-2[J^2,T_{1x}], \qquad (Ⅴ.45)
\end{aligned}
$$

可得

$$
\begin{aligned}
&4\langle j'm'\mid J^2T_{1x}\mid jm\rangle-4\langle j'm'\mid(\boldsymbol{J}\cdot\boldsymbol{T})J_x\mid jm\rangle\\
&\quad-2\langle j'm'\mid[J^2,T_{1x}]\mid jm\rangle=0, \qquad (Ⅴ.46)
\end{aligned}
$$

即

$$\langle j'm'\mid T_{1x}\mid jm\rangle=\frac{\langle j'm'\mid J_x(\boldsymbol{J}\cdot\boldsymbol{T}_1)\mid jm\rangle}{j(j+1)}\delta_{j'j}. \qquad (Ⅴ.47a)$$

同理有

$$\langle j'm'\mid T_{1y}\mid jm\rangle=\frac{\langle j'm'\mid J_y(\boldsymbol{J}\cdot\boldsymbol{T}_1)\mid jm\rangle}{j(j+1)}\delta_{j'j}, \qquad (Ⅴ.47b)$$

$$\langle j'm'\mid T_{1z}\mid jm\rangle=\frac{\langle j'm'\mid J_z(\boldsymbol{J}\cdot\boldsymbol{T}_1)\mid jm\rangle}{j(j+1)}\delta_{j'j}. \qquad (Ⅴ.47c)$$

从而证得(Ⅴ.41)式.

F. 约化跃迁概率

$$
\begin{aligned}
B(T_\lambda;I_1\rightarrow I_2)&=\frac{1}{2I_1+1}\sum_{M_1,M_2}|\langle I_2M_2\mid\hat{T}_{\lambda\mu}\mid I_1M_1\rangle|^2\\
&=\frac{1}{2\lambda+1}\left(\frac{2I_2+1}{2I_1+1}\right)|\langle I_2\parallel\hat{T}_\lambda\parallel I_1\rangle|^2. \qquad (Ⅴ.48)
\end{aligned}
$$

G. C-G 系数表

注意:对表中每个数开方后,才为 C-G 系数的值,如$-5/18$是代表$-\sqrt{5/18}$.

C-G 系数与 3-j 系数$\begin{bmatrix}j_1 & j_2 & j_3\\ m_1 & m_2 & m_3\end{bmatrix}$的关系为

$$\begin{bmatrix}j_1 & j_2 & j_3\\ m_1 & m_2 & m_3\end{bmatrix}=\frac{(-1)^{j_1-j_2-m_3}}{(2j_3+1)^{1/2}}\langle j_1m_1j_2m_2\mid j,-m_3\rangle \qquad (Ⅴ.49)$$

(Ⅳ.49)可作为 3-j 系数的定义. 3-j 系数已制成表①,可供查阅.

---

① M. Rotenberg *et al.*, The 3-j and 6-j Symbol, The Technology Press, MIT, Cambrige, 1959.

C-G系数值

表示

m_1	m_2	J J ⋯ / M M ⋯
m_1	m_2	C-G系数值①
⋮	⋮	

1/2×1/2

m_1	m_2	1 (+1)
+1/2	+1/2	1

m_1	m_2	1 (0)	0 (0)
+1/2	−1/2	1/2	1/2
−1/2	+1/2	1/2	−1/2

m_1	m_2	1 (−1)
−1/2	−1/2	1

1×1/2

m_1	m_2	3/2 (+3/2)
+1	+1/2	1

m_1	m_2	3/2 (+1/2)	1/2 (+1/2)
+1	−1/2	1/3	2/3
0	+1/2	2/3	−1/3

m_1	m_2	3/2 (−1/2)	1/2 (−1/2)
0	−1/2	2/3	1/3
−1	+1/2	1/3	−2/3

m_1	m_2	3/2 (−3/2)
−1	−1/2	1

3/2×1/2

m_1	m_2	2 (+2)
+3/2	+1/2	1

m_1	m_2	2 (+1)	1 (+1)
+3/2	−1/2	1/4	3/4
+1/2	+1/2	3/4	−1/4

m_1	m_2	2 (0)	1 (0)
+1/2	−1/2	1/2	1/2
−1/2	+1/2	1/2	−1/2

m_1	m_2	2 (−1)	1 (−1)
−1/2	−1/2	3/4	1/4
−3/2	+1/2	1/4	−3/4

m_1	m_2	2 (−2)
−3/2	−1/2	1

1×1

m_1	m_2	2 (+2)
+1	+1	1

m_1	m_2	2 (+1)	1 (+1)
+1	0	1/2	1/2
0	+1	1/2	−1/2

m_1	m_2	2 (0)	1 (0)	0 (0)
+1	−1	1/6	1/2	1/3
0	0	2/3	0	−1/3
−1	+1	1/6	−1/2	1/3

m_1	m_2	2 (−1)	1 (−1)
0	−1	1/2	1/2
−1	0	1/2	−1/2

m_1	m_2	2 (−2)
−1	−1	1

3/2×1

m_1	m_2	5/2 (+5/2)
+3/2	+1	1

m_1	m_2	5/2 (+3/2)	3/2 (+3/2)
+3/2	0	2/5	3/5
+1/2	+1	3/5	−2/5

m_1	m_2	5/2 (+1/2)	3/2 (+1/2)	1/2 (+1/2)
+3/2	−1	1/10	2/5	1/2
+1/2	0	3/5	1/15	−1/3
−1/2	+1	3/10	−8/15	1/6

m_1	m_2	5/2 (−1/2)	3/2 (−1/2)	1/2 (−1/2)
+1/2	−1	3/10	8/15	1/6
−1/2	0	3/5	−1/15	−1/3
−3/2	+1	1/10	−2/5	1/2

m_1	m_2	5/2 (−3/2)	3/2 (−3/2)
−1/2	−1	3/5	2/5
−3/2	0	2/5	−3/5

m_1	m_2	5/2 (−5/2)
−3/2	−1	1

3/2×3/2

m_1	m_2	3 (+3)
+3/2	+3/2	1

m_1	m_2	3 (+2)	2 (+2)
+3/2	+1/2	1/2	1/2
+1/2	+3/2	1/2	−1/2

m_1	m_2	3 (+1)	2 (+1)	1 (+1)
+3/2	−1/2	1/5	1/2	3/10
+1/2	+1/2	3/5	0	−2/5
−1/2	+3/2	1/5	−1/2	3/10

m_1	m_2	3 (0)	2 (0)	1 (0)	0 (0)
+3/2	−3/2	1/20	1/4	9/20	1/4
+1/2	−1/2	9/20	1/4	−1/20	−1/4
−1/2	+1/2	9/20	−1/4	−1/20	1/4
−3/2	+3/2	1/20	−1/4	9/20	−1/4

m_1	m_2	3 (−1)	2 (−1)	1 (−1)
+1/2	−3/2	1/5	1/2	3/10
−1/2	−1/2	3/5	0	−2/5
−3/2	+1/2	1/5	−1/2	3/10

m_1	m_2	3 (−2)	2 (−2)
−1/2	−3/2	1/2	1/2
−3/2	−1/2	1/2	−1/2

m_1	m_2	3 (−3)
−3/2	−3/2	1

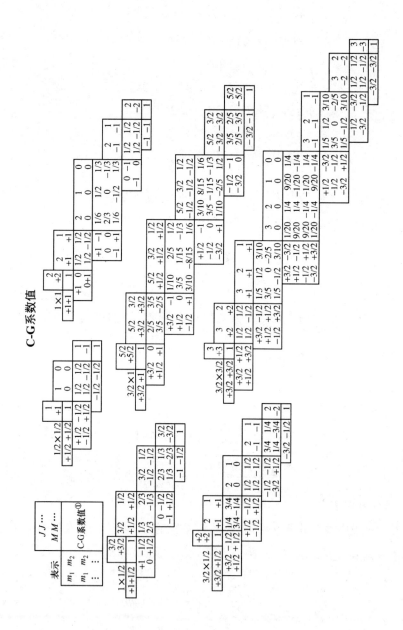

2×1/2

m_1	m_2	5/2
		+5/2
+2	1/2	1

m_1	m_2	5/2	3/2
		3/2	+3/2
+2	−1/2	1/5	4/5
+2	+1/2	4/5	−1/5

m_1	m_2	5/2	3/2
		+1/2	+1/2
+1	−1/2	2/5	3/5
0	+1/2	3/5	−2/5

m_1	m_2	5/2	3/2
		−1/2	−1/2
0	−1/2	3/5	2/5
−1	+1/2	2/5	−3/5

m_1	m_2	5/2	3/2
		−3/2	−3/2
−1	−1/2	4/5	1/5
−2	+1/2	1/5	−4/5

m_1	m_2	5/2
		−5/2
−2	−1/2	1

2×1

m_1	m_2	3
		+3
+2	+1	1

m_1	m_2	3	2
		+2	+2
+2	0	1/3	2/3
+1	+1	2/3	−1/3

m_1	m_2	3	2	1
		+1	+1	+1
+2	−1	1/15	1/3	3/5
+1	0	8/15	1/6	−3/10
0	+1	6/15	−1/2	1/10

m_1	m_2	3	2	1
		0	0	0
+1	−1	1/5	1/2	1/10
0	0	3/5	0	−2/5
−1	+1	1/5	−1/2	3/10

m_1	m_2	3	2	1
		−1	−1	−1
0	−1	6/15	1/2	1/10
−1	0	8/15	−1/6	−3/10
−2	+1	1/15	−1/3	3/5

m_1	m_2	3	2
		−2	−2
−1	−1	2/3	1/3
−2	0	1/3	−2/3

m_1	m_2	3
		−3
−2	−1	1

2×3/2

m_1	m_2	7/2
		+7/2
+2	3/2	1

m_1	m_2	7/2	+5/2
		+5/2	+5/2
+2	+1/2	3/7	4/7
+1	+3/2	4/7	−3/7

m_1	m_2	7/2	5/2	3/2
		+3/2	+3/2	+3/2
+2	−1/2	1/7	16/35	2/5
+1	1/2	4/7	1/35	−2/5
0	3/2	2/7	−18/35	1/5

m_1	m_2	7/2	5/2	3/2	1/2
		+1/2	+1/2	+1/2	+1/2
+2	−3/2	1/35	6/35	2/5	2/5
+1	−1/2	12/35	5/14	0	−3/10
0	1/2	18/35	−3/35	−1/5	1/5
−1	3/2	4/35	−27/70	2/5	−1/10

m_1	m_2	7/2	5/2	3/2	1/2
		−1/2	−1/2	−1/2	−1/2
+1	−3/2	4/35	27/70	2/5	1/10
0	−1/2	18/35	3/35	−1/5	−1/5
−1	1/2	12/35	−5/14	0	3/10
−2	3/2	1/35	−6/35	2/5	−2/5

m_1	m_2	7/2	5/2	3/2
		−3/2	−3/2	−3/2
0	−3/2	2/7	18/35	1/5
−1	−1/2	4/7	−1/35	−2/5
−2	1/2	1/7	−16/35	2/5

m_1	m_2	7/2	5/2
		−5/2	−5/2
−1	−3/2	4/7	3/7
−2	−1/2	3/7	−4/7

m_1	m_2	7/2
		−7/2
−2	−3/2	1

2×2

m_1	m_2	4
		4
+2	+2	1

m_1	m_2	4	3
		+3	+3
+2	+1	1/2	1/2
+1	+2	1/2	−1/2

m_1	m_2	4	3	2
		+2	+2	+2
+2	0	3/14	1/2	2/7
+1	1	4/7	0	−3/7
0	2	3/14	−1/2	2/7

m_1	m_2	4	3	2	1
		+1	+1	+1	+1
+2	−1	1/14	3/10	3/7	1/5
+1	0	3/7	1/5	−1/14	−3/10
0	1	3/7	−1/5	−1/14	3/10
−1	2	1/14	−3/10	3/7	−1/5

m_1	m_2	4	3	2	1	0
		0	0	0	0	0
+2	−2	1/70	1/10	2/7	2/5	1/5
+1	−1	8/35	2/5	1/14	−1/10	−1/5
0	0	18/35	0	−2/7	0	1/5
−1	1	8/35	−2/5	1/14	−1/10	−1/5
−2	2	1/70	−1/10	2/7	−2/5	−1/5

m_1	m_2	4	3	2	1
		−1	−1	−1	−1
+1	−2	1/14	3/10	3/7	1/5
0	−1	3/7	1/5	−1/14	−3/10
−1	0	3/7	−1/5	−1/14	3/10
−2	1	1/14	−3/10	3/7	−1/5

m_1	m_2	4	3	2
		−2	−2	−2
0	−2	3/14	1/2	2/7
−1	−1	4/7	0	−3/7
−2	0	3/14	−1/2	2/7

m_1	m_2	4	3
		−3	−3
−1	−2	1/2	1/2
−2	−1	1/2	−1/2

m_1	m_2	4
		−4
−2	−2	1

① 表中的系数值为平方值及开方后的符号，如：$(1/2\ -1/2\ 1/2\ 1/2\,|00) = -\frac{1}{\sqrt{2}}$.

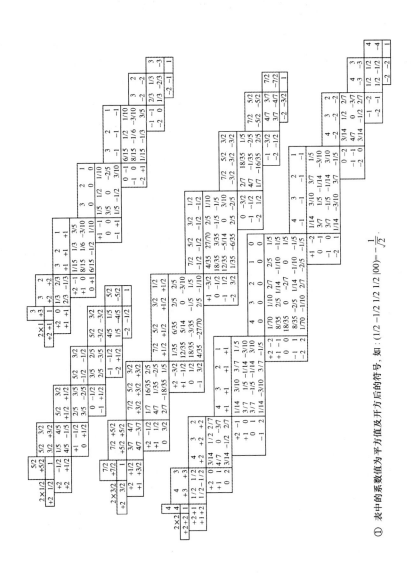

附录Ⅵ 基本物理常数表①

光速	c	$299\,792\,458\ \mathrm{m\cdot s^{-1}}$
普朗克常数	h	$6.626\,069\,57(29)\times10^{-34}\ \mathrm{J\cdot s}$
		$4.135\,667\,516(91)\times10^{-15}\ \mathrm{eV\cdot s}$
	$\hbar\equiv\frac{h}{2\pi}$	$1.054\,571\,726(47)\times10^{-34}\ \mathrm{J\cdot s}$
		$=6.582\,119\,28(15)\times10^{-16}\ \mathrm{eV\cdot s}$
转换常数	$\hbar c$	$197.326\,971\,8(44)\ \mathrm{MeV\cdot fm}$
基本电荷	e	$1.602\,176\,565(35)\times10^{-19}\ \mathrm{C}$
原子质量单位	u	$931.494\,061(21)\ \mathrm{MeV}/c^2$
		$=1.660\,538\,921(73)\times10^{-27}\ \mathrm{kg}$
电子质量	m_e	$0.510\,998\,928(11)\ \mathrm{MeV}/c^2$
		$=9.109\,382\,91(40)\times10^{-31}\ \mathrm{kg}$
电子荷质比	$-e/m_e$	$-1.758\,820\,088(39)\times10^{11}\ \mathrm{C\cdot kg^{-1}}$
电子 g 因子	g_e	$-2.002\,319\,304\,361\,53(53)$
电子回磁比	$\gamma_e=g_s e/2m_e$	$-1.760\,859\,708(39)\times10^{11}\ \mathrm{s^{-1}\cdot T^{-1}}$
质子质量	m_p	$938.272\,046(21)\ \mathrm{MeV}/c^2$
		$=1.672\,621\,777(74)\times10^{-27}\ \mathrm{kg}$
质子 g 因子	g_p	$5.585\,694\,713(46)$
质子回磁比	$\gamma_p=g_p e/2m_p$	$2.675\,222\,005\times10^{8}\ \mathrm{s^{-1}\cdot T^{-1}}$
中子质量	m_n	$939.565\,379(21)\ \mathrm{MeV}/c^2$
		$=1.674\,927\,351(74)\times10^{-27}\ \mathrm{kg}$
中子 g 因子	g_n	$-3.826\,085\,45(90)$
中子回磁比	$\gamma_n=g_n e/2m_p$	$-1.832\,471\,79(43)\times10^{8}\ \mathrm{s^{-1}\cdot T^{-1}}$
氘核质量	m_D	$1\,875.612\,859(41)\ \mathrm{MeV}/c^2$
		$=3.343\,583\,48(15)\times10^{-27}\ \mathrm{kg}$
α 粒子质量	m_α	$6.644\,656\,75(29)\times10^{-27}\ \mathrm{kg}$
真空介电常数	ε_0	$8.854\,187\,817\cdots\times10^{-12}\ \mathrm{F\cdot m^{-1}}$
真空磁化率	$\mu_0=4\pi\times10^{-7}\ \mathrm{N\cdot A^{-2}}$	$12.566\,370\,614\cdots\times10^{-7}\ \mathrm{N\cdot A^{-2}}$
	$\varepsilon_0\mu_0=c^2$	
精细结构常数	$\alpha=e^2/4\pi\varepsilon_0\hbar c$	$7.297\,352\,569\,8(24)\times10^{-3}$
		$1/137.035\,999\,074(44)$
经典电子半径	$r_e=e^2/4\pi\varepsilon_0 m_e c^2$	$2.817\,940\,326\,7(27)\times10^{-15}\ \mathrm{m}$

① Physical Review D, Particles, Fields, Gravitation, and Cosmology, 1 July 2012.

电子康普顿波长	$\lambda\!\!\!{}^{-}_c=\hbar/m_e c=r_e\alpha^{-1}$	$3.861\,592\,680\,0(25)\times10^{-13}$ m
玻尔半径	$a_B=4\pi\varepsilon_0\hbar^2/m_e c^2=r_e\alpha^{-2}$	$0.529\,177\,210\,92(17)\times10^{-10}$ m
玻尔磁子	$\mu_B=e\hbar/2m_e$	$927.400\,968(20)\times10^{-26}$ J·T^{-1}
		$=5.788\,381\,806\,6(38)\times10^{-11}$ MeV·T^{-1}
电子磁矩	μ_e	$1.001\,159\,652\,180\,76(27)\,\mu_B$
核磁子	$\mu_N=e\hbar/2m_p$	$5.057\,835\,3(11)\times10^{-27}$ J·T^{-1}
		$=3.152\,451\,260\,5(22)\times10^{-14}$ MeV·T^{-1}
质子磁矩	μ_p	$2.792\,847\,356(23)\,\mu_N$
中子磁矩	μ_n	$-1.913\,042\,7(5)\,\mu_N$
磁通量量子数	$h/2e$	$2.067\,833\,758(46)\times10^{-15}$ Wb
阿伏伽德罗常数	N_A	$6.022\,141\,29(27)\times10^{23}$ mol^{-1}
玻尔兹曼常数	k	$1.380\,648\,8(13)\times10^{-23}$ J·K^{-1}
		$=8.617\,332\,4(78)\times10^{-5}$ eV·K^{-1}
牛顿重力常数	G	$6.673\,84(80)\times10^{-11}$ m^3·kg^{-1}·s^{-2}
地球直径	D_E	$1.275\,63\times10^7$ m
地球质量	M_E	5.972×10^{24} kg
重力加速度	g	$9.806\,65$ m·s^{-2}

单位换算

1 b$\equiv10^{-28}$ m^2

1 fm$\equiv10^{-15}$ m$\equiv10^{-5}$ Å

1 MeV·c$^{-2}=1.782\,661\,845(39)\times10^{-30}$ kg

1 MeV$=1.602\,176\,565(35)\times10^{-13}$ J

1 C$=2.997\,924\,58\times10^9$ esu(静电单位)

0℃$\equiv$273.15 K

部分答案和提示

1.2 $E_n=\frac{\hbar^2\pi^2}{2ma^2}n^2$.

1.3 $E_n=-\frac{e^2}{8\pi\varepsilon_0 a_0 n^2}$,其中 $a_0=\frac{4\pi\varepsilon_0\hbar^2}{m_e e^2}$.

1.6 (1) **提示**:$\lambda\approx d$;

(2) $E_k\approx 3.3\cdot 10^{-21}\ \text{J}$,$T\approx 240\ \text{K}$.

1.7 $E_k\approx 6.62\times 10^{-11}\ \text{J}$,$E\lambda\approx 1240\ \text{MeV}\cdot\text{fm}$.

2.1 $A=(\alpha/\sqrt{\pi})^{1/2}$.

2.2 $A=2(\lambda)^{3/2}$,$\varphi(p_x)=\frac{2(\lambda)^{3/2}}{(2\pi\hbar)^{1/2}}\cdot\frac{\hbar^2}{(\lambda\hbar+\mathrm{i}p_x)^2}$.

2.3 97/169.

2.4 **提示**:利用公式 $\int_{-\infty}^{+\infty}\mathrm{e}^{-\mathrm{i}t^2}\,\mathrm{d}t=\sqrt{\pi}\mathrm{e}^{\mathrm{i}\pi/4}$.

3.1 $T=\frac{4kk_1}{(k+k_1)^2}$,$R=\frac{(k-k_1)^2}{(k+k_1)^2}$.

3.6 **提示**:这相当于位势 $V(x)=\frac{1}{2}\mu\omega^2x^2$ 的奇宇称解.

3.7 完全透射条件:$\tan ka=\frac{-\hbar^2k}{mV_0}$,其中 $k=\sqrt{\frac{2mE}{\hbar^2}}$.

3.8 (1) $\tan kL=-\frac{\hbar^2k}{mV_0}$;

(2) $$\varphi(x)=\sqrt{\frac{1}{\left(L+\frac{k_0}{k_0^2+k^2}\right)}}\begin{cases}\sin k(x-L), & L\geqslant x\geqslant 0,\\ -\sin k(x+L), & 0\geqslant x\geqslant -L,\end{cases}$$

其中 $k_0=mV_0/\hbar^2$.

3.9 (2) $\tau=\pi\sqrt{\frac{m}{2k}}$.

3.11 $\frac{a_1+a_2}{2}+\frac{a_1-a_2}{2}\cos\frac{(E_2-E_1)}{\hbar}t$.

3.12 **提示**:首先证明 $\frac{\mathrm{d}f}{\mathrm{d}x}=-\frac{1}{\sigma^2}xf$.

4.4 **提示**:令 $f(\alpha)=\mathrm{e}^{\alpha L}\hat{A}\mathrm{e}^{-\alpha L}$ 并在 $\alpha=0$ 处展开来证明.

4.5 提示：考虑 $f(\lambda)=e^{\lambda\hat{A}}\cdot e^{\lambda\hat{B}}\cdot e^{-\lambda(\hat{A}+\hat{B})}$，证明$\dfrac{df}{d\lambda}=\lambda[A,B]f$，然后积分.

4.11 提示：利用$(\hat{A}-\lambda\hat{B})^{-1}=[\hat{A}(1-\lambda\hat{A}^{-1}\hat{B})]^{-1}$来求证.

5.1 提示：利用一维谐振子的结论获解.

5.5 有 n 个 $l=0$ 的束缚态的条件是：

$$\frac{(2n+1)^2}{4}\pi^2>\frac{2\mu V_0a^2}{\hbar^2}>\frac{(2n-1)^2}{4}\pi^2.$$

5.8 $P=13e^{-4}\approx 0.238$.

5.11 提示：令 $\psi(x,y)=\varphi_{nm}(\rho,\phi)=\dfrac{\chi_{nm}(\rho)}{\sqrt{\rho}}\dfrac{e^{\pm im\phi}}{\sqrt{2\pi}},n=\dfrac{1}{2},\dfrac{3}{2},\dfrac{5}{2},\cdots,m=0,1,2,\cdots,n-\dfrac{1}{2}$.

5.12 令 $\rho=\sqrt{\dfrac{2\mu B}{\hbar^2}}r^2$，可求得本征值

$$E_{n_rl}=\sqrt{\frac{B\hbar^2}{2\mu}}\left[4n_r+2+\sqrt{(2l+1)^2+\frac{8\mu A}{\hbar^2}}\right],$$

$$n_r=0,1,2,\cdots.$$

5.13 提示：取力学量完全集$(\hat{H},\hat{L}_z,\hat{P}_z)$. 能量本征值为

$$E_{nm\gamma}=\frac{\hbar^2}{2\mu}\left(\frac{\pi^2n^2}{h^2}+\frac{\chi_{m\gamma}^2}{a^2}\right).$$

其中 $\chi_{m\gamma}$ 为贝塞尔函数 $J_{|m|}(s)=0$ 之根.

5.14 提示：设 $\varphi(x)=z^{b/2}e^{-z/2}F(z),E=-\dfrac{a^2\hbar^2}{8\mu}b^2,z=2de^{-ax},d=\dfrac{(2\mu V_0)^{1/2}}{a\hbar}$.

5.16 提示：利用对易子$[x,\hat{H}]$，可求得能量本征值

$$E_n=E_n^{(0)}-\frac{\lambda^2}{2m}.$$

5.17 (1) 提示：令 $V(\lambda,x)=(1-\lambda)V_1+\lambda V_2$ 来求证.

5.23 提示：选矢势 $\boldsymbol{A}=(0,xB,0)$.

6.1 (1) $\Psi(p_x,t)=\dfrac{1}{(\alpha\hbar\pi^{1/2})^{1/2}}e^{-\frac{p_x^2}{2\alpha^2\hbar^2}}e^{-i\omega t/2}$；

(2) $\Psi(p,t)=\dfrac{1}{\pi a_0}\left(\dfrac{2}{a_0\hbar}\right)^{3/2}\dfrac{a_0^4\hbar^4}{(\hbar^2+p^2a_0^2)^2}e^{-iE_1t/\hbar}$.

6.4 $(\hat{L}_x)_{pp'}=i\hbar\left(p_z\dfrac{\partial}{\partial p_y}-p_y\dfrac{\partial}{\partial p_z}\right)\delta(\boldsymbol{p}-\boldsymbol{p}')$.

6.5 提示：$\displaystyle\int_{-\infty}^{+\infty}\frac{\sin kx}{x}dx=\pi$.

6.6 提示：$\alpha\delta(\alpha)=0$.

6.9 提示：首先求$[\hat{H},\hat{x}]$,$[[\hat{H},\hat{x}],\hat{x}]$，然后求矩阵元$\langle m|[[\hat{H},\hat{x}],\hat{x}]|m\rangle$.

6.13 提示：令 $\hat{T}_{10}=\hat{j}_z(1)$.

7.2 **提示**：令 $a_k=\frac{1}{\sqrt{2m}}(p_x+\mathrm{i}c_k\cot b_k x)$.

7.3 **提示**：令 $a_1=\frac{1}{\sqrt{2m}}\left(\hat{p}_r+\mathrm{i}b_1+\frac{\mathrm{i}c_1}{\mathrm{e}^{\kappa r}-1}\right)$.

7.4 **提示**：令 $\psi(\theta,\phi)=\frac{1}{\sin^{1/2}\theta}S_{ml}(\theta)\mathrm{e}^{\mathrm{i}m\phi}$.

7.5 **提示**：设

$$\hat{A}_1=\frac{\hbar}{\sqrt{2m}}\frac{\mathrm{d}}{\mathrm{d}x}+(a_1+a_2\mathrm{e}^{-\alpha x}),$$

并令

$$\hat{A}_1^\dagger\hat{A}_1+E_1=\hat{H}_1$$

来实现.

8.9 (2) $c_{11}=2\varepsilon+w, c_{22}=-w, c_{33}=\varepsilon,$
$c_{44}=-\varepsilon, c_{55}=-w, c_{66}=-2\varepsilon+w,$
$c_{23}=c_{32}=c_{45}=c_{54}=\sqrt{2}w.$

(3) $w\pm2\varepsilon, w\pm\frac{2}{3}\varepsilon, -2w\pm\frac{\varepsilon}{3}$，当 $\varepsilon\ll w$；

$2\varepsilon+w, \varepsilon, -w, -w, -\varepsilon, -2\varepsilon+w$，当 $\varepsilon\gg w$.

8.11 概率为$\frac{1}{2}$.

8.12 概率为 $\cos^2\omega_{\mathrm{L}}t$.

8.13 自旋反向所需时间 $\tau=\frac{\pi}{2\omega_1}$，其中，$\omega_1=\frac{\mu_0 B_1}{\hbar}$.

8.17 **提示**：令 $X=\frac{x_1+x_2}{2}, x=x_1-x_2$ 来求解.

9.1 $E_1=E_{01}+b+\frac{a^2}{E_{01}-E_{02}}, E_2=E_{02}+b+\frac{a^2}{E_{02}-E_{01}}$.

9.2 $E_0^{(1)}=\frac{1}{4}\hbar\omega_0\left(\frac{\omega_1}{\omega_0}\right)^2, E_0^{(2)}=-\frac{1}{16}\hbar\omega_0\left(\frac{\omega_1}{\omega_0}\right)^2$，其中 $\omega_1=\sqrt{\frac{\delta k}{m}}$.

9.6 (1) **提示**：电荷分布于半径为 b 的薄球壳时的位势为

$$V=-\frac{e^2}{4\pi\varepsilon_0}\begin{cases}\frac{1}{r}, & r>b,\\ \frac{1}{b}, & r<b.\end{cases}$$

(2) $\frac{E^{(1)}}{E^{(0)}}=-\frac{4b^2}{3a_0^2}\approx-5\times10^{-10}$.

10.1 仍停留在基态的概率为 $1-\left(\frac{e\varepsilon_0 a_0}{\hbar}\right)^2$.

10.3 $P_{1\mathrm{s}\to2\mathrm{p}}=\frac{2^{15}e^2\varepsilon_0^2a_0^2\tau^2}{3^{10}\hbar^2}\cdot\frac{1}{\left(1+\frac{3e^2}{32\pi\varepsilon_0 a_0\hbar}\tau\right)^2}$.

10.5 $P_{-1/2\to1/2}=\frac{B_1^2}{B_0^2}\sin^2\mu B_0 t/\hbar$.

11.3 (2) $\delta_l\approx-\frac{mV_0\pi}{(2l+1)\hbar^2}$. 显然,$V_0>0$,$\delta_l<0$;$V_0<0$,$\delta_l>0$.

11.6 (1) 仅 S 波被散射;

(2) $\tan\delta_0=\frac{k\tan k_1 a-k_1\tan ka}{k_1+k\tan ka\tan k_1 a}$,其中,$k=\sqrt{\frac{2mE}{\hbar^2}}$,

$k_1=\sqrt{\frac{2m(E+V_0)}{\hbar^2}}$;

(3) 散射长度 $b=-\lim\limits_{k\to0}\frac{\tan\delta_0}{k}=a\left(1-\frac{\tan u}{u}\right)$,其中 $u=\sqrt{\frac{2mV_0}{\hbar^2}}a$.

12.1 $E_n=(n+3/4)^{2/3}\left(\frac{3\pi}{2\sqrt{2}}\right)^{2/3}\left(\frac{A^2\hbar^2}{m}\right)^{1/3}$.

12.2 $E_n=(n+3/4)^{2/5}\left(\frac{15\pi\hbar A^2}{8\sqrt{2m}}\right)^{2/5}$.

12.3 $E_n=(n+1/2)^{2/3}\left(\frac{3\pi}{4\sqrt{2}}\right)^{2/3}\left(\frac{A^2\hbar^2}{m}\right)^{1/3}$.

12.6 透射系数 $T=\frac{16\tau^2}{(1+4\tau^2)^2}$,反射系数 $R=\frac{(1-4\tau^2)^2}{(1+4\tau^2)^2}$,其中

$\tau=e^{[2m(V_0-E)/\hbar^2]^{1/2}a}$.

12.7 透射系数 $T=\frac{16\tau^2}{(1+4\tau^2)^2}$,其中 $\tau=e^{Z_1Z_2e^2\sqrt{m/2E}/4\varepsilon_0\hbar}$.

参考书目

(一) 教　材

[1] 曾谨言. 量子力学教程. 北京：科学出版社，2003.
[2] 张启仁. 量子力学. 北京：科学出版社，2002.
[3] 苏汝铿. 量子力学. 上海：复旦大学出版社，1997.
[4] 关洪. 量子力学基础. 北京：高等教育出版社，1999.
[5] 曾谨言. 量子力学，卷Ⅰ. 北京：科学出版社，1989.
[6] Feynman R P. The Feynman Lectures on Physics，Vol. Ⅲ. Addison-Wesley，1965.
[7] Schiff L I. Quantum Mechanics. McGraw-Hill，1968.
[8] Gasiorowicz S. Quantum Physics. John Wiley and Sons，Inc，1974.
[9] Merzbacher E. Quantum Mechanics. John Wiley and Sons，Inc，1970.
[10] Flügge S. Pracatical Quantum Mechanics. Springer-Verlag，1974.
[11] Messiah A. Quantum Mechanics，Vol. Ⅰ，Ⅱ. Noth-Holland Publishing Company，1972.
[12] Dirac P A M. The Principles of Quantum Mechanics. Oxford at the Clarendon Press，1958.
[13] Shankar R. Principles of Quantum Mechanics. Plenum，1980.
[14] Ohanian H C. Principles of Quantum Mechanics. Prentice-Hall，1990.
[15] Sakurai J J. Modern Quantum Mechanics. Prentice-Hall，1995.
[16] Ballentine L E. Quantum Mechanics. World Scientific，1998.
[17] Peres A. Quantum Theory：Concept and Methods. Kluwer，1995.
[18] Griffiths D J. Introduction to Quantum Mechanics. Prentice-Hall，1995.

(二) 习　题　集

[1] 王正清. 量子力学习题集. 北京：高等教育出版社，1990.
[2] 钱伯初，曾谨言. 量子力学习题精选与剖析. 北京：科学出版社，1988.
[3] Mavromatis H A. Exercises in Quantum Mechanics. Kluwer Academic Publishers，1992.
[4] Squires G L. Problems in Quantum Mechanics with Solutions. Cambridge University Press，1995.

(三) 课外读物

[1] Preskill J. Lecture Notes for Physics 229：Quantum Information and Computation. CIT，1998.
[2] Alber G *et al*. Quantum Information. Springer，2001.

索　引

（按拼音字母顺序排列）

C

D

E

F

N

O

P

Q

S

T

W

X

Y

Z